합격

NEW 최신판

자력 자격증의 힘

이러닝운영관리사

필기+실기 한권쏙

김종완 편저

PY LEARNING MATE

수험생 여러분, 안녕하세요.

저는 이러닝운영관리사 수험서의 저자이자, 이러닝 및 HRD 분야 전문가인 지식디자이너 김종완입니다. 본 수험서를 통해 여러분께 인사드리게 되어 매우 기쁩니다. 이러닝 산업은 꾸준히 성장하고 있으며, 코로나19를 겪으며 이러닝의 성장세가 더욱 가속화되었습니다. 이러한 성장세에 맞춰 이러닝운영관리사 자격증 역시 이러닝 산업에서 중요한 자격증으로 인식되리라 생각됩니다. 본 수험서는 현업 경험이 없는 수험생들이라도 이러닝운영관리사 시험을 잘 준비하실 수 있도록 내용을 구체적으로 작성하는 데 심혈을 기울였습니다.

저는 이러닝 개발사에서 11년간 다양한 이러닝 프로젝트를 수행하였습니다. 또한, 공공기관에서 이러닝 운영업무를 3년간 수행하면서 콘텐츠 개발과 운영을 아우르는 실무 경험을 쌓았습니다. 현재는 이러닝 및 HRD 관련 강의와 컨설팅을 통해 다양한 기관과 개인들에게 도움을 드리고 있습니다.

이러닝운영관리사 시험을 준비하는 수험생들을 위해 본 수험서를 집필하게 된 것은, 저의 경험과 전문성을 바탕으로 여러분들의 학습 과정에 도움이 되고자 하는 마음에서였습니다. 본 수험서는 이러닝운영관리사 자격시험의 출제 기준을 반영하여 체계적이고 꼼꼼하게 다루고 있으며, 시험에 적응하실 수 있도록 필기, 실기 예상문제와 해설을 충실히 담았습니다.

이러닝운영관리사를 준비하시는 수험생 여러분, 본 수험서를 통해 시험 준비에 필요한 지식을 함양하고, 자격증 취득에 성공하시길 진심으로 기원합니다. 그리고 여러분들의 노력과 열정, 도전을 응원합니다. 감사합니다.

지식디자이너
김종완

- 블로그: 지식디자이너(https://blog.naver.com/pfcup78)
- 유튜브: 지식디자이너(https://www.youtube.com/@jidy)

1 이러닝운영관리사란?

이러닝환경에서 효과적인 교수학습을 위하여 교육과정에 대한 운영계획을 수립하고, 학습자와 교·강사의 활동을 촉진하며, 학습콘텐츠 및 시스템의 운영을 지원하는 직무

2 시험 개요

- 관련부처: 산업통상자원부
- 시행기관: 한국산업인력공단
- 접수(인터넷 접수): www.q-net.or.kr
- 시험절차 안내

필기 시험	⇨	실기 시험	⇨	최종 합격

3 시험 일정

제1회	필기	2023년 11월 25일(토)
	실기	2024년 4월 27일(토)
제2회	필기	2024년 5월(예정)
	실기	2024년 7~8월(예정)

※ 정확한 시험 일정은 반드시 시행처의 최종 공고를 확인하시기 바랍니다.

4 시험 과목

필기 시험	① 이러닝 운영계획 수립, ② 이러닝 활동지원, ③ 이러닝 운영관리
실기 시험	이러닝 운영 실무

5 시험 방법

필기 시험	객관식, 100문제, 2시간 30분
실기 시험	필답형, 약 2시간

6 합격 기준

필기 시험	매과목 40점 이상 득점, 전과목 평균 60점 이상 득점
실기 시험	100점 만점 중 60점 이상 득점

7 응시자격

응시자격 제한 없음

8 자격 유효기간

유효기간 없음

※ 위 내용은 변동될 수 있으므로 반드시 시행처(www.q-net.or.kr)의 최종 공고를 확인하시기
바랍니다.

STRUCTURE & FEATURES
| 구성과 특징

01 실전에 강한 이론

- 기출 키워드를 통해 출제 경향을 한눈에 파악할 수 있습니다.
- Check 박스로 시험에 꼭 필요한 내용을 함께 공부할 수 있습니다.
- 2023년 기출문제를 재구성한 정답노트로 학습 내용을 바로 확인할 수 있습니다.

02 출제예상문제 3회분

- 문제와 정답해설을 분리하여 실전 모의고사를 풀듯 구성하였습니다.
- 출제 가능성이 높은 예상문제를 최신 출제기준에 맞춰 수록하였습니다.
- 이론과 연계된 친절한 해설로 혼자서도 학습할 수 있도록 구성하였습니다.
- 포인트 박스로 놓치기 쉬운 핵심이론을 동시에 복습할 수 있습니다.

03 최종합격용 실기

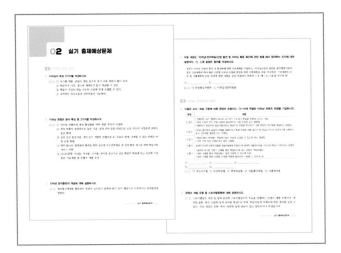

- 출제 가능성이 높은 단답형 유형과 서술형 유형을 담았습니다.
- 모범답변으로 답변 방법을 파악하고 실기 유형에 완벽 적응할 수 있습니다.
- 해설에 도움이 되는 포인트 박스를 통해 단 한 권으로 실전 대비가 가능합니다.

04 합격비법 특별부록

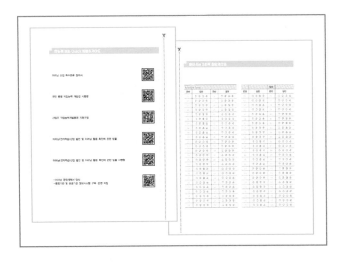

- 시험에 꼭 필요한 Quick 법령 & 가이드가 특별 수록되어 있습니다.
- 뜯어쓰는 정답체크표를 제공하여 반복해서 문제를 풀어볼 수 있습니다.

CONTENTS
| 차례

QR코드 학습자료 이용 방법

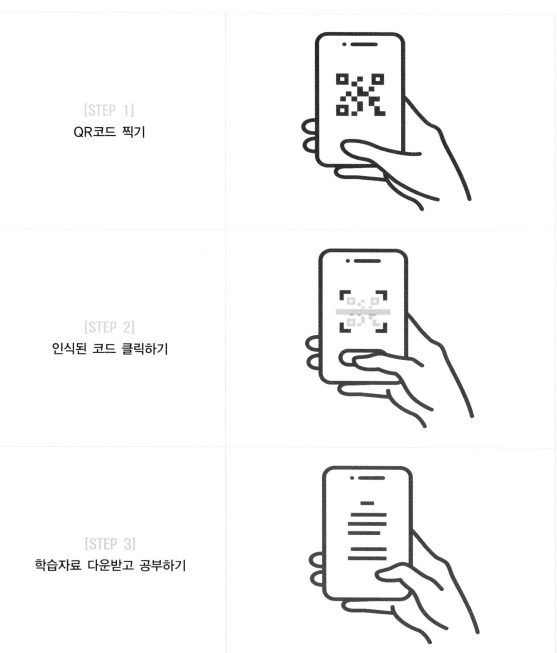

[STEP 1]
QR코드 찍기

[STEP 2]
인식된 코드 클릭하기

[STEP 3]
학습자료 다운받고 공부하기

이러닝 산업 특수분류 정의서	
국민 평생 직업능력 개발법 시행령	
사업주 직업능력개발훈련 지원규정	
이러닝(전자학습)산업 발전 및 이러닝 활용 촉진에 관한 법률	
이러닝(전자학습)산업 발전 및 이러닝 활용 촉진에 관한 법률 시행령	
• 이러닝 운영계획서 양식 • 행정기관 및 공공기관 정보시스템 구축·운영 지침	

3회독 정답체크표 300% 활용하기

[STEP 1] 부록 정답체크표 자르기	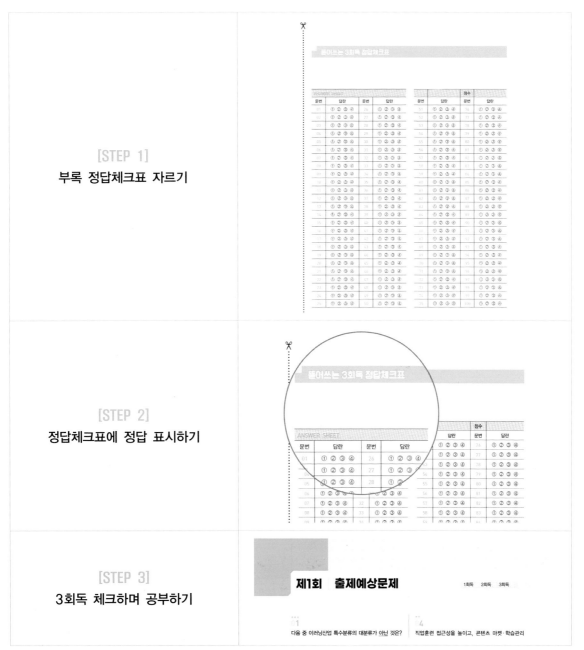
[STEP 2] 정답체크표에 정답 표시하기	
[STEP 3] 3회독 체크하며 공부하기	

이러닝운영관리사
필기편

PART
01

이러닝 운영계획 수립

01 이러닝 산업 파악

1 이러닝 산업 동향 이해

📁 학습목표

① 이러닝 산업의 구성 요소를 파악할 수 있다.
② 이러닝 산업 중 서비스 분야의 특성을 파악할 수 있다.
③ 이러닝 산업 중 콘텐츠 분야의 특성을 파악할 수 있다.
④ 이러닝 산업 중 시스템 분야의 특성을 파악할 수 있다.
⑤ 이러닝 산업의 영역별 발전과정과 향후 동향을 분석할 수 있다.
⑥ 이러닝 산업의 주요 이해관계자(콘텐츠·시스템 공급자, 서비스 제공자, 수요자, 공공기관 등)를 파악할 수 있다.

(1) 산업 동향

1) 이러닝 수요시장 규모 추이

코로나 19로 인해 비대면 교육시장이 활성화됨

(단위: 백만 원)

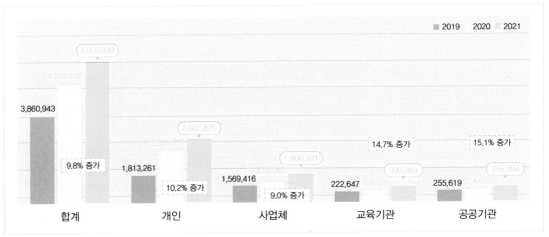

2) 이러닝 종사자 수 추이

① 2021년 이러닝 산업에 종사하고 있는 인력은 33,651명으로 추정
② 2020년 대비 6.0%(1,904명) 증가

(단위: %)

구분	2016년	2017년	2018년	2019년	2020년	2021년
전체	26,297	27,250	27,795	28,211	31,747	33,651
연간 인력증가율	−2.8	3.6	2.0	1.5	11.1	6.0

3) 직무별 이러닝 인력 수와 구성비

① 이러닝 콘텐츠개발자: 이러닝 산업에 종사하는 인력 중 24.5%로 가장 많은 비중 차지
② 이러닝 과정 운영자 22.4%, 이러닝 컨설턴트 19.6%, 이러닝 시스템개발자 18.7% 등

(단위: 명, %)

구분		전체 합계	이러닝 컨설턴트	이러닝 교수 설계자	이러닝 콘텐츠 개발자	이러닝 영상 제작자	이러닝 시스템 개발자	이러닝 과정 운영자	기타
전체	인력 수	33,651	6,580	2,190	8,234	1,578	6,288	7,540	1,240
	구성비	100.0	19.6	6.5	24.5	4.7	18.7	22.4	3.7
성별	남성	17,908	3,716	933	5,010	729	3,623	3,514	383
	여성	15,743	2,865	1,257	3,225	848	2,665	4,023	857
연령 대별	20대	5,486	1,109	285	1,578	190	998	1,305	21
	30대	16,931	3,146	1,299	3,685	983	3,139	3,496	1,183
	40대	9,802	2,040	543	2,562	362	1,885	2,376	33
	50대 이상	1,431	285	63	411	42	266	363	2
경력 별	3년 미만	6,205	1,205	310	1,700	212	1,171	1,585	21
	3~5년 미만	14,666	2,756	1,183	3,120	934	2,602	2,899	1,172
	5~10년 미만	9,110	1,869	495	2,424	306	1,818	2,166	33
	10년 이상	3,670	750	204	991	125	697	890	13

4) 인력 부족률 ❓

① 이러닝 산업에서 부족한 인력의 비율은 평균 4.8%로 나타남
② 연령대별 부족률 순서: 20대 13.3%, 30대 3.6%, 40대 2.1%, 50대 이상 1.9%
③ 경력별 부족률 순서: 3년 미만 9.6%, 3~5년 미만 4.4% 등

(단위: 명, %)

구분		전체 합계	이러닝 컨설턴트	이러닝 교수 설계자	이러닝 콘텐츠 개발자	이러닝 영상 제작자	이러닝 시스템 개발자	이러닝 과정 운영자	기타
전체		4.8	1.6	4.4	5.7	6.8	7.0	4.9	2.5
연령 대별	20대	13.3	2.1	2.8	12.9	29.2	19.2	16.5	5.9
	30대	3.6	1.1	3.5	5.1	2.2	6.1	2.9	2.3
	40대	2.1	2.4	6.4	2.5	3.9	1.4	0.5	7.5
	50대 이상	1.9	0.8	10.9	0.9	0.0	1.1	2.8	0.0
경력 별	3년 미만	9.6	1.8	0.0	110.	12.5	14.6	10.9	5.9
	3~5년 미만	4.4	1.6	4.4	5.9	5.4	7.5	3.1	2.4
	5~10년 미만	2.8	2.1	4.0	1.8	8.7	2.5	3.5	6.5
	10년 이상	3.0	0.4	10.7	4.8	1.6	1.7	2.3	0.0

* 인력부족률 = (부족인원/(현원＋부족인원))*100

→ Check **이러닝산업 인력 부족률**

코로나 19로 인해 비대면 교육시장이 활성화되었으나, 이에 비해 이러닝산업의 인력 부족률은 높음을 알 수 있음

(2) 분류 체계

① 2015년 이러닝 산업 특수분류 제정 ❓: 2015년 이전까지는 한국표준산업분류(KSIC)상 소프트웨어 개발공급업(582), 컴퓨터 프로그래밍, 시스템통합 및 관리업(620), 정보서비스업(631) 및 일반교습 학원(855) 등 여러 업종에 산재하여 있었고, 이로 인해 전자학습(이러닝)산업의 기업 현황, 고용, 매출 등의 정확한 파악이 어려웠음

② 환경변화에 발맞추어 이러닝 산업의 영역을 세분화·구체화하고 단일업종으로 통합하여 관리할 수 있는 산업분류체계 제정의 필요성이 지속적으로 제기됨

③ 이러닝 산업 특수분류: 이러닝 사업자의 생산활동을 이러닝 콘텐츠·솔루션·서비스·하드웨어 4개 로 대분류하고 하위 12개 중분류, 33개 소분류로 범위를 구체화함

세부 범위	정의
이러닝 콘텐츠	이러닝을 위한 학습내용물을 개발, 제작 또는 유통하는 사업
이러닝 솔루션	이러닝을 위한 개발도구, 응용소프트웨어 등의 패키지 소프트웨어 개발과 이에 대한 유지·보수업 및 관련 인프라 임대업
이러닝 서비스	전자적 수단, 정보통신 및 전파·방송기술을 활용한 학습·훈련을 제공하는 사업
이러닝 하드웨어	이러닝 서비스 제공 및 이용을 위해 필요한 기기, 설비를 제조, 유통하는 사업

→ Check **특수분류 제정의 시사점**

이러닝 산업의 특수분류 제정을 통해 이러닝 산업에 관한 시장 규모, 고용 등 산업 현황에 대한 정확한 기초통계를 확보하게 되어 더욱 실효성 있는 정책 추진이 가능해짐

④ 이러닝 산업 특수분류 체계 [1회 기출]

대분류	중분류	소분류
이러닝 콘텐츠	이러닝 콘텐츠 자체 개발, 제작업	코스웨어(Courseware) 자체 개발, 제작업
		전자책(e-book) 자체 개발, 제작업
		체감형 학습콘텐츠 자체 개발, 제작업
		기타 이러닝 콘텐츠 자체 개발, 제작업
	이러닝 콘텐츠 외주 개발, 제작업	코스웨어 외주 개발, 제작업
		전자책(e-book) 외주 개발, 제작업
		체감형 학습콘텐츠 외주 개발, 제작업
		기타 이러닝 콘텐츠 외주 개발, 제작업
	이러닝 콘텐츠 유통업	이러닝 콘텐츠 유통업
이러닝 솔루션	이러닝 소프트웨어 개발업	LMS 및 LCMS 개발업
		학습콘텐츠 저작도구 개발업
		가상교실 소프트웨어 개발업
		가상훈련시스템 소프트웨어 개발업
		기타 이러닝 소프트웨어 개발업
	이러닝 시스템 구축 및 유지보수업	이러닝 시스템 구축 및 관련 컨설팅 서비스업
		이러닝 시스템 유지보수 서비스업
	이러닝 소프트웨어 유통 및 자원 제공 서비스업	이러닝 소프트웨어 유통업
		이러닝 컴퓨팅 자원 임대 서비스업
		이러닝 관련 기타 자원 임대 서비스업
이러닝 서비스	교과교육 서비스업	유아교육 서비스업
		초등교육 서비스업
		중등교육 서비스업
		고등교육 서비스업
		기타 교과교육 서비스업
	직무훈련 서비스업	기업 직무훈련 서비스업
		직업훈련 서비스업
		교수자 연수 서비스업
	기타 교육훈련 서비스업	기타 교육 훈련 서비스업

이러닝 하드웨어	교육 제작 및 훈련시스템용 설비 및 장비 제조업	디지털 강의장 설비 및 부속 기기 제조업
		가상훈련시스템 장비 및 부속 기기 제조업
		기타 교육 제작 및 훈련시스템용 설비, 장비 및 부속기기 제조업
	학습용 기기 제조업	휴대형 학습 기기 제조업
	이러닝 설비, 장비 및 기기 유통업	이러닝 설비, 장비 및 기기 유통업

※ 소분류에 대한 상세 정의는 이러닝 산업 특수분류 정의서 참고

Q : 법령 바로보기

(3) 산업 용어

2006년 이러닝 분야의 국제표준에 대한 기술적 개념을 보다 명확하고 쉽게 이해하기 위하여, 이러닝 분야 용어 중 55종에 대한 KS국가표준을 제정 ❶하였으며, 2010년 개정되었음

→ Check **산업 용어의 제정 배경**

제정 이전 이러닝은 'e-러닝', 'e러닝', 'e-Learning', '사이버교육', '원격교육' 등 다양한 명칭으로 사용되어 일반인뿐만 아니라 전문가조차 정보 검색에 어려움을 겪음
'e-러닝'과 같은 국적이 불분명한 용어를 사용할 경우 국어사전에 용어를 등록하기 어려운 문제점 또한 존재함

1) 일반개념 표준용어

국문	영문	정의
학습	learning	지식, 기술, 태도의 습득
교육	education	특정 교과 과정에 따라 정형적으로 설계된 활동을 통해 학습을 촉진하는 절차
훈련	training	특정 응용에 초점을 맞추어 절차적으로 정의된 활동을 통해 기술을 개발하거나 이해를 향상하는 절차
교수	instruction	가르치는 활동
강의	lecture	학습활동을 제시하고 이끌어 가는 행동
평가	evaluation or assessment	학습목표의 달성 정도를 측정하는 행위
이러닝	e-learning or ICT-supported learning	정보통신기술을 활용하여 이루어지는 학습
엠러닝	m-learning	모바일 매체를 통해 이루어지는 이러닝 * 모바일 매체: 모바일 폰, PDA, PMP 등 이동에 제약을 받지 않는 모든 매체
티러닝	t-learning	TV 매체를 통해 이루어지는 이러닝 * TV 매체: 아날로그 TV, 모바일 TV, IPTV, DMB TV 등

유러닝	u-learning	유비쿼터스 환경을 통해 이루어지는 이러닝 * 유비쿼터스 환경: 언제, 어디서나 센서 네트워크가 가능한 유비쿼터스 장치를 사용할 수 있는 학습환경
웹 기반학습	web-based learning	웹 기술을 사용하는 온라인 학습
온라인 학습	on-line learning	컴퓨터 네트워크를 통해 이루어지는 학습
오프라인 학습	off-line learning	컴퓨터 네트워크와 독립적으로 이루어지는 학습
혼합형 학습	blended learning	이러닝과 면대면 또는 오프라인 학습이 결합한 행태로 이루어지는 학습
컴퓨터 지원 협력학습	Computer-Supported Collaborative Learning(CSCL)	정보통신기술의 지원을 받아 각종 정보와 자원을 교류하고 주어진 과제를 협력적으로 수행해나가는 모습
컴퓨터 기반학습	computer-based learning	컴퓨터를 학습도구로 활용하는 학습
컴퓨터 관리학습	computer managed learning	컴퓨터에 의하여 등록, 스케줄링, 통제, 안내, 분석, 보고 등의 학습절차가 관리되는 학습

2) 사용자·조직·역할 표준용어

국문	영문	정의
학습자	learner	배우는 사람 * 학습에서의 행위자: 개인, 집단, 또는 개체 등
교사	teacher	가르치는 사람 * 협력학습 등의 특정상황에서는 동일 인물이 학습자와 교사의 역할을 모두 수행할 수 있음
트레이너	trainer	훈련을 지원·촉진·전달하는 사람
튜터	tutor	학습활동을 지원하는 사람
내용 전문가	Subject Matter Expert(SME)	학습콘텐츠 내용에 대한 전문적인 지식이 있는 사람
교수설계자	instructional designer	체계적인 교수학습 이론 및 방법론을 이용하여 학습콘텐츠를 개발할 수 있도록 설계하는 사람

3) 시스템·도구 표준용어

국문	영문	정의
학습관리시스템	Learning Management System(LMS)	이러닝과 관련된 관리적·기술적 지원 절차를 수행하기 위한 소프트웨어 시스템
학습콘텐츠 관리시스템	Learning Content Management System(LCMS)	이러닝 콘텐츠의 개발·저장·조합·전달에 사용되는 시스템
학습기술시스템	Learning Technology System(LTS)	학습의 전달·관리에 사용되는 모든 정보 기술시스템

분산학습시스템	Distributed Learning Technology System(DLTS)	서브 시스템과 다른 시스템 간에 통신하는 주요 방법으로서 인터넷·광역 통신망을 사용하는 학습기술시스템
학습환경	learning environment	학습에 영향을 미치는 물리적 또는 가상적 환경
저작도구	authoring tool	학습콘텐츠를 저작하는 소프트웨어
학습도구	learning tool	학습에 활용되는 소프트웨어

4) 지원 절차 표준용어

국문	영문	정의
세션	session	컴퓨터 사용자가 시스템과 상호작용하여 통신할 수 있는 기간 * 일반적인 정의: 로그온–로그오프 사이의 경과시간
교수설계	Instructional Design(ID)	학습요구를 분석하여 체계적으로 가르치기 위한 교수 기법·방법
학습설계	learning design	학습목표를 달성하기 위한 학습활동과 이에 필요한 자원·기능·순서를 서술하는 기술·방법
지식 재산권 관리	Intellectual Property Rights Management(IPRM)	지식활동으로 생성되는 결과에 대한 재산권 관리
권리표현언어	rights expressions languages	저작권, 계약 및 라이선스의 합의 내용, 접근·사용 권한 등을 표현하기 위한 언어 * 지적 재산권·디지털 저작권을 표현하는 언어
상호작용	interaction	학습자와 시스템, 학습자와 교수자, 학습자와 학습자 사이에서 일어나는 상호적 정보교환 활동

5) 자원·콘텐츠 표준용어

국문	영문	정의
학습자원	learning resource	학습을 위해 활용되는 자원
학습객체	Learning Object(LO)	학습목표를 갖는 객체 * 디지털 또는 아날로그 형태일 수 있음
학습콘텐츠	learning content	학습경험을 위해 의도적으로 제공되는 콘텐츠
학습객체 메타데이터	Learning Object Metadata(LOM)	학습객체에 대한 메타데이터 * 메타데이터: 정보를 쉽고 빠르게 검색할 수 있도록 기술된 데이터
학습자원 메타데이터	Metadata for Learning Resource(MLR)	학습자원에 대한 메타데이터
공유가능 콘텐츠 객체	Sharable Content Object(SCO)	재사용이 가능한 학습객체의 표준화된 행태 * SCORM에서 사용되는 학습객체를 의미
학습목표	learning objective	지식, 기술, 학습자의 기대되는 성과 측면에서 훈련·학습의 목표를 기술한 것 * 학습목표는 모든 교수 단위와 연관 가능
학습활동	learning activity	기술 또는 지식을 얻기 위한 지적 과정에 대한 임의의 구체적인 행위

6) 수업·학습 표준용어

국문	영문	정의
역량	competency	주어진 목표 달성을 위해 수행되고 관측·측정이 가능한 일련의 능력
교수 방법	instructional method	목표를 달성하기 위한 특정 수단을 정의한 교수전략의 구성요소
자기주도 학습	self directed learning	학습목표, 방법 등을 학습자 스스로 계획하고 학습하는 행위
맞춤학습	adaptive learning	학습자 개인 및 학습그룹의 성향, 지식수준, 역량, 장애 등의 정도에 맞춰 학습 방법 및 학습 내용을 제공하는 것
학습전략	learning strategy	학습자의 학습활동을 돕기 위해 일반적으로 사용되는 기술과 방법

7) 참여자 정보 표준용어

국문	영문	정의
학습자 정보	learner information	학습기술시스템에서 사용되는 학습자와 관련된 정보
학습자 이력	learner history	학습자의 과거 수행능력 또는 학습경험에 대한 정보
선호정보	preference information	학습자의 이상적인 인터페이스 특징, 기술적 특징, 학습콘텐츠 등을 표현하는 방법에 관한 데이터 * 선호: 학습자에 의해 분명히 식별되고 학습자의 행동으로부터 추론
이포트폴리오	e-portfolio or digital portfolio	학습자의 능력 또는 학업성취도의 설명·증명에 사용되는 학습 결과의 모음

(4) 이해관계자 특성

1) 이러닝 공급 사업체

명칭	정의
콘텐츠 사업체	이러닝에 필요한 정보와 자료를 멀티미디어 형태로 개발·제작·가공·유통하는 사업체
솔루션 사업체	이러닝에 필요한 교육 관련 정보시스템의 전부 혹은 일부를 개발·제작·가공·유통하는 사업체
서비스 사업체	• 온라인으로 교육, 훈련, 학습 등을 쌍방향으로 정보통신 네트워크를 통해 개인, 사업체 또는 기관에 직접 서비스를 제공하는 사업체 • 이러닝 교육·구축 등 이러닝 사업 제반에 관한 컨설팅을 수행하는 사업체

2) 이러닝 수요자

개인, 사업체, 정규 교육기관(예 초·중·고교 및 대학 교육기관 등), 정부·공공기관(예 중앙정부기관, 교육청, 광역지방자치단체 등)

3) 이러닝 산업의 구조

이러닝 공급 사업체는 콘텐츠 사업체, 솔루션 사업체, 서비스 사업체로 구분하고 있지만, 겸업을 하는 사업체도 존재함

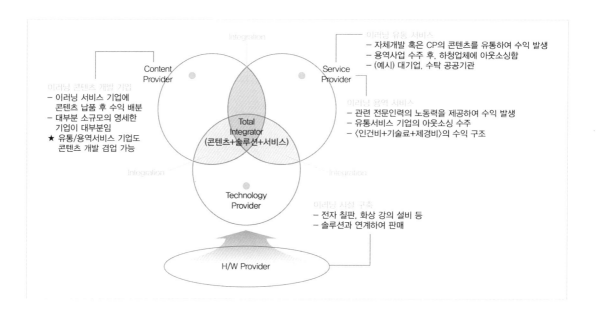

(5) 콘텐츠 특성

① 이러닝 콘텐츠 제작 활성화를 위한 개발·투자의 다양화
- 취약계층, 고령층, 교육사각지대 학습자의 학습권 확장을 위한 콘텐츠 개발 지원
- 다양한 콘텐츠 제작을 위한 제작 펀드 활용
- 보증사업을 확대하여 콘텐츠 제작자금 조달 지원

② 상대적으로 제작비용이 높은 기술·공학 등의 분야를 대상으로 공공 주도의 직업훈련콘텐츠 공급의 확대
- 민간에서 비용문제 등으로 공급이 저조한 기계, 전기, 전자 분야 및 신기술 관련 이러닝 가상훈련 (VR) 콘텐츠의 개발·보급
- 취업 전·후 단계에서 공통적으로 필요한 기초직무능력 콘텐츠의 제작 추진

③ 공공·민간훈련기관, 개인 등이 개발한 콘텐츠를 유·무료로 판매·거래할 수 있는 콘텐츠 마켓의 운영 확대: 산재하고 있는 다양한 훈련 제공주체의 콘텐츠를 한 곳에서 검색·이용할 수 있도록 STEP 콘텐츠 오픈마켓 탑재·개방

④ 해외 MOOC 플랫폼과의 협력을 통한 글로벌 우수강좌 제공 및 강좌 활용 촉진을 위한 학습지원서비스의 지원
- 다양한 분야의 풍부한 해외 MOOC 강좌를 보유한 세계적 무크 플랫폼과 연계하여 70개 내외의 강좌를 제공·운영
- 해외 MOOC 강좌의 상호 교차탑재와 공동개발 확대, 다국어 자막 번역 확대 등으로 국제교류를 활성화

⑤ DICE(위험·어려움·부작용·고비용) 분야를 중심으로 산업현장의 특성에 맞는 실감형 가상훈련기술·콘텐츠 개발의 추진: 산업현장 직무체험·운영·유지·정비·제조현장 안전관리 등을 가상에서 구현하는 메타버스와 같은 실감형 기술을 개발

실감형 기술	사례
가상현실(VR) 기반의 직무체험·실습	• 가상환경 기반 용접훈련, 항만 크레인 조작훈련 • 가상운항 기반 승무원 트레이닝 서비스
증강현실(AR) 기반의 현장 운영을 통한 업무효율 제고	• 반도체 공정장비 모니터링 훈련서비스 • 문서 가시화 기능을 활용한 제조설비 운영의 대응
메타버스(Metaverse) 기반의 협업형 근무·제조훈련	• 차량 품질평가를 위한 원격전문가(아바타) 간의 협업형 제조훈련서비스 • 원격근무 협업서비스 시스템 개발

(6) 서비스 특성

① 사용자에게 다양한 교수·학습서비스, 맞춤형 학습환경을 제공하는 미래형 교수학습지원 플랫폼 구축: 2024년부터 e-학습터, 기초학력진단정보 시스템 등 민간·교육부 내의 23개 시스템을 통합·연계한 통합서비스❓ 제공 예정

> **→ Check** **미래형 교수학습지원 플랫폼**
>
> 맞춤형 수업 지원서비스, 콘텐츠·에듀테크 유통, AI·빅데이터 기반 학습분석 등을 일괄 지원
> AI 학습튜터링 시스템, AI 기반 모니터링 시스템, 통합유통관리 시스템, 에듀테크 지원센터 구축 예정

▶ K-에듀 통합플랫폼

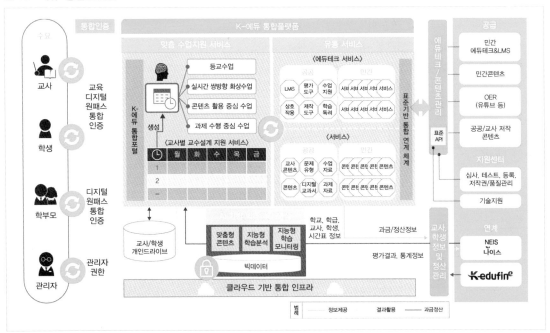

② 학습자가 평생교육 콘텐츠를 활용한 교육을 맞춤형으로 받고 학습이력을 통합관리할 수 있는 '온국민 평생배움터 ❓' 구축: 비대면사회 전환에 대응한 온라인 기반 교육서비스로의 접근성 강화 및 학습자 맞춤형 평생교육서비스 제공

> **→ Check** **온국민 평생배움터**
>
> 2021년 8월 ISP 추진 → 2022~2024년 플랫폼 구축 → 2024년 이후 대국민 서비스 운영

③ 양질의 온라인 직업능력개발 서비스 제공을 위한 '공공 스마트 직업훈련 플랫폼(STEP) ❓' 고도화

> **→ Check** **STEP(Smart Training Education Platform)**
>
> 2019년 10월부터 제공되고 있는 직업훈련 접근성 제고, 온−오프라인 융합 新 훈련방식의 지원을 위해 콘텐츠마켓·학습관리시스템(LMS) 등을 제공하는 종합플랫폼

(7) 솔루션 특성

1) 지능형 에듀테크기술을 활용한 교사·학습자 맞춤형 학습기회 제공

AI 기술 등을 기반으로 개인별 학습 성향·역량에 맞는 정보와 가이드를 제공하고 챗봇 기반의 지능형 튜터링 서비스를 고도화

예 개인화 학습을 위한 AI 추천서비스, AI 튜터서비스

2) 학습효과 제고를 위한 양방향·실감형·지능형 학습서비스 고도화

① 공학 등 전문분야의 교육효과 제고를 위하여 일방향이 아닌 학생 ↔ 교사, 학습자 ↔ 학습자 간의 양방향 학습시스템 고도화

예 비대면 실시간 코딩교육, 비대면 공학실습 서비스 등

② 유·아동 체험형 학습 및 현장성 있는 외국어학습 등이 가능한 메타버스 기반 실감형 학습서비스 개발

예 유·아동 AR 학습 플랫폼, 메타버스 기반 학습콘텐츠 플랫폼 등

③ 사물인터넷, AI 기반 센싱 데이터 활용으로 학습자의 감성, 행동의 진단·분석이 가능한 교수·학습 지원기술 개발

예 감성·인지 교감 AI 서비스, 유·아동 행동분석 서비스 등

🔺 비대면 코딩교육 서비스　　　　　　　🔺 감성진단 및 행동분석 기술

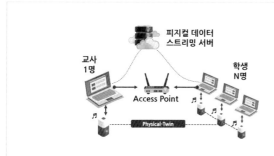

(8) 인프라 특성

1) 중기부·교육부·산업부 협업을 통한 유망스타트업 발굴, 창업 사업화 지원

① 글로벌 시장에 진출 가능한 역량 있는 이러닝 기업의 발굴 → 창업 사업화 → 해외진출까지 연계 지원
② '비대면 스타트업 육성사업'을 통해 이러닝 예비창업자, 초기 창업기업을 대상으로 한 사업화 지원 및 후속 성장프로그램 제공

2) 이러닝 국가자격 신설을 통한 산업인력 유인 활성화

① 국가직무능력표준(NCS)을 활용하여 이러닝 산업현장에 적합한 국가자격 '이러닝운영관리사' 신설 (2021년 신설, 2023년 시행 예정)
② 국가기술자격 취득 시 직무능력은행제❷를 통하여 직무능력 정보를 통합관리하고 취업·경력관리 등에 활용 지원

> **→ Check 직무능력은행제**
>
> 개인의 다양한 직무능력을 저축, 통합관리하여 취업·인사배치 등에 활용할 수 있는 개인별 직무능력 인정·관리 체계

3) 이러닝 특화 전문인력 양성을 통한 산업인력 적시공급 활성화

① 교육, AI, VR, AR 등 새로운 SW기술을 접목한 산업인력과 이러닝현장 활용 지원을 위한 운영인력❷ 양성
② 교육공학과, 교육학과 등 일반대학 공모를 통해 취업 연계 에듀테크 과정 신설

> **→ Check 운영인력**
>
> 공교육, 교육기관에서의 원활한 비대면교육 제공을 위한 전문튜터, 운영자 지원

2 이러닝 기술 동향 이해

> **📁 학습목표**
>
> ① 이러닝 기술의 구성요소(콘텐츠, 플랫폼, 네트워크 등)를 구분하여 설명할 수 있다.
> ② 이러닝 기술 관련 용어를 분야별로 설명할 수 있다.
> ③ 이러닝 관련(서비스, 콘텐츠, 시스템) 기술의 발전과정과 향후 동향을 분석할 수 있다.

(1) 기술 구성요소

성공적인 이러닝을 위해서는 학습목표에 따른 교수설계를 반영한 양질의 학습콘텐츠 개발, LMS·LCMS·저작도구 등의 시스템 구성, 교수자·운영인력·작업환경을 포함한 인프라 구축, 운영정책·전략 수립 등 다양한 요소의 상호유기적 보완 필요

▶ 이러닝산업과 관련 분야

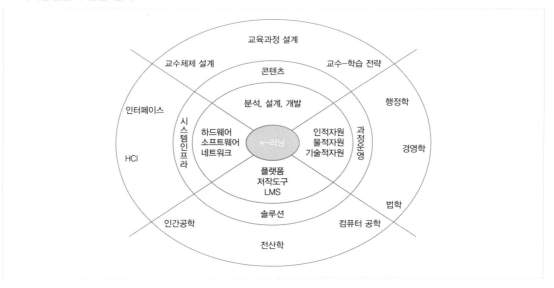

(2) 기술 용어

용어	의미
가상현실 (VR)	• 컴퓨터로 만들어 놓은 가상의 세계에서 사람이 실제와 같은 체험을 할 수 있도록 하는 최첨단 기술 • HMD(머리에 장착하는 디스플레이 디바이스)를 활용하여 체험 가능
메타버스 (Metaverse)	아바타(avatar)를 통해 실제 현실과 같은 사회·경제·교육·문화·과학 기술활동을 할 수 있는 3차원 공간플랫폼
머신러닝 (Machine Learning)	인공지능 연구분야 중 하나로, 인간의 학습능력과 같은 기능을 컴퓨터에서 실현하고자 하는 기술·기법
웨어러블 (Wearable)	정보통신(IT) 기기를 사용자의 손목, 팔, 머리 등 몸에 지니고 다닐 수 있는 기기로 만드 는 기술
서비스형 솔루션 (SaaS)	개인, 기업이 컴퓨팅 소프트웨어를 필요한 만큼 가져가 쓸 수 있게 인터넷으로 제공하는 사업 체계

(3) 기술 동향 및 특성

1) 서비스

메타버스 (Metaverse)	• IT 기술이 교육·학습 프로세스에 통합됨에 따라 학습분야 고급기술은 더욱 발전하고 있음 • VR 기술은 성인교육, 직업훈련 분야에서 다수 사용하고 있으며, 해당 분야의 기술 활용 또한 점차 증가할 것으로 보임
머신러닝 (Machine Learning) ❶	• 딥러닝, 머신러닝, 자연어 처리 등의 인공지능 기술이 교육·훈련 소프트웨어에 적용되면서 개인 맞춤형학습 제공으로 학습경험 향상 • 머신러닝은 방대한 양의 학습데이터를 빠르게 처리할 수 있도록 도와주며, 교육자가 원하는 방향의 교육콘텐츠 제공 가능

→ Check **교육분야에서의 인공지능 및 머신러닝 활용 방안**

・ 평가 자동화: 객관식 문제뿐만 아니라 주관식 문제, 에세이 작성 문제 등에 대한 채점을 자동화하여 교사의 채점시간을 줄이고 각 학습자에게 공평한 점수 부여 가능
・ AI 튜터: 챗봇 등의 인공지능 기술을 활용하여 학습자의 질문에 빠르게 답할 수 있으며, 실시간 학습자 분석으로 속도와 수준에 맞는 학습 제공
・ 관리작업 단순화: 출석 및 과목 관리, 학업 등록 등 교육 외적으로 관리가 필요한 부문을 자동화함으로써 교사의 연구시간 확보 가능

2) 콘텐츠

증강현실 기반 실감형 학습기술	• 증강현실 기술: 컴퓨터로 생성한 2차원·3차원 정보와 콘텐츠를 카메라 등의 영상센서를 통해 입력된 실제환경에 증강함으로써 사용자에게 다양한 형태의 유효정보를 실시간으로 제공하는 최첨단 가상현실 기술 • 콘텐츠가 실제환경과 정교하게 합성되므로 사용자에게 부가적인 지식, 즐거움뿐만 아니라 몰입성, 상황 인지능력과 같은 교육의 중요요소를 제공하기 때문에 스마트러닝 분야 핵심영역으로 자리 잡고 있음 ▶ 증강현실 기반 학습기술 

가상현실 기반 체험형 학습기술	• 가상현실 기반 체험형 학습기술은 학습 대상자에게 교육형 가상환경과 이에 대한 몰입감을 제공함으로써 단기간의 집중적인 체험학습이 가능하도록 함 • 일반 교과학습, 전문가 훈련, 안전·안보 교육 등의 분야에서 활용될 수 있으며, 현재 국내에서는 영·유아용 학습콘텐츠에 적용되고 있음 ▷ 가상현실의 학습자 합성 및 동기화 기술 
인터랙티브 e-book 기술	• e-Book: 종이 대신 디지털파일 형태로 구성된 책으로, 기존의 종이책 대신 인터넷 표준언어인 HTML, XML을 응용해 만든 디지털화된 책 • PC, 전용단말기, Pad형 단말기에서 별도 뷰어(Viewer)를 통하여 이용함

3) 시스템: 서비스형 솔루션 LMS(SaaS LMS)❓의 부상

① SaaS LMS: 클라우드에서 사용할 수 있는 학습관리 시스템
② 이용자는 컴퓨터에 이러닝 LMS 소프트웨어를 설치하는 대신 클라우드로 연결하여 전세계 어디에서나 LMS 소프트웨어에 접속할 수 있음
③ 사용자 정보, 콘텐츠 등의 모든 데이터가 클라우드상에서 호스팅되므로 서버가 필요하지 않으며, 시스템에 로그인하여 콘텐츠 제작 후 배포만 하면 되기 때문에 사용이 용이함

> **→ Check SaaS LMS의 장점**
>
> ① 최적화된 소프트웨어: 클라우드 기반 LMS는 대규모 학습·교육프로그램의 제공·관리·보고에 최적화
> ② 중앙 집중식 데이터 스토리지: 모든 데이터가 1개의 서버에서 안전하게 유지될 수 있으며, 클라우드를 통한 데이터 호스팅 가능
> ③ 예측 가능한 가격 책정: 대부분 이용자 수를 기반으로 가격을 책정하기 때문에 예산 활용 예측 가능
> ④ 빠른 수정·적용: 이미 완성된 구조 안에서 필요한 내용만 입력하여 활용할 수 있으며, 수정이 필요한 경우에도 빠른 적용 가능
> ⑤ 유연성, 편의성: 클라우드상에서 운영되므로 전세계 어디에서든 인터넷만 있다면 이용 가능
> ⑥ 신속한 유지·보수: 고객서버와 플랫폼을 유지·관리하는 전담팀이 있어 고객이 수리에 직접 대응하지 않아도 되며, 빠른 유지·보수작업 가능
> ⑦ 타사 소프트웨어와의 원활한 통합: API, Zapier 등의 도구를 사용하여 타사 시스템과 쉽게 통합할 수 있어 웨비나 도구, HRM 시스템에 쉽게 접근 가능

① 이러닝 운영에 필요한 법 제도의 유형과 세부 내용을 확인할 수 있다.
② 이러닝 법 제도의 변경사항과 세부 내용이 있는지 확인할 수 있다.
③ 이러닝 법 제도의 변경사항을 운영계획에 적용할 수 있다.
④ 이러닝 법 제도의 변경사항을 학습관리시스템(LMS)에 적용할 수 있다.
⑤ 이러닝 법 제도의 변경사항에 따른 대응 방안을 내부에 공유할 수 있다.

(1) 법과 제도

1) 인터넷 원격훈련, 우편 원격훈련, 스마트훈련, 혼합훈련 관련법

① 고용노동부에서는 직업능력개발훈련의 한 형태로 이러닝을 활용한 인터넷 원격훈련, 우편 원격훈련, 스마트훈련, 혼합훈련을 시행하고 있음
② 이러닝을 활용하는 기업교육 기관은 고용노동부의 「국민평생직업능력개발법」 규정에 따른 "사업주"에 해당하여 직업능력개발훈련을 시행하며, 「지정직업훈련시설의 인력, 시설·장비 요건 등에 관한 규정」을 적용하고 있음

2) 원격훈련의 법제도 근거

법제도	내용
「사업주 직업능력개발훈련 지원 규정」	• 「고용보험법」 및 동법 시행령, 「국민평생직업능력개발법」 및 동법 시행령에 따라 사업주가 실시하는 직업능력개발훈련과정의 인정과 비용지원 등에 필요한 사항을 규정 • 주요 내용: 훈련과정의 인정요건(제6조), 훈련실시신고(제8조), 지원금 지급을 위한 수료기준(제11조), 원격훈련 및 혼합훈련 등에 대한 지원금(제13조, 제15조) 등
「지정직업훈련 시설의 인력, 시설·장비 요건 등에 관한 규정」	• 「국민평생직업능력개발법」 제28조, 같은 법 시행령 제24조 및 같은 법 시행규칙 제12조에 따른 지정직업훈련시설의 설립요건 및 운영에 필요한 사항 등을 규정함을 목적으로 제정 • 주요 내용: 지정직업훈련 시설의 장소, 강의실 및 실습실 등 규모(제4조), 집체훈련 및 원격훈련의 장비 기준(제5조), 원격훈련을 실시하고자 하는 자의 인력 기준(제6조) 등
「직업능력개발훈련 모니터링에 관한 규정」	• 직업능력개발훈련 사업의 모니터링에 필요한 사항을 규정 • 주요 내용: 모니터링의 개념(제2조), 규정의 적용 범위(제3조), 훈련 모니터링 산업인력공단 위탁(제4조), 모니터링 대상 사업 결정(제5조), 모니터링 수행 방법(제7조) 등

3) 원격훈련의 세부 내용

① 인터넷 원격훈련 및 스마트훈련의 개념과 훈련과정 인정요건(「사업주 직업능력개발훈련 지원 규정」제2조, 제6조)

> (1) 인터넷 원격훈련: 정보통신매체를 활용하여 훈련이 실시되고 훈련생 관리 등이 웹상으로 이루어지는 원격훈련
> (2) 스마트훈련: 위치기반서비스, 가상현실 등 스마트 기기의 기술적 요소를 활용하거나 특성화된 교수방법을 적용하여 원격 등의 방법으로 훈련이 실시되고 훈련생 관리 등이 웹상으로 이루어지는 훈련
> (3) 인터넷 원격훈련 또는 스마트훈련을 실시하려는 경우
> ① 한국기술교육대학교의 사전 심사를 거쳐 적합 판정을 받은 훈련과정일 것
> ② 훈련과정 분량이 4시간 이상일 것. 다만, 스마트훈련은 집체훈련을 포함할 경우 원격훈련 분량은 전체 훈련 시간(분량)의 100분의 20 이상(소수점 아래 첫째 자리에서 올림한다)이어야 함
> ③ 학습목표, 학습계획, 적합한 교수·학습활동, 학습평가 및 진도관리 등이 웹(훈련생 학습관리 시스템)에 제시될 것
> ④ 훈련의 성과에 대하여 평가를 실시할 것. 다만, 제25조에 따라 우수훈련기관으로 선정된 훈련기관에서 실시하는 제7조 제4호에 해당하는 훈련과정 중 전문지식 및 기술습득을 목적으로 하는 훈련과정의 경우에는 평가를 생략할 수 있음
> ⑤ 공단이 운영하는 원격훈련 자동모니터링시스템을 갖출 것
> ⑥ [별표 1]의 원격훈련 인정요건을 갖출 것

② 우편 원격훈련의 개념과 훈련과정 인정요건(「사업주 직업능력개발훈련 지원 규정」제6조) `1회 기출`

> (1) 우편 원격훈련: 인쇄 매체로 된 훈련교재를 이용하여 훈련이 실시되고 훈련생 관리 등이 웹상으로 이루어지는 원격훈련을 말함
> (2) 우편 원격훈련을 실시하려는 경우
> ① 한국기술교육대학교의 사전 심사를 거쳐 적합 판정을 받은 훈련과정일 것
> ② 교재를 중심으로 훈련과정을 운영하면서 훈련생에 대한 학습지도, 학습평가 및 진도관리가 웹(훈련생학습관리시스템)으로 이루어질 것
> ③ ②에 따른 교재에는 학습목표 및 학습계획 등이 제시되고, 학습목표 및 내용에 적합한 교수 및 학습활동에 관한 사항이 포함될 것. 다만, 교재 이외의 보조교재 및 인터넷 콘텐츠를 활용할 수 있음
> ④ 훈련 기간이 2개월(32시간) 이상일 것
> ⑤ 월 1회 이상 훈련의 성과에 대하여 평가를 시행하고, 주 1회 이상 학습과제 등 진행단계 평가를 실시할 것. 다만, 제25조에 따라 우수훈련기관으로 선정된 훈련기관에서 실시하는 제7조 제4호에 해당하는 훈련과정 중 전문지식 및 기술습득을 목적으로 하는 훈련과정의 경우에는 평가를 생략할 수 있음
> ⑥ 원격훈련 자동모니터링시스템을 갖출 것
> ⑦ [별표 1]의 원격훈련 인정요건을 갖출 것

③ 혼합훈련의 개념과 훈련과정 인정요건(「사업주 직업능력개발훈련 지원 규정」 제2조, 제6조)

(1) 혼합훈련: 집체훈련, 현장훈련 및 원격훈련 중에서 두 종류 이상의 훈련을 병행하여 실시하는 직업 능력개발훈련을 말함

(2) 혼합훈련을 실시하려는 경우
① 제1호부터 제4호에 따른 훈련 방법(집체훈련, 현장훈련, 원격훈련)별로 해당 요건을 갖출 것
② ①에도 불구하고 현장훈련이 포함되어 있는 경우에는 제2호에 따른 현장훈련과정의 요건 중 ② 및 ④를 제외한 요건을 갖출 것. 다만, 훈련 시간은 병행하여 실시되는 집체훈련 과정 또는 원격훈련과정 훈련 시간의 100분의 400 미만(최대 600시간 이하)이어야 함
③ 원격훈련이 포함되어 있는 경우에는 원격훈련 분량은 전체 훈련 시간(분량)의 100분의 20 이상(소수점 아래 첫째 자리에서 올림한다)일 것. 다만, 우편 원격훈련이 포함되어 있는 경우 훈련 분량은 2개월(32시간) 이상이어야 함
④ 훈련목표, 훈련내용, 훈련평가 등이 서로 연계되어 실시될 것
⑤ 훈련과정별 훈련 실시 기간은 서로 중복되어 운영되지 않을 것

4) 원격교육에 대한 학점인정 기준 [1회 기출]

① 평생교육진흥원 학점은행 관련 부서에서 인증한 학점은행제 원격교육 기관은 이러닝을 활용한 원격교육을 실시할 수 있고, 학점인정 대상인 평가인정 학습과목을 개설할 수 있음

② 평가인정 학습과목
- 평가인정 학습과목은 교육기관(예 대학 부설 평생교육원, 직업전문학교, 학원, 각종 평생교육시설 등)에서 개설한 학습 과정에 대하여 대학에 상응하는 질적 수준을 갖추었는가를 평가하여 학점으로 인정하는 과목임
- 과목을 원격교육으로 실시하고 학점으로 인정하기 위해서는 「원격교육에 대한 학점인정 기준」을 적용하여야 함

수업일수 및 수업시간 등(제4조) ① 수업일수는 출석수업을 포함하여 15주 이상 지속되어야 함(단, 시간제등록제의 경우에는 8주 이상 지속되어야 함)
② 원격 콘텐츠의 순수 진행시간은 25분 또는 20프레임 이상을 단위시간으로 하여 제작되어야 함
③ 대리출석 차단, 출결처리가 자동화된 학사운영플랫폼 또는 학습관리시스템을 보유해야 함
④ 학업성취도 평가는 학사운영플랫폼 또는 학습관리시스템 내에서 엄정하게 처리하여야 하며, 평가 시작시간, 종료시간, IP주소 등의 평가근거는 시스템에 저장하여 4년까지 보관하여야 함

수업방법(제6조) ① 원격교육의 수업은 법령 및 학칙(또는 원칙) 등에서 수업방법을 원격으로 할 수 있도록 규정한 학습과정·교육과정에 한하여 인정함
② 원격교육의 비율은 다음 각 호의 범위에서 운영하여야 함
가. 원격교육기관: 수업일수의 60% 이상(실습 과목은 예외)
나. 원격교육기관 외의 교육기관: 수업일수의 40% 이내
다. 고등교육법 시행령 제53조 제3항에 의한 시간제등록생만을 대상으로 하는 수업: 수업일수의 60% 이내

이수학점(제7조) ① 연간 최대 이수학점은 42학점으로 하되, 학기마다 24학점을 초과하여 이수할 수 없음

③ 학점은행제도

- 학점은행제: 「학점인정 등에 관한 법률」에 따라 학교에서뿐만 아니라 학교 밖에서 이루어지는 다양한 형태의 학습과 자격을 학점으로 인정하고, 학점이 누적되어 일정 기준을 충족하면 학위취득을 가능하게 함으로써 궁극적으로 열린 교육 사회, 평생학습사회를 구현하기 위한 제도
- 1995년 5월, 대통령 직속 교육개혁 위원회가 열린 평생학습사회의 발전을 조성하는 새로운 교육체제에 대한 비전을 제시하면서 학점은행제를 제안하였고 「학점인정 등에 관한 법률 등」 관련 법령을 제정하고 1998년 3월부터 시행하게 되었음
- 학점은행제 이용대상: 고등학교 졸업자 또는 동등 이상의 학력을 가진 사람 누구나

▶ 학점은행제 실시를 통해 학습자, 교육 훈련기관 등이 제공하는 사회적 영향

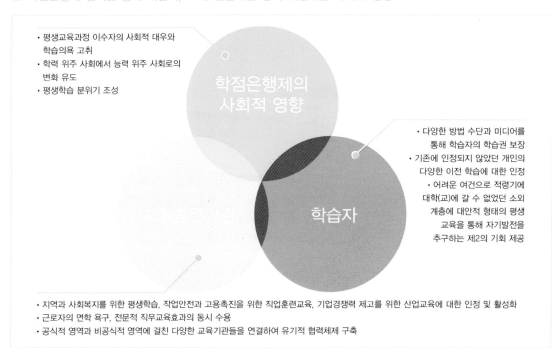

④ 학점은행제 학점인정 대상

- 평가인정 학습과목: 학점을 인정받는 방법으로, 학점은행제 원격교육 인증기관에서 이러닝을 활용하여 개설되며 학점인정 기준을 적용하여 운영됨
- 이수시간, 수강비용 등 평가인정 학습과목의 운영 제반사항은 각 교육기관의 자체적인 방침에 의해 결정되며, 인터넷원격훈련과 우편원격훈련 등을 활용하기도 함

5) 이러닝(전자학습)산업 발전 및 이러닝 활용 촉진에 관한 법률

① 약칭하여 이러닝산업법으로 부르며, 이러닝 산업 발전 및 이러닝의 활용 촉진에 필요한 사항을 정함으로써 이러닝을 활성화하여 국민의 삶의 질을 향상하고 국민경제의 건전한 발전에 이바지하기 위한 목적

② 개정·시행: 산업통상자원부 산하에서 2022.6.10 제18892호 일부개정, 2022.9.11부터 시행되고 있음

③ 이러닝산업법의 개정 이유
- 4차 산업혁명과 더불어 코로나 19에 의한 언택트 시대의 도래
- 발전된 과학기술을 접목한 다양한 이러닝 콘텐츠가 접목된 수준 높은 교육을 받고자 하는 기대가 높아지는 현실 반영
- 법의 목적에 이러닝 활성화를 통한 교육의 질 향상을 추가하고 인공지능, 가상현실 및 증강현실 관련 기술을 활용한 학습방식을 이러닝의 정의에 포함함으로써 최신 학습법을 포괄할 수 있도록 함
- 이러닝 산업의 개인정보 보호 수준을 높이기 위하여 정부가 이러닝 사업자의 개인정보 보호 실태를 점검하고, 개인정보 침해 예방에 필요한 컨설팅 지원 등 필요한 시책을 마련하여 시행하고자 함

④ 이러닝산업법의 주요 내용

이러닝과 이러닝 산업 등에 대한 정의 마련 (제2조)	• "이러닝"은 전자적 수단, 정보통신, 전파, 방송, 인공지능, 가상현실 및 증강현실 관련 기술을 활용하여 이루어지는 학습을 말함 • "이러닝 콘텐츠"란 전자적 방식으로 처리된 부호·문자·도형·색채·음성·음향·이미지·영상 등 이러닝과 관련된 정보나 자료를 말함 • "이러닝 산업"이란 이러닝 콘텐츠 및 이러닝 콘텐츠 운용소프트웨어를 연구·개발·제작·수정·보관·전시 또는 유통하는 업, 이러닝의 수행·평가·컨설팅과 관련된 서비스업, 그 밖에 이러닝을 수행하는 데에 필요하다고 대통령령으로 정하는 업을 말함
기본계획 수립 및 이러닝 진흥위원회 설치 (제6조, 제8조)	정부는 이러닝 산업의 발전 및 이러닝 활용 촉진에 관한 기본계획을 수립하고, 이러닝 산업과 관련된 중앙행정기관의 장은 기본계획에 따라 매년 소관별 이러닝 산업의 발전을 위한 시행계획을 수립·추진하며, 기본계획의 수립 및 시행계획의 수립·추진에 관한 사항을 심의·의결하기 위하여 산업통상자원부에 이러닝진흥위원회를 두도록 함
이러닝 산업의 전문인력 양성 지원 (제9조)	정부는 이러닝 산업 발전 및 이러닝 활용 촉진을 위한 전문인력을 양성하기 위하여 학교, 원격대학 형태의 평생교육시설 및 대통령령으로 정하는 이러닝 관련 연구소·기관 또는 단체를 전문인력 양성기관으로 지정하여 교육 및 훈련을 실시하게 할 수 있으며 이에 필요한 비용을 지원할 수 있음

이러닝 지원센터 설치 (제20조)	정부는 이러닝 지원을 효율적으로 하기 위해 이러닝 센터를 지정 운영하며 중소기업 및 교육기관의 이러닝을 지원하기 위한 교육 및 경영 컨설팅, 이러닝을 통한 지역 공공서비스의 제공 대행, 이러닝 전문인력의 양성 등의 기능을 수행함
통계조사 실시 (제27조)	산업통상자원부 장관은 이러닝 산업 관련 정책의 효과적인 수립·시행을 위하여 이러닝 산업 관련 통계 등 실태조사를 할 수 있음
이러닝 활용 촉진을 위한 차별 금지 (제3조)	정부는 이러닝이라는 이유로 다른 형태의 학습과 차별하여서는 안 됨
이러닝 관련 소비자 보호 등 실시 (제11조, 제25조, 제26조)	• 산업통상자원부 장관은 이러닝 산업의 발전을 위하여 관계 중앙행정기관의 장과 협의를 통해 이러닝에 관한 표준의 제정·개정·폐지·보급 및 국내외 표준의 조사·연구 및 개발에 관한 사업을 추진할 수 있도록 함 • 정부는 「소비자기본법」, 「전자상거래 등에서의 소비자보호에 관한 법률」 등 관계 법령에 따라 이러닝과 관련되는 소비자의 기본권익을 보호, 이러닝에 관한 소비자의 신뢰성을 확보하고 소비자 피해 예방과 구제를 위한 시책을 수립·시행하도록 함

⑤ 이러닝기본계획의 수립(「이러닝(전자학습)산업 발전 및 이러닝 활용 촉진에 관한 법률」 제6조) `1회 기출`

> 기본계획의 수립(제6조) ① 정부는 이러닝산업 발전 및 이러닝 활용 촉진에 관한 기본계획(이하 "기본계획"이라 한다)을 수립하여야 함
> ② 기본계획은 제8조의 이러닝진흥위원회의 심의를 거쳐 확정됨
> ③ 기본계획에는 다음 각 호의 사항이 포함되어야 함
> 1. 이러닝산업 발전 및 이러닝 활용 촉진을 위한 시책의 기본방향
> 2. 이러닝산업 발전 및 이러닝 활용 촉진을 위한 기반조성에 관한 사항
> 3. 이러닝산업 발전 및 이러닝 활용 촉진을 위한 제도개선에 관한 사항
> 4. 개인·기업·지역·교육기관 및 공공기관의 이러닝 도입 촉진 및 확산에 관한 사항
> 5. 이러닝 관련 기술 개발 및 연구·조사와 표준화에 관한 사항
> 6. 이러닝 분야의 전문인력 양성에 관한 사항
> 7. 이러닝 분야 기술·인력 등의 국외진출 및 국제화에 관한 사항
> 8. 이러닝 관련 기술 및 산업 간 융합 촉진에 관한 사항
> 9. 이러닝 관련 소비자 보호에 관한 사항
> 10. 그 밖에 이러닝산업 발전 및 이러닝 활용 촉진에 필요한 것으로서 대통령령으로 정하는 사항

⑥ 이러닝진흥위원회의 구성(「이러닝(전자학습)산업 발전 및 이러닝 활용 촉진에 관한 법률」 제8조)

`1회 기출`

> 이러닝진흥위원회(제8조) ① 다음 각 호의 사항을 심의·의결하기 위하여 산업통상자원부에 이러닝진흥위원회(이하 이 조에서 "위원회"라 한다)를 둠
> 1. 기본계획의 수립 및 시행계획의 수립·추진에 관한 사항
> 2. 이러닝산업 발전 및 이러닝 활용 촉진 정책의 총괄·조정에 관한 사항
> 3. 이러닝산업 발전 및 이러닝 활용 촉진 정책의 개발·자문에 관한 사항
> 4. 그 밖에 위원장이 이러닝산업 발전 및 이러닝 활용 촉진에 필요하다고 인정하는 사항

② 위원회는 위원장 1명과 부위원장 1명을 포함하여 20명 이내의 위원으로 구성하되, 위원장은 산업통상자원부차관 중에서 산업통상자원부장관이 지정하는 사람이 되고, 부위원장은 교육부의 고위공무원단에 속하는 일반직공무원 또는 3급 공무원 중에서 교육부장관이 지명하는 사람이 되며, 그 밖의 위원은 다음 각 호의 사람이 됨

1. 기획재정부, 과학기술정보통신부, 문화체육관광부, 산업통상자원부, 고용노동부, 중소벤처기업부 및 인사혁신처의 고위공무원단에 속하는 일반직공무원 또는 3급 공무원 중에서 해당 소속 기관의 장이 지명하는 사람 각 1명
2. 「소비자기본법」에 따른 한국소비자원이 추천하는 소비자단체 소속 전문가 2명
3. 이러닝산업에 관한 전문지식과 경험이 풍부한 사람 중에서 위원장이 위촉하는 사람

③ 위원회에 간사위원 1명을 두며, 간사위원은 산업통상자원부 소속 위원이 됨

⑤ 제1항부터 제3항까지에서 규정한 사항 외에 위원회의 구성 및 운영에 필요한 사항은 대통령령으로 정함

⑦ 이러닝진흥위원회의 운영(「이러닝(전자학습)산업 발전 및 이러닝 활용 촉진에 관한 법률 시행령」 제6조)

위원회의 운영 등(제6조) ① 위원회의 회의는 위원회 위원장(이하 "위원장"이라 한다)이 필요하다고 인정하거나 재적위원 3분의 1 이상이 요청하는 경우에 위원장이 소집함

② 위원장이 부득이한 사유로 직무를 수행할 수 없을 때에는 부위원장이 그 직무를 대행하고, 위원장과 부위원장이 모두 직무를 수행할 수 없을 때에는 법 제8조 제2항 제1호에 따른 위원의 순으로 그 직무를 대행함

③ 위원장은 회의를 소집하려는 경우 회의 개최 7일 전까지 회의의 일시·장소 및 안건을 각 위원에게 통보하여야 함. 다만, 긴급히 개최해야 하거나 부득이한 사유가 있는 경우에는 회의 개최 전날까지 통보할 수 있음

④ 위원회의 회의는 재적위원 과반수의 출석으로 개의(開議)하고 출석위원 과반수의 찬성으로 의결함

⑤ 법 제8조 제2항 제2호 및 제3호에 따른 위원의 임기는 2년으로 하며, 한 차례만 연임할 수 있음

⑧ 전문인력 양성기관의 지정대상(「이러닝(전자학습)산업 발전 및 이러닝 활용 촉진에 관한 법률 시행령」 제11조)

전문인력 양성기관의 지정대상 등(제11조) 법 제9조 제2항에서 "대통령령으로 정하는 이러닝 관련 연구소·기관 또는 단체"란 다음 각 호의 연구소·기관 또는 단체를 말함

1. 이러닝과 관련되는 교육과정을 개설·운영하고 있는 연구소·기관 또는 단체
2. 「정부출연연구기관 등의 설립·운영 및 육성에 관한 법률」에 따른 정부출연연구기관 중 이러닝과 관련되는 연구를 수행하고 있는 기관
3. 「민법」 제32조나 「공익법인의 설립·운영에 관한 법률」에 따른 법인으로서 이러닝산업 육성과 관련되는 업무를 수행하는 법인

⑨ 사회적 취약계층의 범위(「이러닝(전자학습)산업 발전 및 이러닝 활용 촉진에 관한 법률 시행령」 제13조의2) `1회 기출`

> 사회적 취약계층의 범위(제13조의2) 법 제17조의2 제2항에서 "대통령령으로 정하는 사회적 취약계층"이란 다음 각 호의 사람을 말함
> 1. 가구 월평균 소득이 전국 가구 월평균 소득의 100분의 60 이하인 사람
> 2. 「고용상 연령차별금지 및 고령자고용촉진에 관한 법률」 제2조 제1호에 따른 고령자
> 3. 「장애인고용촉진 및 직업재활법」 제2조 제1호에 따른 장애인
> 4. 「청년고용촉진 특별법」 제2조 제1호에 따른 청년 또는 「여성의 경제활동 촉진과 경력단절 예방법」에 따른 경력단절여성등 중 「고용보험법 시행령」 제26조 제1항에 따른 고용촉진 지원금의 지급대상이 되는 사람
> 5. 「북한이탈주민의 보호 및 정착지원에 관한 법률」 제2조 제1호에 따른 북한이탈주민
> 6. 그 밖에 교육부장관이 정하여 고시하는 사람

⑩ 전문인력의 양성(「이러닝(전자학습)산업 발전 및 이러닝 활용 촉진에 관한 법률」 제9조) `1회 기출`

> 전문인력의 양성(제9조) ① 정부는 이러닝산업 발전 및 이러닝 활용 촉진을 위하여 필요한 전문인력을 양성하는 데에 노력하여야 함
> ② 정부는 이러닝산업 발전 및 이러닝 활용 촉진을 위한 전문인력을 양성하기 위하여 「고등교육법」 제2조에 따른 학교, 「평생교육법」 제33조 제3항에 따라 설립된 원격대학형태의 평생교육시설 및 대통령령으로 정하는 이러닝 관련 연구소·기관 또는 단체를 전문인력 양성기관으로 지정하여 교육 및 훈련을 실시하게 할 수 있으며 이에 필요한 비용을 지원할 수 있음

⑪ 학교의 종류(「고등교육법」 제2조)

> 학교의 종류(제2조) 고등교육을 실시하기 위하여 다음 각 호의 학교를 둠
> 1. 대학
> 2. 산업대학
> 3. 교육대학
> 4. 전문대학
> 5. 방송대학·통신대학·방송통신대학 및 사이버대학(이하 "원격대학"이라 한다)
> 6. 기술대학
> 7. 각종학교

⑫ 원격대학형태의 평생교육시설(「평생교육법」 제33조 제3항)

> 원격대학형태의 평생교육시설(제33조) ③ 제1항에 따라 전문대학 또는 대학졸업자와 동등한 학력·학위가 인정되는 원격대학형태의 평생교육시설을 설치하고자 하는 경우에는 대통령령으로 정하는 바에 따라 교육부장관의 인가를 받아야 함. 이를 폐쇄하고자 하는 경우에는 교육부장관에게 신고하여야 함
> ⑤ 제3항에 따른 원격대학형태의 평생교육시설의 설치기준, 학사관리 등 운영방법과 제4항에 따른 평가에 필요한 사항은 대통령령으로 정함

⑬ 전문인력 양성기관의 지정대상 등(「이러닝(전자학습)산업 발전 및 이러닝 활용 촉진에 관한 법률 시행령」 제11조)

> 전문인력 양성기관의 지정대상 등(제11조) 법 제9조 제2항에서 "대통령령으로 정하는 이러닝 관련 연구소·기관 또는 단체"란 다음 각 호의 연구소·기관 또는 단체를 말함
> 1. 이러닝과 관련되는 교육과정을 개설·운영하고 있는 연구소·기관 또는 단체
> 2. 「정부출연연구기관 등의 설립·운영 및 육성에 관한 법률」에 따른 정부출연연구기관 중 이러닝과 관련되는 연구를 수행하고 있는 기관
> 3. 「민법」 제32조나 「공익법인의 설립·운영에 관한 법률」에 따른 법인으로서 이러닝산업 육성과 관련되는 업무를 수행하는 법인

6) 관련 법령 확인

법령	바로보기
국민 평생 직업능력 개발법 시행령	
사업주 직업능력개발훈련 지원규정	
이러닝(전자학습)산업 발전 및 이러닝 활용 촉진에 관한 법률	
이러닝(전자학습)산업 발전 및 이러닝 활용 촉진에 관한 법률 시행령	

(2) 법과 제도의 주요 이슈

1) 원격훈련시설의 장비 요건

① 하드웨어

훈련 유형		장비 요건
자체 훈련 ❷		• 안전성과 확장성을 가진 Web 서버, DB 서버, 동영상 서버를 갖출 것 • 대용량의 콘텐츠를 안정적으로 백업할 수 있는 백업 서버를 갖출 것
위탁 훈련	Web 서버	• CPU: 1.4GHz X 4Core 이상 • Memory: 4GB 이상 • HDD: 100GB 이상 • RAID 시스템을 사용할 것(Raid 0 단일구성은 제외) • SCSI 또는 동일 규격의 SAS 하드 드라이브(SSD인 경우 SATA나 PCI 방식 허용)

위탁 훈련	DB 서버	• CPU: 1.4GHz X 4Core 이상 • Memory: 4GB 이상 • HDD: 100GB 이상 • RAID 시스템을 사용할 것(Raid 0 단일구성은 제외) • SCSI 또는 동일 규격의 SAS 하드 드라이브(SSD인 경우 SATA나 PCI 방식 허용)
	동영상 서버	• CPU: 1.4GHz X 4Core 이상 • Memory: 4GB 이상 • HDD: 100GB 이상 • RAID 시스템을 사용할 것(Raid 0 단일구성은 제외) • SCSI 또는 동일 규격의 SAS 하드 드라이브 • SSD인 경우 SATA나 PCI 방식도 허용(CDN 서비스 계약 시 전용 장비가 1대 이상 위치하도록 명시되어 있을 경우, 동영상 서버를 확보한 것으로 간주함)
	Disk Array (storage)	• HDD: 2TB 이상 • RAID 시스템을 사용할 것(Raid 0 단일구성은 제외) • Cache: 2GB 이상 • 부품 이중화를 통한 안정성을 확보하고 로컬미러링을 이용한 백업 및 복구 솔루션 제공

> **→ Check** **자체 훈련과 위탁 훈련의 비교**
>
> 자체 훈련은 자사의 교육생들을 대상으로 훈련 운영을 하는 것이고, 위탁 훈련은 학습관리시스템을 갖춘 컨설팅사가 여러 기업의 교육생들을 대상으로 서비스를 하는 것
> → 훈련시설 요건이 자체 훈련과 대비하여 강화된 것으로 이해하면 됨

② 소프트웨어

훈련 유형	장비 요건
자체 훈련	• 사이트의 안정적인 서비스를 위하여 성능·보안·확장성 등이 적정한 웹서버를 사용할 것 • DBMS는 과부하 시에도 충분한 안정성이 확보된 것이어야 하고, 각종 장애 발생 시 데이터의 큰 유실 없이 복구 가능할 것 • 정보 보안을 위해 방화벽과 보안 소프트웨어를 설치하고, 기술적·관리적 보호조치를 마련할 것
위탁 훈련	• 사이트의 안정적인 서비스를 위하여 성능·보안·확장성 등이 적정한 웹서버를 사용할 것 • DBMS는 과부하 시에도 충분한 안정성이 확보된 것이어야 하고, 각종 장애 발생 시 데이터의 큰 유실 없이 복구 가능할 것 • 정보 보안을 위해 방화벽과 보안 소프트웨어를 설치하고, 기술적·관리적 보호조치를 마련할 것 • DBMS에 대한 동시접속 권한을 20개 이상 확보할 것(우편 원격훈련의 경우 DBMS에 대한 동시접속 권한을 5개 이상 확보할 것)

③ 네트워크

훈련 유형	장비 요건
자체 훈련	ISP 업체를 통한 서비스 제공 등 안정성 있는 서비스 방법을 확보하여야 하며, 인터넷 전용선 100M 이상을 갖출 것
위탁 훈련	• ISP 업체를 통한 서비스 제공 등 안정성 있는 서비스 방법을 확보하여야 하며, 인터넷 전용선 100M 이상을 갖출 것(스트리밍 서비스를 하는 경우 최소 50인 이상의 동시 사용자를 지원할 수 있을 것) • 자체 DNS 등록 및 환경을 구축하고 있을 것 • 여러 종류의 교육 훈련용 콘텐츠 제공을 위한 프로토콜의 지원이 가능할 것

④ 기타
  - Help Desk 및 사이트 모니터를 갖출 것
  - 원격훈련 전용 홈페이지를 갖추어야 하며 플랫폼은 훈련생 모듈, 훈련교사 모듈, 관리자 모듈 등 각각의 전용모듈을 갖출 것

2) 원격훈련 모니터링

정의	원격훈련기관의 훈련실시 데이터 수집·분석을 통해 부정·부실훈련을 예방하고 훈련 품질을 제고하여 원격훈련시장의 건전성 확보를 추구하는 제반 활동
대상	원격훈련 운영기관·과정, 원격훈련 참여자
내용	훈련과정의 진도율, 시험·과제 득점 현황, 제출기간 내 응시 여부 등

◤ 한국산업인력공단의 원격훈련 모니터링 시스템

오답노트 말고

2023년 정답노트

1

이러닝의 장점을 <u>잘못</u> 설명한 것은?

① 초기 구축 비용이 저렴하다.
② 학습자가 시간, 장소에 제약받지 않고 학습할 수 있다.
③ 학습자 자신의 학습 속도와 수준에 맞게 조절할 수 있다.
④ 즉각적인 의사소통과 상호작용이 가능하다.

[해설]

이러닝은 시스템 개발, 콘텐츠 개발 등으로 초기 구축 비용이 많이 든다.

2

2015년 이러닝 산업 특수분류에서 다음 내용에 해당하는 산업 분류는?

> 쌍방향 의사소통이 가능한 이러닝용 코스웨어(Open Courseware 포함)를 개발 및 제작(기획, 설계, 디자인 등)하는 산업활동

① 전자책(e-book) 자체 개발, 제작업
② 이러닝 콘텐츠 유통업
③ 코스웨어(Courseware) 자체 개발, 제작업
④ 교수자 연수 서비스업

[해설]

쌍방향 의사소통이 가능한 이러닝용 코스웨어(Open Courseware 포함)를 개발 및 제작(기획, 설계, 디자인 등)하는 산업활동은 코스웨어(Courseware) 자체 개발, 제작업이다.

3

이러닝 서비스 산업을 분류할 때, 직무훈련 서비스업 중분류에 속하지 <u>않는</u> 소분류 내용은 무엇인가?

① 기업 직무훈련 서비스업
② 직업훈련 서비스업
③ 고등교육 서비스업
④ 교수자 연수 서비스업

[해설]

고등교육 서비스업은 교과교육 서비스업 중분류에 속하는 소분류 내용이다.

4

이러닝진흥위원회와 관련된 내용으로 옳지 <u>않은</u> 것은?

① 위원회는 위원장 1명과 부위원장 1명을 포함하여 20명 이내의 위원으로 구성한다.
② 「소비자기본법」에 따른 한국소비자원이 추천하는 소비자단체 소속 전문가 2명을 위원으로 위촉할 수 있다.
③ 위원회 회의는 재적위원 과반수 출석으로 개의하고 출석위원 2/3의 찬성으로 의결한다.
④ 위원회는 이러닝 산업 발전 및 이러닝 활용촉진 정책의 개발·자문에 대한 사항을 심의, 의결한다.

[해설]

위원회 회의는 재적위원 과반수 출석으로 개의하고 출석위원 과반수의 찬성으로 의결한다.

05

이러닝 산업 발전 및 이러닝 활용촉진에 관한 법률 상의 취약계층에 속하지 <u>않는</u> 것은?

① 「고용상 연령차별금지 및 고령자고용촉진에 관한 법률」 제2조 제1호에 따른 고령자
② 「장애인고용촉진 및 직업재활법」 제2조 제1호에 따른 장애인
③ 「파견근로자 보호 등에 관한 법률」에 따라 다른 기업체로 파견되어 파견근로를 제공해주는 근로자
④ 「북한이탈주민의 보호 및 정착지원에 관한 법률」 제2조 제1호에 따른 북한이탈주민

[해설]

파견법에 따라 다른 기업체로 파견되어 파견근로를 제공해주는 근로자는 사회적 취약계층에 해당하지 않는다.

이러닝 산업 발전 및 활용 촉진을 위한 기본계획에 포함되지 <u>않는</u> 내용은?

① 이러닝 관련 소비자 보호
② 글로벌 제도 개선
③ 이러닝 관련 기술 표준화
④ 이러닝 관련 기술 및 산업 간 융합 촉진

[해설]

글로벌 제도 개선은 이러닝 산업 발전을 위한 기본계획에 포함되지 않는다.

07

「원격교육에 대한 학점인정 기준」에 대한 설명으로 <u>잘못된</u> 것은?

① 시간제 등록제의 경우 수업일수는 출석 수업을 포함하여 15주 이상 지속되어야 한다.
② 원격 콘텐츠의 순수 진행 시간은 25분 또는 20 프레임 이상을 단위시간으로 하여 제작되어야 한다.
③ 평가 시작 시각, 종료 시간, IP주소 등의 평가 근거는 시스템에 저장하여 4년까지 보관하여야 한다.
④ 대리출석 차단, 출결 처리가 자동화된 학사 운영플랫폼을 보유해야 한다.

[해설]

시간제 등록제의 경우에 수업일수는 8주 이상 지속되어야 한다.

다음 중 이러닝 전문인력 양성기관으로 지정할 수 있는 곳이 <u>아닌</u> 것은?

① 「고등교육법」 제2조에 따른 학교
② 「평생교육법」 제33조 제3항에 따라 설립된 평생교육시설
③ 대통령령으로 정하는 이러닝 관련 연구소 또는 기관
④ 「공공기관운영법」 제7조에 따른 공공기관

[해설]

이러닝 전문인력 양성 대상 기관에 「공공기관운영법」 제7조에 따른 공공기관은 포함되지 않는다.

우편 원격훈련의 개념과 훈련과정 인정 요건에 대한 내용으로 옳지 <u>않은</u> 것은?

① 학습지도, 학습평가 및 진도 관리가 웹으로 이루어질 것
② 훈련 기간이 2개월(24시간) 이상일 것
③ 총 훈련 기간이 15주 이상일 것
④ 월 1회 이상 훈련의 성과에 대하여 평가를 시행하고 주 1회 이상 학습 과제 등을 실시할 것

해설

훈련 기간은 2개월(32시간) 이상이어야 한다.

1 이러닝 콘텐츠 개발 요소 이해

📁 학습목표

① 이러닝 콘텐츠 개발을 위한 산출물과 개발 절차를 설명할 수 있다.
② 이러닝 콘텐츠 개발을 위한 자원을 열거할 수 있다.
③ 이러닝 콘텐츠 개발을 위한 장비에 대해 설명할 수 있다.

(1) 개발 산출물

1) 개발 프로세스 단계별 산출물

ADDIE의 과정	역할(기능)	세부단계(활동)	산출물
분석	학습 내용(what)을 정의하는 과정	요구분석, 학습자분석, 내용(직무 및 과제) 분석, 환경분석	요구분석서
설계	교수 방법(how)을 구체화하는 과정	학습구조 설계, 교안 작성, 스토리보드 작성, 콘텐츠 인터페이스 설계 명세	교육과정 설계서, 스토리보드, 원고
개발	학습할 자료를 만들어 내는 과정	교수자료 개발, 프로토타입 제작, 사용성 검사	최종 교안, 콘텐츠 제작물
실행	프로그램을 실제의 상황에 설치하는 과정	콘텐츠 사용, 시스템의 설치·유지·관리	실행 결과에 대한 테스트 보고서
평가	프로그램의 적절성을 결정하는 과정	콘텐츠 및 시스템에 대한 총괄평가	최종 평가보고서, 프로그램 개발완료 보고서

2) 요구분석서

① 이러닝 콘텐츠 개발의 첫 단계인 분석단계 중 학습자분석은 학습할 대상에 따라 콘텐츠의 내용, 형태, 제시방법, 개발에 필요한 범위를 파악하는 중요한 단계
② 요구분석서를 별도로 작성할 수도 있으나 일반적으로 교육과정 설계서에 요구분석 내용을 포함함

③ 요구분석서 양식 예시

단계	분석 대상	분석 내용
개발 목적	개발 목적	
학습자 환경	콘텐츠 수용 범위	
개발 범위	학습내용	
	교육과정	
콘텐츠 유형	콘텐츠 형태	
	교수·학습 유형	
사용 대상	Class	
	연령	
요구기능	학습자 시스템 환경	
	인터넷 도구	
	교수·학습도구	
기대효과	학습의 효율성	
	경제성	
	효용성	

④ 학습자분석
- 콘텐츠 개발 계획서의 학습자분석사항: 학습자의 연령, 성별, 학력, 소속 등 일반적인 특성 및 학습내용과 연계되어 콘텐츠에서 특별히 고려·요구되는 특성 등을 조사·파악한 내용이 제시됨
- 학습자분석을 통해 얻은 결과는 학습자의 특성에 적합한 콘텐츠의 개발 및 학습효과의 기대에 반드시 필요한 사항이며, 특정 직업·집단의 경우 선호하거나 꺼리는 요건이 있으므로 해당 내용이 요구분석서에 있는지를 확인해야 함

⑤ 이러닝 콘텐츠 개발에 영향을 미치는 학습자의 성향과 특징 조건

구분	내용
연령	• 연령은 학습자의 인지적 발달 정도를 파악하는 기본자료로 사용됨 • 유아·초등 및 중고등의 경우 나이, 학년을 기준으로 학습의 정도가 유사하므로 학습내용을 계획하고 콘텐츠 유형을 정할 수 있음 • 성인의 경우는 학습능력의 차이가 크게 나타날 수 있으므로 동일조건보다는 조직, 그룹, 배경, 학습목적을 기준으로 학습내용을 결정함
학습능력	• 학습자의 학습능력은 학습성취도의 차이로 볼 수 있음 • 학습대상이 속한 조직, 학습목적 및 목표에 따른 학습능력의 수준 차이를 확인한 후에 학습내용의 분야, 수준, 난이도, 콘텐츠 개발 유형 등을 결정해야 함
선수학습 정도	• 선수학습 정도는 학습의 성공을 예측하는 중요한 조건임 • 학습자에 따라서는 학습준비의 정도를 판단하는 중요한 준거가 될 수 있으므로, 새로운 내용을 제시하기 전에 필요한 선수학습 정도가 얼마나 되는지 확인해야 함 • 선수학습 능력을 판단하고 이를 고려하여 진행할 수 있도록 테스트 등을 학습 전에 제시하기도 함
이러닝 학습경험	• 학습자가 이러닝 학습경험이 있는 경우 다음 이러닝 학습 시의 결과에 영향을 미침 • 학습 진행속도, 할애하는 시간, 학습경로 등과 선호하는 학습 형태, 이전 학습에서의 좋은 경험 등이 이후의 학습에 긍정적인 영향을 미침

3) 교육과정 설계서

① 과정명, 학습목표, 학습대상 등에 대한 간략한 정보를 정리함

🔖 교육과정 설계서 표지와 과정 개요 예시

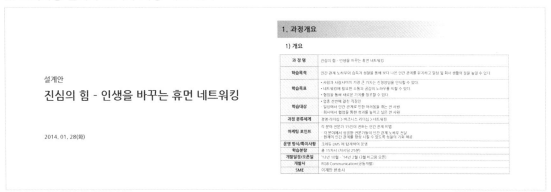

② 이러닝 콘텐츠 학습자의 특성, 학습목적, 선호하는 학습 방법 등을 파악하여 정리함

🔖 교육과정 설계서 요구분석 예시

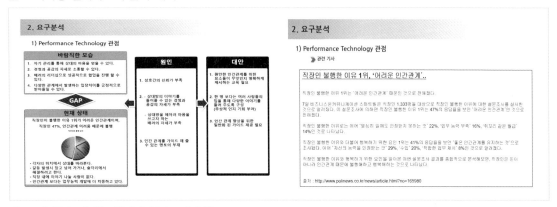

③ 교수학습 유형, 학습흐름을 정리함
④ 학습 전개의 일반적인 순서(흐름): 도입 → 학습 → 마무리
⑤ 이외에 적용, 활동, 성찰 등이 추가될 수 있음

교육과정 설계서 설계전략과 학습 흐름도 예시

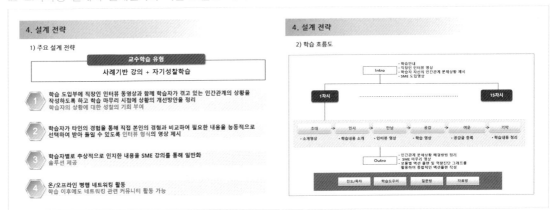

⑥ 학습흐름별 개발방법을 예상할 수 있도록 이미지를 활용하여 정리함

교육과정 설계서 학습흐름도 예시

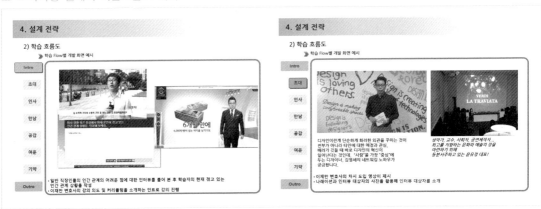

4) 스토리보드

① 스토리보드: 개발 전 단계에서 개발 후 완성된 콘텐츠의 최종결과를 예상할 수 있는 기초문서
② 스토리보드에 대한 이해와 해석은 기획한 의도에 맞는 콘텐츠의 개발·서비스에 중요한 요소
③ 교수설계자들이 작성한 스토리보드는 학습내용이 개발물에 어떻게 표현되고 전개되는지 이야기할 수 있는 의사소통의 도구로 사용되며, 스토리보드를 토대로 화면설계부터 시작하여 콘텐츠의 실제 구현까지 진행할 수 있음
④ 개발자가 스토리보드의 구성요소를 이해하고 있어야 개발 진행이 순조롭게 됨

5) 콘텐츠 제작물

스토리보드를 바탕으로 실제로 제작된 내용물로 텍스트, 이미지, 오디오, 비디오 등 다양한 형태로 제작됨

콘텐츠 제작물 예시

| 동영상 | 이미지 | 텍스트 |

6) 평가 · 개선 보고서

① 평가 · 개선 보고서: 학습자들의 학습성과를 평가하고 이러닝 콘텐츠의 문제점을 파악 · 개선하기 위한 보고서
② 이러닝 콘텐츠 개발과정의 지속적인 개선에 중요한 역할을 함

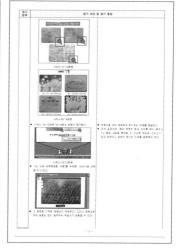

(2) 개발 자원

① 학습흐름을 바탕으로 각 단계별 제시전략 및 멀티미디어 자료와 개발전략을 확인하면 투입해야 하는 자원을 결정할 수 있음
② 투입기간과 비용을 고려하여 인적 자원과 물적 자원을 결정할 수 있음

분류	인적 자원	물적 자원	
내용 요소 개발	• 내용 전문가(Subject Matter Expert) • 교수설계자 • 작가	하드웨어	문서 편집용 PC
		소프트웨어	문서 편집용 소프트웨어 예 워드프로세서, 파워포인트, 엑셀 등
동영상 요소 개발	• 매체 제작자 • 강사(아나운서) • 성우	하드웨어	동영상 편집용 PC, 카메라, 마이크, 조명 등
		소프트웨어	• 동영상 편집 소프트웨어 예 Adobe Premiere Pro, PowerDirector, Adobe After Effect 등 • 음성 녹음 및 편집 소프트웨어 • 화면 캡쳐 소프트웨어 예 캠타시아 등 • 저작권이 확보된 이미지와 동영상
그래픽 요소 개발	웹디자이너	하드웨어	그래픽 PC
		소프트웨어	• 그래픽 편집용 소프트웨어 예 Adobe Photoshop, Adobe Illustrator 등 • 저작권이 확보된 이미지

		하드웨어	애니메이션 제작용 PC, 타블렛
애니메이션 요소 개발	애니메이터	소프트웨어	애니메이션 제작 소프트웨어 예 Adobe Animate, Toon Boom Harmony, Pencil 2D 등
프로그래밍 통합개발	웹 프로그래머	하드웨어	프로그래밍용 PC
		소프트웨어	프로그래밍용 에디터 예 Visual Studio 코드, Atom, Notepad++ 등

③ 에드거 데일(Edgar Dale)의 경험의 원추 1회 기출

- 사실주의에 근거한 개념으로 시청각 교재를 구체성과 추상성에 따라 분류함
- 학습 경험을 11단계로 분류하고, 이를 크게 3가지 학습 형태(행위에 의한 학습, 영상을 통한 학습, 추상적·상징적 개념에 의한 학습)로 구분함
- 직접적 경험을 통한 행동적 단계에서 시청각적 자료를 통한 경험이나 관찰을 통한 영상적 단계, 그리고 언어와 시각 기호를 통해 이해를 도모하는 상징적-추상적 단계로 진전되면서 개념 형성이 이루어진다는 것을 제시하고 있음
- 원추의 꼭대기로 올라갈수록 짧은 시간 내에 더 많은 정보와 학습 내용 전달이 가능하지만, 추상성이 높아짐
- 제롬 브루너(Jerome Bruner)가 분류한 지식의 표상과 일치함

에드거 데일(Edgar Dale)의 경험의 원추	제롬 브루너(Jerome Bruner)의 지식의 표상
추상적·상징적 개념에 의한 학습	상징적 표상
영상을 통한 학습	영상적 표상
행위에 의한 학습	행동적 표상

▶ 에드거 데일(Edgar Dale)의 경험의 원추

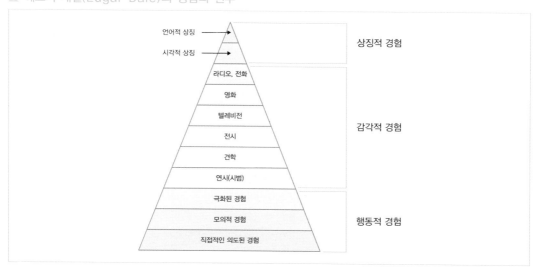

(3) 개발 장비

1) 촬영 장비

① 이러닝 콘텐츠에는 비디오 요소가 포함될 수 있음
② 비디오 요소 개발은 비디오 촬영을 위한 캠코더, 마이크, 조명 등을 필요로 함

▷ 촬영 장비

| 캠코더 | 마이크 | 조명 |

2) 녹음 장비

① 이러닝 콘텐츠에는 오디오 요소가 포함될 수 있음
② 오디오 요소 개발은 오디오 녹음을 위한 마이크, 믹서 등을 필요로 함

▷ 녹음 장비

| 마이크 | 믹서 |

(4) 저작물 이용허락 표시

1) 크리에이티브 커먼즈 라이선스(Creative Commons License) 1회 기출

① 저작자가 자신의 저작물을 다른 이들이 자유롭게 쓸 수 있도록 미리 허락하는 라이선스
② 자신의 저작물을 이용할 때 어떤 이용허락 조건들을 따라야 할지 선택하여 표시함
③ CC 라이선스가 적용된 저작물을 이용하려는 사람은 저작자에게 별도로 허락을 받지 않아도, 저작자가 표시한 이용허락 조건에 따라 자유롭게 저작물을 이용할 수 있음

④ 이용허락 조건

	저작자 표시 (Attribution)	• 저작자의 이름, 출처 등 저작자를 반드시 표시해야 한다는 필수조건 • 저작물을 복사하거나 다른 곳에 게시할 때도 반드시 저작자와 출처를 표시해야 함
	비영리 (Noncommercial)	• 저작물을 영리 목적으로 이용할 수 없음 • 영리 목적의 이용을 위해서는 별도의 계약이 필요함
	변경금지 (No Derivative Works)	저작물을 변경하거나 저작물을 이용해 2차 저작물을 만드는 것을 금지한다는 의미
	동일조건변경허락 (Share Alike)	2차 저작물 창작을 허용하되, 2차 저작물에 원저작물과 동일한 라이선스를 적용해야 한다는 의미

■ 이용허락 조건과 CC 라이선스

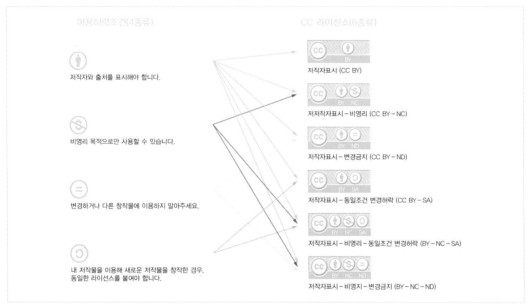

2) 공공저작물 자유이용 허락 표시제도(Korea Open Government License)

① 공공저작물에 대한 이용허락 절차의 부재, 저작권 권리 처리 문제 등으로 인한 활용의 어려움을 없애고자, 표준화된 이용 허락표시 제도인 '공공누리' 도입

② 공공누리
  • 국가, 지방자치단체, 공공기관이 4가지 공공누리 유형 마크를 통해 개방한 공공저작물 정보를 통합 제공하는 서비스
  • 저작물별로 적용된 유형별 이용 조건에 따라 저작권 침해의 부담 없이, 무료로 자유롭게 이용 가능

③ 개별조건

	출처표시 (저작물의 출처를 표시)	이용자는 공공저작물을 이용할 경우 출처 또는 저작권자를 표시해야 함
	상업적 이용금지 (비영리 목적으로만 이용 가능)	• 상업적 이용이 금지된 공공저작물은 영리 행위와 직접 또는 간접으로 관련된 행위를 위하여 이용될 수 없음 • 다만, 별도의 이용 허락을 받아 공공저작물을 상업적으로 이용하는 것은 가능함
	변경금지 (저작물을 변경 혹은 2차 저작물 작성금지)	• 공공저작물의 변경이 금지됨 • 내용상의 변경뿐만 아니라 형식의 변경과 원저작물을 번역·편곡·각색·영상 제작 등을 위해 2차적 저작물을 작성하는 것도 금지 대상 행위에 포함됨

④ 공공누리 유형

제1유형	제2유형	제3유형	제4유형
출처표시	출처표시＋상업적 이용금지	출처표시＋변경금지	출처표시＋상업적 이용금지＋변경금지

2 이러닝 콘텐츠 유형별 개발방법 이해

■ 학습목표

① 이러닝 콘텐츠를 다양한 관점에 따라 구분할 수 있다.
② 이러닝 콘텐츠 유형별 특성을 설명할 수 있다.
③ 이러닝 콘텐츠 유형에 따른 서비스 환경에 관해 설명할 수 있다.

(1) 콘텐츠 유형

1) 연구자에 따른 이러닝 콘텐츠 유형

연구자	콘텐츠 유형
배수진(2002)	① 사이버강의/VOD형 ② WBI/HTML형 ③ 학습지/시험형 ④ Q&A/자료실형 ⑤ 사이버 스쿨형 ⑥ 포털형

한재혁(2005)	① 강의 노트 위주형 ② 슬라이드와 음성결합형 ③ 강의 노트와 음성결합형 ④ 동영상 위주형
유병민, 박성열, 임정훈(2005)	① 실시간형 ② 커뮤니티형 ③ HTML형 ④ 학습지/시험형 ⑤ 동영상형 ⑥ 텍스트형
김희배, 박인우, 임병노(2005)	① 정보의 유형(문자, 소리, 비디오, 애니메이션)의 기술기반에 따른 분류 ② 교수모형 혹은 교수전략에 따른 분류 ③ 서비스 특성에 따른 분류 * ①~③을 축으로 하여 3차원의 개념적 틀 고안

2) 개발 형태에 따른 콘텐츠 유형

개발 형태	세부 유형	내용
구조 중심	VOD형 (Video on Demand)	• 동영상을 기반으로 하는 방식 • 교육방송 등의 TV매체에서 주로 사용하던 방식이었으나 최근에는 컴퓨터 등의 정보통신기기에서 사용함 • 첨단정보통신 및 위성방송기술의 발달로 휴대용 정보통신기기에서도 많이 사용되고 있음 • 모든 동영상을 지칭하지는 않고, 강의자가 강의하는 것을 촬영한 형태로 한정함
	WBI형 (Web Based Instruction)	• 웹 기반학습에서 보편적으로 많이 사용하는 방식 • 주로 하이퍼텍스트를 기반으로 하며, 링크와 노드를 통해 선형적인 진행보다는 다차원적인 항해를 구현할 수 있는 방식
	텍스트형	• 한글문서 또는 인쇄용(PDF) 방식의 텍스트 위주 방식 • 화면상의 텍스트로 쉽게 학습할 수 있으며 다른 유형에 비해 인쇄물로의 변환이 쉬운 장점이 있음
	혼합형 (동영상+텍스트 또는 하이퍼텍스트)	• 동영상과 텍스트 또는 하이퍼텍스트를 혼합하여 제작한 강의자료 • 동영상 강의를 기반으로 진행하며 강의내용에 따라 텍스트자료가 바뀔 수 있는 제작방식
	애니메이션형 (Animation)	• 애니메이션을 기반으로 한 방식 • 일반적으로 다른 콘텐츠에 비해 제작기간이 오래 걸리고 제작비용이 비쌈
대화 중심 (상호작용)	게시판형	• 주로 커뮤니티를 위한 형태로, 인터넷을 통하여 학습자의 질문에 답변을 제공하거나 교수내용과 관련된 자료 제시 및 토론을 목적으로 운영하는 형태 • 텍스트로 표현되지만 이어지는 댓글을 통해 텍스트의 역동성을 보이는 방식 • 최근에는 카페, 블로그 등 포털사이트를 통해 손쉽게 구축하는 경향이 있음
	대화형	• 다수 간 또는 일대일 채팅으로 상호 의사소통을 할 수 있음 • 게시판형에 비해 실시간으로 이루어지는 장점이 있음

대화 중심 (상호작용)	메일·쪽지형	• 메일이나 쪽지로 의사소통과 상호작용을 하는 형태 • 게시판 형태와 비교하였을 때 개인 저장공간에 내용이 저장되어 프라이버시가 보장된다는 장점이 있음 • 대화형과 비교하였을 때 부재 시에도 의사소통을 할 수 있는 비실시간 상호작용이 가능하다는 장점이 있음
혼합형		• 구조 중심의 형태와 대화 중심의 형태를 적절하게 혼합한 형태 • 최근에는 구조와 대화를 혼용하는 개발 형태가 많음 • 구조 중심에 비중을 두어 개발하기 위해서는 구조 중심의 요소를 더 고려하기도 하고, 상호작용 측면에 비중을 두기 위해서는 대화 중심의 유형을 더 많이 고려하여 설계하기도 함

3) 교수-학습 구분에 따른 콘텐츠 유형 1회 기출

유형	내용
개인교수형	• 전통적인 교수 형태의 하나로, 교수자가 주도해서 학습을 진행해 나가는 방식 • 여러 수준의 지식 전달 교육에 효과적이며 가장 친숙한 교수방법 • 컴퓨터가 학습자와 상호작용하면서 학습자의 반응을 판단하고 그에 적합한 피드백을 제공하는 방법 • 면대면 교육환경에서 오래전부터 사용되어온 전통적인 교육 형태 • 여러 단점이 있음에도 불구하고 다양한 장점을 가진 보편적인 교수 형태이기 때문에 가상환경에서도 그 교육적 가치를 무시할 수 없음
토론학습형	사이버 공간에서 공동의 과제를 해결하거나 특정 주제에 대해 실시간·비실시간으로 상호의사를 교환하는 등의 상호작용 활동을 하는 유형
반복학습형	• 학습자들이 반복해서 학습함으로써 목표에 도달할 수 있도록 하는 형태 • 주로 어학 부문 콘텐츠에서 많이 사용됨
교육용 게임형	• 게임을 기반으로 학습자의 흥미 유발에 좋은 형태 • 목적이 게임이 아니라 학습이라는 점에서 교육적인 효과가 있어야 함
문제중심학습형	학습자들에게 제시된 문제를 단독 혹은 협동적으로 해결하기 위한 과정에서 학습이 이루어지는 형태
시뮬레이션형	실제와 유사한 가상의 상황 모형을 학습자들이 적응하도록 설계한 시뮬레이션 기반의 학습 유형
사례제시형	• 실제 사례를 통해 학습자들이 쉽게 이해할 수 있도록 돕는 유형 • 실제 사례를 통해 이론을 사례에 적용함으로써 이해할 수 있도록 하는 유형

(2) 콘텐츠 유형별 개발 특성

• 본서는 콘텐츠 개발 및 정보제시 방식과 교수학습의 방법·전략을 혼합하여 콘텐츠를 분류한 '혼합형' 접근방법에 따라 콘텐츠 유형을 구분함
• 개발 방식 및 교수학습 방법의 다각적인 관점에서 이러닝 콘텐츠 유형들을 정리·분류하여 콘텐츠 유형별 핵심특징을 제시함

1) 동영상 강의형(VOD)

① 개발 주체에 의하여 주로 VOD 형태로 불리는 유형으로, 교수자가 주도적으로 학습자에게 정보를 전달하는 형태

② 주요 목적은 개념, 지식의 효과적인 전달이며 교수의 강의 전달능력이나 구조화 역량에 학습효과가 좌우되는 경향이 강함

③ 학습자가 해당 분야의 선행지식이 부족한 경우 개론·원론과 같은 교수자의 강의 화면 또는 영상이 중심이 되는 유형

④ 가장 많이 활용되는 유형 중 하나로, 다양한 형태로 제작 가능하므로 특별한 VOD 저작도구를 사용한 콘텐츠, 애니메이션, 단순 동영상, 사운드, 텍스트 등 모든 유형 사용 가능

📄 동영상 강의형(VOD) 콘텐츠 예시

2) 멀티미디어 튜토리얼형

① WBI(Web-Based Instruction)라고도 불리며, 교수자가 주도적으로 정보를 제공하되 학습자가 콘텐츠와의 활발한 상호작용을 토대로 정교한 자기주도 학습을 병행하는 형태

② 효율적인 자율학습과 정교한 자기주도 학습을 목표로 하며 튜토리얼(tutorial), 즉 개인교수를 수행하되 멀티미디어에 기반한 활동을 수행하는 것

③ 지루함을 없애고 흥미도를 높이며 몰입이 중요한 자기주도학습형 콘텐츠의 특징이 있음

④ 멀티미디어가 화려하고 정교하며, 콘텐츠와 학습자 간의 상호작용이 풍부함

⑤ 클릭 이벤트가 많으며 여러 가지 활동들을 개별적 또는 학습자 중심적으로 수행할 수 있음

3) 문제중심학습형

① 학습자 스스로가 주어진 문제상황의 의사결정자가 되어 다각적인 검토·분석을 통해 문제를 해결하는 교수-학습방법

② 문제해결력, 창의적 사고력, 비판적 사고력 개발을 목표로 함

③ 학습자는 기존에 가지고 있던 지식을 다양하고 복합적인 실제 문제상황에 적용하고, 교수자는 그것에 대한 촉진자 역할을 함

④ 문제해결 과정을 중심으로 학습해 나가는 문제중심학습(PBL, Problem-Based Learning)이 최근 널리 확산되고 대중화됨에 따라 다양한 콘텐츠 형태에 결합하여 다각적으로 개발되고 있는 유형

⑤ Levin은 문제중심학습을 학습자가 실제 생활에서 접하는 문제에 대하여 내용 지식, 비판적 사고, 문제해결력을 적용하도록 장려하는 교수 방법이라고 정의함

문제중심학습형 콘텐츠 예시

4) 스토리텔링형 _{1회 기출}

① 사건 및 일화 중심의 스토리텔링으로 학습을 진행하는 콘텐츠
② 기존 이러닝의 대안으로 재미와 흥미 요소를 넣어 몰입형 학습환경을 구축함
③ 스토리 내에서 학습내용이 자연스럽게 드러나도록 구성하고, 학습내용과 함께 감성적 코드를 적절히 배치하는 전략이 활용된다는 특징이 있음
④ 설명적인 콘텐츠를 스토리화하고 다양한 나레이션 전략으로 구현해야 하는 점, 나레이션 전략에 따라 애니메이션, 동영상, 기타 그래픽 등 최적화된 콘텐츠 형태로 최종 개발해야 하는 점으로 인하여 개발 소요시간과 비용이 많이 드는 단점이 있음

■ 스토리텔링형 콘텐츠 예시

5) 시뮬레이션형 _{1회 기출}

① 실습, 실험, 연습이 필요한 내용을 모의실험, 실습, 연습(simulation) 형식으로 구현해주는 형태
② 이론적 내용을 현실 또는 활용상황에 적용할 수 있는 역량 계발을 목적으로 하며, 학습일정에 따른 세부적인 학습가이드 제공을 필수로 하는 특징이 있음
③ 실습, 체험, 기능적 절차 연습이 필요한 학습모듈 또는 콘텐츠에 효과적
④ 대표적으로 어학학습, 소프트웨어 활용연습, 기계 조작연습 등 실제적이고 구체적인 과제에 적합함

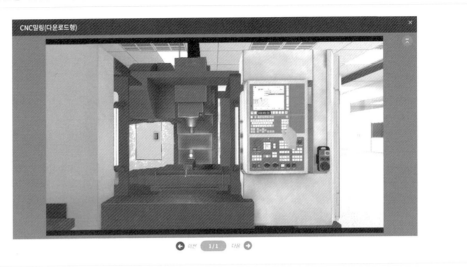

6) 게임기반학습형

① 촉진된 학습, 몰입 기술(immersion technique), 학습양식, 다중지능, 학습자 보조(learner-paced) 탐구학습, 자기주도 학습, 협동 학습, 학습 향상을 전제로 하는 다양한 기술과 연결된 학습 방식

② 게임 형태이므로 사용자가 쉬지 않고 프로그램에 참여해야 하고, 그에 따라 결과가 달라진다는 것이 특징

③ 학습의 몰입도 향상, 여러 가지 역할 모형과 그에 따른 실제 상황의 학습이 매우 중요한 경우의 활용에 적합함

④ 단순 2D형, 역할놀이를 위한 3D형 등 형태와 유형이 다양하며, 주로 게임의 방식과 유형에 따라 분류함

▲ 게임기반학습형 콘텐츠 예시

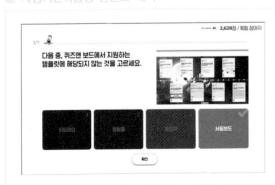
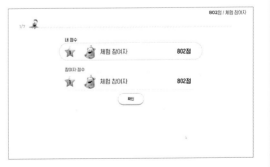

(3) 서비스 환경–하드웨어 환경

① 이러닝 콘텐츠 개발에 필요한 하드웨어 환경을 분석하기 위해서는 서비스 운영환경에 대한 분석과 현재 보유 자원에 대한 두 가지 분석❶이 이루어져야 함

> **→ Check** **하드웨어 환경분석**
>
> ① 누구를 대상으로, 어떠한 학습환경에서 이러닝 서비스를 지원하도록 할 것인지에 대한 목표가 명확할 것: 이러닝 시스템이 운영되는 환경에 따라 개발 시스템이 갖추어야 할 하드웨어 사양과 제한사항이 결정됨
> ② 현재 보유하고 있는 하드웨어가 신규 시스템 구축 후에도 사용될 자원인 경우, 해당 자원에 대한 일차적인 분석을 진행할 것: 하드웨어 사양과 차후 시스템 운영을 위한 설정 환경을 조사하고 기존 사용하던 소프트웨어와의 호환성을 고려함

② 원격교육 서비스를 제공하기 위해서는 서버·네트워크 설비기준에 맞는 기본설비를 구축하도록 권고하고 있음

③ 이러닝 시스템은 일반적으로 웹 서버, WAS 서버, 미디어 서버(동영상 서버), 데이터베이스 서버로 구성되며, 신규 구축 시스템이 어떠한 서버 구조와 네트워크에 연결되는지에 대한 정보를 사전분석해야 함

④ 학습관리시스템 내에서의 장애는 소프트웨어적인 문제도 있지만 하드웨어적인 문제인 경우도 있으므로 철저한 사전분석을 통하여 장애를 최소화해야 함

⑤ 원격교육에 필요한 콘텐츠 개발·품질관리를 위한 시설·설비 구축에 필요한 하드웨어 권장 환경

하드웨어 설비	규격
웹 서버	• CPU: 2.4GHz * 4(core) 이상 • Memory: 4GB 이상 • HDD: SATA 200GB 이상(2대 이상의 서버로 클러스터링 구성)
동영상(VOD) 서버	• CPU: 2.4GHz * 4(core) 이상 • Memory: 4GB 이상 • HDD: SATA 300GB 이상(2대 이상의 서버로 미러링 구성)
데이터베이스 서버	• CPU: 2.4GHz * 8(core) 이상 • Memory: 8GB 이상 • HDD: SATA 300GB 이상(2대 이상의 서버로 클러스터링 구성)
학사행정 서버	웹 서버와 동일 사양(클러스터링 불필요)
백업용 데이터베이스 서버	웹 서버와 동일 사양(클러스터링 불필요)
보안 서버	• 방화벽 1대: CC 인증제품 • IPS 1대: CC 인증제품 • IDS 1대: CC 인증제품
메일 서버·커뮤니티 서버	타 서버에 통합하여 사용 가능
스토리지(디스크어레이)	500GB 이상(최대 확장 용량 7TB)
보조기억장치	마그네틱테이프 등(웹하드, 백업 서버 등 외부 저장장치 사용 가능)

- 콘텐츠를 개발·서비스하기 위해서는 콘텐츠의 종류와 특성에 따라 적합한 서버를 구성하고 운영해야 함
- 콘텐츠 운영 서버의 구성: 소프트웨어 플랫폼, 하드웨어 플랫폼
- 웹 서버(Web Server): HTTP를 통해 웹 브라우저에서 요청하는 HTML문서, 이미지 파일 등의 오브젝트를 전송해주는 기능 수행
- 미디어 서버: 동영상 콘텐츠와 같은 미디어 서비스의 제공에 효과적
- 하드웨어 서버에 탑재되는 소프트웨어 서버의 종류: 웹 서버, 애플리케이션 서버, 미디어 서버 등

1) 웹 서버(Web Server)

① 인터넷상에서 웹 브라우저 클라이언트(Client)로부터 HTTP 요청을 받아들이고 HTML 문서와 같은 웹페이지들을 보내주는 역할을 하는 운영 소프트웨어로, 하드웨어 서버에 설치하여 사용됨

② HTTP 요청에 따라 서버에 저장된 요청된 웹페이지를 클라이언트에게 전달하는 방식으로 동작하며 웹페이지뿐만 아니라 그림, 스타일 시트, 자바스크립트도 해당함

③ 웹 서버 선정 시 고려사항

호환성	운영체계, 지원하는 언어, 기본 제공되는 제작도구와의 연계성, 다른 서버와의 호환성 등을 고려하여 문제없이 잘 어울려 동작하는지 확인
유지보수	공개 소프트웨어의 경우 보안 및 유지보수 측면에서 불리할 수도 있지만, 많은 사용자와 활성화된 커뮤니티를 통하여 문제 발생 시 해결할 수 있는 기술지원이 가능하다는 장점이 있음
지원기능	검색 엔진, 스트리밍 오디오, 비디오 스트리밍 등의 기능이 필요한 경우 이를 지원하는지 확인

④ 주로 사용되는 웹 서버의 종류

명칭	제작사	라이선스	특징
아파치 (Apache)	Apache 재단	오픈소스	• 가장 대중적인 웹 서버로, 무료로 제공되어 많은 사람이 사용함 • 가장 큰 장점은 오픈소스로 개방되어 있다는 점 • 자바 서블릿(Servlet)을 지원하며 실시간 모니터링, 자체 부하 테스트 등의 기능 제공
IIS (Internet Information Server)	Microsoft	윈도우 사용자 무료	• MS사에서 WINDOW 전용으로 개발한 웹 서버로, 윈도우 사용자라면 무료로 설치할 수 있음 • 검색 엔진, 스트리밍 오디오, 비디오 기능 제공 • 예상되는 부하의 범위와 이에 대한 응답을 조절하는 기능 제공
엔진엑스 (nginx)	NGINX, Inc	오픈소스	• 더 적은 자원으로 더 빠르게 데이터를 서비스할 수 있는 웹 서버 • 자주 사용하지 않는 기능은 제외하는 것을 개발의 목적으로 삼아 높은 성능을 추구함
구글 웹서버 (GWS, Google Web Server)	Google	구글 자체 사용	• 구글이 자사의 웹 서비스에 사용하는 웹 서버 소프트웨어 • 웹 사이트 호스팅을 위해 Google 생태계에서만 독점적으로 사용됨

아이플래닛
(iPlanet)
	Oracle	무료/유료	• 미국 오라클이 제공하는 웹서버 제품
			• 미국 썬 마이크로시스템즈가 개발하여 썬원(SUN one)으로
			  불리기도 했음
			• 공개 버전과 상용 버전으로 분류
			• 상용 버전의 경우 아파치, IIS보다 기능이 뛰어나기 때문에
			  주로 대형 사이트에서 사용함

2) 애플리케이션 서버(WAS, Web Application Server)

① 인터넷상에서 HTTP를 통해 사용자 컴퓨터 및 장치에 애플리케이션을 수행하는 미들웨어로, 일반적으로 WAS라고 부름

② 서블릿(Servlet), ASP, JSP, PHP 등의 웹 언어로 작성된 웹 애플리케이션을 서버 단에서 실행한 후, 결과값을 사용자에게 넘겨주면 사용자의 브라우저가 결과를 해석하여 화면에 표시하는 방식으로 동작

③ 웹 애플리케이션 서버는 크게 3가지 기본 기능❓이 있으며, 종류로는 Weblogic, Resin, Tomcat, Webspear, jeus, Jetty, Jrun 등이 있음

> → Check **웹 애플리케이션 서버의 3가지 기본 기능**
>
> ① 프로그램 실행 환경과 데이터베이스 접속 기능
> ② 여러 개의 트랜잭션 관리
> ③ 업무를 처리하는 비즈니스 로직 수행

3) 미디어 서버(Media Server)

① 웹 서버는 HTML(Hyper Text Markup Language)로 이루어진 작은 용량의 웹페이지를 사용자에게 전송함

② 동영상은 일반적으로 메가바이트 수준의 비교적 큰 용량의 파일로 구성되어 있으므로, 실시간으로 대용량 동영상 콘텐츠를 제공하기에는 웹 서버의 한계가 있음

③ 이러닝 콘텐츠의 대부분을 차지하고 있는 동영상 서비스를 학습자에게 원활하게 제공하기 위해서는 동영상 미디어를 전문으로 전송하는 미디어 서버의 추가 확보가 필요하므로, 미디어 서버는 동영상 서비스를 위해 필요한 전용 서버라고 볼 수 있음

④ 미디어 서버의 종류: 마이크로소프트의 IIS(Internet Information Server)와 윈도우즈 미디어 서버(Windows Media Server), 와우자 스트리밍 서버(WOWZA Streaming Server), Darwin Server, Red5, Helix Server 등

명칭	특징
WMS (Windows Media Server)	• 마이크로소프트에서 개발 • 디지털 인터넷 통신망을 통해 동영상과 오디오 데이터를 클라이언트로 서비스하고, 클라이언트 컴퓨터에서는 윈도우즈용 미디어 플레이어를 사용하여 윈도우용 동영상 포맷과 코덱을 통해 재생함
와우자 미디어 스트리밍 서버 (WOWZA Media Streaming Server)	• 고품질의 비디오, 오디오가 어떤 기기에서든 안정적으로 스트리밍되게 하는 맞춤형 미디어 서버 소프트웨어 • 실시간 주문형 비디오, 동영상 채팅 등 다양한 미디어 분야에서 사용됨 • Java로 개발되었기 때문에 리눅스, 맥OS, 유닉스, 윈도우 등의 운영체제에서 동작하는 컴퓨터, 태블릿, 스마트 기기, IPTV 등으로 동영상을 전송할 수 있음
IIS (Internet Information Server)	• 마이크로소프트에서 개발하였으며 HTTP 기반 적응형(Adaptive) 스트리밍 서비스를 지원함 • 윈도우에서 미디어를 온라인으로 전달하는 방식은 크게 스트리밍 방식과 다운로드 방식으로 나뉨 <table><tr><td>스트리밍 방식</td><td>온라인상에서 실시간으로 방송을 제공하는 스트리밍 방식(WMS)</td></tr><tr><td>다운로드 방식</td><td>• 웹 서버로부터 요청한 파일을 직접 다운받은 후 재생하는 방식 • 부가적인 스트리밍 서버가 필요하지 않고 일반 HTTP 프로토콜을 이용하기 때문에 기본 웹 서버에서도 이용할 수 있음</td></tr></table>
다윈 서버 (Darwin Server)	• 애플에서 퀵타임 스트리밍 서버의 오픈소스에 기반하여 개발된 Darwin Streaming Server(DSS) • DSS 소스 코드의 초기 버전은 맥OS용으로 개발되었지만, 이후 외부 개발자들에 의해 리눅스, FreeBSD, 솔라리스(Solaris), 유닉스(Unix), Windows Server 계열 등 다양한 플랫폼에서 사용할 수 있도록 확장됨 • 음악, 동영상을 실시간 전송 가능하며 라이브 이벤트를 지원함
레드5 (Red5)	• 자바로 작성된 오픈소스 서버(Open Source Flash Server)로 비디오 스트리밍, 어도비 플래시 스트리밍 지원 및 다중 사용자 솔루션 제공 • 오픈소스를 사용함으로써 실시간 비디오, 화상 채팅, 온라인 멀티 플레이어 게임 등에서 사용할 수 있도록 오픈 플랫폼 지원
헬릭스 서버 (Helix Server)	• 리얼네트웍스사가 개발한 RealServer의 후계 기종으로 Real Media(.ra, .rm, .ram), Windows Media, Quick Time(.mov, .qt) 등 다양한 포맷의 전송 지원 • 상용 버전과 오픈소스 버전을 제공하고 있음

3 이러닝 콘텐츠 개발환경 파악

📁 학습목표

① 개발 인력과 그 역할에 대해 설명할 수 있다.
② 이러닝 콘텐츠 개발 절차에 대해 설명할 수 있다.
③ 이러닝 콘텐츠 개발 범위에 대해 설명할 수 있다.
④ 이러닝 콘텐츠 개발 공간에 대해 설명할 수 있다.

(1) 개발 인력과 역할 1회 기출

이해관계자	특징
프로젝트 발주자	• 이러닝 프로젝트를 발주하는 기관·업체의 담당자, 결재권자 • 프로젝트를 수행하는 사람들에게는 1차 고객이 됨
과정(콘텐츠) 기획자	• 교육과정 커리큘럼에 맞춰 어떤 콘텐츠를 개발할 것인지 기획하는 사람 • 기업의 교육담당자 또는 이러닝 서비스 업체의 콘텐츠 기획자가 담당함
내용 전문가 (SME, Subject Matter Expert)	• 이러닝 콘텐츠의 학습 내용을 생산하는 사람 • 원고를 작성하는 역할 • 과정 기획자, PM, 교수설계자와의 지속적인 커뮤니케이션을 통해 콘텐츠로 개발되는 학습 내용 집필
프로젝트 매니저(PM)	• 프로젝트를 전반적으로 관리하는 사람 • 일정, 비용, 요구사항 수렴, 인력 배정 등 프로젝트 성공을 위한 다양한 업무 수행
프로젝트 리더(PL)	• 콘텐츠의 설계, 제작 책임을 맡은 중간 관리자 역할을 하는 사람 • 교수 설계부터 매체 제작까지 콘텐츠 실제 개발과 관련된 업무를 관리해야 하므로 해당 업무의 프로세스를 전반적으로 파악할 수 있는 사람이 담당해야 함
교수설계자	• 이러닝 콘텐츠의 학습 방법, 콘셉트, 매체 설계, 학습창 구성도 설계 등을 담당하는 사람 • 거시설계와 미시설계 전략을 담은 과정설계서와 프로토타입용 스토리보드 작성
스토리보더	교수설계자가 수립한 거시설계와 미시설계 전략에 따라 실제 이러닝 콘텐츠 개발을 위한 스토리보드를 작성하는 사람
수석 웹디자이너	교수설계자와의 협업을 통해 학습창 디자인을 기획·디자인하는 사람
웹디자이너	확정된 시안을 기반으로, 콘텐츠 제작에 필요한 각종 개발요소들을 제작하고 이를 조합하여 실제 콘텐츠를 개발하는 사람
애니메이터	교수자를 대신할 캐릭터나 흥미 유발을 위한 상황 애니메이션의 제작을 담당하는 사람
스크립터	• 자바스크립트 및 HTML5 관련 작업을 전담하는 사람 • 시뮬레이션, 게임 등의 방법으로 콘텐츠를 제작하는 경우 필수적으로 복잡한 퀴즈 또는 상호작용이 필요하므로 이때 중요한 역할을 함
프로그래머	포팅(Porting)을 담당하는 역할을 하거나 LMS 수정 콘텐츠와 데이터베이스의 연동 등과 같은 업무를 담당하는 사람
작가	• 스토리텔링을 위해 필요한 사람 • 논리적인 개연성이 있도록 이야기를 탄탄하게 구성하고 재미있게 작성하는 역할
검수자	• 완성된 이러닝 콘텐츠를 테스트하는 역할 • 오타, 프레임 오류, 음성 오류, 그래픽 오류, 프로그램 오류, 콘텐츠 연동 오류 등 각종 오류를 검사
매체 제작자	동영상 촬영·편집, 3D 작업, 음성 녹음·편집 등 이러닝 콘텐츠 개발에 필요한 매체를 제작하는 사람
성우	스토리텔링 또는 캐릭터 중심의 과정에서 목소리를 연기하는 사람

(2) 개발 절차

1) 이러닝 콘텐츠 개발 실무형 프로세스

① 고객, PM, 교수설계자, 개발자는 이러닝 콘텐츠 개발에 가장 많은 영향을 주는 이해관계자인 동시에 프로젝트의 성공에 협력해야 하는 동반자가 됨

② 이들 간의 원활한 소통이 이러닝 콘텐츠 개발 프로젝트의 성공 열쇠라는 점에서 각자의 영역이 중요함

▲ 이러닝 콘텐츠 개발 실무형 프로세스

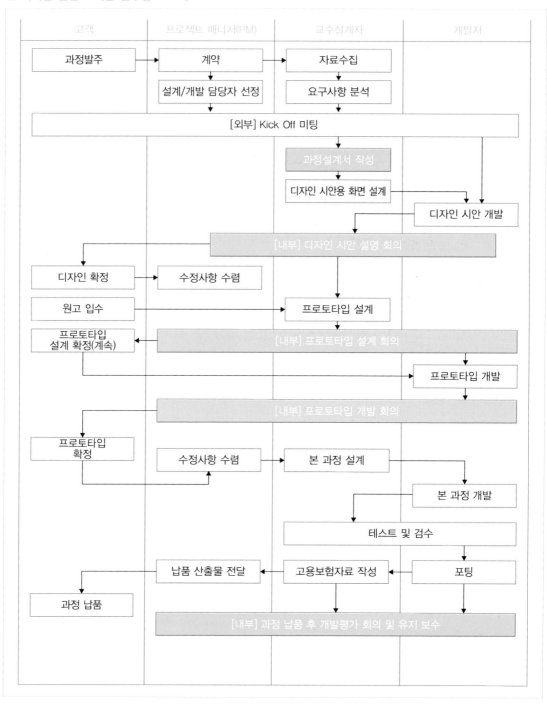

2) 이러닝 콘텐츠 개발 절차 ❓ `1회 기출`

기획·분석 → 설계 → 개발 → 운영 및 평가로 이루어지며, 일반적으로 교수체제설계(ISD, Instructional Systems Development)에 기반을 둔 ADDIE(분석, 설계, 개발, 실행·평가) 모형에 의해서 수행됨

> **→ Check**   **이러닝 콘텐츠 개발 프로세스**
>
> 콘텐츠 개발계획 수립·분석 → 콘텐츠 설계 → 콘텐츠 개발 → 검수·포팅 → 운영·사후관리(평가)

① 콘텐츠 개발계획 수립 및 분석

- 개발계획 수립: 이러닝을 통해서 해결하고자 하는 목적의 달성에 필요한 학습콘텐츠를 체계적으로 계획하는 단계
- 신규 콘텐츠의 개발계획과 기존 콘텐츠의 새로운 수정·보완계획을 포함할 수 있음
- 목적에 따라서는 개발보다는 교육목적에 적합한 양질의 콘텐츠를 외부에서 도입하는 것에 대한 계획을 포함함
- 학습콘텐츠를 개발할 것인지, 아니면 외부에서 도입할 것인지와 개발한다면 내부에서 개발할 것인지, 외부에 개발을 아웃소싱할 것인지 등을 결정하기 위한 제반 활동을 수행하는 것이 계획 수립 단계라고 볼 수 있음
- 계획 수립 단계의 수행과제

과제	특징
기획 아이디어 구안	• 이러닝 전체 과정에 대한 대략적인 아이디어 구상 • 아이디어의 구상은 브레인스토밍과 같은 다양한 아이디어를 도출하는 방법을 참조함
개발과정 및 일정계획	일정·계획 수립 시 각 개발 단계를 고려하여 단계별 예상 소요시간을 적절하게 산정하며, 개발과정·일정 계획은 반드시 산출물을 중심으로 수립해야 함
개발조직 구성	개발에 필요한 인력을 구성하고 각 구성원의 활동내용과 참여시기를 결정함으로써 융통성 있게 조직 구성
개발비용 산출	전체 개발활동을 나열하여 소요비용을 계산하되, 예상 외의 추가비용이 발생할 수 있는 점을 고려하여 융통성 있게 산출
기획서 작성	계획 수립 과정에서 도출된 자료를 통합하여 기획서를 작성하고, 이를 검토·수정

- 분석: 기획에서 도출된 대략적인 아이디어를 구체화하는 단계
- 학습자를 중심으로 사회·조직의 요구를 체계적으로 조사
- 이러닝 콘텐츠 개발 프로세스의 특성(예 신규 콘텐츠 개발, 기존 콘텐츠 수정·보완, 자체개발, 외부아웃소싱, 외부도입 등)에 따라 필요한 전반적인 정보를 수집하여 학습자, 학습내용, 학습환경 등을 분석하고 개발프로젝트의 목적·목표를 수립하는 활동을 수행하는 단계

- 분석 단계의 수행과제

과제	특징
요구분석	거시적 관점에서 경영환경, 기업조직의 동향, 기업 경영상의 교육요구, 학습자 개개인의 학습요구, 이미 개발된 타사의 학습콘텐츠의 특성 등을 조사·파악
학습자 분석	학습자의 일반적인 특성, 학습 스타일, 학습에 대한 선호도, 선수 학습내용 이해 수준, 집단의 성향 등을 조사
학습환경 분석	학습자가 활용 가능한 컴퓨터 하드웨어, 소프트웨어, 인터넷환경, 학습공간, 학습 가능시간 등을 조사
학습내용 분석	학습콘텐츠의 개발목적에 따라 세부 학습주제를 선정하고, 각 주제에 관련된 학습영역을 분류
프로젝트 목표설정	여러 분석결과를 종합하여 도출한 구체적인 학습콘텐츠의 목표를 진술

② 콘텐츠 설계 [1회 기출]
- 이전 분석단계에서 이루어진 학습콘텐츠 분석 결과와 개발 목표를 고려하여 프로젝트의 목표를 달성하기 위한 최적의 설계를 수행·구체화하는 단계
- 설계 단계의 수행과제

과제	특징
교육과정 설계서 작성	• 분석 단계의 내용을 바탕으로 개발한 콘텐츠의 설계전략, 콘텐츠 개발전략 등을 문서화함 • 교육과정 설계서가 상세할수록 이후 과정에 도움이 됨
내용설계	• 목표에 맞추어 교육내용을 선정하고 전체적인 구조를 작성하는 단계 • 교육내용 범위에 맞는 양질의 교육내용 선정과 선정된 내용을 체계적으로 계열화하는 작업이 중요함
교수학습전략 설계	• 교육내용이 구조화된 후 교수자와 학습자가 실제 수업(교수학습)을 위해 수행할 구체적인 교육활동을 설계 • 상호작용전략, 동기전략, 인터페이스전략, 평가전략 등을 설계
학습흐름도 작성	개발을 위한 상세 설계작업 과정으로, 학습의 시작부터 마무리까지의 학습흐름을 한눈에 파악할 수 있도록 기호를 사용하여 흐름도를 작성
원고작성 가이드 설계	내용전문가(SME)가 과정 기획의 방향·의도에 맞게 효과적으로 원고를 작성할 수 있도록 지침을 제시
스토리보드 설계	• 스토리보드: 콘텐츠의 개발이 완료된 후의 모습을 표현한 것 • 화면의 구성, 화면 단위의 내용제시 분량 및 위치, 메뉴의 내용 및 제시 위치, 진행방법 등과 같은 구체적인 설계안을 화면 단위로 작성

③ 콘텐츠 개발 [1회 기출]
- 실제 산출물인 학습콘텐츠를 생성하는 단계
- 개발자들이 집중적으로 투입되는 시점이며, 이 단계의 개발 결과물이 이러닝 학습콘텐츠가 됨

• 개발 단계의 수행과제

과제	특징
교육과정 설계서 검토	설계과정에서 산출된 교육과정 설계서, 학습흐름도, 스토리보드 등을 다시 검토하여 개발을 위해 필요한 사항을 기록
프로토타입 개발	• 설계과정에서 산출된 설계서를 기반으로 실제 개발될 학습콘텐츠의 1차시 분량의 프로토타입을 개발 • 교육과정 설계서, 원고, 스토리보드, 개발 결과물, 개발 프로세스·품질 등에 대한 제반 평가를 수행할 수 있으며, 향후 본격적으로 개발될 개발 결과물과 개발과정에 대한 보완사항을 사전에 규명하여 반영할 수 있음
개발 일정 계획 검토	개발한 콘텐츠의 유형별로 개발 일정을 다시 구체화함
개발 수행	• 필요한 콘텐츠를 개발 • 개발 일지를 작성하여 개발된 결과를 정리해야 함
파일럿 테스트 (형성평가)	• 진행하는 프로젝트의 종류에 따라 진행과정 및 결과물에 대한 평가 수행 • 제작이 끝난 후 실제 교육운영 시 일어날 수 있는 오류를 찾아내고 수정하는 단계 • 교육이 정식으로 시작되기 전 발견된 문제점들을 수정·보완 • 파일럿 테스트 단계를 통해 학습자들이 실제 학습환경과 동일한 상태에서 교수-학습을 진행할 수 있음

④ 검수·포팅
• 검수: 이러닝 콘텐츠 개발과정에서 산출된 개발 결과물에 대한 전반적인 평가를 진행하여 오류가 없는지를 확인하는 과정
• 포팅: 오류가 없거나 오류가 수정된 최종결과물인 콘텐츠 실행 파일과 소스를 이러닝 서비스를 운영할 학습관리시스템(LMS)에 등록·탑재하는 과정
• 이러닝 콘텐츠에 대한 검수와 포팅이 완료되어야 이러닝 서비스를 운영할 준비가 되었다고 할 수 있음

⑤ 운영·사후관리(평가)
• 개발과정에서 도출된 학습콘텐츠의 효과를 분석하기 위한 예비 실행·평가의 단계
• 운영·사후관리 단계의 수행과제

과제	특징
평가의 계획	• 프로젝트 전 과정의 개발기록을 토대로 결과물에 평가의 목적을 설정하고, 그 근거와 평가 대상, 평가내용을 확인하여 평가 일정 계획 • 평가의 형태는 학습 대상자의 응답 형태, 학습의 결과, 현업 적용도, 조직에의 기여도 등으로 구성할 수 있음
평가도구의 제작·타당화	프로젝트 결과물에 평가 기준을 결정하고, 기준에 따라 평가도구를 선정·제작한 후 타당화 과정을 통해 검증함
Usability Test 실시	학습자가 실제 학습하는 상황에서의 내용 적합성, 메뉴 등의 사용 편리성, 난이도의 적합성 등에 대해 평가할 수 있도록 만든 평가지를 활용하여 평가 수행
평가 결과 처리	실제로 평가한 후에 그 결과를 처리·보고
평가의 분석·활용	프로젝트 결과물의 질과 효과성을 판단하기 위해 평가 결과의 분석을 토대로 평가보고서를 작성

(3) 이러닝 개발 범위

개발요소	특징
콘텐츠 제작	이러닝 개발의 핵심요소 중 하나로 텍스트, 이미지, 동영상, 오디오, 시뮬레이션, 게임 등 다양한 형식으로 제작될 수 있음
콘텐츠 디자인	• 사용자가 이러닝 콘텐츠를 더욱 효과적으로 이해하고 습득하는 데 중요한 역할을 함 • 그래픽 디자인, UI/UX 디자인 등이 포함됨
콘텐츠 구성	• 이러닝 콘텐츠가 사용자에게 더욱 효과적으로 전달되는 데 중요한 역할을 함 • 콘텐츠의 전반적인 흐름, 학습목표, 학습내용 등이 포함됨
기술개발	이러닝 개발에는 HTML5, CSS, JavaScript, SCORM 등의 다양한 기술이 필요하며, 이러한 기술을 활용하여 이러닝 콘텐츠를 개발할 수 있음
LMS(학습관리시스템) 연동	• LMS(학습관리시스템): 이러닝 콘텐츠를 관리하고 학습자의 학습 진도, 성취도 등을 추적할 수 있는 시스템 • 이러닝 콘텐츠 개발에서는 LMS와의 연동을 통하여 학습자의 학습과정을 관리하는 것이 중요함
품질관리	• 콘텐츠의 품질은 학습효과와 직결되므로 이러닝 개발에서 중요한 요소가 됨 • 테스트, 검수, 문서화 등이 포함됨

(4) 개발 공간

1) 동영상 촬영 스튜디오

① 고품질의 오디오, 비디오 콘텐츠 제작에는 적절한 촬영 스튜디오가 필요함
② 촬영 스튜디오는 다양한 크기와 디자인으로 제공됨
③ 스튜디오 선택의 고려요소

고려요소	특징
크기	스튜디오의 크기는 촬영할 콘텐츠의 종류와 크기에 따라 다름
조명	• 적절한 조명은 고품질의 콘텐츠 제작에 중요함 • 조명 장비를 활용하여 제어할 수 있음
배경	• 촬영하는 콘텐츠에 맞는 배경을 선택해야 함 • 화이트 스크린, 크로마키 그린 혹은 블루 스크린 등의 배경이 일반적으로 사용됨
카메라, 촬영장비	고품질의 콘텐츠 제작에는 적절한 카메라와 촬영장비가 필요함
방음	• 적절한 소음 제어를 통해 오디오 콘텐츠의 품질 향상이 가능함 • 소음 감소를 위하여 스튜디오에 적절한 방음 시스템을 구축할 수 있음

■ 동영상 촬영 스튜디오

2) 녹음실

① 이러닝 콘텐츠의 제작에 오디오 콘텐츠가 필요한 경우가 많으며, 이를 위해서는 적절한 녹음실이 필요함
② 녹음실은 외부소음과 반향을 최소화하여 고품질의 오디오 콘텐츠를 만들기 위한 공간
③ 녹음실 구성의 고려요소

고려요소	특징
크기	녹음실의 크기는 녹음하는 콘텐츠의 종류와 크기에 따라 다름
방음	• 녹음실을 구성하는 소재는 반향을 최소화하고 외부소음을 차단할 수 있어야 함 • 기존 공간 또는 창고를 수리하여 녹음실을 만드는 경우가 많은데, 이때 외벽, 천장, 바닥, 벽면 등에 음향공학적 소재를 사용하여 반향과 외부소음을 줄일 수 있음
마이크, 녹음장비	고품질의 오디오 콘텐츠의 제작에는 적절한 마이크와 녹음장비가 필요함

(5) 이러닝 콘텐츠 점검 항목 1회 기출

점검 항목	점검 내용
교육내용	• 이러닝 콘텐츠의 제작 목적과 학습목표가 부합되는지 점검 • 학습목표에 맞는 내용으로 콘텐츠가 구성되어 있는지 점검 • 나레이션이 학습자의 수준과 과정의 성격에 맞는지 점검 • 학습자가 반드시 알아야 할 핵심 정보가 화면상에 표현되는지 점검
화면구성	• 자막 및 그래픽 작업에서 오탈자가 없는지 점검 • 영상과 나레이션이 매끄럽게 연결되는지 점검 • 사운드, BGM이 영상의 목적에 맞게 흐르는지 점검 • 화면이 보기에 편안한 구도로 제작되었는지 점검
제작 환경	이러닝의 품질을 높이고 업체의 이윤 창출까지 생각했을 때 점검해야 할 요소 • 배우의 목소리 크기, 의상, 메이크업이 적절한지 점검 • 최종 납품 매체의 영상 포맷을 고려한 콘텐츠인지 점검 • 카메라 앵글이 무난한지 점검

1

데일(E.Dale)의 경험의 원추에 대한 설명으로 잘못된 것은?

① 매체의 특성에 따라 경험을 8가지로 구분하였다.
② 브루너(Bruner)가 분류한 지식의 표상과 일치한다.
③ 원추의 꼭대기로 올라갈수록 추상성이 높아진다.
④ 학습자의 발달 수준에 따라 경험의 종류를 배열한 것이다.

해설
데일(E.Dale)의 경험의 원추는 학습 경험을 11가지로 구분하였다.

2

다음 중 온라인 교육에서 교수자가 지녀야 할 역량과 가장 거리가 먼 것은?

① 창의적인 학습 방법을 고민하고, 학습자들이 자기 생각과 아이디어를 발표할 기회를 제공해야 한다.
② 학습자 중심의 교육 방식을 이해하고 이를 적용할 수 있는 능력이 필요하다.
③ 강의 녹화나 영상 편집 등의 제작 능력은 없어도 된다.
④ 학습자의 다양한 상황을 이해하고, 적극적으로 대처할 수 있는 인성을 가지고 있어야 한다.

해설
온라인 교육에서 교수자는 강의 녹화, 영상 편집 등의 제작 능력이 필요하다.

3

다음은 이러닝 콘텐츠 개발을 위한 인력 중 어느 역할에 요구되는 능력인가?

• 교육학에 대한 지식을 가지고 콘텐츠의 구현 가능성을 탐구하며, 기술에 대한 기본적인 이해와 실제 구현이 가능한지에 대한 판단 능력을 갖추고 있다.
• 성인학습에 대한 원리를 이해하고 콘텐츠에 적용할 수 있는 능력이 있다.

① 교수설계자
② 내용 전문가
③ 프로젝트 매니저
④ 품질 관리자

해설
교수설계자는 교육학, 기술, 그리고 성인교육 이론을 융합하여, 학습자가 디지털 환경에서 효과적으로 학습할 수 있도록 지원하는 역할을 한다.

04

다음은 이러닝 콘텐츠 유형별 서비스 환경 및 대상에 대한 설명이다. 아래 제시된 내용은 어느 유형에 가장 적절한가?

> • 대부분 문화·역사·인문학 등의 분야를 대상으로 함
> • 학습자들의 이해도와 학습 흥미를 높일 수 있음
> • 주요 대상은 문화·역사·인문학 등에 관심이 있는 일반인이나 학생들임

① 개인교수형
② 스토리텔링
③ 반복 연습용
④ 정보제공형

[해설]
학습자들의 이해도와 학습 흥미를 높이고 문화·역사·인문학 등에 적용할 수 있는 유형은 스토리텔링이다.

05

다음 〈보기〉에서 설명하는 콘텐츠 개발 유형은?

| 보기 |
> 실제와 유사한 모형적 상황을 통해 학습하도록 하는 콘텐츠 개발 유형

① 토론학습형
② 문제중심학습형
③ 사례제시형
④ 시뮬레이션형

[해설]
실제와 유사한 가상의 상황 모형을 학습자들이 적응하도록 설계한 학습 유형은 시뮬레이션형이다.

06

다음 이러닝 콘텐츠 유형 중 교수-학습 구분에 따른 것으로 적절한 것은?

① 텍스트형   ② 반복학습형
③ 게시판형   ④ 대화형

[해설]
텍스트형, 게시판형, 대화형은 개발 형태에 따른 콘텐츠 구분이다.

07

동영상 개발 방법 중 컴퓨터 화면에 목소리만 입혀서 촬영하는 기법은?

① 보이스 오버
② 스크린캐스트
③ 모션 그래픽
④ 라이브 스트리밍

[해설]
스크린캐스트는 '비디오 스크린 캡처'라고도 하며, 오디오 내레이션을 종종 포함하는 동영상 형태이다.

08

이러닝 콘텐츠 개발을 위한 산출물 중 설계 단계에서 작성되는 것은?

① 요구분석서
② 교육과정 설계서
③ 콘텐츠 제작물
④ 최종평가 보고서

[해설]
요구분석서는 분석 단계, 콘텐츠 제작물은 개발 단계, 최종평가 보고서는 평가 단계에서 작성되는 산출물이다.

9

ADDIE 모형의 개발 단계에서 생성되는 결과물로 옳은 것은?

① 스토리보드   ② 요구분석서
③ 학습콘텐츠   ④ 평가보고서

해설

ADDIE 모형의 개발 단계에서 생성되는 산출물은 학습콘텐츠이다.

10

〈보기〉의 이러닝 콘텐츠 개발 프로세스가 순서대로 올바르게 나열된 것은?

보기

㉠ 검수·포팅
㉡ 운영·사후관리(평가)
㉢ 콘텐츠 개발
㉣ 콘텐츠 개발계획 수립·분석
㉤ 콘텐츠 설계

① ㉠-㉢-㉣-㉡-㉤
② ㉠-㉤-㉢-㉡-㉣
③ ㉣-㉤-㉢-㉠-㉡
④ ㉤-㉢-㉣-㉡-㉠

해설

이러닝 콘텐츠 개발의 프로세스는 콘텐츠 개발계획 수립·분석 → 콘텐츠 설계 → 콘텐츠 개발 → 검수·포팅 → 운영·사후관리(평가)이다.

11

이러닝의 유형 중 토론학습형의 특징이 <u>아닌</u> 것은?

① 토론 게시판을 선정하여 활용한다.
② 특정한 관심사에 대해 서로의 관점을 교환한다.
③ 내성적인 학습자도 자신의 생각을 충분히 표현할 기회를 제공한다.
④ 학습자들이 독립적·개별적으로 학습을 수행한다.

해설

토론학습형은 토론 주제가 제시된 후 학습자 간 상호작용이 필요하다.

12

다음 저작물 이용허락 표시 중 '저작자를 표시하고, 비영리로 사용하며, 변경금지를 해야 한다'라는 의미의 표시는?

①    ②

③    ④

해설

① 저작자 표시+변경금지
② 저작자 표시+비영리 사용
④ 저작자 표시+비영리 사용+동일조건 변경 허락

13

이러닝 콘텐츠 제작 시의 점검 항목으로 볼 수 <u>없는</u> 것은?

① 배우의 목소리 크기·의상·메이크업이 적절한가?
② 최종 납품 매체의 영상 포맷을 고려한 콘텐츠인가?
③ 카메라 앵글이 무난한가?
④ 학습자의 접속 기기는 적절한가?

해설

학습자의 접속 기기는 이러닝 콘텐츠 제작 시의 점검 항목이 아니다.

03 학습시스템 특성 분석

1 학습시스템 이해

학습목표

① 학습시스템의 필요성을 설명할 수 있다.
② 학습시스템의 요소 기술을 설명할 수 있다.

(1) 학습시스템 유형 및 특성 `1회 기출`

① 이러닝 시스템: 교육 서비스 목적에 따라 다양한 목표 시스템 특징을 가지며, 목표 시스템 특징에 맞춘 개발기술의 선택·적용이 중요함
② 대표적인 개발언어로 PHP, JSP, XML, ASP 등이 있으며, 서비스 목적에 따라 하나 또는 여러 개의 개발언어를 혼합하여 사용할 수 있음

공공기관 이러닝 시스템	• 사내 교육, 대민서비스 용도의 서비스 목적이 있음 • 대한민국 정부에서 주도하는 전자정부 표준프레임워크 기반의 개발이 주로 이루어짐 • 사용되는 써드파티 소프트웨어는 개발언어에 종속되지 않고 사용됨
기업교육	• 기업이 추구하는 목표와 성과를 달성할 수 있도록 조직구성원의 역량을 개발하기 위한 교육 • 이러닝 시스템을 자체 운영하거나 위탁 운영으로 진행함 • 운영 방식으로 학기제, 상시제, 기간제, 차시제를 혼합적으로 사용하고 있으며, 교육목적을 달성하기 위해 다양한 방법의 교육과정으로 구성됨
학점기관 이러닝 시스템	• 대학교, 사이버대학교, 원격평생교육기관 등에서 사용되는 시스템 • 학점을 주관하는 정부 부서의 권고사항을 준수하여야 하며, 개발언어와 기술에 종속되지 않음
학원교육 이러닝 시스템	• 자격증, 언어교육 등의 모든 학원을 의미 • 교육 서비스의 목적에 따라 다양한 이러닝 시스템을 구성할 수 있음 • 이러닝 시스템을 이용한 회원 관리, 과정 관리, 과정 운영, 평가 등 다양한 방법을 사용 • 개발비 절감효과를 위해서 오픈소스를 주로 활용함
MOOC 이러닝 시스템	• 온라인 공개수업(MOOC, Massive Open Online Course)은 이러닝 시스템을 기반으로 웹에서 이루어지는 상호참여적·대규모의 교육 • 학생들의 상호작용과 협력학습을 중요한 학습요소로 사용하고 있음 • 파이선, PHP 등의 개발기술을 주로 활용함

1) 전자정부 표준프레임워크

① 개발프레임워크는 정보시스템 개발을 위해 필요한 기능과 아키텍처를 미리 만들어 제공함으로써 효율적인 애플리케이션 구축을 지원함
② 전자정부 표준프레임워크의 목표: 공공사업에 적용되는 개발프레임워크의 표준 정립으로 응용 SW 표준화, 품질과 재사용성의 향상
③ 표준프레임워크는 .NET, php 등 기존의 다양한 플랫폼 환경을 대체하기 위한 표준은 아니며, java 기반의 정보시스템 구축에 활용할 수 있는 개발·운영 표준환경을 제공하기 위한 것임

> 표준프레임워크 포털(https://www.egovframe.go.kr/)

2) 오픈소스

① 무상으로 공개된 소스 코드 또는 소프트웨어를 뜻함
② 인터넷 등을 통하여 공개되어 있으며 누구나 공유·개량하여 재배포할 수 있음
③ 이러닝 시스템에서 많이 사용하는 LMS 오픈소스로는 Moodle ❔이 있음

→ Check **Moodle**

Moodle에 대한 자료는 https://moodle.org/에서 확인 가능

3) HTML5

① 기존 HTML의 구조를 탈피한 HTML+CSS+JavaScript 형식으로 구성됨
② 태그 추가(Canvas, Video, Audio), Web Workers, Web Storage, Web DB, Web Socket, Web Notification, Server−Sent Event, Drag and Drop, File 처리기능을 추가하였으므로 Flash 대체효과, 애플리케이션 제작, 모바일환경 및 다른 플랫폼에서 응용할 수 있음

③ 다양한 운영체제에 대응 가능하며 플러그인이 탑재되지 않은 기기에서도 동작할 수 있고, 멀티미디어 요소와 애플리케이션의 제작이 가능하다는 기술적 장점이 있음

4) 증강현실 학습기술 ❓

① 물리적인 현실 공간에 컴퓨터 그래픽스 기술로 만들어진 가상의 객체, 소리, 동영상과 같은 멀티미디어 요소를 증강하는 방식을 통해 학습자와 가상의 요소들이 상호작용하여 학습자에게 부가적인 정보와 실재감, 몰입감을 함께 제공함으로써 학습효과를 높이기 위한 기술

② 기존의 가상현실 학습기술에 비해 실재감과 몰입감이 높기 때문에 학습효과가 우수하여 주목받고 있는 기술임

> **→ Check** **마커를 이용한 증강현실 학습기술**
>
> · 태양계에 관한 내용이 담긴 지구과학책에 가상의 태양계를 증강한 방식
> · 학습자의 요구에 따라 태양의 움직임과 모습을 관찰하고, 태양계 행성들의 자전, 공전 움직임뿐만 아니라 행성 내부의 모습까지도 들여다볼 수 있는 학습기술
>
>

③ **증강현실 학습의 주요 기술**: 적절한 학습콘텐츠를 불러들이기 위한 인식 기술, 불러들인 콘텐츠를 실감나게 현실에 증강하기 위한 자세 추정 기술, 콘텐츠 내 가상의 객체, 학습콘텐츠 저작·관리 기술 등이 있음

주요 기술	특징
인식 기술	• 미리 제작된 가상의 객체와 멀티미디어 요소를 포함하는 콘텐츠를 적재적소에 불러들이기 위해서 필요한 기술 • 인식 방법에는 크게 인위적인 마커를 사용하여 카메라 영상에 비친 마커를 인식함으로써 콘텐츠를 읽어 들이는 마커 인식 방법과 마커의 사용 없이 자연영상에서 필요한 정보를 추출하여 인식하는 마커 리스 인식 방법이 있음 • 인위적인 마커로 인해 시각적 불편함을 주는 마커 인식 방법보다는 자연영상을 그대로 이용하는 마커 리스 인식 방법의 선호도가 높음
자세 추정 기술	• 인식 기술을 통해 콘텐츠를 불러들인 후, 실제 영상에 증강하기 위해서는 해당 콘텐츠를 증강할 곳에 대한 카메라의 상대적 위치와 자세를 추정하여야 현실감 있고, 실재감 있는 증강현실 학습을 수행할 수 있음 • 실재감 있는 증강현실 학습을 위한 가장 중요한 기술로써 카메라의 떨림, 조명의 변화, 다른 물체에 의한 가림 등의 환경에서도 정밀한 자세 추정과 실시간성이 요구됨

증강현실 콘텐츠 저작 기술	• 인식 기술과 자세 추정 기술이 실재감 있는 증강현실 학습을 위한 기술이라면, 콘텐츠 저작 기술은 실제 학습을 위한 학습콘텐츠를 제작하여 학습에 이용할 수 있도록 하는 기술을 뜻함 • 비전문가도 손쉽게 다양한 효과와 시나리오를 이른 시일 내로 작성할 수 있도록 지원하는 것이 핵심

5) 가상체험 학습기술

① 증강 가상(AV)과 혼합 현실 기술(MR)이 융합된 교육기술로, 학습자에게 특정 가상공간·상황에 대한 몰입감을 부여하여 생생한 가상경험을 제공함으로써 학습효율을 높이기 위한 기술

② 가상체험 기반 이러닝 학습기술은 특정상황에 대한 몰입이 요구되는 외국어교육, 안전교육, 기업 기술교육 분야에서 주목받고 있으며, 그중 국내 교육시장에서 가장 큰 비중을 차지하는 외국어교육 분야에 주로 활용되고 있음

→ Check   **우주 가상 체험학습 콘텐츠**

가상체험 학습기술은 총 14개의 동작모듈로 구성됨
각 동작모듈은 사용자 인터페이스, 이벤트 처리, 영상·음성 처리 계층으로 분류되며 상호유기적으로 연동되어 동작함

③ 가상체험 기반 이러닝 학습기술의 주요 핵심기능: 학습자 영상 추출 기술, 인체 추적 및 제스처 인식 기술, 영상 합성 기술, 콘텐츠관리 기술, 이벤트 처리 기술

주요 기술	특징
학습자 영상 추출 기술	• 학습자 영상을 가상공간에 투영시키기 위한 첫 단계로, 카메라 영상을 배경과 전경(인물)으로 분리하는 것이 주목적 • 일반 디지털 웹 카메라, 가시광 카메라, 적외선 카메라 등 다양한 카메라 환경과 영상 입력에 동작 가능하며, 사용자가 생동감을 느낄 수 있도록 실시간 성능을 확보하는 것이 중요함

인체 추적 및 제스처 인식 기술	• 가상공간에서 학습자가 학습을 진행하기 위해서는 별도의 장치가 아닌 영상에 기반한 사용자 인터페이스가 제공되어야 함 • 학습자의 손, 발, 머리 등 인체 부위를 추적하고 사용자가 의도한 제스처를 인식하는 기능을 수행하는 기술로, 사용자는 이를 바탕으로 학습콘텐츠 진행에 필요한 기초 사용자 인터페이스 기능을 제공하게 됨
영상 합성 기술	• 가상공간 영상과 실공간의 학습자 영상을 합성하여 학습자가 가상공간에 있는 듯한 느낌을 주기 위한 기술 • 이 기술을 위해 실공간 카메라의 위치, 각도와 학습자가 서 있는 평면공간을 인식하여 가상공간의 카메라와 공간에 일치시켜야 함 • 실공간에서의 학습자 발 좌표에 기반하여 가상공간에서의 학습자 위치를 결정하여 최종 디스플레이 영상 렌더링에 활용하는 기술
콘텐츠관리 기술	• 실제 교육환경에서 가상체험학습 콘텐츠가 사용되기 위해서는 저작자가 콘텐츠를 제작하는 첫 시점에서 사용자가 직접 체험하는 순간까지 각각의 콘텐츠에 대한 저작, 유통, 재생에 대한 생명주기 관리가 필요함 • 저작도구 콘텐츠 패키징, 콘텐츠 버전 관리, 콘텐츠 재현 유효성 관리 등의 기능을 수행하는 기술
이벤트 처리 기술	이벤트 처리 모듈은 가상체험학습에 관여하는 학생, 교사 등의 모든 참여자로부터 발생하는 다양한 이벤트를 통합관리하여 가상체험학습 시스템과 콘텐츠가 매끄럽게 동작할 수 있도록 함

6) 시뮬레이션 학습기술

① **시뮬레이션**: 현실세계의 물체, 현상 또는 실제 상황에서는 할 수 없는 부분을 컴퓨터 기술을 사용하여 가상으로 수행시킨 후 결과와 주요 특성을 분석·예측해 보는 것을 뜻하며 관리, 실험, 훈련, 교육이 필요한 해양, 자동차, 군사, 로봇, 역학 분야에 주로 적용되고 있음

② **이러닝에서의 목적**: 현실의 어떤 측면을 모방하거나 현실세계에서 불가능한 사실을 컴퓨터를 사용하여 가상으로 가르침으로써 학습자의 이해력, 학습동기, 학습효과를 높이고 능동적인 참여를 이끌어냄

③ 시뮬레이션 학습기술은 환경적·물리적 요소의 제한으로 현실에서는 학습자에게 공급할 수 없는 학습도구를 가상환경에서 제공하며, 현실세계에서 직접 관찰하기 어려운 부분을 간접 체험할 수 있게 함

④ 학습자에게 유연하고 다양한 학습활동을 제공하면서 지속적인 관심과 동기유발을 통한 능동적인 학습활동 참여를 유도하는 효과가 있어 학습효과 극대화에 중요한 기술이 되고 있음

7) 맞춤형 학습기술

① **맞춤형 학습**: 학습자의 특성에 맞추어 개별 학습자에게 제공하는 모든 교육적인 노력을 뜻하며, 학습자의 학업능력뿐만 아니라 다양한 흥미와 필요를 고려하여 적절한 교수학습 계획을 수립하고 학습내용·과정·결과로의 다양한 접근을 시도함

② 맞춤형 학습을 컴퓨터환경에서 구축하려는 연구는 1970년대부터 컴퓨터를 활용한 CAI 등의 자동교육시스템으로 시도되었으며, 최근까지 지속적으로 연구되고 있는 ITS는 맞춤형 학습시스템에 가장 근접한 시스템이라고 볼 수 있음

③ **이러닝에서의 목적**: LMS, LCMS의 기능을 고도화·지능화함으로써 학습자의 학습능력, 학습방식 등의 개인 특성을 고려한 맞춤형 학습콘텐츠와 시나리오를 동적으로 재구성한 학습콘텐츠의 제공

④ 자율학습 환경에서 IRT, 규칙장 이론(rule space theory) 등과 같은 학습평가 기술과 학습자의 인지, 정의적 특성을 고려한 학습자 중심 적응형 학습지원 기술을 활용함으로써 학습자의 능력과 필요한 학습 특성을 동적으로 정확히 측정하고, 가장 적절한 학습콘텐츠와 평가 문제의 적응적 제공을 통해 학습자 각각에게 개인 교사를 제공하는 효과가 있음

8) 협력형 학습기술

① 협력학습: 교수자와 학습자 그룹이 자원을 공유하고 상호작용을 통하여 공동의 학습목표를 성취할 수 있도록 설계된 학습 과정의 한 형태
② 다수의 참가자는 협력학습 과정에서 발표자-청중, 토론의 찬성자-반대자 등 다양한 역할을 수행하면서 개별적 학습목표와 그룹 학습목표를 달성하기 위해 함께 노력함
③ 협력형 학습시스템은 다자간 3D 학습콘텐츠 상호작용기술을 활용하여 이기종 단말을 통해 학습에 참여하는 학생들이 공동의 목표를 이루기 위한 학습 진행환경 제공
④ 개인용 컴퓨터, PDA, Navigation, Mobile Phone 등 다양한 단말기를 통하여 여러 학습콘텐츠의 공유가 가능하며, 특히 유러닝 학습환경에서 다자간 협력을 통한 학습 진행으로 지식의 공유·수정·합성·발전 등을 도모함으로써 위키피디아와 같은 집단지성 구성 가능

2 학습시스템 표준 이해

학습목표

① 학습시스템 표준을 설명할 수 있다.
② 학습시스템 서비스 표준을 설명할 수 있다.
③ 학습시스템 데이터 표준을 설명할 수 있다.
④ 학습시스템 콘텐츠 표준을 설명할 수 있다.

(1) 표준 분야

① 이러닝 국제표준: ISO/IEC, JTC1/SC36를 중심으로 IMS/GLC, ADL 등 국제기구에서 제안하는 다양한 규격을 수용하는 형태로 진행 ⓘ

→ Check JTC1/SC36, IMS/GLC

JTC1/SC36	• 국제표준화기구(ISO)와 국제전기기술위원회(IEC)의 공동기술위원회(JTC, Joint Technical Committee) 산하 분과위원회(SC, Subcommittee) • 정보·기술 분야 중 학습, 교육, 훈련 등 교육정보 관련 자원과 도구의 상호연동·재사용을 위한 표준화 작업 수행
IMS/GLC	• IMS 국제학습컨소시엄(IMS Global Learning Consortium)은 교육 분야의 기술 발전을 위해 노력하는 국제·비영리·회원제 조직 • IMS 글로벌 또는 IMS GLC라고도 부름

② 이러닝 표준화 영역: 국내외 동향 분석, 전문가 의견 수렴을 통해 만들어진 이러닝 표준화 요소의 포지셔닝 맵은 기존 4개(전달 모델, 사용자 인터페이스, 콘텐츠 모델, 관련 시스템)로 구분하던 표준화 영역을 크게 서비스, 콘텐츠, 학습환경의 3개 영역으로 재정의함 ❷

서비스 영역	• 교육 수요자의 e-러닝 서비스와 관련된 표준 • 학습설계, 학습도구 상호운용성, e-포트폴리오 등의 표준 포함
콘텐츠 영역	• 학습에 필요한 지식, 정보를 가공하여 전자매체 제작 등과 관련된 학습 과정(코스웨어), 물리적인 콘텐츠, 평가, 학습전달 정보, 규칙 등의 코스웨어 또는 학습콘텐츠에 대한 직접적인 정보 및 콘텐츠가 참조하거나 참조되는 표준 • 콘텐츠 패키징, 문제·시험 상호운용성, 학습객체 검색·교환, 자원목록 상호운용성 등의 표준 포함
학습환경 영역	• 학습이 이루어지는 환경 전반에 관한 영역을 뜻하며, 학습 가능한 네트워크, 하드웨어, 소프트웨어를 모두 포괄하는 개념 • 협력학습 기술, 실행환경, 모바일 기술, 웹 서비스 관련 등의 표준 포함

> → Check   **콘텐츠와 서비스 양쪽과 모두 연관이 있는 표준**
>
> 메타데이터 표준, 접근성 관련 표준, 품질인증, 역량 정의 표준 등

📝 이러닝 표준화 요소의 포지셔닝 맵

③ 이러닝 표준화의 진화: 기존 기술적 의미에서의 표준이 최근 교육의 질적 수월성을 확보하기 위한 표준으로 진화하고 있음

④ 이러닝 표준의 지원
- 이러닝 산업 규모가 확대됨에 따라 국가 차원으로 표준을 제정·지원하고 있음
- 기술표준원(국가 차원의 표준화업무 전담기관): 분야별 표준을 담당할 전문기관을 선정하여 표준 개발협력기관으로 지정·운영하고 있으며, 교육정보(이러닝) 분야(SC362)에서는 한국교육학술정보원과 정보통신산업진흥원이 각각 학술과 산업 분야로 구분 운영함
⑤ 이러닝 표준 준수의 효과 `1회 기출`

항구성 (Durability)	• 한번 개발된 학습자료는 새로운 기술이나 환경변화에 큰 비용부담 없이 쉽게 적용될 수 있는 특성 • 저작 시스템, 운영 시스템과 같은 하부 소프트웨어 도구의 버전에 상관없이 콘텐츠가 동작할 수 있음
재사용 가능성 (Reusability)	• 기존 학습객체 또는 콘텐츠를 학습자료를 다양하게 응용하여 새로운 학습콘텐츠를 구축할 수 있는 특성 • 표준을 따르는 콘텐츠는 다양한 방법으로 재조합될 수 있도록 작고 재사용 가능한 모듈로 만들어지게 됨 • 모듈화된 콘텐츠는 새로운 교육·훈련자료를 개발하는 누구나 각자의 코스웨어는 물론이고 제3자가 개발한 학습객체까지 코스웨어에 맞게 재구성 가능해짐
상호운용성 (Interoperability)	• 서로 다른 도구 및 플랫폼에서 개발된 학습자료가 상호간에 공유되거나 그대로 사용될 수 있는 특성 • 표준을 준수한 콘텐츠는 다양한 LMS에서도 같은 방식으로 동작할 수 있음
접근성 (Accessibility)	• 원격지에서 학습자료를 쉽게 접근하여 검색하거나 배포할 수 있는 특성 • 모듈화되어 개발된 콘텐츠는 각각의 메타 데이터를 가지게 되고 저장소(repository) 검색기능을 통해 검색 가능함

(2) 서비스 표준

1) IMS LTI(Learning Tool Interoperability) `1회 기출`
① IMS LTI: 학습도구와 이러닝 시스템 간의 API 규격을 정의하는 표준 규약
② 이러닝 시스템은 LTI를 이용하여 써드파티 소프트웨어와 타 이러닝 시스템을 학습보조자료, 학습도구로서 연계시킬 수 있음
③ 현재 Blackboard, Desire2Learn, Moodle, Canvas 등 다양한 글로벌 이러닝 시스템에서 LTI 표준 사용

2) 학습환경

기술명	특징	대응 표준화 기구·단체
스마트 학습환경	사물인터넷, 클라우드 서비스, 로봇 활용 등 첨단기술과 미디어를 활용하여 개별화된 학습경험과 매체 활용 상호작용을 통한 학습효과 증진을 위한 교실·학습환경을 구성하는 요소 기술 ⓐ	JTC1, IMS Global

기술명	특징	대응 표준화 기구·단체
스마트 학습환경	**→ Check** · 교육 분야에 특화된 데이터 교환·활용을 위한 정보 모델과 가이드라인에 초점을 맞춘 표준 개발 · JTC1/SC36 WG6에서 스마트교실 및 관련 교육자료 서술에 대한 개념적 모델에 대한 논의가 진행되고 있으나, 구체적 표준화 대상은 규정되어 있지 않음	
써드파티 학습용 소프트웨어 연동 기술	• 학습 플랫폼 내·외부에 존재하는, 설치되지 않은 학습용 SW를 호출하고 데이터를 상호운용할 수 있는 표준 • 상업용 SW 사용을 위해 라이센스에 대한 인증체계를 포함해야 함❓ **→ Check** IMS LTI 표준을 참조할 수 있으나, 국내에서 추가로 요구하는 기능 지원을 위한 개정 필요	JTC1, IMS Global

3) 학습자 관리

기술명	특징	대응 표준화 기구·단체
학습자 프로파일, e-포트폴리오 관리 기술	• 학습자의 이력, 목표, 성취도 기록·관리, 역량 개발 이력·관리, 학습분석에 따른 학습경험 유도, 학습자의 학습기회 파악 등을 표현 • 학습자 프로파일과 연계하여 성적, 자격증 등의 학습활동 결과를 연속적으로 관리할 수 있는 정보 모델❓ **→ Check** IMS e-Portfolio를 토대로 추가 개발이 필요하며, ISO/IEC 20013 information technology for learning, education and training에서 도출된 요구사항을 같이 검토할 필요가 있음	JTC1, IMS Global
학습 분석 기술	• 학습활동으로 생성되는 정형·비정형 데이터❓를 체계적으로 수집·분석·가공·시각화하는 워크플로우에 대한 참조모델과 시스템 요구사항 • 단위 기술 중 주요 표준화 대상: 데이터 수집체계, API, 데이터 품질관리 가이드라인, 개인정보 보호 가이드라인 등 **→ Check** · 정형 데이터: 교육과정, 수업계획 등 데이터베이스에 체계적으로 정리된 정보 · 비정형 데이터: 학습활동, 로그, 소셜네트워크 메시지 등 사용자에 의해 수시로 생성되는 정보	JTC1, IMS Global

(3) 데이터 표준

1) Edu Graph [1회 기출]

① IMS Global에서는 학습분석기술 관련 트렌드를 분석하고 상호운용성 표준을 개발하기 위한 특별그룹을 조직·운영 중이며, 이 그룹을 통해 학습분석에 필요한 데이터 모델로서 Edu Graph를 공개함

▶ Edu Graph 데이터 모델

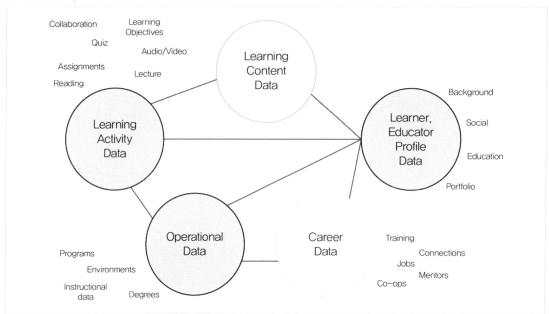

② Edu Graph에서 제안하는 교육 데이터 모델의 분류
- 디지털 콘텐츠가 발생시키는 데이터(Learning Content Data)
- 학습 플랫폼을 통해 발생하는 학습활동 데이터(Learning Activity Data)
- 교육기관에서 교육 프로그램 운영 중에 발생하는 데이터(Operation Data)
- 학습자의 경력과 인맥에 대한 데이터(Career Data)
- 학습자 또는 교수자의 프로파일링 중에 발생하는 데이터(Profile Data)

③ 교육환경 데이터를 이용한 실질적 서비스 개발에는 위의 5가지 데이터 유형에 대한 폭넓은 분석 ❓
이 필요함

> **→ Check**
>
> 단기적으로 유용한 서비스를 개발하여 학습 분석 분야의 기본적인 틀을 구축하기 위해서는 학습활동 데이터를 우선으로 고려할 필요가 있음

④ IMS Global에서는 데이터 수집을 위한 표준 API를 제시하여 구체적으로 어떠한 절차를 거쳐 데이터를 수집·활용할 것인지에 대해 기본적인 방안을 제시하기 위한 데이터 수집 표준(Caliper Analytics)을 개발하고 있음

2) Caliper Analytics

① 학습활동, 이벤트 및 관련 엔티티 등을 설명하는 정보 모델과 어휘를 정의함으로써 여러 학습기관의 데이터 호환성 제공을 위해 개발

② 통제된 단일 인터페이스(Sensor API)를 통해 수집하는 방법을 함께 제공

▨ Caliper Analytics 개요도

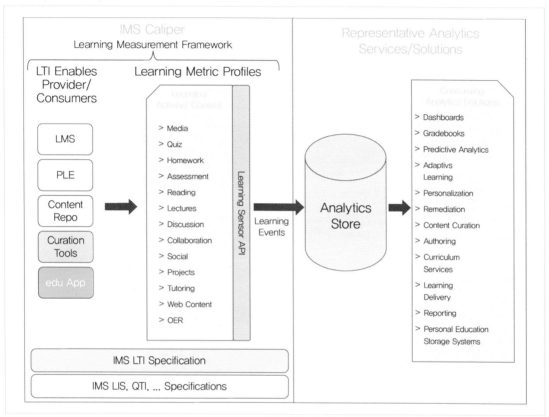

③ Caliper Analytics에서는 데이터를 수집하는 방법으로 Sensor API 아키텍처를 제안함

④ Sensor API

- 수집하기 위한 데이터의 형식, 수집 방법, 수집해야 하는 장소 등을 정의하며 구현 가이드라인을 제공함

- 학습환경 내에서 발생하는 데이터를 학습 이벤트(Learning Event)로 정의하며 "Learning Context, Action, Activity Context"의 3가지 요소로 구성함

▶ Learning Event 형식

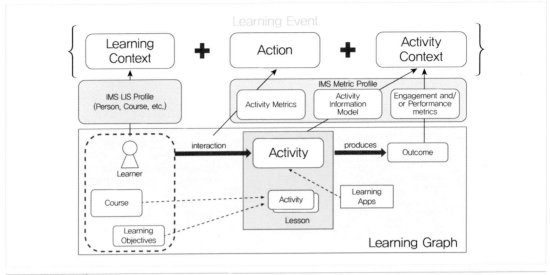

Learning Context	• 학습·교육활동을 일으키는 환경 주체 • 과정, 교사, 학생, 플랫폼, 기관 등이 해당
Activity	• Learning Context가 학습·교육활동을 수행하는 대상 • 특정 학습활동의 객체를 이루며 교재, 비디오, 퀴즈, 토론 등이 해당
Action	Learning Context와 Activity 간의 상호작용 서술
Learning Event	• 3가지 데이터(Learning Context, Activity, Action)와 각 객체를 보완하여 서술할 수 있는 요소, 기관 또는 개인의 조직정보, Learning Event의 추가적인 메타정보 등의 조합으로 구성 • 메타정보에는 데이터의 발생시간, 발생한 맥락정보 등이 포함되어 분석과정에서 시간에 따른 분석에 추가적인 도움을 줌

3) Experience API(xAPI) 1회 기출

① xAPI: 학습환경에서 일어나는 경험을 문장으로 구성하여 학습기록 저장소(Learning Record Store: LRS)에 저장하기 위한 과정을 정의하는 표준

② ADL에서 자체적으로 개발한 학습 관련 데이터 표준인 SCORM으로부터 시작되었으며, 더욱 간단하고 유연하게 사용될 수 있도록 다양한 제약조건 제거와 최소한의 일관된 어휘를 통해 데이터를 생산·전송할 수 있도록 함

xAPI 개념도

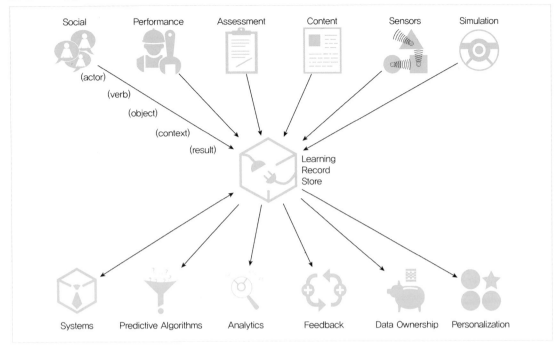

③ xAPI에서 정의하는 표준의 범위는 기초적인 학습경험 데이터의 정의, 데이터 전송에 필요한 정보 등을 포함하는 전송 규격으로 한정

④ Caliper Analytics와는 달리 데이터의 실제 콘텐츠까지는 정의하지 않는 이유는 규격이 세분화되고 명시적으로 표현함으로써 xAPI가 지향하는 유연함과 개방성을 잃을 것을 방지하기 위함임

⑤ 학습자가 교수자나 콘텐츠 등의 다른 객체와 상호작용을 기록하고 수집하는 것을 목적으로 하며, 수집될 데이터는 핵심이 되는 행위자(actor), 대상(object), 행위(verb)를 중심으로 학습활동과 관련이 있거나 분석에 활용될 수 있는 몇 가지 정보를 추가할 수 있도록 구성

⑥ xAPI 1.0.3 상의 학습경험 데이터 명세

Property	Type	Description	Required
id	UUID	UUID assigned by LRS if not set by the Learning Record Provider.	Recommended
actor	Object	Whom the Statement is about, as an Agent or Group Object.	Required
verb		Action taken by the Actor.	
object		Activity, Agent, or another Statement that is the Object of the Statement.	

result	Object	Result Object, further details representing a meas-ured outcome.	Optional
context		Context that gives the Statement more meaning. Examples: a team the Actor is working with, altitude at which a scenario was attempted in a flight simulator.	
timestamp	Timestamp	Timestamp of when the events described within this Statement occurred. Set by the LRS if not provided.	
stored		Timestamp of when this Statement was recorded. Set by LRS.	Set by LRS
authority	Object	Agent or Group who is asserting this Statement is true. Verified by the LRS based on authentication. Set by LRS if not provided or if a strong trust relationship between the Learning Record Provider and LRS has not been established.	Optional
version	Version	The Statement's associated xAPI version, formatted according to Semantic Versiong 1.0.0.	Not Recommended
attachments	Ordered array of Attachment Objects	Headers for Attachments to the Statement.	Optional

4) Caliper Analytics와 Experience API(xAPI)의 비교

xAPI와 Caliper Analytics는 현재 학습활동 정보 수집을 위한 대표적인 표준으로, 학습활동 정보를 학습 기록 저장소(Learning Record Store: LRS)에 저장하기 위한 목적성, 수집 과정 등 구현한 대상에 대한 유사성이 있지만 데이터 규격에 사용하는 어휘, 실제 데이터를 서술하는 방법 등에 약간의 차이가 있음

비교항목	Caliper Analytics	xAPI
개발 대상 및 시나리오	디지털 장치에서 발생하는 학습활동	디지털 장치 및 물리환경에서의 학습경험
저장소 관리	전송 및 저장 규격 정의	CRUD 기능에 대한 정의 * CRUD: 소프트웨어 기본 기능인 Create (생성), Read(읽기), Update(갱신), Delete (삭제)
데이터 모델	• 트리플 모델 • Metric Profile을 통한 규격 정의	• 트리플 모델 • Recipe를 통한 커뮤니티 기반 합의
보안/인증	API Key 활용 권장	OAuth 활용 규격 정의
전송 방식	• http/https 활용 • JSON-LD 규격 활용 • Best Practice 제공	• http/https 활용 권장 • JSON 규격 활용
어휘 정의 방식	IMS 내부 프로세스에 의해 Metric Profile 기반 정의	오픈 소스 방식을 통한 개방적인 Recipe 정의

데이터 관리	추가적인 논의 필요	• 데이터 유효성 검사 정의 • 추가적인 논의 필요
활용 라이선스	회원사 혹은 허가된 단체에 대한 제한적 활용	Apache2 라이선스 활용, 수정 등 자유
규격 정의 방법	폐쇄적인 규격 수립 절차 적용	오픈소스 모델 적용
표준 활용성	제공되는 제한적인 어휘로 비용 절감 가능	초기 데이터 정의를 위한 추가적인 비용 필요
개인정보 보호	추가적인 논의 필요	일부 논의 진행 중

→ Check **학습 기록 저장소(Learning Record Store: LRS)** `1회 기출`

정의	• 다양한 학습환경으로부터 실시간 학습데이터에 대한 수집 및 조회를 할 수 있는 저장체계 • 학습 중에 발생하는 실시간 학습자료를 수집하고 연관 데이터 간 정렬 후 빅데이터 저장소에 저장됨
주요 기능	• 다양한 기기 또는 매체에서 학습데이터 수집 가능: 학습활동이 일어나는 학습 매체가 회사 PC, 개인 모바일 단말기, 사외 오프라인 등 다양한 학습 매체별 데이터 수집 인터페이스 기능을 구현함 • 실시간, 동시다발적으로 발생하는 학습 데이터 처리 기능: 학습 프로세스상에서 동시다발적으로 발생하는 데이터 처리가 가능함 • 시뮬레이션 훈련 데이터 수집: 게임 물리 엔진 기반 VR/AR 시뮬레이션 구성을 통한 사용자별 가상 시뮬레이션 자료수집, IOT 센서 및 기기와 연계하여 실시간 사용자 활동 수집 및 분석, Big Data, AI 기술을 적용하여 활동 예측 모델이나 사용자별 활동 패턴을 분석함 • 활동 정보에 포함된 학습자 정보 보호를 위해 강화된 보안 적용: 활동 데이터 특성상 학습 주체인 사용자 정보가 포함되며, 수집 매체가 가정이나 사외인 경우가 많아 통합인증 및 기능 강화된 보안 프로토콜을 제공함

(4) 콘텐츠 표준

1) 이러닝 표준화의 기대효과

교육적 관점에서의 기대효과	• 콘텐츠를 포함한 교육자원의 개발에서 공유·유통까지의 프로세스상 중복되는 작업 감소 • 학습효과에 시간과 비용을 더 할애함으로써 높은 품질의 교육용 콘텐츠 및 시스템 개발 가능
기술적 관점에서의 기대효과	교육용 콘텐츠와 시스템의 재사용성 및 상호운용성 제고

2) SCORM(Shareable Content Object Reference Model)

① SCORM: 콘텐츠 유통 표준을 지정하는 규격으로, 현재 SCORM 1.2와 SCORM 2004 버전을 혼합하여 사용하고 있음

② SCORM은 25가지 CMI Data 규격 지원을 통해 콘텐츠 유통 규격과 시스템과 콘텐츠와의 통신 규약을 지원함

③ 현재 대한민국 정부에서는 이러닝 시스템과 콘텐츠가 SCORM을 준수하는 것을 권장하고 있음

④ SCORM CMI 데이터 모델 카테고리 예시

카테고리	특징
cmi.core	학습 시작 시 일반적으로 사용하는 데이터 범주로서 모든 LMS에서 제공하는 정보
cmi.suspend_data	이전 학습 종료 시에 성취했던 학습결과, 성적 등 다양한 메시지를 재접속 시 제시하는 정보
cmi.launch_data SCO	• 생성 시 만들어진 정보로 실행할 때 필요한 변수정보 • cmi.comments SCO에 대한 주석을 수집, 전달하기 위한 방법으로, LMS에 주석을 전송하기 위한 정보
cmi.objectives	학습자가 SCO에서 다루는 개별적인 학습목표들을 어떻게 수행했는지 확인하기 위한 정보
cmi.student_data	SCO에 정의된 여러 환경을 학습자의 학습 성취에 따라 새롭게 재구성하여 제시할 때 사용하는 범주
cmi.student_preference	학습자들이 SCO를 학습하면서 학습자가 설정한 여러 환경 및 기기에 대한 설정 정보에 대한 범주
cmi.interactions	학습자가 컴퓨터로 보내는 인식될 수 있고 기록될 수 있는 입력정보

⑤ cmi.learner_preference에 대한 세부항목

cmi.learner_preference	특징
cmi.learner_preference._children	cmi.learner_preference 데이터 모델에서 지원하는 자식요소의 리스트
cmi.learner_preference.audio_level	학습자가 음성 볼륨 조절과 관련된 단계를 설정
cmi.learner_preference.language	학습자가 선호하는 언어를 나타냄
cmi.learner_preference.delivery_speed	콘텐츠에 대한 재생 속도 조절
cmi.learner_preference.audio_captioning	음성에 대한 자막의 표시 여부 설정

3) IMS C.C(Common Cartridge)

① IMS Common Cartridge 표준: Common Cartridge Format 영역은 SCORM 이외에도 다양한 종류의 학습 리소스(예 평가, 시험, 퀴즈, 팀 프로젝트, 토론 등) ❶에 대해서도 LMS 간 상호운용성을 보장하기 위한 규격을 모두 포함

→ Check

최근에는 학습 리소스로 페이스북, 위키피디아, 유튜브 등의 SNS도 사용하는 경향이 있음

② 이러한 과정을 통해 LMS에서는 Top-down 방식의 정형화된 수업에서 탈피하여 교수자/학습자 주도적인 학습 설계가 가능한 환경을 제공함

4) SCORM과 IMS C.C의 비교

기능	ADL SCORM	IMS C.C
Contents Package	지원	지원
Assessment(C.C-QTI)	지원 안 됨	지원
Content Authorization	지원 안 됨	지원
Learning Object Metadata	지원	지원
Sequencing and Navigation	지원	지원 안 됨
Collaborative Forums	지원 안 됨	지원
Web Link(URL Link)	지원 안 됨	지원
Learner Tracking	지원	지원 안 됨
Korea Education Metadata	지원 안 됨	지원 안 됨
Web Conferences	지원 안 됨	지원
Homework/Assignment	지원 안 됨	지원
Survey	지원 안 됨	지원
보조 학습자원 연계	지원 안 됨	지원

5) IMS QTI(Question & Test Interoperability)

① QTI: 평가시스템 간의 상호운용성을 높이기 위하여 문제, 평가 그리고 평가 결과에 대한 구조와 그 정보들의 속성을 XML 언어로 정의

② QTI 시스템을 구축하기 위한 구성
- 문항을 저작하고 패키징하기 위한 Authoring Tool
- 패키징된 결과물을 Import/Export하고 이를 학습자에게 제공하기 위한 Publishing System
- 문제를 저장하기 위한 Delivery(Rendering) 시스템
- 학습자의 결과를 채점하기 위한 Scoring Engine

6) 웹 기술 스택 1회 기출

XML (eXtensible Markup Language)	• 데이터를 저장하고 전달하기 위해 설계된 마크업 언어 • 웹 문서뿐만 아니라 다양한 종류의 데이터 구조를 기술하는 데 사용됨 • 사용자가 태그를 정의하여 문서의 구조를 명시할 수 있게 함으로써 데이터의 의미, 구조를 명확하게 표현 가능 • HTML과 유사하게 보일 수 있으나 XML은 데이터 표시가 아니라 데이터 저장·전송에 중점을 둠
AJAX (Asynchronous JavaScript and XML)	• 웹페이지가 서버와 비동기적으로 데이터를 교환하고 업데이트할 수 있게 하는 기술 • 페이지 전체를 새로 고치지 않고도 웹페이지의 일부를 업데이트 가능 • JavaScript를 사용하여 서버에 비동기적으로 요청을 보내며, XML 형식으로 데이터를 수신함 (JSON 형태로 데이터를 주고받는 경우가 더 일반적) • 사용자 경험을 개선하기 위해 다양한 웹 애플리케이션에서 널리 사용되는 기술

CSS (Cascading Style Sheets)	• 웹페이지의 스타일을 정의하는 언어 • HTML, XML 등의 마크업 언어로 작성된 웹페이지의 레이아웃, 색상, 글꼴 등을 지정 가능 • CSS 사용 시 콘텐츠의 표현을 문서의 구조로부터 분리할 수 있으므로 웹 개발자와 디자이너의 작업 효율성이 높아짐 • 일관된 디자인을 여러 웹페이지에 쉽게 적용 가능
RSS (Really Simple Syndication)	• 웹 콘텐츠의 업데이트를 쉽게 공유·구독할 수 있게 하는 데이터 포맷 • 뉴스 사이트, 블로그, 기타 콘텐츠 제공자가 자신의 최신 콘텐츠를 RSS 피드 형태로 제공하면 사용자는 RSS 리더를 사용해 여러 사이트의 업데이트를 한 곳에서 확인 가능 • RSS 피드는 XML을 기반으로 하며 콘텐츠 제목, 요약, 발행날짜 등의 정보를 포함함

XML

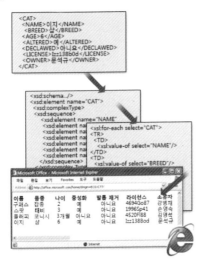

Ajax

```
$.ajax({
    url: '/perform/getRelayList.ajax',
    method: 'post',
    data : form,
    dataType : 'html',
    success: function (data, status, xhr) {
        console.log("data : : " + JSON.stringify(data));
        $("#search_result").empty();
        $("#search_result").replaceWith(data);
    },
    error: function (data, status, err) {
    },
    complete: function () {
        var total = $("#dataCount").val();
        $("#totalCount").text(addComma(total));
    }
});
```

CSS

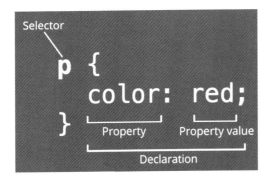

RSS

```xml
<?xml version="1.0" encoding="UTF-8"?>
<rss version="2.0">
  <channel>
    <title>제목</title>
    <link>주소</link>
    <description>설명 (짤막하게)</description>

    <item>
      <title>제목</title>
      <link>주소/글 주소</link>

      <description>글 내용 전체(또는 일부)</description>
      <pubDate>시간</pubDate>
      <guid>주소/글 주소</guid>
    </item>

    <item>
      <title>제목</title>
      <link>주소/글 주소</link>
      <description>글 내용</description>
      <pubDate>시간과 날짜</pubDate>
      <guid>주소/글 주소</guid>
    </item>
  </channel>
</rss>
```

7) 기타

기술명	특징	대응 표준화 기구·단체
교육용 전자책 표현기술 (EDUPUB) ❓	• HTML5, CSS3 등 새로운 웹기술을 이용한 상호작용 콘텐츠 표현 요구 • 멀티미디어, 웹 링크 등 외부자원을 호출할 수 있는 개방형 구조 • 메모, 하이라이트, 사용자 주석처리 등 사용자 데이터를 저장·관리할 수 있는 기능 • 표준화된 패키지를 어떤 뷰어에서든지 인식하고 표현할 수 있는 구조 • 온라인 평가, 학습용 SW 호출 등 이러닝 자원을 전자책에 삽입 또는 연계하는 표준 → **Check** IDPF, IMS Global, W3C 등 글로벌 컨소시엄이 EDUPUB Alliance를 구성하여 EPUB3과 IMS Global의 교육서비스 표준을 결합한 EDUPUB 표준을 개발하고 있음	JTC1, IDPF, IMS Global
실감형 콘텐츠 제작·표현· 상호작용기술	• VR(Virtual Reality) 및 AR(Augmented Reality) 기술을 활용한 실감 교육콘텐츠 제작가이드 • HMD, NUI(Natural User Interface)기술을 활용한 학습자와 교육콘텐츠 상호작용, 학습자-교습자 간 커뮤니케이션 및 학습자 간 커뮤니케이션 가이드 • 학습관리시스템에 실감형 콘텐츠를 탑재·전달하기 위한 패키징 기술 • 권장 이용환경, 콘텐츠 품질기준 등을 포함한 휴먼팩터 • 실감형 콘텐츠를 교육환경에서 활용하는 데 필요한 가이드라인 관점의 기술	JTC1, Web3D
교육기술 접근성	디지털 자원, 서비스에 접근할 때 사용자의 요구, 선호도를 기술하는 공통의 정보모델을 이용해 메타데이터를 매칭하는 방식의 접근성 표준 ❓ → **Check** IMS Access for All v3.0 표준이 대안으로 고려될 수 있으며, Fluid 프로젝트의 기술 참조 필요	IMS Global, JTC1
문제은행·온라인 평가기술	평가시스템에서 응시자에게 문항·시험을 전달하는 시점부터 응시 → 피드백 제공 → 결과 제출 단계까지의 프로세스를 생명주기 관점에서 표현할 수 있도록 설계 ❓ → **Check** 현행 표준은 문제, 시험지를 디지털 형식으로 변환하여 서비스하는 것을 목적으로 하고 있지만, 향후 학습 분석 기술을 활용한 스텔스(stealth) 평가에 대한 표준화 이슈가 제기될 것으로 전망	JTC1, IMS Global

3 학습시스템 개발과정 이해

학습목표

① 정보시스템 구축·운영지침의 세부 내용을 설명할 수 있다.
② 개발하고자 하는 학습시스템의 기술적 구조와 현황을 파악할 수 있다.
③ 개발에 필요한 HW, SW, 네트워크, 보안 등의 사용자 요구사항을 문서화 할 수 있다.
④ 개발 프로세스에 대한 명세를 문서화 할 수 있다.

(1) 정보시스템 구축 · 운영지침

1) 추진 배경

정보화 수발주의 불공정 관행 개선을 위한 T/F팀 구성('10.9)	행정안전부 · 지식경제부 · 기획재정부 · 조달청 · NIA · NAPA 등
"국가 정보화 수발주제도 개선 방안" 확정 및 전략위 보고('11.2)	• 수발주제도 개선: 18개 핵심과제 발굴 • 발주기관 및 대 · 중소기업 간 불합리한 관행 등 문제점 해소 • 기술 중심의 평가체계 · 사업관리체계 선진화
정보시스템 구축 · 운영 지침 제정 · 고시('11.9.5, 시행 '11.11.6)	• 수발주제도 개선과제 반영 • 정보화 관련 30여 종의 제도를 기준으로 정보화사업 단계별(예 기획 · 발주 · 계약 · 사업수행 등) 준수해야 할 주요내용 제시 • 정보화 관련 제도 준수율 제고 및 사업의 공정성 · 투명성 확보 • 「전자정부법」 제45조 제3항 ❶에 따라 고시

→ Check **전자정부법 제45조 제3항**

행정안전부장관은 정보기술 아키텍처의 도입 · 운영 및 정보시스템의 구축 · 운영에 관한 지침을 정하여 고시하여야 하며, 행정기관 등의 장은 이를 준수하여야 함

▶ 법령체계

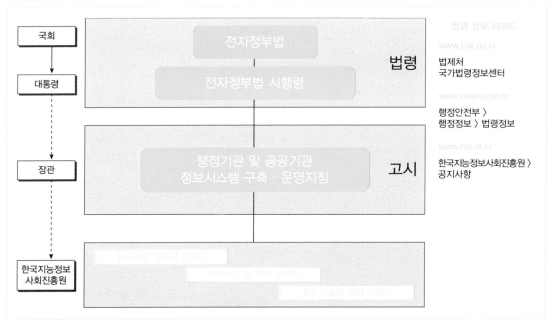

2) 행정기관 및 공공기관 정보시스템 구축·운영지침 구성 1회 기출

제1장 총칙	제1조(목적) 제2조(정의) 제3조(적용 범위)	제4조(기본원칙) 제5조(다른 법령과의 관계)
제2장 사업계획 수립	제6조(하드웨어 및 소프트웨어 도입기준) 제7조(기술적용계획 수립 및 상호운용성 등 기술평가) 제8조(보안성 검토 및 보안 관리) 제9조(예산 및 사업 대가산정)	제10조(대기업인 소프트웨어 사업자가 참여할 수 있는 사업금액의 하한) 제11조(상용 소프트웨어 구매) 제12조(제안서 보상) 제13조(감리) 제14조(사전협의)
제3장 정보시스템 사업발주	제15조(요구사항 정의 명확화) 제16조(제안요청서 작성) 제17조(제안요청서 보안사항 등) 제18조(평가 배점) 제19조(하도급 대금 지급 등) 제20조(제안서 발표) 제21조(제안서 기술평가 기준) 제22조(예정 가격 비치)	제23조(예정 가격 결정기준 등) 제24조(제안요청서 사전공개) 제25조(사전공개 의견검토 등) 제26조(제안요청서의 교부 또는 열람 등) 제27조(입찰공고 기간) 제28조(제안요청설명회 개최) 제29조(제안서 등의 제출)
제4장 사업자 선정 및 계약	제30조(평가위원회 구성) 제31조(제안서 사전배포) 제32조(제안서 평가) 제33조(제안서 검토 시간 및 평가점수의 조정)	제34조(제안서 평가 결과 공개 등) 제35조(입찰가격 개봉 및 평가) 제36조(기술 및 가격협상 절차 등)
제5장 사업수행	제37조(하도급 승인신청) 제38조(하도급 승인) 제39조(착수 및 보고) 제40조(하도급 관리) 제41조(작업장소 등) 제42조(인력관리 금지) 제43조(기술적용 계획 준수)	제44조(표준산출물) 제45조(과업내용의 변경) 제46조(과업 내용의 변경 절차) 제47조(과업변경 대가 지급) 제48조(정보자원 통합관리) 제49조(감리시행)
제6장 소프트웨어 개발 보안	제50조(소프트웨어 개발 보안 원칙) 제51조(소프트웨어 개발 보안 활동) 제52조(보안 약점 진단기준)	제53조(보안 약점 진단 절차) 제54조(진단원)
제7장 검사 및 운영	제55조(지체상금) 제56조(검사) 제57조(인수) 제58조(정보자원의 민간활용)	제59조(운영 및 유지관리) 제60조(계약목적물의 지식재산권 귀속 및 기술자료 임치)
제8장 보칙	제61조(세부사항)	제62조(재검토 기한)
부칙	제1조(시행일)	
별지	제1호 기술적용계획표, 기술적용결과표 제2호 상호운용성 등 기술평가표 제4호 사업 제안서 평가 결과 제5호 정보화 사업 착수계	

별표	1 중소기업 참여 공동수급체 지분율별 평가점수 2 사업 규모별 제안서 평가위원 수 3 소프트웨어 보안 약점 기준 4 소프트웨어 보안 약점 진단원의 자격 기준

3) 제2장 사업계획수립

① 하드웨어 및 소프트웨어 도입기준(제6조)

- 하드웨어를 도입하는 경우 한국정보통신기술협회에서 정한 「정보시스템 하드웨어 규모 산정 지침」을 기본으로 함
- 중소기업자가 개발한 다음 각 호의 제품을 우선적으로 구매할 수 있도록 제안서 기술평가 기준에 평가 항목으로 반영
  1. 「소프트웨어 진흥법」 제20조에 따른 품질인증(GS인증) 1등급 제품
  2. 「산업기술혁신 촉진법」 제16조에 따른 신제품인증(NEP) 제품
  3. 「산업기술혁신 촉진법」 제15조의2에 따른 신기술인증(NET) 제품

② 기술적용 계획수립 및 상호운용성 등 기술평가(제7조)

- 사업계획서 및 제안요청서 작성 시 별지 제1호 서식의 기술적용계획표 작성
- 사업계획서 확정 이전에 별지 제2호 서식으로 상호운용성 등 기술평가를 수행
  - 영 57조, 71조에 해당하는 정보시스템 사업의 경우(감리 대상 사업, 국가안보 관련 사업)
  - 상호운용성 등 기술평가의 검토 결과를 반영하여 사업계획서 및 제안요청서를 작성
- 사업자는 기술적용계획표가 포함된 제안서 및 사업수행계획서를 제출: 사업자와 상호 협의하여 사업수행계획서 내의 기술적용계획표는 수정 가능

③ 보안성 검토 및 보안 관리(제8조)

- 정보시스템을 신·증설하는 경우 「국가 정보보안 기본지침」에 따라 국가정보원장에게 보안성 검토를 의뢰
- 정보시스템 사업 발주, 관리, 운영 등에 필요한 보안 대책을 강구
- 개인정보를 다룰 경우 안전성 확보에 필요한 조치를 강구

④ 예산 및 사업 대가 산정(제9조)

- 정보시스템 사업의 원가 산정 시 「소프트웨어 진흥법」과 같은 법 시행령에 따른 소프트웨어사업 관련 대가 산정 기준을 적용하여 산출
- 예산 수립 시 제12조에 따른 제안서 보상에 관한 비용, 제30조, 제32조부터 제33조에 따른 제안서 평가 관련 비용, 제41조에 따른 작업장소에 관한 비용을 포함하여 계상

⑤ 대기업인 소프트웨어 사업자가 참여할 수 있는 사업금액의 하한(제10조): 대기업 사업참여 하한 준수 및 제안요청서 등에 명시

⑥ 상용소프트웨어 구매(제11조): 상용소프트웨어를 구매하는 경우 「소프트웨어사업 계약 및 관리 감독에 관한 지침」에서 정하는 바에 따름

⑦ 제안서 보상(제12조): 제안서 평가에서 우수한 평가를 받은 자에 대해 예산의 범위 안에서 제안서 작성비 일부 보상 가능

⑧ 감리(제13조): 정보시스템의 특성 및 사업 규모 등이 감리대상 사업에 해당하면(영 제71조 제1항) 감리법인이 「정보시스템 감리기준」을 준수하여 감리 시행

⑨ 사전협의(제14조)

> • 사전협의 대상 사업에 해당하면 사업계획을 수립한 후 영 제83조의 방법 및 절차에 따라 행정안전부 장관에게 사전협의를 요청
> • 세부사항은 행정안전부 고시 「전자정부 성과관리 지침」에 따름

4) 제3장 정보시스템 사업발주

① 요구사항 정의 명확화(제15조): 제안요청서를 작성할 때는 소프트웨어사업 상세 요구사항 분석·적용기준 및 소프트웨어사업 상세 요구사항 세부내용 작성표를 활용하여 요구사항을 상세하게 작성하여야 함

② 제안요청서 작성(제16조): 제안요청서 작성 시 다음 각 호를 명시

> 1. 과업 내용, 요구사항
> 2. 계약조건
> 3. 평가 요소, 평가 방법
> 4. 제안서의 규격·제출 방법·제본 형태
> 5. 제안서 보상에 관한 사항
> 6. 사업자가 준수해야 하는 다음 각 목에 관한 사항
>   가. 제19조에 따른 하도급 대금 지급 등
>   나. 과학기술정보통신부 장관이 고시한 「소프트웨어사업 계약 및 관리 감독에 관한 지침」 제19조에 따른 소프트웨어사업 하도급 계획서 제출 요청 및 하도급 계약의 적정성 판단 세부기준
>   다. 제7조 제1항에 따른 기술적용계획표
>   라. 제50조 또는 제53조에 따른 「소프트웨어 개발 보안」 적용
>   마. 제20조에 따른 사업관리자의 제안서 발표 의무화
>   바. 제44조에 따른 표준산출물 작성 및 제출
>   사. 사업수행 관련 협력사(하드웨어 또는 상용 SW 납품업체 등)에 대한 대금의 지급 시기 등
> 7. 과학기술정보통신부 장관이 고시한 「소프트웨어사업 계약 및 관리 감독에 관한 지침」 제10조에 따른 적정 사업 기간 산정에 관한 사항
> 8. 「소프트웨어 진흥법 시행령」에 따라 사업자가 과업심의위원회 개최를 요청할 수 있다는 사실 등 과업변경 절차에 관한 사항
> 9. 「소프트웨어 진흥법」에 따라 소프트웨어 유지·관리를 제외한 소프트웨어사업을 발주할 때 소프트웨어 사업자가 사업수행 장소를 제안 가능함을 명시(정보보안에 관한 사항 등 사업수행 장소에 대한 요건 제시 가능)
> 10. 그 밖에 필요한 사항

③ 제안요청서 보안사항 등(제17조): 보안 침해 사고 등이 우려되는 경우 다음의 사항이 제안요청서에서 제외될 수 있도록 검토

> 1. 정보시스템의 내·외부 IP 주소 현황
> 2. 정보시스템의 제조사, 제품 버전 등 도입현황 및 구성도
> 3. 정보시스템의 환경파일 등 구성정보
> 4. 사용자 계정 및 패스워드 등 시스템 접근 권한 정보
> 5. 정보시스템 취약점 분석 결과물
> 6. 방화벽·침입 방지시스템(IPS) 등 정보보호 제품, 라우터·스위치 등 네트워크 장비 도입현황 및 설정 정보
> 7. 「공공기관의 정보공개에 관한 법률」 제9조 제1항 단서에서 정한 비공개 대상
> 8. 「개인정보 보호법」 제2조 제1호에 따른 개인정보
> 9. 「보안업무규정」 제4조의 비밀, 동 시행규칙 제16조 제3항의 대외비
> 10. 그 밖에 행정기관 등의 장이 공개가 불가하다고 판단한 자료

④ 평가 배점(제18조)

> • 기술력이 우수한 사업자를 선정하여 정보시스템 사업 등의 품질을 확보하기 위해 협상에 의한 계약체결 방법을 우선하여 적용할 수 있고, 기술능력평가 배점 한도를 90점으로 함
> • 기술능력평가의 배점 한도를 80점으로 하는 기준 제시
> 1. 추정가격 중 하드웨어의 비중이 50% 이상인 사업
> 2. 추정가격이 1억 미만인 개발사업
> 3. 그 밖에 행정기관 등의 장이 판단하여 필요한 경우

⑤ 하도급 대금 지급 등(제19조)

> • 하도급자가 하도급 대금의 직접 지급을 원하는 경우 이해관계자(발주자, 원도급자, 하도급자 등) 간 합의서를 작성하고 하도급자에게 대금을 직접 지급
> • 하드웨어 또는 상용소프트웨어를 직접 제조하는 자가 아닌 하도급자를 통해 구매하는 경우 그 하도급자와 제조사 간 기술 또는 판매와 관련된 관계임을 입증할 수 있는 증명을 제안서에 포함하여 제출하도록 제안요청서에 명시

⑥ 제안서 발표(제20조): 사업관리자(PM)의 전문성, 사업 이해도 등을 종합적으로 평가하기 위해 사업관리자가 직접 제안서를 발표하도록 제안요청서에 명시

⑦ 제안서 기술평가 기준(제21조): 제안서 기술평가를 위한 평가항목 및 배점 한도, 평가 방법 등은 「소프트웨어 기술성 평가 기준 지침」에 따름

⑧ 예정 가격 비치(제22조): 제안서 제출 전까지 예정 가격을 결정, 이를 밀봉하여 보관, 예정 가격의 누설 방지

⑨ 예정 가격의 결정기준 등(제23조): 「국가계약법 시행령」 제8조 및 제9조, 「지방계약법 시행령」 제9조 및 제10조에 따름

⑩ 제안요청서 사전공개(제24조)

- 사전공개 생략 가능한 기준
  1. 경쟁에 부칠 여유가 없거나, 수의계약 대상인 경우
  2. 지방계약법 적용기관으로서 「지방계약법 시행령」 제32조의2 제2항에 해당하는 경우
- 조달청 "나라장터(www.g2b.go.kr)" 및 행정기관의 홈페이지 등을 통해 5일간 공개(단, 긴급일 경우 3일)
  1. 사업명
  2. 발주(공고)기관
  3. 실수요기관
  4. 배정예산액
  5. 접수일시(의견등록 마감일시)
  6. 담당자(전화번호)
  7. 납품기한
  8. 제안요청서
  9. 그 밖에 사전공개에 필요한 사항

⑪ 사전공개 의견검토 등(제25조)

- 의견이 있을 시 검토하여 그 결과를 의견 제공자에게 통보하고, 수용한 의견은 제안요청서에 반영
- 공정한 검토를 위하여 제안요청심의위원회를 구성
  1. 제안요청심의위원회는 학계, 연구계, 산업계 등 10인 이내로 구성하여야 하며, 관련 분야별 전문가는 아래 각 목의 기관에 요청하여 구성할 수 있음
     가. 네트워크 장비는 과학기술정보통신부 정보통신산업과
     나. 가목 이외 분야는 한국지능정보사회진흥원 또는 정보통신산업진흥원
  2. 그 밖에 제안요청심의위원회 구성 및 운영에 관하여 필요한 세부사항은 행정기관 등의 장이 정함
- 제안요청심의위원회 구성을 생략할 수 있는 경우
  1. 사업자 등의 의견을 수용하여 제안요청서에 반영하는 경우
  2. 행정기관 등의 장이 자체 판단하여 의견검토가 가능한 경우

⑫ 제안요청서의 교부 또는 열람 등(제26조): 「협상에 의한 계약체결기준」, 「지방자치단체 입찰시 낙찰자 결정기준」에 따름

⑬ 입찰공고 기간(제27조)

- 입찰공고는 「국가계약법 시행령」 제35조, 「지방계약법 시행령」 제35조에서 정한 바에 따름
- 다음 각 호의 어느 하나에 해당하는 경우에는 제안서 제출 마감일의 전날부터 기산하여 10일 전까지 공고 가능
  1. 「국가계약법 시행령」 제20조 제2항 및 「지방계약법 시행령」 제19조 제2항에 따른 재공고 입찰의 경우
  2. 지방자치단체를 당사자로 하는 계약에 관하여 국가 또는 지방자치단체의 재정 정책상 예산의 조기 집행을 위하여 필요한 경우
  3. 국가를 당사자로 하는 계약에 관하여 다른 국가사업과 연계되어 일정 조정을 위하여 불가피한 경우

4. 지방자치단체를 당사자로 하는 계약에 관하여 국가사업 또는 지방자치단체의 다른 사업과 연계되어 사업의 일정 조정을 위하여 불가피한 경우
5. 긴급한 행사 또는 긴급한 재해 예방·복구 등을 위하여 필요한 경우
6. 추정가격이 「국가계약법」 제4조 제1항에 의거하여 기획재정부장관이 고시한 금액 미만인 경우
7. 그 밖에 제2호부터 제4호까지의 어느 하나에 준하는 경우 또는 국가를 당사자로 하는 계약에 관하여 제5호에 준하는 경우로서 입찰을 긴급히 입찰공고할 필요가 있는 경우

⑭ 제안요청서 설명회 개최(제28조)

- 입찰참가자의 적정한 제안을 위한 설명회를 필요시 개최
- 제안요청설명회 일시, 장소 등을 제안요청서에 명시

⑮ 제안서 등의 제출(제29조)

- 입찰에 참여하고자 하는 자는 제안요청서에 정한 바 또는 입찰공고에 따라 제안서 및 가격 입찰서를 별도로 작성하여 제출
- 입찰참가자의 가격 입찰서 모두를 함께 밀봉하여 입찰가격 개봉 및 평가 시까지 보관

5) 제4장 사업자 선정 및 계약

① 평가위원회 구성(제30조)

- 제안서 기술평가가 필요한 경우 제안서평가위원회를 구성
- 공무원, 산업계·학계·연구계 등의 해당 분야 전문가로 구성된 평가위원회를 구성·운영
- 전체 평가위원 중 과반수 이내에서 발주 담당 공무원을 제외한 소속 공무원을 평가위원으로 위촉 가능

② 제안서 사전배포(제31조)

- 상세한 검토가 필요하다고 판단되는 경우에는 제안서평가위원에게 제안서를 사전 배포 가능
- 제안서의 내용 등이 외부에 유출되지 않도록 보안서약서 징구 등 필요한 보안 대책을 강구

③ 제안서 평가(제32조)

- 제안서 내용의 변경이 없는 경미한 사항에 한하여 기한을 정하여 보완 요구 가능
- 보완 요구한 서류가 제출되지 아니한 경우 당초 제출된 서류만으로 평가하고, 당초 제출된 서류가 불명확하여 심사할 수 없는 경우에는 평가에서 제외
- 제안발표자의 신분증을 확인한 후 사업관리자와 다를 경우 제안발표를 제외하고 제안서 등 서류만으로 평가

④ 제안서 검토 시간 및 평가점수의 조정(제33조): 제안서 평가를 위하여 평가위원에게 제안서를 사전배포하지 않을 때는 입찰 참가업체의 제안서 발표 이전에 추정가격을 기준으로 평가위원에게 제안서 검토 시간을 주어야 함

<blockquote>

1. 추정가격이 10억 원 미만: 60분 이상
2. 추정가격이 10억 원 이상 50억 원 미만: 90분 이상
3. 추정가격이 50억 원 이상 200억 원 미만: 120분 이상

</blockquote>

⑤ 제안서 평가 결과 공개 등(제34조): 20억 원 이상 사업의 제안서 평가 결과를 입찰 참가업체에 공개

<blockquote>

1. 평가위원 실명은 비공개
2. 과학기술정보통신부 장관이 고시한 「소프트웨어 기술성 평가 기준 지침」 별표 1 또는 별표 2의 평가 부문별 점수

</blockquote>

⑥ 입찰가격 개봉 및 평가(제35조): 제안서 평가 후 지체없이 입찰참가자가 참석한 자리에서 밀봉한 입찰서를 개봉하고 입찰가격에 대한 평가를 실시

⑦ 기술 및 가격협상 절차(제36조)

<blockquote>

- 「국가계약법 시행령」에 따른 경우 「협상에 의한 계약체결 기준」을, 「지방계약법 시행령」에 따른 경우 「지방자치단체 입찰시 낙찰자 결정기준」을 따름
- 기술협상 시 과업 내용의 변경으로 인해 하도급 대금 지급 비율 변경이 필요한 경우 적정성 검토 후 기술협상 내용의 일부로 포함

</blockquote>

6) 제5장 사업수행

① 하도급 승인 신청(제37조)

<blockquote>

- 하도급 승인 신청 시 제출서류
  1. 소프트웨어사업 하도급·재하도급 계약승인신청서
  2. 소프트웨어사업 표준 하도급 계약서(안)와 하도급되는 부문의 세부 산출내역서
  3. 하도급 사업수행계획서(세부 사업추진일정표 포함)
  4. 하도급 계약 적정성 판단 자기평가표
- 사업자는 하도급 승인이 거절된 경우 7일 이내에 하도급 계약의 적정성 판단을 다시 요청 가능

</blockquote>

② 하도급 승인(제38조)

<blockquote>

- 제안요청서에서 제시한 하도급 계약의 적정성 판단 세부기준에 따라 하도급 승인 여부 판단
- 「소프트웨어사업 계약 및 관리 감독에 관한 지침」에 따라 하도급 또는 재하도급 계약의 적정성 여부를 검토하여 10일 이내에 그 승인 여부를 사업자에게 서면 통지
- 하도급 계약의 적정성 판단에 상당한 시일이 요구되는 등 불가피한 사유가 있는 경우에는 통지기간을 한 차례만 연장할 수 있으며, 통지기간을 연장한 경우에는 통지예정기한을 정하여 지체 없이 사업자에게 통지
- 하도급 승인 여부를 기간 내에 통지하지 않거나 통지기간연장을 통지하지 아니한 경우 하도급을 승인한 것으로 간주

</blockquote>

③ 착수 및 보고(제39조)

- 사업자는 계약체결 후 10일 이내에 정보시스템 사업 착수계를 작성하여 제출
- 정보시스템 사업 착수계는 제안요청서와 제안서, 기술협상 등을 근거로 작성하되 사업자의 의견이 있는 경우 행정기관 등의 장과 사전협의를 통하여 반영 가능
- 행정기관 등의 장은 착수계를 검토하고, 제안요청서 및 계약서의 내용에 부합하지 않으면 보완을 요구할 수 있으며, 사업자는 보완을 요구받은 날로부터 7일 이내에 보완하여 제출

④ 하도급 관리(제40조)

- 계약상대자가 입찰 및 계약체결 시 제출한 소프트웨어 하도급 및 재하도급 계획서 등을 확인하여 제한 범위를 준수하도록 관리
  1. 전체 사업금액을 기준으로 100분의 50을 초과하여 하도급 불가
  2. 하도급 받은 사업금액의 100분의 50을 초과하여 재하도급 불가
- 하도급 또는 재하도급 계약의 준수 여부를 확인하기 위하여 필요한 경우 하도급 또는 재하도급을 승인받은 자에게 소프트웨어사업 하도급 계약 준수실태 보고서 제출 요청 가능
- 승인한 대로 하도급 또는 재하도급 계약이 이행되지 않은 경우 지체없이 조치를 취하여 줄 것을 공정거래위원회에 요청하고, 하도급 업체에 불리하게 변경된 경우 입찰 참가자격 제한 등 필요한 조치를 취해야 함

⑤ 작업장소 등(제41조)

- 사업자와 소프트웨어사업 수행을 위하여 필요한 장소 및 설비 기타 작업 환경을 상호 협의하여 정함
- 작업장소 등에 관한 비용을 사업예산 또는 예정 가격에 계상하지 아니한 경우에는 행정기관 등의 장이 작업장소 등을 제공
- 작업장소 등 비용 계상 근거
  1. 기획재정부 계약예규「예정 가격 작성기준」제11조 제3항 제9호에 해당하는 경비(지급임차료)
  2. 한국소프트웨어산업협회장이 공표한「SW 사업 대가산정 가이드」에서 정의된 직접경비(현장 운영비)
- 사업자는 필요한 경우 그 사유 및 기간 등을 정하여 행정기관 등의 장에게 승인을 받은 후 당해 사업에 투입되는 인력을 작업장소 이외에서도 근무 가능

⑥ 인력관리 금지(제42조)

- 행정기관 등의 장은 제안요청서에 투입인력의 수와 기간에 의한 방식에 관한 요구사항을 명시할 수 없고, 사업을 추진함에 있어 투입인력별 투입기간을 관리할 수 없음
- 인력관리 금지 예외사항
  1. 정보화 전략계획 수립, 업무 재설계, 정보시스템 구축계획 수립, 정보보안 컨설팅 등 컨설팅 성격의 사업
  2. 정보시스템 감리사업, 전자정부사업 관리 위탁사업
  3. 데이터베이스 구축사업, 디지털 콘텐츠 개발사업
  4. 관제, 고정비(투입공수방식 운영비) 방식의 유지관리 및 운영사업 등 인력관리 성격의 사업

⑦ 기술적용 계획 준수(제43조)

> - 사업자는 기술적용계획표를 준수하여 사업추진
> - 사업자는 사업 검사 및 최종감리 수행 시 기술적용결과표를 작성하여 제출

⑧ 표준산출물(제44조)

> - 행정기관 등의 장은 운영, 유지관리 등에 필요한 표준산출물을 지정하여 사업자에게 제출 요구 가능
> - 행정기관 등의 장은 산출물을 기관의 정보시스템을 이용하여 체계적으로 관리하고 운영·유지관리 또는 고도화 사업 등에 활용될 수 있도록 관리하여야 함

⑨ 과업 내용의 변경(제45조)

> - 행정기관 등의 장은 과업 내용을 추가, 변경, 삭제 가능
> - 사업자는 하도급 비율 변경이 발생하는 경우 행정기관 등의 장에게 검토를 요청하고 승인을 받아야 함

⑩ 과업 내용의 변경 절차(제46조): 행정기관 등의 장은 과업 내용을 변경하는 경우 「소프트웨어 진흥법」, 「용역계약 일반조건」의 절차를 준수

⑪ 과업 변경 대가 지급(제47조): 과업 내용을 변경한 경우 계약금액조정은 「국가계약법 시행령」, 「지방계약법 시행령」을 준용

⑫ 정보자원 통합관리(제48조)

> - 행정기관 등의 장은 기관에서 보유한 정보자원을 법 제47조 제3항에 따른 범정부 EA 포털(www.geap.go.kr)에 등록하여야 함
> - 행정기관 등의 장은 정보자원의 현황 및 통계자료를 관리하기 위해 범정부 EA 포털 시스템 활용

⑬ 감리시행(제49조)

> - 단계별 감리 수행 결과보고서에 따라 시정조치를 수행
> - 감리법인은 기술적용계획표와 기술적용결과표의 준수 여부를 확인하여 그 결과를 감리 수행 결과보고서에 기술

7) 제6장 소프트웨어 개발 보안

① 소프트웨어 개발 보안 원칙(제50조)

> - 정보시스템 사업을 추진할 때에는 소프트웨어 보안 약점이 없도록 소프트웨어를 개발 또는 변경하여야 함
> - 정보시스템 사업추진 시 적용해야 할 소프트웨어 개발 보안의 범위
>   1. 신규 개발의 경우: 설계 단계 산출물 및 소스 코드 전체
>   2. 유지관리의 경우: 유지관리로 인해 변경된 설계 단계 산출물 및 소스 코드 전체
> - 행정안전부 장관은 보안 약점 진단, 이행 점검, 진단원 양성 등 소프트웨어 개발 보안 관련 업무의 일부를 한국인터넷진흥원 또는 한국전자통신연구원 부설 국가보안기술연구소에 위탁 가능

② 소프트웨어 개발 보안 활동(제51조)

> • 행정기관 등의 장은 제안서 평가 시 소프트웨어 개발 보안을 위한 소프트웨어 보안 약점 진단 도구 사용 여부, 개발 절차와 방법의 적절성, 제3항에 의한 교육계획의 적정성 등을 확인하고 평가에 반영
> • 사업자는 소프트웨어 개발 보안을 적용하는 경우 행정안전부 장관이 국가정보원장과 협의하여 공지하는 「소프트웨어 개발 보안 가이드」를 참고
> • 사업자는 정보시스템 사업 착수 단계에서 「소프트웨어 개발 보안 가이드」 등 소프트웨어 개발 보안 관련 교육을 실시하고 이후 투입되는 인력은 개발에 투입하기 전 소프트웨어 개발 보안 관련 교육을 실시

③ 보안 약점 진단기준(제52조): 소프트웨어 보안 약점을 진단할 때 소프트웨어 보안 약점기준을 필수 진단항목으로 포함하여야 함

④ 보안 약점 진단 절차(제53조)

> • 정보시스템 사업에 대한 감리를 수행하는 경우, 감리법인으로 하여금 사업자가 소프트웨어 보안 약점을 제거하였는지 진단하도록 해야 함
> • 감리 대상이 아닌 정보시스템 사업에 소프트웨어 개발 보안을 적용할 경우에는 사업자로 하여금 보안 약점을 진단·제거토록 하고 그 결과를 확인

⑤ 진단원(제54조): 행정안전부 장관은 진단원의 자격 기준을 만족하고 교육을 이수한 자에게 진단원 자격을 부여

8) 제7장 검사 및 운영

① 지체상금(제55조): 사업자는 계약서에 정한 용역수행기한 내에 용역을 완성하지 아니한 경우 지체 상금 산출 및 공제, 지체일 수 산정 등은 기획재정부 계약예규 「용역계약 일반조건」, 행정안전부 예규 「지방자치단체 입찰 및 계약 집행기준」에서 정한 바에 따름

② 검사(제56조): 검사 시 확인사항

> 1. 기술적용계획표와 기술적용결과표의 준수 여부
> 2. 감리 수행 결과보고서의 부적합 조치 여부

③ 인수(제57조): 당해 용역의 특성상 계약목적물의 인수를 요하는 경우에는 기획재정부 계약예규 「용역계약 일반조건」, 행정안전부 예규 「지방자치단체 입찰 및 계약 집행기준」에서 정한 바에 따름

④ 정보자원의 민간활용(제58조)

> • 행정기관 등의 장은 법 제51조에 따라 지정된 정보자원 중 민간에서 활용할 수 있는 표준화된 정보자원을 민간에 제공하도록 노력하여야 함
> • 공공데이터는 "공공데이터 포털(www.data.go.kr)"을 통하여 제공

⑤ 운영 및 유지보수(제59조)

- 정보시스템의 운영, 유지관리 등으로 인해 변경이 발생하는 경우 표준산출물과 일관성이 유지되도록 관리하여야 함
- 구축이 완료되어 서비스가 운영되는 정보시스템에 대하여 행정안전부 장관이 고시한 「전자정부 성과 관리 지침」에 따라 운영 성과를 측정해야 함
- 사업자는 운영 및 유지관리를 수행하면서 반복적으로 수행하는 사항을 매뉴얼로 작성·관리하고, 행정기관 등의 장이 요구하는 경우 제공하여야 함

⑥ 계약목적물의 지식재산권 귀속 및 기술자료 임치(제60조)

- 계약목적물의 지식재산권 귀속 등에 관한 사항은 기획재정부 계약예규 「용역계약 일반조건」에서 정한 바에 따름
- 사업자의 사업수행에 따른 계약목적물의 기술자료
  1. 소스 코드 및 오브젝트 코드의 복제물
  2. 기술정보(매뉴얼, 설계서, 사양서, 플로우차트, 유지관리자료 등)

(2) 학습시스템 기능 요소

- 이러닝 시스템 개발사업의 고객: 조직 내부의 이해관계자, 사업의 발주자 등
- 고객의 관점에서 보았을 때 이러닝 시스템은 대부분 학습자가 보는 화면 기준으로 인식하므로, 고객 관점에서 어떤 요구사항❓이 나올 수 있는지를 먼저 고민할 필요가 있음

  → Check

  고객은 학습자의 학습을 관리하는 관리자 모드에 대해서 요구하는 경우도 있음

- 이러닝 시스템의 기능을 숙지하여야 고객이 요구하는 기능에 대한 정의가 가능하기 때문에 학습자 모드와 관리자 모드❓에 대하여 인지하여야 함

  → Check

  아래의 기능들은 이러닝 시스템 학습자·관리자 모드의 가장 기본적인 기능 요소이나, 고객의 요구에 따라 달라질 수도 있음

1) 이러닝 시스템의 학습자 모드

① 이러닝 시스템 학습자 모드: 학습자들이 로그인하여 학습할 과정을 선택하고 학습을 진행하는 상태
② 이러닝 시스템 학습자 모드의 주요 기능 ❶

항목		특징
교육소개	교육 비전	소속 조직, 고객사의 이러닝 교육에 대한 비전 및 핵심요소 등을 설명하거나 조직을 소개하는 메뉴
	교육 체계	서비스하고자 하는 교육서비스가 어떤 체계로 제공되는지와 관련된 교육과정 분류, 교육서비스 형태, 원칙 등에 대한 정보를 확인할 수 있는 메뉴
교육과정	교육과정 리스트	학습자가 교육과정을 검색하여 과정의 목적, 회차별 내용, 대상, 정원, 수료조건 등 과정에 대한 일반적인 내용을 확인하고 신청할 수 있는 메뉴
마이페이지	교육이력 정보	• 로그인한 학습자 개인의 교육이력 정보를 확인하는 메뉴 • 과거 학습했던 교육학습 이력, 현재 진행하고 있는 학습의 교육과정, 신청하였으나 수강 시작일이 도래하지 않은 교육과정에 대한 정보도 확인 가능
	과정별 학습 창	• 이러닝 학습시스템의 가장 중요한 부분으로, 이러닝 학습 전반이 진행됨 • 각 과정에 대한 학습 창에서 학습진행과 진도현황 확인 가능 • 과정 만족도 설문, 과정에 대한 평가를 진행하고 결과를 확인할 수 있는 공간 • 과정에 관한 질문·답변, 학습자가 참여하는 과정에 대한 게시판, 토론 및 기타 과정별 학습활동이 이루어짐
	개인정보 수정	• 개인의 주소, 소속, 전화번호 등 개인정보를 수정·관리할 수 있는 메뉴 • 개인정보에 대한 활용 동의도 해당 메뉴에서 이루어짐
학습지원	공지사항	이러닝 학습시스템의 공지사항을 확인할 수 있는 메뉴
	FAQ	• 가장 많이 들어오는 질문들을 취합하여 그에 대한 답변을 미리 등록해둔 메뉴 • 교육 운영의 효율성을 향상하는 기능
	Q&A	• 일반적으로 '질문 게시판'이라는 명칭으로 불림 • 과정 운영뿐만 아니라 시스템 관련 문의, 교육제도 관련 문의 등 특정한 분야의 기준 없이 자유롭게 질문을 하고, 답변을 받고자 할 때 필요한 게시판
	담당자 정보	해당 이러닝 시스템의 운영, 시스템, 과정정보 등에 대한 각각의 담당자 정보를 안내함으로써 학습자가 필요한 정보를 직접적으로 얻을 수 있도록 만들어진 기능

> **→ Check**
> 위의 기능들은 이러닝 시스템 학습자 기능의 가장 기본적인 요소이나, 고객의 요구에 따라 기능이 달라질 수 있음

2) 이러닝 시스템의 관리자 모드

① 이러닝 시스템 관리자 모드: 학습자가 학습을 진행할 수 있도록 학습을 지원하고 관리할 수 있는 상태

② 이러닝 시스템 관리자 모드의 주요 기능 @

항목		특징
교육 기획	학습자 관리	이러닝 교육의 학습자에 대한 정보 관리
	과정 정보	이러닝 교육과정의 정보 등록
	이러닝 콘텐츠관리	학습 주제에 따른 콘텐츠를 등록하고, 등록된 콘텐츠를 쉽게 검색·재사용할 수 있도록 관련 메타데이터 등록
	설문 관리	이러닝 교육과정에서 사용할 설문 등록
	평가 관리	이러닝 교육과정에서 사용할 평가 등록
교육 준비	수강신청	이러닝 교육과정에 대한 수강신청 대상자의 설정·신청 승인, 취소 기능
	수강 승인처리	이러닝 교육과정의 수강신청 승인처리 기능
교육 운영	진도율 현황	이러닝 교육과정에서 각 콘텐츠에 대한 학습진도 현황 관리
	과정별 게시판	이러닝 교육과정 또는 회차별 사용할 게시판 관리
	수료 처리	수료기준을 중심으로 하여 과정의 학습자에 대한 수료 처리 여부를 결정
교육 종료	과정별 교육 결과	이러닝 과정의 회차별 수료율, 수료자 등에 대한 정보를 확인
	학습자별 교육 결과	학습자별 이러닝 학습 결과 확인
	설문 결과 확인	이러닝 과정에서 진행되는 설문 결과 정보 확인
	평가 결과 확인	이러닝 과정에서 진행되는 평가 결과 정보 확인

> **Check**
>
> 위의 기능들은 이러닝 시스템 관리자 기능의 가장 기본적인 요소이나, 고객의 요구에 따라 기능이 달라질 수 있음

(3) 학습시스템 요구사항 분석

- 이러닝 시스템 제안요청서에는 앞서 언급한 내용 외에 더욱 확장된 내용이 제시될 수도 있음
- 확장된 내용에 대해 어떠한 기술이 사용되어야 할지 파악하여 요구사항을 정의하고, 사업 내용의 수준을 파악해야 함
- 이러닝 시스템에서 확장된 내용은 사업 전체의 위험 방지를 위한 필수 확인요소로, 시스템의 확장에 대한 아래의 범주를 숙지하여야 함

1) 하드웨어 요구사항

① 이러닝 시스템 제안에서 하드웨어에 대한 공급을 요구하는 경우: 개발될 이러닝 시스템이 설치될 하드웨어에 대한 요구사항일 수도 있고, 확장될 범위까지 고려해서 하드웨어가 구성되는 경우도 있음 @

> **Check**
>
> 하드웨어의 경우 사양에 따라 큰 비용이 추가될 수 있으므로 자세히 확인해야 함

② 주로 요구되는 하드웨어

서버	• 이러닝 시스템 제안에서의 서버: 웹 서버, DB 서버, 스트리밍(Streaming) 서버, 저장용 (Storage) 서버 • 스트리밍 서버: 이러닝 동영상의 스트리밍 서비스에 필요한 서버 • 저장용 서버: NAS(Network-Attached Storage) 서버라는 명칭으로 제시되기도 함
네트워크 장비	이러닝 서비스를 진행하기 위한 스위치, 라우터 등의 장비가 사용·요구됨
보안 관련 장비	이러닝 서비스의 보안을 위한 방화벽과 관련된 내용이 요구됨

2) 소프트웨어 요구사항

① 이러닝 시스템 개발사업에서 개발소스를 제외한 모든 OS, DBMS 등의 소프트웨어는 이러닝 시스템 개발내용과는 별도로 진행되는 내용임
② 고객사 OS 유휴 라이센스가 없는 경우, 고객이 구매하거나 이러닝 시스템 개발 발주 시 발주비용에 포함하여 구매하기도 함
③ 이러닝 시스템을 제안하는 경우 소프트웨어 요구사항을 확인해야 하며, 특히 DBMS의 경우 개발비 이상의 비용이 투입될 수 있으므로 반드시 확인해야 함
④ 주로 요구되는 소프트웨어 ❓

운영체제(OS)	• 시스템에 기본적으로 설치되어야 하는 소프트웨어 • 고객의 환경에 따라 MS Window, 리눅스, 유닉스 등이 대표적으로 요구됨
데이터 관리 시스템 (DBMS)	• 이러닝 학습의 진행에 필요한 데이터를 관리하는 시스템 • OS와 마찬가지로 고객의 기존 환경에 따라 MS-SQL, ORACLE, My-SQL 등이 요구됨
WEB & WAS 서버 소프트웨어	• WEB 서버, WAS 서버를 제어하기 위해 필요한 소프트웨어 ❓ • 대표적인 WEB 서버 소프트웨어: IIS, Apache, TMax WebtoB 등 • 대표적인 WAS 서버 소프트웨어: Tomcat, TMax Jeus, BEA Web logic 등 → Check 소요되는 비용이 크기 때문에 각 이러닝 시스템의 사용 대상과 분야에 따라 선택해야 함

→ Check

이외에도 네트워크 관련 소프트웨어, 보안 관련 소프트웨어, 저작도구 관련 소프트웨어, 리포팅 툴 관련 소프트웨어 등이 있음
제안 시작 전의 요구사항 정의 단계에서 관련 소프트웨어의 구매 가능 여부, 구매 경로, 예상 비용 등에 대한 파악이 필요함

3) 기능 요구사항

학습 방법의 확장	• 고객사는 학습방법을 이러닝으로 정하고 시스템 개발을 요구하지만, 제안요청서를 확인하면 집합교육, 블랜디드 러닝, 학습조직, 우편 원격학습 등으로 그 방법이 확장될 수 있음 • 해당 학습방법 확장의 수용 가능 여부, 구현할 수 있는 기술의 존재 여부를 파악하여야 함
사용 대상자에 따른 확장	• 이러닝 시스템이 고객사의 사용자들에 따라 확장되는 경우도 있음 • 기업에서 정규직·비정규직을 나누어서 시스템을 구분하는 경우, 학교에서 교직원·교수·학부생·대학원생을 나누는 경우 등 여러 조건에 따라 사용 대상자들이 구분될 수 있음 • 사용자를 분류하면 개발해야 할 웹페이지도 늘어나기 때문에 자연스럽게 개발 범위가 증가하게 되므로, 사용 대상자의 성격을 필수적으로 확인하여야 함
사용 서비스의 확장	• 사용 서비스의 확장은 대부분 이러닝 시스템 이외의 다른 소프트웨어를 공급해야 하는 경우임 • 로그인 통합을 위한 SSO 솔루션 공급, 보안 강화를 위한 보안 솔루션 공급, 보고서 출력 품질 강화를 위한 리포팅 툴 솔루션 공급, 이러닝 콘텐츠 개발 툴 솔루션 공급 등 고객 현장의 요구사항이 다양하게 확장될 수 있음 • 사용 서비스의 확장은 개발비용, 개발기간과 관련되기 때문에 각 요구 내용을 확인하고 요구사항을 정의하여야 함

(4) 학습시스템 개발 프로세스

개발 단계	특징
요구사항 정의	• 교수–학습 지원시스템에 필요한 정보를 분석하여 교수자의 요구에 맞는 시스템 구축을 위한 요구사항을 추출함 • 시스템의 범위가 넓고 다양한 요구사항이 도출되므로 요구사항의 정의가 필요함
개발 계획 수립	• 개발 계획을 수립하여 정확한 일정에 따라 작업이 진행되도록 계획수립 및 절차를 명시하도록 함 • 프로그램이 절차에 따라 설계·구현되지 않으면 재작업을 해야 하는 경우가 발생함
분석 작업	• 요구사항을 분석하고 더욱 효율적으로 입·출력 양식을 설계하여 교수–학습 지원시스템에 효율적으로 활용할 수 있도록 함 • 프로그램의 목표가 반드시 수립되어야 함
데이터베이스 모델링	• 분석 작업에서 추출한 내용을 바탕으로 실제 개발에 필요한 데이터베이스를 정규화하여 설계함 • 데이터의 중복성, 독립성을 보장하기 위해 반드시 수행되어야 하는 과정
화면설계	모델링·정규화 작업을 바탕으로 실제 웹으로 구현할 화면을 HTML로 작업하며 화면설계가 제대로 이루어져야 작업시간을 단축할 수 있음
구현 작업	실제 교수–학습 지원시스템을 구성하고 웹 프로그래밍 소스작업과 데이터베이스 연결을 하고 구현함
테스트	• 시스템을 운영하기 전에 사용자에게 테스트하는 단계 • 사용상의 불편한 점, 오류에 대해 검사함
수정 및 보완	사용자가 데이터를 입력하여 시스템상에서 처리하는 일련의 과정에서 발생할 수 있는 오류를 발견하고 보완·업데이트함
최종배포	마무리 단계에 속하며, 지금까지 구현한 시스템을 교수자, 학습자에게 웹으로 접근하여 활용할 수 있도록 함

4 학습시스템 운영과정 이해

학습목표

① 학습시스템 운영에 대해 정의할 수 있다.
② 학습시스템 운영 프로세스에 대해 설명할 수 있다.
③ 학습시스템 운영 시 발생하는 리스크와 해결 방법에 대해 설명할 수 있다.

(1) 학습시스템 기본 기능

- 이러닝 시스템은 이러닝 학습활동을 위한 중요한 기반 환경이 되며, 안정성과 성능이 이러닝 학습활동 성공에 큰 영향을 미침
- 이러닝 시스템은 일반적으로 학습관리시스템(LMS), 학습콘텐츠 관리시스템(LCMS), 학습지원도구 등으로 구성됨
- 각각 효율적인 학습이 되도록 전반적인 학사관리와 같이 학습 프로세스를 관리하는 학습관리시스템(LMS), 개발된 콘텐츠의 공유·표준화와 연관된 학습콘텐츠 관리시스템(LCMS), LMS와 LCMS와는 별개로 학습 편의성과 운영의 질적 제고를 위해 새롭게 강조되고 있는 학습지원도구 등으로 서로 다르게 기능함

1) 학습관리시스템(LMS)

① 온라인 학습환경에서의 교수−학습을 효율적·체계적으로 준비·실시·관리할 수 있도록 지원해 주는 시스템
② 조직 내에서 실시하는 교수−학습에 직접적으로 관여하기보다는 학습이 원활하게 이루어질 수 있도록 지원하는 역할을 하는 학습프로세스 관리 위주 솔루션
③ 효과적인 교수−학습관리에 중점을 두고 있어 코스 등록, 학습자 분석, 학습자의 진도 추적, 학사관리 등의 조직적·효과적 학습을 위한 제반환경 제공
④ 실제 서비스 현장에서는 학습운영 관리시스템, 학습운영 시스템, 교육관리 시스템, 사이버교육 시스템, 이러닝 시스템, 이러닝 플랫폼, 이러닝 솔루션 등의 다양한 명칭으로 사용됨
⑤ 학습자 지원기능, 교수자 지원기능, 운영·관리 지원기능 등 기능에 따른 분류 가능

2) 학습콘텐츠 관리시스템(LCMS)

개별화된 이러닝 콘텐츠를 학습 객체의 형태로 만들어 이를 저장·조합한 후 학습자에게 전달하는 시스템으로, 학습콘텐츠의 제작·재사용·전달·관리를 담당함

3) 학습지원도구

① 이러닝의 효과성을 높이기 위한 도구로, 종류가 매우 다양하며 정보통신기술 발전에 따라 더욱 종류가 많아질 것으로 기대됨
② 일반화된 도구로 커뮤니케이션 지원도구, 저작도구, 평가시스템, 학습분석시스템 등이 포함됨

저작도구 (Authoring Tool)	• 이러닝 콘텐츠 또는 학습자료를 효율적으로 저작하도록 지원하는 기능을 가진 도구 • 기능이 매우 다양하나 일반적으로는 교안 작성 ❶, 강의 녹화·편집, 강의내용 관리, 저작툴 관리 등의 기능으로 구성됨 • SCORM, EPUB 등의 표준안을 기반으로 개발되고 있음 → **Check**　교안 작성기능 　◦ 강의할 학습내용을 작성하고 필요한 자원을 불러들여 편집하는 기능을 의미 　◦ 강의자료를 불러와서 내용을 입력·삽입·편집하는 기능, 이미지·슬라이드·개체 등의 학습자원을 불러와서 수정·편집하는 기능, 화면을 캡쳐하거나 배경음악을 삽입하고 애니메이션 효과를 주는 기능 등이 해당함
패키징 도구	• 학습콘텐츠를 학습콘텐츠 관리시스템(LMS)에 업로드해서 운영할 수 있도록 패키지화하는 도구 • 이러닝 콘텐츠가 원활하게 유통·실행되기 위해서는 학습관리시스템의 콘텐츠 실행환경 모델을 고려한 콘텐츠의 패키징이 필요함 • 콘텐츠 패키징은 SCORM 또는 IMS Common Cartridge, EPUB 패키징 등의 표준화된 형태로 이루어질 때 이러한 표준을 지원하는 어떠한 학습관리시스템에서든 운영될 수 있으므로 반드시 표준을 지원해야 함 • SCORM에서 정의하고 있는 CAM(Content Aggregation Model)은 표준화된 콘텐츠 패키징 모델, 즉 규격을 의미하며, 학습콘텐츠 관리시스템은 콘텐츠를 탑재하기 위한 표준화된 방법을 제공해야만 콘텐츠에 대한 상호운용성, 재사용성, 확장성 등의 기능을 보장할 수 있음 • 어떠한 콘텐츠 패키징 도구를 이용하여 생성한 콘텐츠 묶음(CAM)이든 SCORM 2004의 콘텐츠 패키징 규격을 지원하는 콘텐츠 패키징 도구로 생성한 것이라면 학습콘텐츠 관리시스템(LCMS)의 콘텐츠 등록기능을 이용해 시스템에 탑재될 수 있기 때문에 콘텐츠 패키징 도구는 표준화된 방식을 고려해야 함

(2) 학습시스템 운영 프로세스

1) 이러닝 시스템 운영계획

① 성공적인 이러닝 서비스가 제공될 수 있도록 이러닝 시스템을 체계적·효율적으로 관리하기 위해 수행하는 계획수립, 준비, 운영, 모니터링, 결과분석 등 관련된 제반 활동을 말함

② 이러닝 시스템 운영계획서 작성
  • 이러닝 시스템 운영계획: 이러닝 시스템 운영을 원활히 수행하기 위해 준비하는 사전작업
  • 수행 업무: 개발공정으로부터 인수, 예산·자원 계획, 교육계획·유지보수 관리 계획서 작성 등

「정보시스템 운영관리 지침」 정보통신 단체 표준에서 제시하는 시스템 운영업무 수행에 필요한 시스템 관리요소

운영수행을 위한 관리요소	
구성 및 변경관리	운영상태관리
성능관리	장애관리
보안관리	백업관리
사용자지원관리	전산기계실관리
운영아웃소싱관리	예산관리

- 시스템 운영을 수행하는 현업에서 시스템 운영관리가 관리요소별로 이루어지지 않고 시스템자원 별(예 하드웨어, 소프트웨어, 데이터베이스, 네트워크 등)로 이루어지는 경우, 다음의 관리 요소-자원 매핑 테이블 참고

	하드웨어	소프트웨어	데이터베이스	네트워크
구성·변경관리	◎	◎	◎	◎
운영상태관리	◎	◎	◎	◎
성능관리	◎	○	◎	◎
장애관리	◎	◎	◎	◎
보안관리	○	◎	◎	◎
백업관리	○	○	◎	○
사용자 지원관리	○	◎	◎	○
전산실관리	◎	○	○	○
운영 아웃소싱관리	○	○	○	○
예산관리	○	○	○	○

※ ◎: 관련성이 매우 높음, ○: 관련성은 있지만 매우 심각한 요소는 아님

- 이러닝 시스템 운영계획서는 이러닝 시스템을 운영하는 각 기관의 환경에 맞게 작성하고, 정기 적·비정기적으로 지속적인 검토·보완을 통해 실제적인 운영계획서를 작성하는 것이 매우 중요함

2) 이러닝 시스템 운영 지침서·절차서 작성

① 운영하는 이러닝 시스템의 성격, 규모, 특성, 상황에 맞는 이러닝 시스템 운영관리 지침서와 절차서 를 만들어야 함

② 이러닝 시스템 운영관리에 필요한 지침서·절차서는 구성·변경관리, 운영상태관리, 성능관리, 장애 관리 등의 시스템 운영관리 요소별로 작성하여 관리함

- 전산기계실 운영, 운영데이터 수집, 문제에 대한 식별, 기록·해결에 대한 업무처리 절차와 관련 규정에 대한 내용이 포함되어 있어야 함

- 운영과정 중에 생성되는 각종 산출물과 문서 양식이 포함되어야 함
- 하드웨어와 소프트웨어의 추가, 변경 시의 시험절차, 시험의 종료 후 실제 운영환경에서 배포·설치를 위한 절차가 포함되어야 함

▶ 작업 계획서 양식 예시

작 업 계 획 서

확인	작업 책임자		확인	운영 담당자	운영 책임자

작 업 명						
작 성 자	기관명		부서명		이 름	
	신청일		연락처		이메일	
	구 분	작업자 1	작업자 2		작업자 3	작업자 4
작업자 정보	기관명					
	부서명					
	성 명					
작업정보	시간 / 시작					
	시간 / 종료					
	장 소					
	방 법					
	IP주소					
작업대상						
작업내용						
작업지원 요청사항						
작업 후 점검사항						

3) 이러닝 시스템 운영상태 관리(Monitoring)

① 이러닝 시스템 구성요소에 대한 운영상태를 관리하여 시스템 이상징후 발견·기록·분류·통지를 통해 해당 업무 담당자가 조치할 수 있도록 함으로써 시스템의 가용성, 안정성을 향상하는 업무 프로세스

② 운영상태 관리는 협의된 서비스 수준에 따라 지속적인 운영 시스템 감시활동을 수행함
- 감시활동에는 서비스에 영향을 줄 수 있는 징후의 포착을 위한 일반적인 모니터링 업무 외에도 장애 감시, 보안 감시 활동이 포함될 수 있음
- 운영상태관리를 수행하는 동안 이상징후를 발견하거나 보안침해가 발생했을 때는 관련 프로세스를 점검하거나 해당 업무 담당자에게 통지하는 활동을 병행함

③ 이러닝 시스템 운영상태관리는 정보의 수집·상태 점검이 가능한 하드웨어와 주변 장치, 데이터베이스와 미들웨어, 응용소프트웨어, 전산실 관련 설비(UPS, 항온항습기) 등 전산자원의 구성요소에 대한 모니터링 업무와 가용성 유지를 위한 상태관리 업무에 적용함

1) 리스크 관리의 목적

시스템의 안정성, 신뢰성 및 유효성을 확보하고 예상치 못한 위험요소로부터 시스템과 사용자를 보호하기 위함

2) 이러닝 시스템 장애의 요인과 유형

일반 정보시스템 장애와 마찬가지로 발생원인, 발생과정의 시간적 차이, 발생장소, 장애대상, 피해의 직·간접성 등에 의해서 분류할 수 있음

3) 장애등급의 분류

① 한국정보통신기술협회(TTA, Telecommunication Technology Association) 정보통신단체 표준의 「정보시스템 장애 관리 지침」에서 제시한 장애 관리 프로세스 8단계 ❷

단계 1	장애 식별·접수	단계 5	2차 해결
단계 2	장애 등록·등급 지정	단계 6	문제관리
단계 3	1차 해결	단계 7	장애 종료
단계 4	장애 배정	단계 8	프로세스 점검

> **Check**
>
> 8단계 중 장애 관리의 위험평가는 단계 1, 단계 2에서 이루어짐

② 정보기술 인프라 라이브러리(ITIL)에서 장애등급은 업무 프로세스를 지원하는 정보시스템 장애 복구의 우선순위를 의미하며, 장애의 영향도(impact)와 긴급도(urgency)에 따라 측정됨

$$
\begin{aligned}
장애등급 &= 장애\ 복구\ 우선순위 = 영향도 \times 긴급도 \\
&= 잠재적\ 손실의\ 영향 \times 해결\ 시간의\ 중요성
\end{aligned}
$$

③ **장애등급 측정의 절차**: 장애의 식별 → 영향도의 측정 → 긴급도의 측정 → 장애 복구의 우선순위 결정

4) 장애 처리 절차

① 이러닝 시스템 자원별 장애 처리 절차를 위해 정보시스템을 구성하는 주요 자원에 대해 발생할 수 있는 시스템 장애를 사전에 문서화함
② 장애 처리 절차는 시스템 운영조직 간의 의사소통을 원활히 하고, 주요 장애의 예상 원인 및 복구시간 등의 추정 시 참고됨

📄 장애 처리 프로세스 예시

01

다음 〈보기〉에서 설명하는 학습시스템의 유형은?

> **보기**
>
> 이러닝 시스템을 기반으로 웹에서 이루어지는 상호참여적·대규모의 교육시스템

① MOOC 이러닝 시스템
② 학점기관 이러닝
③ 공공기관 이러닝
④ 기업교육 이러닝

해설

온라인 공개수업(MOOC, Massive Open Online Course)은 이러닝 시스템을 기반으로 웹에서 이루어지는 상호참여적·대규모의 교육이다.

02

〈보기〉는 이러닝 표준 준수의 효과 중 어떤 것을 설명한 내용인가?

> **보기**
>
> 기존 학습객체 또는 콘텐츠를 학습자료를 다양하게 응용하여 새로운 학습콘텐츠로 구축할 수 있는 특성

① 접근성   ② 재사용 가능성
③ 상호운용성   ④ 항구성

해설

학습자료를 다양하게 응용하여 기존의 학습객체, 콘텐츠를 새로운 학습콘텐츠로 구축할 수 있는 특성은 재사용 가능성이다.

03

학습 도구와 이러닝 시스템 간 API 규격을 정의하는 표준 규약은?

① IMS Global
② AICC(Aviation Industry CBT Committee)
③ LTI(Learning Tool Interoperability)
④ xAPI(Experience API)

해설

학습 도구와 이러닝 시스템 간 API 규격을 정의하는 표준 규약은 LTI(Learning Tool Interoperability)이다.

04

다음 중 IMS LTI에 대한 설명으로 옳은 것은?

① 학습콘텐츠의 그래픽 디자인과 시각적 요소를 개선하기 위한 도구이다.
② 써드파티 소프트웨어와 타 이러닝 시스템을 학습보조자료, 학습 도구로서 연계시킬 수 있다.
③ 주요 목적은 학습 데이터 분석과 보고서 생성을 자동화하는 것이다.
④ 오직 텍스트 기반 콘텐츠의 통합만을 지원한다.

해설

IMS LTI는 학습 도구와 이러닝 시스템 간의 API 규격을 정의하는 표준 규약으로 써드파티 소프트웨어와 타 이러닝 시스템을 학습보조자료, 학습 도구로서 연계시킬 수 있다.

5

〈보기〉는 xAPI에 대한 정의이다. 빈칸에 들어갈 용어로 적합한 것은?

| 보기 |

학습환경에서 일어나는 경험을 문장으로 구성하여 (   )에 저장하기 위한 과정을 정의하는 표준

① CMS(Content Management System)
② LRS(Learning Record Store)
③ LTI(Learning Technology Intro)
④ LMS(Learning Management System)

| 해설 |

xAPI는 학습환경에서 일어나는 경험을 문장으로 구성하여 학습 기록 저장소(Learning Record Store)에 저장하기 위한 과정을 정의하는 표준이다.

6

SCORM으로부터 시작되었으며, 더욱 간단하고 유연하게 사용될 수 있도록 다양한 제약조건 제거와 최소한의 일관된 어휘를 통해 데이터를 생산·전송할 수 있게 하는 표준은?

① xAPI
② HTML5
③ SCORM 2004
④ JavaScript

| 해설 |

xAPI는 학습 관련 데이터 표준인 SCORM으로부터 시작되었으며, 더욱 간단하고 유연하게 사용될 수 있도록 다양한 제약조건 제거와 최소한의 일관된 어휘를 통해 데이터를 생산·전송할 수 있도록 하는 표준이다.

7

이러닝 운영을 위한 시스템인 LMS는 무엇의 약자인가?

① Learning Management System
② Lecture Management System
③ Learning Measurement System
④ Learning Module System

| 해설 |

이러닝 운영관리 시스템을 뜻하는 LMS는 Learning Management System의 약자이다.

8

다음 중 아래 내용이 설명하는 개념은?

"이러닝 콘텐츠를 학습객체의 형태로 만들어 이를 저장·조합한 후 학습자에게 전달하는 시스템"

① LCMS
② LMS
③ SCORM
④ LRS

| 해설 |

학습콘텐츠 관리시스템(LCMS, Learning Contents Management System)은 이러닝 콘텐츠를 개발하고 유지·관리하기 위한 시스템이다.

09

다음 〈보기〉에서 설명하는 개념으로 옳은 것은?

┤ 보기 ├

데이터의 저장 및 전송을 위해 설계되었으며, 데이터에 대한 정보를 제공하는 메타 데이터를 포함하고 있다.

① XML
② Ajax
③ CSS
④ RSS

해설

XML
- 데이터의 저장·전송을 위해 설계되었으며, 문서의 구조와 의미를 설명하는 태그를 사용자가 자유롭게 정의할 수 있게 한다.
- 메타 데이터는 데이터에 대한 정보를 제공하는 데이터로, 문서의 제목, 저자, 생성 날짜와 같은 정보를 포함할 수 있다.

10

Edu Graph에서 제안하는 교육 데이터 모델의 분류와 거리가 먼 것은?

① 학습자의 경력과 인맥에 대한 데이터(Career Data)
② 학습자 구매 이력 데이터(Purchase History Data)
③ 학습자의 프로파일링 중에 발생하는 데이터(Profile Data)
④ 학습 플랫폼을 통해 발생하는 학습활동 데이터(Learning Activity Data)

해설

Edu Graph에서는 교육 데이터 모델을 디지털 콘텐츠가 발생시키는 데이터(Learning Content Data), 학습 플랫폼을 통해 발생하는 학습활동 데이터(Learning Activity Data), 교육기관에서 교육 프로그램 운영 중에 발생하는 데이터(Operation Data), 학습자의 경력과 인맥에 대한 데이터(Career Data), 학습자 또는 교수자의 프로파일링 중에 발생하는 데이터(Profile Data)로 분류한다. 학습자 구매 이력 데이터(Purchase History Data)는 해당하지 않는다.

11

다음 중 정보시스템 구축 운영지침의 내용이 <u>아닌</u> 것은?

① 하드웨어 및 소프트웨어 도입기준
② 기술적용계획수립 및 상호운용성 등 기술평가
③ 보안성 검토 및 보안 관리
④ 운영 및 유지관리

해설

정보시스템 구축 운영지침에는 하드웨어 및 소프트웨어 도입기준, 기술적용계획 수립 및 상호운용성 등 기술평가, 보안성 검토 및 보안 관리 등의 내용이 포함되어 있으며 운영 및 유지관리 내용은 포함되지 않는다.

04 학습시스템 기능 분석

1 학습시스템 요구사항 분석

📁 학습목표

① 요구사항 수집 방법에 대해 설명할 수 있다.
② 요구사항 분석 방법에 대해 설명할 수 있다.
③ 요구사항 명세서를 작성하고 검증할 수 있다.

(1) 요구사항 수집

① 고객이 원하는 요구사항을 수집하고, 수집된 요구사항을 만족시키기 위해 개발해야 하는 시스템에 대한 시스템 기능 및 제약사항을 식별·이해하는 단계
② 고객의 최초 요구사항 ❓은 추상적이기 때문에 수주자는 정확한 요구사항을 파악해야 함

> **→ Check**
>
> 고객의 최초 요구사항은 계약 및 최초 산정의 기본이 되기 때문에 매우 중요한 사항

③ 요구사항의 수집 방법 ❓ `1회 기출`

인터뷰 (Interview)	• 학습자와 교수자, 이해관계자와의 인터뷰를 통해 요구사항 수집 • 질문 목록을 준비하고 대상자들과 면대면 또는 온라인 인터뷰를 진행하여 정보 수집 • 질문은 목표, 선호도, 문제점, 기대치 등을 다룰 수 있도록 다양하게 구성
설문조사 (Surveys)	• 대규모 학습자 그룹의 의견을 수집하기 위해 설문조사 활용 • 다양한 질문 항목을 포함한 설문지를 만들고 응답을 분석 • 설문은 학습 스타일, 목표, 피드백, 선호도 등을 다룰 수 있음
의견 수렴 (Feedback and Input Gathering)	• 학습자와 교수자의 의견 수렴 • 이메일, 온라인 피드백 양식, 포럼, 댓글 등을 통해 의견 수집 가능
관찰 (Observation)	• 학습자의 학습 과정을 직접 관찰하여 요구사항 파악 • 학습자가 어떻게 콘텐츠를 이용하고 상호작용하는지 분석하여 개선점 발견
워크숍 (Workshops)	• 학습자, 교수자 및 프로젝트 팀원과의 워크숍을 개최하여 요구사항을 공동으로 도출하고 문서화함 • 다양한 참여자의 의견을 통합하고 합의를 이룰 수 있는 환경 조성
프로토타이핑 (Prototyping)	• 사용자의 요구사항을 충분히 분석할 목적으로 시스템 일부분을 시험적으로 구현하고, 사용자 피드백을 받아 다시 요구사항에 반영하는 과정 반복 • 신속한 모형 개발 후 사용자 피드백을 통한 시스템 개선·보완

시나리오	• 시스템–사용자 간 상호작용 시나리오를 작성하여 시스템 요구사항 수집 • 필수 포함정보: 시나리오로 들어가기 이전의 시스템 상태에 관한 기술, 정상적인 사건의 흐름, 정상적인 사건의 흐름에 대한 예외 흐름, 동시에 수행되어야 할 다른 행위의 정보, 시나리오 완료 후 시스템 상태의 기술

→ **Check** **요구사항 수집 수행하기**

① 기존 시스템이나 서비스 환경과 함께 고려해야 할 이러닝 시스템 현황 조사
- 기존 시스템과 함께 연동하여 운영되는 제반 시스템 현황 조사
- 이러닝 시스템 애플리케이션 및 데이터 현황 조사
- 이러닝 시스템 인프라·네트워크 현황 조사
② 고객이 원하는 요구사항 수집
- 영역 이해관계자로부터 원하는 요구사항을 수집하고, 수집한 요구사항을 통해 개발되어야 하는 이러닝 시스템에 대한 사용자 요구와 시스템 기능과 제약사항 식별
- 영역 이해관계자와의 직접적인 인터뷰를 통한 요구사항 수집
  - 요구사항 인터뷰 대상자 선정
  - 요구사항 작성 양식의 작성·배포

단계	내용
순번	요구사항 개수 파악과 구분·관리 용도로 매긴 번호
업무 영역	사업 범위 내에서 업무를 추가 또는 개선할 대상 업무를 수행 중인 부서·집단
요구사항 구분	요구사항 내용에 따른 H/W, S/W, 데이터, 기능, 비기능, UI 등 요구사항 분류
요청자	현재 사용 중인 이러닝 시스템에 대한 문제점 지적 또는 개선해야 할 기능 등을 설명하고 요구사항을 요청하는 요청자
요청자 소속 부서명	요구사항을 요청하는 요청자의 소속 부서명
요청 내용	이러닝 시스템에 대한 문제점 지적 또는 개선해야 할 기능 등에 대한 요청 내용

(2) 요구사항 분석

① 분석기법을 이용하여 수집된 고객의 요구사항을 식별 가능한 문제들로 도출함으로써 추상적인 요구사항을 구체적으로 이해하는 과정이며, 이해관계자를 위해 요구사항 분석 기술서를 작성하기 전에 요구사항을 완전하고 일관성 있게 정리하는 단계
② 시스템을 계층적·구조적으로 표현하여야 하며, 외부 사용자와의 인터페이스 및 내부 시스템 구성요소 간의 인터페이스를 정확히 분석함으로써 분석단계 이후의 설계·구현 단계에 필요한 정보를 제공할 수 있어야 함
③ 요구사항의 종류

기능적 요구사항	• 처리 및 절차 • 입출력 양식 예 한글, 영문, 한자, 색상 등 • 명령어의 실행 결과, 키보드의 구체적인 조작 • 주기적인 자료 출력 등
비기능적 요구사항	• 성능(performance): 응답시간, 데이터 처리량(throughput) • 신뢰도(reliability): 소프트웨어 정확성, 완벽성, 견고성 등

비기능적 요구사항	• 기밀 보안성(security): 불법적 접근 금지 및 보안 유지 • 운용 제약(operating constraints): 시스템 운용상의 제약 요구 • 개발 계획(development plan): 개발 기간, 조직, 개발자, 개발 방법론 등에 대한 사용자의 요구 • 개발비용(cost): 사용자 측의 투자 한계 • 환경(environments): 개발 여건, 장비, 유지보수 방법론 등 개발·운용·유지보수 환경에 관한 요구 • 트레이드오프(tradeoffs): 개발 비용, 개발 기간, 신뢰도 및 성능 등 비기능 요구들의 우선순위

④ 요구사항 분석기법 ❓

구조적 분석	• 시스템의 기능을 중심으로 구조적 분석 실행 • 시스템의 기능을 정의하기 위해서 프로세스들을 도출하고, 도출된 프로세스 간의 데이터 흐름 정의
객체지향 분석	• 요구사항을 사용자 중심의 시나리오 분석을 통해 유스케이스 모델(Usecase Model)로 구축하는 것 • 요구사항을 수집하고, 유스케이스의 실체화(Realization) 과정을 통해 수집된 요구사항 분석

> **Check** **요구사항 분석 수행하기**
>
> ① 수집된 이러닝 시스템 현황자료 분석
> 　이러닝 시스템 애플리케이션 및 데이터 현황 분석
> 　이러닝 시스템 인프라 및 네트워크 현황 분석
> ② 이러닝 시스템 핵심 요구사항 도출
> 　핵심 요구사항을 반영하여 기능적 요구사항과 비기능적 요구사항으로 분류
> 　핵심 요구사항을 반영하여 데이터, 인프라 요구사항 정리

(3) 요구사항 명세서 ❓

① 요구사항 명세서(SRS, Software Requirement Specification)
  • 분석된 요구사항을 소프트웨어 시스템이 수행하여야 할 모든 기능과 시스템에 관련된 구현상의 제약조건 및 개발자-사용자 간 합의한 성능에 대한 사항 등으로 명세한 뒤 이에 대해 작성하는 최종결과물
  • 요구사항 명세서는 프로젝트 산출물 중 가장 중요한 문서
② 요구사항 명세서의 기능
  • 사용자, 분석가, 개발자, 테스터 모두에게 공동의 목표 제시
  • 시스템의 수행 방법이 아니라 수행 대상에 대해 기술함
③ 요구사항 명세서 IEEE-Std-830 명세표준

> 1. 소개(Introduction)
>   1.1 SRS의 목적(Purpose of SRS)
>   1.2 산출물의 범위(Scope of Product)
>   1.3 정의, 두문자어, 약어(Definitions, Acronyms and Abbreviations)
>   1.4 참조문서(References)
>   1.5 SRS 개요(Overview of Rest of SRS)
>
> 2. 일반적인 기술사항(General Description)
>   2.1 제품의 관점(Product Perspective)

④ 요구사항 명세서 예시

구분	고유번호	요구사항명	응답수준
기능 요구사항	SFR - 001	학습관리시스템 - 공통 준수사항	필수
	SFR - 002	학습관리시스템 - 공통 준수사항(모바일 웹, 전용 앱)	필수
	SFR - 003	학습관리시스템 - 관리자 - 사용자 관리	필수
	SFR - 004	학습관리시스템 - 관리자 - 교육과정 관리	필수
	SFR - 005	학습관리시스템 - 관리자 - 수강신청 관리	필수
	SFR - 006	학습관리시스템 - 관리자 - 콘텐츠 현황 연동 관리	필수
	SFR - 007	학습관리시스템 - 관리자 - 수료 관리	필수
	SFR - 008	학습관리시스템 - 관리자 - 사이트 관리	필수
	SFR - 009	학습관리시스템 - 관리자 - 통계 관리	필수
	SFR - 010	학습관리시스템 - 교수 - 수업 관리	필수
	SFR - 011	학습관리시스템 - 교수 - 성적 관리	필수
	SFR - 012	학습관리시스템 - 교수 - 이수 관리	필수
	SFR - 013	학습관리시스템 - 교수 - 출결 관리	필수
	SFR - 014	학습관리시스템 - 교수 - 온라인 교육	필수
	SFR - 015	학습관리시스템 - 교육생 - 수강신청	필수
	SFR - 016	학습관리시스템 - 교육생 - 출결 관리	필수
	SFR - 017	학습관리시스템 - 온라인 교육(비대면 교육)	필수
	SFR - 018	학습관리시스템 - 교육생 - 내 강의실	필수
	SFR - 019	학습관리시스템 - 교육생 - 학습 이력	필수

구분	고유번호	요구사항명	응답수준
시스템 장비구성 요구사항	ECR - 001	학내 서버 인프라 내 구축	필수
성능 요구사항	PER - 001	부하 테스트 수행 - 웹페이지 응답속도	필수
인터페이스 요구사항	CIR - 001	사용자 인터페이스	필수
	CIR - 002	LMS 콘텐츠와 LCMS 연동 자체 표준화 프로토콜 인터페이스	필수
데이터 요구사항	DAR - 001	데이터 표준화 기준 준수에 관한 사항	필수
	DAR - 002	데이터 관리	필수
테스트 요구사항	TER - 001	테스트 요구 절차사항	필수
제약사항	COR - 001	웹 표준/웹 호환성 준수	필수
	COR - 002	저작권 및 지식재산권 보호	필수
보안 요구사항	CER - 002	저장매체 및 장비 보안	필수
	CER - 001	데이터 보안사항	필수
품질 요구사항	QUR - 001	장애 복구 및 백업 복구	필수
	QUR - 002	품질 관리	필수
	QUR - 003	기능 구현의 정확성	필수
	QUR - 004	데이터 무결성	필수
	QUR - 005	사용의 용이성	필수
프로젝트 관리 요구사항	PMR - 001	사업수행 조직 구성	필수
	PMR - 002	사업수행 장소	필수
	PMR - 003	사업정보 저장소 데이터 작성 및 제출	필수
	PMR - 004	사업수행 계획서	필수
	PMR - 005	검수 및 산출물 관리	필수
	PMR - 006	보안관리	필수
	PMR - 007	참여인원 보안	필수
프로젝트 지원 요구사항	PGR - 001	하자보수 지원	필수
	PGR - 002	기술이전 지원 및 교육	필수
	PGR - 003	사용자 교육 및 매뉴얼	필수

요구사항 명세서 작성 수행하기

① 시스템이 수행할 모든 기능과 시스템에 영향을 미치는 제약조건을 명확하게 기술
② 명세 내용은 고객, 개발자 모두가 이해하기 쉽고 간결하게 작성
③ 기술된 모든 요구사항은 검증할 수 있으므로 원하는 시스템의 품질, 상대적 중요도, 품질의 측정·검증 방법과 기준 등을 명시
④ 요구사항 명세서는 시스템의 외부행위를 기술하는 것으로, 특정한 구조나 알고리즘을 사용하여 설계하지 않음
⑤ 참여자들이 시스템의 기능을 이해하거나, 변경에 대한 영향 분석 등을 위하여 계층적으로 구성
⑥ 요구사항을 쉽게 참조할 수 있도록 고유의 식별자를 가지고 번호화하고, 모든 요구사항이 동등한 것이 아니기 때문에 요구사항에 우선순위를 부여

(4) 요구사항 검증

① **요구사항 검증**: 사용자 요구가 요구사항 명세서에 올바르게 기술되었는가에 대해 검토하는 활동
② **요구사항 검증사항**
   • 요구사항이 사용자나 고객의 목적을 완전하게 기술하고 있는가?
   • 요구사항 명세가 문서 표준을 따르고, 설계 단계의 기초로 적합한가?
   • 요구사항 명세의 내부적 일치성과 완결성이 있는가?
   • 기술된 요구사항이 참여자의 기대와 일치하는가?

2 학습시스템 이해관계자 분석

📁 **학습목표**

❶ 학습자의 선호도, 학습 성취도, 학습 이력, 학습자 정보를 포함한 학습자의 특성을 분석할 수 있다.
❷ 교수자의 교수 선호도, 강의 이력, 교수자 정보를 분석할 수 있다.
❸ 학습자, 교수자, 튜터, 에이전트를 포함한 학습활동에 참여하는 참여자에 대한 역할을 정의할 수 있다.

(1) 학습자 특성 분석❷

1) 학습자 특성 분석

성별·연령·관심 분야 등 학습자의 일반적인 특성, 이러닝의 인식조사, 선호도, 학습 성취도, 학습 이력, 학습자 정보 등을 분석함

학습자의 일반적 특성	• 성별: 성별 분포를 파악하여 성별을 중심으로 콘텐츠에 대한 요구사항 반영 • 연령: 전 연령층에 사용 가능한 범위로 개발 • 전공: 전공 및 관심 분야에 직접적으로 관련하여 개발 • 기타 학습자 정보
학습자의 이러닝에 대한 인식조사	• 이러닝 체제 도입에 대한 요구 정도 • 학습 이력, 학습경험, 흥미 및 관심 정도 • 이러닝 학습 수행능력, 개발 희망 과정 • 적용 관련 제안사항, 학습 장소, 인프라 구축 • 교육 형태, 상호작용 요구 정도, 학습효과 관련 제안사항 • 이전 학습에 참여했던 이러닝의 형태

→ **Check** 학습자 요구사항 분석 수행하기

① 교수자의 교수학습 모형 분석
③ 수업모델의 사용 실태 분석

② 교수학습 모형에 맞는 수업모델 비교·분석
④ 실제 수업에 적용된 수업모델 조사·분석

2) 학습자 특성 파악을 위한 교육 심리 이론

① 피아제(Piaget)의 인지발달이론
  • 인간의 인지발달은 환경과의 상호작용으로 이루어지는 적응과정이며, 이것이 몇 가지 단계를 거쳐서 발달한다고 보는 것
  • 피아제의 발달 단계는 인지발달을 중심으로 감각운동기, 전조작기, 구체적 조작기, 형식적 조작기로 나눔

인지발달 단계	연령	특징
감각운동기	0~2세	• 감각적 반사운동을 하며 주위에 대한 강한 호기심을 보임 • 숨겨진 대상을 찾고, 보이지 않는 위치 이동을 이해할 수 있는 대상 영속성의 개념을 이해하게 됨
전조작기	2~7세	상징을 사용하고 사물의 크기, 모양, 색 등의 지각적 특성에 의존하는 직관적 사고를 보이며, 자기중심적 태도를 보임
구체적 조작기	7~11세	• 사물 간의 관계를 관찰하고 사물들을 순서화하는 능력이 생김 • 자아중심적 사고에서 벗어나 자신의 관점과 상대방의 관점을 이해하기 시작함
형식적 조작기	11세 이후	논리적인 추론을 하고 자유, 정의, 사랑과 같은 추상적인 원리와 이상들을 이해할 수 있게 되는 시기

② 비고츠키의 근접 발달영역(Zone of Proximal Development: ZPD) <u>1회 기출</u>
- 근접 발달영역이란 아동의 잠재적 발달영역에서 혼자 독립적으로 해결할 수 있는 부분인 실제적 발달영역을 제외한 부분이라고 할 수 있음
  → 아동이 혼자서는 해결할 수 없으나, 성인 또는 뛰어난 동료와 함께 학습하면 성공할 수 있는 영역을 의미
- 근접 발달영역 개념에 기초하면 어른과 능력 있는 동료는 아동이 지적으로 성장하는 데 필요한 요소를 지원하는 안내자 혹은 교사의 역할을 수행함

> **Check** 비계(Scaffolding)설정
>
> 학습자가 주어진 과제를 잘 수행할 수 있도록 유능한 또래나 교사의 도움을 제공하는 지원을 일컫는 것
> 비계를 설정함으로써 근접 발달영역을 좁혀갈 수 있음
> 비계설정을 통하여 학생들이 스스로 문제를 해결할 수 있도록 교사가 도움을 적절히 조절하여 제공할 수 있음

> **Check**
>
> 실제적 발달 수준: 학생이 다른 사람의 도움 없이 독립적으로 문제를 해결할 수 있는 수준
> 잠재적 발달 수준: 좀 더 지식이 풍부한 교사, 성인 또는 유능한 또래의 도움을 얻어 문제를 해결할 수 있는 수준

▶ 근접 발달영역(Zone of Proximal Development: ZPD)

- 근접 발달영역의 4단계

단계	설명
1단계	• (타인의 도움, 모방) 유능한 타인의 도움을 받아 과제를 수행하는 단계 • 학생이 독립적으로 과제를 수행할 수 없으므로 유능한 타인인 교사, 동료 등의 도움이 필요한 '모방'의 단계라고 볼 수 있음
2단계	(자신 스스로) 학생 스스로 과제를 수행하는 단계
3단계	(내면화, 자동화) 학생은 근접 발달영역을 벗어나서 과제 수행에 타인의 도움 없이 무의식적으로 과제를 완전하게 수행해 낼 수 있게 됨
4단계	(탈자동화) 새로운 능력의 발달을 위해 반복해서 근접 발달영역이 순환되는 탈자동화의 단계

③ 에릭슨(Erikson)의 심리사회적 발달이론
- 에릭슨의 사회심리 발달의 단계는 건강하게 발전하는 인간이 아기부터 성인까지 통과해야 하는 여덟 단계를 식별하는 정신분석 이론
- 각 단계에서 사람이 완전히 익히게 되면 새로운 도전에 직면함

단계	특징	존재 질문
1단계 신뢰감 대 불신감 (출생~18개월)	• 프로이트의 구강기와 유사한 단계 • 인간이 가장 무력한 시기로 유아들은 생존, 안전, 애정을 위해 일차적 돌봄을 주는 어머니에게 전적으로 의존함 • 이 시기 유아들은 입을 통해 세상과 생물학적·사회적 관계를 맺음 • 사회적 관계인 유아-어머니의 상호작용은 유아가 신뢰 혹은 불신의 태도로 세상을 보는 것에 대한 여부를 결정함	어떻게 안전할 수 있을까?
2단계 자율성 대 의심·수치심 (18개월~만 3세)	• 프로이트의 항문기에 해당하는 단계 • 아이들은 다양한 신체적·정신적 능력을 빠르게 발달시킴 • 이 시기 아이와 부모 간에 의지의 마찰이 있게 되며, 이것이 바로 본능적인 욕구에 대한 사회적 규칙의 첫 사례인 배변훈련임 • 에릭슨은 아이가 자신의 의지를 연습하도록 허용되지 않을 때, 아이는 다른 사람과의 관계에서 수치심을 느끼고 자신의 능력에 대한 의심을 발달시킨다고 믿음 • 자기 자신이고자 하는 의지는 좌절되고 위협받음 • 항문 부위가 이 단계의 초점일 수 있지만, 잠재적 갈등의 형태와 구조는 생물학적이기보단 훨씬 심리사회적임	어떻게 독립적일 수 있을까?
3단계 주도성 대 죄의식 (만3~6세)	• 프로이트의 성기기와 유사한 단계 • 이 단계에 나타나는 주도성 발달의 환상적 형태는 반대 성의 부모를 소유하고자 하는 욕망임 • 하지만 아이의 주도성은 더 현실적이고 사회적으로 허용된 목표를 달성할 수 있게 발달함 • 아이는 어른들이 갖는 책임감과 도덕성을 발달시킴	어떻게 힘을 가질 수 있을까?
4단계 근면성 대 열등감 (만6~12세)	• 프로이트의 잠복기와 유사한 단계 • 아이의 세계는 집 밖에서의 새로운 영향과 압력에 노출되면서 상당히 확장됨 • 가정, 학교에서 아이는 주어진 일을 완성함으로써 얻는 성취감을 느끼고 인정받기 위해 부지런히 활동함 • 반대로 노력한 것에 대해 조롱받고 야단맞고 거절당하면 아이는 열등감을 발달시키게 됨	어떻게 잘할 수 있을까?
5단계 자아정체감 대 역할혼돈 (만12~18세)	• 프로이트의 생식기와 유사한 단계 • 개인이 자신의 기본적인 자아 정체성에 대한 의문을 품고 심사숙고하는 시기라는 점에서 특히 중요함 • 개인은 자기에 대한 타인의 견해와 자신에 대한 견해를 통합하여 일관된 자아상을 가져야 함 • 이러한 이미지 혹은 자아상을 통해 개인은 자아 정체감을 형성함 • 분명한 정체감을 가지고 이러한 어려운 시기를 거쳐야만 자신감을 가지고 다가오는 성인기를 맞이할 준비를 하게 됨 • 정체감 성취에 실패하고 정체감 위기를 경험한 사람은 역할혼돈을 보임	나는 누구이며 어떻게 성인체계에 잘 맞출 수 있을까?

6단계 친밀감 대 고립감 (성인 초기~ 성인 중기)	• 이 시기 개인은 우정과 성적인 결합으로 다른 사람들과 친밀한 관계를 형성함 • 성인 초기에 개인은 자기상실에 대한 두려움 없이 자신의 정체감을 누군가의 정체감과 융합시킬 수 있어야 함 • 친밀감을 형성할 수 없는 사람은 고립의 상태에 빠짐	어떻게 사랑할 수 있을까?
7단계 생산성 대 침체감 (중년기)	• 인간의 완전한 성숙기에 해당 • 개인은 다음 세대를 가르치고 인도하는 데 적극적·직접적으로 참여할 필요가 있음 • 인간은 자신이 속한 어떤 조직에서 다음 세대에 영향을 끼치고 이끌고자 하는 욕구를 만족시킬 수 있음 • 위와 같은 행동이 중년기의 개인에게 나타나지 않으면 침체감, 권태, 대인관계 약화 상태에 빠지게 됨	어떤 선물을 줄 수 있을까?
8단계 자아 통합 대 절망감 (노년기)	• 인생의 황혼기에 자아통합, 절망의 상태에 있는 자신을 발견함 • 자신의 전체적인 삶을 바라보는 방법을 좌우하게 되며 이 시기 개인의 주요한 노력은 자아완성 혹은 완성에 가까워지려는 데 있음 • 자신의 삶을 되돌아보거나 검토해보며 마지막 평가를 하는 숙고의 시간 • 만약 개인이 충족감, 만족감으로 자신의 삶을 되돌아보고 인생의 성공과 실패에 잘 적응해 왔다면 그 사람은 자아통합을 하게 됨 • 자아통합은 한 개인의 자신의 현재 상황과 과거를 수용하며, 반대로 그렇지 못하다면 좌절감에 빠져 매우 고통스러워함	어떤 선물을 받을 수 있을까?

④ 데이비드 콜브(David Kolb)의 학습유형
- 학습자가 정보를 지각하고 처리하는 선호방식을 학습유형이라고 하며 다음 4가지 유형을 개발함
- 학습자의 특성 요인 중에서 학습유형(Learning Style)은 학습상황에서 학습자 개인이 정보를 인식·처리하는 방법과 관련된 것이며, David Kolb의 학습유형은 고등교육 연구와 기업교육 훈련 분야에서 가장 많이 활용되고 있음
- Kolb는 학습유형을 정보처리 방식에 따라 능동적인 실험과 반성적인 관찰로 구분하였으며 정보 인식 방식에 따라 구체적인 경험과 추상적인 개념화로 구분하였음

발산형 학습자 (Diverger)	• 구체적인 경험과 반성적인 관찰을 통해서 학습하는 학습자 • 뛰어난 상상력을 가지고 있으며 아이디어를 창출하고 브레인스토밍을 즐김
동화형 학습자 (Assimilator)	• 추상적인 개념화와 반성적인 관찰을 선호하는 학습자 • 이론적 모형을 창출하는 능력을 갖추고 있고 아이디어나 이론 자체의 타당성에 관심을 가짐
수렴형 학습자 (Converger)	• 추상적인 개념화와 능동적인 실험을 선호하는 학습자 • '발산자'와는 반대 견해를 보이며 문제나 과제가 제시될 때 정답을 찾기 위해 아주 빠르게 움직이고, 사람보다는 사물을 다루는 것을 선호함
조절형 학습자 (Accommodator)	• 구체적인 경험과 능동적인 실험을 선호하는 학습자 • 동화자와는 반대 견해를 보이며 일을 하는 것과 새로운 경험을 강조하고 실제 문제를 해결하기 위한 개념, 원리를 활용하는 방법에 관심을 가짐

Kolb 학습유형의 기본 틀

(2) 교수자 특성 분석❓

교수자의 이러닝 체제 도입에 대한 요구 정도, 이러닝 학습경험, 교수 선호도, 강의 이력, 교수자 정보 등을 분석함

교수자의 일반적 특성	• 교수 선호도 조사 • 강의 경력 및 이력 • 교수자 정보
교수자의 이러닝에 대한 상황 분석	• 이러닝 체제 도입 요구 정도 • 이러닝 희망 이유 예 원하는 시간, 장소, 개별적 학습 가능 등 • 이러닝 주요 요소 예 학습의 질·비용·내용
교수자의 교육 형태	• 파워포인트 • 멀티미디어 활용 콘텐츠 • 비실시간·실시간 토의 • 온라인 시뮬레이션 • 기타

→ Check 교수자 요구사항 분석 수행하기

① 교수학습 방법에 대한 주요 개념과 정의 분석
② 지원하고자 하는 교수학습 모형의 종류 파악
③ 실제 교수학습 방법의 사용 실태 조사
④ 주요 교수학습 방법을 선정하여 비교·분석
⑤ 선정된 교수학습 방법이 실제 수업에 적용될 가능성이 있는지 조사

(3) 참여자 역할 정의

학습시스템 기능분석을 위해 이러닝 시스템 이해관계자의 전반적인 역할을 정의해야 함

구분	역할
학습자	학습에 있어서 가장 능동적인 참여자의 역할
교수자	교육을 효과적으로 실시하기 위한 가장 중요한 요인으로, 학습자들의 참여를 유도하는 역할
튜터	교수자의 한 부분으로, 학습자의 학습에 도움을 주고 교수자-학습자 간의 상호작용을 원활히 할 수 있는 학습활동의 역할
에이전트	인간의 대리인(도우미)으로서 교수활동, 학습활동을 지원하는 역할

3 학습자 기능분석

학습목표

① 학습참여자의 요구를 충족하는 교수학습 활동을 분석할 수 있다.
② 학습참여자의 요구를 충족하는 교수학습 활동의 기능을 분석할 수 있다.

(1) 교수학습 활동 분석

1) 교수학습

① 교수학습 활동: 교수자가 가르친 것을 학습자가 배우는 활동을 뜻하며, 양자 간의 상호의존적 특성을 가짐
② 교수 활동: 학습행위를 유발하려는 체계로 교육과정에 내포된 내용을 가르치는 일
③ 학습: 교수 활동으로 인하여 학습자의 지식, 행동, 태도에 일어난 변화
④ 학습은 교수한 것과 일치하지 않을 수 있으며, 교수자의 가르침 없이도 일어날 수 있음
⑤ 가장 이상적인 교수-학습 관계는 교수자가 교육과정에 명시된 목표, 내용을 가르칠 때 학습자가 그것을 완전히 학습하는 상태
⑥ 교수학습은 학습이론과 교수이론을 전체적으로 포괄함

학습이론	• 학습 형상의 원인, 과정을 설명하고 학습과 관련되는 요인을 이해하도록 하는 이론적 설명 • 학습자에게 지식, 기술을 학습시키는 가장 효과적인 방법에 관한 원리와 법칙을 제시 • 경험을 통하여 새로운 능력, 행동, 적응능력을 획득·습득하게 되는 과정을 설명하기 위해서 만들어진 이론 • 학습자의 행동 변화가 왜, 어떻게 나타나는 것인가를 설명함
교수이론	• 교육자가 어떻게 효과적으로 수업을 할 것인가에 대한 것을 설명 • 학습자에게 가장 적합한 교수설계, 교수방법 등을 처방하는 측면이 강함 • 무엇이 일어나고, 일어나야 하는가에 관한 것으로 학습자의 행동 변화에 어떻게 영향을 주는지를 설명하고 예측·통제하는 데 초점을 둠

2) 교수학습 활동

① 교수학습 과정은 교수이론과 학습이론의 개념을 모두 포괄하며 상호연계②되는 과정

> **→ Check**
>
> 학습이 대개 교수 활동으로 발생하고, 교수 활동과 연계될 때보다 효과적이며, 교수 활동 자체가 늘 학습을 전제로 수행되기 때문에 상호연계가 유지됨

② 가르치고, 배우면서 일어나는 일련의 과정들이 교수학습 활동이라 할 수 있음
③ 교수학습 활동 중 학습자의 지식 습득에 효율적인 교육 방법을 가려낼 수 있어야 하며, 이러한 기능들이 이러닝 시스템에 적용되도록 하여야 함

3) 교수학습 활동 기능

교수학습 활동은 수업 설계에서 이루어지는 모든 활동들을 지원하는 기능을 함

(2) 교수학습 기능 분석

1) 교수학습 모형

① 글레이져(Glaser)의 수업 과정 모형
- 글레이져(Glaser)는 수업이 진행되는 교수과정을 하나의 체제(System)로 보고 체계적·조직적 교수모형을 처음으로 개발하였음
- 수업 목표, 출발점 행동, 수업의 절차[실제], 성취도 평가의 4개 요소로 구분하여 설명함

▶ 글레이져(Glaser)의 교수학습 과정의 절차 `1회 기출`

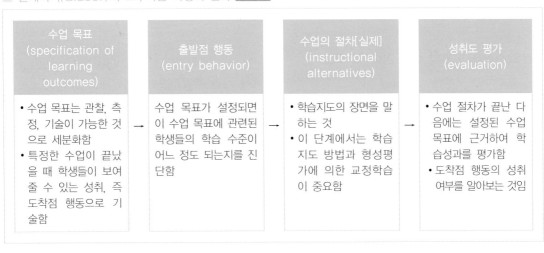

② 로버트 가네(Robert M. Gagné)의 9가지 교수(수업) 사태: 학습자의 학습을 촉진하기 위해서는 학습자 내부에서 발생하는 내적 과정을 이해하고, 이것을 촉진하기 위한 바람직한 교수(수업) 사태들을 제공해야 함 1회 기출

학습자의 내적 과정	수업 사태	행동사례(교통표지판 학습의 예)
주의집중	주의집중 획득	갑자기 자극을 변화시킴 (자동차 사고에 관한 기사 읽어줌)
기대	학습자에게 목표 제시	학습자에게 학습 후에 수행할 수 있게 되는 것이 무엇인지를 알려줌 (학습 목표를 알려줌)
장기기억으로부터 재생	선수학습의 회상	이전에 학습한 지식이나 기능을 회상시킴(알고 있는 표지판 변별)
선택적 지각	자극 제시	변별적 특성을 갖는 내용을 제시함 (가르칠 표지판과 명칭을 제시)
부호화	학습 안내 제공	유의미한 조직을 제시함 (화면을 제시하여 연습)
재생, 반응	학습자 수행 유도	학습자가 수행하도록 요구함 (질문을 통해 반응 유도)
강화	피드백 제공	정보적 피드백을 제공함 (결과에 대한 정보 제공)
인출과 강화	수행평가	피드백과 함께 학습자에게 추가적인 수행을 요구함 (표지판 의미를 아는지 평가)
일반화	파지와 전이 촉진	다양한 연습과 시간적인 간격을 두고 재검토함 (다양한 표지판을 다양한 상황에서 제공하여 확인하는 연습 기회를 줌)

2) 교수학습 모형의 접목 기술 및 표준

교수학습 모형에 접목되는 기술은 실제 수업 설계에 따라 각각의 모듈들을 배치할 수 있도록 함

① ADL(Advanced Distributed Learning)의 SCORM(Sharable Contents Object Reference Model)
  • 학습자원을 관리하는 모델로 학습콘텐츠의 검색, 공유에 사용함
  • 시퀀싱 모델: 교수학습 모형과 관련된 것으로 학습 객체의 구조에 대한 정보, 학습자에게 학습 객체를 어떻게 전달할 것인지에 관한 결정 규칙 등을 포함한 학습콘텐츠 구조를 만듦

• 한국교육학술정보원(KERIS)이 시퀀싱 & 네비게이션 표준화 연구를 통해 도출한 11가지 학습모델

유형 1	개인교수형(Tutorials)	유형 7	스토리텔링형(Storytelling)
유형 2	토론학습형(Discussion Learning)	유형 8	자원기반학습(Resources Based Learning)
유형 3	시뮬레이션형(Simulation)	유형 9	문제중심학습(Problem Based Learning)
유형 4	교육용 게임형(Instructional Games)	유형 10	탐구학습(Inquiry Learning)
유형 5	반복연습형(Drill & Practices)	유형 11	목표기반학습(Goal Based Scenario)
유형 6	사례기반 추론형(Case Based Reasoning)		

② IMS의 Learning Design
  • 다양한 교수설계들을 지원하기 위한 표준 규격으로, 특정 교수 방법에 한정하지 않고 혁신을 지원하는 프레임워크 개발을 목적으로 개발된 표준
  • 학습 객체들로 구성된 콘텐츠 중심으로 보여주는 것이 아니라 학습활동에 자체에 중점을 두고 있으며, 기본 구조는 컴포넌트와 메소드로 구성됨

▶ Learning Design의 기본 구조

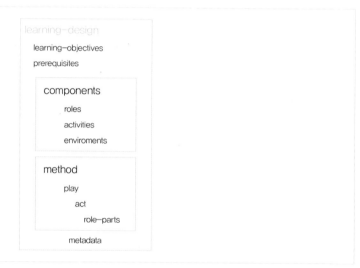

• Learning Design은 EML(Educational Modelling Language)을 활용하여 학습 설계를 A, B, C의 세 단계로 목적에 따라 기술함

A단계	기본적인 학습 설계를 지원하기 위한 기본 용어 구성
B단계	• A단계에 속성(property)과 조건(condition)을 추가한 것 • 학습자의 학습 이력(portfolio)에 기초한 개인화를 제공하고 시퀀싱, 상호작용이 가능하도록 함
C단계	B단계에 통지(notification)가 추가됨으로써 특정 이벤트를 기반으로 학습을 지원함

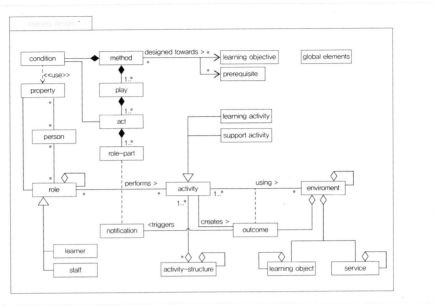

→ Check 요구사항 분석에 따른 교수학습 활동 기능 분석

1. 교수학습 활동에 필요한 기능 분석
　① 교수학습 활동에는 다음과 같은 것들을 고려할 수 있음
　　　수업 자료의 프레젠테이션 활동에 따른 기능 분석
　　　문서의 작성·편집·저장·출력 활동에 따른 기능 분석
　　　자료의 계산 활동에 따른 기능 분석
　　　음향의 작성·편집·저장·출력 활동에 따른 기능 분석
　　　그림 자료의 작성·편집·저장·출력 활동에 따른 기능 분석
　　　자료 검색·분석·출력 활동에 따른 기능 분석
　　　기타 지도 작성 활동에 따른 기능 분석
　　　통신 활동에 따른 기능 분석
　　　기타 다양한 활동에 따른 기능 분석
　② 학습자원 모듈 및 학습활동 모듈의 예는 다음과 같음

학습자원 모듈(좌), 학습활동 모듈(우)

2. 교수학습 모형에 접목되는 기술·표준 분석
   ① 교수학습 모형에 필요한 기술 분석

▶ Moodle의 학습활동 예시

▶ PBL 수업 방식의 수업 설계 예시

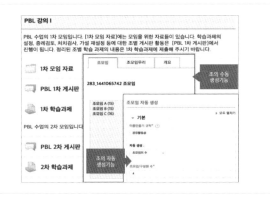

▶ 실험 실습수업 방식의 수업 설계 예시

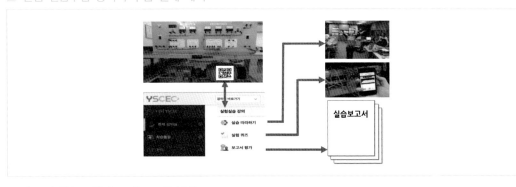

   ② 교수학습 모형에 쓰이는 표준 분석
   ▷ 교수학습 모형에 쓰이는 표준은 주로 IMS Learning Design을 사용하고 있음
   ▷ Learning Design에 대한 방법을 분석함

1

비고츠키의 개념 중 학습자가 주어진 과제를 잘 수행할 수 있도록 유능한 또래나 교사가 도움을 제공하는 지원을 일컫는 용어는?

① 내면화
② 자기효능감
③ 상호작용
④ 비계설정

해설

비계설정은 학습자가 주어진 과제를 잘 수행할 수 있도록 유능한 또래, 교사의 도움을 제공하는 지원을 일컫는다. 비계를 설정함으로써 근접발달영역을 좁혀갈 수 있다.

2

글레이져(Glaser)의 수업 과정 모형에 대해 <u>잘못</u> 설명한 것은?

① 수업 목표는 관찰, 측정, 기술이 가능한 것으로 세분화한다.
② 출발점 행동에서는 학습자들의 학습 수준이 어느 정도 되는지 진단한다.
③ 수업의 실제는 교수-학습이 바르게 진행되었는가를 확인하는 활동이다.
④ 성취도 평가는 도착점 행동의 성취 여부를 알아보는 것이다.

해설

교수-학습이 바르게 진행되었는가를 확인하는 활동은 평가 활동에 해당하며, 수업의 실제는 학습지도의 장면을 말한다.

3

가네의 9가지 교수사태 내용 중 현업 적용도를 높이기 위한 것은?

① 전이와 파지를 촉진
② 선수학습 회상
③ 자극 제시
④ 학습 안내 제공

해설

'파지'는 배우고 관찰한 것을 기억하고 유지하는 것이고, '전이'는 선행 경험이나 지식이 실제 생활에서나 업무를 할 때 떠오르는 것을 의미한다. 따라서 현업 적용도와 관련된 것은 '전이와 파지 촉진'이다.

4

학습시스템 요구분석 방법으로 볼 수 <u>없는</u> 것은?

① 면담
② 워크숍
③ 파일럿테스트
④ 프로토타이핑

해설

파일럿테스트는 실제 상황에서 운영하기 전에 소규모로 시험 작동을 해 보는 것으로, 요구분석 방법이 아니다.

05

다음 중 학습시스템 개발 단계의 산출물이 <u>아닌</u> 것은?

① ERD
② 시스템설계서
③ 정보화 추진계획서
④ 기능명세서 등

해설

정보화 추진계획서는 계획 단계 산출물이다.

05 이러닝 운영 준비

1 운영환경 분석

학습목표

① 이러닝 서비스를 제공하는 학습사이트를 점검하여 문제점을 해결할 수 있다.
② 이러닝 운영을 위한 학습관리시스템(LMS)을 점검하여 문제점을 해결할 수 있다.
③ 이러닝 학습지원도구의 기능을 점검하여 문제점을 해결할 수 있다.
④ 이러닝 운영에 필요한 다양한 멀티미디어 기기에서의 콘텐츠 구동 여부를 확인할 수 있다.
⑤ 교육과정별로 콘텐츠의 오류 여부를 점검하여 수정을 요청할 수 있다.

(1) 운영 서비스 점검

- 학습자의 학습환경이 이러닝 시스템, 콘텐츠가 개발될 때의 작업환경과 다를 경우, 학습자는 정상적으로 과정을 수강하기 어렵게 됨
- 이러닝 과정 운영자는 사전에 학습 사이트를 점검해서 학습자가 강의를 이수하는 데 불편함이 없도록 해야 함

1) 주요 점검 항목

점검 항목	특징
동영상 재생 오류	학습자가 동영상을 재생할 때 사용하는 웹 브라우저의 버전 및 호환성 문제로 인해 학습자 인터넷 환경에서 동영상이 재생되지 않음
진도 체크 오류	• 정상적인 진도 체크는 보통 '미학습', '학습 중', '학습 완료'로 표시됨 • 강의를 다 들었는데도 진도가 '학습 완료'로 바뀌지 않는 경우, 학습을 진행할 수 있게 해주는 next 버튼이 보이지 않는 경우 등의 진도 체크 오류가 발생할 수 있음
웹 브라우저 호환성 오류	ID/PW가 입력되지 않는 경우, 화면이 하얗게 보이는 경우, 버튼이 눌리지 않는 경우 등의 웹 브라우저 호환성 오류가 발생할 수 있음

2) 해결방안 안내

① 이러닝 과정 운영자는 테스트용 ID를 통해 로그인 후 메뉴를 클릭해가면서 정상적으로 페이지가 표현되고, 동영상이 플레이되는지 확인해야 함
② 문제가 될 소지를 발견했다면 시스템 관리자에게 해당 문제를 알리고, 해결방안을 마련하도록 공지한 뒤 팝업메시지, FAQ 등을 통해 학습자가 강의를 정상적으로 이수할 수 있도록 도와야 함

3) 학습관리시스템(LMS) 점검을 통한 이러닝 과정 품질 유지

① 이러닝 과정 운영자는 해당 이러닝 과정의 교수·학습 전략이 적절한지, 학습목표가 명확한지, 학습
내용이 정확한지, 학습 분량이 적절한지를 수시로 점검해야 함
② 모든 점검 과정은 이러닝 과정의 품질을 높이기 위한 방법이며, 이를 위해서 수시로 학습관리시스
템(LMS)과 학습 사이트를 오가며 확인해야 함
③ 다양한 기능이 있는 LMS의 메뉴를 파악하고, 문제 발생 시 신속하게 해결될 수 있도록 해야 함

(2) 학습도구 점검

1) 학습도구 점검

① 학습도구와 관련된 점검사항: 주로 차수 개설, 학습콘텐츠 등록, 과제·토론 주제 등록, 평가 일정·
방법 등록, 평가문항 등록·확인, 공지내용 등록·확인 등
② 해당 기능이 실제 학습관리시스템(LMS)에서 잘 작동되고 기능의 사용에 문제가 없는지를 파악해야 함
③ 인터넷 원격훈련에서는 이러닝 운영의 학습환경 점검을 위한 체크리스트를 활용한 요구분석 과정의
점검이 필요함

2) 학습관리시스템(LMS)의 기능 체크리스트

① 훈련생 모듈

구분	체크리스트
정보 제공	• 훈련생 학습관리시스템 초기화면에 훈련생 유의사항이 등재되어 있는가? • 해당 훈련과정의 훈련대상자, 훈련기간, 훈련방법, 훈련실시기관 소개, 훈련 진행 절차(예 수 강신청, 학습보고서 작성·제출, 평가, 수료기준, 1일 진도 제한 등) 등에 관한 안내가 웹상에서 이루어지고 있는가? • 훈련목표, 학습평가보고서 양식, 출결 관리 등에 대한 안내가 이루어지고 있는가? • 모사답안 기준 및 모사답안 발생 시 처리기준 등이 훈련생이 충분히 인지할 수 있도록 안내되 고 있는가?
수강신청	• 훈련생 성명, 훈련 과정명, 훈련 개시일 및 종료일, 최초 및 마지막 수강일 등 수강신청 현황이 웹상에 갖추어져 있는가? • 수강신청 및 변경이 웹상에서도 가능하게 되어 있는가?
평가 및 결과 확인	시험 및 과제 작성, 평가 결과(예 점수, 첨삭 내용 등) 등의 평가 관련 자료를 훈련생이 웹상에서 확인할 수 있도록 기능을 갖추고 있는가?
훈련생 개인 이력 및 수강 이력	• 훈련생의 개인 이력(예 성명, 소속, 연락번호 등)과 훈련생의 학습 이력(예 수강 중인 훈련과 정, 수강신청일, 학습진도, 평가일, 평가점수 및 평가결과, 수료일 등)이 훈련생 개인별로 갖춰 져 있는가? • 동일 ID에 대한 동시접속 방지기능을 갖추고 있는가? • 휴대폰(입과 시 최초 1회, 본인인증 필요 시), 일회용 비밀번호를 활용한 훈련생 신분 확인기능 을 갖추고 있는가? • 집체훈련(80% 이하)이 포함된 경우 웹상에서 출결 및 훈련생 관리가 연동되는가? • 훈련생의 개인정보를 수집하는 것에 대해 안내를 하고 있는가?
질의응답(Q&A)	훈련내용 및 운영에 관한 사항에 대한 질의응답이 웹상으로 가능하게 되어 있는가?

② 관리자 모듈

구분	체크리스트
훈련과정의 진행 상황	훈련생별 수강신청 일자, 진도율(차시별 학습시간 포함), 평가별 제출일 등 훈련 진행 상황이 기록되어 있는가?
과정 운영 등	• 평가(시험)는 훈련생별 무작위로 출제될 수 있는가? • 평가(시험)는 평가 시간제한 및 평가 재응시제한 기능을 갖추고 있는가? • 훈련 참여가 저조한 훈련생들에 대하여 학습을 독려하는 기능을 갖추고 있는가? • 사전 심사에서 적합 판정을 받은 과정으로 운영하고 있는가? • 사전 심사에서 적합 판정을 받은 평가(예 평가문항, 평가시간 등)로 시행하고 있는가? • 훈련생 개인별로 훈련과정에 대한 만족도 평가를 위한 설문조사 기능을 갖추고 있는가?
모니터링	• 훈련 현황, 평가 결과, 첨삭지도 내용, 훈련생 IP 등을 웹에서 언제든지 조회·열람할 수 있는 기능을 갖추고 있는가? • 모사답안 기준을 정하고, 기준에 따라 훈련생의 모사답안 여부를 확인할 수 있는 기능을 갖추고 있는가? • 「사업주 직업능력개발훈련 지원규정」 제2조 제15호에 따른 "원격훈련 자동모니터링시스템"을 통해 훈련생 관리정보를 자동 수집하여 모니터링할 수 있도록 필요한 기능을 갖추고 있는가?

③ 교·강사 모듈

구분	체크리스트
교·강사 활동 등	• 시험 평가 및 과제에 대한 첨삭지도가 웹상에서 가능하도록 기능을 갖추고 있는가? • 첨삭지도 일정을 웹상으로 조회할 수 있는 기능을 갖추고 있는가?

(3) 콘텐츠 점검

> • 이러닝 콘텐츠는 교육공학과 프로그래밍, 정보통신 등 다양한 기술의 복합체
> • 이러닝 운영 관리자는 콘텐츠를 점검하는 과정을 통해 이러닝 학습자가 불편을 느끼는 일이 없도록 해야 함

1) 이러닝 콘텐츠 점검 항목

점검 항목	특징
교육내용	• 이러닝 콘텐츠의 제작 목적과 학습목표가 부합하는지 점검 • 학습목표에 맞는 내용으로 콘텐츠가 구성되어 있는지, 나레이션이 학습자의 수준과 과정의 성격에 맞는지 점검 • 학습자가 반드시 알아야 할 핵심정보가 화면상에 표현되는지 점검
화면 구성	• 자막 및 그래픽 작업에서 오탈자가 없는지, 영상과 나레이션이 매끄럽게 연결되는지 점검 • 사운드 또는 BGM이 영상의 목적에 맞게 흐르는지, 화면이 보기에 편안한 구도로 제작되었는지 점검
제작환경 ⓘ	배우의 목소리 크기·의상·메이크업이 적절한지, 최종 납품 매체의 영상 포맷을 고려한 콘텐츠인지, 카메라 앵글이 무난한지 점검

2) 수정 요청

① 콘텐츠 점검 시 오류가 발생하였다면 콘텐츠 개발자 또는 시스템 개발자에게 연락하여 수정을 요청해야 함

② 콘텐츠 오류가 학습환경의 설정 변경으로 해결할 수 있는 문제인 경우, 이러닝 과정 운영자가 팝업 메시지를 통해 학습자에게 해결방법을 알려줄 수 있음

③ 수정 요청의 내용에 따른 대상 분류

요청 대상	요청 내용
이러닝 콘텐츠 개발자	콘텐츠상의 오류 예 교육내용, 화면 구성, 제작환경에 대한 오류 등
이러닝 시스템 개발자	시스템상의 오류 예 콘텐츠가 정상적으로 제작되었음에도 학습사이트상에서 콘텐츠 자체가 플레이되지 않는 경우, 사이트에 표시되지 않는 경우, 엑스박스 등으로 표시되는 경우 등

2 교육과정 개설

📚 **학습목표**

① 학습자에게 제공 예정인 교육과정의 특성을 분석할 수 있다.
② 학습관리시스템(LMS)에 교육과정과 세부 차시를 등록할 수 있다.
③ 학습관리시스템(LMS)에 공지사항, 강의계획서, 학습 관련자료, 설문, 과제, 퀴즈 등을 포함한 사전자료를 등록할 수 있다.
④ 학습관리시스템(LMS)에 교육과정별 평가문항을 등록할 수 있다.

(1) 교육과정 특성 분석

① 이러닝에서는 학습자가 교과의 학습목표를 달성하는 것을 최우선 과제로 삼음

② 교과마다 고유한 교육과정 특성이 있으므로, 교육과정의 특성을 분석할 때에는 교과 운영계획서의 주요 내용을 확인할 수 있어야 함

교과의 교육과정 확인하기	교·강사가 제출한 교과의 전체적인 운영계획서에서 교과 교육과정의 특성을 볼 수 있는 교과의 성격, 목표, 내용 체계(단원 구성), 교수·학습 방법, 평가 방법, 평가의 주안점 등을 확인함
교육과정 특성 분석표 제작하기	교과 교육과정의 주요 특성을 표로 제작해보는 과정을 통해 교육과정의 특성을 쉽게 분석할 수 있음

◤ 교육과정 특성 분석표 예시

교과명: 강사명:

	분석 항목	내용
교과 교육과정 개요	교과의 성격	
	교과의 목표	
내용 체계(단원구성)	대단원, 중단원 명	(소단원 명)
	대단원, 중단원 명	(소단원 명)
	대단원, 중단원 명	(소단원 명)
	대단원, 중단원 명	(소단원 명)
교수·학습 방법	교수 방법	
	학습 방법	
평가 방법	평가의 주안점	
	평가 항목	
	평가 비율	

(2) 과정 개설

① 관리자 ID로 로그인하기: 주어진 관리자 ID·비밀번호를 이용하여 관리자 모드로 로그인함
② 교육 관리 메뉴 클릭하기: 관리자 모드로 로그인 후 교육 관리 메뉴를 클릭함
③ 과정 제작 및 계획 메뉴 클릭하기: 과정 제작 및 계획 메뉴를 클릭하면 과정을 개설❶하기 위한 화면이 보임

> → Check   **이러닝의 교육과정 개설**
>
> 일반적으로 '과정 분류하기 → 강의 만들기 → 과정 만들기 → 과정 개설하기' 등의 순서로 진행

④ 과정 개설 진행하기

단계	특징
교육과정 분류하기	• 교육과정 분류를 입력하는 단계 • '대분류 – 중분류 – 소분류' 순으로 분류 • 교·강사가 제출한 교과 교육과정 운영계획서를 확인하며 등록함
강의 만들기	• 제작된 동영상 콘텐츠에 목차를 부여하고 순서를 지정하는 단계 • 동영상을 업로드하면 제작된 콘텐츠가 강의로 등록됨 ▨ 강의 만들기 화면 예시 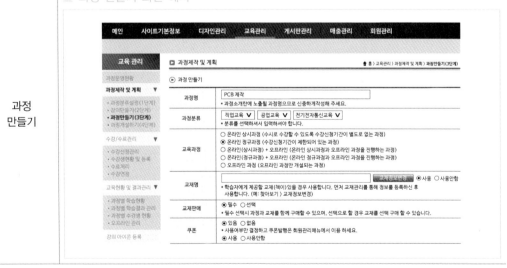
과정 만들기	과정 목표, 과정 정보, 수료조건 안내 등 자세한 정보를 등록하는 단계 ▨ 과정 만들기 화면 예시

과정 개설하기	수강신청 기간, 수강 기간, 평가 기간, 수료처리 종료일, 수료 평균점수 등을 지정하는 단계
	▶ 과정 개설하기 화면 예시 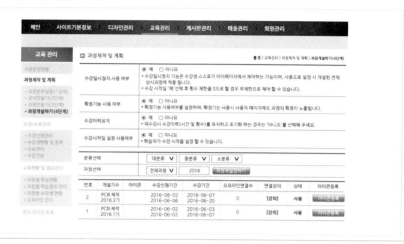

⑤ 과정 제작 및 계획 메뉴 클릭하기
  • 과정 등록을 마친 후 정상적으로 과정이 등록되었는지 확인함
  • 교·강사가 제출한 교육과정 운영계획서와 일치하는지를 확인하는 작업이 필요함

(3) 차시 등록

① 교육과정 등록 시 교육과정의 세부 차시를 함께 등록해야 함
② 세부 차시는 강의계획서에 포함되기도 하고, 강의 세부정보 화면에 표현되기도 함

▶ 일반적인 교육과정 세부 차시 화면

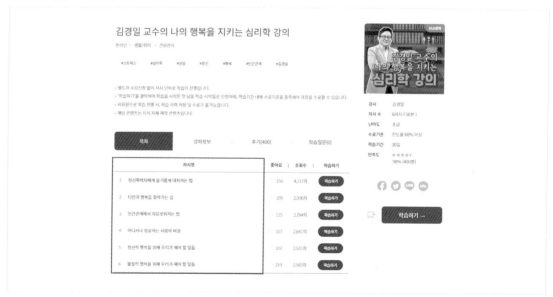

(4) 학습(보조)자원 등록 [1회 기출]

교육과정 외에 학습자들에게 안내할 다양한 자료들은 학습 전·중·후로 구분❶할 수 있음

> **→ Check**
>
> '전·중·후'라는 구분은 학습자가 학습을 진행하는 순서상의 구분이며, 과정이 시작되기 전에 등록되어야 할 사전자료들이라는 점을 숙지해야 함

구분	특징
학습 전 자료	• 대표적으로 공지사항, 강의계획서가 있음 • 공지사항: 학습 전에 학습자가 꼭 알아야 할 사항들을 공지사항으로 등록하며 오류 시 대처방법, 학습기간에 대한 설명, 수료(이수)하기 위한 필수조건, 학습 시 주의사항 등을 알려줌 • 강의계획서: 학습목표, 학습 개요, 주별 학습 내용, 평가 방법, 수료 조건 등 강의에 대한 사전정보를 담고 있음
학습 중 자료	• 학습자가 강의 중에 도움을 받을 수 있도록 필요한 자료를 등록함 • 강의 진행 중에 직접 자료를 다운로드 받을 수 있도록 하거나, 관련 사이트 링크를 걸어주는 방식이 일반적임
학습 후 자료	• 평가 및 과제 제출을 통해 과정이 종료되는 것은 아니며, 설문조사를 등록하여 학습자가 과정에 대해 소비자 만족도 평가를 할 수 있도록 해야 함 • 학습자들이 필수적으로 하는 '평가' 또는 '성적 확인' 전에 설문을 먼저 실시하도록 하는 경우가 일반적임 • 강의, 과정 운영의 만족도뿐만 아니라 시스템, 콘텐츠의 만족도 또한 질문하도록 함 • 설문조사는 과정의 품질을 높일 수 있는 중요한 정보라는 점을 숙지해야 함

(5) 평가문항 등록

① 교·강사가 제작한 평가문항을 학습 시작 전에 시스템상에 등록해야 함
② **평가의 분류**: 평가는 강의 진행 단계에 따라 진단평가, 형성평가, 총괄평가 등으로 구분됨

분류	특징
진단평가	• 선수학습능력, 사전학습능력 등 학습자의 기초능력 전반을 진단하는 평가 • 강의 진행 전에 이루어짐
형성평가	• 학습자에게 바람직한 학습 방향을 제시해주고, 강의에서 원하는 학습목표를 제대로 달성했는지 확인하는 평가 • 해당 차시가 종료된 후 이루어짐
총괄평가	• 학습자의 수준을 종합적으로 확인할 수 있는 평가 • 성적을 결정하고 학습자 집단의 특성을 분석할 수 있음 • 강의가 종료된 후 이루어짐

③ 평가문항 등록

단계	특징
관련 메뉴 확인	• 평가문항 등록을 위한 메뉴를 확인하는 단계 • 일반적으로 '교육 관리 − 모의고사 출제 관리'에서 평가문항을 등록할 수 있음 ▷ 평가문항 등록 메뉴 예시 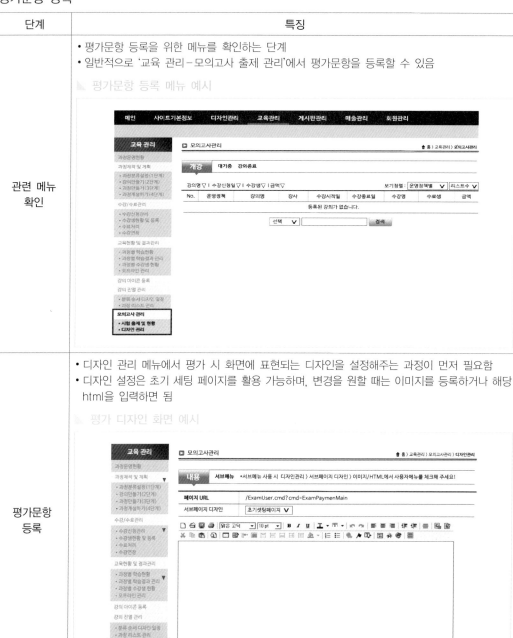
평가문항 등록	• 디자인 관리 메뉴에서 평가 시 화면에 표현되는 디자인을 설정해주는 과정이 먼저 필요함 • 디자인 설정은 초기 세팅 페이지를 활용 가능하며, 변경을 원할 때는 이미지를 등록하거나 해당 html을 입력하면 됨 ▷ 평가 디자인 화면 예시

• 디자인 설정 후, 시험 출제 메뉴에서 평가에 대한 정보(예) 시험명, 시간 체크 여부, 응시 가능 횟수, 정답해설 사용 여부, 응시 대상 안내 등)를 입력하고 평가문항을 등록함

▶ 평가문항 등록 화면 예시

평가문항
등록

3 학사일정 수립

📁 **학습목표**

① 연간 학사일정을 기준으로 개별 학사일정을 수립할 수 있다.
② 원활한 학사 진행을 위해 수립된 학사일정을 협업부서에 공지할 수 있다.
③ 교·강사의 사전 운영 준비를 위해 수립된 학사일정을 교·강사에게 공지할 수 있다.
④ 학습자의 사전 학습 준비를 위해 수립된 학사일정을 학습자에게 공지할 수 있다.
⑤ 운영 예정인 교육과정에 대해 서식과 일정을 준수하여 관계기관에 절차에 따라 신고할 수 있다.

(1) 학사일정 수립 및 공지

1) 학사일정

① 학사일정: 교육기관에서 행해지는 1년간의 다양한 행사를 기록한 일정으로, 일반적으로 표 또는 달력에 표현됨
② 당해 연도의 학사일정 계획은 전년도 연말에 수립되는 것이 일반적임
③ 학교에서는 학기별로 학사일정이 수립·운영되는 경우가 많으며, 연수기관에서는 연간 학사일정을 수립한 후 기수별 개별 교육과정의 일정을 수립함

2) 연간 학사일정 [1회 기출]

1년간의 주요 일정(강의 신청일, 연수 시작일, 종료일, 평가일)이 제시됨

◢ 연간 학사일정 예시 화면

기수	학점	차수	신청시작/종료일	연수시작/종료일	출석고사	이수증발급
	4학점	1차	2022-11-01 ~ 2022-12-27	2022-12-28 ~ 2023-02-14	2023-02-11	2023-02-17
	3학점	1차	2022-11-01 ~ 2022-12-13	2022-12-14 ~ 2023-01-17		2023-01-18
	3학점	2차	2022-11-01 ~ 2022-12-27	2022-12-28 ~ 2023-01-31		2023-02-01
	3학점	3차	2022-11-01 ~ 2023-01-03	2023-01-04 ~ 2023-02-07		2023-02-08
	3학점	4차	2022-11-01 ~ 2023-01-17	2023-01-18 ~ 2023-02-21		2023-02-22
	2학점	1차	2022-11-01 ~ 2022-12-13	2022-12-14 ~ 2023-01-10		2023-01-11
2023년 1기	2학점	2차	2022-11-01 ~ 2022-12-27	2022-12-28 ~ 2023-01-25	출석고사 없음	2023-01-26
	2학점	3차	2022-11-01 ~ 2023-01-03	2023-01-04 ~ 2023-01-31		2023-02-01
	2학점	4차	2022-11-01 ~ 2023-01-17	2023-01-18 ~ 2023-02-14		2023-02-15
	1학점	1차	2022-11-01 ~ 2022-12-13	2022-12-14 ~ 2023-01-03		2023-01-04
	1학점	2차	2022-11-01 ~ 2022-12-27	2022-12-28 ~ 2023-01-17		2023-01-18
	1학점	3차	2022-11-01 ~ 2023-01-03	2023-01-04 ~ 2023-01-25		2023-01-26
	1학점	4차	2022-11-01 ~ 2023-01-17	2023-01-18 ~ 2023-02-07		2023-02-08
	3학점	1차	2022-12-01 ~ 2023-01-31	2023-02-01 ~ 2023-03-07		2023-03-08
	3학점	2차	2022-12-01 ~ 2023-02-14	2023-02-15 ~ 2023-03-21		2023-03-22
	3학점	3차	2022-12-01 ~ 2023-03-01	2023-03-02 ~ 2023-04-04		2023-04-05
	3학점	4차	2022-12-01 ~ 2023-03-14	2023-03-15 ~ 2023-04-18		2023-04-19
	2학점	1차	2022-12-01 ~ 2023-01-31	2023-02-01 ~ 2023-02-21		2023-02-22
2023년 2기	2학점	2차	2022-12-01 ~ 2023-02-14	2023-02-15 ~ 2023-03-14	출석고사 없음	2023-03-15
	2학점	3차	2022-12-01 ~ 2023-03-01	2023-03-02 ~ 2023-03-28		2023-03-29
	2학점	4차	2022-12-01 ~ 2023-03-14	2023-03-15 ~ 2023-04-11		2023-04-12
	1학점	1차	2022-12-01 ~ 2023-01-31	2023-02-01 ~ 2023-02-21		2023-02-22
	1학점	2차	2022-12-01 ~ 2023-02-14	2023-02-15 ~ 2023-03-07		2023-03-08
	1학점	3차	2022-12-01 ~ 2023-03-01	2023-03-02 ~ 2023-03-21		2023-03-22
	1학점	4차	2022-12-01 ~ 2023-03-14	2023-03-15 ~ 2023-04-04		2023-04-05

3) 개별 학사일정

① 개별 학사일정을 통해 학습자들에게 일정에 대한 자세한 정보를 알려주어 원활한 과정 이수를 도와야 함

② 강의, 평가, 과제 제출 등은 일정기간 안에 학습자가 반드시 수행해야 할 항목이므로 강조·반복해서 안내하도록 함

| 전체 | 학사공지 | 장학공지 | 실습공지 | 취업정보 |

2023-1학기 중간고사 시행 안내(과목별 시험시간표 첨부)
교무학사팀   조회 : 268   등록일 : 2023-04-05

📎 2023-1학기 중간고사 시험시간표.pdf (134 kb)

2023-1학기 중간고사 시행 안내

· 교육부의 시험부정행위 방지대책 마련 지침에 따라, 우리 대학은 과목별 응시가능 기간을 지속적으로 단축하고 있습니다.

· 과목별로 응시기간이 다르오니, 붙임파일의 과목별 시험시간표를 확인하시고, 시험시간표를 만들어 시험응시계획을 사전에 준비하시기 바랍니다.

· 과목별 시간표(첨부파일)를 꼭 확인해 주세요.

1. 중간고사 기간 : 2023.04.17.(월) 10:00 ~ 2023.04.22.(토) 23:59 [6일간]

· 응시가능 기간은 과목별로 다르오니 시험시간표 및 강의실 공지사항을 확인하시기 바랍니다.

· 과목별 2일간 시험이 진행되며, 시험 시작일 10:00부터 시험종료는 23:59에 마감

4) 연간 학사일정을 기준으로 개별 학사일정 수립하기

① 연간 학사일정이 수립된 후 개별 학사일정을 수립할 수 있음

② 과정 개설하기 메뉴를 통해 이러닝 과정의 수강신청 기간, 수강 기간 등을 설정할 수 있음

③ 수립 순서

단계	특징
관리자 ID로 로그인	주어진 관리자 ID·비밀번호를 이용하여 관리자 모드로 로그인함
교육 관리 메뉴 클릭	관리자 모드로 로그인한 후 교육 관리 메뉴를 클릭함
과정 제작 및 계획 메뉴 클릭	교육 관리 메뉴를 클릭한 후 과정 제작 및 계획 메뉴를 클릭하여 1단계(과정 분류 설정), 2단계(강의 만들기), 3단계(과정 만들기) 작업을 시행함
학사일정 수립	• 과정 만들기 작업까지 수행한 후 4단계(과정 개설하기) 작업을 통해 개별 학사일정을 수립함 • 해당 과정의 수강신청 기간, 수강정정(취소) 기간, 수강 기간, 평가 종료일, 수료처리 종료일 등을 설정함

학사일정 수립

④ 개별·연간 학사일정의 수립 후 과정 홈페이지에 공지사항, 팝업메시지를 띄워 예비 학습자들에게 안내하여야 하며, 원활한 진행을 위해 협업부서 ❓ 에도 알려주어야 함

→ Check

이러닝 과정을 운영하는 기관과 같은 내부조직으로, 협업부서 간의 팀워크를 통해 이러닝 과정의 효율과 조직의 이익을 향상시킬 수 있음

5) 수립된 학사일정 공지하기 [1회 기출]

분류	특징	
협업부서에 공지하기	• 이러닝 과정 운영자는 수립된 학사일정을 협업부서에 공지하여 업무의 효율성을 높여야 함 • 부서 간 협조가 잘 된다면 이러닝 과정의 품질을 더욱 높일 수 있음 • 활용 수단에 따른 공지 방법	
	통신망	• 사내전화, 인트라넷, 메신저 등 조직에서 사용하는 통신망을 활용한 내부조직 공지 • 주요 학사일정에 대해서는 조율을 먼저 한 후에 공지함
	공문서	• 내부조직 간의 주요 연락수단으로 공문서를 활용한 내부결재를 거친 공지 • 자주 진행하지는 없고 연 1~2회 정도만 진행하며, 의견 수렴과정을 거쳐 다음 연도의 학사일정 수립에 반영 가능
교·강사에게 공지하기	• 실시간 강의일 때 교·강사는 강의를 충실히 준비하기 위해 과정 운영자로부터 학사일정을 공지 받아야 함 • 사전에 제작한 콘텐츠가 사용되는 강의라도 교·강사에게 학사일정을 공지해주어야 함	
학습자에게 공지하기	• 학습자는 학사일정을 공지 받아야 사전정보를 얻고 학습을 준비할 수 있음 • 과정 운영자는 사전에 학사일정을 문자, 메일, 팝업메시지 등을 통해 공지해주어야 함	

(2) 운영 절차 준수

① 관계기관에 사전 신고하기: 운영 예정인 교육과정을 관계기관에 신고할 때는 공문서 기안을 통해 신고하도록 함

② 교육과정의 서식 및 일정

서식	• 교육과정의 서식은 운영기관마다 표현되는 방식이 다름 • 일반적으로 연간 학사일정은 달력 형식으로 표현되며, 웹에서 구현될 경우 각 교육과정을 클릭하면 링크되어 해당 교육과정으로 연결되는 구조를 주로 사용함
일정	교육과정의 일정에는 수강신청 기간, 수업 기간, 평가 기간, 과제 제출 기간, 성적에 대한 이의신청 기간 등이 표현됨

③ 공문을 통한 사전 신고
- 사전에 조율이 필요하거나 긴급한 사항일 경우 전화로 관계기관과 연락을 하지만, 대부분은 공문을 통해 학사일정과 교육과정을 신고함
- 이러닝 과정 운영의 관계기관으로는 감독기관, 산업체, 학교 등이 있음

🔖 관계기관에 과정 정보를 안내해 주는 공문 예시

지식디자인

수신 ▇▇▇▇▇▇▇학교장
제목 2023년 9기 교육연수원 원격직무연수 모집 안내

1. 귀 기관의 무궁한 발전을 기원합니다.

2. 2023년 9기 원격직무연수를 아래와 같이 안내하오니 소속 선생님들이 많이 참여할 수 있도록 협조하여 주시기 바랍니다.

    가. 연수종별 : 교원직무연수 60시간(4학점) / 45시간(3학점)/ 30시간(2학점) / 15시간(1학점)
    나. 전국 유·초·중·고교 교원 및 교육전문직
    다. 수강접수 : 2023. 06. 14 ~ 2023. 09. 27
    라. 연수기간 : [4학점] 2023. 09. 13 ~ 2023. 10. 18
                [3학점] 2023. 09. 07 ~ 2023. 10. 04
                [2학점] 2023. 09. 07 ~ 2023. 09. 27
                [1학점] 2023. 09. 07 ~ 2026. 09. 20
    마. 출석시험 : 2016. 10. 21(토) 오후
    바. 연수신청 : 교육연수원 홈페이지에서 온라인 신청

---

④ 교육과정 신고방법
- 관계기관에 신고하기 전, 교육과정이 최종 결정된 내용인지를 먼저 확인한 후 공문서 기안 절차에 따라 문서를 작성하면 됨
- 공문은 전자문서 또는 비전자문서로 발송할 수 있음

분류	순서
전자문서 작성	① 전자문서에 로그인하기 → ② 기안문 작성 화면으로 이동하기 → ③ 기안문에 대한 정보 입력하기 → ④ 기안문 작성하기 → ⑤ 첨부파일 첨부하기 → ⑥ 결재 올리기 → ⑦ 결재 완료 후 발송하기 ▶ 전자문서 발송을 위한 문서24 
비전자문서 작성	① 문서 양식에 따라 정보(예 보고기관, 문서번호, 시행날짜, 수신기관 등) 입력하기 → ② 기안문 작성하기 → ③ 첨부파일 확인한 후 메일 작성하기 → ④ 메일 전송하기 → Check 기안문에는 문서 제목, 인사말, 문서 목적, 문서 내용, 기관 직인 등이 포함되도록 함

4 수강신청 관리

📁 학습목표

- 개설된 교육과정별로 수강신청 명단을 확인하고 수강 승인처리를 할 수 있다.
- 교육과정별로 수강 승인된 학습자를 대상으로 교육과정 입과를 안내할 수 있다.
- 운영 예정과정에 대한 운영자 정보를 등록할 수 있다.
- 운영을 위해 개설된 교육과정에 교·강사를 지정할 수 있다.
- 학습과목별로 수강 변경사항에 대한 사후처리를 할 수 있다.

(1) 수강 승인 관리

1) 수강신청 현황 확인방법

① 수강신청이 이루어지면 학습관리시스템의 수강 현황을 관리하는 화면에 수강신청 목록이 나타남
② 수강신청 순서에 따라서 목록이 누적되며, 수강신청한 과정명과 신청인 정보가 목록에 나타남

수강신청 현황 목록

③ 수강신청된 과정 정보를 확인하기 위해서는 과정명을 클릭하면 됨

수강신청한 과정의 상세 정보

④ 과정 정보에서 수료기준 등의 정보를 확인한 후 운영 시 참고할 수 있음

수료기준 및 점수 현황

평가항목	평가비중	과락기준	수료기준	나의점수	진행일	초기화
진도점수	100점	100% (100점)	100% 이상	진도율 : 75% 75점	-	-
총괄평가	0점	-	-	-	-	-
과제점수	0점	-	-	-	-	-
총점	100점	-	100점 이상	75점	-	-

2) 수강 승인처리 방법

① 자동으로 수강신청이 되는 과정 개설 방법이 아니라면 수강신청 목록에 있는 과정을 수강신청 승인해주어야 함

수강 승인을 위한 목록 현황

② 수강 승인을 위해서는 수강 승인할 수강신청 목록을 체크한 후 승인 버튼을 클릭하면 되며, 반대로 수강신청을 취소할 수도 있음
③ 승인 시 신청된 내역은 학습 중인 상태로 변경되어 학습의 독려·관리가 가능해짐

3) 수강신청 명단 확인 및 수강 승인처리 방법

① 운영자 아이디로 학습지원시스템에 접속하여 수강신청 목록 확인

단계	특징
로그인 화면에 부여받은 운영자 아이디, 패스워드 입력	• 시스템 관리자에게 운영자 아이디, 패스워드를 요청해야 함 • 운영자 계정을 별도로 만들어 제공하는 방법, 일반 사용자 계정에 운영자 권한을 부여하는 방법 등이 있음 • 부여 방법은 시스템의 구성에 따라서 달라지는 부분이므로, 사전에 시스템 관리자에게 문의하여 운영자 계정을 확보해두도록 함 • 운영자 계정으로 로그인하는 경우: 웹 사이트에 로그인한 후 사용자 화면에서 관리자 화면으로 이동하게 하는 경우와 관리를 위한 운영자 화면에 접속할 수 있도록 별도의 사이트 주소를 제공하는 경우의 2가지 유형으로 크게 분류됨 • 방법적인 차이 또한 시스템 구성에 따라 달라지므로 학습관리시스템(LMS) 매뉴얼을 꼼꼼하게 숙지하여야 함

로그인 후 운영을 위한 관리자 메뉴로 이동	• 부여받은 계정으로 로그인함 • 로그인 후 관리자 화면에서 회원관리, 수강관리 등의 메뉴로 이동하여 수강신청 목록을 확인함 시스템의 관리자 화면 
수강신청된 목록 확인 1회 기출	• 수강신청 목록을 확인하기 위해 수강관리 화면으로 이동하여 수강생 목록을 확인함 • 과정이 설정된 정보에 따라서 수강신청이 자동으로 되는 경우도 있고, 운영자가 수동으로 수강신청 확인을 해야 하는 경우도 있음 • 자동·수동 여부는 과정 설정 시 결정되는 부분이므로 과정 정보와 운영 매뉴얼을 확인하여 진행해야 함 수강신청 현황 목록 

② 수강신청한 학습자를 선별하여 수강생 처리 진행

단계	특징
운영자가 수강 신청확인을 해야 하는 경우: 직접 처리	• 수강목록에서 자동으로 수강신청되지 않았으면 미승인된 상태로 되어 있을 것이므로 처리가 필요함 • 학습관리시스템에 있는 수강 승인 기능을 활용하여 미승인된 상태를 승인된 상태로 변경해야 함 ▶ 수강신청 승인 화면
수강신청이 잘못된 경우: 학습자에게 연락하여 처리	• 수강신청이 잘못된 경우, 정보를 변경할 필요가 있는 경우에는 학습자에게 연락하여 내용 확인 후 처리해야 함 • 연락은 학습관리시스템에 있는 쪽지, 메일, SMS 등의 수단을 활용하거나 전화로 직접 통화하여 처리하는 방법이 있음 ▶ 학습자 소통을 위한 이메일 전송 기능

(2) 입과 안내

1) 교육과정별 수강방법 안내

① 수강신청이 되고, 수강승인이 되면 해당 교육과정에 입과된 것으로 볼 수 있음

② 입과 처리가 되면 자동으로 입과 안내 이메일, 문자 등이 발송되도록 설정 가능

③ 학습자의 수강 참여가 특별히 요구되는 과정일 때는 학습자 정보를 확인한 후, 운영자가 직접 전화로 입과 안내 후 학습 진행절차를 안내하는 경우도 있음

④ 입과 안내 시 학습자가 활용할 수 있는 별도의 사용 매뉴얼, 학습안내 교육자료 등을 첨부하는 경우도 있음

2) 학습자용 사용 매뉴얼

분류	특징
문서 형태	• 문서의 형태로 사용 매뉴얼을 만들어 제공하는 경우 • 이러닝 경험이 적은 학습자를 대비하여 문서 형태로 만들어 배포하는 것 • PDF 문서로 만드는 경우가 일반적이지만, 웹에서 바로 확인할 수 있는 웹 문서 방식으로 구성할 수도 있음 • 최근 브랜드 홍보 차원에서 별도 블로그를 운영하면서 블로그 내에 사용방법, 사용팁, 우수사례 등을 올리기도 함 • 블로그를 사용하는 경우에는 검색을 통한 이러닝 서비스의 홍보효과, 학습자들이 자연스럽게 참여하면서 배포될 수 있는 효과 등을 얻을 수 있음
이러닝 형태	• 이러닝 서비스 사용법을 이러닝으로 만들어 운영하는 경우 • 교육받는 방법을 교육으로 풀어내는 과정을 통해 교육의 중요성을 각인시키거나, 이러닝 서비스 주체의 교육에 대한 열정을 보여줄 수 있음 • 정기·비정기적으로 오프라인을 통한 만남❶의 기회를 주어 교육할 수도 있음 → Check 오프라인 만남의 기회 온라인만으로는 학습자의 요구사항을 듣기 어렵거나, 학습자의 오프라인 커뮤니티의 욕구를 해소하는 방법으로 활용되기도 함

3) 수강 승인된 학습자들에게 입과 안내하기

① 최종 수강 승인 학습자 목록 확인

단계	특징
수강 승인된 학습자 목록 확인·비교	• 수강신청 이후 수강 승인이 되면 승인된 목록만 따로 확인할 수 있게 됨 • B2B 방식으로 제공되는 과정의 경우, 이 승인완료 목록과 사전에 수강신청할 것으로 예정된 목록을 비교하여 누락된 사람이 있는지 확인해야 함 • 누락된 학습자가 있는 경우 별도로 체크하여 연락할 준비를 함 ▶ 수강 승인 목록과 비교하기 위한 현황 목록
학습자 세부정보 확인 후 학습자별 연락처 체크	• 수강 승인된 학습자 목록에서 학습자의 이름, 아이디 등을 클릭하면 학습자 정보를 확인할 수 있는 상세화면을 볼 수 있음 • 상세화면에 학습자에게 연락할 수 있는 연락처가 있는지를 확인한 후 입과 안내 준비를 함 • 운영 정책에 따라 학습자 정보의 전화번호, 이메일 등의 존재 여부가 달라질 수 있으므로, 운영 정책을 숙지한 후 학습자 정보 구성요소를 확인할 필요가 있음

학습자
세부정보
확인 후
학습자별
연락처 체크

학습자 정보 조회

② 학습자별로 입과 안내

단계	특징
학습자 연락처로 입과 안내 진행	• 입과 안내를 위한 메시지 설계를 미리 해두는 것이 효과적임 • 표준적인 입과 안내 문구를 만들어 놓고, 그 내용에 맞춰 입과를 안내하는 것이 필요함
전화, 이메일 등 다양한 방법 활용	• 입과 안내 문구를 이메일, 문자 등 각 방법에 적합하도록 설계해야 하는 이유는 이메일이 담을 수 있는 정보와 문자가 담을 수 있는 정보가 다르기 때문 • 학습관리시스템에서 이메일, 문자를 자동으로 발송할 수도 있지만 별도의 이메일 솔루션을 사용해야 하는 경우도 있으므로 시스템 매뉴얼 및 운영 매뉴얼을 사전 확인한 후 진행해야 함 학습자에게 이메일 보내기　　학습자에게 문자 보내기
최종 입과자 목록 정리·보고	• 입과 안내가 끝나면 최종 입과자 목록을 정리·보고할 필요가 있음 • 보고의 방법, 양식은 조직의 특성에 적합하게 진행 • B2B의 경우 최종 입과자가 고객사 교육담당자 등에게도 보고될 수도 있으며, B2C의 경우 매출 등의 정량적인 지표와 관련이 높으므로 보고할 필요가 있음

(3) 사용자 정보 등록

1) 운영자 등록

① 운영의 효율성과 학습자의 학습 만족도를 높이기 위해 운영자를 사전에 등록하여 관리하게 할 수 있음
② 운영자를 사전에 등록하기 위해서는 운영자 정보를 학습관리시스템에 먼저 등록해야 함
③ 운영자는 일종의 관리자 개념으로 인식되기 때문에 학습자가 볼 수 없는 별도의 관리자 화면에 접속할 수 있도록 운영자 등록 과정이 필요함
④ 운영자 정보를 등록하고 접속 계정을 부여한 후 수강신청별로 운영자를 배치할 수 있음

2) 교·강사 등록

① 튜터링을 위해서 별도의 관리자 화면에 접속할 수 있는 교·강사 등록이 필요함
② 교·강사 정보를 전달받아 학습관리시스템에 입력한 후 튜터링이 가능한 권한을 부여함
③ 교·강사 정보를 등록하고 접속 계정을 부여한 후 수강신청별로 교·강사를 배치❓할 수 있음

> **→ Check** 교·강사의 배치
>
> 일반적으로 과정당 담당할 학습자 수를 지정한 후에 자동으로 교·강사에게 배정될 수 있도록 학습관리시스템에서 세팅됨

3) 운영 예정과정의 운영자 정보 등록과 교·강사 지정

① 운영자 등록하기
  • 운영자로 등록할 수 있는 학습관리시스템의 기능을 사용하여 운영자를 등록함
  • 등록 기능이 없다면 시스템 관리자에게 요청하여 운영자 권한을 부여받아야 함
  • 권한이 부여되면 각종 관리자 기능을 사용할 수 있게 됨

▶ 운영자만 확인할 수 있는 관리자 화면

② 교·강사 등록하기
- 과정 정보상에서 교·강사로 지정할 수 있는 기능을 사용하여 과정과 교·강사를 매칭시키는 작업을 함
- 교·강사로 지정되면 과정에 대한 현황을 모니터링할 수 있으며 과제, 평가 등에 대한 채점을 할 수 있음

 튜터, 교·강사 목록

(4) 수강변경 사후관리

1) 수강 변경사항 사후처리

① 수강 승인 이후에 잘못된 정보가 있다면 수강신청을 취소하거나 수강내역을 변경할 수 있음
② 수강신청 내역을 변경하거나 수강내역 등을 변경하는 경우, 반드시 다른 정보들과 함께 비교해서 처리해야 함
③ 학습자가 수강신청한 내역과 다르게 학습관리시스템에 처리되어 있다면 그 자체만으로 학습의 불만족 요소가 될 수 있으므로 학습 관련된 데이터의 취급에 주의하여야 함

2) 운영자, 교·강사 변경

① 운영자와 교·강사의 정보 또는 배치된 정보가 변경된 경우 관련 데이터를 수정해야 함
② 이 경우 기존 정보가 변경될 때 학습자의 학습결과에 미치는 영향도를 고려하여 신중하게 판단해야 함

3) 학습과목별 수강 변경사항 사후처리

① 수강취소 목록 확인하기
- 수강을 취소하는 경우에는 수강취소 목록 확인 메뉴에서 확인할 수 있음
- 수강취소된 목록을 살펴본 후, 학습자가 수강을 취소한 이유와 상황을 분석하는 것이 중요함
- 필요한 경우에는 학습자에게 직접 연락하여 취소 원인을 파악할 필요도 있음

② 필요한 경우 재등록, 환불 등 처리하기
- 수강취소 원인에 따라서 필요한 경우에는 수강신청을 재등록 처리하거나 환불 등을 진행해야 할 수 있음
- 일반적으로 수강신청 재등록의 경우 관리자 기능에서 직접 처리할 수 있지만, 환불의 경우에는 PG(Pay Gateway)사와 시스템적으로 연동되어 있을 수 있기 때문에 PG사의 환불 관련된 데이터와 비교해야 할 수도 있음

오답노트 말고
2023년 정답노트

1

다음 중 연간 운영계획에 포함되지 <u>않는</u> 것은?

① 연수 시작일
② 강의 신청일
③ 과제 제출일
④ 평가일

해설

연간 운영계획에 포함되는 항목은 강의 신청일, 연수 시작일, 종료일, 평가일이다. 과제 제출일은 연간 운영계획에 포함되지 않는다.

2

이러닝 운영을 위한 학사일정 공지 대상이 <u>아닌</u> 것은?

① 관계기관
② 협업부서
③ 교·강사
④ 학습자

해설

학사일정은 협업부서와 교·강사, 학습자에게 공지해야 하고 관계기관에는 신고를 해야 한다.

3

이러닝 학습 전 등록 자료로 적절하지 <u>않은</u> 것은?

① 학습 관련자료
② 강의계획서
③ 과제 피드백
④ 공지사항

해설

과제 피드백은 학습 진행 중 등록하는 자료다.

4

수강신청 관리 활동에서 수동 수강신청 승인인 경우 관리 내용이 <u>아닌</u> 것은?

① 수강 승인을 위해서는 수강 승인할 수강신청 목록을 체크한 후 승인 진행
② 신청된 내역에 대해 학습 동기부여 관리
③ 수강신청 취소 기능을 통한 취소 관리
④ 자동 수강처리 또는 수동 수강처리 여부 등록

해설

자동 수강처리 또는 수동 수강처리 여부 등록은 교육과정 등록 또는 차수 등록 시 설정한다.

이러닝운영관리사
필기편

이러닝 활동 지원

01 이러닝 운영지원 도구 관리

1 운영지원 도구 분석

📁 **학습목표**

① 과정 운영에 필요한 운영지원 도구의 종류와 특성을 파악할 수 있다.
② 학습자의 원활한 학습을 지원하는 데 필요한 도구에는 어떤 것이 있는지 분석할 수 있다.
③ 운영지원 도구별 사용상 특성을 파악하여 적용 방법을 도출할 수 있다.

(1) 이러닝 시스템의 분류와 개념 [1회 기출]

이러닝 시스템은 다양하게 분류할 수 있으며, 일반적으로는 학습관리시스템, 학습콘텐츠 관리시스템, 운영지원 도구로 분류할 수 있음

학습관리시스템 (LMS, Learning Management System)	교육과정을 효과적으로 운영하고 학습의 전반적인 활동을 지원하기 위한 시스템
학습콘텐츠 관리시스템 (LCMS, Learning Contents Management System)	이러닝 콘텐츠를 개발하고 유지·관리하기 위한 시스템
운영지원 도구	저작도구, 평가시스템 등 학습·운영의 편의성을 지원하고 질을 높이기 위한 도구

📋 이러닝 시스템 구성도

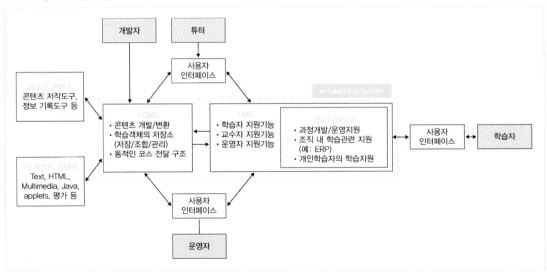

(2) 학습관리시스템, 학습콘텐츠 관리시스템 1회 기출

① 학습관리시스템(LMS): 이러닝 환경에서 가상공간에 교육과정을 개설하고 교실을 만들어 사용자들이 교수·학습활동을 원활하게 하도록 전달하고, 학습을 관리·측정하는 등의 학습 과정을 가능하게 하는 시스템

② 학습콘텐츠 관리시스템(LCMS): 개별화된 이러닝 콘텐츠를 학습 객체의 형태로 만들어 저장·조합하여 학습자에게 전달하는 일련의 시스템

③ 학습관리시스템(LMS)과 학습콘텐츠 관리시스템(LCMS)의 비교: 학습관리시스템(LMS)이 역량 강화를 목적으로 학습활동을 전개하는 시스템이라면, 학습콘텐츠 관리시스템(LCMS)은 학습콘텐츠의 제작·재사용·전달·관리를 가능하게 하는 시스템이라고 할 수 있음

구분	학습관리시스템(LMS)	학습콘텐츠 관리시스템(LCMS)
주 사용자	• 튜터/강사 • 교육담당자	• 콘텐츠 개발자 • 교수설계자 • 프로젝트 관리자
관리 대상	학습자	학습콘텐츠
수업(학습관리)	○	×
학습자 지원	○	○
학습자 데이터 보존	○	×
학습자 데이터를 ERP 시스템과 공유	○	×
일정 관리	○	
기술 격차분석을 통한 역량 맵핑 제공	○	○(일부 가능)
콘텐츠 제작 가능성	×	○
콘텐츠 재활용	×	○
시험문제 제작·관리	○	○
콘텐츠 개발 프로세스를 관리하는 작업 도구	×	○
학습자 인터페이스 제공, 콘텐츠 전송	×	○

(3) 운영지원 도구의 종류와 특성

1) 운영지원 도구

① 이러닝의 효과성을 높이기 위한 도구로서 종류가 매우 다양함

② 활용도에 따라 학습관리시스템(LMS) 또는 학습콘텐츠 관리시스템(LCMS)의 일부로 종속되기도 하며, 중요성에 따라 독립적인 시스템으로 운영될 수도 있음

③ 일반적인 학습지원 도구: 커뮤니케이션 지원 도구, 저작도구, 평가시스템 등

④ 이러닝 학습지원 도구

구분	학습지원 도구 종류
과정 개발·운영지원을 위한 도구	콘텐츠 저작도구, 운영지원을 위한 메시징시스템(메신저, 쪽지 등), 평가시스템, 설문시스템, 커뮤니티, 원격지원시스템
사내 학습 관련 시스템과의 연계 지원 도구	사내 인트라넷, 지식경영시스템, 성과관리시스템, ERP
개인 학습자의 학습지원 도구	역량진단시스템, 개인 학습경로 제시, 개인 학습자의 학습 이력 관리 시스템

2) 운영 주체에 따른 운영지원 도구 구분

이러닝 시스템은 사용 및 운영하는 주체에 따라 운영자 지원시스템, 학습자 지원시스템, 튜터 지원시스템으로 구분할 수 있음

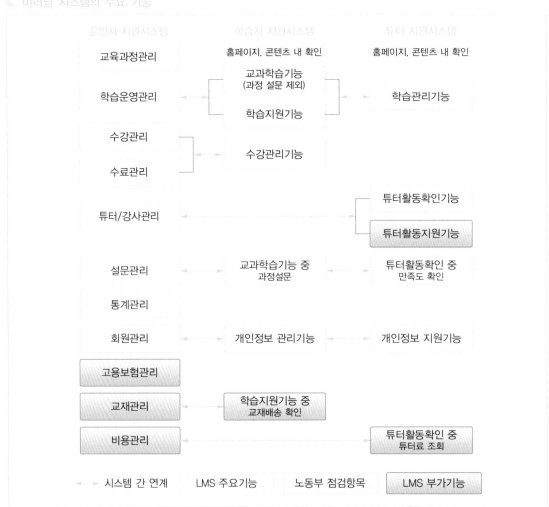

이러닝 시스템의 주요 기능

(4) 운영지원 도구 활용 방법

- 학습관리시스템(LMS)은 학습자가 원활하게 수강할 수 있도록 지원하는 학습자 기능, 학습자와 학습콘텐츠를 관리하는 교수자 기능, 학습관리시스템을 관리하는 관리자 기능으로 구성됨
- 학습자 기능, 교수자 기능은 공통적으로 공지사항, 질의응답, FAQ, 학습 안내, 접속환경 안내 등의 메뉴를 포함함
- 학습관리시스템은 그 기능과 명세가 모두 다르므로 우수한 학습관리시스템의 사용을 위해서는 사전에 요소 분석과 기능을 숙지하고 있어야 함

1) 학습자 기능

① 학습자 기능: 강의, 학사, 시험, 과제, 상담 기능, 학습지원, 커뮤니티(예 설문, 쪽지, 이메일, SMS) 기능 등 원활한 학습활동을 지원하기 위한 기능이 구축되어 있음
② 대표적인 학습자 기능
- 수강 조회 기능: 지난 수강이력, 수강현황, 성적, 이수 등의 학습 정보를 조회할 수 있어야 함
- 시험 기능: 온라인 응시가 가능하도록 지원해야 하며, 과제를 온라인으로 제출·확인할 수 있어야 함
- 커뮤니티 기능: 관리자, 교수자와 소통할 수 있는 기능이 있어야 함

메뉴	기능
학습하기	• 학기별 과목 목록 조회 • 과제·프로젝트·시험·토론 등 학습활동 정보 확인 • 학습속도 조절·반복학습 등 강의콘텐츠 학습 • 학습 시작일·종료일 확인 등의 학습진도 확인
성적 확인	학기별 수강 과목의 성적 조회
공지사항	• 과정 운영에 관한 일반적인 공지 • 공지사항의 첨부파일 다운로드 기능
과제 확인	• 과제 정보 조회 • 첨부파일 다운로드 • 제출한 과제 확인·다운로드, 점수 확인
강의실 선택	선택 강의실로 이동
학습일정	주차별 학습목차 확인
질의응답	질의응답 등록·수정·삭제·조회 기능
쪽지	쪽지 조회·삭제·보내기, 쪽지 확인
일정표	과목 일정 조회
과목정보	과목정보 조회
강의계획서	강의계획서 조회
수강생 조회	수강생 조회, 쪽지 보내기
학습 자료실	학습 자료실 조회, 첨부파일 다운로드

과제	• 과제 정보 조회·제출·수정, 과제 성적 조회, 연장 제출 기능 • 학습자 간 상호 피드백(동료평가 기능) 등록·수정·삭제 기능
토론	토론 정보 조회·등록·수정, 성적 조회
온라인시험	시험 정보 조회, 시험 응시·제출, 성적 조회
팀 프로젝트	프로젝트 팀별 게시판 등록·수정·삭제·조회, 제출, 성적 확인
강의 설문	과목 설문 조회·참여·결과 보기
출결 조회	수업 일자별 출결 현황 조회

2) 교수자 기능

① 교수자 기능: 학습관리, 강의, 평가, 성적관리, 퀴즈, 설문·쪽지·이메일·SMS 등 커뮤니티 기능 등 교수자와 튜터의 학습관리를 위한 기능이 구축되어 있음

② 대표적인 교수자 기능

- 강의 관리 기능: 강의실 메뉴에 대한 추가·삭제 권한을 제공하고, 수강생별 출석과 성적을 산출하며 학습현황을 실시간으로 체크할 수 있어야 함
- 시험 관리 기능: 과제 출제가 가능하며 시험의 경우 객관식·주관식·단답식 기능이 제공되어야 하고, 최종 성적을 입력할 수 있도록 함
- 강의콘텐츠 관리 기능: 콘텐츠의 검색·등록·삭제가 가능하도록 함
- 커뮤니케이션 기능: 학습자와 소통할 수 있는 기능을 제공함

구분	메뉴	기능
강의실 메인	강의 과목	• 학기별 과목 리스트 조회, 입장 • 시험, 토론, 과제, 프로젝트 등 학습활동 정보 확인 • 최신 등록 글 확인
	과제 제출현황	과제 등록 정보 조회, 과제 피드백, 제출 정보, 성적 조회, 제출 과제 다운로드 기능
	강의 자료실	• 강의 자료 업로드·다운로드·삭제·수정 기능 • 등록된 강의 자료 선택하여 과목 연결 기능
	문제은행	• 문제은행 카테고리 등록·수정·삭제·조회 • 문제은행 시험지 등록·수정·삭제·조회 • 문항 등록·수정·삭제·조회, 문항 순서 변경
	쪽지	쪽지 리스트 조회·삭제·보내기
강의실	강의실 이동	선택 강의실로 이동
	학습일정	주차별 학습목차 확인, 공지사항, 질의응답, 과제, 팀 프로젝트 조회
	온라인강의	• 학습콘텐츠 목록 조회 • 주차별 학습콘텐츠 학습
	학습콘텐츠 관리	• 학습목차·요소 조회·등록·수정·삭제 • 학습콘텐츠 업로드·다운로드 기능

강의실	온라인학습 현황	수강생별 출석 조회·입력·수정·삭제·파일 저장
	공지사항	공지사항 등록·수정·삭제·조회, 파일 첨부, 알림
	질의응답	• 질의응답 등록·수정·삭제·조회, 파일 첨부 • 글 등록 시 학습자에게 알림
	쪽지	쪽지 조회·삭제·보내기·확인
	일정표	• 과목 일정 등록·수정·삭제·조회 • 시험·과제·토론 등록 시 일정표에 자동 등록
	조교 관리	• 과목 조교 등록·수정·삭제·조회 • 조교 전체 또는 개별 쪽지 보내기
	수강정보 이월	지난 과목의 공동 교수, 과목 조교, 강의계획서, 시험, 설문, 과제, 공지사항, 질의응답, 자료실, 토론, 학습목차 이월
	과목 정보	과목 정보 조회
	강의계획서	강의계획서 수정·삭제·조회·출력
	강의 자료실	학습자료 등록·수정·삭제·조회
	과제 관리	과제 등록·조회·수정·삭제·연장, 공개 설정, 과제 평가, 성적처리
	과제 제출현황	과제 등록 리스트 조회·피드백, 제출정보, 성적 조회, 제출 과제 다운로드
	토론 관리	토론 등록·조회·등록·수정·삭제, 성적 등록·수정
	온라인시험 관리	시험 등록·조회·수정·삭제, 문항 조회·등록·수정·삭제, 성적처리 및 결과 통계
	팀 프로젝트 관리	프로젝트 등록·조회·수정·삭제, 쪽지 보내기, 팀 성적 등록·수정
	학습활동 결과 조회	학습자 성적 리스트 조회, 성적 비율 조회·입력·재설정 기능 제공
	강의 설문	과목 설문 등록·수정·삭제·조회
	학습통계	주차별·기간별·학습자별 쓰기, 읽기 통계 검색
	수강생 조회	수강생 조회, 쪽지 보내기
	출결 관리	• 수업 주차별 출결현황 등록·수정·삭제·조회 • 출석·지각·결석·미처리 구분
	조기 경고 발송	학습 독려 대상 설정 및 쪽지 발송
	게시판 관리	과목 게시판 추가, 정보 수정·삭제·정렬 기능
	게시판 메뉴 관리	교수·조교·학습자별 강의실 메뉴 사용 권한 수정

3) 관리자 기능

① 관리자 기능: 학습관리시스템을 운영·관리하기 위해 콘텐츠, 강의실, 교수자 및 학습자, 학습 운영, 문항 관리, 학습자 관리, 학습자 지원, 모니터링 기능이 구축되어 있음

② 대표적인 관리자 기능

• 관리자 권한: 학습자, 교수자 등의 권한 설정을 조정할 수 있는 권한을 가져야 하며, 모든 메뉴의 입력 내용, 설정 등을 수정할 수 있어야 함

- 메뉴 관리 기능: 과정·과목에 대한 등록 관리 기능, 강의콘텐츠의 등록·삭제, 설문조사와 같은 부가기능에 대한 관리, 메뉴 구성이 자유롭게 가능하도록 함
- 모니터링 기능: 부정행위 방지를 위해 학습자의 접속현황, 강의이력 등 각종 통계를 조회할 수 있으며 웹로그·이벤트로그를 저장하고, 보안 수준에 따라 수강생들의 PC 고유번호 등록, 공인인증서 로그인으로 대리출석·대리시험의 가능성을 차단하도록 함

구분	메뉴	기능
사용자 관리	학습자, 교수자, 조교, 운영자 등	학습자 정보 등록·수정·삭제·일괄등록
과목 관리	과정 관리	신규과정 및 과목 등록·수정·삭제·일괄등록
강의실 관리	운영	과정별 분리 관리
	종료	
	대기	
	전체	
시스템 설정 관리	조직(소속) 관리	소속 코드 추가·수정·삭제
	쪽지	쪽지 조회·삭제·보내기·확인
	권한 그룹 메뉴 관리	권한 그룹 추가·수정·삭제
	시스템 설정	소속 코드 추가·수정·삭제
	시스템 코드 관리	카테고리별 사용하는 분류 또는 상태 값을 생성·유지, 교육과정 분류코드 관리 등
	첨부파일 용량 제한	첨부파일 용량 제한 수정
부가서비스 관리	설문 관리	시스템 설문 조회·등록·수정·삭제·결과 조회
	FAQ 관리	FAQ 등록·분류
	게시판 정보 관리	공지사항, 질의응답, 학습 자료실, 상담 게시판 관리
	팝업 공지 관리	팝업 공지 등록·수정·삭제
모니터링 관리	시스템 접속 통계	년별·월별·일별·시간별 시스템 접속 현황
	과목 접속 통계	학기별·과목별·기간별 접속 현황
	시험 일자 검색	학기별 시험 목록·일정 확인
	교수자 사용현황	해당 과목의 교수자 사용현황 확인

4) 운영지원 도구 활용을 위한 분석 절차

순서	확인사항
수업 과정 관리 분석	• 강의 단위로 운영이 쉬운가? • 학생 관리의 인터페이스가 쉽게 제공되는가? • 프로그램 과정 관리자가 모니터링·분석보고서를 볼 수 있는가? • 개인 차원의 자료에 접근할 수 있는가?

시스템 자원 관리 분석	• 교수자의 과도한 부담을 덜어주는 방법이 구현되는가? • 교수자가 적절한 시간에 접근하도록 강제할 수 있는가?
모니터링 기능 분석	• 단순한 학습결과 추적 이외에 자체 평가, 연습 도구를 제공하는가? • 학습자와 교수자 상호 간의 "대화"를 증진하고, 효율적으로 대화를 관리할 방법이 제공되는가? • 교수자가 학습자의 학습활동에 대하여 자세하고 다양한 방식으로 피드백을 제공할 수 있는가?
학습자 중심에서 분석	• 개인역량 향상 도구가 연계되어 있는가? • 서브 커뮤니티 등의 관리가 허락되는가? • 학습자를 위한 일정 관리가 있는가? • 다양한 도구 등을 활용한 능동적 학습을 지원하는가?
유연성·적응성 분석	• 새로운 내용과 프로세스를 수용할 능력이 있는가? • 강의실 구성에 유연성이 있는가? • 서브 그룹을 만들고 모니터링하는 과정이 쉽게 구성되는가?
Communication 도구 분석	게시판, 전자메일, SMS, 채팅 등의 기능이 주제별·과목별로 구성되어 있는가?

2 운영지원 도구 선정

학습목표

◎ 이러닝 운영 과정의 특성에 적합한 운영지원 도구를 선정할 수 있다.
◎ 선정된 운영지원 도구의 사용 방법을 매뉴얼로 정리할 수 있다.
◎ 선정된 운영지원 도구의 특성을 파악한 후 이를 학습자에게 적용하는 방안을 도출할 수 있다.

(1) 과정 특성별 적용방법

• 학습관리시스템에서 제공하는 게시판은 교수자-학습자, 학습자-학습자 간의 상호작용을 강화하는 유용한 콘텐츠 요소로 공지사항, 자유게시판, 강의게시판, 질의·응답게시판, 토론게시판 등 다양한 형태로 활용되고 있음
• 활용되는 게시판의 대부분은 시스템 기반의 지원 도구로서, 콘텐츠에서의 유의미한 교수학습활동은 제한적이라고 볼 수 있음
• 콘텐츠 기획 시에는 교과목의 목표와 학습을 통해 얻어야 할 성과를 자세히 파악하여 콘텐츠 내에서 유의미한 상호작용이 일어날 수 있는 요소, 활동을 구현·개발하여야 함

1) 과정 특성 고려

이러닝 운영지원 도구 적용 시 과정의 목표, 대상 학습자, 학습 방법 등을 고려하여 도구를 선택·활용할 수 있음

유형	특성	선정 운영지원 도구
대규모 과정	• 다수의 학습자가 동시에 학습 진행 • 학습자들 간의 원활한 소통이 중요	학습자들 간 소통할 수 있는 환경 제공 예 온라인 채팅, 포럼, 실시간 강의 시스템
팀 프로젝트 포함 과정	학습자 간 협업을 통한 프로젝트 수행이 중요	프로젝트 수행 도구 제공 예 협업 도구, 그룹웨어
개별 학습을 위한 과정	학습자 스스로 학습을 진행하는 것이 중요	학습자 스스로 학습 계획을 세울 수 있는 도구 제공 예 학습자 성취도 관리 도구, 학습 계획 관리 도구
특정 분야 전문지식 습득 과정	학습자들이 전문 용어나 개념 등을 이해하고 스스로 학습하는 것이 중요	정보 교류를 위한 도구 제공 예 온라인 채팅방, 토론방, 자료실
문제해결학습 과정	학습자들이 다양한 문제상황에 대한 해결방법을 찾는 능력 함양이 중요	학습자들 간 소통할 수 있는 환경 제공 예 온라인 채팅방, 토론방
실습 위주 과정	학습자들이 실제로 작업하거나 실험을 할 수 있는 환경 제공이 필요	가상화된 학습환경, 시뮬레이션 프로그램, 가상 실험실 등 제공

2) 학습모델 활용

① 이러닝 운영과정의 특성에 적합한 운영지원 도구 선정을 위하여 학습모델❶을 활용할 수 있음

> → Check **한국교육학술정보원(KERIS)에서 도출한 11가지 학습모델**
>
> 유형 1: 개인교수형(Tutorials)
> 유형 2: 토론학습형(Discussion Learning)
> 유형 3: 시뮬레이션형(Simulation)
> 유형 4: 교육용 게임형(Instructional Games)
> 유형 5: 반복연습형(Drill & Practices)
> 유형 6: 사례기반 추론형(Case Based Reasoning)
> 유형 7: 스토리텔링형(Storytelling)
> 유형 8: 자원기반학습(Resources Based Learning)
> 유형 9: 문제중심학습(Problem Based Learning)
> 유형 10: 탐구학습(Inquiry Learning)
> 유형 11: 목표기반학습(Goal Based Scenario)

② 각 학습모델의 특성에 따라 적절한 운영지원 도구를 선정할 수 있음
  예 토론학습형의 경우, 토론주제가 제시된 후 학습자 간 상호작용을 해야 하므로 토론 게시판을 선정하여 활용할 수 있음

3) 상호작용 요소 파악

① 운영지원 도구는 학습흐름별 상호작용 요소를 파악하고, 상호작용이 발생하는 단계에 운영지원 도구를 적용할 수 있음
  예 사전점검 및 평가 단계에서 학습자가 퀴즈를 풀도록 하고 해당 점수를 저장하는 활동, 의견 나누기 단계에서 학습자의 의견을 등록하는 활동 등

② 이러닝 콘텐츠 학습흐름 및 프로그래밍 요소

학습흐름	세부 단계	프로그래밍 요소
준비	이번 차시 소개	마우스 이벤트
	동기 유발	학습자 입력 도구
	사전점검	퀴즈
	학습목표	마우스 이벤트
학습	학습 소주제 소개	동영상 플레이어
	학습 내용	링크, 마우스 이벤트
	돌발퀴즈	퀴즈
정리	정리 및 요약	인쇄 및 다운로드
	의견 나누기	학습관리시스템 연동
평가	평가	퀴즈
종료	다음 차시 예고	마우스 이벤트

(2) 적용 방법 매뉴얼

① 콘텐츠 개발 시에는 학습관리시스템과 원활하게 연동될 수 있도록 적용 방법에 대한 매뉴얼을 작성하고, 콘텐츠 개발자에게 제공해야 함

▶ 운영지원 도구 연동 매뉴얼 예시

② 적용 방법

순서	설명
도구 선정기준 마련	• 필요한 기능과 학습 목적을 명확히 정의 • 이러닝 프로젝트의 교육 대상, 교육 목표, 학습콘텐츠 형식 등을 고려하여 적절한 도구 선정
기술 요구사항 확인	• 호환성: 선택한 도구가 기존 시스템과 잘 통합되는지 확인 • 스케일링: 대상 사용자 수에 따라 도구가 확장 가능한지 검토
도구 설치·설정	• 도구를 설치하고 초기 설정을 완료 • 필요한 경우 사용자 권한, 액세스 권한, 콘텐츠관리 권한 등 설정
콘텐츠·리소스 업로드	학습콘텐츠와 관련된 자료, 영상, 퀴즈 등을 업로드하고 구성
테스트·검토	• 실제 사용자 환경에서 성능과 사용성 테스트 • 문제점, 오류, 누락된 기능 등을 수정하고 최적화
학습자·관리자 교육	사용자와 관리자에게 도구의 사용 방법을 교육
피드백 수집·개선	• 사용자로부터 피드백을 수집하고 지속해서 도구 개선 • 필요한 기능 업데이트, 버그 수정 진행
지속적인 모니터링	도구의 성능, 사용자 활동, 콘텐츠 사용률 등을 모니터링하여 필요한 조치를 취함

3 운영지원 도구 관리

학습목표

운영지원 도구 사용현황에 따른 문제점과 개선점을 정리할 수 있다.
운영지원 도구별 개선점을 반영하는 방안을 도출할 수 있다.
도출된 개선방안을 운영지원 업무에 반영할 수 있다.

(1) 이러닝 운영지원 도구 관리

> → **Check**
>
> 이러닝 운영지원 도구 관리는 단순히 도구를 선정하고 설치하는 것뿐만 아니라 사용자 중심의 지속적인 관리와 개선이 필요함

1) 학습자 입장에서 불편한 기능 개선

① LMS 신규 구축이나 업그레이드 시 대부분 기관에서 교·강사나 학습자의 필요 기능에 대한 요구분석이 충분하지 않은 채로 개발되는 경우가 많음
② 이때 학습자와 교·강사의 요구에 부합할 수 있도록 기능을 개선할 필요가 있음

2) 새로운 학습 형태의 등장에 따른 기능 개발

① 정보통신 기술이 발달하고 새로운 학습 형태가 등장하면서 학습콘텐츠가 다양화됨
② 기존 기본기능 외에 1:1상담, Q&A, 진도율 체크, 평가, 퀴즈, 커뮤니티 등 개별적이고 전문적인 목적을 위해 활용될 수 있는 기능들이 개발됨

(2) 이러닝 운영지원 도구 기능 개선 예시 `1회 기출`

기존 이러닝 운영지원 도구를 다음과 같이 개선할 수 있음

주요 메뉴	기존 기능	개선 니즈 내용
쪽지함 관리	받은·보낸 쪽지 조회, 답장 보내기, 삭제	• 모든 사용자메뉴에서 바로가기가 가능해야 함 • 사용자목록 화면에서 친구·학습자 등록이 가능해야 함 • 쪽지 발송 시에 개별학습자를 클릭하여 학습자 정보 조회
학습진도 관리	학습진도 조회, 검색	• 강의별 전체 학습진도 현황 조회 • 개인별 최근 학습진도 현황 조회 • 학습진도 부진자 자동선택 및 메일·쪽지 일괄발송 • 일괄발송 시 기본 메시지 문구 자동설정·관리
학습 참여 관리	학습 참여 조회, 검색	• 토론, 일반게시판, 설문 등 학습 참여항목 정의 • 각 학습자의 참여 총괄 현황조회 관리(항목별 참여 수, 글 목록, 상세 글 조회 등) • 학습자의 참여 점수 입력 및 조정
설문 관리	설문 등록, 수정, 삭제, 결과 분석	• 찬반, 다지선다형 등의 다양한 설문 등록·수정·삭제·결과 분석 • 정보수집을 위한 5점 척도 기준의 Likert 척도 설문조사 지원
온라인 평가관리	평가 등록, 수정, 삭제, 문항검색, 조회, 테스트	• 재시험, 재시험 시 인정점수, 총점수비율 등 응시조건 설정 • 학습자 응시 IP 관리 • 논술형 시험에 대해서는 온라인 첨삭 지원기능 • 오프라인 시험 결과 등록 기능 및 시험지 파일 다운로드 • 문항 한글파일 업로드 • 문항별 정답률, 난이도 관리

퀴즈 관리	퀴즈 등록, 수정, 삭제, 조회	수시시험 형태의 퀴즈 및 학습 과정에서 학습통제를 위한 퀴즈 등 다양한 유형이 있음
과제 출제·채점	과제 등록, 수정, 삭제, 조회, 채점	• 이전 강의에서 활용한 과제 검색 및 재활용 • 과제별 음성피드백 등록 • 과제 모사답안 여부 확인
과제 제출	과제 제출, 수정, 삭제, 성적조회	• 팀 과제인 경우 제출 이후 후기 및 상호평가 등록 • 위키 게시판을 통한 팀별 협업 과제 제출
게시판 관리	게시판 조회, 등록, 수정, 삭제	• 욕설 등 등록용어 제한 설정 • 파일 등록 시 용량 제한 설정 • 이미지 게시판, 동영상 게시판, 블로그형 등 다양한 템플릿 설정 • 동영상, 이미지 파일 등록 시 썸네일 자동 체크
Q&A 관리	Q&A 조회, 등록, 수정, 삭제	• 답변 등록 시 자동 메일 발송기능 • Q&A 분류 관리
자료실 관리	자료 조회, 등록, 수정, 삭제	동영상 등록 및 음성녹음 지원
토론방 관리	• 토론주제 등록, 수정, 삭제, 조회 • 토론 검색 • 학습자의 토론 참여	• 토론에 대한 학습자들 간의 평점·공감·추천 등을 통한 학습자 간 평가 지원 • 토론 성적에 대한 성적 입력(학습자별 참여 횟수, 학습자 간 추천점수, 학습자들의 참여 글 목록 조회 등 조회기능 제공)

(3) 운영지원 도구 활용보고서

운영지원 도구를 활용한 보고서의 예시는 다음과 같음

1) 학생 대상 수업에 활용

학습관리시스템에서 제공하는 지원 도구를 활용한 수업에 대한 학습자의 소감을 분석한 결과, 다음과 같은 요인이 학습자의 학습 동기의 학습지향성, 흥미도를 향상한 것으로 요약할 수 있음

빠른 피드백	• 기존에는 주어진 문항을 모두 풀어야 정답을 확인할 수 있었기 때문에 기계적인 문제풀이 과정에서 학습자의 주의력이 분산되었음 • 학습관리시스템에서는 문항의 정답을 제출할 때마다 정답과 오답의 결과가 즉각적으로 표시되기 때문에 학습에 대한 집중도를 높이는 효과가 있었음
모르는 문제에 대한 상호작용	• 교·강사 주도의 강의식 수업에서는 교·강사가 선택한 문제만 풀이 과정을 해설하기 때문에 개별적으로 모르는 문제에 대해 질문하기 어려웠으며, 질문하더라도 자신의 차례가 올 때까지 기다려야 했음 • 학습관리시스템에서는 문항별 힌트, 동영상 해설 강의가 제공되며 추가적인 도움이 필요할 경우 문제를 캡처하여 게시판에 올려 동료 학습자나 교·강사의 지원을 즉각 받을 수 있어 원활한 상호작용이 이루어졌음
성취감 요소	• 기존 수업에서는 문제를 맞히거나 과제를 해결했을 때 성취감을 향상할만한 요소가 적었음 • 학습관리시스템을 활용한 수업은 정답 시 축하 배경음과 메시지가 출력되어 학습자가 성취감을 느낄 수 있었음 • 포인트를 제공함으로써 문제를 푼 만큼 캐릭터를 꾸밀 수 있는 게임적 요소가 있어 자신이 공부한 만큼 보상을 받을 수 있다는 동기를 부여해주어 학습자의 흥미를 유지했음

2) 대학생 대상 수업에 활용 [1회 기출]

운영지원 도구를 활용한 이러닝 수업의 경우 높은 상호작용성의 가능성을 보여주었음

교수-학생 간의 상호작용 증대	• 공지사항 전달, 교수-학생 간의 소통을 편리하게 해주었음 • 교수자의 즉각적인 피드백을 쉽게 함으로써 교수-학생 간의 상호작용을 증진했음
학생-학생 간의 상호작용 증대	• 수업 중 수업활동 게시판에 조별 수업활동 산출물을 올리는 과정에서 학생 간 상호작용이 활성화되었음 • 수업 후에도 학생 간 활동을 지속하며 상호작용이 증진되었음
학생-학습내용 간의 상호작용 증대	• 교수자가 주차별 강의게시판에 학습자료를 일목요연하게 탑재할 수 있었기 때문에 학생들이 필요할 때 언제든지 학습콘텐츠에 접근할 수 있었음 • 특히 수업활동 산출물의 경우 학생들이 수업 후에 이용할 수 있다는 점이 아주 유익하였으며 수업시간에 다른 조의 답변 역시 한꺼번에 모두 볼 수 있다는 점이 학생-학습내용 간의 상호작용 향상에 아주 효과적이었음
새로운 수업 방식에 대한 학생들의 거부감 고려 필요	• 학생들이 예상 외로 새로운 수업 방식에 대한 불편함을 드러냈기 때문에 거부감을 완화하기 위하여 LMS 활용 방식에 대해 충분히 안내하고, 너무 복잡하지 않은 수업 설계를 할 필요가 있음 • 또한 교수자가 사용하고자 하는 기능을 사전에 철저하게 시연해 볼 필요가 있음

3) 사이버대학 수업에 활용

학습 동기에 영향을 미침	• 게시판을 통해 학습자 간 상호소통할 수 있는 기능을 강화함으로써 고립된 공간에서 홀로 학습하는 이러닝 학습자들의 심리적 불안감을 해소해 줌 • 질문 답변, 수강생 리스트, 조 편성 등 상호작용 및 협력학습을 지원하는 기능이 학습동기 유발·유지에 중요한 영향을 미치고 있는 것으로 나타났으며 이는 상호작용과 학습 동기에 관련성이 있음을 의미함
상호작용에 영향을 미침	• 학습자와 교수자가 전자우편, 채팅, 쪽지 발송기능, 문자 발송기능을 통해 빠른 피드백과 개별적인 피드백이 가능했음 • 이러한 운영지원 도구를 통해 상호작용이 매우 높게 일어날 수 있었음
학습자 간 학습공간 및 상황인식 정보를 제공하는 지원 도구 필요	다른 학습자에 대한 정보를 구체적으로 제공·공유함으로써 수업에 대한 흥미를 높일 수 있음 예 특정 사용자가 질의응답 메뉴를 통하여 글을 작성하게 되면 다른 사용자들이 작성자의 개인 블로그로 이동할 수 있도록 하이퍼링크를 제공하거나, 사용자 간의 정보(현재 접속위치, 소속된 조 편성 그룹 정보, 실시간 채팅·쪽지 등)를 공유할 수 있도록 하는 기능 등

1

다음 〈보기〉에 해당하는 관리기능은?

보기

- 욕설 등 등록용어 제한 설정
- 파일 등록 시 용량 제한 설정
- 이미지 게시판, 동영상 게시판, 블로그형 등 다양한 템플릿 설정

① 게시판 관리
② 자료실 관리
③ 쪽지함 관리
④ 토론방 관리

해설

욕설 등 등록용어 제한 설정, 파일 등록 시 용량 제한 설정, 이미지 게시판, 동영상 게시판, 블로그형 등 다양한 템플릿 설정은 게시판에 대한 관리기능이다.

2

사이버대학이 아닌 일반대학 수업에 적용한 운영지원 도구 활용보고서의 예로 가장 적합한 것은?

① 수업 중 수업활동 게시판에 조별 수업활동 산출물을 올리는 과정에서 학생 간 상호작용이 활성화되었고, 수업 후에도 학생 간 활동을 지속하며 상호작용이 증진되었다.
② 게시판을 통해 학습자 간 상호소통할 수 있는 기능을 강화함으로써 고립된 공간에서 홀로 학습하는 이러닝 학습자들의 심리적 불안감을 해소할 수 있었다.
③ 다른 학습자에 대한 정보를 구체적으로 제공 및 공유함으로써 수업에 대한 흥미를 높일 수 있었다.
④ 학습관리시스템에서는 문항의 정답을 제출할 때마다 정답과 오답의 결과가 즉각적으로 표시되기 때문에 학습에 대한 집중도를 높이는 효과가 있었다.

해설

②, ③, ④는 사이버 대학 수업에 적용된 운영지원 도구 활용보고서의 예이다.

03

다음 중 운영자 지원 시스템의 구성 및 기능에서 회원 관리에 해당하는 것으로 옳은 것은?

① 고객사 회원 정보 등록
② 협력업체와의 수익 배분 등 관리
③ 교재 배송요청 및 배송현황 조회
④ 설문내용을 분석하여 결과 제시

해설

회원 관리기능은 회원 정보를 등록하고 검색, 수정하는 기능이며, 이에 해당하는 것은 고객사 회원 정보 등록이다.

CHAPTER

02 이러닝 운영 학습활동 지원

1 학습환경 지원

학습목표

① 수강이 가능한 PC, 모바일 학습환경을 확인할 수 있다.
② 학습자의 학습환경을 분석하여 학습자의 질문 및 요청사항에 대처할 수 있다.
③ 학습자의 PC, 모바일 학습환경을 원격 지원할 수 있다.
④ 원격지원 상에서 발생하는 문제상황을 분석하여 대응방안을 수립할 수 있다.

(1) 수강 학습환경 확인

1) 학습환경

학습환경이란 학습자가 이러닝을 통해 학습을 진행하기 위해 사용하는 인터넷 접속환경, 기기, 소프트웨어 등을 의미함

2) 인터넷 접속환경

① 학습환경은 학습자가 사용하고 있는 인터넷 접속환경에 따라 달라질 수 있음
② 유선인터넷 접속환경인지 무선인터넷 접속환경인지에 따라 다를 수 있고, 환경별 네트워크의 속도에 따라 이러닝 사용에 제약이 있을 수도 있음 ❓

> **→ Check**
>
> 유선인터넷인 경우에도 집에서의 사용, PC방에서의 사용, 학교 전산실 등의 공동공간에서의 사용, 개인 소유 기기의 무선인터넷망에서의 사용, 특정 공간에서의 와이파이 사용 등에 따라 학습상황이 달라질 수 있음을 유의해야 함
> 여러 사람이 함께 사용하는 공용공간에서 인터넷에 접속하는 경우 바이러스, 악성코드 등의 감염에 의한 학습장애가 있을 수 있음
> 고화질의 영상이 주를 이루고 있는 이러닝 서비스의 경우 4G 무선인터넷에서는 원활한 학습이 어려울 수 있음
> 특히 학습자가 사용하고 있는 무선인터넷 요금이 종량제일 때는 요금이 과도하게 청구될 수 있음

③ 다양한 인터넷 접속환경은 모두 학습 만족도와 연결되기 때문에 학습자의 인터넷 접속환경을 고려해야 함

3) 기기

① 학습환경은 학습자가 소유하고 있는 기기에 따라 달라질 수 있음
② 개인용 컴퓨터와 모바일 기기는 학습지원 측면에서 완전히 다른 방식으로 접근해야 하기 때문에 구분할 필요가 있음

<table>
<tr>
<td rowspan="7">개인용
컴퓨터(PC)</td>
<td colspan="3">• 개인용 컴퓨터는 개인이 사적 용도로 사용하는 것, 회사·기관 등에서 공적 용도로 사용하는 것으로 구분할 수 있으며 고정된 공간에 놓고 사용하는 데스크톱, 이동식으로 사용하는 노트북(랩톱)으로도 구분할 수 있음
• 특히 데스크톱의 경우 일반적으로 많이 사용하는 윈도우를 설치한 경우와 윈도우가 아닌 맥, 리눅스 등을 설치한 경우로 나뉨
• 같은 데스크톱이라고 해도 설치된 OS가 다르면 지원방법 또한 달라지므로, 학습자가 소유한 개인용 컴퓨터의 종류를 확인하는 것이 중요함</td>
</tr>
<tr>
<td>기기</td>
<td>유형</td>
<td>특징</td>
</tr>
<tr>
<td rowspan="2">데스크톱
PC</td>
<td>윈도우
설치</td>
<td>• 우리나라의 경우 90% 내외의 데스크톱에 윈도우가 설치되어 있으며, 버전 또한 아주 오래된 버전부터 최신 버전까지로 다양한 편
• 오래된 윈도우 버전과 최신 윈도우 버전은 사용메뉴 및 동작하는 소프트웨어가 다를 수 있으므로, 학습자가 사용하는 윈도우의 버전을 알아보는 것이 중요함</td>
</tr>
<tr>
<td>맥, 리눅스
등 설치</td>
<td>• 맥, 리눅스를 데스크톱 PC로 사용하는 경우는 적었지만 점차 그 비중이 높아지고 있음
• 특히 미국과 같은 외국에서는 맥의 사용률이 낮지 않기 때문에 해외 서비스를 목표로 하는 이러닝 서비스의 경우 맥, 리눅스 등에서 동작할 수 있도록 구현하는 것이 필요함</td>
</tr>
<tr>
<td>노트북
(랩톱)</td>
<td colspan="2">• 데스크톱 PC는 고정된 공간에 놓여 있으므로 인터넷을 유선으로 연결하지만, 노트북은 주로 이동식으로 활용하므로 무선으로 연결하는 경우가 많음
• 무선인터넷 사용 시에는 공용 와이파이를 연결하지 못하여 이러닝 서비스를 원활하게 이용하지 못하는 사례가 있을 수 있으므로 노트북 사용 여부의 확인이 중요함
• 교육용으로 제작·판매되는 ‘크롬북’이라고 하는 노트북은 OS가 크롬 웹 브라우저와 유사한 방식으로 되어 있기 때문에 윈도우에서 동작하는 것과는 다른 방식으로 사용하는 경우도 있음
• 크롬북인 노트북을 사용한다면 학습지원 방식을 다르게 적용할 필요가 있음</td>
</tr>
<tr>
<td rowspan="4">모바일 기기</td>
<td colspan="3">• 모바일은 이제 우리 삶에 없어서는 안 되는 중요한 키워드가 되고 있음
• 과거 이러닝은 데스크톱의 사용을 전제로 기획·개발되었으나, 현재 모바일 사용률이 높아지면서 학습자 또한 모바일 기기를 사용한 학습에 거부감이 없고 당연한 것으로 인지하고 있음
• 학습자가 어떤 모바일 기기로 접속하는가를 파악하는 것은 학습지원에서 중요한 요소가 되었음</td>
</tr>
<tr>
<td>기기</td>
<td colspan="2">특징</td>
</tr>
<tr>
<td>스마트폰</td>
<td colspan="2">• 단순한 전화기 이상의 역할을 하는 기기
• 스마트폰의 동작에 사용되는 OS는 크게 애플에서 공급하는 iOS와 구글에서 공급하는 안드로이드로 구분할 수 있음
• 안드로이드의 경우 오픈소스 소프트웨어이며, 기본 안드로이드 이외에도 제조사별로 자사 스마트폰에 적합하게 수정하여 사용하기 때문에 다양한 버전이 존재
• 기기를 구분하기보다는 설치된 OS의 종류에 따라 구분하는 것이 현실적이지만, 이러한 구분은 기술적인 구분일 뿐 학습자를 위한 구분은 아니라고 할 수 있음
• 학습자는 아이폰인지, 안드로이드폰인지만 구분하고 세부적인 사항은 잘 모르는 경우가 많으므로 스마트폰 종류에 따라 각기 다른 대응 시나리오가 마련되어 있어야 함</td>
</tr>
<tr>
<td>태블릿</td>
<td colspan="2">• 스마트폰과 유사하게 설치된 OS의 종류에 따라 지원정책을 세워야 함
• 화면이 넓고 크기 때문에 스마트폰과는 다른 사용성을 제공함
• 대표적으로 많이 사용하고 있는 태블릿의 종류를 파악해둘 필요가 있음</td>
</tr>
</table>

4) 소프트웨어

OS	• 이러닝을 사용하는 기기에 어떤 OS가 탑재되어 있느냐에 따라서 서로 다른 특성이 있을 수 있음 • 윈도우, 맥, 리눅스 등의 데스크톱 OS는 물론이고, 최근부터는 스마트폰 OS인 iOS, 안드로이드 등에 대한 특성 또한 모두 파악하고 있어야 함 • OS의 특성에 따라 학습에 활용되는 애플리케이션의 종류가 달라지기 때문에 OS를 파악하는 것이 가장 우선되어야 함
웹 브라우저	• OS 종류를 파악한 후에는 사용하고 있는 웹 브라우저의 종류를 파악해야 함 • 컴퓨터 활용능력이 높지 않은 학습자의 경우 웹 브라우저라는 용어를 이해하지 못하는 경우가 있음 • 윈도우가 설치된 컴퓨터임에도 '인터넷 익스플로러가 곧 인터넷'이라고 인지하는 경우도 많으므로, 학습지원을 위해서는 웹 브라우저에 대한 사전정보 파악이 중요함 • 인터넷 익스플로러(IE)는 버전별로 기능이 확연하게 다를 수 있으므로 IE7~11, Edge 등과 같이 현재 학습자가 사용하는 버전을 정확하게 파악해야 함

5) 학습환경 확인 수행하기

① 학습환경별 특징을 숙지함
- 학습환경별 특징은 앞서 소개한 학습환경에 대한 내용과 이와 관련된 각종 정보를 수집·정리할 필요가 있음
- 학습환경은 더욱 다양해지고 있고, 시간이 지남에 따른 발전·변경이 있으므로 지속적으로 관심을 가져야 함

② 학습자에게 문의를 받은 경우, 어떤 학습환경에서 학습을 진행하고 있는지를 파악함
- 학습자가 자신의 컴퓨터 사양을 잘 알지 못하여 지원을 못하는 경우가 발생할 수 있음
- 이러한 경우에는 OS 버전 및 브라우저 정보를 확인하는 방법을 순서대로 안내해야 함

③ 유선으로 해결이 어려운 경우 원격지원 ❓을 통해 조치함 [1회 기출]

→ Check 원격지원

개념	• 학습자의 학습 진행에 문제가 발생한 경우 운영자가 별도의 원격지원 도구를 활용하여 직접 학습자 기기를 조작하면서 문제를 해결하는 방법 • 학습자의 기기에 원격으로 접속하여 마치 운영자가 직접 기기를 사용하는 것처럼 조작하면서 문제를 해결할 수 있으므로 이러닝 운영에 있어서 없어서는 안 되는 꼭 필요한 지원 방법이라고 할 수 있음
방법	• 크롬 원격 데스크톱 • 상용 도구를 이용하는 방법
진행에 대한 문제상황	• 원격지원 방법을 모르는 경우 • 원격지원 진행 시 어려움을 겪는 경우 • 동영상 강좌를 수강할 수 없는 경우 • 학습 창이 자동으로 닫히는 경우 • 학습 진행이 원활하게 이루어지지 않는 경우 • 웹 사이트 접속이 안 되거나 로그인이 안 되는 경우 • 학습을 진행했으나 관련 정보가 시스템에 업데이트되지 않는 경우

1) 학습자 컴퓨터에 의한 문제상황

① 동영상 강좌를 수강할 수 없는 경우
- 이러닝 수강에서 겪는 문제의 상당수가 동영상을 제대로 확인할 수 없다는 것임
- 동영상을 제공하는 서버에 접속자가 몰리는 경우, 동영상 수강 소프트웨어가 없는 경우, 동영상 파일이 아예 없는 경우, 동영상 재생을 위한 코덱이 없는 경우 등 다양한 사례가 있음
- 이러닝 서비스의 공급처에서 다양한 학습환경에 최적화되도록 동영상을 제공한다고 가정했을 때, 대부분의 문제는 코덱에 문제가 있거나 관련 소프트웨어가 제대로 설치되지 않은 경우임
- 과거에는 대부분 윈도우 전용 동영상 코덱을 사용했지만, 최근에는 웹 표준 중심으로 기술이 평준화되고 있기 때문에 동영상 코덱 문제로 서비스가 되지 않는 경우는 감소하고 있음
- 동영상 서버에 트래픽이 많이 몰려 대기시간이 오래 걸리거나, 동영상 주소 오류가 있는 경우를 파악해 볼 필요가 있음

② 학습 창이 자동으로 닫히는 경우
- 학습을 위해 별도의 학습 창을 띄우는 경우가 있는데, 이때 팝업창 차단 옵션이 활성화되어 있거나 별도의 플러그인 등이 학습 창과 충돌할 수 있음
- 웹 브라우저의 속성을 변경하는 방법, 충돌하는 것으로 추정되는 플러그인을 삭제하는 방법 등을 통해 해결할 수 있는 경우가 많음

③ 학습 진행이 원활하게 이루어지지 않는 경우
- 인터넷 속도가 느리거나 또는 학습을 진행한 결과가 시스템에 제대로 반영되지 않는 경우가 있음
- 인터넷 속도가 느린 경우에는 학습자의 학습환경을 여러 방면에서 파악할 필요가 있으며, 학습 진행 결과가 반영되지 않은 경우에는 학습지원시스템(LMS)의 오류를 의심할 필요가 있음

2) 학습지원시스템에 의한 문제상황

① 웹 사이트 접속이 되지 않는 경우
- 접속 자체가 되지 않는 경우 콜센터에 학습자 문의가 빗발치기 때문에 적절하게 대응해야 함
- 도메인이 만료되거나 또는 트래픽이 과도하게 몰려 웹 사이트를 운영하는 서버가 셧다운되는 경우도 있기 때문에 기술 지원팀과 상의해야 하며, 원격지원 자체가 필요한 상황은 아님

② 로그인이 되지 않는 경우
- 로그인 기능에 오류가 있거나 인증서가 만료되어 로그인을 하지 못하는 경우가 있음
- 기술 지원팀에 문의해야 하며, 원격지원 자체가 필요한 상황은 아님

③ 학습 진행 후 관련 정보가 시스템에 업데이트되지 않은 경우
- 학습지원시스템에 문제가 있는 경우에는 학습 진행상황이 제대로 업데이트되지 않을 수 있음
- 학습자의 실수인지, 시스템의 오류인지를 먼저 판단하는 것이 중요함
- 원격지원을 통한 확인 결과, 학습자의 실수가 아니라고 판단되면 기술 지원팀과 협의하여 학습지원시스템상의 오류를 수정해야 함

3) 기타 문제상황 대처 방법

FAQ 메뉴 ❓ 등에 학습지원 프로그램 안내

> **→ Check**
>
> FAQ에 대처 가능한 다양한 경우를 기록해 놓는 것이 필요함
> 원격지원과 관련한 내용은 학습자가 쉽게 인지하여 접속할 수 있도록 안내하는 것이 필요함

---

2 학습활동 안내

📁 학습목표

① 학습을 시작할 때 학습자에게 학습 절차를 안내할 수 있다.
② 학습에 필요한 과제수행 방법을 학습자에게 안내할 수 있다.
③ 학습에 필요한 평가기준을 학습자에게 안내할 수 있다.
④ 학습에 필요한 상호작용 방법을 학습자에게 안내할 수 있다.
⑤ 학습에 필요한 자료등록 방법을 학습자에게 안내할 수 있다.

(1) 학습절차

1) 학습절차 확인 방법

① 운영계획서에서 확인
  - 운영계획서에는 이러닝 운영에 관한 전략과 절차가 모두 담겨 있으므로 운영계획서상의 학습절차를 확인·숙지해야 함
  - 학습절차는 초보 학습자가 궁금해하는 내용 중 하나이므로 올바른 절차와 해당 절차에서 수행해야 하는 학습활동을 이해해야 함
② 웹 사이트에서 확인
  - 운영계획서에 담겨 있는 세부내용은 학습자에게 전달되기 위해 웹 사이트에 안내되는 것이 일반적임
  - 실제 학습자는 웹 사이트에 게재된 내용을 확인하고, 그에 따라 학습을 진행하기 때문에 웹 사이트의 어느 위치에 학습절차가 있는지를 확인해야 함

2) 일반적인 학습절차

로그인 전	• 학습자는 웹 브라우저 주소창에 이러닝 서비스의 도메인을 입력하거나 저장된 즐겨찾기 링크를 클릭하여 웹 사이트에 접속함 • 웹 사이트에서 원하는 과정을 찾은 후 과정명을 클릭하여 과정의 상세정보를 확인함 • 과정의 상세정보에는 과정명, 학습기간, 비용, 강사명, 관련 도서명, 학습목표, 학습목차, 수강후기, 기타 과정 관련 정보 등이 기재되어 있음 • 대부분의 이러닝 과정은 로그인 후 수강할 수 있지만, 간혹 로그인 없이 수강할 수 있는 경우도 있으므로 사전에 파악해두어야 함

로그인 후	• 과정을 수강하기 위해서는 일반적으로 과정 상세정보상에 있는 버튼을 클릭하여 수강신청을 해야 함 • 수강신청을 위해서는 로그인을 요구하는 경우가 많으므로 로그인을 해야 하며, 로그인 전에 회원가입 절차가 먼저 진행되어야 함 • 회원가입의 경우 본인인증을 하는 경우가 있으며, 14세 이상과 미만에 따라서 인증절차가 다르므로 해당 이러닝 서비스의 특성과 회원정책을 사전에 확인해야 함 • 로그인 후 수강신청을 할 수 있으며, 수강신청 결과는 일반적으로 마이페이지 등과 같은 메뉴에서 확인할 수 있음 • 과정 수강 여부는 과정 운영일정에 따라 다르며, 수강신청 즉시 수강할 수 있는 수시수강과 특정 시간에 열리고 닫히는 기간수강으로 나뉨 • 수강신청을 위한 별도의 조건을 요구하는 경우도 있으므로 이러한 정책 또한 사전에 파악해야 함 • 수강 가능한 일정이 되면 수강절차에 따라서 수강을 진행함
학습 절차	• 수강신청이 완료되면 마이페이지 등에서 수강신청한 과정명을 찾을 수 있음 • 과정명을 클릭하여 강의실 화면으로 이동하는 경우가 일반적이므로, 강의실 화면상에 있는 안내와 학습지원 관련 정보를 꼼꼼하게 확인해야 함 • 학습을 위해서는 일반적으로 차시, 섹션 등으로 구성된 학습내용을 클릭하여 확인해야 함 • 학습을 구성하는 요소에는 일반 안내, 학습 강좌 동영상, 토론, 과제, 평가, 기타 상호작용 등이 있음 • 차시 또는 섹션별로 구성된 커리큘럼에 따라서 학습을 진행하면 되며, 학습을 순차적으로만 진행해야 하는지, 랜덤진행이 가능한지 등의 학습진행 방법에 대한 정보를 확인해야 함 • 순차진행의 경우 진도율 체크에 큰 문제가 발생하는 경우가 적지만, 랜덤진행의 경우 학습자 스스로가 자신이 접속했던 차시 또는 섹션을 잊어버려 진도율 반영에 문제가 될 수 있음◐ **→ Check** 진도율은 학습자의 관심사 중 우선순위가 높은 편이기 때문에, 학습자가 보는 화면에도 차시 또는 섹션별 진도 표시를 할 수 있도록 기술 지원팀 등 학습관리시스템을 관리하는 부서에 요청하는 과정이 필요함 • 최종 성적을 통해 인증·수료 등의 결과가 나오는 경우에는 과제, 평가 등의 절차에도 신경을 써야 함

(2) 과제수행 방법

성적과 관련된 과제	• 성적이 나오는 경우, 학습자는 성적에 민감할 수밖에 없으므로 성적과 관련된 과제에 신경을 많이 쓰는 경향을 보임 • 과제는 수시로 제출할 수 있는 과제와 특정 기간에만 제출할 수 있는 과제로 나뉘기 때문에 과정별 정책을 확인해야 함 • 과제 제출은 제출 자체에 의미가 있는 경우도 있고, 튜터 혹은 교·강사가 채점을 한 후에 피드백◐ 해야 하는 경우도 있음 **→ Check** 튜터링이 필요한 과제 학습관리 시스템상에서 튜터 권한으로 접속하는 별도의 화면이 있어야 하며, 과제가 제출되면 해당 과제를 첨삭할 튜터에게 알림이 갈 수 있도록 구성되어야 함 • 과제의 점수에 따라서 성적 결과가 달라지고, 성적에 따라서 수료 여부가 결정되기 때문에 과제 평가후 이의신청 기능이 있어야 하며, 이의신청 접수 시의 처리방안을 정책적으로 마련해두어야 함 • 객관적인 과제 채점을 위해 모사답안 검증을 위한 별도의 시스템을 활용하기도 함

성적과 관련되지 않은 과제	• 성적과 관련되지 않은 과제인 경우에도 학습자에게 관심을 유발하거나 학습에 큰 도움이 될 때는 참 여도가 높을 수 있음 • 성적과 관련이 없더라도 과제 제출을 요구한다는 것 자체가 학습자의 시간과 노력을 요구하는 것이 므로 체계적·객관적 운영이 필요함 • 과제 첨삭 여부에 따라서 튜터링을 진행할 사람을 사전 구성해둘 필요가 있음 • 최근 해외 MOOC 등에서는 인공지능 시스템이 과제 채점을 하거나, 동료 학습자들이 함께 채점하는 등의 다양한 시도가 있다는 점을 숙지하고 있어야 함

(3) 평가기준의 종류

① 일반적인 이러닝 환경에서는 평가를 형성평가, 총괄평가 등으로만 구분하기도 하지만, 더 넓은 범위로 본다면 성적에 반영되는 요소를 검증하는 것 자체를 평가로 볼 수 있음
② 일반적으로 성적에 반영되는 요소는 진도율, 과제, 평가가 있음

진도율	• 학습관리시스템에서 자동으로 산정하는 경우가 많음 • 자동 산정의 경우 학습자가 해당 학습 관련 요소에 접속하여 학습활동을 했는지를 시스템에서 체크·기록하게 되며, '진도율 몇 퍼센트(%) 이상' 등의 필수조건이 붙음
과제	첨삭 후 점수가 나오는 경우가 많음
평가	• 차시 중간에 나오는 형성평가와 과정 수강 후 나오는 총괄평가로 구분되는 경우가 많음 • 대부분의 형성평가는 성적에 반영되지 않음

③ 학습관리시스템에서 성적 반영 요소, 요소별 배점기준 등을 설정하게 되어 있는 경우도 있기 때문에 반드시 매뉴얼을 숙지한 후 운영해야 함

진도율	• 전체 수강 범위 중 학습자가 어느 정도 학습을 진행했는지 계산하여 제시하는 수치 • 학습관리시스템에서 자동으로 계산하여 강의실 화면에서 보여주는 경우가 대부분 • 학습을 구성하는 페이지별로 접속 여부를 체크하여 진도를 처리하는 경우가 대부분이나, 특정 시스템의 경우에는 페이지 내에 포함된 학습활동 수행 여부를 진도에 반영하기도 함 • 특히 동영상 강좌의 수강이 필수적인 페이지의 경우, 해당 페이지에 접속하기만 해도 진도가 체크되는 경우도 있지만 해당 페이지 속에 있는 동영상 시간만큼 학습해야 체크되는 경우도 있음 • 진도 체크 방법은 학습관리시스템의 기능적인 특성에 따라 달라질 수 있다는 점을 인지해야 함 • 최소학습 조건으로 진도율을 넣는 경우가 많으며, 이러한 경향은 오프라인 교육에서 출석을 부르는 것과 유사한 개념으로 이해할 수 있음 • 진도율은 일정수치 이상이 되어야 과제·평가 등을 진행할 수 있는 전제조건으로 사용되는 경우가 많음
과제	• 과제는 제출 후 튜터링하여 점수를 산정하는 절차가 중요하므로 튜터 및 교·강사를 별도 관리하며, 튜터링을 위한 별도의 시스템이 구현되기도 함 • 학습자가 과제를 제출하면 튜터에게 과제 제출 여부를 알려주고, 과제가 채점되면 학습자에게 채점 여부를 알려주는 등의 상호작용이 필요함
총괄평가	• 주로 과정을 마무리하면서 치르는 총괄평가의 경우 문제은행 방식으로 구현될 수 있음 • 총괄평가 진행 시 시간제한을 두거나 부정시험을 방지하기 위한 별도의 시스템적인 제약을 걸어두는 등의 방식이 있을 수 있으므로 사전에 정책을 파악해야 함 • 총괄평가의 진행 중에 갑자기 컴퓨터 전원이 꺼지는 상황, 웹 사이트에 문제가 생긴 상황 등으로 인해 학습자가 불만사항을 접수하는 경우가 잦은 이유는 총괄평가의 실시 여부와 점수가 수료에 영향을 주기 때문임

총괄평가	• 학습자는 총괄평가를 진행할 수 있는 마지막 기간에 몰리는 경향이 있는데, 총괄평가가 성적에 미치는 영향이 큰 과정일 경우 해당 일정에 트래픽이 과하게 몰려 시스템 장애가 발생하기도 하므로 과정의 특성·일정·상황에 맞춘 사전 준비를 철저하게 할 필요가 있음 • 총괄평가 이후에 성적 표시 시간을 따로 두고 이의신청을 받는 경우도 있으므로 과정별 운영정책을 충분히 확인해야 함

(4) 상호작용 방법

1) 상호작용의 개념

① 학습과 관련된 주체들 사이에 서로 주고받는 활동을 의미함

② 상호작용 기준에 따라서 다양하게 구분할 수 있지만 일반적으로 학습자-학습자 상호작용, 학습자-교·강사 상호작용, 학습자-시스템·콘텐츠 상호작용, 학습자-운영자 상호작용 등으로 구분함

2) 상호작용의 종류 `1회 기출`

학습자-학습자	• 학습자가 동료 학습자와 상호작용하는 것을 의미함 • 토론방, 질문답변 게시판, 쪽지 등을 통해 상호작용할 수 있음 • 학습이 반드시 교·강사의 강의내용이나 콘텐츠 내용으로 이루어져야 하는 것이 아니라, 동료 학습자와의 의사소통 사이에서도 일어날 수 있음 ❶이 최근 중요한 사실로 부각되고 있음 **→ Check** 이러한 트렌드를 일반적으로 '소셜러닝'이라고 부르며, 학습상황에 소셜미디어와 같은 방식을 도입하여 학습자-학습자 상호작용을 강화하려는 노력 • 학습의 진행절차에 학습자-학습자 상호작용을 얼마나 다양하고 유연하게 적용하느냐에 따라서 학습성과가 달라질 수 있음 • 학습자-학습자 상호작용은 자발적으로 일어나기도 하지만 교·강사가 의도적으로 노력해야 하는 상황도 있음을 고려하여, 상호작용할 수 있는 공간 제공뿐만 아니라 적절한 설계 또한 필요함
학습자-교·강사	• 학습자-교·강사 상호작용은 첨삭과 평가 등을 통해 이루어지는 경우가 많고, 학습 진행상의 질문과 답변을 통해서 이루어지기도 함 • 학습자는 무언가를 배우고자 이러닝 서비스에 접속했기 때문에 배움에 가장 큰 목적이 있으며, 학습 과정에서 모르는 것이 있거나 추가 의견이 있는 경우 학습자-교·강사 상호작용이 활발하게 일어남 • 학습자-교·강사 상호작용을 위해서는 튜터링에 필요한 정책 및 절차가 미리 마련되어 있어야 하며, 학습관리시스템에 이와 관련된 기능이 구현되어 있어야 함
학습자-시스템·콘텐츠	• 이러닝은 학습자가 이러닝 시스템 또는 사이트에 접속하여 콘텐츠를 활용하여 배우기 때문에 시스템, 콘텐츠와의 상호작용이 가장 빈번하게 일어남 • 일반적인 이러닝 환경에서는 시스템과 콘텐츠가 명확하게 분리되어 운영되었으며 시스템은 웹 사이트, 마이페이지, 강의실 등까지의 영역이고, 콘텐츠는 학습하기 버튼을 클릭하여 새롭게 뜨는 팝업창 속의 영역이었음 • 최근의 이러닝 트렌드는 시스템과 콘텐츠의 경계가 점차 사라지는 추세이며, 특히 모바일 환경에서 학습을 진행하는 경우가 많아지면서 시스템과 콘텐츠의 상호작용이 서로 섞여 이루어지고 있음 • 학습자는 자신이 하는 행동이 시스템과의 상호작용인지, 콘텐츠와의 상호작용인지 구분하지 않고 원하는 학습활동을 하기 때문에 학습 진행 중 문제가 발생하면 혼란스러워하는 경우가 발생함

학습자-운영자	• 학습자는 학습활동 중 혼란스러운 상황이 발생하면 시스템상에 들어가 있는 1:1질문하기 기능을 활용하거나, 고객센터 등에 마련되어 있는 별도의 의사소통 채널을 통해 문의함 • 전화를 바로 걸거나 운영자와의 채팅을 통해 해결하고자 운영자와 접촉하는 경우가 있는데, 이때 학습자-운영자 상호작용이 발생함 • 학습자는 주로 이러닝 시스템과 콘텐츠를 통해 학습하기 때문에, 운영자와의 상호작용을 통해 맞춤형 방식으로 신속한 문제 해결을 원하기도 함 • 휴먼터치가 부족한 이러닝 환경의 특성에 맞춘 학습자-운영자 상호작용을 운영의 특장점으로 내세울 수 있으므로 운영자의 역할 및 책임이 더욱 커지고 있음

(5) 자료등록 방법

1) 자료의 종류

① 학습에 필요한 자료는 교·강사와 운영자가 공유하는 경우가 일반적이지만, 최근 들어 학습자의 지식과 노하우를 학습에 활용하려는 사례가 증가하면서 학습자가 보유하고 있는 자료를 공유할 수 있도록 구성하는 곳이 늘고 있음

② 자료는 미디어의 종류와 관련이 있으며 이미지, 비디오, 오디오, 문서 등이 대표적인 학습자료로 활용됨

이미지	• 이러닝 학습자료로 활용할 수 있는 이미지는 jpg, gif, png 등 웹에서 활용할 수 있는 이미지여야 함	
	jpg	• 일반적으로 사진을 저장할 때 많이 활용되며, 스마트폰이나 디지털카메라 등으로 사진 촬영 시 저장되는 기본 포맷 • 해상도가 높고 실제와 거의 비슷한 정도의 색감을 나타내면서도 용량이 적기 때문에 널리 활용됨
	gif	• 256가지의 색으로만 이미지를 표현하는 포맷으로, 움직이는 화면을 구현할 수 있어 웹에서의 재미있는 이미지의 제작·공유에 많이 활용됨 • 단순한 정지화면은 jpg를 사용하지만 움직이는 애니메이션효과를 줄 수 있는 이미지의 사용을 원할 때는 gif를 이용할 수 있음 • gif로 움직이는 애니메이션효과를 얻기 위해서는 별도 소프트웨어를 사용하여 제작해야 함
	png	• jpg와 비슷한 정도의 색감과 이미지 품질을 제공하면서도 배경을 투명하게 만들 수 있어 웹에서 널리 활용되는 이미지 포맷 • 사진 속에 흰색 바탕이 있는 경우, jpg는 투명하게 만들지 못하지만 png는 투명하게 만들 수 있으므로 배경색상과 어울리는 효과를 줄 수 있다는 장점이 있음
	• 이미지는 과하게 고해상도로 업로드되지 않도록 안내해야 함 • 최신형 스마트폰으로 촬영한 이미지의 경우 파일 1개당 수MByte에서 수십MByte까지 용량을 차지하기 때문에 서비스에 부담이 될 수 있음 • 특히 모바일 환경에서 고해상도로 등록된 이미지 파일을 사용하게 되면 학습자의 사용성이 크게 떨어지므로 주의해야 함	

비디오	• 이러닝 학습자료로 활용할 수 있는 비디오는 웹에서 활용할 수 있는 비디오여야 함 • 웹에서 사용할 수 있는 비디오의 대표적인 포맷은 MP4로, 현재는 모바일 환경까지 고려해야 하므로 대부분 MP4 포맷을 활용하는 경향을 보임 • MP4 비디오를 제작하는 방식에 따라서 모바일 기기에서의 활용이 불가능한 경우가 있는 점을 고려하여 웹에 자료를 등록하도록 안내해야 함 • 스마트폰으로 촬영하는 동영상의 경우, 아이폰 계열은 mov라는 포맷으로 저장되고 안드로이드는 MP4로 저장됨 **→ Check** 그 외에 avi 등과 같은 포맷으로 저장되는 경우도 있으므로 주의해야 함 • 웹에서 활용 가능한 MP4 동영상으로 변환해주는 소프트웨어를 참고하면 운영에 도움이 될 수 있음 • 무료이고 조작이 간편하면서도 모바일을 포함한 웹에서 활용할 수 있는 MP4 동영상을 만들어주는 도구를 학습지원메뉴에 공유해두면 도움이 됨
오디오	• 이러닝 학습자료로 활용할 수 있는 오디오는 웹에서 활용할 수 있는 오디오여야 함 • 웹에서 사용할 수 있는 오디오의 대표적인 포맷은 MP3로, 현재는 모바일 환경까지 고려해야 하므로 대부분 MP3 포맷을 활용하는 경향을 보임 • 아이폰 계열에서는 m4a로 저장될 수도 있고, 특정 앱에서는 wav 포맷으로 저장되기도 하는데 모두 MP3로 변환해야 모바일을 포함한 웹에서 활용 가능함 • 웹에서 활용 가능한 MP3 오디오로 변환해주는 소프트웨어가 있으며, 이는 MP4 동영상 변환 소프트웨어에서 옵션을 조정하여 해결할 수 있음

문서		• 문서는 학습자료로 많이 활용되고 있으며, html 형식이 아닌 이상 웹에서 바로 볼 수 있는 경우는 드묾 • 문서 포맷은 컴퓨터에서 사용하는 오피스 소프트웨어 종류에 따라 달라질 수 있음 • 단순한 보기 기능만을 원한다면 뷰어 성격의 소프트웨어만 있으면 됨 • 다양한 문서 포맷을 지원하는 모바일 앱이 많이 출시되고 있으므로 뷰어로 사용 가능함
	MS오피스	• 마이크로소프트사가 제작한 오피스 소프트웨어 • 대표 문서: 워드(doc, docx), 엑셀(xls, xlsx), 파워포인트(ppt, pptx) 등 • 해외 및 일반 기업에서는 대부분 MS오피스를 사용하고 있음
	아래아한글	• 한글과컴퓨터사가 제작한 오피스 소프트웨어 • 대표 문서: 한글(hwp) • 공무원, 학교, 공공기관 등에서는 대부분 hwp 파일로 문서를 제작하고 있음
	오픈오피스	• 누구나 무료로 사용할 수 있는 오피스 소프트웨어 • 장점: 워드, 엑셀, 파워포인트 등의 파일을 읽고 쓸 수 있으면서도 무료이기 때문에 부담 없이 사용할 수 있음 • 단점: 사람들에게 아직 익숙하지 않기 때문에 거부감을 줄 수 있고, 사용법이 널리 알려지지 않아 불편할 수 있음
	PDF (Portable Document Format)	• 웹에서 문서를 주고받을 때 사용하는 거의 표준에 가까운 포맷 • MS오피스, 아래아한글, 오픈오피스 등에서 작성한 문서를 PDF 파일로 저장할 수 있음 • 일반 문서를 PDF로 변환해주는 다양한 무료 소프트웨어가 존재함

2) 자료등록 방법

등록 위치	• 일반적으로 강의실 내의 자료실 등 학습과 관련된 위치 • 강의실 내의 자료실에 등록할 수 없는 경우에는 커뮤니티 공간 등에서 별도의 자료등록 공간을 찾아야 함
등록 방법	• 자료만 따로 등록하는 경우보다는, 게시판의 첨부파일 기능을 활용하는 경우가 많음 • 자료를 등록하는 게시판에서 첨부파일의 용량을 제한하기도 하기 때문에 문서 제작 시 용량을 고려해야 함 • 용량 제한이 있는 경우 게시물을 여러 개로 쪼개서 나누어 등록할 수 있음

(6) 상황에 적합한 의사소통

1) 학습자-학습자 상호작용

① 학습자-학습자 상호작용을 위해서 가장 널리 활용될 수 있는 것이 게시판 활용
② 게시판은 토론용으로도, 자료 공유용으로도 활용할 수 있으므로 게시판의 활용 방법을 확인해두어야 함
③ 게시판은 일반적으로 제목, 본문내용 등의 내용을 입력하여 작성할 수 있음
④ 이미지를 중심으로 활용하는 갤러리형, 자료를 중심으로 활용하는 자료실형 등으로 종류를 구분할 수 있지만 모든 게시판의 틀은 유사함
⑤ 게시판의 내용을 작성하기 위해 사용하는 에디터는 종류가 다양하며, 게시판에 적용된 에디터의 특성에 따라 활용방법이 달라질 수 있으니 사전에 기능을 숙지해야 함

📝 게시판 글 작성 화면

⑥ 다른 회원에게 보낼 수 있는 쪽지 등의 기능에 대해서도 확인해야 함
⑦ 쪽지 기능을 잘 활용하면 학습자와 학습자 사이의 긴밀한 의사소통이 가능함

쪽지 화면

2) 학습자－교·강사 상호작용

① 과제, 평가 등을 통해 상호작용하기도 하지만, 이러한 활동은 자발적이라기보다는 수료를 위한 강제적인 상호작용의 성격이 강함
② 학습자－교·강사 상호작용 또한 게시판을 중심으로 이루어지는 경우가 대부분임
③ 토론 주제를 게시판에 올린 후 그 내용을 중심으로 토론이 이루어지는 방식으로 구성된 경우 또는 문제중심학습 등과 같은 방식을 적용하는 경우에는 게시판을 통해 의사소통할 수 있음
④ 댓글의 사용은 일반 포털사이트의 게시판에서 댓글을 사용하는 방식과 유사함

3) 학습자－시스템·콘텐츠 상호작용

① 학습자는 웹 사이트에 탑재된 콘텐츠를 통해 학습함
② 웹 사이트는 시스템으로 만들어지고, 콘텐츠 역시 시스템이 동작하는 규격에 맞춰 탑재됨
③ 학습자는 단순히 학습만 하고 있지만 학습 속에는 시스템과 콘텐츠가 유기적으로 연동되어 있으므로 학습의 진행상황 등에 대한 현황을 기록할 수 있음
④ 진도율, 학습시간 등의 정보를 수집하여 학습활동 통계에 활용 가능
⑤ 학습자의 학습활동 내역은 수강현황, 콘텐츠 활용현황을 확인할 수 있는 메뉴에서 확인할 수 있음

→ Check

학습자의 학습활동 내역은 이러닝의 운영에 유용한 정보가 되므로 확인방법을 체크해두어야 함

학습 진행현황 화면

(7) 자료등록 방법 안내

1) 자료 이름 작성방법 숙지

① 자료를 게시판 등에 업로드할 때에는 이름의 작성에 주의하여야 함
② 자료의 이름은 가능한 영문, 숫자의 조합으로 하며 중간에 공백이 없는 것이 좋음
③ 특수문자는 지양하고, 단어 사이의 구분이 필요하면 언더바(_) 또는 대시(-)를 사용함

좋은 예	summer001.hwp, summer_002.pptx, summer-003.png
나쁜 예	여름 사진.png, 시원한 여름을 보내는 법.hwp, $중요한 %파일.pptx

2) 자료에 대한 친절한 안내

① 운영자가 자신의 주관에 따라 자료만 등록하는 경우, 학습자는 자료를 다운로드 받고 그 파일을 열어본 다음에야 내용물을 알 수 있기 때문에 불편을 느끼게 됨
② 자료를 올릴 때는 이 자료가 왜 필요하고, 어떤 내용을 담고 있으며, 어떻게 활용하면 좋을지 등에 관한 내용을 친절하게 안내해 줄 필요가 있음

자료실 안내 예시

3) 자료 용량 확인

분류	특징
문서	• 한글, 파워포인트 등 문서자료인 경우에는 문서에 포함된 이미지의 압축 기능을 사용하여 용량을 줄일 수 있음 • 문서는 파워포인트, 워드, 한글 등 편집 가능한 상태 그대로 올리는 것보다는 pdf 문서 형식으로 변환하여 올려야 용량을 줄일 수 있음
이미지	• 최신 스마트폰의 경우 고품질의 사진을 촬영하기 때문에 이미지 1장당 차지하는 용량이 상당히 큼 • 용량이 큰 이미지 파일을 게시판에 바로 올릴 때 문제되는 경우가 있으므로 주의하여야 함
동영상	• 스마트폰으로 촬영한 동영상은 Full HD 수준으로 저장되기 때문에, 이 동영상을 바로 사용하는 경우 게시판의 용량이 금방 초과될 수밖에 없음 • 동영상 등록 시 이미지 크기와 용량을 줄일 수 있는 무료 소프트웨어를 사용하거나 동영상을 적절한 품질로 변환해주는 무료 소프트웨어를 사용하는 것이 도움이 됨

파워포인트의 그림 압축 기능

4) 자료 형식 확인

① 학습방법이 데스크톱 컴퓨터에 국한되지 않는 모바일 시대에서는 자료 업로드 시 모바일에서도 확인할 수 있는 방법을 사용해야 함

② 문서는 pdf 형식으로 올려야 모바일에서도 어려움 없이 사용할 수 있음

• hwp, pptx, xlsx, docx 등 편집이 가능한 특정 소프트웨어 포맷의 경우, 해당 소프트웨어의 모바일 앱을 유료로 사용해야 할 수도 있음

• 편집을 해야만 하는 경우가 아니라 배포 전용 문서인 경우에는 pdf를 사용하는 것이 좋음

③ 동영상은 MP4를 사용하는 것이 추천됨

• wmv, avi, mkv, mov, flv 등의 형식은 모바일에서 보편적으로 사용하기 어려움

• 모바일 기기 중에서 아이폰 계열은 mov를 주로 사용하고, 안드로이드 계열은 avi를 사용하는 경우와 MP4를 사용하는 경우 등 다양함

- 특정 기기, 특정 OS에서만 작동되지 않고 보편적으로 널리 활용되게 하기 위해서는 MP4 형식을 추천함

③ 학습활동 촉진

학습목표

◎ 운영계획서 일정에 따라 학습 진도를 관리할 수 있다.
② 운영계획서 일정에 따라 과제와 평가에 참여할 수 있도록 학습자를 독려할 수 있다.
③ 학습에 필요한 상호작용을 활성화할 수 있도록 학습자를 독려할 수 있다.
④ 학습에 필요한 온라인 커뮤니티 활동을 지원할 수 있다.
⑤ 학습과정 중에 발생하는 학습자의 질문에 신속히 대응할 수 있다.
⑥ 학습활동에 적극적으로 참여하도록 학습 동기를 부여할 수 있다.
⑦ 학습자에게 학습 의욕을 고취할 수 있다.
⑧ 학습자의 학습활동 참여의 어려움을 파악하고 해결할 수 있다.

(1) 학습 진도관리

1) 학습 진도

① 학습자의 학습 진행률을 수치로 표현한 것
② 일반적으로 학습 내용을 구성하고 있는 전체 페이지를 기준 삼아서 몇 퍼센트(%) 정도를 진행하고 있는지 표현함
③ 전체 페이지 수분의 1을 하나의 단위로 생각하고, 페이지를 진행할 때마다 진도율 1단위를 올리는 방식으로 구성됨

2) 학습 진도관리

① 학습관리시스템의 학습현황 정보에서 과정별로 진도 현황을 체크할 수 있음
② 일반적으로 진도는 %로 표현되며, 진도 진행상황에 따라서 독려를 할 것인지를 판단할 수 있음

학습 진도 확인 화면

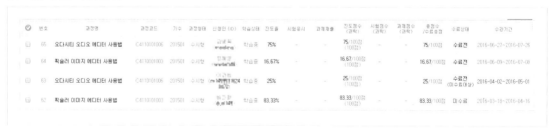

③ 진도관리를 차시 단위로 할 수 있도록 시스템이 구축되어 있는 경우 등록된 차시별로 진도 여부를 체크할 수 있음

④ 진도 체크가 승인되는 조건 판단에는 필요 학습시간을 달성했는지 등이 있으며, 학습관리시스템 매뉴얼과 운영정책을 통해 확인해야 함

▶ 차시별 학습 진도 상세 화면

차시	차시명	진도	학습시간	필요학습시간	학습시작일	학습종료일	형성평가
1	오디시티 오디오 에디터 사용법 01	0/1	00:01:50	2분	2016-06-27 06:58:26	2016-06-27 07:00:16	-
2	오디시티 오디오 에디터 사용법 02	1/1	00:02:50	2분	2016-06-27 07:00:31	2016-06-27 07:03:22	-
3	오디시티 오디오 에디터 사용법 03	1/1	00:13:40	4분	2016-06-27 07:03:37	2016-06-27 10:57:56	-
4	오디시티 오디오 에디터 사용법 04	1/1	00:06:30	5분	2016-06-27 07:09:23	2016-06-27 07:15:53	-

학습 진행 현황   닫기

⑤ 학습 진도의 누적 수치에 따라서 수료, 미수료 기준이 결정되며, 결정 조건은 과정을 생성할 때 설정한 수강기간 옵션에 따라 다르게 적용될 수 있음

▶ 과정기간 설정 화면

과정명	오다시티 오디오 에디터 사용법
기수	2015 년도 1 기 (기수는 일년에 99기 까지 가능합니다.)
사용/중지	◉ 사용 ○ 중지
수강형태	○ 기간수강 ◉ 수시수강
수강신청기간	☑ 제한없음
수강취소기간	학습 시작일로 부터 10 일 진도율 0 % 이하 취소 가능 (0 : 제한없음)
학습기간	30 일
복습기간	수강 종료일로 부터 30 일
평가정답 확인기간	수강 종료일로 부터 10 일 (수시수강일 경우 평가종료 즉시 정답 및 해설 확인이 가능합니다.)
주차관리	○ 사용 ◉ 사용안함 ❷
학습시작일 기준	◉ 수강신청 시 ○ 최초학습 시 ❷

3) 학습 진도 오류 대처방법

① 진도 여부에 따라 수료 결과가 달라질 수 있기 때문에 학습자는 학습 진도를 민감하게 생각함
② 주로 과정 생성 시에 수료와 관련된 값을 설정하고, 수료조건에 영향을 주는 옵션을 각각 지정하게 되어있으므로 이것에 관해서는 사전에 확인해보아야 함

수료점수	100 점 이상 (100점 이하로 입력하세요.)
	[배점] 진도점수 : 100 점 , 총괄평가 : 0 점 , 과제점수 : 0 점
	* 배점은 최소 1가지 이상 입력되어야 하며, 총합이 100점이 되어야 합니다.
수료기준 및 설정	[진도설정] 진도율 : 100 % 이상 , 진도형태 : ○ 순차진행 ◉ 랜덤진행 , 복습시 진도처리 : ◉ 예 ○ 아니오
	[총괄평가] 패스점수 : 0 % 이상 , 제한시간 : 0 분 , ☐ 평가 재시도 가능 ❷ , ☐ 평가 자동 채점 ❷
	[과제설정] 패스점수 : 0 % 이상 , 과제 점수 부여 : ◉ 채점 후 부여 ○ 제출시 부여 ❷

(2) 학습 참여 독려(과제, 평가 등)

1) 독려 방법

① 학습 진도가 뒤떨어지는 학습자에게는 다양한 방법을 활용하여 독려해야 함
② 독려 방법은 시스템에서 자동으로 독려하는 방법과 운영자가 수동으로 독려하는 방법으로 나뉨
③ 학습관리시스템에 자동 독려할 수 있는 기능이 있는 경우
  • 설정된 진도율보다 낮은 수치를 보이는 학습자에게 자동으로 문자, 이메일을 전송하도록 할 수 있음
  • 자동독려 설정에 대한 값을 학습관리시스템에 사전 세팅해두고 문자 발송업체, 이메일 발송솔루션 등과 연동을 해야 함

2) 독려 수단 1회 기출

문자 (SMS)	• 이러닝에서 전통적으로 많이 사용하고 있는 독려 수단 • 회원가입 후 또는 수강신청 완료 후에 문자로 알림을 하는 경우와 진도율이 미미한 경우 문자로 독려하는 경우가 있음 • 단문으로 보내는 경우 메시지를 압축해서 작성해야 하며, 장문으로 보내는 경우 조금 더 다양한 정보를 담을 수 있음 • 장문 문자 발송 시에는 접속할 수 있는 링크 정보를 함께 전송함으로써 스마트폰에서 웹으로 바로 연결하여 세부내용을 확인할 수 있도록 할 수 있음 • 대량 문자 혹은 자동화된 문자를 전송하기 위해서는 건당 요금을 부담해야 함
이메일 (e-mail)	• 문자와 동일한 용도로 많이 활용하는 대표적 독려 수단 • 문자보다는 더 다양하고, 개인에 맞는 정보를 담을 수 있음 • 독려를 위한 이메일에는 진도에 대한 세부적인 내용, 학습자에게 도움이 될 만한 통계자료 등을 함께 제공할 수 있음 • 대량 이메일 발송을 안정적으로 하기 위해서는 대량 이메일 발송솔루션 등을 활용할 수 있음
푸시 알림 메시지	• 모바일 러닝이 활성화되면서 네이티브 앱(App)을 제공하는 경우가 자주 있음 • 이러닝 서비스를 위한 자체 모바일 앱을 보유하고 있는 경우 푸시 알림을 보낼 수 있음 • 푸시 알림은 문자와 유사한 효과를 얻을 수 있으면서도 알림을 보내는 비용이 무료에 가까우므로 유용한 측면이 있음

푸시 알림 메시지	• 자체 앱의 설치 비중이 낮은 경우에는 마케팅효과가 떨어지기 때문에, 푸시 알림을 보내는 것에만 집중하지 말고 앱을 설치한 후 계속 유지할 수 있도록 관리하는 것이 중요함 • 최근에는 자체 앱 이외에도 카카오톡 등과 같은 모바일 서비스와 연동하여 푸시 알림을 보내는 경우도 있으므로 이러닝 서비스의 특징에 따라서 취사선택하면 됨
전화	• 문자, 이메일, 푸시 알림 등의 독려로도 진도를 나가지 않는 경우에 마지막 수단으로 전화를 사용해서 직접 독려할 수 있음 • 사람이 직접 전화해서 독려할 경우 친근함이 생길 뿐만 아니라 미안한 마음이 들면서 독려효과가 좋다는 장점이 있음 • 1명의 운영자가 하루에 걸 수 있는 전화의 양에는 한계가 있기 때문에 대량관리 수단으로는 적합하지 않음

3) 독려 시 고려사항

① 너무 자주 독려하지 않을 것
- 현대의 사람들은 많은 알림과 안내를 받으면서 살고 있기 때문에, 이런 정보의 홍수 속에서 독려 문자·이메일이 효과를 발휘하기 위해서는 귀찮은 존재로 인식되지 않는 것이 중요함
- 독려 정책을 꼭 필요한 경우로 제한 설정함으로써 독려 자체로 피곤함을 느끼지 않도록 해야 함
- 독려를 너무 소극적으로 진행하여 수료율에 영향을 주지 않기 위해서는 적절한 균형점을 찾아야 함

② 관리 자체가 목적이 아니라, 학습을 다시 할 수 있도록 함이 목적임을 기억할 것
- 독려하는 이유는 관리했다는 증거를 남기기 위함이 아니라 학습자의 학습을 도와주는 행위라는 사실을 숙지해야 함
- 독려는 학습자가 다시 학습을 진행할 수 있도록 돕고 안내하기 위한 것일 뿐, 통상적으로 하는 관리 행위가 아님을 기억해야 함

③ 독려 후 반응을 측정할 것
- 단순히 독려만 하고 끝내는 것은 목적 달성을 위한 행동이 아님
- 독려를 언제 했고, 학습자가 어떤 반응을 보였는지를 기록해 놓았다가 다시 학습으로 복귀했는지 여부를 반드시 체크해야 함
- 독려 메시지에 따라서 어떤 반응을 보이는지 테스트하는 과정을 통해 학습자 유형별, 과정별 최적의 독려 메시지를 설계해야 함
- 비슷한 메시지를 기계적으로 학습자에게 전달하기보다는 독려 후 반응에 대한 데이터를 기반으로 한 최적화된 맞춤형 메시지 설계를 통해 학습자의 마음을 사로잡아야 함

④ 독려 비용 효과성을 측정할 것
- 독려를 자동화해서 진행하는 경우도 자원을 사용하는 것이고, 운영자가 직접 전화 또는 수동으로 독려를 진행하는 경우 또한 비용이 들어가는 업무
- 최대 효과를 볼 수 있는 독려 방법을 고민하고 비용 효과성을 따져가면서 독려를 진행해야 함
- 학습자 수가 적을 때는 큰 차이가 나지 않겠지만, 대량의 학습자 집단을 대상으로 한다면 작은 차이가 모여 큰 비용의 차이로 나타날 수 있으므로 최적화가 필요함

4) 학습 독려 수행하기

① 학습 진도를 확인할 수 있는 메뉴 위치 확인
- 수강현황을 확인하는 메뉴에서 일반적으로 진도를 확인할 수 있음
- 수강현황 확인메뉴에 과정별로 정렬함으로써 확인할 수 있음

학습 진도 확인 목록

② 운영계획서의 일정 확인: 진도 목록에서 과정명을 클릭하면 과정에 대한 상세 내용을 확인할 수 있음

운영계획을 확인할 수 있는 과정 정보 확인 화면

③ 학습지원시스템에서 학습 진도현황 확인
- 학습자별 진도현황, 차시별 활동현황을 확인하여 얻은 정보를 통해 학습자를 관리·독려할 수 있음
- 수료대상 여부는 진도, 과제, 평가 등의 조합을 통해 계산되어 화면에 표시됨

진도현황 확인 화면

④ 과제, 평가 첨삭방법 확인
- 과제의 여부, 첨삭되었는지의 여부와 같은 정보를 확인할 수 있음
- 과제가 있는 경우와 없는 경우, 과제가 있는 경우에는 제출했는지의 여부 등을 확인할 수 있음

과제, 평가 첨삭 여부 확인 화면

⑤ 독려방법 확인: 쪽지, 이메일, 문자 등의 독려방법을 확인함

⑥ 학습지원시스템에서 학습 진도현황을 확인하고, 필터링하여 독려 리스트를 만든 후 독려 진행
- 학습현황 목록에서는 일반적으로 다양한 옵션으로 필터링할 수 있음
- 과제 제출 여부, 시험 응시 여부 등을 선택한 후 검색함으로써 독려가 필요한 학습자 목록을 만들 수 있음

- 목록을 만든 후에는 독려 방법에 맞춰 독려를 진행할 수 있으며, 필요한 경우에는 이 단계에서 학습자 전화번호를 입수하여 직접 전화로 독려할 수도 있음

학습현황 목록의 옵션별 정렬 화면

(3) 상호작용 활성화

- 이러닝은 자기 주도 방식으로 학습이 진행되는 경우가 많고, 원격으로 웹 사이트에 접속하여 스스로 컴퓨터, 스마트폰 등을 조작하면서 학습해야 하므로 다른 학습자, 운영자 등과 소통할 수 있는 빈도가 높지 않음
- 학습자의 원활한 학습을 지원하고 같은 공간에 함께 존재하면서 배우고 있다는 실재감(presence)을 높이기 위해서는 학습 관련 소통을 관리하는 것이 매우 중요함

1) 소통 채널의 개념

① 소통 채널: 소통은 메시지를 중심으로 이루어지며, 메시지를 보내는 사람과 받는 사람 사이에 원활한 의사전달이 이루어지기 위해 사용하는 다양한 방법을 소통 채널이라고 부름

② 이러닝 환경에서는 이해관계자들 사이에 소통을 주고받는 다양한 소통 채널이 존재함

③ 소통 채널을 어떻게 유지·관리하는지에 따라서 학습자의 학습 만족도가 달라지므로 소통 채널에 대해 관심을 가져야 함

2) 소통 채널의 종류

웹 사이트	• 웹 사이트의 학습지원센터, 고객센터 등의 메뉴를 통해 학습자와 소통할 수 있음 • 학습자가 원하는 정보는 웹 사이트에 일목요연하게 잘 정리하고, 이러한 정보에 쉽게 접근할 수 있도록 배려하는 것이 웹 사이트를 통한 소통의 기본이 됨 • 자주 하는 질문(FAQ) 등의 같은 메뉴를 세세하게 구성하고 최신정보로 업데이트하는 업무가 중요함 • 학습자의 문의사항을 통합적으로 관리할 수 있는 통합게시판의 운영 또한 중요한 요소가 됨 • 문자, 이메일, 푸시 알림 등이 단방향 소통에 특화되어 있다는 점을 고려하여 웹 사이트를 통해 양방향 소통이 가능한 장치를 마련해야 함
문자	• 학습자가 이러닝 사이트에서 진행하는 각종 활동에 대한 피드백으로 문자를 보내는 경우가 많음 • 이러닝 사이트는 회원가입, 수강신청 완료, 수료 등의 중요한 활동에 대해서 문자로 안내하면서 학습자에게 적절한 정보를 전달하고자 노력함

문자	• 문자는 짧고 간결한 형식으로 전달되는 소통 채널이기 때문에 간단하면서도 명확한 메시지의 작성이 필요함 • 학습자의 세부적인 확인이 필요한 경우에는 문자에 웹 링크를 포함함으로써 웹 사이트의 특정 설명 페이지로 이동하도록 유도할 수 있음
이메일	• 학습자가 원하는 상세한 정보를 이메일로 전달할 수 있음 • 전달하려는 정보의 양, 수준에 따라 이메일 내용과 구조의 설계를 다르게 해야 함 • 특정한 조건이 달성되면 학습관리시스템에서 자동으로 전송하는 자동발송 이메일, 운영자가 수동으로 보내는 수동발송 이메일 등이 있음
푸시 알림	• 별도의 네이티브 앱(App)을 만들어서 제공하거나 카카오톡 등과 같은 메시징 앱과 연계하여 활용하는 경우에 사용하는 소통 방식 • 다른 앱들의 알림과 섞일 경우에는 정보를 제대로 전달하기 어려울 수 있다는 단점을 고려해야 함
전화	• 전화는 자주 사용하는 쌍방향 소통 채널로서 학습자와 운영자가 만나는 소중한 접점이 됨 • 얼굴을 볼 수 없고 목소리로만 정보, 감정 등을 전달하기 때문에 오해 발생률이 높을 수 있다는 점에 유의하여 전화 예절을 숙지한 후 소통해야 함
채팅	• 채팅은 문자, 음성, 화상 등의 방식으로 진행할 수 있음 • 쌍방향 소통 채널의 대표적 활용수단이지만 학습자가 많은 경우에는 원활한 소통이 어렵다는 단점이 있음 • 채팅을 소통 채널로 선택하여 운영하는 경우에는 수강인원의 수 등을 고려하여 충분히 대응할 수 있는 인력, 장비를 구비해야 함
직접 면담	• 오프라인에서 직접 학습자와 만나서 소통하는 방법 • 오프라인에서의 만남을 통해 이러닝 서비스를 극대화할 수 있는 경우라면 적극적으로 고려해볼 수 있는 수단

(4) 커뮤니티 활동

1) 학습 커뮤니티의 개념

① 학습 커뮤니티: 커뮤니티(공동체)란 같은 관심사를 가진 집단을 의미하므로, 학습 커뮤니티란 배우고 가르치는 것에 관심을 두고 모인 집단이라고 정의할 수 있음

② 카페와 같은 형식의 포털사이트 커뮤니티와는 달리, 학습 커뮤니티는 학습에 특화되어 있음

③ 학습자가 원하는 주제에 관련된 배움을 원하는 사람들의 모임이라는 점을 인지하고 학습 커뮤니티에 오는 사람들이 목적을 달성할 수 있도록 지원해야 함

2) 학습 커뮤니티 관리방법 1회 기출

① 주제와 관련된 정보를 제공할 것

• 배우고자 하는 주제와 관련된 정보를 제공해야 함

• 학습자는 자신이 관심 있는 주제에 반응하기 때문에 주제의 선정 및 집중에 신경써야 함

• 커뮤니티 운영 시에는 모든 학습자를 하나의 공간에서 관리하기보다는 주제별로 구분하여 운영하는 것이 좋음

• 주제와 관련된 정보를 제공하고, 그와 연관된 하위 주제로 확장하는 등의 방식으로 정보를 제공하는 경우가 일반적

② 예측할 수 있도록 정기적으로 운영할 것
  - 커뮤니티 회원들이 예측할 수 있는 활동을 정기적으로 진행하는 것이 필요함
  - 수요일 오후부터는 어떤 정보들이 주로 올라오는지, 주말에는 어떤 정보의 소통이 활발한지 등의 인상을 형성하기 위해서는 꾸준하고 정기적으로 운영할 수 있는 정책을 수립해야 함
  - 대다수의 회원들이 커뮤니티 활동을 예측할 수 있게 된다면 수월한 커뮤니티 운영이 가능함
③ 회원들의 자발성을 유도할 것
  - 커뮤니티의 폭발적인 성장 여부는 회원들의 자발적인 참여를 어떻게 끌어내느냐에 달려있음
  - 자발성을 유도하는 운영전략을 수립하여 지속적으로 추진할 필요가 있음
④ 운영진의 헌신 없이는 성장이 어렵다는 점을 인지할 것
  - "커뮤니티는 운영진의 헌신을 먹고 성장한다"는 말을 숙지해야 함
  - 일반회원의 자발성 또한 운영진의 헌신을 바탕으로 발현될 수 있으므로 커뮤니티 운영진의 열정과 노력이 무엇보다 중요함

(5) 학습과정 중의 학습자 질문 대응

게시판을 활용한 대응	• FAQ 게시판에 내용을 충실하게 작성해두는 작업이 먼저 이루어져야 함 • 다양한 질문 유형에 따른 답변을 FAQ에 미리 등록해두어야 학습자 스스로 원하는 답을 찾고 해결할 수 있음 • FAQ는 학습자 스스로 정보를 찾게 하는 역할도 있지만, 운영자가 학습자에게 정보를 안내할 때 해당 내용이 FAQ에 있다고 알려주는 과정을 통해 웹 사이트의 다른 곳에 접속하여 찾아보도록 유도하는 효과가 있음 🔖 FAQ 화면 예시 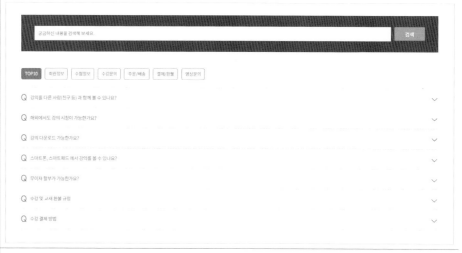
채팅을 활용한 대응	• 학습자의 질문에 실시간으로 대응할 필요가 있는 경우 채팅의 활용이 가능함 • 채팅 활용 시 채팅 전문소프트웨어를 사용하거나 모바일 메신저를 사용할 수 있음 • 채팅으로 학습자 문의에 대응한다는 것은 실시간으로 인력이 붙어있어야 함을 의미하므로, 채팅을 대응 전략으로 활용하기 위해서는 그에 맞는 기술적인 지원이 함께 필요함

채팅을 활용한 대응	• 채팅 기능을 외부서비스 또는 솔루션으로 해결하지 않고 자체 기술로 해결하기 위해서는 투자가 필요함 • 조직 내의 준비상황을 고려한 후 채팅을 활용한 대응 전략을 수립할 필요가 있음
다른 채널을 활용한 대응	• 이메일, 문자, 전화 등의 채널을 활용하여 대응하기 위해서는 기본적으로 운영 매뉴얼 준비가 필요함 • 운영 매뉴얼에 있는 내용에 따라 사례별로 대응할 필요가 있음

(6) 학습 동기 부여

1) 학습 동기 유발

① 학습 동기 유발: 외부적인 요인에 의해 학업 의욕을 유발하는 동기라고 할 수 있으며, 학습에 집중하도록 동기를 부여하는 것
② 학업 지속 의향: 학습에 대한 목표를 달성하기 위해 지속적으로 참여하는 것을 의미하며, 이러닝은 스스로 학습을 수행하기 때문에 학업을 지속하기가 쉽지 않은 상황임
③ 학습 동기는 학습과 관련하여 학습자들의 학습활동을 촉진해주는 동시에 학습 의욕을 환기해주는 것 🄰

> → Check **동기화**(motivation)
>
> 행동목표를 분명하게 하며, 발생한 행동을 일정한 방향으로 이끌어가는 요인

④ 학습 동기를 유발하는 요인: 개인적 흥미, 호기심, 즐거움, 불안, 실패의 두려움, 보상 기대, 경쟁 욕구, 대인관계 등
⑤ 학습 동기는 개인의 심리적 요인뿐만 아니라 대인관계 등 환경적 요인의 영향도 함께 받으며, 교수자의 행동·태도가 학습자의 동기에 긍정적인 영향을 준다는 연구결과가 있음
⑥ 교수자의 정서적인 지지가 학습 동기 및 학업 적응에 미치는 영향이 큰 것으로 알려져 있음
⑦ 동기유발과 관련된 대표적 이론은 Keller의 ARCS(Attention, Relevance, Confidence, Satisfaction) 모형으로, 학습 동기를 유발하고 지속시키기 위해서 교수자가 학습환경의 동기적 측면을 설계하는 문제 해결 전략

2) Keller의 ARCS 이론 [1회 기출]

① Keller는 동기 설계 과정도 교수설계처럼 구체적인 개념과 전략을 제시해주는 체계적인 접근이 필요하다고 주장한 학자
② 효과적인 수업이 이루어질 경우 동기 문제는 자연적으로 해결되고, 학습자는 수업에 자발적으로 참여할 것이라는 기존의 교수 이론을 비판함
③ 학습 결과가 성공적으로 달성되었다고 해도 학습자가 교수－학습 과정에서 흥미를 느끼거나 학습에 몰두했을 것이라는 가정은 별개의 문제라고 지적함
④ Keller는 ARCS 이론을 통해 동기에 관한 연구, 이론을 통합·체계화하여 구체적인 동기 전략을 제공함

⑤ 학습 동기를 유발하는 변인을 동기 이론 모형의 4가지 요소인 주의집중(Attention), 관련성(Relevance), 자신감(Confidence), 만족감(Satisfaction)으로 분류하고, 수업에 있어서 체계적인 동기 전략이 필요함을 주장함

동기유발 요소	의미	하위전략	구체적 적용 방법 예시
주의집중 (Attention)	주의와 호기심을 유발시킴	지각적 주의 환기 전략	• 시청각 매체의 활용 • 비일상적인 내용이나 사건의 제시
		탐구적 주의 환기 전략	• 능동적 반응 유도 • 문제해결 활동의 구상 장려
		다양성 전략	• 간결하고 다양한 교수형태의 사용 • 교수자료의 다양한 변화 추구
관련성 (Relevance)	교수를 주요한 필요와 가치에 관련시킴	친밀성 전략	친밀한 인물이나 사건 활용
		목적 지향성 전략	• 실용성에 중점을 둔 목표 제시 • 목표 지향적인 학습 형태 활용
		필요한 동기와의 부합	• 어렵고 쉬운 다양한 수준의 목표 제시 • 협동적 학습상황 제시 • 비경쟁적 학습상황의 선택 가능
자신감 (Confidence)	성공에 대한 자신감과 긍정적 기대를 갖도록 함	학습의 필요조건 제시 전략	• 수업의 목표와 구조 제시 • 명확한 평가기준 및 피드백 제시 • 선수학습 능력의 판단
		성공 기회 제시 전략	• 쉬운 것에서 어려운 것으로 과제 제시 • 적정 수준의 난이도 유지 • 다양한 수준의 시작점 제시
		개인적 조절감 증대 전략	• 학습 속도를 적절히 조절할 수 있는 기회 제공 • 학습의 끝을 조절할 수 있는 기회 제시 • 원하는 부분으로의 재빠른 회기 가능
만족감 (Satisfaction)	강화를 관리하고 자기 통제가 가능하도록 함	자연적 결과 강조 전략	• 연습문제를 통한 적용 기회 제공 • 모의상황을 통한 적용 기회 제공
		긍정적 결과 강조 전략	• 적절한 강화계획의 활용 • 수준에 맞고 의미 있는 강화의 제공 • 정답에 대한 보상 강조 • 선택적 보상체제 활용
		공정성 강조 전략	• 수업목표와 내용의 일관성 유지 • 수업내용과 시험내용의 일치

3) 기술수용모델

Davis(1989)는 새로운 기술에 대한 사용자의 수용 과정을 설명하기 위해 인지된 용이성(Perceived ease of use)과 인지된 유용성(Perceived usefulness) 요인을 포함하는 기술수용모델 이론 (Technology Acceptance Model: TAM)을 제안함

인지된 용이성	특정 시스템을 사용하는 것이 신체적·정신적 노력으로부터 자유롭다고 믿는 정도를 의미
인지된 유용성	특정 시스템을 사용하는 것이 자신의 업무능력을 향상할 것으로 믿는 정도를 의미

4) 자기결정이론

① Ryan과 Deci(2000)의 자기결정이론(Self Determination Theory: SDT)은 인간의 행동을 유발하고 행동의 방향을 선택하게 만드는 동기가 자기 결정성에 영향을 받는다는 것에 초점을 맞춘 이론임

② 스스로 결정함(Self Determination)은 스스로 선택하여 행동하는 것을 의미하며, 이때의 행동은 개인 내부의 동기와 외부의 다양한 요인에 의한 동기에 직접적인 관련이 있다고 하였음

③ 동기부여에 있어서 자율성의 부여 정도에 따라 아예 동기가 존재하지 않는 비규제(Non regulation)와 내적 동기에 속하는 내부 규제(Intrinsic regulation), 그리고 외적 동기에 속하는 외부 규제(External regulation), 내포 규제(Introjected regulation), 식별된 규제(Identified regulation), 통합된 규제(Integrated regulation)의 6가지 유형으로 구분함

자기결정이론의 6가지 동기 유형

무동기	외적 동기				내적 동기
비규제 (Non regulation)	외부 규제 (External regulation)	내포규제 (Introjected regulation)	식별된 규제 (Identified regulation)	통합된 규제 (Integrated regulation)	내부 규제 (Intrinsic regulation)

〈자기결정성 낮음〉　　　　　　　　　　　　　　　　　　　　　　　〈자기결정성 높음〉

(7) 학습 중 자주 발생하는 질문의 유형과 답변 예시

1) 회원가입 문의사항

Q. 회원가입은 어떻게 하나요?

A. • 회원가입을 원하는 경우, 상단 [로그인] 클릭 후 좌측 메뉴 [회원가입]을 클릭하거나 첫 화면의 로그인 영역의 [회원가입]을 클릭하도록 함
　• 회원가입 시에는 반드시 이용약관에 동의 후 본인인증을 진행하도록 함
　• 인증 시 사용된 정보는 저장되지 않으며, 필수입력항목을 모두 입력한 후 [확인] 버튼을 누르면 회원가입이 완료됨

Q. 아이디, 비밀번호를 잊어버렸어요.

A. • 첫 화면 상단 [로그인] 버튼 클릭 후 [아이디/비밀번호 찾기] 버튼을 클릭하여 성함, 생년월일을 이용하여 찾을 수 있도록 함
　• 찾기 기능을 사용하였음에도 아이디와 비밀번호를 찾을 수 없다면 고객센터(1588-0000)로 문의하도록 함

Q. 회원정보를 수정하고 싶어요.
A. 로그인 후 [나의 강의실] → [나의 정보관리] → [회원 정보수정] 메뉴에서 변경 가능함

Q. 공동인증서가 무엇인가요?
A. 공동인증서(구 공인인증서)를 활용하는 경우 관련사항을 안내함

2) 수강신청 문의사항

Q. 고용보험 환급과정으로 수강신청하고 싶은데 대상은 어떻게 되나요?
A. 고용보험 환급과정으로 신청하기 위해서는 다음의 요건 중 한 가지에 해당해야 지원받을 수 있음
   • 고용보험료를 납부하고 있는 재직 근로자
   • 사업주가 채용하였으나, 고용보험이 취득 중이거나 취득 예정인 자
   • 「파견근로자보호 등에 관한 법률」에 따른 파견 근로자
   • 단시간 근로자 ⓘ

   → Check **단시간 근로자**

   1월 60시간 미만, 1주 평균 15시간 미만으로 근로하는 자

Q. 수강신청을 변경하거나 취소하고 싶어요.
A. 수강변경은 수강신청 마감일까지 가능하며, 수강변경을 위해서는 신청한 과정을 취소한 후 원하는 과정으로 수강신청하면 수강변경이 됨

Q. 교재 신청할 때 배송지 주소를 회사로 했는데, 집으로 바꾸고 싶어요.
A. • 배송지 변경은 [로그인] → [나의 정보수정] → [배송지 주소 변경]에서 회사 대신 집주소로 변경하면 됨
   • 교재 배송은 신청 후 1일 이내에 배송되므로, 배송 여부를 확인한 후 변경할 수 있도록 안내함

Q. 고용보험 환급제도란 무엇인가요?
A. • 사업장은 의무적으로 고용보험료를 국가에 납부하게 되며, 정부는 이를 통하여 충당된 고용보험료를 사용하여 근로자 직업능력 개발 등의 다양한 사업을 실시함
   • 사업주가 재직 근로자의 직무능력 향상을 위해 교육을 실시하였을 경우, 정부가 직업능력 개발사업 지원금이라는 명목으로 소요된 교육비용의 일부를 보전하여 주는 것을 고용보험환급이라고 함

3) 학습 및 평가 문의사항

Q. 온라인 시험의 종류는 주관식인가요, 객관식인가요?
A. 온라인 시험은 수강하는 과정에 따라 다르며 단답형 주관식으로 출제되는 경우도 있고, 4지선다형 문제로 출제되는 경우도 있음

Q. 온라인과제의 분량은 얼마이며, 제출기간은 어떻게 되나요?
A. 온라인과제의 분량은 A4용지 1장이며, 제출기간은 1주일임

Q. 진도는 매일 일정하게 수강해야 하나요?
A. 강의 진도는 1일 2강씩 수강하면 되고, 전체 진도는 80% 이상을 수강하여야 함

Q. 수료조건은 어떻게 되나요?
A. 평가점수 60점 이상, 강의 출석률 80% 이상이면 수료됨

4) 장애 문의사항

Q. 사이트에 접속하면 "웹 사이트의 보안 인증서에 문제가 있습니다. 사이트 인증서가 만료되었거나 유효하지 않습니다."라는 메시지가 떠요.
A. PC의 현재 시간과 날짜를 확인 하여 현재 시간·날짜와 맞지 않는다면 수정한 후 사이트에 재접속하도록 함

> **Check**
>
> PC 시간은 우측 하단에서 확인할 수 있음

Q. 동영상이 재생 중에 멈춰요.
A. • 통신 연결이 불안정 상태일 수 있음
  • WIFI 상태에서 장애가 발생한다면 LTE/5G로 연결하여 학습을 진행하도록 함

Q. 학습을 했는데 완료가 되지 않아요.
A. 다음과 같은 방법으로 점검 진행
  • 앱을 통해 학습했는지를 먼저 확인하고, 앱 설치 없이 접속하였다면 앱을 설치하도록 함
  • 인터넷 연결 품질 문제일 수 있으므로 WIFI 또는 LTE/5G로 서로 바꿔서 다시 진행함
  • 앱 손상이 원인일 수 있으므로 기기를 재부팅한 후 앱을 재설치하도록 함

5) 서비스 문의사항

Q. 모바일 수강을 하기 위한 준비사항이 있나요?
A. 모바일 수강을 위해서는 플레이스토어를 통해 ○○○교육원 앱을 설치해야 함

Q. 단체수강의 혜택은 무엇이며, 수강신청은 어떻게 하나요?
A. 5인 이상이 단체로 수강하게 되면 20% 할인혜택이 주어지며, 수강 신청 시에 단체할인 여부를 체크할 수 있게 되어 있음

Q. 할인 수강권을 얻었는데 어떻게 활용할 수 있나요?
A. 수강신청을 한 후 수강료 결제 단계에서 할인 수강권의 번호를 입력하면 됨

Q. 포인트는 얼마를 주고, 언제까지 사용할 수 있나요?
A. 포인트는 수강료의 3%가 적립되고 있으며, 적립된 포인트는 1년까지 유효함

CHAPTER 02 · 이러닝 운영 학습활동 지원 205

(8) 학습촉진 전략

1) 이러닝 학습촉진의 필요성

이러닝의 학습을 촉진하고, 학습자의 학습목표 달성을 돕기 위해서는 다양한 학습촉진 전략이 학습과 정에 통합될 수 있어야 함

2) 자기 주도 학습전략, 학습관리 전략, 액션-성찰 학습전략 등의 학습전략이 잘 반영된 이러닝의 특징

`1회 기출`

① 이러닝 학습전략은 교수자가 아닌 학습자를 중심으로 구현되어야 함
  - 이러닝 학습의 가장 일차적인 주체는 학습자로, 이들은 능동적이면서 자기 주도적임
  - 학습자 중심의 다양한 학습지원이 이루어지고 학습자의 적극적인 참여를 촉진해야 함
  - 학습자 참여 촉진을 위해서는 학습자의 적극적인 인지활동과 깊은 수준의 이해 촉진에 도움을 줄 수 있는 다양한 형태의 학습도구와 동등한 학습참여 기회가 제공되어야 함
② 교수자는 촉진자 역할을 수행해야 함
  - 이러닝 환경에서의 교수자는 학습 성패를 좌우하는 주요 요소라는 점은 여전하지만, 기존의 정 보·자원 제공보다는 관리·촉진의 역할이 점점 더 주목받으면서 역할이 다변화될 필요가 있음
  - 교수자의 담당 역할: 학생이 학습목표를 달성할 수 있도록 도와주는 지적 촉진활동, 우호적이면서도 좋은 관계 속에서 학습이 일어날 수 있도록 도와주는 사회적 촉진활동, 학습활동을 조직하고 운영하는 관리적 촉진활동, 사용자가 하드웨어나 소프트웨어에 적응하도록 지원하는 기술적 촉진활동
③ 학습자가 자신의 학습에 대해 지속해서 모니터링하고, 이를 평가함으로써 성찰할 수 있도록 도와주 어야 함
  - 모니터링은 학습과정 중 이루어지는 학습자의 학습활동에 대한 상황 파악을 통해 이루어짐
  - 학습자가 자신의 학습과정에 대해 인지한 후 학습에 대한 장단점, 결과, 성공 여부를 스스로 깨닫 고, 이에 대해 평가함으로써 반성적 성찰을 수행할 수 있도록 도움
  - 학습자는 성찰적 사고를 통해 자아성찰, 분석, 반성의 기회를 체험할 수 있으며, 결과적으로 학습 에 대한 만족감을 느낄 수 있음
④ 학습자가 동기 또는 감성의 측면에서 긍정적인 감정을 가질 수 있는 학습환경을 조성해야 함
  - 학습 중에 스스로 얻었거나 교수자, 동료학습자에 의해 얻은 긍정적인 격려, 학습 성공경험, 자신 감은 정의적 영역에서 학습동기 및 태도에 영향을 미치며, 결과적으로 학습 참여율을 높여 학습을 촉진하는 효과가 있음
  - 인간은 격려하는 분위기의 편안하고 긍정적인 환경에서 학습을 가장 잘할 뿐만 아니라 의사표현, 감정표현을 더 자유롭게 할 수 있으므로 학습자들은 긍정적인 격려를 받아야 하며, 이러한 격려는 개인화되어야 함
⑤ 상호작용을 촉진해야 함
  - 학습촉진을 위한 상호작용을 늘릴 수 있는 다양한 방법이 제공되어야 함
  - 학습자들 간 또는 교수자-학습자 간에 적극적인 게시물 등록, 피드백 제공을 권장하는 등 학습자 의 참여, 기여가 작더라도 인정해주어야 함

⑥ 이러닝 환경에서 사회적 관계 형성의 기회를 제공함으로써 학습자의 사회화를 촉진할 수 있어야 함
- 이러닝에서는 동료학습자 또는 교수자와의 유대가 형성되지 않은 한, 학습자가 개별적인 학습 이외의 상호작용에 적극적으로 참여할 것이라고 기대하기 어려움
- 학습촉진을 위해서는 먼저 친밀하고 인간적인 관계가 맺어질 수 있는 학습 공동체 환경의 조성이 필요하며, 공동체의식 조성을 극대화할 수 있는 활동을 포함해야 함
- 교수자, 운영자, 동료학습자에게 도움 또는 조언을 쉽게 구할 수 있도록 해야 하며, 학습구성원들에 대해 인식하고 공존감을 느낄 수 있도록 서로를 소개하거나 커뮤니케이션 도구를 제공하는 등의 다양한 학습지원 요소를 제공해주어야 함

4 수강오류 관리

📁 학습목표

① 학습진도 오류 등 학습활동에서 발생한 각종 오류를 파악하고 이를 해결할 수 있다.
② 과제나 성적 처리상의 오류를 파악하고 이를 해결할 수 있다.
③ 수강오류 발생 시 내용과 처리 방법을 공지사항을 통해 공지할 수 있다.

(1) 수강오류 내용과 처리방법

1) 수강오류

① 수강오류는 학습자에게 가장 민감한 오류 중 하나
② 수강오류가 발생하는 원인은 다양하지만 학습자에 의한 원인과 학습지원시스템에 의한 원인으로 구분할 수 있음

2) 수강오류 원인 1회 기출

학습자에 의한 원인	• 학습자의 학습환경상에서 문제가 발생하는 경우로, 기기 자체에 의해 발생할 수도 있고 인터넷 접속 상태에 의해 발생할 수도 있음 • 학습자의 수강 기기에 문제가 있는 경우에는 기기가 데스크톱 PC인지, 스마트폰 등의 이동식 기기인지에 따라 대응 방법이 다르므로 기기의 종류를 파악해야 함
학습지원 시스템에 의한 원인	• 학습지원시스템에 의한 원인은 크게 웹 사이트 부문과 관리자 부문으로 구분할 수 있음 • 웹 사이트 부문: 사이트 접속이 되지 않거나 로그인이 되지 않는 경우, 진도 체크가 되지 않는 경우 등 사용상의 문제가 대부분임 • 관리자 부문: 일반 학습자가 알기는 어려운 부분이지만, 학습자의 오류는 관리자와 연동되어 움직이기 때문에 운영자는 관리자 부문을 함께 고려해야 함 • 웹 사이트 사용에 따른 문제 발생 시 운영자가 가장 먼저 대응해야 함 • 학습자는 기술 지원팀에 연락하지 않고 바로 고객센터나 학습 지원센터에 연락하기 때문에 오류 원인에 대한 신속한 파악과 안내가 필요함

3) 수강오류 해결방법

관리자 기능에서 직접 해결하는 방법	• 학습지원시스템 관리자 기능에는 각종 오류로 인해 발생한 내역을 수정하는 기능이 있음 • 오류의 수준에 따라서는 운영자가 관리자 기능에서 직접 해결할 수 있는 오류도 있기 때문에 학습지원시스템 매뉴얼을 숙지한 후, 직접 처리 가능한 메뉴에는 어떤 것이 있는지 확인해야 함 • 관리자 기능에서 직접 해결하는 경우에는 기존 데이터에 영향을 주는 것인지를 면밀하게 검토해야 함
기술 지원팀에 요청하여 처리하는 방법	• 운영자가 관리자 기능에서 오류를 직접 처리하지 못하는 경우에는 기술 지원팀에 요청하여 처리해야 함 • 요청 시 '문제가 있다'는 단편적인 정보만 전달하기보다는 육하원칙에 맞게 정리하여 전달해야 의사소통의 오류가 적고 빠르게 처리될 수 있음

4) 성적처리 오류 해결

① 수강오류 중 학습자가 가장 민감하게 받아들이는 것이 성적처리와 관련된 내용으로, 학습자에게 민감한 정보이기 때문에 주의 깊게 다루어야 함

② 일반적으로 성적은 진도율, 과제점수, 평가점수 등의 조합으로 이루어짐

③ 성적처리 오류의 해결방법은 일반 수강오류 해결방법과 유사함

④ 관리자 기능에서 직접 수정할 수 있는 경우에는 수정하고, 그렇지 못한 경우에는 기술 지원팀에 요청해야 함

(2) 수강오류 처리 수행하기 1회 기출

1) 사용상 오류 해결

① 수강오류 원인을 확인함

② 학습자에 의한 원인인지, 학습지원시스템에 의한 원인인지를 확인함

③ 관리자 기능에서 해당 오류를 직접 처리함

④ 기술 지원팀의 도움을 받아야 하는 경우 해당 부서와 의사소통하여 처리함

⑤ 해결 여부를 확인한 후 학습자에게 안내함

2) 진도, 과제, 시험 오류 해결

① 진도, 과제, 시험 중 어떤 부분에서 오류가 나는지 확인함

② 관리자 기능에서 해당 오류를 직접 처리함

• 일반적으로 진도율은 운영자가 직접 수정하지 못하게 되어 있는 경우가 많음 ❓

> → Check
>
> 진도율은 수료기준에 속하는 중요한 정보로, 운영자가 임의로 값을 수정하게 되면 그 자체로 부정행위 발생빈도를 높일 수 있으므로 별도의 요청에 따라 엔지니어가 처리하게 됨

• 과제, 평가는 평가결과가 명확한 경우 점수를 수정할 수 있는 기능이 있을 수 있음

• 과제, 평가를 관리하는 별도의 메뉴가 있으면 그 메뉴를 사용하면 됨

- 수료기준이 되지 않거나 수료 시에 문제가 있는 경우에는 강제 수료 처리를 할 수 있는 시스템이 존재할 수 있음

▶ 수료기준, 점수현황 확인 화면

수료기준 및 점수 현황 `강제수료처리`

평가항목	평가비중	과락기준	수료기준	나의점수	진행일	초기화
진도점수	100점	100% (100점)	100% 이상	진도율 : 16.67% 16.67점	-	-
총괄평가	0점	-	-	-	-	-
과제점수	0점	-	-	-	-	-
총점	100점	-	100점 이상	16.67점	-	-

- 과제의 경우 과제를 제출하였는지, 채점은 되었는지 등의 정보를 확인할 수 있음

▶ 채점 여부 확인 화면

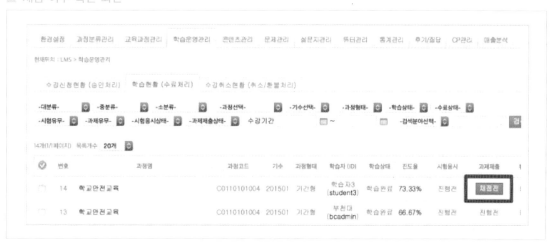

- 채점이 이루어지지 않았을 때는 채점 화면으로 들어가서 점수를 줄 수도 있고, 채점이 완료되었으나 점수에 이상이 있는 경우에는 점수를 변경할 수도 있음
- 관련된 기능은 학습관리시스템마다 서로 다르기 때문에 해당하는 기능이 있는 경우에만 사용할 수 있다는 점을 인지해야 함
- 모사답안 여부에 따라서는 모사답안에 대한 정보를 운영자가 모니터링하고 관련 정보를 수정할 수 있음

모사답안 여부 확인 화면

• 과제 및 평가에 문제가 생겨 초기화시켜야 하는 상황이 발생할 경우, 학습관리시스템의 초기화 버튼을 통해 문제를 바로 해결할 수 있음

점수현황 확인 화면

평가항목	평가비중	과락기준	수료기준	나의점수	진행일	초기화
진도점수	30점	60% (18점)	60% 이상	진도율 : 73.33% 22점	-	-
총괄평가	40점	60% (24점)	필수응시	36점	2015-07-29 22:28	평가초기화
과제점수	30점	60% (18점)	필수제출	25점	2015-07-29 22:01	과제초기화
총점	100점	-	60점 이상	83점		

수료기준 및 점수 현황 강제수료처리

• 수료증 관련된 문제 발생 시 관련 정보를 확인한 후 처리할 수 있음

수료증 확인 화면

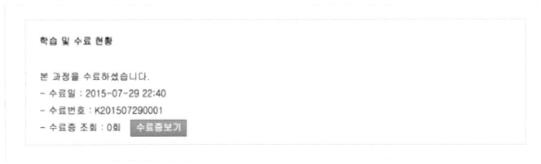

③ 기술 지원팀의 도움을 받아야 하는 경우 해당 부서와 의사소통하여 처리함
④ 해결 여부를 확인한 후 학습자에게 안내함

1

켈러의 동기부여 이론 중 '주의집중'과 관련된 전략으로 옳은 것은?

① 학습자와 친밀한 내용 제시
② 연습 문제를 통한 적용 기회 제공
③ 쉬운 것에서 어려운 것으로 과제 제시
④ 중요한 내용 텍스트 깜빡임

해설

'중요한 내용 텍스트 깜빡임'은 주의집중 중 지각적 주의 환기와 관련된 전략이다.

2

켈러의 ARCS 이론 중 다음 〈보기〉에서 설명하는 하위 동기전략과 관련된 것은?

보기

- 교육을 성공적으로 마칠 수 있도록 다양하고 도전적인 경험을 제공한다.
- 교육을 성공적으로 마칠 수 있는 요구 조건과 평가 기준을 명확히 제시한다.
- 교육생 개개인의 학습복표 달성을 위한 노력에 다양하고 적극적인 피드백을 제공한다.

① 주의집중
② 관련성
③ 자신감
④ 만족감

해설

성공 기회를 부여, 교육 요건과 평가 기준 제시, 다양하고 적극적 피드백 제공은 '자신감(Confidence)'과 관련된 동기부여 전략이다.

3

상호작용의 종류 중 다음 내용에서 설명하는 개념으로 옳은 것은?

학습자들이 서로를 이해하며 공감하는 데에 큰 도움을 주며 온라인 토론, 공동작업, 토의 및 피드백 등을 통해 팀워크를 강화하여 효과적인 학습을 끌어내는 데 이바지한다.

① 학습자－학습자
② 학습자－운영자
③ 학습자－교·강사
④ 학습자－콘텐츠

해설

온라인 토론, 공동작업, 토의 및 피드백 등은 학습자－학습자 상호작용이다.

4

다음 〈보기〉는 이러닝 교육환경에서 어떤 종류의 상호작용에 대한 것인가?

보기

- 강의 수강 등의 학습 중에 학습장애가 발생했을 때 고객센터의 1:1 질문하기 기능을 통해 문의하면서 발생하는 상호작용
- 신속한 학습장애 해결이 요구됨

① 학습자－학습자
② 학습자－운영자
③ 학습자－교·강사
④ 학습자－콘텐츠

해설

〈보기〉는 학습 과정에서 문제가 발생할 때, 학습자와 운영자 간에 발생하는 상호작용에 대한 설명이다.

5

LMS상의 학습자 소통 도구가 <u>아닌</u> 것은?

① 콜센터   ② 게시판
③ 쪽지   ④ SMS

해설

콜센터는 LMS상의 학습자 소통 도구가 아니다.

6

학습 참여 독려 수단으로 바람직하지 <u>않은</u> 것은?

① 문자   ② 이메일
③ 푸시메시지   ④ 팩스

해설

팩스는 학습 참여 독려 수단으로 적절하지 않다.

7

이러닝 운영자의 수강오류 해결방법으로 <u>잘못된</u> 것은?

① 관리자 기능에서 직접 해결하는 경우에는 기존 데이터에 영향을 주는 것인지를 면밀하게 검토해야 한다.
② 진도 관련 데이터를 운영자가 직접 수정한다.
③ 운영자가 직접 처리하지 못할 때는 기술 지원팀에 요청하여 처리한다.
④ 과제, 평가 관련 점수는 별도 메뉴를 통해 수정할 수 있다.

해설

진도율은 수료기준에 속하는 중요한 정보로, 운영자가 임의로 값을 수정하게 되면 그 자체로 부정행위 발생 빈도를 높일 수 있다. 따라서 별도의 요청에 따라 기술 지원팀에서 처리하여야 한다.

8

다음 중 이러닝 학습자 환경에 해당하지 <u>않는</u> 것은?

① 인터넷 접속 환경
② 접속 기기
③ 소프트웨어
④ 사무환경

해설

사무실은 이러닝 학습자의 환경과 관련이 없다.

9

원격지원이 필요한 문제상황으로 볼 수 <u>없는</u> 것은?

① 원격지원 방법을 모른다.
② 학습 창이 자동으로 닫힌다.
③ 로그인되지 않는다.
④ 학습 진행사항이 반영되지 않는다.

해설

학습 진행사항이 반영되지 않는 문제는 학습지원시스템의 문제상황이므로 원격지원이 필요하지 않다.

10

이러닝 학습 진행 이후 효과적인 학습 촉진 전략에 대한 설명으로 <u>틀린</u> 것은?

① 학습자들이 참고할 수 있는 보충·심화 자료를 제공한다.
② 학습 커뮤니티는 도움이 되지 않는다.
③ 복습의 기회를 제공한다.
④ 실제 적용 가능한 프로젝트 수행 기회를 제공한다.

해설

적극적이고 자유로운 상호작용을 위해 학습 커뮤니티를 운영할 필요가 있다.

11

학습 전략이 적절하게 반영된 이러닝의 특징이 <u>아닌</u> 것은?

① 교수자는 촉진자 역할을 수행하여야 한다.
② 상호작용을 촉진해야 한다.
③ 이러닝 학습 전략은 교수자 중심으로 구현되어야 한다.
④ 학습자는 자신의 학습에 대해 지속해서 모니터링할 수 있어야 한다.

해설

이러닝 학습 전략은 교수자 중심이 아닌 학습자 중심으로 구현되어야 한다.

03 이러닝 운영 활동 관리

1 운영활동 계획

학습목표

① 운영활동이 진행되는 절차를 운영 전, 운영 중, 운영 후로 구분하여 정리할 수 있다.
② 운영활동 진행 절차별 목표와 평가 준거를 기술할 수 있다.
③ 운영활동 진행 절차별 운영활동 분석을 위한 양식을 기획하여 이를 제작할 수 있다.

(1) 운영 단계별 절차 및 수행내용

운영과정		세부 수행내용
운영 준비	운영 기획과정	• 운영 요구 분석 • 운영 제도 분석 • 운영 계획 수립
	운영 준비과정	• 운영환경 분석 • 교육과정 개설 • 학사일정 수립
운영 실시	학사관리	• 학습자 관리 • 성적처리 • 수료 관리
	교·강사 활동 지원	• 교·강사 선정 관리 • 교·강사 활동 안내 • 교·강사 수행 관리 • 교·강사 불편사항 지원
	학습활동 지원	• 학습환경 지원 • 학습과정 안내 • 학습촉진 • 수강오류 관리
	고객 지원	• 고객 유형 분석 • 고객 채널 관리 • 게시판 관리 • 고객 요구사항 지원
	과정 평가 관리	• 과정 만족도 조사 • 학업성취도 관리 • 과정 평가 타당성 검토 • 과정 평가 결과 보고

운영 종료 후	운영성과 관리	• 콘텐츠 평가관리 • 교 · 강사 평가관리 • 시스템 운영 결과관리 • 운영활동 결과 관리 • 개선사항 관리 • 최종 평가보고서 작성
	유관부서 업무 지원	• 매출업무 지원 • 사업기획업무 지원 • 콘텐츠업무 지원 • 영업업무 지원

(2) 단계별 평가 준거

1) 운영 준비활동

① **운영환경 준비활동 수행 여부에 대한 고려사항:** 이러닝 과정 운영자는 운영계획서에 따른 운영환경 준비활동에 대한 점검을 위해 다음의 내용에 대한 수행 여부를 확인해야 함

> • 이러닝 서비스를 제공하는 학습 사이트를 점검하여 문제점을 해결하였는가?
> • 이러닝 운영을 위한 학습관리시스템(LMS)을 점검하여 문제점을 해결하였는가?
> • 이러닝 학습지원 도구의 기능을 점검하여 문제점을 해결하였는가?
> • 이러닝 운영에 필요한 다양한 멀티미디어 기기에서의 콘텐츠 구동 여부를 확인하였는가?
> • 교육과정별로 콘텐츠의 오류 여부를 점검하여 수정을 요청하였는가?

② **교육과정 개설활동 수행 여부에 대한 고려사항:** 이러닝 과정 운영자는 운영계획서에 따른 교육과정 개설활동에 대한 점검을 위해 다음의 내용에 대한 수행 여부를 확인해야 함

> • 학습자에게 제공 예정인 교육과정의 특성을 분석하였는가?
> • 학습관리시스템(LMS)에 교육과정과 세부 차시를 등록하였는가?
> • 학습관리시스템(LMS)에 공지사항, 강의계획서, 학습 관련자료, 설문, 과제, 퀴즈 등을 포함한 사전자료를 등록하였는가?
> • 학습관리시스템(LMS)에 교육과정별 평가문항을 등록하였는가?

③ **학사일정 수립활동 수행 여부에 대한 고려사항:** 이러닝 과정 운영자는 운영계획서에 따른 학사일정을 수립하는 활동에 대한 점검을 위해 다음의 내용에 대한 수행 여부를 확인해야 함

> • 연간 학사일정을 기준으로 개별 학사일정을 수립하였는가?
> • 원활한 학사 진행을 위해 수립된 학사일정을 협업부서에 공지하였는가?
> • 교 · 강사의 사전 운영 준비를 위해 수립된 학사일정을 교 · 강사에게 공지하였는가?
> • 학습자의 사전 학습 준비를 위해 수립된 학사일정을 학습자에게 공지하였는가?
> • 운영 예정인 교육과정에 대해 서식과 일정을 준수하여 관계기관에 절차에 따라 신고하였는가?

④ 수강신청 관리활동 수행 여부에 대한 고려사항: 이러닝 과정 운영자는 운영계획서에 따른 수강신청 관리활동에 대한 점검을 위해 다음의 내용에 대한 수행 여부를 확인해야 함

- 개설된 교육과정별로 수강신청 명단을 확인하고 수강 승인처리를 하였는가?
- 교육과정별로 수강 승인된 학습자를 대상으로 교육과정 입과를 안내하였는가?
- 운영 예정 과정에 대한 운영자 정보를 등록하였는가?
- 운영을 위해 개설된 교육과정에 교·강사를 지정하였는가?
- 학습과목별로 수강 변경사항에 대한 사후처리를 하였는가?

2) 학사관리 지원

① 학습자 정보 확인활동 수행 여부에 대한 고려사항: 이러닝 과정 운영자는 운영계획서에 따른 학습자 정보를 확인하는 활동에 대한 점검을 위해 다음의 내용에 대한 수행 여부를 확인해야 함

- 과정에 등록된 학습자 현황을 확인하였는가?
- 과정에 등록된 학습자 정보를 관리하였는가?
- 중복신청을 비롯한 신청오류 등을 학습자에게 안내하였는가?
- 과정에 등록된 학습자 명단을 감독기관에 신고하였는가?

② 성적 처리활동 수행 여부에 대한 고려사항: 이러닝 과정 운영자는 운영계획서에 따른 성적처리활동에 대한 점검을 위해 다음의 내용에 대한 수행 여부를 확인해야 함

- 평가기준에 따른 평가항목을 확인하였는가?
- 평가항목별 평가 비율을 확인하였는가?
- 학습자가 제기한 성적에 대한 이의신청 내용을 처리하였는가?
- 학습자의 최종성적 확정 여부를 확인하였는가?
- 과정을 이수한 학습자의 성적을 분석하였는가?

③ 수료 관리활동 수행 여부에 대한 고려사항: 이러닝 과정 운영자는 운영계획서에 따른 수료 관리활동에 대한 점검을 위해 다음의 내용에 대한 수행 여부를 확인해야 함

- 운영계획서에 따른 수료기준을 확인하였는가?
- 수료기준에 따라 수료자, 미수료자를 구분하였는가?
- 출결, 점수미달을 포함한 미수료 사유를 확인하여 학습자에게 안내하였는가?
- 과정을 수료한 학습자에 대하여 수료증을 발급하였는가?
- 감독기관에 수료 결과를 신고하였는가?

3) 교·강사 지원

① 교·강사 선정 관리활동 수행 여부에 대한 고려사항: 이러닝 과정 운영자는 운영계획서에 따른 교·강사 선정 관리활동에 대한 점검을 위해 다음의 내용에 대한 수행 여부를 확인해야 함

- 자격요건에 부합되는 교·강사를 선정하였는가?
- 과정 운영전략에 적합한 교·강사를 선정하였는가?
- 교·강사 활동평가를 토대로 교·강사를 변경하였는가?
- 교·강사 정보보호를 위한 절차와 정책을 수립하였는가?
- 과정별 교·강사의 활동 이력을 추적하여 활동 결과를 정리하였는가?
- 교·강사 자격심사를 위한 절차와 준거를 마련하여 이를 적용하였는가?

② 교·강사 사전 교육활동 수행 여부에 대한 고려사항: 이러닝 과정 운영자는 운영계획서에 따른 교·강사 사전 교육활동에 대한 점검을 위해 다음의 내용에 대한 수행 여부를 확인해야 함

- 교·강사 교육을 위한 매뉴얼을 작성하였는가?
- 교·강사 교육에 필요한 자료를 문서화하여 교육에 활용하였는가?
- 교·강사 교육목표를 설정하여 이를 평가할 수 있는 준거를 수립하였는가?

③ 교·강사 활동의 안내활동 수행 여부에 대한 고려사항: 이러닝 과정 운영자는 운영계획서에 따른 교·강사 활동의 안내활동에 대한 점검을 위해 다음의 내용에 대한 수행 여부를 확인해야 함

- 운영계획서에 기반하여 교·강사에게 학사일정, 교수학습환경을 안내하였는가?
- 운영계획서에 기반하여 교·강사에게 학습평가지침을 안내하였는가?
- 운영계획서에 기반하여 교·강사에게 교·강사 활동 평가기준을 안내하였는가?
- 교·강사 운영매뉴얼에 기반하여 교·강사에게 학습촉진 방법을 안내하였는가?

④ 교·강사 활동의 개선활동 수행 여부에 대한 고려사항: 이러닝 과정 운영자는 운영계획서에 따른 교·강사 활동의 개선활동에 대한 점검을 위해 다음의 내용에 대한 수행 여부를 확인해야 함

- 학사일정에 기반하여 과제 출제, 첨삭, 평가문항 출제, 채점 등을 독려하였는가?
- 학습자 상호작용이 활성화될 수 있도록 교·강사를 독려하였는가?
- 학습활동에 필요한 보조자료 등록을 독려하였는가?
- 운영자가 교·강사를 독려한 후 교·강사 활동의 조치 여부를 확인하고 교·강사 정보에 반영하였는가?
- 교·강사 활동과 관련된 불편사항을 조사하였는가?
- 교·강사 불편사항에 대한 해결방안을 마련하고 지원하였는가?
- 운영자가 처리 불가능한 불편사항을 실무부서에 전달하고 처리 결과를 확인하였는가?

4) 학습활동 지원

① 학습환경 지원활동 수행 여부에 대한 고려사항: 이러닝 과정 운영자는 운영계획서에 따른 학습환경 지원활동에 대한 점검을 위해 다음의 내용에 대한 수행 여부를 확인해야 함

- 수강이 가능한 PC, 모바일 학습환경을 확인하였는가?
- 학습자의 학습환경을 분석하여 학습자의 질문 및 요청사항에 대처하였는가?
- 학습자의 PC, 모바일 학습환경을 원격지원하였는가?
- 원격지원상에서 발생하는 문제상황을 분석하여 대응 방안을 수립하였는가?

② 학습 안내활동 수행 여부에 대한 고려사항: 이러닝 과정 운영자는 운영계획서에 따른 학습 안내활동에 대한 점검을 위해 다음의 내용에 대한 수행 여부를 확인해야 함

- 학습을 시작할 때 학습자에게 학습 절차를 안내하였는가?
- 학습에 필요한 과제수행 방법을 학습자에게 안내하였는가?
- 학습에 필요한 평가기준을 학습자에게 안내하였는가?
- 학습에 필요한 상호작용 방법을 학습자에게 안내하였는가?
- 학습에 필요한 자료등록 방법을 학습자에게 안내하였는가?

③ 학습 촉진활동 수행 여부에 대한 고려사항: 이러닝 과정 운영자는 운영계획서에 따른 학습 촉진활동에 대한 점검을 위해 다음의 내용에 대한 수행 여부를 확인해야 함

- 운영계획서 일정에 따라 학습진도를 관리하였는가?
- 운영계획서 일정에 따라 과제와 평가에 참여할 수 있도록 학습자를 독려하였는가?
- 학습에 필요한 상호작용을 활성화할 수 있도록 학습자를 독려하였는가?
- 학습에 필요한 온라인 커뮤니티 활동을 지원하였는가?
- 학습과정 중에 발생하는 학습자의 질문에 신속히 대응하였는가?
- 학습활동에 적극적으로 참여하도록 학습동기를 부여하였는가?
- 학습자에게 학습 의욕을 고취하는 활동을 수행하였는가?
- 학습자의 학습활동 참여의 어려움을 파악하고 해결하였는가?

④ 수강오류 관리활동 수행 여부에 대한 고려사항: 이러닝 과정 운영자는 운영계획서에 따른 수강오류 관리활동에 대한 점검을 위해 다음의 내용에 대한 수행 여부를 확인해야 함

- 학습진도 오류 등 학습활동에서 발생한 각종 오류를 파악하고 이를 해결하였는가?
- 과제나 성적 처리상의 오류를 파악하고 이를 해결하였는가?
- 수강오류 발생 시 내용과 처리방법을 공지사항을 통해 공지하였는가?

5) 과정 평가관리

① 과정 만족도 조사활동 수행 여부에 대한 고려사항: 이러닝 과정 운영자는 운영계획서에 따른 과정 만족도 조사활동에 대한 점검을 위해 다음의 내용에 대한 수행 여부를 확인해야 함

- 과정 만족도 조사에 반드시 포함되어야 할 항목을 파악하였는가?
- 과정 만족도를 파악할 수 있는 항목을 포함하여 과정 만족도 조사지를 개발하였는가?
- 학습자를 대상으로 과정 만족도 조사를 수행하였는가?
- 과정 만족도 조사 결과를 토대로 과정 만족도를 분석하였는가?

② 학업성취도 관리활동 수행 여부에 대한 고려사항: 이러닝 과정 운영자는 운영계획서에 따른 학업성취도 관리활동에 대한 점검을 위해 다음의 내용에 대한 수행 여부를 확인해야 함

- 학습관리시스템(LMS)의 과정별 평가 결과를 근거로 학습자의 학업성취도를 확인하였는가?
- 학습자의 학업성취도 정보를 과정별로 분석하였는가?

- 유사 과정과 비교했을 때 학습자의 학업성취도가 크게 낮은 경우 그 원인을 분석하였는가?
- 학습자의 학업성취도를 향상하기 위한 운영전략을 마련하였는가?

6) 운영 성과관리

① **콘텐츠 운영 결과관리 활동 수행 여부에 대한 고려사항:** 이러닝 과정 운영자는 운영계획서에 따른 콘텐츠 운영 결과를 관리하는 활동에 대한 점검을 위해 다음의 내용에 대한 수행 여부를 확인해야 함

- 콘텐츠의 학습내용이 과정 운영목표에 맞게 구성되어 있는지 확인하였는가?
- 콘텐츠가 과정 운영의 목표에 맞게 개발되었는지 확인하였는가?
- 콘텐츠가 과정 운영의 목표에 맞게 운영되었는지 확인하였는가?

② **교·강사 운영 결과관리 활동 수행 여부에 대한 고려사항:** 이러닝 과정 운영자는 운영계획서에 따른 교·강사 운영 결과관리 활동에 대한 점검을 위해 다음의 내용에 대한 수행 여부를 확인해야 함

- 교·강사 활동의 평가기준을 수립하였는가?
- 교·강사가 평가기준에 적합하게 활동하였는지 확인하였는가?
- 교·강사의 질의응답, 첨삭지도, 채점 독려, 보조자료 등록, 학습 상호작용, 학습 참여, 모사답안 여부 확인을 포함한 활동의 결과를 분석하였는가?
- 교·강사의 활동에 대한 분석 결과를 피드백하였는가?
- 교·강사 활동 평가 결과에 따라 등급을 구분하여 다음 과정 운영에 반영하였는가?

③ **시스템 운영 결과관리 활동 수행 여부에 대한 고려사항:** 이러닝 과정 운영자는 운영계획서에 따른 시스템 운영 결과관리 활동에 대한 점검을 위해 다음의 내용에 대한 수행 여부를 확인해야 함

- 시스템 운영 결과를 취합하여 운영 성과를 분석하였는가?
- 과정 운영에 필요한 시스템의 하드웨어 요구사항을 분석하였는가?
- 과정 운영에 필요한 시스템 기능을 분석하여 개선 요구사항을 제안하였는가?
- 제안된 내용의 시스템 반영 여부를 확인하였는가?

(3) 단계별 필요 문서

1) 이러닝 운영 준비과정 관련 문서

① **이러닝 운영 준비과정의 구성:** 운영 기획과정, 운영 준비과정
② **주요 관련 자료:** 과정 운영계획서, 운영 관계 법령, 학습과목별 강의계획서, 교육과정별 과정 개요서 등

문서명	특징
과정 운영계획서	이러닝 과정을 운영하기 위한 계획을 담고 있는 자료
운영 관계 법령	이러닝 운영에 영향을 미치는 주요 법령
학습과목별 강의계획서	단위 운영과목에 관한 세부내용을 담고 있는 문서
교육과정별 과정 개요서	교육과정에 관한 세부내용을 담고 있는 문서

2) 이러닝 운영 실시과정 관련 문서

① 이러닝 운영 실시과정의 구성: 학사관리, 교·강사 활동 지원, 학습활동 지원, 고객지원, 과정 평가 관리

② 주요 관련 자료: 학습자 프로파일 자료, 교·강사 프로파일 자료, 교·강사 업무 현황 자료, 교·강사 불편사항 취합자료, 학습활동 지원 현황 자료, 고객지원 현황 자료, 과정 만족도 조사 자료, 학업성취도 자료, 과정 평가 결과 보고자료 등

문서명	특징
학습자 프로파일 자료	학습자에 관한 제반 정보를 담고 있는 자료
교·강사 프로파일 자료	교·강사에 관한 정보를 담고 있는 자료
교·강사 업무 현황 자료	과정 운영과정에서 교·강사가 수행한 업무활동에 관한 내용을 담고 있는 자료
교·강사 불편사항 취합자료	과정 운영과정에서 교·강사가 불편함을 호소한 내용을 어떻게 처리했는가에 대한 자료
학습활동 지원 현황 자료	학습자가 이러닝 학습을 수행하는 과정에서 적절한 지원을 받았는지에 대한 현황을 담고 있는 자료
고객지원 현황 자료	이러닝 고객에 대한 자료
과정 만족도 조사 자료	이러닝 과정의 학습활동에 관한 학습자 만족도를 조사하는 자료
학업성취도 자료	학습관리시스템에 등록된 학습자의 학업성취 기록에 관한 자료
과정 평가 결과 보고자료	이러닝 운영과정의 전반적인 결과를 보고하는 자료

3) 이러닝 운영 종료 후 과정 관련 문서

① 이러닝 운영 종료 후 과정의 구성: 운영 성과관리, 유관부서 업무지원 과정

② 주요 관련 자료: 과정 운영계획서, 콘텐츠 기획서, 교·강사 관리 자료, 시스템 운영 현황 자료, 성과 보고 자료, 매출 보고서, 운영 결과보고서, 콘텐츠 요구사항 정의서 등

문서명	특징
과정 운영계획서	이러닝 과정을 운영하기 위한 계획을 담고 있는 자료
콘텐츠 기획서	이러닝 콘텐츠에 관한 기획 내용을 담고 있는 자료
교·강사 관리 자료	과정 운영에 참여한 교·강사 활동에 관한 관리 자료
시스템 운영 현황 자료	이러닝 시스템의 운영 결과를 취합한 성과 분석 자료
성과 보고 자료	이러닝 과정 운영활동에 대한 결과를 보고하는 자료
매출 보고서	이러닝 운영 결과에 대한 매출 자료

(4) 단계별 운영계획서

① 이러닝 과정 운영자는 각 단계별 평가준거를 활용하여 운영절차 수행 여부를 확인할 수 있는 양식을 작성·활용할 수 있음

② 학습자 정보 확인활동 수행 여부 점검의 예

활동 확인문항	수행 여부 확인
과정에 등록된 학습자 현황을 확인하였는가?	
과정에 등록된 학습자 정보를 관리하였는가?	
중복신청을 비롯한 신청오류 등을 학습자에게 안내하였는가?	
과정에 등록된 학습자 명단을 감독기관에 신고하였는가?	

③ 교·강사 선정 관리활동 수행 여부 점검의 예

활동 확인문항	수행 여부 확인
자격요건에 부합되는 교·강사를 선정하였는가?	
과정 운영전략에 적합한 교·강사를 선정하였는가?	
교·강사 활동평가를 토대로 교·강사를 변경하였는가?	
교·강사 정보보호를 위한 절차와 정책을 수립하였는가?	
과정별 교·강사의 활동 이력을 추적하여 활동 결과를 정리하였는가?	
교·강사 자격심사를 위한 절차와 준거를 마련하여 이를 적용하였는가?	

2 운영활동 진행

📁 학습목표

1 학습자 관점에서 효과적인 학습이 이루어질 수 있도록 운영활동을 수행할 수 있다.
2 운영자 관점에서 효율적인 관리가 이루어질 수 있도록 운영활동을 수행할 수 있다.
3 시스템의 관점에서 효율적인 관리가 될 수 있도록 운영활동을 수행할 수 있다.
4 학습자 만족이 이루어질 수 있도록 운영활동을 수행할 수 있다.
※ 운영활동에 대한 내용은 별도 절로 편성하여 다루므로 본 절에서는 생략하였으며, 생략되는 내용은 참고 표시를 하였음

(1) 학습자 관점의 효과적인 운영활동

운영활동	특징
학습환경 지원활동	학습자의 학습환경을 분석하여 학습자의 질문 및 요청에 대응하고, 문제상황을 분석하여 대응방안을 수립하는 활동 PART 02-CHAPTER 02-1. 학습환경 지원 참고
학습 안내활동	원활한 학습을 위해 학습 절차와 과제 수행방법, 평가기준, 상호작용방법 등을 학습자에게 안내하는 활동 PART 02-CHAPTER 02-2. 학습활동 안내 참고

학습촉진활동	일정에 따라 학습진도를 관리하고 학습자가 과제와 평가에 참여할 수 있도록 독려하며, 학습자의 학습의욕이 고취되도록 지원하는 활동 PART 02 - CHAPTER 02 - 3. 학습활동 촉진 참고
수강오류 관리활동	학습활동에서 발생한 각종 오류를 파악하고 해결하며, 수강오류 발생 시 처리방법을 학습자들에게 공지하는 활동 PART 02 - CHAPTER 02 - 4. 수강오류 관리 참고

(2) 운영자 관점의 효과적인 운영활동

운영활동	특징
운영환경 준비	학습사이트, 학습관리시스템, 학습지원도구 기능을 점검하여 문제를 해결하고 다양한 멀티미디어 기기에서의 콘텐츠 구동 여부를 확인하는 활동 PART 01 - CHAPTER 05 - 1. 운영환경 분석 참고
교육과정 개설활동	교육과정의 특성을 분석하고 학습관리시스템에 세부 차시, 사전자료, 평가문항을 등록하는 활동 PART 01 - CHAPTER 05 - 2. 교육과정 개설 참고
학사일정 수립활동	연간 학사일정을 기준으로 개별 학사일정을 수립하고, 원활한 학사 진행을 위해 협업부서와 교·강사, 학습자에게 공지하며 절차에 따라 운영 예정 교육과정을 관계기관에 신고하는 활동 PART 01 - CHAPTER 05 - 3. 학사일정 수립 참고
수강신청 관리활동	과정별 수강신청 명단을 확인한 후 수강 승인처리를 하고, 승인된 학습자를 대상으로 입과 안내를 하며 운영 예정 과정에 운영자, 교·강사 지정을 하는 활동 PART 01 - CHAPTER 05 - 4. 수강신청 관리 참고
학습자 정보 확인활동	과정에 등록된 학습자 현황과 정보를 확인하고 신청오류 등을 학습자에게 안내하며, 등록된 학습자 명단을 감독기관에 신고하는 활동
성적처리활동	평가기준에 따른 평가항목을 확인하고, 평가항목별 평가비율 확인 후 학습자가 제기한 성적에 대한 이의신청 내용을 처리하며 최종성적을 확인·분석하는 활동
수료 관리활동	운영계획서에 따른 수료기준을 확인 후 미수료자를 확인하여 학습자에게 안내하며, 수료한 학습자에게 수료증을 발급하고 수료결과를 감독기관에 신고하는 활동
교·강사 선정 관리활동	자격요건에 부합하고 과정 운영전략에 적합한 교·강사를 선정하고 교·강사 활동평가를 토대로 교·강사를 변경하며, 교·강사의 활동 이력을 추적하여 활동 결과를 정리하는 활동
교·강사 사전교육활동	교·강사 교육을 위한 매뉴얼을 작성하고, 교육에 필요한 자료를 문서로 만들어 교육에 활용하며 교·강사 교육목표를 설정하여 이를 평가할 수 있는 준거를 수립하는 활동
교·강사 활동의 안내활동	운영계획서에 기반하여 교·강사에게 학사일정, 교수학습환경, 학습평가지침, 활동 평가기준, 학습촉진방법을 안내하는 활동
교·강사 활동의 개선활동	학사일정에 기반하여 교·강사에게 과제 출제, 첨삭, 평가문항 출제, 채점, 학습자 상호작용 등을 독려하고, 교·강사 활동과 관련된 불편사항을 조사하여 그에 대한 해결방안을 마련·지원하는 활동

1) 학습자 정보 확인활동

① 과정에 등록된 학습자 현황과 정보를 확인

순서	특징
학습자 현황 확인	과정에 등록된 학습자 현황은 '관리자 ID로 로그인하기 → 회원관리 메뉴 클릭하기 → 회원목록 확인하기'의 순서로 확인할 수 있음
학습자 정보 관리	• 과정에 등록된 학습자 정보를 관리하기 위해서는 학습자 정보를 확인할 수 있어야 하며, 정보가 유출되지 않도록 주의해야 함 • 개인정보의 변경은 학습자 본인이 인증을 거쳐 직접 수정하는 것을 원칙으로 하지만, 상황에 따라(예 학습자 소속기관의 공문 요청 시) 운영 관리자가 직접 수정할 수 있음

② 신청오류 등을 학습자에게 안내
- 과정 신청자가 신청을 잘못하면 시스템상의 기술로 알림창을 제시해주는 것이 일반적이나, 시스템상으로 구현할 수 없는 경우에는 전화상담의 요령이 필요함
- 전화상담의 모든 상황은 MOT(Moment of Truth)임을 인지해야 함

순서	특징
불편사항 경청	학습자의 불편사항을 성심성의껏 듣고, 의견 대립을 하지 않으며, 학습자의 불편사항을 긍정적으로 받아들임
원인 분석	• 학습자가 가진 불만의 핵심을 파악하여 학습자의 착오는 없었는지를 검토함 • 과거 사례와 비교해보는 과정을 통해 즉시 대답할 수 있는 문제인지를 고려함
해결책 마련	이러닝 과정 운영기관의 방침을 따라 결정하며 상담자의 권한이 아닌 경우에는 고객상담을 이관하되, 진행은 본인이 함

③ 등록된 학습자 명단을 감독기관에 신고
- 이러닝 학습자 명단을 감독기관에 신고하는 경우 공문서 기안을 통해 첨부파일로 명단을 '붙임'하는 것을 원칙❓으로 함

→ Check

구두 보고는 실제 법적 효력이 없으므로 거의 사용되지 않음

- 대학교육의 경우에는 교육부, 재직자·실업자 대상 환급과정의 경우에는 고용노동부, 학점은행제 관련 사업의 경우에는 국가평생교육진흥원이 감독기관이 됨

감독기관	특징
교육부	• 1945년 설립된 중앙행정기관 • 인적 자원 개발정책 및 교육정책 수립, 학교교육·평생교육 관장을 목적으로 함 • 주요 활동·업무: 초·중·고등교육, 평생교육, 인적 자원 개발정책, 학술 등에 관한 정책 수립·시행, 사무 관장, 교육기관·소속기관·산하단체의 지휘 및 감독 등

고용노동부	• 1948년 '노동국'으로 시작하여, 여러 단계의 조직개편을 거쳐 2010년 고용노동부로 정식 개편된 중앙행정기관 • 고용정책과 근로에 관한 업무를 관장하는 것을 목적으로 함 • 주요 활동·업무: 고용정책의 수립·시행, 근로기준 수립, 근로자 복지업무 수행, 노사관계 조정·지원, 산업안전·재해 예방, 직업능력개발, 고용평등 실현, 세계노동 정보 공유를 통한 국제 협력 등
국가평생교육 진흥원	• 평생교육 진흥과 관련된 업무를 효율적으로 수행함으로써 국민의 평생교육 활성화에 이바지하기 위한 목적으로 설립된 교육부 산하의 평생교육 전담 공공기관 • 국가의 평생교육 진흥과 국민의 평생학습을 지원할 목적으로 2008년 1월에 설립되어 같은 해 2월 15일 개원하였음

2) 성적처리활동

① 평가기준에 따른 평가항목 확인
  • 이러닝 과정에는 다양한 평가기준과 평가항목이 존재하며, 일반적인 이러닝 시스템은 평가항목별 반영비율을 함께 제시함
  • 이러닝 과정 운영자는 시스템상으로 제시된 평가항목 및 항목별 평가비율이 교·강사가 제출한 평가계획표와 일치하는지 확인해야 함

② 실제 평가계획서와 평가항목, 평가비율 비교
  • 이러닝 과정 운영 관리자는 실제 교·강사가 제출한 평가계획서가 포함된 과정 운영계획서를 가지고 있어야 함
  • 평가계획서에서 제시된 평가항목, 평가비율 등과 이러닝 시스템에서 구축된 평가항목, 평가비율 등이 일치하는지를 반드시 확인해야 함

③ 학습자가 제기한 성적에 대한 이의신청 처리
  • 이러닝 학습자는 성적에 대해 부당함을 느낄 때 취소·변경을 신청하며, 이 과정에서 억울함을 호소하거나 감정적인 말을 할 수 있으므로 과정 운영자는 언제나 친절하고 침착하게 이의신청을 처리해야 함
  • 이의신청 방법은 전화 또는 이메일 신청, 게시판 상담코너 활용 등 다양하며, 전화상담 신청이 가장 많이 활용되므로 대응방법을 숙지하여야 함

순서	특징
학습자의 이의신청 사항 경청	• 학습자의 이의신청 사항을 일단 경청함 • 전화상담 신청자는 상담자가 자신의 불만을 들어주고 호응해주면 감정적인 반응을 자제하는 경향이 있음
학습자가 이의신청한 이유 분석	• 학습자 불만의 핵심을 파악하고, 학습자의 착오가 없는지를 먼저 확인함 • 정당한 이의 제기일 경우 운영 관리자는 단순 데이터 누락 또는 시스템상 오류인지, 교·강사의 평가절차상의 잘못인지를 신속하게 파악해야 함 • 성적에 대한 이의신청일 경우, 과정 운영자가 실시간으로 문제를 해결하기 어려우므로 학습자에게 양해를 구한 후 시간적 여유를 두고 파악해야 함

학습자에게 해결방안 제시	• 시스템상 오류일 경우: 신속한 처리를 약속하며 해결 시점을 제시함 • 시스템상 오류가 아닐 경우: 교·강사에게 연락하여 문제 해결을 부탁함 • 이러닝 운영 관리자는 교·강사 처리가 빠르게 진행될 수 있도록 중간에서 조율해줘야 함
학습자에게 해결방안 전달	신속하게 해결책을 마련하고, 학습자에게 친절하게 설명함
개선사항 반영	결과 검토를 통해 동일한 문제의 이의신청이 없도록 개선사항을 반영함

④ 최종성적 확인: 이러닝 과정 운영자는 최종성적 산출 결과를 이의신청이 끝나는 대로 학습자가 확인할 수 있도록 해야 함

방법	특징
관련 메뉴 확인	관리자 로그인 화면의 [교육 관리 → 교육현황 및 결과관리 → 학습 결과관리] 메뉴를 통해 학습자의 성적을 확인할 수 있음
스프레드시트 프로그램 문서로 저장	• 성적 분석작업의 수행에 필요한 작업 • 전체 학습자 또는 선택한 일부 학습자에 대한 성적 정보를 엑셀 문서로 다운받을 수 있음 • 학습 결과관리 화면에서 [엑셀 전체 저장] 또는 [엑셀 선택 저장] 버튼을 누름

⑤ 학습자 정보에 따른 성적 분석
  • 이러닝 운영 관리자는 성적에 대한 분석작업을 수행ⓐ할 수 있음

→ Check

  평가문항에 대한 분석은 교·강사가 수행하는 영역

  • 다수의 데이터에 대한 분석·통계 처리를 위해서는 엑셀 기본메뉴의 활용이 추천됨

엑셀 기능	특징
필터기능을 통해 필요한 데이터 선택·확인	• 엑셀은 필터기능을 통해 과정 운영자가 필요한 데이터를 선택·확인할 수 있는 기능을 제공함 • '데이터 – 필터'를 클릭하면 다운받은 표의 항목별로 콤보박스가 생성되며, 원하는 항목을 체크하면 필요한 데이터를 뽑아낼 수 있음
차트기능을 통해 보고서 작성	• 엑셀은 다양한 차트 구성을 제공하며 사용자의 데이터 활용을 도움 • 주로 사용되는 차트는 세로막대형으로, 시간 경과에 따른 데이터 변동 및 항목별 비교작업 시 유용함

3) 수료 관리활동

① 수료기준 확인을 통해 수료자, 미수료자 구분
  • 교과의 운영 계획서에는 수료기준이 제시되어 있음
  • 성적처리가 완료된 후에 이러닝 운영 관리자는 수료 처리를 진행할 수 있음
  • 교과의 운영 계획서에 제시된 수료기준이 이러닝 시스템과 일치하는지 확인한 후 수료 처리를 진행함

순서	방법
관리자 ID로 로그인	주어진 관리자 ID·비밀번호를 이용해서 관리자 모드로 로그인함
교육관리 메뉴 클릭	관리자 모드로 로그인한 후 교육관리 메뉴를 클릭함
수료 처리 시행	교육관리 메뉴를 클릭 후 수강·수료 관리에서 수료 처리를 시행함
수료, 미수료 구분	과정별 학습 결과관리 메뉴를 클릭하면 진도율, 항목별 점수, 총점, 수료 여부 등을 확인할 수 있음

② 미수료 사유를 확인하여 안내
- 학습 결과를 보면 수료 여부를 확인할 수 있음
- 운영 계획서에 제시된 미수료 사유와 시스템상 구현된 미수료 여부가 일치하는지 확인함

순서	방법		
미수료 사유 확인	• 대표적인 미수료 사유로는 출석 부족, 성적 미달 등이 있음 • 학습자는 운영 계획서에 나와 있는 기본 출석 횟수를 지켜야 하며, 성적은 일반적으로 60점을 기준으로 함 • 과정에 따라 과제 제출 여부가 수료, 미수료를 결정하는 경우도 있음		
미수료 안내	• 미수료 안내 시 이메일 또는 단체 문자메시지 전송 서비스를 활용함 • 미수료 안내 순서		
	인사	유감 표현을 포함한 간단한 인사말을 적음	
	본문	• 과정이 미수료되었음을 알리고 출석 부족, 성적 미달 등 그 이유를 간단하게 설명함 • 미수료 사유를 자세히 확인할 수 있는 페이지 주소를 링크 걸어두는 것이 좋음	
	상담번호 안내	대표 상담번호를 안내함	
	마무리 인사	• 마무리 인사를 통해 학습자가 실망을 느끼지 않도록 함 • 미수료 안내메시지 예시 안녕하세요. PY러닝메이트 운영관리팀입니다. test님께서는 안타깝게도 수료기준 총점 60점 이상을 통과하지 못하셨습니다. 자세한 사항은 http://test.edu.co.kr에서 확인하실 수 있으며 대표번호 1588-0000에서 상담받으실 수 있습니다. PY러닝메이트는 test님과 더 좋은 강의로 만나기를 기대합니다. 감사합니다.	

③ 수료한 학습자에게 수료증 발급
- 이러닝 운영 관리자는 수료 처리가 완료된 후 수료증을 발급할 수 있음
- 발급 전에 수료증에 표현된 정보들이 정확한지 재확인해야 함

순서	방법
관리자 ID로 로그인	주어진 관리자 ID·비밀번호를 이용해서 관리자 모드로 로그인함
교육관리 메뉴 클릭	관리자 모드로 로그인 후 교육관리 메뉴를 클릭함
수료증 관리 메뉴 클릭	교육관리 메뉴를 클릭 후 수료증 관리 메뉴를 클릭함
수료증 제작	• 기존 양식을 활용하여 수료증을 제작하거나 새롭게 제작함 • 새로 제작할 경우 시스템에서 제공하는 수료번호, 과정명, 교육기간, 기타 수료증에 추가할 항목 등을 정할 수 있으며, 새로운 배경이미지를 활용할 수도 있음

④ 수료 결과를 감독기관에 신고하는 활동
  • 과정을 수료한 학습자 명단을 신고하기 위해서는 먼저 수료자 명단을 확인한 후, 문서 첨부가 가능한 한글 또는 엑셀 파일로 명단을 준비해야 함
  • 명단 작성 후 공문서 기안 절차에 따라 문서 작성을 완료함

순서	방법	
수료자 명단 확보	• [교육현황 및 결과관리 → 엑셀저장] 과정을 통해 수료자 명단을 파일로 저장함 • 수료 구분에서는 전체가 아닌 [수료]를 선택함	
문서에 대한 보안 설정	다운 받은 후 '파일'을 엑셀의 '통합문서 보호' 기능을 활용해 통합문서 구조를 암호로 보호할 수 있음	

전자문서를 이용한 공문서 작성·발송	공문서 작성	• 전자문서에 로그인하기: 해당 사이트로 이동, 전자문서에 로그인함
		• 기안문 작성화면으로 이동하기
		  − 전자문서는 문서에 관한 내용뿐만 아니라 다양한 연계시스템을 가지고 있음
		  − 기안문 작성화면으로 이동함
		• 기안문에 대한 정보 입력하기
		  − 문서 제목, 결재경로 지정, 수신자 지정 등을 수행함
		  − 최근의 공공기관 공문서는 대국민 공개 여부를 체크하게 되어 있으므로 비공개일 경우 그 사유를 밝혀야 함
		• 기안문 작성하기: 기안문을 작성하고, 첨부파일이 있는 경우 문서에 포함함

	공문서 발송	• 전자문서에 로그인하기: 해당 사이트로 이동, 전자문서에 로그인함
		• 발송 대기화면으로 이동하기: 최종결재권자의 결재가 마무리되었다면 기안자가 로그인했을 경우 발송 대기화면에 표시됨
		• 결재 문서 발송하기
		  − 문서를 수신기관에 발송함
		  − 발송 후 전체 문서 등록대장에 기록되어 있는지 확인함
		  − 문서 등록대장은 모든 수·발신 문서가 기록됨

4) 교·강사 선정 관리활동

① 교·강사의 자격요건: 노동부의 교·강사 자격 기준
  • 대학 및 산업대학, 전문대학 등을 졸업하였거나 이와 같은 수준 이상의 학력을 인정받은 후 해당 분야의 교육 훈련경력이 1년 이상인 사람
  • 연구기관 및 기업부설 연구소 등에서 해당 분야의 연구경력이 1년 이상인 사람
  • 「국가기술자격법」이나 그 밖의 법령에 따라 국가가 신설하여 관리·운영하는 해당 분야의 자격증을 취득한 사람

- 해당 분야에서 1년 이상의 실무경력이 있는 사람
- 그 밖에 해당 분야의 훈련생을 가르칠 수 있는 전문지식이 있는 사람으로서 고용노동부령으로 정하는 사람

② 교·강사의 선발방법·기준
- 기업교육에서 교·강사의 선발은 현직 교·강사의 추천 등의 형태로 선발하는 경우가 일반적이며, 원격훈련과정에서는 외주개발 시에 외주기관을 통해 교·강사를 함께 확보하는 경우가 많음
- 원격훈련기관의 등급이 높거나 훈련기관이 수도권 지역인 경우에는 채용전문기관, 관련 기업·업종별 단체, 자사 홈페이지를 통한 모집 등 상대적으로 비교적 다양하고 공개적인 구인활동이 체계적으로 이루어지고 있음
- 원격훈련과정에는 학위 보유자보다는 실무 경력자를 선호하고 있으나, 특정 분야의 학력과 경력을 고루 갖춘 교·강사를 구하기 쉽지 않으므로 실제 채용에서는 '관련 분야 석사학위 이상 소지자' 조건으로 채용되는 경우가 많음
- 원격훈련기관의 등급이 낮은 경우 노동부의 교·강사 자격기준을 중심으로 최소한의 기본 요건만을 충족하면 선발되는 경우가 많음

> Check

등급이 낮은 원격훈련기관에서는 과정 운영 시 내용 전문가의 역할이 크지 않기 때문에 과제 채점과 같이 제한된 튜터 역할만 필요로 하는 경우가 많아, 전담 교·강사를 안정적으로 확보할 필요를 느끼지 못하고 있음
대부분의 원격훈련기관에서는 과정의 잦은 개설·폐강으로 인해 지속적으로 시간제 교·강사를 하기가 어려운 상황에 있음

- 단순과정이 아니라 고급과정을 운영하는 경우 교수학습과정에서 더욱 전문적인 활동이 이루어지기 때문에 교수·학습 전문가를 선발해야 함
- 대부분의 교·강사는 내용 전문성을 갖춘 사람으로 선정되므로, 교·강사 활동 관리 시에는 학습내용에 대한 교육보다는 학습참여자의 학습활동을 지원하고 학습을 촉진할 수 있는 학습지원자로서의 역할을 원활하게 수행할 수 있도록 지원해야 함

③ 교·강사의 선정·등록

구분	방법
고용보험 비환급 과정	고객사에서 요구하는 수준의 튜터 선정 후 LMS에 등록함
고용보험 환급 과정	노동부 교·강사 기준을 준수하여 교·강사 계약서를 작성함

5) 교·강사 사전교육활동

① 교·강사 운영매뉴얼
- 교·강사의 수행 역할: 학습자의 주차별 진도학습·시험·과제 등 학습활동의 내용관리, 지속적인 과정 내용분석, 학습자 수준별 요구되는 자료 제작·등록, 평가문제 출제·첨삭지도, 채점, 학습 질의답변 등

• 학습 진행 중·후의 운영 단계별 주요활동에 따른 수행 주체 및 교·강사 활동

단계	운영활동	주요활동	수행 주체
학습 진행 중	학습 진행 안내	• 과정 오픈 안내 및 인사말(e-mail, SMS, call) • 과정 학습일정, 수료기준 자동공지	• 교·강사 • 학습관리자 • LMS(시스템 관리자)
	학습자 본인인증	학습 전 본인인증 실시	학습자
	학습자 모니터링	• 학습자별 학습현황 점검(진도율, 평가제출현황 등) • 부진학습자 학습 독려	• 교·강사 • 과정 운영자 • 학습관리자
	교·강사 활동 모니터링	• 평가문항 출제 • 과제 채점·첨삭활동 • 기타 활동 출제·채점활동	• 교·강사 • 과정 운영자
	학습 독려	• 학습진도, 평가 수행 독려(e-mail, SMS, call) • 학습 부진자 독려: 학습활동 독려, 월별 평가 안내 및 미수행자 독려 • 종료 전 만족도 조사 안내	• 교·강사 • 학습관리자 • 과정 운영자
	학습촉진· 지원	• 학습자 수준별 보충학습자료 개발·제공 • 학습 질의답변(24시간 내) • 학습장애 시 원격지원 및 인바운드 질의 응대 • 1:1 실시간 메신저&메일 답변	• 교·강사 • 과정 운영자 • 학습관리자
학습 후	수료 처리	• 채점 및 최종평가 • 성적 이의 답변·처리	교·강사
	과정 운영 결과보고	• 운영 종료 후 월별 전체 운영 과정 수료율, 수강현황, 과정 만족도 등 내부 운영 보고 과정 • 운영 개선사항 의견 제시	• 교·강사 • 과정 운영자

② 교·강사에 대한 지원교육: 이러닝 교·강사에 대한 지원교육 은 학습내용에 대한 교육보다는 학습에 참여하는 학습자의 학습활동을 지원·촉진할 수 있는 학습지원자로서의 역할 수행에 비중을 두고 있음

→ Check 　이러닝 교·강사에 대한 지원교육

과정 운영에 대한 전반적인 교육
해당 과정 내용에 대한 교육
학습운영관리시스템(LMS) 사용 방법에 관한 교육
학습활동 촉진에 관한 교육 예 진도체크, 학습독려 등
상호작용활동 촉진에 관한 교육 예 질의응답, 토론 등
평가에 관한 교육 예 리포트 채점, 피드백, 학습평가 등

6) 교·강사 활동의 안내활동

① 운영 계획서에 기반한 학사일정 안내

• 강의가 시작되기 전, 이메일 또는 오프라인 오리엔테이션 교육으로 전체 강의가 진행되는 일정에 대해 안내함

- 학습기간 및 강의 각 차시에 대한 일정, 시험·과제에 대한 일정을 안내함
- 학사일정에 따라 교·강사가 인지하고 있어야 할 중요한 업무를 중심으로 시간대별 표로 작성하여 자세하게 일정을 안내함

  예 학습자 인사말 등록기간, 중간고사 시험 채점기간, 중간고사 이의신청 답변기간, 과제·토론·퀴즈 등의 채점 완료기간, 기말고사 시험 및 기타 평가항목(학습노트, 학습질문 등)에 대한 채점 완료기간, 기말고사 및 채점 등의 채점 이의신청 답변기간, 최종성적 확정 완료기간 등

② 운영 계획서에 기반한 교수·학습환경 안내

안내 대상	방법
LMS의 기본 환경	• 교·강사 사이트 접속방법과 아이디, 패스워드 등의 로그인 정보를 안내함 • LMS 기본 구성에 대해 안내함 • LMS를 통해 교과목 확인, 강의 수강, 질의응답 등록·답변, 공지사항 등록·확인, 토론 등록 및 참여 등 기타 학습자의 학습활동과 교·강사의 강의 활동에 필요한 메뉴 등을 안내함
스마트러닝 (혹은 모바일 러닝) 환경	• 모바일을 통해 제공되는 스마트러닝에 대해 안내함 • 모바일 앱 설치 방법에 대해 안내함 • 모바일 앱을 통한 교과목 확인, 강의 수강, 질의응답 등록·답변, 공지사항 확인·등록, 토론 및 학습노트 참여 방법 등에 대해 안내함
학습자 맞춤 응대 시스템	• 학습자의 편의를 도모하기 위해 도입된 학습자 맞춤 첨단시스템에 대해 안내하여 학습자의 학습환경 및 학습관리에 대한 전체 체계를 교·강사가 이해할 수 있도록 함 • CTI(Computer Telephony Integration)를 통한 고객 응대 시스템에 대해 안내함 • 진도율 자동복구 시스템에 대해 안내함 • 원격지원 시스템에 대해 안내함 • 학습자 질의응답 체계에 대해 안내함 • 1:1 메신저 상담 시스템에 대해 안내함

③ 교·강사 운영 매뉴얼에 기반한 학습촉진 방법 안내

안내 대상	방법
학습자 Q&A 방법	• 매주 교수자 사이트에 1회 이상 접속하여 학습자의 질의를 확인하고 응답하도록 안내함 • 학습질문이 올라오면 24시간 이내, 늦어도 48시간 이내 학습질문에 답변하도록 안내함
토론 촉진 방법	• 토론의 주제를 제시하고 토론 참여기한을 지정하여 학습자가 토론에 참여하도록 함 • 전체 수강생 대상 토론일 경우, 토론내용이 올라오면 교수자가 토론에 대한 피드백을 하여 다른 학습자의 참여를 유도함 • 수강생이 대규모일 경우 5~8명 내외의 소그룹을 만들어 소그룹별 토론이 진행될 수 있도록 함 • 그룹의 리더를 선정하여 그룹별 토론을 이끌어 가도록 함 • 그룹별 토론내용을 점검하여 토론의 방향이 토론 주제와 맞게 진행되고 있는지 확인하고, 주제를 벗어날 경우 토론 주제를 상기시키며 주제와 맞는 토론이 이루어지도록 코치함 • 토론이 전혀 진행되지 못하거나 부진할 경우 토론에 도움되는 정보, 자료 등을 제시하여 참고한 후 토론이 진행될 수 있도록 하고, 새로운 관점 등을 제안하여 토론이 진행될 수 있는 실마리를 제공함

과제 제출, 퀴즈, 학습노트 작성 등 학습활동 참여 촉진 방법	• 과제 제출의 기한 및 평가 배점 등 과제 참여 기본 개요에 대해 학습자에게 공지함 • 과제 제출기한이 다가오면 과제 제출기한을 상기시키는 메일, SMS 등을 보내 학습자가 과제를 기한 내에 제출할 수 있도록 독려함 • 퀴즈, 학습노트 작성 등에 대한 참여·작성요령을 공지사항을 통해 안내함 • 퀴즈, 학습노트의 평가항목, 배점 등을 안내하여 참여의 중요성을 인지시킴 • 퀴즈, 학습노트의 제출기한을 상기시키는 메일, SMS 등을 보내 학습자가 퀴즈, 학습노트를 기한 내에 제출할 수 있도록 독려함
과정 자료실 관리 방법	• 과정의 내용을 지속적으로 분석하여 학습자의 수준별로 요구되는 자료를 제작하도록 안내함 • 학습자 수준에 따라 제작된 자료를 주기적으로 업로드하고, 학습자에게 공지하여 참조할 수 있도록 함 • 과정 자료실은 학습과정과 관련된 보충·심화자료에 관한 내용만을 업로드하여, 학습과정과 관련된 자료가 관리될 수 있도록 함 • 보충·심화자료는 텍스트 또는 PDF 등의 읽기자료를 포함하여 URL, 동영상, 음성자료 등 다양한 유형의 자료가 포함될 수 있음을 안내함
학습조직, 블로그 등 운영 방법	• 학습자와 친밀한 라포(rapport)를 형성하고, 보다 적극적이고 자유로운 상호작용을 위해 학습조직, 블로그 등을 운영하도록 안내함 • 운영기관에서 지원하는 커뮤니티 모듈·기능이 있는 경우 적극적으로 활용하도록 안내함 • 운영기관에서 지원하는 커뮤니티 기능이 없는 경우, 일반적으로 많이 쓰이고 있는 포털의 커뮤니티 기능을 활용하도록 안내함 　예 다음·네이버 카페 및 블로그, 페이스북, 트위터, 카카오톡, 라인, 카카오스토리 등의 SNS 활용 등

④ 운영 계획서에 기반한 학습평가지침 안내
- 중간고사 채점방법을 안내함
- 중간고사 성적 이의에 대한 답변방법을 안내함
- 과제 채점방법을 안내함
- 토론 채점방법을 안내함
- 퀴즈 채점방법을 안내함
- 학습질문, 학습노트 등 기타 평가항목의 채점방법을 안내함
- 기말고사 성적 채점방법을 안내함
- 최종성적 등급 산정방법을 안내함
- 최종성적 이의에 대한 답변방법을 안내함

7) 교·강사 활동의 개선활동

① 교·강사 활동 독려하기

독려 대상	방법
학습자 질문에 대한 답변 등록 독려	• 학습자가 질문을 올리면 이메일, SMS로 교·강사에게 질문을 알려 답변 등록을 독려함 • 학습자가 올린 질문에 대해 24시간 이내에 답변이 이루어져야 함을 이메일, SMS로 상기시킴 • 과정 진행 중 학습에 대한 학습자 질의에 대해 질의내용에 적합하고 신속하게 응답을 잘하고 있는지 모니터링함

학사일정에 기반한 평가문항 출제 독려	• 학습평가 관련 평가체계 가이드, 평가문항 출제 가이드, 과제 출제 가이드 등의 평가 개발을 위한 지침·가이드를 사전 제공하여 내실 있는 평가문항을 출제하도록 독려함 • 학습평가 출제방법에 대하여 사전에 전화, 이메일, SMS 등을 통해 안내하고, 평가 출제 마감시기가 도래하면 주기적으로 이메일, SMS를 보내 마감시기를 상기시킴 • 평가문항이 평가 제출기준에 맞게 출제되었는지 모니터링하고 내용 변경, 문제 오류 등 발생 시 해당 내용의 수정 및 재출제를 요청함
학사일정에 기반한 과제출제, 첨삭, 채점 독려	• 학사일정에 따라 과제가 출제되고 첨삭·채점이 이루어질 수 있도록, 각 마감시기가 도래하기 전 이를 상기시키는 이메일, SMS를 보내 독려함 • 과제 미채점·미첨삭 등이 있을 경우 구체적 내역을 체크하여 교·강사에게 이를 독려 하는 이메일, SMS를 발송함
학습자 상호작용이 활성화될 수 있도록 교·강사 독려	• 학습자와의 상호작용이 활발히 되고 있는지를 모니터링한 후, 미진한 교·강사에 대 해 학습자와 긴밀한 상호작용을 할 것을 독려함 • 상호작용을 통해 학습 부진자 등을 독려할 수 있도록 교·강사에게 학습자와의 상호 작용을 독려함
학습활동에 필요한 보조 자료등록 독려	학습활동에 필요한 보조자료를 등록하고 있는지 모니터링하여 교·강사가 보충·심화자 료를 주기적으로 등록하도록 독려함

② 교·강사 불편사항 지원

순서	방법
교·강사 불편사항 조사	• 과정 진행·종료 시 등 정기적으로 교·강사의 불편사항을 조사함 • 교·강사 불편사항은 일괄적으로 조사할 수도 있지만, 교·강사의 요청 시 개별적으로 수시 전달될 수 있음
교·강사 불편사항에 대한 해결방안 마련	• 교·강사의 불편사항 경청: 교·강사가 하는 말은 성의를 가지고 메모하면서 듣고, 의 견을 대립하지 않으며, 불편사항을 긍정적으로 받아들임 • 원인 분석: 요점을 파악하여 교·강사의 착오가 없었는지를 검토하며, 과거 사례와 비 교하여 누가 책임을 져야 할 문제인지, 즉시 대답할 수 있는 문제인지를 생각함 • 해결방안 마련: 회사의 방침에 따라 결정하며, 상담자의 권한이 아닌 경우에는 이관 하되 진행은 본인이 함 • 해결책 전달: 신속하게 해결책을 마련하여 처리하고, 친절하게 해결책을 이해시킴 • 결과 검토: 결과를 검토·반성하여 동일한 불편사항이 반복하여 발생하지 않도록 유의함
운영자가 처리 불가능한 불편사항은 실무부서에 전달 후 처리결과 확인	교·강사의 불편사항 중 콘텐츠의 오타·개정과 같이 콘텐츠 정정이 필요한 경우이거나 교·강사 활동비용 상향 요청 등 운영기관의 정책 변경이 필요한 경우 등에 대해서는 담당 실무부서에 내용을 전달하고, 처리 결과를 확인하여 교·강사에게 전달함
교·강사의 의견, 개선 아이디어 조사	LMS 화면 구성 및 LMS 기능 개선 등과 같은 의견을 청취하고, 개선 아이디어를 조사 하여 실무부서에 전달함으로써 LMS 기능의 개선에 활용할 수 있도록 함

(3) 시스템 관리자 관점의 효과적인 운영활동

시스템 운영 결과관리 활동이란 시스템 운영 결과를 취합하여 운영 성과를 분석하고, 과정 운영에 필요 한 시스템의 하드웨어 요구사항과 기능을 분석하여 개선 요구사항을 제안하고, 반영 여부를 확인하는 활동

(4) 학습 만족도 향상을 위한 운영활동

운영활동	특징
과정 만족도 조사활동	과정 만족도를 파악할 수 있는 항목을 포함하여 과정 만족도 조사지를 개발하고, 만족도 조사를 수행 후 결과를 분석하는 활동
학업성취도 관리활동	학습관리시스템(LMS)의 과정별 평가 결과를 근거로 학습자의 학업성취도를 확인하고, 이를 과정별로 분석하여 학업성취도 향상을 위한 운영전략을 마련하는 활동

1) 과정 만족도 조사활동

① 이러닝 과정 만족도 평가: 교육훈련에 참여한 학습자들의 반응을 만족도 문항으로 측정하여 과정 운영의 구성, 운영상의 특징, 문제점 및 개선사항 등을 파악하는 것이므로 과정이 운영된 직후 실시하는 경우가 대부분

② 평가의 주요 구성내용

주요 내용	종류
학습자 요인	과정에 대한 인식, 교육 참여도 등
교·강사 요인	교·강사 만족도, 과제 채점, 학습활동 지원, 전문지식 등
교육내용 요인	내용 만족도, 업무의 유용성, 교재 구성, 교육 수준, 교수설계 방법 등
교육환경 요인	교육 분위기, 수강인원의 적절성, 시스템 만족도 등

③ 과정 만족도 평가 내용구성에 따라 결과를 분석하여 사업기획 업무에 필요한 시사점을 파악하고, 사업기획의 내용 및 추진전략 수립에 반영할 수 있음

2) 학업성취도 관리활동

① 학업성취도 평가
- 학습내용에 대한 학습자의 목표 달성 여부를 측정하는 것으로 과정 운영의 교육 효과성을 파악할 수 있는 중요한 분석자료
- 개별 학습자에게는 해당 과정의 수료 여부를 판단하게 하고, 기업에게는 교육과정의 지속 여부에 대한 경영 의사결정을 하게 하는 자료로 활용됨

② 학업성취도 평가는 학습내용을 지식 영역, 기능 영역, 태도 영역으로 구분하는 특성에 따라 다양한 평가방법을 활용할 수 있음
- 지식 영역, 태도 영역: 지필고사 시험, 과제 수행, 프로젝트 등을 사용함
- 기능 영역: 수행평가, 실기시험 등을 사용함

③ 이러닝 사업기획 업무에서 학업성취도 평가는 학습 내용의 구성, 난이도 조절, 학습활동 지원요소 선정, 학습환경 지원 등의 측면에서 시사점의 파악·반영에 도움이 될 수 있음

① 운영 활동 결과를 보고 양식에 맞게 작성할 수 있다.
② 운영 활동 결과 보고에 따른 후속 조치를 수행하여 부족한 부분을 개선할 수 있다.
③ 운영 활동 결과에 따른 피드백을 다음 운영 활동에 반영할 수 있다.

(1) 운영 활동 결과보고서

1) 운영 준비활동 수행 여부 점검하기

이러닝 운영 활동에 대한 결과를 관리하는 과정에서 운영 준비활동에 대한 지원이 운영 계획서에 맞게 수행되었는지를 확인하기 위해서는 다음의 사항을 점검해야 함

① **운영환경 준비활동 수행 여부 점검**: 이러닝 과정 운영자는 운영 계획서에 따른 운영환경 준비활동에 대한 점검을 위해 다음의 내용에 대한 수행 여부를 제시된 확인문항을 통해 점검함

운영환경 준비활동 확인문항	수행 여부 확인
이러닝 서비스를 제공하는 학습 사이트를 점검하여 문제점을 해결하였는가?	
이러닝 운영을 위한 학습관리시스템(LMS)을 점검하여 문제점을 해결하였는가?	
이러닝 학습지원 도구의 기능을 점검하여 문제점을 해결하였는가?	
이러닝 운영에 필요한 다양한 멀티미디어 기기에서의 콘텐츠 구동 여부를 확인하였는가?	
교육과정별로 콘텐츠의 오류 여부를 점검하여 수정을 요청하였는가?	

② **교육과정 개설활동 수행 여부 점검**: 이러닝 과정 운영자는 운영 계획서에 따른 교육과정 개설활동에 대한 점검을 위해 다음의 내용에 대한 수행 여부를 제시된 확인문항을 통해 점검함

교육과정 개설활동 확인문항	수행 여부 확인
학습자에게 제공 예정인 교육과정의 특성을 분석하였는가?	
학습관리시스템(LMS)에 교육과정과 세부 차시를 등록하였는가?	
학습관리시스템(LMS)에 공지사항, 강의계획서, 학습관련자료, 설문, 과제, 퀴즈 등을 포함한 사전자료를 등록하였는가?	
이러닝 학습관리시스템(LMS)에 교육과정별 평가문항을 등록하였는가?	

③ **학사일정 수립활동 수행 여부 점검**: 이러닝 과정 운영자는 운영 계획서에 따른 학사일정을 수립하는 활동에 대한 점검을 위해 다음의 내용에 대한 수행 여부를 제시된 확인문항을 통해 점검함

학사일정 수립활동 확인문항	수행 여부 확인
연간 학사일정을 기준으로 개별 학사일정을 수립하였는가?	
원활한 학사 진행을 위해 수립된 학사일정을 협업부서에 공지하였는가?	
교·강사의 사전 운영 준비를 위해 수립된 학사일정을 교·강사에게 공지하였는가?	
학습자의 사전 학습 준비를 위해 수립된 학사일정을 학습자에게 공지하였는가?	
운영 예정인 교육과정에 대해 서식과 일정을 준수하여 관계기관에 절차에 따라 신고하였는가?	

④ 수강신청 관리활동 수행 여부 점검: 이러닝 과정 운영자는 운영 계획서에 따른 수강신청 관리활동에 대한 점검을 위해 다음의 내용에 대한 수행 여부를 제시된 확인문항을 통해 점검함

수강신청 관리활동 확인문항	수행 여부 확인
개설된 교육과정별로 수강신청 명단을 확인하고 수강 승인처리를 하였는가?	
교육과정별로 수강 승인된 학습자를 대상으로 교육과정 입과를 안내하였는가?	
운영 예정 과정에 대한 운영자 정보를 등록하였는가?	
운영을 위해 개설된 교육과정에 교·강사를 지정하였는가?	
학습과목별로 수강 변경사항에 대해 사후처리를 하였는가?	

2) 학사관리 수행 여부 점검하기

이러닝 운영 활동에 대한 결과를 관리하는 과정에서 운영 진행 활동 중 학사관리에 대한 지원이 운영 계획서에 맞게 수행되었는지를 확인하기 위해서는 다음의 사항을 점검해야 함

① 학습자 정보 확인활동 수행 여부 점검: 이러닝 과정 운영자는 운영 계획서에 따른 학습자 정보를 확인하는 활동에 대한 점검을 위해 다음의 내용에 대한 수행 여부를 제시된 확인문항을 통해 점검함

학습자 정보 확인활동 확인문항	수행 여부 확인
과정에 등록된 학습자 현황을 확인하였는가?	
과정에 등록된 학습자 정보를 관리하였는가?	
중복신청을 비롯한 신청 오류 등을 학습자에게 안내하였는가?	
과정에 등록된 학습자 명단을 감독기관에 신고하였는가?	

② 성적 처리활동 수행 여부 점검: 이러닝 과정 운영자는 운영 계획서에 따른 성적 처리활동에 대한 점검을 위해 다음의 내용에 대한 수행 여부를 제시된 확인문항을 통해 점검함

성적 처리활동 확인문항	수행 여부 확인
평가기준에 따른 평가항목을 확인하였는가?	
평가항목별 평가비율을 확인하였는가?	
학습자가 제기한 성적에 대한 이의신청 내용을 처리하였는가?	
학습자의 최종성적 확정 여부를 확인하였는가?	
과정을 이수한 학습자의 성적을 분석하였는가?	

③ 수료 관리활동 수행 여부 점검: 이러닝 과정 운영자는 운영 계획서에 따른 수료 관리활동에 대한 점검을 위해 다음의 내용에 대한 수행 여부를 제시된 확인문항을 통해 점검함

수료 관리활동 확인문항	수행 여부 확인
운영 계획서에 따른 수료기준을 확인하였는가?	
수료기준에 따라 수료자, 미수료자를 구분하였는가?	
출결, 점수미달을 포함한 미수료 사유를 확인하여 학습자에게 안내하였는가?	
과정을 수료한 학습자에 대하여 수료증을 발급하였는가?	
감독기관에 수료 결과를 신고하였는가?	

3) 교·강사 지원 수행 여부 점검하기

이러닝 운영 활동에 대한 결과를 관리하는 과정에서 운영 진행 활동 중 교·강사에 대한 지원이 운영 계획서에 맞게 수행되었는지를 확인하기 위해서는 다음의 사항을 점검해야 함

① 교·강사 선정 관리활동 수행 여부 점검: 이러닝 과정 운영자는 운영 계획서에 따른 교·강사 선정 관리활동에 대한 점검을 위해 다음의 내용에 대한 수행 여부를 제시된 확인문항을 통해 점검함

교·강사 선정 관리활동 확인문항	수행 여부 확인
자격요건에 부합되는 교·강사를 선정하였는가?	
과정 운영전략에 적합한 교·강사를 선정하였는가?	
교·강사 활동평가를 토대로 교·강사를 변경하였는가?	
교·강사 정보보호를 위한 절차와 정책을 수립하였는가?	
과정별 교·강사의 활동 이력을 추적하여 활동 결과를 정리하였는가?	
교·강사 자격심사를 위한 절차와 준거를 마련하여 이를 적용하였는가?	

② 교·강사 사전 교육활동 수행 여부 점검: 이러닝 과정 운영자는 운영 계획서에 따른 교·강사 사전 교육활동에 대한 점검을 위해 다음의 내용에 대한 수행 여부를 제시된 확인문항을 통해 점검함

교·강사 사전 교육활동 확인문항	수행 여부 확인
교·강사 교육을 위한 매뉴얼을 작성하였는가?	
교·강사 교육에 필요한 자료를 문서화하여 교육에 활용하였는가?	
교·강사 교육목표를 설정하여 이를 평가할 수 있는 준거를 수립하였는가?	

③ 교·강사 활동의 안내활동 수행 여부 점검: 이러닝 과정 운영자는 운영 계획서에 따른 교·강사 활동의 안내활동에 대한 점검을 위해 다음의 내용에 대한 수행 여부를 제시된 확인문항을 통해 점검함

교·강사 활동의 안내활동 확인문항	수행 여부 확인
운영 계획서에 기반하여 교·강사에게 학사일정, 교수학습환경을 안내하였는가?	
운영 계획서에 기반하여 교·강사에게 학습평가지침을 안내하였는가?	
운영 계획서에 기반하여 교·강사에게 교·강사 활동평가기준을 안내하였는가?	
교·강사 운영 매뉴얼에 기반하여 교·강사에게 학습촉진 방법을 안내하였는가?	

④ 교·강사 활동의 개선활동 수행 여부 점검: 이러닝 과정 운영자는 운영 계획서에 따른 교·강사 활동의 개선활동에 대한 점검을 위해 다음의 내용에 대한 수행 여부를 제시된 확인문항을 통해 점검함

교·강사 활동의 개선활동 확인문항	수행 여부 확인
학사일정에 기반하여 과제 출제, 첨삭, 평가문항 출제, 채점 등을 독려하였는가?	
학습자 상호작용이 활성화될 수 있도록 교·강사를 독려하였는가?	
학습활동에 필요한 보조자료 등록을 독려하였는가?	
운영자가 교·강사를 독려한 후 교·강사 활동의 조치 여부를 확인하고 교·강사 정보에 반영하였는가?	
교·강사 활동과 관련된 불편사항을 조사하였는가?	
교·강사 불편사항에 대한 해결방안을 마련하고 지원하였는가?	
운영자가 처리 불가능한 불편사항을 실무부서에 전달하고 처리 결과를 확인하였는가?	

4) 학습활동 지원 수행 여부 점검하기

이러닝 운영 활동에 대한 결과를 관리하는 과정에서 운영 진행 활동 중 학습활동에 대한 지원이 운영계획서에 맞게 수행되었는지를 확인하기 위해서는 다음의 사항을 점검해야 함

① 학습환경 지원활동 수행 여부 점검: 이러닝 과정 운영자는 운영 계획서에 따른 학습환경 지원활동에 대한 점검을 위해 다음의 내용에 대한 수행 여부를 제시된 확인문항을 통해 점검함

학습환경 지원활동 확인문항	수행 여부 확인
수강이 가능한 PC, 모바일 학습환경을 확인하였는가?	
학습자의 학습환경을 분석하여 학습자의 질문 및 요청사항에 대처하였는가?	
학습자의 PC, 모바일 학습환경을 원격지원하였는가?	
원격지원상에서 발생하는 문제 상황을 분석하여 대응 방안을 수립하였는가?	

② 학습 안내활동 수행 여부 점검: 이러닝 과정 운영자는 운영 계획서에 따른 학습 안내활동에 대한 점검을 위해 다음의 내용에 대한 수행 여부를 제시된 확인문항을 통해 점검함

학습 안내활동 확인문항	수행 여부 확인
학습을 시작할 때 학습자에게 학습 절차를 안내하였는가?	
학습에 필요한 과제 수행 방법을 학습자에게 안내하였는가?	
학습에 필요한 평가기준을 학습자에게 안내하였는가?	
학습에 필요한 상호작용 방법을 학습자에게 안내하였는가?	
학습에 필요한 자료등록 방법을 학습자에게 안내하였는가?	

③ 학습촉진 활동 수행 여부 점검: 이러닝 과정 운영자는 운영 계획서에 따른 학습촉진 활동에 대한 점검을 위해 다음의 내용에 대한 수행 여부를 제시된 확인문항을 통해 점검함

학습촉진 활동 확인문항	수행 여부 확인
운영 계획서 일정에 따라 학습 진도를 관리하였는가?	
운영 계획서 일정에 따라 과제와 평가에 참여할 수 있도록 학습자를 독려하였는가?	
학습에 필요한 상호작용을 활성화할 수 있도록 학습자를 독려하였는가?	
학습에 필요한 온라인 커뮤니티 활동을 지원하였는가?	
학습 과정 중에 발생하는 학습자의 질문에 신속히 대응하였는가?	
학습활동에 적극적으로 참여하도록 학습 동기를 부여하였는가?	
학습자에게 학습 의욕을 고취시키는 활동을 수행하였는가?	
학습자의 학습활동 참여의 어려움을 파악하고 해결하였는가?	

④ 수강오류 관리활동 수행 여부 점검: 이러닝 과정 운영자는 운영 계획서에 따른 수강오류 관리활동에 대한 점검을 위해 다음의 내용에 대한 수행 여부를 제시된 확인문항을 통해 점검함

수강오류 관리활동 확인문항	수행 여부 확인
학습진도 오류 등 학습활동에서 발생한 각종 오류를 파악하고 이를 해결하였는가?	
과제나 성적 처리상의 오류를 파악하고 이를 해결하였는가?	
수강오류 발생 시 내용과 처리 방법을 공지사항을 통해 공지하였는가?	

5) 과정 평가관리 수행 여부 점검하기

이러닝 운영 활동에 대한 결과를 관리하는 과정에서 운영 진행 활동 중 과정 평가관리에 대한 지원이 운영 계획서에 맞게 수행되었는지를 확인하기 위해서는 다음의 사항을 점검해야 함

① 과정 만족도 조사활동 수행 여부 점검: 이러닝 과정 운영자는 운영 계획서에 따른 과정 만족도 조사활동에 대한 점검을 위해 다음의 내용에 대한 수행 여부를 제시된 확인문항을 통해 점검함

과정 만족도 조사활동 확인문항	수행 여부 확인
과정 만족도 조사에 반드시 포함되어야 할 항목을 파악하였는가?	
과정 만족도를 파악할 수 있는 항목을 포함하여 과정 만족도 조사지를 개발하였는가?	
학습자를 대상으로 과정 만족도 조사를 수행하였는가?	
과정 만족도 조사 결과를 토대로 과정 만족도를 분석하였는가?	

② 학업성취도 관리활동 수행 여부에 대한 고려사항: 이러닝 과정 운영자는 운영 계획서에 따른 학업성취도 관리활동에 대한 점검을 위해 다음의 내용에 대한 수행 여부를 제시된 확인문항을 통해 점검함

학업성취도 관리활동 확인문항	수행 여부 확인
학습관리시스템(LMS)의 과정별 평가 결과를 근거로 학습자의 학업성취도를 확인하였는가?	
학습자의 학업성취도 정보를 과정별로 분석하였는가?	
학습자의 학업성취도가 크게 낮을 때 그 원인을 분석하였는가?	
학습자의 학업성취도를 향상하기 위한 운영전략을 마련하였는가?	

(2) 결과 보고에 따른 후속 조치

1) 과정 운영성과 결과 관리하기

- 이러닝 운영에 대한 결과를 분석하기 위해서는 운영 과정 전반에 관여하였던 자료들을 취합·검토할 필요가 있음
- 취합된 자료들은 이러닝 운영 과정에서 수행되었던 제반활동에 대한 수행 여부와 특이사항의 파악에 도움이 될 수 있음
- 과정 운영 결과에 대한 성과분석은 관련 자료를 확보하고, 확보된 자료를 통해서 운영 결과에 대해 분석·검토하는 과정이며, '이러닝 운영성과 관련 자료 확보 → 이러닝 운영성과 관련 자료를 통한 운영내용 확인'의 순서로 진행됨

① 이러닝 운영성과 관련 자료 확보
- 이러닝 과정 운영성과에 대한 결과를 정리·분석하기 위해서는 각각의 활동이 수행되었던 과정에 관한 자료를 수집해야 함
- 이러닝 운영 과정에서 수행되는 업무 내용을 기준으로 수행 결과를 확인하는 과정에서 활용할 수 있는 자료의 목록을 확인해야 함
- 과정 운영자는 이러닝 과정의 운영성과를 분석하기 위해 자료 목록을 활용하여 필요한 자료의 확보 여부를 체크할 수 있음
- 관련 자료를 확보한 경우는 ○표, 미확보한 경우는 ×표로 표기하면 됨
- 이러닝 운영성과 관련 자료 확보 여부

운영 과정		관련 자료 목록	자료 확보 여부	
			확보(O)	미확보(X)
운영 준비	운영 기획과정	운영 계획서		
		운영 관계 법령		
	운영 준비과정	학습과목별 강의계획서		
		교육과정별 과정 개요서		

운영실시	학사관리	학습자 프로파일 자료		
	교·강사 활동 지원	교·강사 프로파일 자료		
		교·강사 업무 현황 자료		
		교·강사 불편사항 취합자료		
	학습활동 지원	학습활동 지원 현황 자료		
	고객지원	고객지원 현황 자료		
	과정 평가관리	과정 만족도 조사 자료		
		학업성취 자료		
운영 종료 후	운영 성과관리	과정 평가 결과 보고 자료		
		과정 운영 계획서		
		콘텐츠 기획서		
		교·강사 관리 자료		
		시스템 운영 현황 자료		
	유관부서 업무지원	성과 보고 자료		
		매출 보고서		
		과정 운영 계획서		
		운영 결과 보고서		

② 이러닝 운영성과 관련 자료를 통한 운영내용 확인: 이러닝 운영 과정의 현황·결과 검토에 필요한 관련 자료를 확인할 수 있음

과정	자료 목록	구성
이러닝 운영 준비과정	과정 운영 계획서	학습자·고객·교육과정·학습환경 등에 관한 운영 요구를 분석한 내용, 최신 이러닝 트렌드·우수 운영 사례·과정 운영 개선사항 등의 내용, 운영 제도의 유형·변경사항, 과정 운영을 위한 전략·일정계획·홍보계획·평가전략 등의 운영계획을 포함한 내용으로 구성됨
	운영 관계 법령	고등교육법, 평생교육법, 직업능력개발법, 학원의 설립, 운영 및 과외 교습에 관한 법률 등에 관한 내용으로 구성됨
	학습과목별 강의계획서	강의명, 강사, 연락처, 강의 목적, 강의 구성 내용, 강의 평가기준, 세부 목차, 강의일정 등의 내용으로 구성됨
	교육과정별 과정 개요서	• 교육목표를 달성하기 위해 교육내용과 학습활동을 체계적으로 편성·조직한 것 • 단위 수업의 구성요소와는 구별되는 내용으로 구성됨
이러닝 운영 실시 과정	학습자 프로파일	• 학습자의 신상 정보, 학습이력 정보, 학업성취 정보, 학습 선호도 정보 등으로 구성됨 • 학습자 프로파일 정보에 관한 자료는 학습자가 수강신청을 하고 과정을 이수 하여 수료한 결과를 모두 포함하는 내용으로 구성되어 지속적으로 관리됨 • 학습자 프로파일에 관한 표준화가 이루어지면 어떤 과정을 운영하든 학습자에 관한 세부 특성 자료를 공유·호환할 수 있지만, 표준화가 이루어지지 않은 상태 에서는 운영기관별로 관리하므로 기관끼리 상호호환할 수 없는 특성이 있음

이러닝 운영 실시 과정	교·강사 프로파일	기본적인 신상에 관한 정보, 교·강사의 전공 및 전문성에 관한 정보, 교·강사의 자격에 관한 정보, 교·강사의 과정운영 이력에 관한 정보 등으로 구성됨
	교·강사 업무 현황 자료	교·강사가 수행해야 할 활동(예 학사일정, 교수학습환경, 학습촉진 방법, 학습평가지침, 자신들의 활동에 대한 평가기준 등)에 대한 인식 정도, 운영 과정에서 교·강사 수행 역할(예 질의에 답변 등록, 평가문항 출제, 과제 출제, 채점·첨삭, 상호작용 독려, 보조자료 등록, 근태 등)에 관한 수행정보 등으로 구성됨
	교·강사 불편사항 취합자료	운영자가 해결방안을 마련하고, 실무부서에 전달하여 처리했는지에 관한 내용으로 구성됨
	학습활동 지원 현황 자료	학습자들의 학습환경을 분석·지원하는 방안, 학습과정에 대한 안내 활동(예 학습절차, 과제 수행 방법, 평가기준, 상호작용 방법, 자료등록 방법 등), 학습촉진 활동(예 학습 진도관리, 과제·평가 참여 독려, 상호작용 독려, 커뮤니티 활동 지원, 질문에 대한 신속한 응답 등), 수강오류관리(예 사용상 오류, 학습진도 오류, 성적처리 오류 등) 등에 관한 내용으로 구성됨
	고객지원 현황 자료	고객의 유형 분석, 고객 채널 관리, 게시판 관리, 고객 요구사항 지원 등의 내용으로 구성됨
	과정 만족도 조사 자료	• 주로 설문을 통해 관리됨 • 교육과정의 내용, 운영자의 지원 활동, 교·강사의 지원 활동, 학습시스템의 용이성, 학습콘텐츠의 만족도 등의 내용으로 구성됨
	학업성취도 자료	시험 성적, 과제물 성적, 학습과정 참여(예 토론, 게시판 등), 성적·출석 관리 자료(예 학습시간, 진도율 등)에 관한 내용으로 구성됨
	과정 평가 결과 보고자료	학습자별 학업성취 현황, 교·강사 만족도 현황, 학습자 만족도 현황, 운영 과정의 전반적인 만족도 분석 결과, 수료 현황, 만족도, 개선사항 등의 운영 결과로 구성됨
이러닝 운영 종료 후 과정	과정 운영 계획서	학습자·고객·교육과정·학습환경 등에 관한 운영 요구를 분석한 내용, 최신 이러닝 트렌드·우수 운영 사례·과정 운영 개선사항 등의 내용, 운영 제도의 유형·변경사항, 과정 운영을 위한 전략·일정계획·홍보계획·평가전략 등의 운영계획을 포함한 내용으로 구성됨
	콘텐츠 기획서	내용구성, 교수학습 전략, 개발과정, 개발 일정·방법, 개발 인력, 질 관리 방법 등의 내용으로 구성됨
	교·강사 관리 자료	교·강사 활동에 관한 평가기준, 평가활동 수행의 적합성 여부, 교·강사 활동(예 질의응답, 첨삭지도, 채점 독려, 보조자료 등록, 학습 상호작용, 학습 참여, 모사답안 여부 확인 등)에 관한 결과, 교·강사 등급 평가 등의 내용으로 구성됨
	시스템 운영 현황 자료	이러닝 과정의 운영 결과 중 이러닝 시스템의 기능 분석, 하드웨어 요구사항 분석, 기능 개선 요구사항에 대한 시스템 반영 여부 등의 내용으로 구성됨
	성과 보고 자료	운영 준비 활동, 운영 실시 활동, 운영 종료 후 활동에 대한 결과를 분석한 내용으로 구성됨
	매출 보고서	매출 자료를 작성·보고하는 내용으로 구성됨

2) 과정 운영 개선사항 도출

- 이러닝 과정 운영성과에 대한 분석 결과를 기반으로 개선사항을 도출하는 것은 이러닝 과정의 지속적인 운영에 매우 중요한 활동으로, 향후 과정 운영의 질적 향상을 위한 방법 모색에 도움이 되기 때문
- 개선사항 도출을 위해서 이러닝 운영자는 과정 운영을 준비하는 활동에서부터 결과를 분석하고, 운영성과를 관리하는 과정까지 작성·도출되는 모든 것을 기록해야 함
- 이러닝 운영자는 수행과정에서 작성·도출된 운영자료나 학습관리시스템(LMS)에 등록된 운영 과정 전반에 대한 제반자료 및 결과물을 취합하여 운영 과정·결과 분석에 활용해야 함
- 이러닝 과정 운영자는 운영 관련 자료 및 결과물을 활용하여 운영 과정에 대한 실태와 원인을 분석해야 하며, 분석 결과를 활용하여 향후 동일·유사 과정 운영 시 참조할 수 있는 개선사항을 도출할 수 있음

① 이러닝 운영 준비과정에 대한 개선사항 도출
- 이러닝 운영 준비과정에 대한 개선사항: 이러닝 과정 운영 준비활동 및 지원사항을 검토하여 미흡하거나 개선해야 할 사항이 있는지를 확인
- 이러닝 운영계획에 따라 운영환경 준비, 과정 개설, 학사일정 수립, 수강신청 업무를 수행한 관련 자료·결과를 분석하고, 미흡한 부분이 있는지를 체크하여 정리해야 함
- 이러닝 운영 준비과정 개선사항 도출

준비과정	자료·결과 확인문항	개선사항 입력
운영환경 준비	이러닝 서비스를 제공하는 학습 사이트를 점검하여 문제점을 해결하였는가?	
	이러닝 운영을 위한 학습관리시스템(LMS)을 점검하여 문제점을 해결하였는가?	
	이러닝 학습지원 도구의 기능을 점검하여 문제점을 해결하였는가?	
	이러닝 운영에 필요한 다양한 멀티미디어 기기에서의 콘텐츠 구동 여부를 확인하였는가?	
	교육과정별로 콘텐츠의 오류 여부를 점검하여 수정을 요청하였는가?	
교육과정 개설	학습자에게 제공 예정인 교육과정의 특성을 분석하였는가?	
	학습관리시스템(LMS)에 교육과정과 세부 차시를 등록하였는가?	
	학습관리시스템(LMS)에 공지사항, 강의계획서, 학습관련자료, 설문, 과제, 퀴즈 등을 포함한 사전자료를 등록하였는가?	
	이러닝 학습관리시스템(LMS)에 교육과정별 평가문항을 등록하였는가?	
학사일정 수립	연간 학사일정을 기준으로 개별 학사일정을 수립하였는가?	
	원활한 학사 진행을 위해 수립된 학사일정을 협업부서에 공지하였는가?	
	교·강사의 사전 운영 준비를 위해 수립된 학사일정을 교·강사에게 공지하였는가?	
	학습자의 사전 학습 준비를 위해 수립된 학사일정을 학습자에게 공지하였는가?	
	운영 예정인 교육과정에 대해 서식과 일정을 준수하여 관계기관에 절차에 따라 신고하였는가?	

수강 신청관리	개설된 교육과정별로 수강신청 명단을 확인하고 수강 승인처리를 하였는가?		
	교육과정별로 수강 승인된 학습자를 대상으로 교육과정 입과를 안내하였는가?		
	운영 예정 과정에 대한 운영자 정보를 등록하였는가?		
	운영을 위해 개설된 교육과정에 교·강사를 지정하였는가?		
	학습과목별로 수강 변경사항에 대해 사후처리를 하였는가?		

② 이러닝 운영 진행과정에 대한 개선사항 도출
- 이러닝 운영 진행과정에 대한 개선사항: 이러닝 운영 실시활동 및 지원사항을 검토하여 미흡하거나 개선해야 할 사항이 있는지를 확인
- 이러닝 운영계획에 따라 이러닝 학사관리(예 학습자의 정보 확인, 성적처리, 수료처리), 이러닝 교·강사 지원(예 교·강사의 선정, 사전교육, 수행활동 안내, 활동에 대한 개선사항 관리), 학습활동 지원(예 학습환경 최적화, 수강오류 처리, 학습활동 촉진), 평가관리(예 학습자 만족도, 학업성취도, 과정평가 결과 보고) 업무를 수행한 관련 자료·결과를 분석하고, 미흡한 부분이 있는지를 체크하여 정리해야 함
- 이러닝 운영 진행과정 개선사항 도출

진행과정		자료·결과 확인문항	개선사항 입력
학사 관리	학습자 정보	과정에 등록된 학습자 현황을 확인하였는가?	
		과정에 등록된 학습자 정보를 관리하였는가?	
		중복신청을 비롯한 신청 오류 등을 학습자에게 안내하였는가?	
		과정에 등록된 학습자 명단을 감독기관에 신고하였는가?	
	성적처리	평가기준에 따른 평가항목을 확인하였는가?	
		평가항목별 평가 비율을 확인하였는가?	
		학습자가 제기한 성적에 대한 이의신청 내용을 처리하였는가?	
		학습자의 최종성적 확정 여부를 확인하였는가?	
		과정을 이수한 학습자의 성적을 분석하였는가?	
	수료 관리	운영 계획서에 따른 수료기준을 확인하였는가?	
		수료기준에 따라 수료자, 미수료자를 구분하였는가?	
		출결, 점수미달을 포함한 미수료 사유를 확인하여 학습자에게 안내하였는가?	
		과정을 수료한 학습자에 대하여 수료증을 발급하였는가?	
		감독기관에 수료 결과를 신고하였는가?	
교·강사 지원	교·강사 선정	자격요건에 부합되는 교·강사를 선정하였는가?	
		과정 운영전략에 적합한 교·강사를 선정하였는가?	
		교·강사 활동평가를 토대로 교·강사를 변경하였는가?	
		교·강사 정보보호를 위한 절차와 정책을 수립하였는가?	
		과정별 교·강사의 활동 이력을 추적하여 활동 결과를 정리하였는가?	
		교·강사 자격심사를 위한 절차와 준거를 마련하여 이를 적용하였는가?	

교·강사 지원	교·강사 사전교육	교·강사 교육을 위한 매뉴얼을 작성하였는가?	
		교·강사 교육에 필요한 자료를 문서로 만들어 교육에 활용하였는가?	
		교·강사 교육목표를 설정하여 이를 평가할 수 있는 준거를 수립하였는가?	
	교·강사 안내	운영 계획서에 기반하여 교·강사에게 학사일정, 교수학습환경을 안내 하였는가?	
		운영 계획서에 기반하여 교·강사에게 학습평가지침을 안내하였는가?	
		운영 계획서에 기반하여 교·강사에게 교·강사 활동평가기준을 안내하 였는가?	
		교·강사 운영 매뉴얼에 기반하여 교·강사에게 학습촉진 방법을 안내하 였는가?	
	교·강사 개선활동	학사일정에 기반하여 과제 출제, 첨삭, 평가문항 출제, 채점 등을 독려 하였는가?	
		학습자 상호작용이 활성화될 수 있도록 교·강사를 독려하였는가?	
		학습활동에 필요한 보조자료 등록을 독려하였는가?	
		운영자가 교·강사를 독려한 후 교·강사 활동의 조치 여부를 확인하고 교·강사 정보에 반영하였는가?	
		교·강사 활동과 관련된 불편사항을 조사하였는가?	
		교·강사 불편사항에 대한 해결방안을 마련하고 지원하였는가?	
		운영자가 처리 불가능한 불편사항을 실무부서에 전달하고 처리 결과를 확인하였는가?	
		운영 예정 과정에 대한 운영자 정보를 등록하였는가?	
학습 활동 지원	학습환경 지원	수강이 가능한 PC, 모바일 학습환경을 확인하였는가?	
		학습자의 학습환경을 분석하여 학습자의 질문 및 요청사항에 대처하였 는가?	
		학습자의 PC, 모바일 학습환경을 원격지원하였는가?	
		원격지원상에서 발생하는 문제 상황을 분석하여 대응 방안을 수립하였는가?	
	학습 안내활동	학습을 시작할 때 학습자에게 학습 절차를 안내하였는가?	
		학습에 필요한 과제수행 방법을 학습자에게 안내하였는가?	
		학습에 필요한 평가기준을 학습자에게 안내하였는가?	
		학습에 필요한 상호작용 방법을 학습자에게 안내하였는가?	
		학습에 필요한 자료등록 방법을 학습자에게 안내하였는가?	
		운영을 위해 개설된 교육과정에 교·강사를 지정하였는가?	
	학습촉진 활동	운영 계획서 일정에 따라 학습 진도를 관리하였는가?	
		운영 계획서 일정에 따라 과제와 평가에 참여할 수 있도록 학습자를 독 려하였는가?	
		학습에 필요한 상호작용을 활성화할 수 있도록 학습자를 독려하였는가?	

학습 활동 지원	학습촉진 활동	학습에 필요한 온라인 커뮤니티 활동을 지원하였는가?	
		학습 과정 중에 발생하는 학습자의 질문에 신속히 대응하였는가?	
		학습활동에 적극적으로 참여하도록 학습 동기를 부여하였는가?	
		학습자의 학습 의욕을 고취하는 활동을 수행하였는가?	
		학습자의 학습활동 참여의 어려움을 파악하고 해결하였는가?	
	수강오류	학습 진도 오류 등 학습활동에서 발생한 각종 오류를 파악하고 이를 해결하였는가?	
		과제나 성적 처리상의 오류를 파악하고 이를 해결하였는가?	
		수강오류 발생 시 내용과 처리 방법을 공지사항을 통해 공지하였는가?	
과정 평가 관리	과정 평가관리	과정 만족도 조사에 반드시 포함되어야 할 항목을 파악하였는가?	
		과정 만족도를 파악할 수 있는 항목을 포함하여 과정 만족도 조사지를 개발하였는가?	
		학습자를 대상으로 과정 만족도 조사를 수행하였는가?	
		과정 만족도 조사 결과를 토대로 과정 만족도를 분석하였는가?	
	학업성취 관리	학습관리시스템(LMS)의 과정별 평가 결과를 근거로 학습자의 학업성취도를 확인하였는가?	
		학습자의 학업성취도 정보를 과정별로 분석하였는가?	
		학습자의 학업성취도가 크게 낮을 때 그 원인을 분석하였는가?	
		학습자의 학업성취도를 향상하기 위한 운영전략을 마련하였는가?	

(3) 이러닝 운영 종료 후 과정에 대한 개선사항 도출

① 이러닝 운영 종료 후 과정에 대한 개선사항: 이러닝 운영을 종료한 이후에 운영성과를 분석하고 최종보고서를 작성하는 활동 및 지원사항을 검토하여 미흡하거나 개선해야 할 사항이 있는지를 확인

② 콘텐츠, 교·강사, 시스템, 운영 활동의 성과를 분석하고 개선사항을 관리하는 업무를 수행한 관련 자료·결과를 분석하고, 미흡한 부분이 있는지를 체크하여 정리해야 함

③ 이러닝 운영 종료 후 과정 개선사항 도출

종료 과정	자료·결과 확인문항	개선사항 입력
콘텐츠 운영 결과	콘텐츠의 학습 내용이 과정 운영목표에 맞게 구성되어 있는지 확인하였는가?	
	콘텐츠가 과정 운영의 목표에 맞게 개발되었는지 확인하였는가?	
	콘텐츠가 과정 운영의 목표에 맞게 운영되었는지 확인하였는가?	
교·강사 운영 결과	교·강사 활동의 평가기준을 수립하였는가?	
	교·강사가 평가기준에 적합하게 활동하였는지 확인하였는가?	
	교·강사의 질의응답, 첨삭지도, 채점 독려, 보조자료 등록, 학습 상호작용, 학습 참여, 모사답안 여부 확인을 포함한 활동의 결과를 분석하였는가?	

교·강사 운영 결과	교·강사의 활동에 대한 분석 결과를 피드백하였는가?	
	교·강사 활동 평가 결과에 따라 등급을 구분하여 다음 과정 운영에 반영하였는가?	
시스템 운영 결과	시스템 운영 결과를 취합하여 운영성과를 분석하였는가?	
	과정 운영에 필요한 시스템의 하드웨어 요구사항을 분석하였는가?	
	과정 운영에 필요한 시스템 기능을 분석하여 개선 요구사항을 제안하였는가?	
	제안된 내용의 시스템 반영 여부를 확인하였는가?	
운영 결과 관리	학습 시작 전 운영 준비 활동이 운영 계획서에 맞게 수행되었는지 확인하였는가?	
	학습 진행 중 학사관리가 운영 계획서에 맞게 수행되었는지 확인하였는가?	
	학습 진행 중 교·강사 지원이 운영 계획서에 맞게 수행되었는지 확인하였는가?	
	학습 진행 중 학습활동 지원이 운영 계획서에 맞게 수행되었는지 확인하였는가?	
	학습 진행 중 과정 평가관리가 운영 계획서에 맞게 수행되었는지 확인하였는가?	
	학습 종료 후 운영 성과관리가 운영 계획서에 맞게 수행되었는지 확인하였는가?	

(4) 결과에 따른 피드백

① 이러닝 과정 운영자는 운영 관련 자료·결과물을 기반으로 운영 결과를 분석하는 과정에서 향후 운영을 위한 개선사항을 도출하여 활용해야 함
② 최종 평가보고서에 반영될 개선사항에 관한 내용분석 기준은 다음과 같으며, 기준에 따른 분석 결과는 최종 평가보고서의 작성에 반영되어야 함
  • 과정 운영상에서 수집된 자료를 기반으로 운영성과 결과를 분석했는가?
  • 운영성과 결과 분석을 기반으로 개선사항을 도출했는가?
  • 도출된 개선사항을 실무 담당자에게 정확하게 전달했는가?
  • 전달된 개선사항이 실행되었는가?

1

이러닝 시스템 운영 결과 보고에서 운영 중 개선사항에 해당하는 것은?

① 성취도 평가관리
② 교육과정 개설
③ 수강 신청관리
④ 교·강사 운영 결과관리

해설

교육과정 개설과 수강 신청관리는 운영 전, 교·강사 운영 결과관리는 운영 후에 해당한다.

2

LMS의 운영 후 지원기능으로 적절하지 <u>않은</u> 것은?

① 운영 평가
② 성적관리
③ 강의 평가
④ 진도 관리

해설

진도 관리는 운영 중 지원기능이다.

3

다음 중 이러닝 운영 성과를 정리할 때 고려해야 할 사항으로 적절하지 <u>않은</u> 것은?

① 학습 목표
② 예산 집행 및 경비 관리
③ 교육자료 품질
④ 강사 성과

해설

이러닝 운영 성과를 정리할 때는 '수강생 만족도, 수강생 성적, 교육자료 품질, 강사 성과, 예산 집행 및 경비 관리, 교육과정 개선사항'에 대한 내용들을 종합적으로 고려하여, 교육과정 운영에 대한 효과적인 평가와 개선방안을 도출한다. '학습 목표'는 이러닝 교육과정 체계를 수립할 때 고려할 사항이다.

O4 학습평가설계

1 과정 평가전략 설계

학습목표

① 학습목표 성취도 측정을 위한 평가유형을 결정하고 시기를 결정할 수 있다.
② 평가유형에 따라 과제 및 시험 방법을 결정할 수 있다.
③ 평가의 활용성과 난이도를 파악하고 콘텐츠 개발에 적용할 수 있다.

(1) 학업성취도 평가의 개념

① 학업성취도는 교육훈련의 결과로 교육생의 지식, 기능, 태도 향상의 정도를 측정하는 것으로, 학습평가는 학습자가 목표를 달성하는 정도를 확인하는 평가
② Kirkpatrick(1998)은 교육훈련과 프로그램의 4단계 평가 중 2단계에 해당하는 '학습'에 대한 평가를 학습자에게 이해되고 흡수되는 원칙, 사실, 기술 등의 정도로 파악할 수 있다고 하였음
③ Kirkpatrick의 4단계 평가모형 1회 기출

단계 구분	개념	평가 내용	평가 방법	평가 조건
1단계 반응 (Reaction)	참가자들이 프로그램에 어떻게 반응했는가를 측정하는 것으로 고객만족도를 측정	교육내용, 강사 등	설문지, 인터뷰 등	교육목표
2단계 학습 (Learning)	프로그램 참여 결과 얻어진 태도 변화, 지식 증진, 기술 향상의 정도를 측정	교육목표 달성도	• 사전·사후 검사 비교 • 통제·연수 집단 비교 • 지필평가, checklist 등	• 반응검사 • 구체적 목표 • 교육내용과 목표의 일치
3단계 행동 (Behavior)	프로그램 참여 결과 얻어진 직무행동 변화를 측정	학습 내용의 현업 적용도	• 통제·연수 집단 비교 • 설문지, 인터뷰 실행계획, 관찰 등	• 반응, 성취도 평가의 긍정적 결과 • 습득한 기능에 대한 정확한 기술 • 필요한 시간, 자원
4단계 결과 (Result)	훈련 결과가 조직의 개선에 이바지한 정도를 투자회수율에 근거하여 평가	교육으로 기업이 얻은 이익	• 통제·연수 집단 비교 • 사전·사후 검사 비교 • 비용·효과 고려	이전 3단계 평가에서의 긍정적 결과

④ 과정 운영자는 학습을 측정하고자 할 때 학습자의 지식, 기술, 태도 등이 얼마나 변화되었는지를 파악하고자 함
⑤ 학습을 측정하는 2단계 평가는 1단계 반응에 대한 평가보다 엄격한 과정을 요구함
⑥ 이상적으로는 학습의 사전검사, 사후검사가 이루어지면 교육과정의 결과로써 교육생이 얼마나 학습하였는지의 파악이 기대됨

(2) 학업성취도 평가의 절차

① 학업성취도 평가는 크게 평가 준비 단계, 평가 실시 단계, 평가 결과관리 단계로 구분되고, 단계별 주요활동이 포함됨
② 학업성취도 평가 절차의 구조

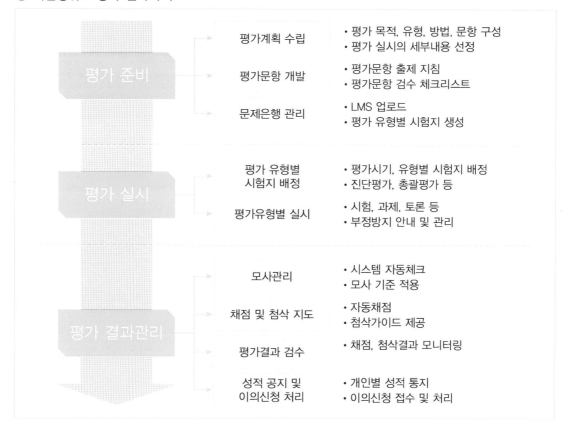

① 학업성취도는 이러닝을 통한 교육훈련 결과 학습자가 지식, 기술, 태도 측면에서 어느 정도 향상되었는지를 측정하는 것으로, 이러닝 과정이 시작하기 전에 제시된 학습목표를 얼마나 달성하였는지 확인하는 과정이 되기도 함

② 학습자의 지식, 기술, 태도의 향상 정도를 측정하기 위해서는 평가도구를 활용할 수 있음

분류		특징
지식 영역 (Knowledge)	평가 목적	• 업무 수행에 요구되는 필요 지식의 학습 정도를 평가 • 사실, 개념, 절차, 원리 등에 대한 이해 정도 평가 예 지식 습득, 사고 스킬 등
	평가도구	지필고사, 사례연구, 과제 등을 활용
기능 영역 (Skill)	평가 목적	• 업무 수행에 요구되는 기능의 보유 정도를 평가 • 업무 수행, 현장 적용 등에 대한 신체적 능력 평가 예 쓰기, 타이핑, 기계조작 등
	평가도구	실기시험, 역할놀이, 프로젝트, 시뮬레이션 등을 활용
태도 영역 (Attitude)	평가 목적	• 업무 수행에 요구되는 태도의 변화 정도를 평가 • 문제상황, 대인관계, 업무 해결 등에 대한 정서적 감정 평가 예 감정, 흥미, 반응 등
	평가도구	지필고사, 사례연구, 문제해결 시나리오, 역할놀이 등을 활용

③ 교육 과정의 학습목표 달성 여부를 확인하는 방법을 고려하고, 학업성취도 평가를 통해 기대하는 평가 결과에 따라 각 평가도구가 가지는 특징 ❶을 잘 파악하여 선택해야 함

→ Check

평가도구는 도구 특성을 반영한 평가문항을 활용함

④ 학업성취도 평가에서 평가도구는 지필시험, 설문조사, 과제 수행 등이 주로 사용됨

평가도구	특징
지필시험	• 학습 내용에 대해 4지 선다형 또는 5지 선다형의 구성으로 출제되며, 학습 내용에 대한 다양한 관점을 이해하고 비교하여 선택할 수 있는 5지 선다형의 활용이 증가하고 있음 • 선다형의 경우 명확한 정답을 선택할 수 있도록 지문을 제시하는 것이 중요하며, 부정적인 질문에는 밑줄 또는 굵은 표시 등을 포함하면 학습자 실수를 줄이는 데 도움이 됨 • 단답형의 경우 가능할 수 있는 유사답안을 명시하는 것이 중요하며, 다양한 답이 발생할 수 있는 경우를 배제하는 것이 필요함
설문조사	• 해당 문제에 대한 학습자 선호, 의견의 정도를 가늠하기 위해 사용하며 일반적으로 5점 척도를 사용함 • 5점 척도가 익숙하게 쓰이고 있지만, 최고·최하의 선택이 가지는 학습자 인식을 고려하여 7점 또는 10점 척도❶를 사용하기도 함 → Check 10점 척도 100점 기준에 익숙한 학습자들이 쉽고 정확하게 자신의 선호 또는 의견을 표현할 수 있다는 장점이 있음

과제 수행	• 해당 과정에서 습득한 지식이나 정보를 서술형으로 작성하게 하는 도구 • 주로 문장 작성, 수식 계산, 도표를 작성하는 내용, 이미지 구성 등이 해당하며 워드, 엑셀, 파워포인트, 통계분석 등의 응용프로그램을 활용하여 수행함 • 문장 작성과 같은 워드 활용은 평가도구보다는 과제 내용에 더 큰 영향을 받음 • 단순한 개념, 특징 등을 조사하는 경우 대부분의 학습자가 같은 과제를 수행하게 되어 모사율이 높아질 수 있으므로 과제 내용에서 이 점을 고려해야 함 • 기타 응용프로그램을 활용하는 과제의 경우 학습자가 응용프로그램을 어느 정도로 사용할 수 있는지를 고려하여 과제를 제시해야 함 ❶ → **Check** 과제 수행 여부보다 응용프로그램 사용 여부가 더 큰 영향을 미치게 되면서 학업성취도 평가의 결과에 영향을 주기 때문

(4) 과정 성취도 측정을 위한 시기

① 평가 시기는 교육 과정 운영의 시간적 개념에 따라 선택하는 것
② 평가 내용에 따라 평가 방법을 선정한 후에 언제 실시할 것인지를 결정함
③ 일반적으로 평가 시기는 교육 전, 교육 중, 교육 후, 교육 후 일정기간 경과 등으로 구분되며, 교육 과정의 평가 설계 방법에 따라 결정함
④ 학업성취도 평가에서는 교육내용의 완전 습득 평가를 위하여 다양한 설계 방법이 활용되고 있음
⑤ 사전평가, 직후평가, 사후평가가 각각 실시될 수 있으며 각 방법의 장단점에 따라 이들을 혼합한 형태가 실시될 수도 있음

설계 방법	습득 정보 및 장점	단점
사전평가	교육 입과 전 교육생의 선수지식 및 기능 습득 정도 진단 가능	교육 직후 평가자료가 없으므로 교육 효과 유무 판단 불가
직후평가	교육 직후 KSA 습득 정도, 학습목표 달성 정도 파악에 유용	사전 평가자료가 없으므로 교육 효과 판단 불가
사후평가	교육 종료 후 일정기간이 지난 후 학습목표 달성 정도 파악에 유용	사전·직후 평가자료가 없으므로 교육 효과 또는 교육 종료 후 습득된 KSA의 망각 여부 판단 불가
사전·직후평가	교육 입과 전·직후 KSA 습득 정도 파악·비교 가능	사후 평가자료가 없으므로 시간이 지남에 따라 습득된 KSA의 지속적 파지 여부 판단 불가
사전·사후평가	교육 입과 전·사후 KSA 습득 정도 파악	교육 종료 직후 평가자료가 없으므로 진정한 교육 효과 평가 미약
직후·사후평가	교육 효과 직후·사후 습득된 KSA 정도 파악	사전 평가자료가 없으므로 교육 효과 판단 불가
사전·직후·사후평가	교육 입과 전·직후·사후 습득된 KSA 정도 파악	고난도로 가장 완벽한 설계

⑥ 학업성취도 평가 설계가 어떻게 구성되고 진행되었는지에 따라 학업성취도 결과 분석이 달라질 수 있음

⑦ 교육내용의 지식(K), 기술(S), 태도(A)의 학습목표 달성 정도를 파악하는 평가가 학업성취도 평가이기 때문에 설계된 평가 방법에 따라 습득되는 정보가 다르며, 학습 효과를 측정하는 범위 또한 달라질 수 있음

⑧ 학업성취도 평가 결과를 분석하기 위해서는 학업성취도 평가에 적용한 설계 방법을 먼저 파악하고, 해당 설계 방법이 가지는 특성을 이해하는 과정이 필요함

⑨ 사전평가는 과정 시작 전에 학습자의 선수지식 및 기능 습득 정도를 파악하는 진단 평가이기 때문에 평가의 시점이 학업성취도 평가에 영향을 줄 수 있음

⑩ 학습이 조금이라도 진행된 경우에는 사전평가를 하지 않아야 하며, 과정 오픈 전에 일정시기를 두고 실시할 수 있도록 계획되어야 함

(5) 과정 평가유형에 따른 과제 및 시험 방법

1) 평가 유형별 시험지 배정

① 교육 과정에서 선정된 평가도구에 따라 평가문항을 개발하고, 문제은행에 저장하는 과정이 끝나면 평가 실시 준비가 완료된 것으로 판단함

② 평가 실시 단계에서 학습자는 문제은행으로부터 평가문항을 임의(Random) 배정 받음

> → Check
>
> 시스템을 통해 문제를 무작위로 배정함과 동시에 문항 간의 난이도, 유형 등을 고려함

③ 평가 시험지의 경우 지필고사, 과제 등 평가도구마다 미리보기를 통해 점검하고, 모의테스트를 통해 오류를 점검해야 함

2) 평가 유형별 실시

① 평가 시험지 배정이 완료되면 실제 시험인 평가가 실시됨

② 평가는 누구에게나 공정하게 실행되어야 하므로, 평가가 실시되는 동안 부정행위 방지와 충분한 사전 안내가 가장 중요함

③ 공정한 평가 실시를 위해 동일 기관·시점의 학습자에게는 서로 다른 유형의 시험지가 자동으로 배포되도록 관리해야 하며, 시스템을 통해 시험시간이 철저하게 관리되도록 설정하여야 함

④ 부정행위 방지를 위해서는 부정행위에 대한 불이익을 평가 참여 전에 필수로 확인할 수 있도록 안내함

⑤ 평가 중에는 부정행위 방지를 위한 프로그램으로써 학습자 이중로그인 방지 및 본인인증 시스템 활용, 복사·붙여넣기 기능 제어, 캡처 프로그램·출력기능 실행 방지, 마우스 오른쪽 클릭 불가 기능 등을 활용할 수 있음

> → Check
>
> 대부분의 이러닝 교육 훈련기관에서는 부정행위 방지를 위해 다양한 프로그램을 적용하고 있음

3) 평가 결과관리

▧ 평가 결과관리 프로세스

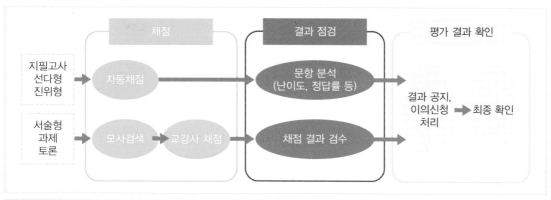

분류	특징
채점, 첨삭지도	• 평가 실시 이후의 채점은 체계적인 채점 프로세스를 통해 진행됨 • 평가문항 유형별로 채점을 진행하며, 채점 결과를 점검·분석한 후 최종 결과를 확정함 • 지필고사는 시스템에 의해 자동으로 채점이 진행되며 평가문항별 난이도, 정답률 등이 분석자료로 제공됨 • 서술형은 교·강사, 튜터 등이 직접 채점하는 방식으로 진행하되, 서술 내용에 대한 모사 여부는 모사 관리 프로그램을 통해 검색·조치함 • 과제에 대한 채점은 교·강사가 첨삭지도를 포함하여 진행함 • 첨삭지도에 대한 안내는 교육 과정의 첨삭지도 가이드를 활용하고, 첨삭 내용은 가점요인, 피드백❷ 등을 구체적으로 포함함 **→ Check** 피드백 작성은 평가유형마다 필수적으로 작성해야 함 예 지필고사는 150자, 과제는 500자 이상으로 포함하고, 단순한 의견보다는 해당 내용에 대한 보충 심화지식을 전달할 수 있도록 관리함
모사 관리	• 모사 관리는 서술형 평가에서 발생할 수 있는 내용 중복성을 검토하는 작업을 뜻함 • 프로그램을 통해 여러 학습자가 같은 내용을 복사하여 과제를 작성·제출하는 경우를 확인하여 필터링하므로 부정행위를 방지하는 방법 중 하나로 활용됨 • 모사 관리를 통한 평가 사후관리도 중요하지만, 처음부터 모사답안이 발생하지 않도록 개별화된 과제를 제시하거나 단순개념 나열이 아닌 창의적인 아이디어를 작성하도록 출제하는 것이 더욱 중요함 • 과제의 모사 관리 단계: 교·강사의 채점 이전에 모사 여부를 먼저 판단 → 교육 과정의 평가계획 수립에서 선정한 모사기준(80% 이상 등)에 따라 채점 대상 분류 → 모사자료로 판단될 경우 원본과 모사자료 모두 부정행위로 간주하여 0점 처리함
평가 결과 검수	• 평가의 채점 결과와 첨삭 내용을 중심으로 모니터링함 • 시스템에 의한 자동 채점이 아니라 교·강사, 튜터 등에 의해 수작업으로 진행되기 때문에 발생 가능한 오류를 검토하고, 평가기준에 따라 일관성 있게 처리되었는지를 점검해야 평가에 대한 신뢰도를 높일 수 있음

평가 결과 검수	• 검수 과정에는 주로 운영자가 참여하며, 산출된 분석자료는 교·강사 및 튜터를 포상하거나 퇴출하는 교·강사 평가자료로도 활용될 수 있음
성적 공지, 이의신청 처리	• 평가 결과가 산출되어 검수가 마무리되면 평가 결과를 개별 학습자에게 공지 후, 확인하여 이의신청이 가능하도록 관리함 • 평가에 대한 정·오답 여부, 평가별 득점, 기관별 석차, 수료 여부, 우수 여부 등을 공개함으로써 교육프로그램 참여에 대한 진단과 컨설팅이 이루어질 수 있음 • 이의신청에 대한 피드백 처리가 완료되면 평가 결과를 최종적으로 확정하고, 과정 평가 결과보고서에 반영·보고함

(6) 과정 평가의 활용성과 난이도 파악❶ 및 콘텐츠 개발 피드백

→ Check   **평가문제 변별도·난이도 조정**

문항 난이도(P)	• 문항 난이도: 문항의 어렵고 쉬운 정도를 나타내는 지수(P) • 전체 교육생 중 정답을 맞힌 학생의 비율을 의미함 • 정답의 백분율이기 때문에 난이도 지수가 높을수록 그 문항은 쉽다는 뜻 • 문항 난이도 지수(P) = 정답자 수 / 전체 반응자 수 • 문항 유형별 난이도 적정수준: 진위형(0.85), 선다형(0.74), 그 외 유형(0.5)
문항 변별도(D)	• 문항 변별도: 문항이 교육생의 능력을 변별하는 정도를 나타내는 지수(D) • 평가 총점을 기준으로 상위능력집단과 하위능력집단 간의 정답률의 차이로써 산출함 • 문항 변별도(D) = (상위집단 정답자 수 − 하위집단 정답자 수) / 각 집단의 교육생 수 • 문항 변별도 적정수준: 양호(0.40 이상), 비교적 양호(0.20~0.39), 수정 필요(0.00~0.19), 전면개선(음수)

① 운영된 학습콘텐츠가 해당 과정의 학습목표 달성에 도움이 되었는지를 파악하기 위해서는 이러닝 운영 과정에서 실시한 학업성취도 평가의 결과를 검토함으로써 학습자의 학습 과정 목표 달성도를 산출할 수 있음

② 산출된 학습목표 달성도를 해당 과정 운영 결과의 하나로 보고, 해당 학습콘텐츠가 학습목표 달성에 얼마나 도움되었는지 평가하는 도구로 활용함으로써 학습콘텐츠의 개발 적합성 여부를 가늠할 수 있음

③ 학습목표 달성 적합도는 학습콘텐츠의 개발 적합성을 평가하는 척도로 활용될 수 있음

2 단위별 평가전략설계

📁 학습목표

① 단위별 학습목표 성취도 측정을 위한 평가유형을 결정하고 시기를 결정할 수 있다.
② 단위별 평가유형에 따라 과제 및 시험 방법을 결정할 수 있다.
③ 단위별 평가의 활용성과 난이도를 파악하고 콘텐츠 개발에 적용할 수 있다.

(1) 단위별 성취도 측정을 위한 평가유형

① 이러닝 콘텐츠 내의 성취도 측정을 위해서는 콘텐츠 기획서의 내용을 토대로 차시별 평가활동을 구현·운영할 수 있음
② 평가활동에 활용할 수 있는 평가문항의 유형
- 진위형: 진위형, 군집형
- 선다형: 최선다형, 정답형, 다답형, 불완전 문장형, 부정형
- 조합형: 단순조합형, 복합조합형, 분류조합형
- 단답형
- 완성형: 불완전 문장형, 불완전 도표형, 제한 완성형
- 논문형
- 기타: 순서 나열형, 정정형

(2) 단위별 성취도 측정을 위한 시기

1) 학습흐름별 성취도 측정 단계

① 준비 단계: 단원 소개, 동기유발, 사전점검, 학습목표 등
② 학습 단계: 학습할 주제의 소개, 학습내용, 돌발퀴즈 등
③ 정리 단계: 토론 주제 제시 후 학습자 간 의견 교환, 학습내용 요약·정리 등
④ 평가 단계: 다양한 평가유형으로 성취도 점검
⑤ 종료 단계: 다음 단원에서 학습할 내용을 간단히 소개함

2) 학습흐름별 콘텐츠 프로그래밍 요소

학습흐름	세부 단계	프로그래밍 요소
준비	이번 차시 소개	마우스 이벤트
	동기유발	학습자 입력도구
	사전점검	퀴즈❔
	학습목표	마우스 이벤트
학습	학습 소주제 소개	동영상 플레이어
	학습내용	링크, 마우스 이벤트
	돌발퀴즈	퀴즈
정리	정리·요약	인쇄·다운로드
	의견 나누기	학습관리시스템 연동
평가	평가	퀴즈
종료	다음 차시 예고	마우스 이벤트

→ Check

학습자의 선수지식 파악을 목적으로 사전점검 단계에서 퀴즈를 제공할 수 있으며, 단위학습 내용을 종합 정리하도록 서술형 의견나누기 기능과 객관식 퀴즈를 제공할 수 있음

📷 의견 나누기 예시, 퀴즈 예시

 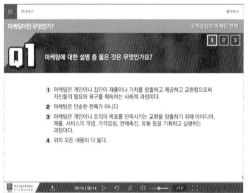

(3) 단위별 평가유형에 따른 과제 및 시험 방법

단위별 평가에는 다양한 유형이 있으며 유형별 장단점을 고려하여 단위 콘텐츠의 성격에 맞게 선택 제작해야 함

유형	장·단점	특징
객관식 문제	장점	• 다양한 주제에 대한 학습자의 지식 평가 가능 • 분명한 정답을 기준으로 객관적인 채점 가능
	단점	• 문제 형식의 제약으로 다양한 측면에서의 학습자 성취 측정이 어려움 • 정답이 아니라고 분류되는 경우 창의적·비판적 태도를 억압할 수 있음 • 문제 출제에 많은 시간과 노력 소요
진실·거짓 문제	장점	학습자의 내용 이해도를 간단하게 측정 가능
	단점	무작위로 응답하더라도 50%는 정답이 될 수 있기 때문에 다른 시험에 비해 타당도가 낮음
연결하기 문제	장점	단어와 뜻, 항목과 예시의 관계에 대한 지식을 간단히 측정 가능
	단점	분석, 종합과 같은 높은 수준의 성취도를 측정하기는 어려움
서술형 문제	장점	• 지식을 정리·통합·해석하여 학습자 자신의 언어로 표현하는 능력 측정 가능 • 세부 지식보다 광범위한 주제에 대한 이해도 측정 가능
	단점	• 문항의 수가 적기 때문에 내용 타당도가 낮을 수 있음 • 객관적인 채점이 어려움

구두시험	장점	외국어 강좌의 학습 성취도를 측정하기 좋은 유형의 시험
	단점	• 다른 프로그램에 사용하기에는 시간 소비가 큼 • 학습자의 부담이 큼 • 녹음을 해서 결과를 보관해야 하는 번거로움 발생
단답형 문제		• 객관식 문제와 서술형 문제의 장단점을 절충한 유형의 시험 • 객관식 문제보다 학습자의 생각을 더 잘 표현할 수 있음 • 서술형 문제보다 학습자의 부담이 적음

(4) 단위별 평가의 활용성과 난이도 파악 및 콘텐츠 개발 피드백

① 운영된 단위콘텐츠가 해당 차시의 학습목표 달성에 도움이 되었는지를 파악하기 위해서는 이러닝 운영 과정에서 차시 단위별 평가의 결과를 검토함으로써 학습자의 차시별 학습목표 달성도를 산출할 수 있음

② 산출된 학습목표 달성도를 해당 차시 운영 결과의 하나로 보고, 해당 단위콘텐츠가 학습목표 달성에 얼마나 도움되었는지 평가하는 도구로 활용함으로써 단위콘텐츠의 개발 적합성 여부를 가늠해 볼 수 있음

③ 학습목표 달성 적합도는 단위콘텐츠의 개발 적합성을 평가하는 척도로 활용될 수 있음

3 평가문항 작성

📁 학습목표

❶ 학습목표 성취도 측정을 위한 평가도구를 개발할 수 있다.
❷ 과제 문항 및 답안을 작성할 수 있다.
❸ 학습목표, 학습내용과 일관성이 있는지 파악할 수 있다.
❹ 문제의 난이도를 파악하고 적정성 여부를 결정할 수 있다.

(1) 성취도 측정 평가도구

① **성취도 측정을 위한 평가도구:** 지필고사, 문답법, 실기시험, 체크리스트, 토론, 과제, 프로젝트 등

② **성취도 측정을 위한 평가방법:** 선다형, 진위형, 단답형, 완성형, 서술형, 순서나열형 등

③ 교육내용 분석 및 학습목표 확인을 통해 교육으로 달성하고자 하는 지식, 기술, 태도의 수준을 선정한 후 과정별로 특화된 평가도구를 선정해야 하며, 과정의 학습목표 달성 여부를 확인하는 방법❓을 고려해야 함

> **→ Check**
>
> 지식, 태도는 지필고사를, 기술은 수행평가를 활용하여 과정의 학습목표 달성 여부를 확인함

④ 이러닝 교육과정에서 주로 활용하는 평가도구로는 지필고사 시험, 과제 제출이 있음

⑤ 최근 학습활동에 초점을 둔 토론 평가가 확대되고 있지만, 구체적인 토론 방법과 운영에 대한 계획이 마련되지 않으면 학업성취도 평가의 효과를 기대하기는 어려울 수 있음

(2) 평가도구의 조건

평가도구는 타당도, 신뢰도가 확보되어야 하며 평가 진행 시 객관도, 실용도가 고려되어야 함

개념	정의
타당도	검사 도구가 측정하려는 내용을 얼마나 충실하게 측정하고 있는가의 정도
신뢰도	시간의 경과에 따라 반복적으로 사용하더라도 측정 도구가 거의 같은 결과를 도출할 수 있어야 한다는 것
객관도	채점자의 신뢰도를 의미하며, 채점이 어느 정도의 일관성이 있느냐를 의미
실용도	어떤 검사를 사용할 때 드는 비용과 이익을 비교 분석하여 나타내는 검사의 유효성 정도

1) 타당도(Validity)

① 타당도의 의미 [1회 기출]

- 검사(혹은 측정) 도구의 타당도란 검사 도구가 측정하고자 의도했던 구체적인 목표나 내용을 제대로 측정하고 있는가를 나타내는 정도를 의미함
- '어떤 측정 도구를 사용하여 얻어진 자료가 얼마나 일관성을 가지고 있느냐'도 중요하지만, '검사가 과연 무엇을 일관성 있게 측정하고 있느냐'는 바로 검사 결과의 해석의 타당성과 관련됨
- 따라서 타당도란 '주어진 검사가 어떤 목적으로 얼마나 적절하게 사용될 수 있는 유용한 검사인지'를 말해 주는 정도라고 할 수 있음

② 타당도의 종류 [1회 기출]

종류	설명
내용 타당도 (Content Validity)	• 내용과 관련된 타당도의 근거(Content-related Evidence of Validity)로서 측정하고자 하는 내용이 검사 도구에 제대로 반영되었는지를 연역적·논리적으로 검토하는 것 • 도구가 측정하고자 의도한 목표, 내용을 모두 포괄할 수 있는 대표성을 가지고 있는지, 측정 요소들이 적절하게 구성되어 있는지 등을 검토하는 것 • 한 검사를 구성하고 있는 검사 문항들이 문항 모집단(Item Universe)을 대표할 수 있도록 문항들이 표집되어 있는 정도를 말함 • 주관적 판단에 의존하므로 객관적 자료를 사용하지 않으며 타당도를 객관적인 수치로 제공하지 않기 때문에 검사내용 전문가에 의해 내용 타당도가 있다 혹은 없다로 표현할 수 있을 뿐임 • 기초연구나 새로운 연구에서 사용하는 검사 도구의 타당성은 일반적으로 내용 타당도에 의존하며, 특히 연구대상의 수가 적거나 관찰에 의한 연구일 경우 내용 타당도에 의존하는 경우가 많음 • 정의에 대한 통일된 인식이 없는 정의적 행동 특성을 측정할 때 전문가마다 다른 견해를 가지는 경우가 많으므로 내용 타당도에 대해 각기 다른 검증 결과가 나올 수 있음 • 단점이 있음에도 불구하고 내용 타당도가 많은 연구에서 사용되고 있는 이유는 타당도에 대한 기초정보를 제공하며 자료수집이 어려운 경우에 검사나 측정 도구의 타당도를 검증하는 방법이기 때문

예언(豫言) 타당도 (Prediction Validity)	• 예측과 관련된 타당도의 근거(Predictive-related Evidence of Validity) • 제작된 검사에서 얻은 점수와 미래의 어떤 행위를 얼마나 잘 예측하느냐와 관련된 타당도 • 검사점수를 이용해서 일정한 시간이 지난 후 피검사자의 행동 수준 또는 성과를 예언할 수 있는 정도를 의미함 • 일반적으로 예언 타당도는 적성검사에서 중요시되는 경향이 있으며, 임상 심리에서 사용되는 심리검사에도 자주 사용됨(특히 선발, 채용, 배치 등의 목적으로 사용) • 일정한 시간 뒤에 측정한 행위-검사점수 간의 상관계수에 의하여 타당도를 검증하기 때문에 연구를 위하여 제작한 검사 도구의 예언 타당도를 검증하기가 불가능할 수도 있음
공인(共因) 타당도 (Concurrent Validity)	• 예언 타당도와 마찬가지로 **준거 타당도**의 한 종류 • 기존 평가 도구와의 일치 여부를 나타냄 • 검사점수와 기존에 타당성을 입증 받고 있는 검사로부터 얻은 점수와의 관계로 검증되는 타당도 • 이미 널리 사용하고 있는(타당성을 보장 받고 있는) 검사 도구와 그것과 비슷한 내용을 측정한다고 상정하는, 새롭게 제작된 도구와의 상호관련성(유사성)을 검토함으로써, 새롭게 제작한 도구의 타당성을 검토하는 것 • 공인 타당도는 계량화되어 타당도에 대한 객관적인 정보를 제공할 수 있으며 타당도의 정도를 나타낼 수 있음 • 타당성을 입증받은 기존의 검사가 없으면 공인 타당도를 추정할 수 없으며, 타당성을 입증받은 기존의 검사가 있다 하더라도 그 검사와의 관계에 따라 공인 타당도가 입증되므로 타당성을 입증받은 기존의 검사에 의존하게 되는 단점이 있음
구인(構因) 타당도 (Construct Validity)	• 조작적으로 정의되지 않은 인간의 심리적 특성이나 성질을 심리적 구인으로 분석하여 조작적 정의를 내린 후 검사점수가 조작적 정의에서 규명된 심리적 구인들을 제대로 측정하였는가를 검증하는 방법 • 창의력 검사에서의 구인 예: 민감성, 이해성, 도전성, 개방성, 자발성, 자신감 등 • 구인타당도를 검증하는 통계적 방법: 관계수법, 실험설계법, 요인분석 등 • 구인타당도는 응답자료를 기초로 한 계량적 방법에 따라 검증되므로 과학적·객관적이라고 할 수 있음 • 모르는 심리적 특성에 부여한 조작적 정의의 타당성을 밝혀주므로 많은 연구의 기초가 됨 • **요인분석(Factor Analysis)**을 실시할 경우 변수 혹은 문항 간의 더욱 안정적인 상관계수를 얻기 위해 많은 연구대상이 필요함
요인 타당도 (Factorial Validity)	• 요인분석(Factor Analysis)이라는 통계적 조작을 통해 검사가 어떤 요인(Factor)을 측정하고 있는지를 분해해서 밝히는 방법 • 하위검사의 독립성 또는 독특성의 정도를 의미 • 요인분석으로 결정된 검사의 **요인부하량(Factor Loading)**이 클수록 그 요인을 잘 측정하는 변인임 • 요인분석으로 결정된 검사의 요인부하량은 검사가 무엇을 얼마나 재고 있느냐를 실험적으로 검증해 줌

→ Check

준거 타당도: 검사 도구에 의한 점수와 어떤 준거 간의 상관계수에 의하여 검사 도구의 타당도를 검증하는 방법
구인(Construct): 어떤 개념이나 특성을 구성한다고 생각할 수 있는 가상적인 하위개념, 하위특성 혹은 심리적 요인
요인분석(Factor Analysis): 복잡하고 정의되지 않은 많은 변수 간의 상호관계를 분석하여 상관이 높은 변수들을 모아 규명하고 그 요인의 의미를 부여하는 통계적 방법
요인부하량(Factor Loading): 각 변인과 요인 간의 상관관계

2) 신뢰도(Reliability)

① 신뢰도란 얼마나 정확하고 오차 없이 측정하고 있느냐의 개념
② 평가 도구가 측정하고 있는 정도의 일관성, 향상성, 신빙성을 나타냄(계수로 수량화함)
③ 신뢰도에 접근하는 방법은 표준오차 접근 방법과 상대적 순서 접근법이 있음

> **→ Check 추정 방법의 종류**
>
> 재검사 신뢰도(안정성 계수)
> 동형검사 신뢰도(동형성 계수)
> 반분검사 신뢰도(동질성 계수)
> 문항 내적 합치도(쿠도-리차드슨 방법)
> Cronbach의 α 계수(신뢰도가 가장 높음)

3) 객관도(Objectivity)

① 채점자의 신뢰도를 의미하며, 채점이 어느 정도의 일관성이 있느냐를 밝힘
② 종류

채점자 간 객관도	한 문항에 대해 여러 사람의 채점 결과의 일치 여부
채점자 내 객관도	한 채점자가 같은 문항에 대해 여러 번 채점한 결과의 일치 여부

> **→ Check 객관도를 높이는 방법**
>
> 채점 기준을 미리 정함
> 모범답안지를 작성함
> 답안지 내용만 보고 채점함
> 문항 단위로 채점함
> 여러 사람이 채점을 하고 그 평균을 냄
> 문항별 점수는 미리 계획을 세움

4) 실용도(Usability)

① 측정 도구의 실용적 가치 정도
② 측정 도구가 경비, 시간을 적게 들여서 측정 목표를 충실히 달성하는지를 나타냄

> **→ Check 실용성을 높이는 방법**
>
> 실시가 쉬울수록 실용도가 높음
> 실시 시간이 검사 내용에 적절해야 함
> 채점이 쉬워야 함

(3) 평가문항 작성지침

① **학업성취도 평가문항**: 지필 평가의 경우 선다형, 진위형, 단답형 등의 유형으로 출제하며 과제, 토론의 경우 서술형의 유형으로 출제함

② 출제자: 문항 출제는 주로 교육과정의 내용 전문가로 참여한 교수자가 담당●하게 됨

> **Check**
>
> 교육기관의 내부 심의를 통해 출제자로 선정하는 과정을 거침

③ 평가문항 출제: 지필고사의 경우 실제 출제문항의 최소 3배수를 출제하고, 과제의 경우 5배수를 출제하여 문제은행 방식으로 저장하고 문항별 오탈자 등을 검토·수정함

④ 평가문항 수: 평가계획 수립 시 3~5배 내에서 출제하도록 선정하며, 평가기준에 대한 비율(100점 중 60% 이하 과락 적용 등)도 선정함

⑤ 고용노동부의 직업능력개발훈련 과정: 추가로 준수하여 작성해야 하는 내용●이 있음

> **Check** **직업능력개발훈련 과정의 평가문항 작성지침**
>
> 시험에 서술형 문항을 출제하거나 과제를 실시하는 경우, 해당 문항의 출제목표를 작성해야 함
> NCS 적용 과정의 경우, 문항에 반영된 NCS 능력단위 및 능력단위 요소를 작성해야 함
> 출제된 평가문항 및 과제의 모범답안을 제시해야 함
> 평가문항과 과제의 채점기준 및 배점을 명시해야 함

⑥ KERIS 원격교육 연수 콘텐츠 내용심사: 평가문항은 학습목표, 학습내용과 일관성 있게 작성●해야 함

> **Check** **KERIS 원격교육 연수 콘텐츠 내용심사 평가문항 작성지침**
>
> '학습목표 제시'에서는 차시별 학습목표가 학습 종료 후, 학습자가 무엇을 할 수 있는지를 기술하고 행동목표로 서술해야 함
> '학습평가'에서는 평가 내용이 연수목표 및 연수내용과 일관성 있게 제시되어야 하며, 평가 내용이 연수목표의 달성을 확인할 수 있도록 적절한 난이도 및 평가 형식을 갖추고 평가문항의 내용, 정·오답, 해설이 오류 없이 타당하게 제시되어야 함

(4) 설문지 작성 순서

설문지 작성 절차와 방법을 순서대로 나열하면 다음과 같음

순서	절차	방법
①	필요한 정보 결정	Q. 설문조사를 통하여 얻고자 하는 정보는 무엇인가? 의사결정에 꼭 필요한 내용을 엄선하여 조사할 수 있도록 해야 함
②	자료수집 방법 선정	Q. 필요한 정보 획득에 가장 적합한 자료수집 방법은 무엇인가? 설문지를 이용한 자료수집 방법에 속하는 대인 조사, 전화에 의한 조사, 우편에 의한 조사 혹은 인터넷을 통한 조사 중에서 시간과 비용, 그리고 설문내용 등을 고려하여 가장 효과적인 방법을 선정하여 자료를 수집하도록 함
③	개별항목의 내용 결정	Q. 필요한 정보에 대한 세부적인 개발항목으로는 어떤 내용이 포함되어야 하는가? • 이 질문은 꼭 필요한 것인가? • 응답자가 답변에 필요한 정보를 알고 있는가? • 응답자가 그 정보를 부담 없이 솔직하게 제공해 줄 수 있는가?

④	질문 형태의 결정	Q. 응답자에게 답변에 대한 부담을 덜 주면서도 가능한 한 많은 정보를 얻을 수 있는 질문 형태는 무엇인가? • 개방형 질문(open-ended questions) • 다지선다형 질문(multiple choice questions) • 양자택일형 질문(dichotomy questions)
⑤	적절한 설문완성	Q. 연구에 필요한 자료를 제대로 얻기 위해서는 질문내용을 어떻게 완성해야 하는가? • 가능한 한 전문 용어를 사용하지 말아야 함 • 다지선다형 질문은 가능한 한 모든 응답 내용을 제시해 줄 수 있어야 함 • 다지선다형 질문은 응답 항목들 간에 내용에 중복되어서는 안 됨 • 한 가지 질문에 두 가지 내용을 질문해서는 안 됨 • 대답하기 곤란한 질문을 직접 물어봐서는 안 되며, 개인의 사적인 정보나 사회적으로 민감한 주제에 대해 너무 자세하게 질문하지 않도록 해야 함 • 특정한 대답을 유도하는 질문을 해서는 안 됨 • 어떠한 상황을 조사자 임의대로 가정해서는 안 됨
⑥	설문순서 결정	Q. 완성된 여러 설문에 대하여 설문하는 순서는 어떻게 정하는 것이 좋은가? • 첫 번째 설문은 응답자가 설문지 전체에 대한 내용을 짐작할 수 있도록 하는 내용의 질문이 바람직함 • 응답자가 쉽게 대답할 수 있는 설문은 전반부에 배치하고, 응답하기 어려운 질문들은 후반부에 배치해야 함 • 응답자 개인의 신상에 관한 인구통계학적인 설문은 가능한 한 설문지의 맨 뒤에 하는 것이 바람직함

⑦	설문지 초안 작성	• 설문지 전체의 형식과 설문순서를 고려하여 설문지의 초안을 작성해야 함
		• 설문지는 양면인쇄한 소책자로 만들어 조사 진행이 쉽게 해야 함
		• 설문지 표지에는 다음과 같은 항목들이 수록되어 있어야 함
		  - 조사목적과 조사기관에 대한 설명
		  - 응답자에 대하여 비밀을 보장하겠다는 다짐
		  - 응답자가 조사내용에 대하여 설문하거나 조사원의 신원을 확인하고자 할 때 연락이 가능한 연락처 기재
		• 설문 진행 단계별로 면접자 혹은 응답자가 주의해야 할 사항들을 명확하게 박스 형태로 표기함

⑧	설문지 사전 조사	• 설문지 초안이 작성되면 일단 가상적인 응답자들을 선정하여 이들을 대상으로 설문지의 문제점을 찾기 위한 사전 조사를 실시
		• 사전 조사항목을 선정할 경우 고려해야 할 사항은 다음과 같음
		  - 조사에 직접 관계되며 평가나 분석에 이용할 내용만 선정하도록 함
		  - 다른 곳에서보다 더 정확한 자료를 수집할 수 있는 경우에는 조사항목 또는 세부사항에서 제외함
		  - 양적 조사의 경우에는 통계처리를 염두에 두고 조사항목과 세부사항을 선정함
		  - 응답자가 대답하지 않을 내용은 처음부터 포함하지 않도록 함
		  - 조사항목 및 세부사항은 조사목적을 달성할 수 있을 정도 내에서 최소한의 수가 되도록 해야 함

⑨	설문지 완성	한두 번의 사전 조사와 수정과정을 거치게 되면 최종적으로 완전한 설문지가 완성됨

(5) 선다형 문항 제작 시 고려사항 [1회 기출]

① 선택지 중 정답은 분명하고, 오답은 그럴듯하게 만들어야 함
② 반복되는 어구는 문항에 포함시켜 표현하여 선택지 문장을 간결하게 함
③ 정답에 대한 단서를 주지 말아야 하는데, 즉 언어적 연상 및 문법적 구조를 통한 단서·정답을 오답에 비해 길게 쓰는 경향, 특정 선택지 위치에 정답을 배치하는 경향, 절대적 어구를 통한 오답의 단서를 제시하는 것을 주의해야 함
④ 가능한 한 평가 문항은 긍정문으로 제작하되 불가피하게 부정형 문항을 출제할 때는 부정어휘(예 아닌 것, 틀린 것, 없는 것 등)에 밑줄이나 굵은 문자체 등으로 수험자를 환기시켜야 함
⑤ 계량적 선택지일 경우에는 선택지 간에 중첩되는 수치를 피함
⑥ 선택지들 간에 논리적인 순서가 있으면 그에 따라 배열함
⑦ 가능한 한 문제는 자세히 표현하고, 선택지는 간결하게 줄여야 함
⑧ '정답 없음'이라는 선택지도 사용할 수 있음

(6) 선다형 문항의 장단점

장점	• 융통성, 신축성이 큼 • 채점의 신뢰성, 객관성이 높음 • 문항의 답지를 수정해서 문항의 난이도를 조절할 수 있음 • 다른 선택형에 비해 추측의 요인이 적게 작용함 • 답지 반응에 나타나는 학생의 반응 형태를 통해 중요한 진단적 자료를 얻을 수 있음
단점	• 선택지가 많아 좋은 문항을 만들기 쉽지 않음 • 선택형 문항의 각 선택지를 확인해야 하므로 문제풀이 시간이 많이 걸림 • 선행연구 결과에 따르면 선다형은 신중한 능력이 있는 학생에게 불리하고, 능력이 낮은 학생에게 유리함

(7) 문제 난이도 및 적정성

① **평가문항의 적정성**: 난이도, 변별도, 오답지의 매력도를 통해 측정 가능 [1회 기출]

난이도	• 정답률과 같은 표현으로, 한 문항이 얼마나 어려운가를 나타냄 • 난이도가 높으면 정답률이 높고(문제가 쉽고), 난이도가 낮으면 정답률이 낮다(문제가 어렵다)는 것을 의미함 • 계산 공식: $\dfrac{정답자\ 수}{전체\ 반응자\ 수}$
변별도	• 평가문항이 상위집단과 하위집단의 능력을 얼마나 잘 변별하고 있는지를 나타냄 • 계산 공식: $\dfrac{상위집단\ 정답자\ 수-하위집단\ 정답자\ 수}{각\ 집단의\ 교육생\ 수}$
오답지의 매력도	• 선다형 문항에서 피험자가 오답지를 선택할 확률을 나타냄 • 계산 공식: $\dfrac{1-문항\ 난이도}{답지수-1}$

② 개발된 평가문항은 평가문항 간의 유사도, 난이도를 조정하는 과정을 거쳐 완성도를 확보하여야 함

일반적으로 외부 전문가에 의한 평가문항 사전검토제를 시행하고 최종 평가문항을 확보함
평가문항에 대한 검수 체크리스트를 활용하여 검토한 후 개발을 완료함

(8) 과정 중심 평가 1회 기출

과정 중심 평가의 기본방향 및 특징

기본방향	• 교수학습을 극대화하기 위한 평가 • 정보 수집을 위한 도구 및 과정으로의 평가 • 학습 전략 및 교수법 교정을 위한 평가 • 교수학습과 평가가 연계된 순환적 구조에서의 평가		
평가관	• 학습에 대한 평가 • 결과 중시	⇨	• 학습을 위한 평가 • 학습으로서의 평가 • 과정 중시
평가 방법	• 지필 평가 중심 • 구조화된 문항 형식 위주 • 정기평가 • 교사가 주로 평가	⇨	• 지필 평가, 수행평가 등 다양한 방법 적용 • 구조화, 비구조화된 방식 혼용 • 수시평가 • 교사, 학습자, 동료 등 평가 주체의 다양화
평가 내용	• 교과별 단편적 지식 및 기능 • 인지적 성취영역 위주	⇨	• 통합적 지식 및 기능 • 핵심 역량(competency)에 대한 평가 • 인지적·정의적 특성 영역
평가 결과 보고 및 활용	• 상대적 서열 정보 중심 • 피드백의 부재	⇨	• 성취기준 및 내용 준거에 의한 결과 보고 • 즉각적이며 수시적인 피드백

① 과정 중심 평가는 평가관, 평가 방법, 평가 내용, 평가 결과 보고 및 활용의 측면에서 기존 평가와는 차별되는 특징을 보임
② 과정 중심 평가의 기본방향은 교수학습을 극대화하는 평가, 정보 수집을 위한 도구 및 과정으로서의 평가, 학습 전략 및 교수법 교정을 위한 평가, 교수학습과 평가가 연계된 순환적 구조 속에서의 평가를 추구하는 것으로 요약될 수 있음
③ **평가관**: 결과 지향적 평가에서 과정 지향적 평가로 그 강조점이 바뀌고 있음을 의미
④ **평가 방법**
  • 기존 선다형, 진위형 등 구조화된 문항 위주의 지필 평가 중심의 평가에서 서술형, 논술형, 수행평가 등 다양한 방법을 적용한 구조화된 문항과 비구조화된 문항이 혼용되어 사용

- 중간고사와 기말고사와 같은 정기평가 형식이 아닌 수업 중 수시평가로 실시
- 기존 교사에 의해 주로 평가되는 방식과는 달리 교사, 학습자, 동료 등 평가 주체가 다양화

⑤ 평가 내용
- 기존의 교과별 단편적 지식 및 기능 위주의 평가에서 벗어나 고차원적 사고 능력과 간 학문적, 탈 교과적 성격의 통합적 지식 및 기능을 평가하는 방향으로 변화
- 인지적 영역에서의 성취뿐만 아니라 정의적 영역의 특성과 핵심역량에 대한 평가에도 관심이 높아지고 있음

⑥ 평가 결과 보고 및 활용

기존 결과 지향적 평가	과정 중심 평가
• 석차, 백분위 점수와 같은 학생들의 상대적 서열 정보에 치중하여 '누가 더 잘했는가'에 대한 정보만 제공 • 학생의 학업 성취수준 및 '무엇을 어느 정도 성취하였는가'에 대한 정확한 정보가 부족 • 학생 수준에 적합한 교수학습이나 학생의 잠재력, 소질을 발현시키는 교육을 실시하기에 한계가 있음	• 과정 중심 수행평가를 통해 상대평가가 갖는 문제들을 해결하는 데 도움이 될 것으로 기대됨 • 피드백은 과정 중심 평가의 본질적인 목적을 성공적으로 달성하기 위한 핵심요소 • 평가 결과에 기반을 둔 피드백을 통해 학생은 학습 향상에 도움이 되는 유용한 정보를 얻을 수 있으며, 교사는 자신의 교육 활동을 지속해서 모니터링하고 개선하기 위한 정보로 활용할 수 있음

오답노트 말고
2023년 정답노트

01

설문 문항 개발의 주요 원칙으로 옳은 것은?

① 특정한 대답을 유도하는 질문을 한다.
② 하나의 질문에 여러 가지 의미를 포함하여 신중히 답변할 수 있도록 한다.
③ 민감한 내용은 간접적으로 표현한다.
④ 개발된 설문지를 파일럿 테스트하여 점검한다.

[해설]

설문 문항 개발 시 특정한 대답을 유도하는 질문을 해서는 안 되며, 하나의 질문에 의미를 두 가지 이상 포함하지 않는다. 그리고 민감한 내용은 질문하지 않도록 해야 한다.

02

선다형 문제 출제 시의 유의사항으로 적절하지 않은 것은?

① 출제자의 출제 의도가 수험자에게 정확히 전달되어야 한다.
② 평가하고자 하는 요소에 방해가 되는 모든 요인을 제거한다.
③ 정답은 분명하고, 오답은 매력적이지 않아야 한다.
④ 윤리적으로 문제가 있는 문항은 내지 말아야 한다.

[해설]

정답은 분명하고, 오답은 매력적으로 제작하여야 한다.

03

문항 변별도에 대한 설명으로 옳은 것은?

① 변별도가 높을수록 어려운 문항이다.
② 변별도 지수가 음수가 나와도 상관없다.
③ 전체 정답자 수와 전체 반응자 수를 통해 구한다.
④ 전체 점수를 기준으로 상위능력집단과 하위능력집단 간 정답률의 차이로 구한다.

[해설]

문항 변별도 지수가 음수가 나오면 문항의 전면 개선이 필요하다. 문항의 어렵고 쉬운 정도를 나타내며, 전체 정답자 수와 전체 반응자 수를 통해 구하는 것은 문항 난이도이다.

04

새로운 검사 도구를 제작하였을 때 제작한 도구의 타당성을 검증하기 위하여 기존에 타당성을 보장받고 있는 검사와의 유사성 혹은 연관성 등을 비교하는 검증을 의미하는 것은?

① 내용 타당도
② 예언 타당도
③ 공인 타당도
④ 확인 타당도

[해설]

새로운 검사 도구를 제작하였을 때 기존에 타당성을 보장받고 있는 검사와의 유사성 혹은 연관성 등을 비교하여 새로운 검사 도구의 타당성을 검증하는 개념을 공인 타당도라고 한다.

05

교수, 학습 과정에서 제시한 학습 목표와 내용을 얼마나 충실하게 측정하고 있는지 정도를 나타내는 것은?

① 신뢰도
② 객관성
③ 유용성
④ 타당도

[해설]

타당도는 검사 도구가 측정하려는 내용을 얼마나 충실하게 측정하고 있는가의 정도로, 학습 목표와 내용을 제대로 측정하고 있는가를 나타내는 정도를 의미한다.

06

평가 방법 중 현업 적용도를 높일 수 있는 것은?

① 객관식 시험
② 프로젝트
③ 사례 연구
④ 과제 제출

[해설]

프로젝트 기반 평가는 실제 업무 환경에서 문제해결과 유사한 상황을 제시하여 현업 적용도를 높일 수 있다.

07

과정 중심 평가에 관한 설명으로 옳지 <u>않은</u> 것은?

① 학습 과정과 평가를 관련 있도록 한다.
② 표준화 검사를 통해서 타당성이 높은 평가 도구를 사용한다.
③ 중간 피드백 등을 통해서 교수, 학습의 수준을 발전시키기 위함이다.
④ 학습자를 다각도로 분석한다.

[해설]

과정 중심 평가에서는 서술형, 논술형, 수행평가 등 다양한 방법을 적용한 구조화된 문항과 비구조화된 문항이 혼용되어 사용된다.

이러닝운영관리사
필기편

이러닝 운영관리

CHAPTER

01 이러닝 운영 교육과정 관리

1 교육과정 관리계획

📁 **학습목표**

① 운영전략의 목표와 교육과정 체계를 분석할 수 있다.
② 운영할 교육과정별 상세 정보와 학습목표를 확인할 수 있다.
③ 학습자 요구를 반영한 이러닝 운영 교육과정을 선정하고 관리계획을 수립할 수 있다.

(1) 교육수요 예측

1) 요구분석

① **요구분석:** 현재 상태와 바람직한 상태의 차이를 파악하기 위해 현재 상태를 파악할 수 있는 각종 자료 수집

② **자료 수집:** 이러닝 시장의 수요조사, 교육과정의 현황분석, 인적 자원의 요구분석, 조직의 성과분석, 행정적인 요구 등 이러닝 운영에 연관되는 다양한 자료 분석

③ 이러닝에 대한 여러 가지 자료의 분석·파악으로 바람직한 상태에 대한 수준과 현재의 격차를 명확하게 밝혀내는 과정에서 원인을 이해하고, 해결하기 위한 운영방법, 전략 등을 수립

④ **이러닝 시장 수요조사:** 이러닝 백서, 이러닝 관련 통계자료 등 공공기관에서 발행하는 발간물 및 기업 등에서 실시하는 이슈페이퍼 등을 활용

⑤ 이러닝 교육기관마다 주된 고객으로 삼는 교육대상자를 대상으로 실시하는 설문조사로 유용한 자료 수집 가능

⑥ 요구분석의 목적(예 과정 신설, 개선 등)을 명확히 하고 이에 대한 방법(예 선행자료 분석, 설문조사 등), 절차(예 기획, 내용개발, 실시, 분석, 결과반영 등)를 구체화하여 실시함 ❶

> → **Check** **교육수요에 영향을 미치는 요구분석 내용**
>
> 교육과정 사전단계에서 필요한 이러닝 시장의 요구·과정 수요조사
> 기존 과정·유사 과정 현황분석
> 직무분석 자료
> 학습자 요구분석
> 교수자 요구분석
> 튜터 요구분석
> 교육 훈련에 대한 성과분석
> 고용보험 환급과 비환급에 대한 고려

2) 시장 세분화, 표적시장 선정, 포지셔닝(STP 전략)

① STP 전략: 시장 세분화(Segmentation), 표적시장 선정(Target), 포지셔닝(Positioning)
② 매출, 이익, 시장 점유율, 참여 학습자 수 등의 마케팅 목표를 설정한 후 수행하는 단계
③ 전체 시장을 대상으로 무작정 마케팅을 수행하는 것은 효과적이지 않기 때문에 전체 시장을 세분화하고, 마케팅에 집중할 표적시장을 선정하는 과정이 필요함
④ 학습자와 프로그램의 특성에 따른 홍보방법 선정 기준이 마련되는 단계

분류	특징
시장 세분화 (Segmentation)	• 마케팅할 대상을 잘게 쪼개는 단계 • 시장과 학습자들의 수가 많고, 참여 요구가 이질적인 상황에서 기관의 효과적인 시장 공략을 위해 수요층별로 시장을 분할한 후 집중적인 마케팅 전략을 펴는 것을 의미 ❷ → Check 시장 세분화 방법·절차 ◦ 비슷한 특성, 요구를 가진 학습자들을 찾아서 하나로 묶음 ◦ 프로그램 참여와 관련된 학습자의 행동변수를 이용하여 시장을 세분화함 ◦ 학습자의 특성변수를 이용하여 세분시장 각각의 전반적인 특성을 파악함 • 필립 코틀러는 시장 세분화가 성공하기 위해서는 4가지 조건 ❸이 필요하다고 주장함 → Check 코틀러의 시장 세분화 성공조건 ◦ 명확할 것: 세분화된 시장 사이의 차이가 명확해야 함 ◦ 접근 가능할 것: 적합한 판매 촉진 프로그램과 유통 채널로 구매자에게 다가갈 수 있어야 함 ◦ 측정 가능할 것: 구분과 측정이 쉬워야 함 ◦ 이익을 낼 것: 미래 수입과 이익의 흐름을 충분하게 제공할 수 있어야 함
표적시장 선정 (Target)	• 효율성을 위해서는 확인된 모든 세분시장을 대상으로 마케팅 활동을 할 수 없고, 같은 비용을 투입했을 때 가장 큰 성과를 거둘 수 있는 시장을 선택하여 마케팅 활동을 집중하게 된다는 전략 • 표적시장 선정 기준: 성장성·수익성 등의 매력도가 높은 세분시장, 자사가 높은 경쟁 우위를 가질 수 있는 세분시장, 자사와의 적합성이 높은 세분시장, 고객의 편익·가치가 높은 시장 등 • 표적집단 설정 기준: 학습자 특성별로 학습자 집단을 세분화한 후 기관이 경쟁 우위·적합도 면에서 유리한 집단, 미래에도 지속적으로 참여할 가능성이 큰 집단, 프로그램 목표·특성에 대한 학습자의 요구가 가장 매칭된 집단 등
포지셔닝 (Positioning)	• 세분화된 시장 중에서 표적시장을 정한 후 경쟁제품과의 차별요소를 표적시장 내 목표고객의 머릿속에 인식시키기 위한 마케팅믹스(marketing mix) 활동 • 기관, 프로그램에서의 포지셔닝은 마케팅할 프로그램을 경쟁프로그램과 다른 차별적 특징을 갖도록 함으로써 표적시장 내 학습자가 다양한 교육기관, 프로그램에 비교하여 느끼는 상대적 위치를 의미

1) 운영전략 수립

① 과정 운영의 구체적인 방향과 체계적인 절차를 결정하는 중요한 요소이므로 자세히 검토·파악하여야 함

② 이러닝 운영전략 수립을 위한 세부활동 예시
- 교육훈련 예산 대비 교육과정 규모 파악
- 과정 운영에 대한 요구 분석
- 과정 운영과 관련된 제도·최신 동향 파악
- 사업 계획을 달성하기 위한 과정 운영전략 수립
- 과정 운영 매뉴얼 작성
- 직무 대상별로 과정 운영전략에 대한 워크숍, 연수 등 실시

③ 세부활동을 통해 수립된 운영전략은 실제 과정 운영에 직접적으로 반영되는 사항이므로 사업기획 시 운영 결과만을 파악할 것이 아니라 운영전략 수립에 수반된 활동을 함께 파악할 필요가 있음

④ 운영전략 수립 시 이전 과정의 결과, 향후 운영할 과정의 문제점 및 개선사항을 발견·수정·보완해 나가는 피드백 활동의 중요성을 고려해야 함

⑤ 이전 과정의 운영 결과의 철저한 분석, 학습관리시스템(LMS) 자료의 체계적 관리, 운영 결과보고서를 통한 공유가 필요함

⑥ 수립 과정에서 수집·분석된 자료는 이러닝 사업기획 업무부서의 요청사항에 대응하는 기초자료로 활용할 수 있으며, 운영 결과를 통해 파악된 정량적 통계자료 및 학습자 의견 등의 정성적 분석자료는 사업기획의 방향·특징적 전략 수립에 필요함

2) 일정계획 수립

① 전반적인 운영 활동과 그에 따른 학사일정을 계획하는 활동

② 과정 운영의 특성에 따라 연간계획을 수립하여 차수로 구분하거나 해당 과정의 학사일정표에 따라 세부일정을 수립하며, 일반적으로 운영 전·중·후로 구분하여 수립함

③ 이러닝 일정계획 수립을 위한 세부활동 예시
- 연간학기 일정, 과정별 운영 차수 분석
- 연간학기 일정에 맞춘 과정별 학사일정 계획
- 최종 학사일정표 작성

④ 세부활동을 통해 수립된 일정계획은 해당 과정별·학습자 특성별 운영시기 조정, 높은 요구의 일정 파악, 학습내용 특성에 따른 운영기간 검토 등이 가능하다는 측면에서 사업기획 담당자에게 도움이 됨

⑤ 이러닝 학습환경 특성상 온라인에서 스스로 학습해야 하는 책무성이 중요하므로 학습기간, 시기, 세부일정 관리는 학습자에게 중요한 정보가 되며, 학습자의 학습 참여율, 진도율 관리, 만족도 등에도 영향을 주기 때문에 사업기획 시 학습자 선호 일정을 고려해야 함

3) 홍보계획 수립

① 운영될 과정의 특성을 파악하고 그에 따른 홍보 마케팅 포인트를 선정하여 개발한 자료로 온·오프라인 홍보활동을 전개하는 계획을 수립하는 활동
② 이러닝 과정의 학습자 모집, 매출계획 수립, 인력관리 방안 등과도 연관성이 높으므로 사업기획 시 중요한 역할
③ 이러닝 홍보계획 수립을 위한 세부활동 예시
- 운영 과정의 특성 분석
- 4P 분석을 통한 마케팅 포인트 설정
- 마케팅 타깃 선정
- 적절한 제안(홍보) 방법 모색·전략 수립
- 제안(홍보) 자료 제작
- 온라인과정 개요서, 샘플강의 제공, 메일 안내 등 온·오프라인을 통한 제안(홍보) 활동 전개
④ 세부활동을 통해 수립된 홍보계획은 이러닝 교육사업 및 시장에서 유사한 과정 운영과의 차별적 요소 수립, 과정의 특·장점 부각을 통한 학습자 요구 부응 등이 가능하다는 측면에서 사업기획 담당자에게 도움이 됨
⑤ 이러닝은 학습자 지원에 따라 학습 만족도·참여도가 달라지며 매출에도 영향을 주므로 학습지원의 특성 및 우수사례를 홍보 마케팅 전략으로 적극 활용할 수 있도록 사업기획 부서가 자료를 제공해야 함

(3) 과정별 상세 정보

- 이러닝에서는 학습자가 교과의 학습목표를 달성하는 것을 최우선으로 삼음
- 교과마다 고유한 교육과정 특성을 보이므로 과정 운영자는 교육과정의 특성 분석 시 교과 운영계획서의 주요 내용을 확인할 수 있어야 함

1) 교과의 교육과정 확인

교·강사가 제출한 교과의 전체적인 운영계획서에서 교과 교육과정의 특성을 볼 수 있는 교과의 성격, 목표 등의 내용 체계(단원구성), 교수·학습방법, 평가방법 및 평가의 주안점 등을 확인함

2) 교육과정 특성 분석표 제작

① 교과 교육과정의 주요 특성을 표로 제작하는 과정을 통해 쉽게 분석할 수 있음

② 교육과정 특성 분석표 예시

교과명: 강사명:

	분석 항목	내용
교과 교육과정 개요	교과의 성격	
	교과의 목표	
내용 체계(단원구성)	대단원, 중단원 명	(소단원 명)
	대단원, 중단원 명	(소단원 명)
	대단원, 중단원 명	(소단원 명)
	대단원, 중단원 명	(소단원 명)
교수·학습 방법	교수 방법	
	학습 방법	
평가 방법	평가의 주안점	
	평가 항목	
	평가 비율	

(4) 학습목표 수립

1) 학습목표의 수립

① 목표는 교수설계의 방향을 제시하는 중요한 역할을 함
② 교육목표는 교육내용의 선정, 평가도구의 개발, 교수전략 및 교수매체의 선정에 직접적인 영향을 줌
③ 목표는 교육현장에서 교수프로그램을 실제로 기획·실행하는 과정에서 효과성과 효율성을 검증하는 역할을 함

2) 학습목표의 개발

① 학습목표 개발의 정의·목적 ❓

> **→ Check**
>
> 목표와 목적을 혼용하는 경우가 많기 때문에 교수목표의 개발을 위해서는 두 용어의 뜻을 명확히 알 필요가 있음
> 목표: 목적을 구체적 수준에서 측정할 수 있고 관찰할 수 있게 진술하는 것
> 목적: 교육 훈련이 의도하는 방향을 일반적인 수준에서 포괄적으로 나타낸 것
> 목표는 구체적이고, 목적은 포괄이라고 할 수 있음

• 교수설계에서 교수 목표는 주로 학습자·환경 분석, 직무·과제 분석의 결과를 종합하여 불필요한 부분을 제외한 학습과제를 바탕으로 도출됨

• 학습목표의 정의, 역할

정의	• 의도하고자 하는 학습 결과 – 교수 종료 후에 무엇을 할 수 있을 것인가를 명확하게 기술하는 것을 학습목표, 행동목표, 수행목표라고 함 • 학습목표는 최종목표와 세부목표로 분류할 수 있음
역할	• 설계과정과 그 이후의 교수체제 개발 방향을 제시함 • 교육 훈련의 계획 활동, 활동 결과에 대한 의사소통을 촉진하여 효과성, 효율성을 높임 • 교육 훈련 평가(준거 지향 측정)의 내용·절차·방법에 준거를 제공함 • 교육내용, 학습전략과 매체 선정의 지침이 됨

② 학습목표 기술 시 포함되어야 하는 구성요소: 메이거(Mager)의 ABCD 목표진술 방식 1회 기출

Auience(대상)	교수자가 아닌 학습자가 무엇을 하는가에 초점을 맞추는 것
Behavior(행동)	• 학습 이후 학습자가 지니게 되는 어떠한 행동 및 능력에 관하여 표시하고 목표를 제시하는 것 • 행동 동사 ❶를 사용하는 것을 권장함
Condition(조건)	어떤 조건 하에서 관찰 가능한 행동이 야기되는지를 제시하는 것
Degree(정도)	• 목표 진술 원칙의 최종 조건 • 수업 목표의 달성 여부를 명확하게 확인할 수 있는 분명한 수치를 통해 실제 달성 정도를 기준으로 제시하는 것

→ Check   행동 동사(행위 동사)의 예시

바람직한 행위 동사	• 개발하다 • 해결하다 • (문제를) 밝히다 • 분류하다	• 수립하다 • 수정하다 • 분석하다 • 설명하다
바람직하지 않은 행위 동사	• 알다 • 향상하다 • 이해하다 • 인식하다	• 생각하다 • 함양하다 • 습득하다 • 배양하다

③ 학습목표 예시

조건	기준	행위
생산직 사원은 직무 매뉴얼을 사용하여	0.05%의 불량률로	비디오 부품을 조립할 수 있다.
신입 영업사원은 배정된 지역에서 주어진 제품을	8시간 이내에 모두	판매할 수 있다.

- 이러닝 사업기획은 운영 프로세스 단계별로 나타난 자료를 수집·분석하여 사업기획의 세부내용 결정을 위해 활용할 수 있음
- 이러닝은 운영 전·중·후 단계별로 학습자 반응 및 사업기획에 필요한 요소가 다르게 파악되기 때문임
- 이러닝 운영 프로세스는 이러닝을 기획하고 준비하는 단계부터 학습활동과 평가를 수행한 후 운영 결과를 관리하고 활용하는 단계에 이르기까지 일반적으로 다음의 3단계로 구분할 수 있음
- 사업기획은 이러닝 운영 프로세스를 염두에 두고 진행하여야 함

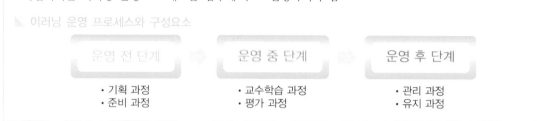

이러닝 운영 프로세스와 구성요소

운영 전 단계	운영 중 단계	운영 후 단계
• 기획 과정 • 준비 과정	• 교수학습 과정 • 평가 과정	• 관리 과정 • 유지 과정

1) 운영 전 단계의 사업기획 요소

① 이러닝 운영 전 단계: 과정 개설, 과정 등록, 학습자 등록 설정, 안내 메일 발송, 학습 내용에 대한 오리엔테이션 실시, 전화·이메일·홈페이지 공지가 이루어지며 교·강사에 대한 사전교육이 매뉴얼을 활용하여 실시됨

② 사업기획 고려요소: 과정 선정·구성 전략, 과정 등록의 고용보험 매출계획, 과정 홍보·마케팅 전략, 교·강사 인력관리 전략 등

③ 주요 활동 및 사업기획 요소는 다음의 예시자료를 참고하여 진행할 수 있으며, 기관의 사업기획 목적과 과정 운영 특성에 따라 조정하면 됨

④ 사업기획 요소 선정의 예시

세부 내용	사업기획 요소(안)
• 과정 개설: 차수 구분, 과정 기본정보 등록 등 • 등록: 고용보험 신고, 지정 확인 등 • 안내 메일 발송: 홈페이지 공지, 개별 이메일 발송 등 • 강의내용 공지: 오리엔테이션, 과정 개요 등 관련 자료 제공, 전화·이메일·SMS 공지 등 • 교·강사 사전교육: 매뉴얼 제공, 활동가이드·평가지침·모니터링 안내 등	• 과정 선정 및 구성 전략 • 고용보험 매출계획 • 홍보·마케팅 전략 • 교·강사 인력관리 전략

2) 운영 중 단계의 사업기획 요소

① 이러닝 운영 중 단계: 과정 운영을 위한 공지사항 등록, 진도관리 실시, 헬프데스크 운영, 교·강사 관리, 자료실·커뮤니티 관리, 과제 관리, 학습 진행 경과보고 등이 이루어짐

② 이러닝 운영의 구체적인 교수학습 활동이 진행되는 단계이므로 이 과정에서 파악되는 개선사항 및 의견은 사업기획의 세부 운영계획 수립에 영향을 미침

③ 사업기획 고려요소: 사업 운영계획 수립의 세부내용으로서 학습 진행 안내·독려 전략, 학습 진행 문제 발생 대응 전략, 학습자료 제작 방향, 사업·시장 분석을 위한 학습 대상·학습자 특성·과정 등 선정, 교·강사 및 운영자·시스템 관리자를 포함한 인력관리 전략 등

④ 주요 활동과 사업기획 요소는 다음의 예시자료를 참고하여 진행할 수 있으며, 이러닝 과정의 내용적 특성과 학습자 특성을 고려하여 조정하면 됨

⑤ 사업기획 요소 선정의 예시

세부 내용	사업기획 요소(안)
• 공지사항 등록: 수료기준, 시험·과제 방법 등 • 진도관리: 학습 진행상황 제시, 모니터링 등 • 헬프데스크 운영: Q&A, 원격지원, 실시간 상담, 전화·문자 상담 등 • 교·강사 관리: 과정 운영 안내, 학습촉진 활동, 상담 지원, 평가 안내, 첨삭 활동 등 • 자료실·커뮤니티 관리: 보충 심화학습 자료 제공, 커뮤니티 개설·운영 지원 등 • 과제 관리: 과제 수행 방법 안내, 참여자 독려, 과제 제출 여부 확인 등 • 진행 상황 보고: 매주 학습 운영 현황 보고, 문제 해결, 개선방안 제시 등	• 학습 안내·독려 전략 • 문제 발생 대응 전략 • 콘텐츠 등 자료 제작 전략 • 시장 분석 대상 선정 • 운영참여자(교·강사, 운영자, 시스템 관리자 등) 인력관리 전략

3) 운영 후 단계의 사업기획 요소

① 이러닝 운영 후 단계: 과정이 완료된 후 평가처리, 설문 분석, 운영 결과 보고 등

② 과정 운영에 대한 전반적인 자료 분석이 진행되므로 자료의 활용 목적에 맞게 분석하는 것이 중요함

③ 사업기획 고려요소: 과정 유지·개선, 마케팅·홍보 기법 개선, 매출계획 수립, 인력 선발·관리 등

④ 사업기획 요소 선정의 예시

세부 내용	사업기획 요소(안)
• 평가관리: 학습 참여도·기여도·만족도 등 결과의 처리, 피드백 작성 등 • 설문 분석: 강의 만족도 실시·분석, 결과 정리·통계 처리 등 • 결과 보고: 과정 수료율·학업성취도·과정 만족도 등 정리하여 보고서 작성, 운영 특이사항·개선사항 파악·보고 등	• 과정 유지·개선 방안 • 학습활동 지원 방안 • 마케팅·홍보 기법 개선 • 매출계획 수립 • 인력 선발·관리 방안

과정 관리에 필요한 항목별 특징을 분석할 수 있다.
과정 관리에 필요한 유관부서와의 협업 방법을 정리할 수 있다.
과정 관리 시 필요한 항목들의 사전준비 여부를 파악할 수 있다.
과정 운영에 필요한 관리 매뉴얼을 통해 업무 진행 내용을 파악할 수 있다.
진행되는 교육과정을 운영목표에 맞춰 관리하여 운영 성과를 도출할 수 있다.
과정 품질에 대한 기준을 마련하고 과정을 이에 맞게 분류할 수 있다.

(1) 과정 관리 항목 특징

- 이러닝 학습 운영 프로세스는 이러닝 학습 과정의 진행과 흐름에 따라 고려되어야 할 운영과 관리 측면에서의 모든 사항을 추출한 것
- 하나의 이러닝 과정 운영에는 이러닝 과정 운영자뿐만 아니라 교·강사 등 많은 인력과 노력이 요구됨
- 이러닝 학습 운영 프로세스는 이러닝 학습 과정 실시 전·중·후에 맞추어 체계적인 전략이 요구됨
- 전략을 얼마나 전문적이고 세심하게 수행하는가에 이러닝 과정의 성패가 달려 있음
- 이러닝 과정 시작 전의 수강 관리, 오리엔테이션 관리는 매우 중요함
- 교·강사로 대표되는 이러닝 운영 요원에게 이러닝 교육의 특성에 대한 교육, 학사관리 등 학습 진행방법 등을 사전 숙지시킴으로써 보다 효과적인 이러닝 과정 운영이 가능함

1) 교육과정 전 관리

① 교육을 시작하기 전에 수행해야 하는 과정 관리
② 과정 홍보 관리, 과정별 코드·이수 학점·차수에 관한 행정 관리, 수강신청·수강 여부 결정, 강의 로그인을 위한 ID 지급, 학습자들의 테크놀로지 현황관리 등 과정 시작 전 결정되어야 할 사항들이 포함되어야 함

2) 교육과정 중 관리

① 교육과정이 시작되면 교육과정 운영담당자는 매일 혹은 매주 과정 진행이 원활히 유지되는지를 확인해야 함
② 교·강사와 학습자의 과정 진행상의 문제점들이 발견되면 즉각 해결해야 하며 학사일정, 시스템상에서 관리되어야 하는 공지사항, 게시판, 토론, 과제물 등의 기술적인 관리도 해야 함

3) 교육과정 후 관리

① 교육과정이 끝난 후에는 수강생의 과정 수료처리, 미수료자의 사유에 관한 행정처리, 과정에 대한 만족도 조사, 운영 결과·평가 결과에 대한 보고서 작성, 업무에 복귀한 교육생들에게 관련 정보 제공, 교육생 상호 간 동호회 구성 여부 확인 등의 운영·관리업무를 지속함

② 이러닝 학습 진행 과정에 따른 학습 운영, 관리 요소

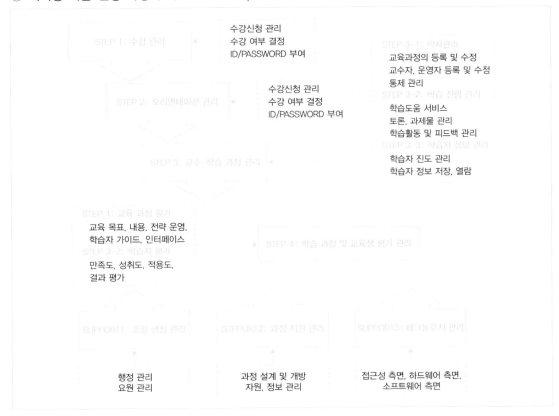

(2) 유관부서 협업

이러닝 사업기획 업무를 통해 이러닝 운영기획에 포함된 운영전략, 일정계획, 홍보계획을 분석하고 필요한 요청사항을 파악할 수 있음

1) 운영전략 수립의 주요 내용 확인

① 운영전략이 학습을 촉진·독려하고 참여를 높이는 요소로 구성되었는지 확인함
② 온라인에서 학습일정 관리, 학습 독려를 학습진도 상황과 일정에 맞게 이메일, 전화 등을 활용하여 제공하였는지 점검함
③ 교·강사-학습자, 학습자-학습자 간의 상호작용을 경험하게 하고 커뮤니케이션 기회를 제공하였는지와 이벤트, 학습포인트 제도 등을 통해 학습에 대한 보상을 제공하였는지 확인함
④ 운영전략으로 제공된 학습지원 사항의 운영 결과 파악을 통해 학습자가 선호하고 필요로 하는 활동 선정이 가능하며 수료율, 성적, 만족도 등의 운영 결과에 영향을 준 요소를 도출할 수 있음 ❷

> **→ Check**
>
> 사업기획 업무에서 이러한 시사점은 학습자 맞춤의 이러닝 과정 기획에 유용한 정보로 활용됨

⑤ 이러닝 사업의 기획업무에 활용할 수 있는 운영전략 예시

운영전략 사례(자체훈련기관)

1. 기본 운영전략
- 자기개발 학습 지원 체제 구축
- 상호작용 및 커뮤니케이션을 통한 동기유발
- 수료자 재학습 기회를 제공하여 평생학습 지원
- 학습성과 보상 및 인사제도의 연계를 통한 성취도 제고

2. 차별화 운영전략
- 학습지원전략
  - 직무과정 중심의 과정 원고 제공 – 심화 학습 지원
  - 외부위탁 오프라인 교육 참여자들의 레포트 다운로드 서비스 제공
  - 열린 강의실 제공 – 자유로운 학습 지원

- 이벤트 전략
  - 신규과정 개설 시 학습이벤트 실시: 학습자 참여 및 흥미 유발
  - 매월 우수 학습자 선정하여 포상

- Human Touch 전략
  - 10 Touch 전략

- 학습포인트 제도
  연간 취득한 학습포인트 결과를 인사고과에 반영하여 교육기회 확대 및 균등한 교육기회를 제공하고 성과지향적 역량개발활동을 유도하여 자기주도적 학습문화에 대한 기반을 마련하고자 함

  - 학습포인트제
    필수적으로 이수해야 할 연간 의무학습 포인트를 부여하고 학습포인트 취득결과를 인사평가에 반영

  - 부서원육성 책임제
    부서장이 부서원의 역량개발에 개입하여, 역량개발 활동전반에 걸쳐 부서원의 의견 수렴 및 코칭, 후원 활동을 실시사고, 부서원의 역량개발 성취 결과를 부서장의 인사평가에 반영

횟 수	내 용	방 식
1회(1일차)	학습 안내 및 수료 기준 안내	e-mail
2회(2일차)	1주차 권장 학습 안내	e-mail
3회(8일차)	2주차 권장 학습 안내	e-mail
3회(10일차)	학습 미참여자 독려	SMS
5회(15일차)	3주차 권장 학습 안내	e-mail
6회(21일차)	4주차 권장 학습 안내	e-mail
7회(23일차)	리포트 제출 및 평가 응시 독려	e-mail
8회(25일차)	미수료 예상자 독려	SMS/e-mail/전화
9회(종료일)	수료기준 안내 및 최종 독려	SMS/메신저/전화
10회(종료후)	설문 참여 안내	e-mail

- 학습자 독려
- 학습자 개인별 학습 현황에 맞춘 독려 메일 발송
- 일방적 전달 방식의 e-mail의 단점을 극복하고 상호간의 실시간 의사소통이 가능한 사내 메신저(Messenger)를 활용하여 학습 촉진을 이끌어냄
- SMS(문자메시지)를 활용 정보 전달 및 독려

- Q&A
  Q&A의 질문사항과 사내 메일을 연동하여 질문 등재 시에 운영자 및 강사에게 즉각 메일이 발송되며, 사내 메일 시스템을 통하여 메일 수신을 확인하여 단기내에 처리할 수 있도록 함

- 과정 운영 결과 보고
  월1회 과정 운영 결과를 통하여 학습자 및 수료 현황을 파악하고, 설문 결과 및 운영 전반에 대해 리뷰를 통하여 개선점을 모색하도록 함

2) 일정계획 수립의 주요 내용 확인

① 이러닝 운영기획에서 일정계획은 과정 운영을 위한 실제적인 일정을 수립하는 것을 뜻하며, 월별·주별·일별 등 기간을 구분하여 수립되었는지 확인함

② 일반적인 이러닝 운영 기획 단계에서는 운영 전·중·후 단계에 따라 주 단위 기간으로 세부활동을 포함한 일정계획을 수립함 ❓

> **→ Check**
>
> 주 단위의 계획에 따라 세부일정을 수립하고 활동을 파악하면 이러닝 과정이 언제 개설되더라도 운영하기 용이함

③ 이러닝 사업기획 업무에서 일정계획 수립 시 콘텐츠 개발 계획, 운영에 참여하는 인력관리 등의 방향 수립과 협의하여 반영해야 함

④ 사업의 기획업무에 필요한 상세 정보를 확보·활용할 수 있는 운영 프로세스의 일정계획 예시

운영 전	운영 중				운영 후
−2W	1W	2W	3W	4W	2W
▶준비 단계	▶학습시작	▶학습관리	▶점검/독려	▶과정마무리	▶학사관리
콘텐츠 검수 (업데이트) 고용보험신고 (신규: 매월 13일, 추가 일정: 교육 시작 5일 전) −과정 등록 −과제 등록 −평가 등록 −토론 등록 −설문 등록 수강신청 안내 −사내 공지 −메일 발송 과정 진행을 위한 사전 필요 작업	−수강 대상자 확정 −학습 시작 안내 −주차 권장, 진도 안내 메일 발송 및 공지	−주차 권장 진도 안내 메일 발송 및 공지 −과정 이수 기준 및 평가 응시 방법 등 안내 −과정별 학습자 모니터링	−주차 권장 진도 안내 메일 발송 및 공지 −학습 부진자 집중 관리 −과제 제출, 평가 응시 등 이수 기준 사항들 집중 안내	−주차 권장 진도 안내 메일 발송 및 공지 −학습 부진자 독려 −과제 미제출자 독려 −평가 미응시자 독려 −설문 참여 공지	−과정 종료 안내 및 설문조사 −강사에 과제 채점 의뢰 −교육결과 반영 (수료 판정) −교육 종료 14일 후 수료자 보고 (HRD Net) −자체 결과 보고 (수료율, 과정 만족도, 설문 결과, 월별 학습자 추이, 인당 교육시간 등 월별 e러닝 교육에 대한 학습자 현황 분석)

튜터링/모니터링

발생 후 최대 1일 이내 처리

[Q&A] 문의사항(사내 메일, 메신저) 등으로 접수된 내용에 대한 오류 신고 처리 및 질의 응답

3) 홍보계획 수립의 주요 내용 확인

① 이러닝 운영에 대한 홍보계획은 과정의 운영계획·운영전략을 수립할 때 함께 모색하도록 함
② 과정 특성에 적합한 홍보 대상·방법·자료를 마련하고 학습자 모집·마케팅에 활용하는 내용을 확인함
③ 사업기획 업무에서 마케팅 전략, 홍보전략, 매출계획 등을 수립 시 이러닝 과정에서 활용한 홍보계획을 검토하면 효과적이고 효율적인 방법을 선정할 수 있음
④ 홍보계획 수립의 주요 내용 반영을 위한 체크리스트 예시

세부 활동	수행 여부 확인	
	예	아니오
• 운영과정의 특성 분석을 하였는가?		
• 운영과정에 대한 학습자, 고객사 요구분석 결과를 반영하였는가?		
• 홍보 마케팅 포인트를 설정하였는가?		
• 홍보 대상을 선정하였는가?		
• 과정·운영 특성에 적합한 홍보 방법(예 우편물, 리플릿, 플래카드, 전화, 지인 추천, 인터넷포털 광고, SNS 활용 등)을 선정하였는가?		
• 홍보 목적에 적합한 자료(예 온라인 과정 개요서, 팝업 공지, 홈페이지 광고, 샘플강의 등)를 제작하였는가?		
• 홍보 이벤트 전략(예 우수 학습사례, 사전등록 할인, 연계강좌 추천 등록 등)을 수립하였는가?		

(3) 과정 관리 항목 사전준비

- 사업기획 업무부서에서 이러닝 사업을 기획할 때 필요한 사항이 됨
- 해당 과정의 운영계획 내용과 학습환경 준비자료를 제공하도록 함

1) 운영계획 수립 검토

① 사업기획 담당자는 운영계획 수립 시 고려사항이 실제 점검되었는지 체크리스트를 활용하여 확인하면 사업기획에 필요한 사항을 파악할 수 있음
② 학습 대상자에게 맞춤 운영을 지원하기 위한 이러닝 사업기획에는 필수사항과 권고사항을 모두 고려하도록 함
③ 체크리스트를 통해 미흡한 부분은 사업기획 단계에서 보강·신설할 수 있고 사업 동향에 맞게 조정 가능함

④ 운영계획 수립을 위한 체크리스트 예시

구분	확인사항	수행 여부	
		예	아니오
필수사항	교육 운영 일정은 결정되었는가?		
	수강신청 일정은 결정되었는가?		
	교육 대상의 규모, 분반, 차수 등은 결정되었는가?		
	평가 기준, 배점은 결정되었는가?		
	수료 기준은 결정되었는가?		
	과정 운영자는 결정되었는가?		
	과정 튜터는 결정되었는가?		
	고용보험 적용과 비적용에 대해 고려되었는가?		
	학습콘텐츠에 대한 검토는 이루어졌는가?		
권고사항	교육수요에 대한 분석 결과는 확인되었는가?		
	비용－효과에 대한 분석 결과는 반영되었는가?		
	요구분석 대상(학습자, 운영자, 교육담당자, 교수자, 튜터)에 대한 분석 결과는 반영되었는가?		

⑤ 운영계획의 고려사항을 기반으로 실제 작성된 운영계획서를 확인해야 함

⑥ 운영계획서는 실제 운영될 과정에 대한 구체적인 정보를 포함하고 있으므로 사업기획 업무의 의사 결정을 위한 자료로 활용됨

⑦ 다음의 운영계획서 예시를 참고하여 실제 운영에서 적용되고 있는 상호작용 방안을 점검하고, 과정 특성에 맞게 활성화할 수 있는 전략을 반영할 수 있음

→ Check

이러한 자료를 사업기획 단계에서 수립하면 사업성과 향상의 요인으로 활용할 수 있음

⑧ 이러닝 운영계획서 예시

과정운영계획서 사례(위탁훈련기관)

[과정명]

1. 일반사항

과정명	
교육기관	
운영자	
튜터	
수강인원	

2. 운영계획

상호작용 방안	학습자 간 상호작용	동일과정을 학습하는 학습자간 의견을 공유할 수 있도록 각 강의 회차별로 '토론주제'를 제시하고 이 토론내용을 확인 및 의견제시할 수 있는 '토론방' 게시판을 만들어 동일 과정을 수항하고 있는 전 연수원의 수강생들이 서로의 의견을 공유하고 다른 학습자들의 의견을 참고할 수 있도록 함(2월 오픈과정부터 시행 예정)
	학습자 튜터 간 상호작용	교수자와 수시로 [학습질문게시판], [메일]을 통해 학습내용과 관련된 이슈들에 대한 질의응답과 토론이 이루어짐(학습자가 학습질문 게시판에 게시물 등록 시 강사메일로 자동 발송됨, 강사답변 시 게시판에 게시됨)
		교수자는 [강의자료]에 학습과 관련된 참고자료, Best Practice, 관련 사이트 등과 같은 Learning Resource를 제공함
	학습자 운영자 간 상호작용	학습자에게 정기적으로 글, SMS, 메일을 발송함으로써 수강독려 및 학습진행 주요 사항을 전달함
		이 외 학습자가 관리자를 컨택하는 TOOL로서 게시판 외 '1:1 고객상담 → 실시간 관리자 답변'과 CTI 시스템 → 인바운드 콜을 운영함으로써 학습자와 관리자의 신속하고도 빠른 상호작용이 가능함
	학습자 교육 내용 간 상호작용	학습 시작 전에 해당 내용의 정확한 학습 의도를 명시하고 학습 완료 시 습득해야 하는 목표로 게시하여 학습동기를 부여하고 러닝맵을 통해 자신의 현재 위치를 파악할 수 있도록 함
		각종 평가(형성평가, 수료평가 등)를 통해 학습자 자신의 현재 위치를 파악할 수 있도록 함
		동영상 강의를 통해 교수자의 대면학습 효과를 보조해 주어 학습의 효율성을 증대하고 주요 내용에 대한 강조를 함
		토론학습을 통하여 학습한 내용에 대한 자신의 의견을 입력할 수 있도록 함
학습자 동기유발 전략		Keller의 ARCS 이론을 바팅으로 학습자의 동기유발과 흥미유지에 상승 작용 촉발 • Attention: 주의력 획득 및 유지를 위한 전략 • Relevance: 관련성의 유지 전략 • Confidence: 자신감의 형성 전략 • Satistaction: 만족감의 부여 전략
기타(평가 및 과제관리, 참여적 학습활동 촉진 등)	평가 및 과제 관리	학습 결과에 대한 평가인 학습 성취도 평가는 진도율, 형성평가, 수료시험으로 구성되며 총 70점 이상이어야만 과정을 수료할 수 있도록 개발되었음
	참여적 학습활동 촉진	강의실에서 입력한 토론주제에 관한 의견이 게시판에 자동입력되고 이 내용은 동일과정을 수강하는 수강생 전체의 의견을 제시하여 수강생들의 학습활동 참여를 유도함

2) 학습환경 준비 검토

① 사업의 전반적인 의사결정을 위해 온라인 학습공간인 학습관리시스템(LMS)의 환경설정을 점검하고 세부기능을 확인하도록 함

② 이러닝 운영에 주로 사용되는 기능, 메뉴를 관리하도록 제공된 체크리스트를 활용하여 학습관리시스템을 검토함

③ 교육기관마다 공통 기능, 차별 요소가 있고 인터페이스 등이 다를 수 있지만, 기본적으로 제공되어야 하는 필수기능을 중심으로 먼저 점검한 후 과정에 따라 필요한 부가기능을 점검하면 효율적임

④ 사업기획 업무 부서에서 이러닝 운영을 위한 학습관리시스템의 요청사항 발생 시 다음의 체크리스트를 참고하여 기능 점검 후 결과를 제공하면 도움이 됨 ❓

> → Check **체크리스트 활용**
>
> 체크리스트 항목 중 하나라도 오류가 발생하면 이러닝 운영에 문제가 발생할 수 있으므로 즉시 해결하고 운영하도록 함
>
> 제시된 체크리스트는 고용노동부 고시를 통해 최신자료가 제공되므로 법제처 국가법령정보센터에서 관련 규정을 확인하도록 함

⑤ 학습관리시스템(LMS)의 기능 체크리스트 1회 기출

구분		확인사항	수행 여부	
			예	아니오
훈련생 모듈	정보 제공	훈련생학습관리시스템 초기화면에 훈련생 유의사항 및 한국산업인력공단으로부터 인정받은 학급당 정원이 등재되어 있는가?		
		해당 훈련과정의 훈련 대상자, 훈련 기간, 훈련 방법, 훈련실시기관 소개, 훈련 진행 절차(수강신청, 학습보고서 작성·제출, 평가, 수료 기준, 1일 진도 제한 등) 등에 관한 안내가 웹상에서 이루어지고 있는가?		
		훈련목표, 학습평가보고서 양식, 출결 관리 등에 대한 안내가 이루어지고 있는가?		
		모사답안 기준 및 모사답안 발생 시 처리기준 등이 훈련생이 충분히 인지할 수 있도록 안내되고 있는가?		
	수강신청	훈련생 성명, 훈련 과정명, 훈련 개시일 및 종료일, 최초 및 마지막 수강일 등 수강신청 현황이 웹상에 갖추어져 있는가?		
		수강신청 및 변경이 웹상에서도 가능하게 되어 있는가?		
	평가·결과 확인	시험, 과제 작성 및 평가 결과(점수, 첨삭내용 등) 등 평가 관련 자료를 훈련생이 웹상에서 확인할 수 있도록 기능을 갖추고 있는가?		

훈련생 모듈	훈련생 개인 이력·수강 이력	훈련생의 개인 이력(성명, 소속, 연락번호 등)과 훈련생의 학습 이력(수강 중인 훈련과정, 수강신청일, 학습 진도, 평가일, 평가점수 및 평가결과, 수료일 등)을 훈련생 개인별로 갖추고 있는가?		
		동일 ID에 대한 동시접속 방지기능을 갖추고 있는가?		
		훈련생 신분을 확인할 수 있는 기능을 갖추고 있는가?		
		집체훈련(100분의 80 이하)이 포함된 경우 웹상에서 출결 및 훈련생 관리가 연동되고 있는가?		
		훈련생의 개인정보를 수집에 대한 안내를 명시하고 있는가?		
	질의응답 (Q&A)	훈련내용 및 운영에 관한 사항에 대하여 질의응답이 웹상으로 가능하게 되어 있는가?		
관리자 모듈	훈련과정의 진행 상황	훈련생별 수강신청 일자, 진도율, 평가별 제출일 등 훈련 진행 상황이 기록되어 있는가?		
	과정 운영 등	평가(시험)는 훈련생별 무작위로 출제될 수 있는가?		
		평가(시험)는 평가 시간제한 및 평가 재응시 제한기능을 갖추고 있는가?		
		훈련 참여가 저조한 훈련생들에 대한 학습 독려하는 기능을 갖추고 있는가?		
		사전 심사에서 적합 판정을 받은 과정으로 운영하고 있는가?		
		사전 심사에서 적합 판정을 받은 평가(평가 문항, 평가 시간 등)로 시행하고 있는가?		
		훈련생 개인별로 훈련과정에 대한 만족도 평가를 위한 설문조사 기능을 갖추고 있는가?		
	모니터링	훈련현황, 평가 결과, 첨삭지도 내용, 훈련생 IP 등을 웹에서 언제든지 조회·열람할 수 있는 기능을 갖추고 있는가?		
		모사답안 기준을 정하고 기준에 따라 훈련생의 모사답안 여부를 확인할 수 있는 기능을 갖추고 있는가?		
		사업주 직업능력개발훈련 지원규정 제2조 제15호에 따른 "원격훈련 자동모니터링시스템"을 통해 훈련생 관리 정보를 자동 수집하여 모니터링을 할 수 있도록 필요한 기능을 갖추고 있는가?		
교·강사 모듈	교·강사 활동 등	시험 평가 및 과제에 대한 첨삭지도가 웹상에서 가능한 기능을 갖추고 있는가?		
		첨삭지도 일정을 웹상으로 조회할 수 있는 기능을 갖추고 있는가?		

(4) 과정 관리 매뉴얼

① 과정 운영에 필요한 관리 매뉴얼을 작성하여 운영 업무 진행의 파악에 활용할 수 있음

② 학습 진행 중·후 운영 단계별 주요 활동 수행 주체 및 교·강사 활동내용

단계	운영 활동	주요 활동	수행 주체
학습 진행 중	학습 진행 안내	• 과정 오픈 안내 및 인사말(e-mail, SMS, call) • 과정 학습일정 및 수료 기준 자동공지	• 교·강사 • 학습관리자 • LMS(시스템 관리자)
	학습자 본인인증	학습 전 본인인증 실시	학습자
	학습자 모니터링	• 학습자별 학습현황 점검(진도율, 평가제출 현황 등) • 부진학습자 학습 독려	• 교·강사 • 과정 운영자 • 학습관리자
	교·강사 활동 모니터링	• 평가문항 출제 • 과제 채점 및 첨삭 활동 • 기타 활동 출제 및 채점 활동	• 교·강사 • 과정 운영자
	학습 독려	• 학습 진도, 평가 수행 독려(e-mail, SMS, call) • 학습 부진자 독려: 학습활동 독려, 월별 평가 안내 및 미수행자 독려 • 종료 전 만족도 조사 안내	• 교·강사 • 학습관리자 • 과정 운영자
	학습촉진·지원	• 학습자 수준별 보충학습자료 개발 및 제공 • 학습 질의답변(24시간 내) • 학습장애 시 원격지원 및 인바운드 질의 응대 • 1:1 실시간 메신저 & 1:1 메일 답변	• 교·강사 • 과정 운영자 • 학습관리자
학습 후	수료 처리	• 채점 및 최종 평가 • 성적 이의 답변 및 처리	교·강사
	과정 운영 결과 보고	운영 종료 후 월별 전체 운영 과정 수료율, 수강 현황, 과정 만족도 등 내부 운영 보고 과정 운영 개선사항 의견 제시	• 교·강사 • 과정 운영자

(5) 운영 성과

운영관리를 목적으로 운영목표를 설정하고 그에 따른 운영 성과를 도출할 수 있음

운영 성과	운영목표
콘텐츠 운영	• 콘텐츠의 학습 내용을 과정 운영목표에 맞게 구성한다. • 콘텐츠를 과정 운영의 목표에 맞게 개발한다. • 콘텐츠를 과정 운영의 목표에 맞게 운영한다.
교·강사 활동	• 교·강사 활동의 평가 기준을 수립한다. • 교·강사가 평가 기준에 적합하게 활동을 수행한다. • 교·강사의 질의응답, 첨삭지도, 채점 독려, 보조자료 등록, 학습 상호작용, 학습 참여, 모사답안 여부 확인을 포함한 활동 결과를 분석한다. • 교·강사의 활동에 대한 분석 결과를 피드백한다. • 교·강사의 활동 평가 결과에 따라 등급을 구분하여 다음 과정 운영에 반영한다.
시스템 운영	• 시스템 운영 결과를 취합하여 운영 성과를 분석한다. • 과정 운영에 필요한 시스템의 하드웨어 요구사항을 분석한다. • 과정 운영에 필요한 시스템 기능을 분석하여 개선 요구사항을 제안한다. • 제안된 내용을 시스템에 반영한다.

운영 활동	• 학습 시작 전 운영 준비 활동을 운영 계획서에 맞게 수행한다. • 학습 진행 중 학사관리를 운영 계획서에 맞게 수행한다. • 학습 진행 중 교·강사 지원을 운영 계획서에 맞게 수행한다. • 학습 진행 중 학습활동 지원을 운영 계획서에 맞게 수행한다. • 학습 진행 중 과정 평가관리를 운영 계획서에 맞게 수행한다.
개선사항 마련·실행	• 과정 운영상에서 수집된 자료를 기반으로 운영 성과 결과를 분석한다. • 운영 성과 결과분석을 기반으로 개선사항을 도출한다. • 도출된 개선사항을 실무 담당자에게 정확하게 전달한다. • 전달된 개선사항을 실행한다.

(6) 품질기준

① 이러닝 콘텐츠에 대한 품질관리 기준은 콘텐츠 개발 기관과 품질인증 기관에 따라 차이가 있지만 공통적으로 학습내용, 교수설계, 디자인 제작, 상호작용, 평가방법 등 여러 영역을 포함함

② 이러닝 운영 측면에서 콘텐츠 수정 요구사항 파악에 유리한 콘텐츠 점검요소는 콘텐츠 평가에 적용된 평가기준을 참고할 수 있으며, 다음의 자료를 활용하여 확인 가능함

③ 콘텐츠 품질관리를 위한 점검요소

구분	점검 내용
학습내용 구현	• 학습목표를 달성할 수 있는 주제를 중심으로 적절한 체계를 갖추어 구성하였다. • 텍스트 철자 등의 기본문법이 정확하고, 내용이 간결하고 명확하게 기술·정리되었다. • 설계된 교수학습 전략에 따라 내용 요소가 적합하게 구성되었다. • 텍스트, 그래픽, 애니메이션 등의 요소를 학습 내용의 특성을 고려하여 적절히 구현하였다. • 학습 내용을 페이지별로 적절한 학습 분량으로 구성하였다.
교수설계	• 학습목표 달성에 적합한 교수학습 전략을 채택하였다. • 학습에 대한 지속적 흥미와 동기를 유지할 수 있도록 다양한 동기유발 전략을 적용하였다. • 학습 진행 중 학습자의 능동적 반응을 유도하거나 의견 공유의 기회를 제공하는 등의 상호작용 전략을 적절히 적용하였다. • 기획 의도에 부합하는 학습주제를 논리적이고 적절한 단위로 구성하였다. • 학습목표, 학습대상, 내용 특성을 적절히 고려하였다.
디자인 제작	• 프레임 구성, 색감 등 화면 구성이 과정 특성을 잘 반영하고 있으며, 전체적으로 조화롭고 일관성이 있다. • 텍스트가 읽기 쉽게 디자인되었다(예 크기, 모양, 색상, 핵심 내용의 포인트 등). • 학습 관련 아이콘을 기능에 맞게 적절한 이미지로 표현하였다. • 목차 학습지원 메뉴, 페이지 이동 등이 편리하게 구성되었다. • 학습내용 중 삽입되는 이미지, 애니메이션 등의 시각적 요소와 전체 UI 간 조화를 고려하여 일관성 있게 표현하였다. • 현재의 학습내용과 자신의 위치를 파악하는 것이 쉽게 구성되었다. • 학습 중 내용 간의 이동 시 에러가 발생하지 않는다(예 내비게이션 버튼, 목차, Open Window 등). • 하이퍼링크 내용의 이동과 복귀가 쉽다. • 삽입된 멀티미디어 요소가 오류 없이 작동하며 음질·화질 및 제시 형태 등이 양호하다. • 학습 과정에서 학습자가 참조할 수 있도록 전반적인 학습 가이드(예 학습 안내, 도움말, 부교재 등)가 편리하게 잘 제시되어 있다.

④ 평가문항을 이해하고 있으면 이러닝 운영 활동 중 콘텐츠 관련 학습자의 요구질문, 개선의견을 파악하기 쉽고, 이후 콘텐츠 관련 부서에 정리하여 전달할 때에도 유리함

3 교육과정 관리 결과 보고

📁 학습목표

① 교육과정별 운영 결과를 정리하기 위한 보고 양식을 제작할 수 있다.
② 교육과정 결과 보고 양식에 따라 운영 내용을 정리할 수 있다.
③ 교육과정 운영 결과가 의미하는 시사점을 도출하고 반영할 수 있다.
④ 교육과정 운영 결과에 대한 피드백을 향후 운영계획에 반영하여 적용할 수 있다.

(1) 운영 결과분석

① 운영과정에 관한 결과의 분석: 과정 운영 중에 생성된 자료를 수집·분석하여 그 결과의 의미를 파악하기 위함
② 과정 운영 결과의 분석활동에 포함되는 영역: 학습자의 운영 만족도 분석, 운영인력의 운영 활동 및 의견 분석, 운영 실적자료 및 교육효과 분석, 학습자 활동 분석, 온라인 교·강사의 운영 활동 분석 등
③ 교육 훈련기관의 과정 운영 결과분석의 목적, 범위에 따라 결과분석 요소를 선정할 수 있으며 다음의 체크리스트 예시 자료를 참고하면 도움이 됨
④ 과정 운영 결과분석을 위한 체크리스트 예시

구분	확인사항	확인 여부	
		예	아니오
필수사항	• 만족도 평가 결과는 관리되는가?		
	• 내용 이해도(성취도) 평가 결과는 관리되는가?		
	• 평가 결과는 개별적으로 관리되는가?		
	• 평가 결과는 과정의 수료 기준으로 활용되는가?		
권고사항	• 현업적용도 평가 결과는 관리되는가?		
	• 평가 결과는 그룹별로 관리되는가?		
	• 평가 결과는 교육의 효과성 판단을 위해 활용되는가?		
	• 동일 과정에 대한 평가 결과는 기업 간 교류 및 상호인정이 되는가?		

- 과정 운영 결과보고서는 해당 과정 운영에 대한 과정명, 인원, 교육기간 등이 운영 개요에 포함되고 교육 결과에 수료율이 제시되며 설문조사 결과, 학습자 의견, 교육기관 의견 등이 포함됨
- 교육 훈련기관마다 기관의 특징과 요구사항을 반영한 과정 운영 결과보고서 양식을 활용하고 있으므로 다음의 예시 자료를 참고하여 수정·보완 후 활용할 수 있음
- 과정 운영 결과보고서는 교육 결과를 통계자료로 정리하여 작성하는 동시에 운영 결과에 대한 해석 의견과 피드백을 포함하여야 함
- 특히 교육기관 입장에서 작성하는 의견은 교육을 의뢰한 고객사에는 추후 교육 참여를 결정하는 중요한 정보가 될 수 있으므로 긍정적이든 부정적이든 전문가 관점에서 의견을 제시하여야 함
- 일반적으로 고객사가 가지는 특징을 명시하고, 고객사가 교육 훈련을 통해 향상되기를 기대하는 목표와 연계하여 설명하면 더욱 도움이 됨
- 과정 운영 결과보고서는 하나의 과정에 대해 작성하기도 하지만 여러 과정을 종합하여 제공하는 경우도 있음
- 연간 또는 분기별로 여러 과정을 종합 분석함으로써 과정 운영 및 참여에 대한 경영진의 의사결정을 도와주는 기초자료로 활용 가능
- 해당 과정별로 제시된 수료율 기준을 포함해야 하며 이에 따른 수료율을 제시하고 고객사별로 수료율을 분석하여 제공하면 도움이 됨
- 고객사의 학습자마다 서로 다른 과정 운영에 참여하는 경우도 많으므로 고객사별로 학습자를 모아서 보고서를 작성하는 과정이 필요함

이러닝 운영 결과 작성 예시

[교육 결과]

교육 결과	구분	1개월	2개월
	교육대상	53	3
	수료자	49	3
	미수료자	4	0
	수료율(%)	92%	100%

설문 결과	학습참여도	4.2	과정평가	4.2
	수강 목적 만족도	4.2	운영(정보제공)	4.2
	활용성	4.3	운영(신속응대)	4.1
	전체 만족도	4.3	화면인터페이스	4.2
	종합	4.2		

별첨
1. 과정별 세부 수료율
2. 객관식설문
3. 주관식설문
4. 수료기준
5. 학습자 성적
6. 양식1
7. 양식2

1) 만족도 조사 결과

① 과정 만족도 평가 결과는 교육훈련기관의 학습관리시스템의 기능에 따라 보고서로 제공되기도 하고, 운영자가 별도로 엑셀과 같은 프로그램으로 작성하는 경우도 있음
② 일반적으로 과정 만족도 평가를 한 과정명, 대상 인원, 교육기간, 평가시기, 참여율, 문항별 분포, 주관식 의견 등이 포함됨

③ 과정만족도 평가문항의 분류 예시

번호	평가분류명	평가문항
1	목표 제시	학습목표가 명확하게 제시되었다.
2	내용 설계	필요한 정보를 습득할 수 있도록 충분한 기회가 제공되었다.
3	인터페이스	학습화면 구성이 편리하게 설계되었다.
4		학습 진행 중에 원하는 곳으로 편리하게 이동할 수 있었다.
5	적합도	학습 내용은 자기계발 또는 직무 향상에 도움이 되었다.
6	미디어 활용	학습 내용에 적합한 동영상, 음성, 애니메이션, 이미지 등이 적합하게 활용되었다.
7	운영 만족도	학습에 필요한 정보를 적절하게 받았다.
8		운영자는 학습활동을 지속해서 관리하고 적절한 격려를 제공하였다.
9		학습 진행에 대해 신속하고 정확한 답변을 받았다.
10	교·강사 만족도	학습 내용에 대해 전문적이고 구체적인 답변을 받았다.
11		학습평가에 대한 첨삭지도가 도움이 되었다.
12	시스템 환경	학습 과정은 시스템의 오류, 장애 없이 진행되었다.
13		학습에 필요한 응용프로그램을 편리하게 설치·사용하였다.

2) 학업성취도 평가 결과

① 과정 운영 결과보고서는 학업성취도 평가를 포함하고 있으므로 교육적 효과성을 판단하는 자료가 될 수 있음
② 교육 훈련기관 입장에서는 같은 과정 운영의 지속 여부를 판단하는 자료가 되고, 고객사 입장에서는 조직원인 학습자의 교육훈련 지원을 판단하는 자료가 될 수 있음
③ 정확하고 명확한 통계자료 분석은 물론 결과보고서를 통해 얻고자 하는 시사점을 수요자 관점에서 구체적으로 명시하는 것이 효과적이며, 여기에 운영보고서 작성자인 운영자의 역할이 매우 중요하게 작용함
④ 운영자는 과정별로 학습자의 운영 결과를 정리하고 수료 여부를 파악하는 자료를 작성할 수 있음

⑤ 과정 운영 결과의 학습자별 수료 여부 예시

No.	과정명	이름	연수원명	진도율	중간평가	최종평가	리포트	취득점수	수료
1	앗싸! TOEIC R/C 실전반	이수만	○○○요업기술원	100	73.6	0	0	74.7	Y
2	TOEIC 중급 800점 공략·종합편	이종연	○○○산업기술시험원	100	23.7	0	0	64.7	N
3	TOEIC 중급 800점 공략·종합편	김미영	○○○생산기술연구원	100	31.5	40	0	74.3	Y
4	TOEIC 중급 800점 공략·종합편	이천미	○○○한국화학연구원	100	67.5	52.5	0	84	Y
5	앗싸! TOEIC R/C 실전반	홍종현	○○○과학기술정보연구원	100	73.6	67	0	88.1	Y
6	TOEIC 중급 800점 공략·종합편	정미진	○○○산업기술시험원	100	27.3	30	0	71.5	Y
7	TOEIC 중급 800점 공략·종합편	강수영	○○○중소기업연수	72.5	46.1	0	0	52.7	N
8	TOEIC 초급 700점 공략·종합편	정연재	○○○엘지전자(주)	67.5	28.8	0	0	46.3	N
9	앗싸! TOEIC R/C 실전반	조미수	○○○표준협회	52.5	0	0	0	31.5	N
10	앗싸! TOEIC R/C 실전반	박수인	○○○표준협회	40	0	0	0	24	N
11	TOEIC 초급 700점 공략·종합편	전현수	○○○생산기술연구원	40	4.6	0	0	24.9	N
12	TOEIC 초급 700점 공략·종합편	박용주	○○○기술연구원	37.5	18.9	0	0	26.3	N
13	TOEIC 중급 800점 공략·종합편	송수연	○○○엘지전자(주)	27.5	12.9	0	0	19.1	N
14	TOEIC 중급 800점 공략·종합편	이미란	○○○요업기술원	22.5	13	0	0	16.1	N
15	TOEIC 중급 800점 공략·종합편	최진혁	○○○산업기술시험원	22.5	0	0	0	13.5	N
16	TOEIC 초급 700점 공략·종합편	송만길	○○○생산기술연구원	22.5	6.4	0	0	14.8	N
17	TOEIC 초급 700점 공략·종합편	최정대	○○○한국화학연구원	20	11	0	0	14.2	N
18	TOEIC 중급 800점 공략·종합편	한기수	○○○과학기술정보연구원	17.5	4.8	0	0	11.5	N
19	TOEIC 초급 700점 공략·종합편	표인대	○○○산업기술시험원	17.5	11.3	0	0	12.8	N
20	TOEIC 초급 700점 공략·종합편	최대허	○○○중소기업연수	15	0	0	0	9	N
21	TOEIC 중급 800점 공략·종합편	조민철	○○○엘지전자(주)	12.5	2.3	0	0	8	N
22	앗싸! TOEIC R/C 실전반	이혁수	○○○표준협회	12.5	0	0	0	7.5	N
23	TOEIC 중급 800점 공략·종합편	김정봄	○○○표준협회	10	0	0	0	6	N
24	TOEIC 중급 800점 공략·종합편	정진만	○○○생산기술연구원	10	2.7	0	0	6.5	N
25	TOEIC 초급 700점 공략·종합편	박수형	○○○기술연구원	10	9.5	0	0	7.9	N
26	앗싸! TOEIC R/C 실전반	김민	○○○엘지전자(주)	7.5	0	0	0	4.5	N
27	TOEIC 중급 800점 공략·종합편	조정태	○○○요업기술원	7.5	9.1	0	0	6.3	N
28	TOEIC 중급 800점 공략·종합편	한수영	○○○산업기술시험원	5	0	0	0	3	N
29	TOEIC 초급 700점 공략·종합편	이보은	○○○생산기술연구원	5	0	0	0	3	N
30	TOEIC 초급 700점 공략·종합편	김보미	○○○한국화학연구원	2.5	0	0	0	1.5	N
31	TOEIC 초급 700점 공략·종합편	한유라	○○○과학기술정보연구원	0	0	0	0	0	N

(3) 시사점 도출 및 피드백

① 운영 결과자료를 살펴봄으로써 다양한 해석이 가능하며, 이를 토대로 개선방안을 제시할 수 있음
② 수료율이 계획에 도달하였는지, 미달이든 초과든 원인은 무엇인지, 이에 대한 조치방안은 무엇인지, 학습 만족도 분석 결과는 과정별로 차이가 있는지, 개선사항은 무엇인지, 경영진에서 의사결정이 필요한 것인지 등을 분석함으로써 지난 과정 운영에서 발생한 것과 동일한 시행착오, 오류가 발생하지 않도록 대비하는 것이 중요함
③ 다른 기관에서 운영한 결과라면 우수한 점이 발견된 주된 요인, 방법은 무엇인지를 자세히 파악한 후 이를 자신의 기관에 적용하기 위한 구체적인 전략을 모색하는 것이 중요함

1

다음 중 메이거(Mager)의 학습목표 기술을 위한 구성 요소가 <u>아닌</u> 것은?

① 대상(Audience)
② 정도(Degree)
③ 조건(Condition)
④ 기준(Criteria)

[해설]

메이거(Mager)가 제안한 학습목표 기술을 위한 구성 요소는 대상(Audience), Behavior(행동), Condition(조건), Degree(정도)이다.

2

이러닝 운영을 위한 학습환경 준비 검토를 위해 고용노동부 고시의 학습관리시스템(LMS) 기능 체크리스트를 활용할 수 있다. 다음 중 체크리스트의 운영자 모듈과 관련된 사항은?

① 정보 제공
② 수강신청
③ 모니터링
④ 훈련생 개인 수강 이력

[해설]

정보 제공, 수강신청, 훈련생 개인 수강 이력은 훈련생 모듈과 관련된 사항이다.

3

요구분석의 장점으로 옳지 <u>않은</u> 것은?

① 공급자 중심의 맞춤형 이러닝 서비스를 제공하기 위한 방법을 모색할 수 있다.
② 이러닝 과정 수강 후에 학습자들이 할 수 있는 것에 대한 방향을 도출할 수 있다.
③ 자본, 인력, 시설 등의 자원을 가장 적절하게 배치할 수 있도록 우선순위를 제공한다.
④ 이러닝 교육 훈련의 성과 달성과 수요자 만족도 제고를 위한 중요한 역할을 한다.

[해설]

요구분석은 수요자 중심의 이러닝 과정 제공과 운영을 하기 위해 수행한다.

4

다음 중 운영 결과 보고서에 포함되지 <u>않는</u> 항목은?

① 매출 현황
② 수강신청 인원
③ 수료율
④ 교육 기간

[해설]

과정명, 인원, 교육 기간, 수료율 등이 제시되며 매출 현황은 포함되지 않는다.

02 이러닝 운영 평가관리

1 과정 만족도 조사

(1) 조사 대상과 조사 항목

① 학습자 만족도 조사는 교육 프로그램에 대한 느낌, 만족도를 측정하는 것을 의미함
② 교육의 과정과 운영상의 문제점을 수정·보완함으로써 교육의 질을 향상하기 위해 실시함
③ 만족도 조사는 학습자의 반응 정보를 다각적으로 분석·평가하는 과정
④ 만족도 조사의 대상, 내용

조사 대상	조사 항목
학습자	• 학습 동기: 교육 입과 전 관심·기대 정도, 교육목표 이해도, 행동변화 필요성, 자기계발 중요성 인식 • 학습 준비: 교육 참여도, 교육과정에 대한 사전인식
교·강사	열의, 강의 스킬, 전문지식
교육내용 및 교수설계	• 교육내용 가치: 내용 만족도, 자기개발 및 업무에 유용성, 적용성, 활용성, 시기 적절성 • 교육내용 구성: 교육목표 명확성, 내용구성 일관성, 교과목 편성 적절성, 교재구성, 과목별 시간 배분 적절성 • 교육 수준: 교육 전반에 대한 이해도, 교육내용의 질 • 교수설계: 교육 흥미 유발 방법, 교수 기법 등
학습 위생	피로: 교육기간, 교육일정 편성, 학습시간 적절성, 교육 흥미도, 심리적 안정성
학습환경	• 교육 분위기: 전반적 분위기, 촉진자의 활동 정도, 수강인원의 적절성 • 물리적 환경: 시스템 만족도

(2) 질문유형 선정과 질문지

① **질문유형 선정**: 학습자 만족도 조사에 활용할 수 있는 질문유형과 척도는 개방형 질문(Open-Ended Question), 체크리스트, 단일 선택형 질문(2-Way Question), 다중 선택형 질문(Multiple Choice Question), 순위 작성법(Ranking Scale), 척도 제시법(Rating Scale) 등이 있음

유형	사용 예시
개방형 질문 (Open-Ended Question)	Q. 본 과정에서 다루지 않았지만, 귀하의 업무와 관련된 중요한 주제를 다룬다면 어떤 것입니까? A. 서술형으로 기술
체크리스트	Q. 다음 중에서 귀하가 사용하고 있는 소프트웨어는 어떤 것입니까? A. Word Process - Graphics - Spreadsheet
단일 선택형 질문 (2-Way Question)	Q. 현재 업무 중 평가기법을 사용하고 있습니까? A. 예/아니오
다중 선택형 질문 (Multiple Choice Question)	Q. Tachometer는 (　　)를 나타낸다. A. a. Road speed, b. Oil pressure ......
순위 작성법 (Ranking Scale)	Q. 다음의 감독자가 행하여야 할 중요한 업무 5가지를 중요 순서대로 5(가장 중요함)에 서부터 1(가장 중요하지 않음)까지 숫자를 입력하시오. A. 1~5번까지 순위가 있는 업무 기술
척도 제시법 (Rating Scale)	Q. 새 데이터 처리시스템은 사용하기에 A. 매우 쉽다 1 2 3 4 5 매우 어렵다

② 질문지: 학습자 만족도 조사의 예시는 다음과 같음

- 과정명: 이러닝 장기보험, 기초부터 설계까지
- 설문제목: 이러닝 장기보험, 기초부터 설계까지 설문안내
- 설문기간: 2009. 06. 05 ~ 2009. 07. 10

설문항목	매우 그렇지 않다	그렇지 않다	보통이다	그렇다	매우 그렇다
1. 본 과정의 기대사항이 충족되었다고 생각하십니까?					
2. 본 과정은 학습내용이 적절하게 구성되어 있습니까?					
3. 교육운영자는 학습안내 및 학습지원(진도 관리, 문의응대 등)을 충실히 하였습니까?					
4. 교 강사는 학습내용에 대한 질의에 성실하게 답변해주었습니까?					
5. OOO 교육 시스템 환경(로딩 속도, 시스템 장애율 등)에 대해서 만족하십니까?					
6. 본 과정은 학습내용을 이해하기 쉽게 전달하고 있습니까?					
7. 본 과정은 학습을 지속할 수 있도록 동기유발을 하고 있습니까?					
8. 화면의 구성 및 매뉴는 학습 진행을 편리하게 하고 있습니까?					
9. 본 과정에 대해 전반적으로 만족하십니까?					
10. 본 과정에서 아쉬웠던 점이 있으시면 말씀해 주세요. 적극적으로 반영하겠습니다.					
11. 이러닝 과정 개발 및 운영에 대한 요구사항이 있으시면 말씀해 주세요.					

③ 수집 자료의 종류
- 통계조사, 실험을 통해 연구하고 싶은 대상의 특성을 얻어낸 것이 자료이며, 얻어낸 자료는 질적 자료와 양적 자료로 구분됨
- 자료의 종류에 따라 정리·요약 방법이 서로 다르게 적용될 수 있으므로 자료의 정리에 앞서 자료의 종류를 구분하는 것이 중요함

종류	설명
질적 자료 (Categorical Data)	• 관측된 값이 몇 개의 범주(Category)를 나타내는 문자나 숫자로 표시된 자료 • 범주형 자료라고도 함 예 성별, 직업, 혈액형, 야구선수의 등번호 등
양적 자료 (Numerical Data)	• 크기, 무게, 개수 등과 같이 양을 나타내는 숫자로 표현되어 있음 • 이산형 자료(Discrete Data)와 연속형 자료(Continuous Data)로 구분됨

	이산형 자료	자료가 취할 수 있는 값을 셀 수 있는 것 예 불량품의 개수, 수락산의 참나무 수 등
	연속형 자료	취할 수 있는 값이 어떤 실수 구간 내에 임의의 모든 수치를 값으로 취할 수 있는 경우 예 전구의 수명, 차의 속도, 시간, 몸무게 등

자료의 종류

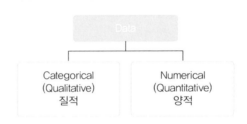

④ 척도(Scale)에 따른 자료의 구분

척도(Scale)	자료 구분	예
명목 척도	질적 자료	성별, 혈액형, 야구선수 등번호, 질병의 분류, 식품군의 분류
순서 척도	질적 자료, 양적 자료	학력, 사회계층 구분, 제품 선호도
구간 척도	양적 자료	온도, 주가지수, 물가지수, 지능지수
비율 척도	양적 자료	무게, 거리, 시간, 소득, 가격

- 자료를 측정하는 척도(Scale)로서 자료를 구분하기도 함
- 척도에는 명목 척도(Nominal Scale), 순서[서열] 척도(Ordinal Scale), 구간[등간] 척도(Interval Scale), 비율 척도(Ratio Scale) 등이 있음

종류	특징
명목 척도 (Nominal Scale)	• 단지 분류만을 위해 자료를 구분하는 척도 • 명목 척도에 의해 얻어진 자료는 질적 자료(범주형 자료)를 얻게 됨 • 성별, 혈액형, 운동선수의 등번호, 질병의 분류, 식품군의 분류 등은 명목 척도로 측정 가능
순서[서열] 척도 (Ordinal Scale)	• 분류를 위해 범주형으로 주어지고 그 범주 간에 순위가 존재하는 경우를 말함 예 학력을 중졸, 고졸, 대졸, 대학원졸로 구분하면 범주도 나뉘지만 위로 갈수록 고학력 을 의미하는 것이 보이므로 순위 척도로 측정해야 함 • 사회계층 구분, 제품 선호도의 측정 등은 순위 척도로 측정 가능 • 순위 척도로 측정한 자료들은 질적 자료이지만 양적 자료로도 다룰 수 있음
구간[등간] 척도 (Interval Scale)	• 순위를 부여하되 순위 사이의 간격이 동일하여 차이에도 의미를 부여할 수 있는 척도 • 구간 척도로 얻어진 자료는 수학적으로 덧셈, 뺄셈은 할 수 있지만, 절대적인 영점 (absolute zero)이 존재하지 않아서 비율계산(곱셈, 나눗셈)은 할 수 없음 예 온도, 주가지수, 물가지수, IQ 등(양적 자료 처리 가능)
비율 척도 (Ratio Scale)	• 구간 척도의 특성에 추가로 절대적인 영점이 존재하여 비율계산이 가능한 척도 예 몸무게, 키, 시간, 거리, 각도, 연령, 가격, 소득 등 • 구간 척도와 마찬가지로 양적 자료를 얻을 수 있음 • 모든 양적 자료는 질적 자료로 바꿀 수 있음 예 연령을 양적 자료로 얻었을 때: 연령대로 10대, 20대, 30대, 40대, 50대 등으로 그룹 화하여 질적 자료로 취급 가능

⑤ 만족도 평가의 문항 개발 주요 원칙
- 표현의 명료성을 검토하면서 문항을 제작
- 하나의 질문에 두 가지 의미를 포함하지 않도록 함
- 개발된 설문지를 파일럿 테스트하여 점검하고 수정·보완하는 기회를 가짐
- 학습자의 의견과 제언을 글로 표현할 수 있는 개방형 설문을 포함함
- 학습자가 자유롭게 응답할 수 있도록 참가자의 인적 사항을 기록하는 문항들은 설문지에 포함하지 않음

(3) 조사 수행

학습자 만족도는 일반적으로 객관식과 주관식으로 구성된 문항을 10개 내외로 구성하여 조사함

분류	예시 문항
교육과정의 내용, 분량을 포함한 만족도 조사	• 교육과정의 내용의 수준 및 난이도는 적절했는가? • 교육과정의 학습 내용은 학습목표에 대비하여 적절했는가? • 교육과정의 학습 분량은 적절했는가? • 학습 내용을 잘 이해할 수 있도록 적절하고 매력적인 멀티미디어 자료를 활용하였는가? • 교육과정의 내용은 현업에 많은 도움이 될 것으로 생각되는가?
학습 안내를 포함한 운영자 지원 활동에 대한 만족도 조사	• 학습운영자는 학사일정에 맞춰 학습 안내를 적시하였는가? • 학습운영자는 학습활동 관련 질의에 즉각적이고 성실히 응답하였는가? • 학습운영자는 나의 학습활동에 맞춰 적절한 학습활동 안내를 해주었는가?

학습촉진을 포함한 교·강사 지원 활동에 대한 만족도 조사	• 교·강사가 제공한 학습자료의 분량은 충분하였는가? • 교·강사가 제공한 학습자료의 내용은 학습 내용에 대비해 유용하였는가? • 성적 평가 방식 및 기준은 학업성취를 평가하는 데 적절하였는가? • 과제 및 퀴즈 등을 학업성취를 평가하는 데 적절하였는가? • 과제에 대한 첨삭지도는 충실하였는가? • 질의, 토론, 과제에 대해 즉각적이고 성실히 응답하였는가? • 교·강사는 학생이 강의에 적극적으로 참여하고 학습하도록 기회를 부여하고 촉진하였는가?
학습 과정에 대한 전반적인 만족도 조사 ❔	• 본 과정에 대해 전반적으로 만족하는가? • 본 과정을 다른 직원에게 추천해 주고 싶은가? → Check 학습 과정 전반에 대해 본 과정의 좋았던 점, 개선점 등을 자유롭게 기술하도록 하여 조사함
학습자 시스템 사용의 용이성을 포함한 시스템 사용에 대한 만족도 조사 ❔	• 학습시스템은 전반적으로 안정적이었는가? • 학습시스템은 사용이 편리하였는가? • 학습시스템의 장애가 발생했을 때 신속한 도움을 받았는가? • 학습 시 시스템의 학습화면 이용과 이동이 쉬웠는가? → Check 학습시스템 사용과 관련되어 기능상 불편한 점, 개선할 점, 제안사항 등에 대해 주관식으로 조사함

(4) 조사 결과 통계분석

① 과정 만족도 평가 결과에 대한 보고서 작성은 보고서의 기본적인 구성요소를 포함하여 분석함과 동시에 시사점, 개선방안을 포함하여야 함

② 만족도 평가 참여율은 결과 해석에 중요한 요인이 될 수 있으므로 유의하여야 하며 일반적으로 70% 이상 참여하도록 독려하는 것이 바람직하고, 50% 이하의 참여율일 때는 만족도 결과 해석·활용에 유의해야 함

③ 과정 만족도 평가 문항별로 평가도구에 따라 평가 결과 정리가 달라질 수 있음

④ 설문조사의 5점 척도인 경우 문항별로 막대그래프를 활용하여 제시하고, 체크리스트인 경우 빈도 비율을 숫자로 표현하여 제시함

⑤ 문항별로 나타난 결과를 해석하는 설명이 포함되어야 하고 이를 개선하는 의견이 반영되어야 보고서로서의 역할을 할 수 있음

⑥ 주관식 의견 작성의 경우 가공하지 않은 문장을 그대로 취합하거나 일정한 카테고리별로 분류하여 정리 ❔ 하면서 빈도수를 포함할 수도 있음

⑦ 과정 만족도 보고서 내용은 해당 과정의 운영상에서 발생한 문제점을 파악하고 즉시 개선에 효과적
이며, 이후 운영할 과정에서 요구되는 학습활동 지원요소의 발굴에 도움을 줌
⑧ 동일한 과정이 여러 차수 운영되는 경우, 유사한 과정이 운영되는 경우, 고객사별로 특징을 파악해
야 하는 경우에도 효과적

2 학업성취도 관리

학습목표

① 학습관리시스템(LMS)의 과정별 평가 결과를 근거로 학습자의 학업성취도를 확인할 수 있다.
② 학습자의 학업성취도 정보를 과정별로 분석할 수 있다.
③ 유사 과정과 비교했을 때 학습자의 학업성취도가 크게 낮을 때 그 원인을 분석할 수 있다.
④ 학습자의 학업성취도를 향상하기 위한 운영전략을 마련할 수 있다.

(1) 학업성취도 평가 대상 선정

모집단, 표본, 표집

모집단[전집]
(Population)
· 연구의 관심이 되는 목적집단
· 연구의 대상이 되는 전체집단

표집
(Sampling)
· 표본을 추출하는 행위
· 연구자의 궁극적인 관심은 표집을 통하여 산출한 결과를 전체 모집단에 걸쳐 일반화하는 것 (예: 조사연구, 실험연구)

표본
(Sample)
· 실제 연구대상이 된 부분집단
· 전집의 특성을 대표할 수 있는 집단

1) 표집이 필요한 이유

① 연구자들은 연구대상이 되는 모든 사례를 조사하는 경우는 드묾
② 전체 모집단 중에서 일부분에 해당하는 표본을 선택해서 그 표본 집단을 대상으로 연구를 진행해야 함
③ 비록 모집단을 연구대상으로 하지 않더라도 체계적이고 과학적인 표본연구를 통해서 모집단을 대상으로 연구 결과를 얻는 것과 유사한 결과를 얻을 수 있음

2) 모집단(Population)

① 정해진 기준에 맞는 모든 사례의 집단
> 예 학사 학위를 가진 취업간호사가 모집단이라면, 사회 모든 분야에서 취업해 월급을 받는 간호사 중 대학을 졸업한 사람의 대상
② 모집단의 개념 중 표적 모집단과 근접 모집단의 차이를 알 필요가 있음

표적 모집단 (Target Population)	연구자가 관심 있어서 일반화하고자 하는 전 사례집단
근접 모집단 (Accessible Population)	연구자가 접근할 수 있는 사례집단

3) 표본(Sample)과 표집(Sampling)

표본	모집단을 이루는 기본적인 하위단위로 구성되며 그 단위 하나하나를 표본 요소(Sample Element)라고 함
표집(추출법)	전체모집단에서 모집단을 대표하는 표본 요소를 뽑는 과정

① 표본을 선정하는 데 가장 중요한 고려점: 대표성
② 모집단의 특성과 표본의 특성은 일치해야 함

	확률적 표집(추출법)	비확률적 표집(추출법)
의미	확률이론에 근거해 표본을 선발하는 방식	개별요소들이 표본에 추출될 확률을 모를 때 사용하는 방식
종류	• 단순 임의 표집(Simple Random Sampling) • 층화 표집(Stratified Sampling) • 계통 표집(Systematic Sampling) • 집락 표집(Cluster Sampling)	• 임의 표집(Accidental Sampling) • 유의 표집(Purposive Sampling) • 할당 표집(Quota Sampling) • 눈덩이 표집(Snowball Sampling)
활용 조건	조사대상이 표본으로 추출된 확률이 알려져 있을 때	조사대상이 표본으로 추출될 확률이 알려져 있지 않을 때
특징	• 무작위적 표본 추출 • 모수 추정에 편의 편향(bias) 없음 • 표본분석 결과의 일반화 가능 • 표본오차의 추정 가능 • 시간과 비용 많이 소요	• 작위적(인위적, 임의적) 표본 추출 • 모수 추정에 편의 존재 가능 • 표본분석 결과의 일반화 제약 • 표본오차의 추정 불가능 • 시간과 비용 적게 소요

4) 확률적 표집(추출법) 1회 기출

① 모집단을 구성하는 모든 사례가 추출될 가능성이 균등하며, 한 사례가 뽑힐 때 그것이 다른 사례의 표집에 아무런 영향을 미치지 않아야 함
② 확률 표집 방법은 표집오차를 계산할 수 있고 추출된 표본을 통해서 나온 결과를 갖고 모집단을 해석할 수 있는 가능성, 즉 표본의 대표성이 높음

종류	개념	장단점

단순 임의 표집
(Simple Random Sampling)
 	
* 유의어: 단순 무선 표집,
단순 무작위 표집
	아무런 의식적인 조작 없이 표본을 추출하는 것	• 장점
		  - 모집단에 대해 최소한의 정보만 알고 있어도 됨
		  - 자료 분석, 오차 계산이 용이함
		• 단점
		  - 연구자가 이전에 알고 있던 지식이 활용되지 않음
		  - 같은 표본 크기일 때 유층 표집보다 큰 오차가 있을 수 있음

층화 표집
(Stratified Sampling)
 	
* 유의어: 유층 표집
	모집단이 특정 하위집단으로 분류할 수 있을 때 모집단 내 하위집단 구성 비율에 맞추어 표본을 표집하는 방법	• 장점
		  - 표본과 모집단의 동질성 확보로 대표성을 높일 수 있음
		  - 표집오차를 감소시킴
		• 단점: 우선적으로 모집단의 특성을 알고 있어야 함

계통 표집
(Systematic Sampling)
 	
* 유의어: 체계적 표집
	모집단의 전체 사례에 번호를 붙여놓고 일정한 표집 간격으로 표집하는 방법	• 장점
		  - 짧은 시간 내에 효과적으로 표집을 해낼 수 있음
		  - 표본이 매우 크고, 모집단의 전체 명단을 이용할 수 있을 때 장점이 있음
		• 단점: 만약 지정되는 번호가 특정 기준으로 일정한 간격을 두고 반복되면, 편중된 사례만이 표본으로 추출될 가능성이 있음

집락 표집 (Cluster Sampling) * 유의어: 군집 표집	이미 형성되어 있는 집단을 표집 단위로 하여 추출하는 방법	• 장점 　-군집 속에서 조사대상자를 선정함으로써 조사과정이 간편함 　-노력과 비용이 절감 • 단점 　-단순 무선 표집보다는 오차가 큼 　-표집오차가 크게 나타남

③ 단순 임의 표집(Simple Random Sampling)

개념	• 가장 기초적인 방법이며 널리 사용되는 방법 • 모집단 각각의 원소들이 표본으로 뽑힐 가능성이 동일하도록 추출하는 방법
예시	Q. 전교생이 5,000명인 K대학교에서 학생들을 대상으로 등록금에 대한 의견 조사 시 단순 임의표집을 사용하여 500명의 표본을 뽑을 경우 • 학생들의 고유번호인 학번을 이용하여 모든 학생에게 일련번호를 부여하고 난수표(Random Number Table)를 이용하여 임의로 500명을 추출하여 의견을 조사하면 됨 • 모집단인 전교생 5,000명 모두가 표본인 500명 안에 뽑힐 가능성이 동일하게 추출되었다고 볼 수 있음 • 모집단의 구성 요소들이 표본으로 선택될 확률을 알 수 있고, 그 확률이 동일하다는 점이 특징적인 방법 • 이론상으로 절차가 가장 단순하지만, 실제로 표본조사에서 완전한 단순 임의 표집을 구현하는 경우는 거의 없음 • 이 예시에서 선택된 500명의 학생을 조사하려고 할 때 산발적으로 퍼져 있는 표본을 빠른 시간에 조사하기란 거의 불가능하다고 볼 수 있음

④ 층화 표집(Stratified Sampling)

개념	모집단을 부분 모집단으로 나누고 각 층에서 독립적으로 단순 임의 추출표본을 취하는 방법
예시	Q. 전교생이 5,000명인 K대학교에서 학생들을 대상으로 등록금에 대한 의견 조사 시 층화 표집을 사용하는 경우 • 학년별로 층을 나누고 학년별로 일정 수의 학생들을 단순 임의 추출을 함 • 여기에 같은 학년(층 내)의 학생들은 의견이 비슷하고, 학년별(층별)로는 등록금에 대한 의견이 서로 다르다고 간주함 • 즉 층 내에는 동질적인 요소들로(분산이 더 작아지도록) 구성되고, 층별 사이에는 이질적인(분산이 크도록) 요소들로 표본을 설계해야만 효율성이 큼 • 또 다른 예로 기업체의 기부금 평균치를 추정하기 위한 조사에서 기업체와 기부 금액 간에 상관이 있음을 알았다면, 기업의 규모(대기업, 중소기업)에 따라 층을 나누어 표본을 추출하는 층화 표집이 단순 임의 표집을 사용하는 것보다 더 효과적임

⑤ 계통 표집(Systematic Sampling)

개념	• 규모가 큰 모집단에서 표본을 추출할 때 사용되는 방법 • 모집단을 특정 개수로 구분한 후 일정한 간격마다 표본을 추출하는 방법
예시	Q. L마트의 계산대에서 발행된 영수증 10,000장에서 200장을 추출하려는 경우 • 영수증의 일련번호가 번호순으로 있다면 $k = \dfrac{10,000}{200} = 50$ 번째마다 한 장의 영수증을 추출하면 간단하게 영수증이 뽑힘

예시	• 먼저 일련번호 1번부터 50번까지의 50장 중에서 임의로 1장을 선택하고(난수표를 이용하여 단순 임의 추출 20번째 영수증이 뽑혔다고 하면), 그다음에 50장마다 1장씩 선택하면 됨 • 20번, 70번, 120번, … 순으로 영수증을 추출하면 됨 • 이 예시의 경우는 $\dfrac{100}{k}$ % $= \dfrac{100}{50}$ % $= 2$% 계통 표본이라 함 • 계통 표본은 작업의 수행이 매우 단순하고 경제적이며 사용하기에 편하다는 장점이 있음 • 만약 선택된 표본이 이질적이면 단순 임의 추출법보다 정도(precision)가 높은 결과를 얻게 됨 • 계통 표집을 이용할 때 주기적 변동을 하는 모집단에서 표본을 추출할 때는 주의가 필요한데, 예를 들어 월별 주가 통계 등 주기적으로 동질적인 경향을 보이는 자료에서는 추출된 자료들이 동질적인 것들만 뽑힐 수 있기 때문 • 보통 계통 표집은 다른 추출법과 함께 사용함

⑥ 집락 표집(Cluster Sampling)

개념	• 이미 구성된 집단(집락, Cluster)에서 임의로 집락을 추출하는 방법 • 모집단의 요소들을 개별보다 집단으로 추출하는 것이 더 효율적일 때 사용함
예시	Q. 5개씩 제품이 포장된 상자가 2,000개 있을 때 불량품을 조사하기 위해 100개의 제품을 표본 조사하려는 경우 • 이 경우 단순 임의추출로 100개의 포장된 상자를 다 풀어봐야 하는데 이때 뽑힌 100개의 상자는 더 이상 시장에 팔 수 없음 • 모집단 자체가 5개씩 포장된 집단(집락, Cluster)으로 구성된 경우이므로, 2,000개의 상자 중에서 20개를 단순 임의 추출하여 각 상자에 있는 5개의 모든 제품을 조사하면 되는데 이것이 1단계 집락추출법이 됨 • 다른 예로, 만약 서울시에서 초등학교 무상급식에 대한 의견을 서울시민을 대상으로 조사하려고 할 경우, 서울에 있는 25개 모든 구에서 임의로 5개 구를 임의추출하고 추출된 5개의 구에서 다시 2개 동을 임의로 추출하여 조사하면 이것은 2단계 집락추출법이 됨 • 집락추출법의 가장 큰 장점은 표본 추출 비용의 절감 효과

5) 비확률적 표집(추출법)

① 연구자가 연구하고자 하는 목적에 따라 주관적으로 표본을 선정하는 표본 추출 방법
② 표본으로부터 얻어낸 자료로 표본오차를 추정할 수 없어서 조사자가 추정치의 편차를 계산할 수 없기 때문에 비확률 표집 방법을 사용하여 조사한 경우 그 결과를 일반화하는 데 문제가 있음
③ 확률 표집 방법과 비교해서 표본추출비용과 시간을 줄이기 위해 널리 이용됨

종류	개념	예시	장단점
임의 표집 (Accidental Sampling) * 유의어: 우연적 표집, 임의 표본추출법, 편의 표본추출법	특별한 표집 계획 없이 연구자가 가장 손쉽게 구할 수 있는 대상 중에서 표집하는 방법	길거리 인터뷰, 자신이 근무하는 학교 학생을 대상으로 표집	• 장점 　－비용과 시간이 가장 절약 　－표본 추출이 쉽고 편리 • 단점 　－표본의 대표성이 없어 일반화에 한계 　－많은 편견이 개입 　－과학적 연구에서는 되도록 사용하지 않는 것이 바람직함

유의 표집 (Purposive Sampling) * 유의어: 판단 표집, 의도적 표집	• 연구자가 연구 목적상 모집단을 가장 잘 대표한다고 생각하는 표본 선정 • 연구자의 주관적 판단이 중요한 경우로서 모집단 및 그 구성 요소에 대해 풍부한 사전지식을 가진 경우 가능	조사자가 경쟁사의 동태 파악을 하려는 목적에서 자기 회사 판매원에게 조사하려고 할 때 조사자가 판매원들 개개인에 대한 지식이 있는 경우 유의 표집이 더 적절함	• 장점 - 비용이 적게 들고 편리 - 할당 표집보다 조사목적을 충족시키는 요소를 정밀하게 고려 - 조사에 관련이 있는 요소는 확실하게 표본 선정 • 단점 - 표본의 대표성을 확신하기 어려움 - 모집단에 대한 상당한 사전지식 필요
할당 표집 (Quota Sampling)	모집단의 여러 특성(성별, 조교, 지역 등)을 대표할 수 있는 여러 개의 하위집단을 구성하여 각 집단에 알맞은 표집 수를 할당한 후 그 범위 내에서 임의로 표집하는 방법	조사연구를 할 때 대상자를 지역별, 직업별, 연령별 특성에 따라 몇 사람을 표집할 것인가를 할당하면, 조사자가 이러한 범위 내에서 그 조건에 맞는 대상을 임의로 선정하여 조사	• 장점 - 동일한 표본 크기의 무작위 표집보다 적은 비용 - 신속한 결과를 원할 때 적절 - 다양한 집단을 적절히 대표하게 하는 층화 효과 • 단점 - 모집단의 특성에 대한 최신자료를 얻기 어려움 - 표본 추출 시 조사자의 편견, 여러 가지 상황적 요인이 개입될 가능성이 높아 성공 여부가 조사자의 능력 및 성실성에 달려 있음 - 무작위성을 보장하는 수단이 없으므로 결과의 일반화가 곤란함
눈덩이 표집 (Snowball Sampling)	연구자가 임의대로 선정한 제한된 표본의 해당자로부터 추천받는 것을 되풀이하여 눈덩이 굴리듯이 누적해 감	약물중독, 도박 등과 같이 일탈적인 대상을 연구하거나 노숙자, 이주노동자, 새터민 등 모집단의 구성원을 찾기 어려운 대상을 연구하는 경우에 사용	• 장점 - 연결망을 가진 사람들의 특성을 파악하고자 할 때 적절한 표본 추출 가능 - 소규모 사회조직 연구 시 도움 - 모집단을 파악하기 곤란한 대상 표집 가능 - 표본 추출 프레임 없을 때 적합 • 단점 - 결과의 일반화 어려움 - 편견 개입 소지 많음

6) 표집 시 일반적으로 유의해야 할 사항

모집단의 크기	대체로 충분히 커야 함
동질성	표집은 모집단과 충분한 동질성이 있어야 함
표집 방법의 특성에 대한 이해	표집 방법의 장단점을 충분히 숙지하고 있어야 함
현실적 문제 고려	사전 점검과 준비를 통해 인력, 비용, 시간 등을 고려해야 함
표집 방법의 일관성	표집 방법은 일관성이 있어야 함
표본의 대표성	고의적인 표집은 지양해야 함
자료 분석 시 사용할 분석 유목의 수	분석 유목의 숫자가 많을수록 표본의 수도 많아야 함

→ Check **표집오차**

- 모집단의 모수치와 표본에서 산출된 통계치 간의 차이
- 모집단의 특성을 충분히 반영하는 대표성 있는 표집을 선택하지 못했을 때 발생하며, 표집오차가 커질수록 연구 결과의 의미가 상실됨

(2) 평가 결과 통계

이러닝 과정 운영 완료 시 해당 과정을 이수한 학습자 전체 대상의 학업성취도 평가 결과와 함께 개인별로도 학업성취도 평가 결과를 확인함

절차	방법
평가 결과 확보	• 운영자가 해당 과정에서 실시한 평가방법, 즉 학습진도, 과제, 토론, 시험 등에 따라 취득한 점수와 함께 해당 과정의 수료 여부 결과가 포함된 학업성취도 평가 결과를 학습자에게 제공함 • 학습자에게 제공한 학습 결과 파일을 확인함 • 학습관리시스템의 해당 과정 자료에서 수강생 관리 부분을 검색하여 개별 학습자의 학습 결과를 확인하는 것이 일반적
개인별 평가 결과 점검	• 다음의 수강생 관리 화면을 살펴보면 개별 학습자마다 해당 과정의 시작일, 종료일, 총 점수, 시험점수, 과제점수, 수료 구분이 나타나 있음 📷 개인별 학업성취도 평가 결과 검색 화면

개인별 평가 결과 점검	

• 해당 화면에서 시험 응시일과 취득 점수를 확인함
• 학습관리시스템에 등록된 평가 결과를 과정 운영기관에 따라 운영 담당자가 자체 양식을 적용하여 활용함

1) 대푯값 1회 기출

① 대푯값: 자료의 중심 위치
  • 자료의 중심 위치를 나타내는 측도를 대푯값이라 부름
  • 대푯값에는 평균(Mean), 중앙값[중위수](Median), 최빈값(Mode) 등이 있음

평균 (Mean)	• 중심 위치를 나타내는 대푯값으로 가장 많이 상용되는 평균(산술평균)은 모든 자료값을 더해 자료의 개수로 나눈 값 • 평균은 많은 것에서 적은 것으로 이동하여 전체를 공평하게 만들었을 때 양으로 평균보다 큰 수까지의 거리 합과 평균보다 작은 수까지의 거리 합이 일치함 • 평균은 자료값들의 크기가 비슷하면 중심의 위치를 표현하는 데 적합하지만, 이상치나 극단치가 존재하면 대푯값으로 좋지 않음

중앙값
[중위수]
(Median)
	• 크기순(Ascending Sort)으로 자료를 나열했을 때 가운데 위치한 값
	• 평균에 비해 극단치나 이상치가 존재해도 덜 영향 받는 측도
	• 중위수를 사용하는 예: 연 소득대비 주택가격 비율(Price to Income Ratio: PIR)
	  −주택 구매능력을 나타내는 주요 지표로 주택가격을 가구당 연 소득으로 나눈 값
	  −이 경우 주택가격의 중위수와 연간소득의 중위수를 사용함
	• 극단치가 존재할 때 대푯값으로 평균보다 중위수를 사용하는 것이 더 좋은 방법임

최빈치 (Mode)	• 자료 값들 중에서 빈도가 가장 큰 자료값 • 양적 자료뿐만 아니라 질적 자료에도 사용할 수 있는 측도 • 자료에 따라 존재하지 않을 수도 있고, 하나 이상 존재할 수도 있음 예 12, 12, 14, 14, 18, 18, 18, 18, 19, 20, 20의 경우처럼 묶지 않은 자료에서는 18이 빈도가 4로서 가장 많으므로 최빈치가 됨

② 대푯값의 비교
- 평균의 가장 좋은 점은 중위수와 최빈수에 비해 계산이 간편하고 수식으로 나타내기가 편리하다는 점으로, 통계적 추론 시 모평균을 모수(Parameter)로 사용하는 것은 이론적으로 다루기 편함
- 이에 비해 중위수를 구하기 위해서는 자료를 크기순으로 배열해야만 하며, 중위수는 자료의 개수가 홀수일 때와 짝수일 때로 구분해서 표현함
- 최빈수는 빈도가 일정하면 최빈수가 없는 자료이거나, 최빈수가 2개인 자료도 있을 수 있음
  ⇨ 최빈수는 수식으로 표현할 수 없음
- 이처럼 평균은 다른 대푯값에 비해 수리적 처리가 쉬우나, 자료에 극단치(Extreme Value)가 존재하면 영향을 크게 받는다는 단점이 있음
- 중위수와 최빈수는 평균에 비해 비교적 극단치에 대해 영향을 덜 받음
- 따라서 자료값에 극단치가 존재하면 평균보다 중위수나 최빈수를 대푯값으로 사용하는 것이 바람직함

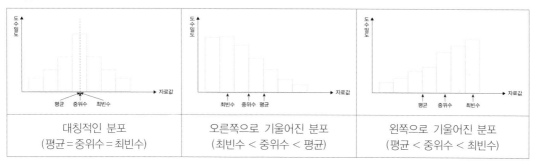

대칭적인 분포 (평균 = 중위수 = 최빈수)	오른쪽으로 기울어진 분포 (최빈수 < 중위수 < 평균)	왼쪽으로 기울어진 분포 (평균 < 중위수 < 최빈수)

2) 표준편차

① 데이터 세트 내의 값들이 평균에서 얼마나 퍼져 있는지(=분산되어 있는지)를 나타내는 척도
② 표준편차가 크다: 데이터 값들이 평균에서 멀리 퍼져 있다는 것을 의미
③ 표준편차가 작다: 데이터 값들이 평균 근처에 더 가깝게 모여 있다는 것을 의미

3) 원점수와 표준점수 1회 기출

① 원점수: 단지 개인이 정답을 한 문항 수를 의미 ⇨ 기준점이 없어서 여러 교과의 점수를 비교할 수 없고, 두 집단 간 학업 성취도 비교 불가
② 표준점수: 원점수를 통계적 절차를 통해 비교할 수 있는 척도로 만든 것

Z점수	• 원점수를 평균으로부터 얼마나 떨어져 있는지를 나타내는 표준편차의 단위로 표현함 • Z점수의 계산: (원점수 − 집단의 평균)/ 집단의 표준편차 • 평균이 0이고 표준편차가 1인 정규분포를 따름
T점수	• 원점수를 표준화한 점수 • 평균이 50이고 표준편차가 10이 되도록 조정됨 • 데이터가 정규분포를 따른다고 가정할 때 유용하게 사용됨 　예 특정 시험의 평균 점수가 70점, 표준편차가 10점일 때, 70점은 T점수로 50임

스테나인 점수	• 원점수를 1부터 9까지의 등급으로 표현함 • 이 방법은 원점수를 9등분하여 각 범위에 점수를 할당함 • 스테나인 점수는 평균을 중심으로 균등하게 분포됨 • 평균적인 성취도는 대략 5로 표시됨
H점수 (High Score)	• 특히 교육 평가에서 사용되는 표준점수 • 특정 상위 백분위(예 상위 5%, 10%)에 도달한 학생들에게 할당됨 • 일반적으로 특정 기준 이상의 성취도를 나타내기 위해 사용됨
C점수 (Criterion-Refe renced Score)	• 학생이 특정 기준이나 목표에 도달했는지를 나타내는 점수 • 개인의 성취를 절대적인 기준에 따라 평가하며, 상대적인 성취(=다른 학생들과 비교)는 고려하지 않음 예 특정 기술이나 지식에 대한 학생의 이해도를 평가할 때 사용될 수 있음

(3) 학업성취도 분석

1) 사전·사후평가 실시

① 이러닝 과정의 학업성취도 평가는 학습자의 변화 정도를 파악하기 위해 사전·사후평가를 실시하는 경우가 있음

② 사전·사후평가는 이러닝 과정에서 제공한 학습내용 영역별로 학습자의 변화 정도를 양적 변화로 표현할 수 있으므로 교육의 효과 분석에 유용하게 활용됨

2) 평가 결과 사례 해석

① 사전·사후 학업성취도 평가 결과는 다음의 예시 자료 형태로 제공될 수 있으며, 이러닝 과정의 세부내용에 따라 표현 방식을 선택할 수 있으므로 제공 양식을 조절하여 활용함

② 개인별 및 전체 학습자의 변화를 비교할 수 있고 과정의 차수별 비교 또한 가능하므로 분석의 목적에 따라 선택함

학업성취도의 사전·사후평가 결과 예시

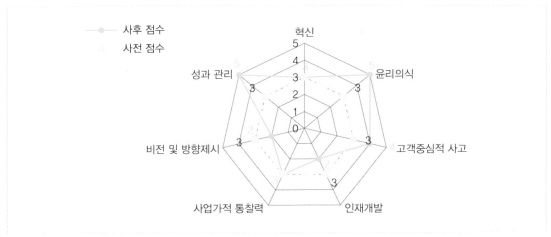

자료 해석	• 상단의 그림 예시는 이러닝 과정의 7가지 내용 영역에 대해 사전·사후평가를 실시한 결과를 방사형 그래프로 표현하였음 • 사전평가와 사후평가를 비교하기 위해 표시 방법을 색상, 선 구분, 점수 표시 등으로 구분하였음 • 영역별 차이는 숫자를 통해 확인할 수 있으며, 변화 정도를 증가($+$), 감소($-$), 변화 없음(0)의 3가지로 해석 가능하고 전체 변화에 대한 해석과 영역별 해석을 구분할 수 있음

자료의 시사점
도출
	• 상단의 학업성취도 사전·사후평가 결과 예시가 개인 학습자의 변화를 분석한 자료일 경우 다음과 같이 해석할 수 있음
	• 이 학습자는 7개 영역 중 3개 영역에서 증가하였고, 2개 영역은 변화가 없으며, 2개 영역은 감소한 것으로 해석됨
	• 변화 의미의 면밀한 파악을 위해서는 해당 과정의 학습자 전체가 취득한 표준 점수를 포함하면 개인의 변화 해석에 도움이 됨
	   −예를 들어 〈고객중심적 사고〉 영역에서 개인 학습자는 사전점수 3점에서 사후점수 4점으로 증가한 것으로 해석되지만, 해당 과정을 수료한 전체 학습자의 사후점수가 5점으로 나타났다면 개인의 변화는 다른 관점에서도 해석 가능하며 이에 따른 후속 학습지원도 달라질 수 있음을 인지해야 함
	   −반대로 〈혁신〉 영역에서 개인 학습자는 변화가 없는 것으로 해석되지만, 전체 학습자의 표준점수가 감소하였다면 개인 학습자의 해석은 오히려 증가한 것으로 해석될 수 있음
	• 사전·사후평가의 결과는 개인 차원의 변화 정도 해석에 해당 과정의 전체 학습자의 변화 정도를 표준점수로 포함하여 해석해야 정확한 개인 변화의 비교 분석이 가능함

(4) 유사과정 비교분석

이러닝 운영의 품질 개선을 위해 우수한 운영사례를 선정하고 벤치마킹할 수 있음

1) 벤치마킹

① 벤치마킹을 수행하기 위해서는 우수 이러닝 사례를 선정해야 하며, 이러닝 분야의 최신 트렌드를 주도하는 기업 및 교육기관을 대상으로 선정함
② 대상기관을 통해 분석할 세부내용을 구성하고 기존 자료와의 차별성을 강조하여 조정함
③ 벤치마킹 수행을 위해서는 다음의 세부활동 예시를 참고하여 목적에 적합하게 선정·활용함

세부활동	선정 여부	활용방법(안)
• 벤치마킹 목적		
• 벤치마킹 방법론 선정(예 대상 선정, 팀 구성, 자료 수집·분석, 결과 보고 등)		
• 이러닝에서 벤치마킹의 최신사례 분석(예 타기관 운영, 연구 결과 등)		
• 벤치마킹의 기대효과		
• 벤치마킹의 분석결과 적용 및 활용방안 수립		

2) 이러닝 운영사례 분석

① 이러닝 운영사례 분석은 다음의 운영 결과보고서 자료를 통해 실시함

1. 운영개요

개요	□ 과정명: 네트워크 입문과정 외 6개 □ 교육대상: 한국이러닝대학교육연합 □ 기간: 20**-06-01~20**-06-30 □ 장소: 이러닝 원격교육	
교육결과	□ 교육인원: □ 수료자: □ 미수료자: □ 수료율:	265명 248명 17명 94%

2. 수료기준

NO	과정명	수료기준(점)	진도(%)	평가(%)	과제(%)	계(%)
1	NET 프로그래밍 기초	70	10	50	40	100
2	네트워크와 엑셀 활용 노하우	70	10	30	60	100
3	네트워크와 통신망 기초	70	10	50	40	100
4	데이터베이스와 네트워크 연결	70	10	50	40	100
5	C프로그래밍언어 입문	70	10	50	40	100
6	비주얼 C++활용	70	10	40	50	100
7	가상 통신망 구축과 인프라	70	10	50	40	100

3. 수료 현황

NO	과정명	학습기간	인과인원	수료인원	수료율
1	NET 프로그래밍 기초	20**-06-01~20**-06-30	62	60	97%
2	네트워크와 엑셀 활용 노하우	20**-06-01~20**-06-30	25	21	84%
3	네트워크와 통신망 기초	20**-06-01~20**-06-30	70	64	91%
4	데이터베이스와 네트워크 연결	20**-06-01~20**-06-30	36	36	100%
5	C프로그래밍언어 입문	20**-06-01~20**-06-30	28	25	89%
6	비주얼 C++활용	20**-06-01~20**-06-30	29	21	91%
7	가상 통신망 구축과 인프라	20**-06-01~20**-06-30	21	21	100%
			255	246	94%

4. 교육기관 진행의견

한국네트워크연합의 경우, 6월 전체 수료율은 매우 높은 편입니다.
과정에 대한 만족도 수준도 높은 편이며, 대부분 높은 진도율, 최종평가 및 과제물을 적극적으로 참여한 결과입니다. 교육과정이 기업의 업무 연관성이 높고 최신 트렌드를 반영한 학습내용을 구성되어 학습 참여가 높았던 것으로 파악됩니다. 향후 다른 과정에서도 교육내용 최신성, 최종평가 및 과제를 제시의 적절성 등을 적극 고려할 예정입니다. 다른 과정에 대한 많은 관심 부탁드립니다.

② 운영 결과자료를 살펴봄으로써 다양한 해석이 가능하며 이를 토대로 개선방안을 파악할 수 있음

→ Check

수료율이 계획에 도달하였는지, 미달이든 초과이든 원인은 무엇인지, 이에 대한 조치방안은 무엇인지, 학습만족도 분석 결과는 과정별로 차이가 있는지, 개선사항은 무엇인지, 경영진에서 의사결정이 필요한 것인지 등을 분석함으로써 지난 과정 운영에서 발생한 것과 같은 시행착오, 오류가 발생하지 않도록 대비하는 것이 중요함
다른 기관에서 운영한 결과인 경우 우수한 점이 발견된 주된 요인·방법은 무엇인지를 자세히 파악한 후, 이에 대한 결과를 자신의 기관에 적용하기 위한 구체적인 전략을 모색해야 함

③ 분석 수행을 위해서는 다음의 세부활동 예시를 참고하여 목적에 적합하게 선정·활용함

세부활동	선정 여부	활용방법(안)
• 운영사례의 결과자료 조사·취합		
• 운영사례 결과자료의 해석 및 원인 파악		
• 운영사례 결과자료의 원인에 대한 해결책 수립		
• 운영사례 결과자료의 해결책 적용 및 활용방안 수립		
• 운영사례 결과자료의 경영진 보고 방법		

(5) 학업성취도 평가 결과의 원인분석 `1회 기출`

- 학업성취도 평가 결과를 확인하고 개인별·전체 과정별 평가 결과가 높게 또는 낮게 나타났을 때 원인을 분석하고, 해결방안을 모색하는 것은 이러닝 과정 운영에서 중요한 요소
- 학업성취도 평가 결과에 대한 원인분석은 평가계획 수립의 모든 평가요소가 영향을 미치지만, 일반적으로 가장 많은 영향을 줄 수 있는 평가내용, 평가도구, 평가시기 측면에서 문제 발생 원인을 분석해볼 수 있음

1) 평가내용 측면

평가내용은 지식 영역, 기능 영역, 태도 영역으로 구분되며 각 영역을 살펴보는 과정을 통해 원인을 분석·파악 가능함

지식 영역	• 해당 내용의 지식 습득을 평가하는 영역으로, 반드시 학습목표를 고려해야 함 • 학습목표를 기준으로 내용이 제시되고 학습이 진행되었기 때문에 평가문항 작성 시에도 학습목표의 난이도 및 학습 분량을 고려함 • 평가문항이 학습목표 난이도보다 높은 경우 점수가 낮아져서 수료율이 저하되며, 난이도보다 낮은 경우 점수가 높아져서 변별력이 저하되므로 학습목표 수준을 고려하여 출제함 • 학습분량이 적절하지 않을 경우 학습진도율이 달라짐에 따라 시험점수와 관계없이 학업성취도 평가 시 미수료가 될 수 있으므로 학습분량 및 진도를 고려하여 출제함 • 사전·사후평가에서의 지식 영역 평가인 경우에는 동일한 평가 내용으로 실시해야 일관성 있는 변화의 정도 파악과 상호 비교가 가능함
기능 영역	• 행동의 신체적 변화를 측정하는 영역으로, 개별 학습자에게 충분한 연습의 기회를 제공해야 함 • 기능 습득을 위한 환경적 지원을 고려할 필요도 있음
태도 영역	• 학습 주제와 관련된 개인의 정서·감정을 측정하는 영역으로, 현업에서 직면한 문제상황을 충분히 고려하여 평가내용을 설정해야 함 • 태도 영역의 측정에 직·간접적 영향을 미칠 수 있는 요인(예 현실 불가능한 상황 등)을 사전에 검토함

2) 평가도구 측면

학업성취도 평가에서 평가도구로는 지필시험, 설문조사, 과제 수행 등을 주로 사용함

지필시험	• 학습 내용에 대해 4지 선다형 또는 5지 선다형의 구성으로 출제되며, 학습 내용에 대한 다양한 관점을 이해하고 비교하여 선택할 수 있도록 5점 척도를 활용하는 사례가 증가하는 추세 • 선다형: 명확한 정답을 선택할 수 있도록 지문을 제시해야 하며, 부정적 질문의 경우 밑줄 또는 굵은 표시 등을 포함하면 학습자의 실수를 줄일 수 있음 • 단답형: 가능한 유사답안을 명시해야 하며, 다양한 답이 발생할 수 있는 경우를 배제해야 함
설문조사	• 해당 문제에 대한 학습자 선호 및 의견의 정도를 가늠하기 위해 사용하며 5점 척도 사용이 일반적 • 5점 척도: 익숙하게 사용되고 있지만 최고·최하의 선택이 가지는 학습자 인식을 고려하여 7점 또는 10점 척도를 사용하기도 함 • 10점 척도: 100점 기준에 익숙한 학습자가 쉽고 정확하게 자신의 선호·의견을 표현할 수 있다는 장점이 있음
과제 수행	• 해당 과정에서 습득한 지식, 정보를 서술형으로 작성하게 하는 도구 • 주로 문장 작성, 수식 계산, 도표 작성, 이미지 구성 등이 해당하며 워드, 엑셀, 파워포인트, 통계분석 등과 같은 응용프로그램을 활용하여 수행함 ❶ 　→ Check 　　문장 작성과 같은 워드의 활용은 평가도구보다는 과제 내용에 더 큰 영향을 받음 • 단순한 개념, 특징 등과 같은 조사를 요하는 경우에는 학습자 대부분이 동일한 과제를 수행하게 되어 모사율이 높아질 수 있으므로 과제 내용에서 고려해야 함 • 응용프로그램을 활용하는 과제의 경우 학습자가 해당 프로그램을 얼마나 능숙하게 사용할 수 있는지를 고려하여 과제를 제시해야 함 ❷ 　→ Check 　　과제 수행보다 응용프로그램 사용 가능 여부가 더 중요해지면서 학업성취도 평가의 결과에도 영향을 주기 때문

3) 평가시기 측면

① 평가시기에 따라 학업성취도 평가 결과에도 문제가 발생할 수 있으며 일반적으로 학습자의 평가 불참이 가장 큰 문제가 됨

② 온라인상에서 스스로 학습하여야 하는 이러닝의 특성상 학습진도는 물론이고 평가, 수료까지 확인할 사항이 많기 때문에 과정 중에 수시로 평가일정에 대한 사전안내와 개별 확인이 필요함

③ 부득이하게 참여가 어려운 상황의 발생이 예상될 경우 사전에 일정을 변경하거나 여러 일정 중에서 선택하게 하는 방법을 고려해야 함

④ 사전·사후평가가 있는 과정인 경우의 사전평가는 과정 시작 전 학습자의 선수지식 및 기능 습득 정도를 파악하는 진단평가가 되기 때문에 평가시점이 학업성취도 평가에 영향을 줄 수 있음

⑤ 과정을 조금이라도 진행하였다면 사전평가를 하지 말아야 하므로 과정 오픈 전 일정시기를 두고 실시하되, 이 시기에 참여하지 않았으면 사전·사후평가 방법이 아닌 방법으로 학업성취도 평가를 진행하도록 변경함

1) 학습진도 관리 지원

① 이러닝 과정은 성인 학습자가 일, 학업을 병행하면서 교육에 참여하기 때문에 스스로 학습 계획을 수립하고, 내용을 습득하며, 일정을 관리하는 자기주도적 학습이 중요한 요소가 됨

② 체계적인 관리가 쉽지 않은 이러닝 학습환경 특성상 학업성취도 평가항목 중 학습진도율이 수료 여부에 영향을 주게 되는 경우가 많음

③ 학습진도는 매주 학습해야 하는 학습 분량과 학습시간을 관리하는 것으로, 학습자가 이해하기 쉽게 진도율을 비율 또는 막대그래프로 표시하거나 달성·미흡 등으로 현재 상태를 안내함

④ 운영자는 다음의 학습진도 관리 지원 화면자료를 확인함으로써 개별 학습자의 상태에 따라 지원할 수 있음

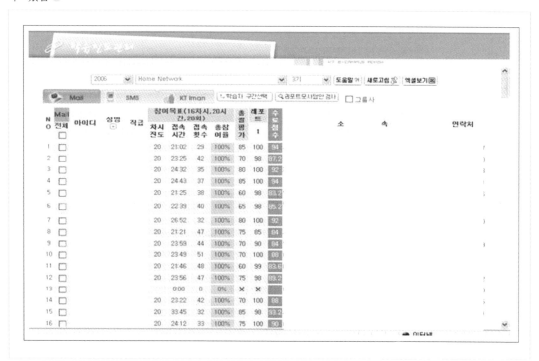

→ Check

학습관리시스템(LMS)의 세부기능에 따라 문자·이메일의 자동발송이 포함될 수 있으므로 운영자는 지원 방식을 선택하여 활용함

⑤ 학습자 스스로 학습현황을 확인할 수 있도록 다음의 개인별 학업성취도 평가 결과 화면정보를 제공할 수 있음

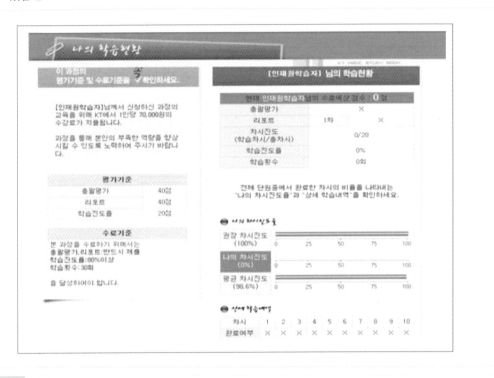

→ Check

학습자 본인이 수강하는 과정의 과정명, 학습기간, 평가방법에 따른 현재 참여 상황, 진도율, 차시별 학습 여부 등 상세한 정보를 확인할 수 있음
개인별 학업성취도 평가 결과 화면정보를 통해 학습자 스스로 학업성취도 결과를 예측할 수 있고 이에 따른 수료 여부를 판단할 수 있도록 도와줌

2) 과제 수행 지원

① 이러닝 과정에서는 평가 방법으로 과제 수행을 활용하는 경우가 많은데, 해당 과정에서 습득한 단편적인 지식·정보·자료 조사로 작성 가능하도록 평가문항을 구성 시 다른 학습자와 과제 모사율이 높아져 평가 결과를 신뢰하기 어려운 경우가 발생함

② 모사율이 높다고 해서 학습자가 실제 과제를 모사한 것으로 판단하기는 어려울 수 있기 때문에 이러한 과제가 학업성취도 평가에 반영되고, 수료 여부를 결정한다는 것은 문제가 될 수 있음

③ 문제 예방을 위해서는 정형화된 지식 조사보다는 사례 분석, 시사점 제시, 개인의견 작성 등 모사하기 어렵고 학습 정도를 결과로 파악할 수 있는 내용으로 과제를 구성해야 함

④ 과제 평가에 대한 구체적인 평가기준, 채점 방법, 감점 요인 등의 사전안내를 통해 학습자 스스로 준비할 수 있도록 지원해야 함

⑤ 평가는 학습 결과를 판단·처리하기 전에 학습자가 일정 수준에 도달하도록 유도하는 역할을 할 수 있어야 함

⑥ 학업성취도를 관리하기 위해서는 과제 수행 시 응용프로그램 등 별도의 도구 활용이 필수적일 경우 준비시간 제공, 개별 학습기회 제공, 프로그램 설치 지원 등 제반 학습환경을 지원하여 실제 학습 진행에 큰 영향을 주지 않도록 해야 함

3) 평가일정 관리 지원

① 평가 참여는 학업성취도 평가에 필수적이기 때문에 평가시기로 인해 참여가 어려운 경우 사전 조정의 기회를 제공하는 것이 효과적

② 전체 학습자가 동시에 시험을 쳐야 하는 경우(예 지필고사)가 아니라면 시험의 시기·시간·장소 등을 여러 선택지 중에서 선택하도록 지원할 수 있음

③ 학습자가 일-학습을 병행하는 이러닝 과정 운영 특성상 참여도를 높이기 위해서는 평가에 대한 다양한 선택과 참여 방법을 지원해야 함 ❼

> **→ Check**
>
> 동일IP 또는 인접IP를 사용하는 경우 학습자 본인인지 확인이 필요함
> 공동인증서, IPIN서비스 등 개인 식별이 가능한 방법을 활용하여 부정한 방법으로 참여하지 않도록 관리해야 함

3 평가 결과 보고

> **학습목표**
>
> ① 과정별 수료 현황, 학업성취도, 과정 만족도, 개선사항 등을 포함한 평가 결과보고서를 작성할 수 있다.
> ② 작성된 평가보고서를 토대로 이러닝 운영 결과를 보고할 수 있다.

(1) 평가 결과보고서

1) 과정 만족도 평가 결과 정리

> • 이러닝 과정 만족도 평가는 교육 훈련에 참여한 학습자의 교육과정에 대한 느낌, 반응 정도를 만족도 문항으로 측정하는 것
> • 과정 만족도 평가는 교육 훈련의 효과 또는 개별 학습자의 학업성취 수준 평가 목적이 아니라 훈련과정의 구성, 운영상 특징, 문제점 및 개선사항 등을 파악·수정·보완함으로써 교육 운영의 질적 향상에 수행 목적이 있음
> • 과정 만족도는 형성평가의 성격을 지니기 때문에 학습자의 반응정보를 다각적으로 수집하고 의견을 분석하여 평가 결과를 정리해야 함
> • 과정 만족도 평가는 학습자 만족도 평가 시에 함께 파악되나, 평가문항을 구분하여 구성하고 분석 또한 별도로 정리하는 것이 효과적

① 과정 만족도 평가의 구성
- 과정 만족도 평가: 교육 훈련과정에 참여한 학습자가 어떻게 반응하였고, 자신의 경험에 대해 어떤 인식을 하고 있는지를 측정하는 단계
- 학습자 요인, 강사·튜터 요인, 교육 내용·교수설계 요인, 학습환경 요인 등 학습 과정과 연관된 여러 요인에 대한 만족도를 평가·측정할 수 있음
- 교육기관의 특성, 교육내용의 개설 목적 등을 고려하여 만족도 평가 영역을 선정할 수 있음
- 과정 만족도 평가의 주요 내용으로 활용 가능한 요인

평가 영역	주요 내용
학습자	• 학습 동기: 교육 입과 전 관심 및 기대 정도, 교육목표 이해도, 행동 변화 필요성, 자기계발 중요성 인식 • 학습 준비: 교육 참여도, 교육과정에 대한 사전인식
교·강사	열의, 강의 스킬, 전문지식
교육내용·교수설계	• 교육내용 가치: 내용 만족도, 자기개발 및 업무에의 유용성·적용성·활용성, 시기 적절성 • 교육내용 구성: 교육목표 명확성, 내용 구성 일관성, 교과목 편성 적절성, 교재 구성, 과목별 시간 배분 적절성 • 교육 수준: 교육 전반에 대한 이해도, 교육 내용의 질 • 교수설계: 교육 흥미 유발 방법, 교수 기법 등
학습 위생	피로: 교육기간, 교육일정 편성, 학습시간 적절성, 교육 흥미도, 심리적 안정성
학습환경	• 교육 분위기: 전반적 분위기, 촉진자의 활동 정도, 수강인원의 적절성 • 물리적 환경: 시스템 만족도

② 교·강사 만족도 평가의 결과 정리 [1회 기출]
- 교·강사 만족도 평가: 교육 훈련이 시작된 이후 과제 수행, 시험 피드백, 학습활동 지원 등 학습이 완료되기까지 제공되는 다각적인 활동에 대해 평가
- 학습자와 운영자 모두 평가에 참여할 수 있으며, 일반적으로 학습자에 의한 교·강사 평가를 학습자 만족도 평가에 포함하여 실시함
- 교육 훈련과정에 수반되는 교·강사 활동을 중심으로 교·강사 평가 내용을 선정함
- 교·강사 평가의 평가 영역 ❷

평가 영역	비율(%)	평가도구	평가 결과
교·강사 만족도	30%	설문지, 5점 척도	정량적 평가
		기타의견 서술형	정성적 평가
주관식 시험 채점의 질	10%	서술형 의견	정성적 평가
		체크리스트	정량적 평가
서술형 과제 채점의 질	20%	서술형 의견	정성적 평가
		체크리스트	정량적 평가
학습활동 지원의 질	30%	설문지, 5점 척도, 체크리스트	정량적 평가
과정별 학습자 수료율	10%	통계자료	정량적 평가

- 교·강사의 주요 활동에 초점을 두고 운영자가 평가하는 경우에는 교·강사가 학습자에게 제공한 지원 활동에 맞게 평가문항을 구성할 수 있음
- 교·강사의 주요 활동에 대한 평가 내용

구분	체크포인트	가중치
Q&A 답변 및 과정 평가 의견	• Q&A 피드백은 신속히 이루어졌는가? • Q&A 답변에 성의가 있는가? • Q&A 답변에 전문성이 있는가? • 감점사항에 대한 적절한 피드백이 이루어졌는가? • 최신의 과제를 유지하는가?	35%
자료실 관리	• 과제 특성에 맞는 자료가 제시되었는가? • 게시된 자료의 양이 적당한가? • 학습자가 요청한 자료에 대한 피드백이 신속한가?	25%
메일 발송 관리	• 주 1회 메일을 발송하였는가? • 메일의 내용에 전문성이 있는가? • 운영자와 학습자의 요청에 대한 피드백이 신속한가?	25%
공지등록 관리	• 입과 환영 공지가 시작일에 맞게 공지되었는가? • 학습 특이사항에 대한 공지가 적절히 이루어졌는가?	15%

③ 학습자 만족도 평가의 결과 정리
- 이러닝 과정 운영에서 학습자 만족도 평가는 학습자에게 제공되는 교육훈련 관련 모든 요소가 평가 영역이 될 수 있음 ❓

- 이러닝 과정 운영에 대한 수요자는 학습자이기 때문에 과정 운영에 대한 학습자 의견 수렴 및 결과 분석은 과정 운영을 위한 중요한 기초자료가 됨

• 학습자 만족도 평가의 평가 영역 🅘

평가 영역	비율(%)	평가도구	평가 결과
학습내용 만족도	30%	설문지, 5점 척도	정량적 평가
		기타의견 서술형	정성적 평가
교·강사 만족도	30%	설문지, 5점 척도	정량적 평가
		기타의견 서술형	정성적 평가
운영자, 시스템 관리자 만족도	20%	설문지, 5점 척도	정량적 평가
		기타의견 서술형	정성적 평가
학습환경 만족도	20%	설문지, 5점 척도, 체크리스트	정량적 평가
		기타의견 서술형	정성적 평가

→ Check

 학습자 만족도 평가는 일반적으로 이러닝 과정이 완료된 직후 실시함
 평가 결과는 해당 과정별로 분석하여 과정 운영을 위한 개선사항 도출자료로 활용
 하나의 과정이 여러 차수로 운영된 경우, 개별 차수의 결과 정리와 연간 결과 정리를 함께 진행해야 다음 교육 계획 수립에 반영할 수 있음
 동일한 과정이라도 고객사가 다른 경우 분리하여 분석하고 결과를 정리함으로써 교육기관별 특징 및 개선점 파악을 효과적으로 할 수 있음

2) 학업성취도 평가 결과 정리

• 이러닝 과정에서 학업성취도 평가는 교육 훈련이 실시된 후 학습자의 지식·기능·태도 영역이 어느 정도 향상되었는지를 학습목표를 기준으로 측정함
• 학습자의 교육과정에 대한 느낌, 만족도 조사가 아니라 실제 학습을 통해 나타난 교육적 효과성을 측정하는 것이기 때문에 총괄평가라고 할 수 있음
• 학업성취도 평가 결과는 좁은 의미에서는 개별 학습자의 수료 여부를 판단할 수 있고, 넓은 의미에서는 교육과정 자체의 효과성 검증, 수정·보완사항 확인, 교육과정의 지속 여부에 대한 경영 의사결정 등의 자료로 활용할 수 있어 이러닝 과정 운영의 마무리 단계로서 중요함

① 학업성취도 평가의 구성

• 이러닝 과정 운영에서 학업성취도 평가의 구성요소는 운영계획의 수립 단계에서부터 구체적으로 제시되어야 함 🅘

→ Check

평가요소 선정·수립에 따라 과정 운영에 대한 지원 전략 및 관리 방안이 달라질 수 있기 때문

• 과제 수행이 포함되는 경우 과제 작성을 지원하는 별도의 학습활동 지원이 마련되어야 하고, 실습 작품 제출이 포함되는 경우 실습시기·장소·방법 등 세부적인 운영방안이 모색되어야 함

• 평가내용에 따라 다양한 평가도구를 활용하여 측정한 학업성취도 평가의 평가 영역

평가 영역	세부내용	평가도구	평가 결과
지식 영역	사실, 개념, 절차 원리 등에 대한 이해 정도	지필고사, 문답법, 과제, 프로젝트 등	정량적 평가
기능 영역	업무 수행, 현장 적용 등에 대한 신체적 능력 정도	수행평가, 실기시험 등	• 정량적 평가 • 정성적 평가
태도 영역	문제해결, 대인관계 등에 대한 정서적 감정, 반응 정도	지필고사, 역할놀이 등	정성적 평가

② 학습자별 학업성취도 평가의 결과 정리
• 이러닝 과정에 따라 학업성취도 평가요소는 다양하게 구성될 수 있음(예 지필 형식의 시험, 개별 또는 그룹으로 수행하는 과제 수행, 개별 학습자의 학습진도율 등)
• 학업성취도 평가 결과는 평가요소별로 분석·정리함

지필 시험	문제은행 방식으로 출제된 시험문제가 개별 학습자에게 온라인으로 제공된 후 시스템에 의해 자동으로 채점됨
주관식 서술형	교·강사가 별도로 채점하여 점수를 부여함
과제 수행	전체 학습자를 대상으로 모사 여부를 판단하고, 운영 계획서에 명시된 일정 수준의 모사율🛈을 넘으면 채점 대상에서 제외함 → **Check** 일반적으로 70~80% 이상으로 모사율 기준을 적용하고 있음
과제 채점	개별 자료로 진행하며 구체적인 평가기준에 따라 감정·감점 사유를 명시하여 제공함
학습진도율	매주별 달성해야 하는 진도율을 기준으로 학습자의 달성 여부를 그래프로 표시함

• 학업성취도 평가 결과는 개인의 이러닝 과정 수료 여부 판단에 결정적인 자료로 활용됨
• 교·강사에게는 문제 출제 및 과제 구성에 대한 분석자료로 제공되어 향후 과정 운영의 개선에 활용할 수 있음
• 경영진에게는 해당 과정의 지속 여부를 판단하는 기초자료로 제공될 수 있음
• 학업성취도 평가의 평가도구별 예시

평가 영역	비율(%)	평가도구	평가 결과
지필 시험	60%	• 문제은행 시험지 • 선다형, 단답형, 서술형	정량적 평가
과제 수행	30%	• 과제 양식 • 서술형	• 정량적 평가 • 정성적 평가
학습진도율	10%	통계자료	정량적 평가

(2) 운영 결과보고서

• 과정 운영 결과보고서는 학습관리시스템에서 제공하는 보고서 양식의 활용이 편리함
• 시스템에서 제공하는 양식이 없는 경우 운영자가 엑셀파일로 별도 작업을 수행함

1) 과정 운영 결과보고서 구성 확인

① 과정 개설 시 선택한 정보에 따라 기본적인 구성요소는 자동으로 작성됨

② 교육기관마다 이러닝 과정이 동시에 여러 개 운영되는 경우가 많아 수작업으로 진행하면 오류가 발생할 가능성이 크기 때문에 학습관리시스템의 운영 결과보고서 기능을 활용하는 것이 효과적

③ 과정 운영 결과보고서의 구성 및 작성

- 기본적으로 과정명, 교육대상, 교육인원, 교육기관, 고용보험 여부, 수료기준 등이 포함되며 세부 영역별로 개별 학습자의 학습 결과가 포함됨
- 학습관리시스템에서 제공되는 보고서 양식의 활용이 가능하며 교육 훈련기관에 따라 추가내용을 붙임자료로 작성할 수도 있음
- 교육기관에 따라 과정별 포함내용을 선택해야 하는 경우에는 학습관리시스템에서 제공하는 양식을 엑셀파일로 다운로드하여 일부를 삭제·편집한 후 활용할 수 있음

과정 운영 수료현황 자료의 생성 예시

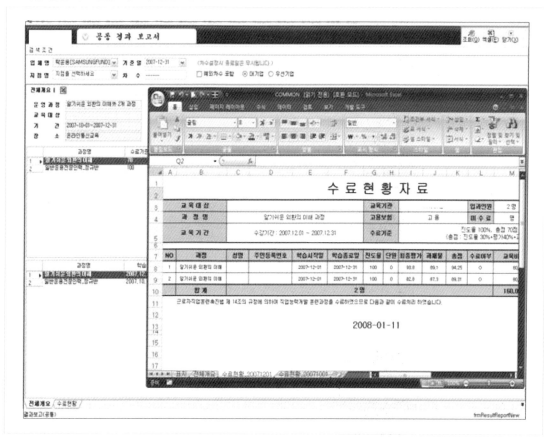

수료현황자료

교육대상	갑을전자 임직원		교육기관	㈜ 아이엠교육	입과인원	6	수료	4
과정명	네트워크와 액셀활용 노하우 외 5개 과정		고용보험	고용	미수료	2	수료율	67%
교육기관	수강기간: 2014.06.01.~2010.06.30		수료기준	진도율 60%, 총점 60점 이상 (총점: 평가 50%+과제물 50%)				

NO	과정	성명	ID	학습시작일	학습종료일	진도율	최종평가	과제율	총점	수료여부	교육비	환급비 (우선기입)
1	비주얼 C 프로그램	김준상	kines	2014-06-01 오전 12:00:00	2014-06-30 오전 11:59:59	75	0	0	0	N	59,000	0
2	네트워크의 액셀활용 노하우	박미선	pur121	2014-06-01 오전 12:00:00	2014-06-30 오전 11:59:59	100	75	50	54	Y	93,000	54,000
3	데이터베이스와 네트워크 연결	염정선	intt	2014-06-01 오전 12:00:00	2014-06-30 오전 11:59:59	100	95	92	99.5	Y	50,000	94,000
4	NET 프로그래밍 기초	홍유식	honf88	2014-06-01 오전 12:00:00	2014-06-30 오전 11:59:59	100	0	0	0	N	50,000	0
5	business skill 파워업 액셀 2007	이정한	yuhan	2014-06-01 오전 12:00:00	2014-06-30 오전 11:59:59	100	81	100	90.5	Y	69,000	89,000
6	c프로그래밍언어 입문과 NET프로그래밍	유미연	yummi	2014-06-01 오전 12:00:00	2014-06-30 오전 11:59:59	100	95	100	97.5	Y	70,000	40,000
	합계										391,000	277,000

근로자직업능력개발법 제24조의 규정에 의하여 직업능력개발훈련과정을수료하였으므로 다음과 같이 수금처리하였습니다.

2014-07-25

㈜ 아이엠교육 대표이사

2) 과정 운영 결과보고서 작성

① 보고서 작성 목적에 따라 다양한 형태로 산출함

② 일반적으로 하나의 과정에 대해 과정 운영 결과로써 수료율 현황, 설문조사 결과를 포함하며, 하나의 과정이 여러 차수로 운영된 경우 비교할 수 있어 유용함

③ 여러 과정을 종합 분석하여 보고서로 작성하는 경우 과정별 수료율 및 성적 결과를 포함할 수 있으며 교육기관의 조직 분류에 따라 구분하여 분석❓할 수도 있음

> **→ Check**
>
> 월별 통계를 포함할 수 있으며 직급별로도 분석할 수 있음

④ 결과보고서를 사용할 수요자의 관점에서 어떤 구성요소가 포함되어야 하고, 어떤 형태(예 숫자, 막대그래프 등)로 제시되는 것이 유용할지를 판단하여 작성해야 함

과정 운영 결과보고서의 생성 예시

▲ 과정 운영 결과보고서의 수작업 생성 예시

1. 운영개요

개요	□ 과정명: 네트워크 입문과정 외 6개 □ 교육대상: 한국이러닝대학교육연합 □ 기간: 20**-06-01~20**-06-30 □ 장소: 이러닝 원격교육
교육결과	□ 교육인원:　　　　265명 □ 수료자:　　　　248명 □ 미수료자:　　　　17명 □ 수료율:　　　　94%

2. 수료기준

NO	과정명	수료기준(점)	진도(%)	평가(%)	과제(%)	계(%)
1	NET 프로그래밍 기초	70	10	50	40	100
2	네트워크와 엑셀 활용 노하우	70	10	30	60	100
3	네트워크와 통신망 기초	70	10	50	40	100
4	데이터베이스와 네트워크 연결	70	10	50	40	100
5	C프로그래밍언어 입문	70	10	50	40	100
6	비주얼 C++활용	70	10	40	50	100
7	가상 통신망 구축과 인프라	70	10	50	40	100

3. 수료 현황

NO	과정명	학습기간	인과인원	수료인원	수료율
1	NET 프로그래밍 기초	20**-06-01~20**-06-30	62	60	97%
2	네트워크와 엑셀 활용 노하우	20**-06-01~20**-06-30	25	21	84%
3	네트워크와 통신망 기초	20**-06-01~20**-06-30	70	64	91%
4	데이터베이스와 네트워크 연결	20**-06-01~20**-06-30	36	36	100%
5	C프로그래밍언어 입문	20**-06-01~20**-06-30	28	25	89%
6	비주얼 C++활용	20**-06-01~20**-06-30	29	21	91%
7	가상 통신망 구축과 인프라	20**-06-01~20**-06-30	21	21	100%
			255	246	94%

4. 교육기관 진행의견

한국네트워크연합의 경우, 6월 전체 수료율은 매우 높은 편입니다.
과정에 대한 만족도 수준도 높은 편이며, 대부분 높은 진도율, 최종평가 및 과제물을 적극적으로 참여한 결과입니다. 교육과정이 기업의 업무 연관성이 높고 최신 트렌드를 반영한 학습내용을 구성되어 학습 참여가 높았던 것으로 파악됩니다. 향후 다른 과정에서도 교육내용 최신성, 최종평가 및 과제를 제시의 적절성 등을 적극 고려할 예정입니다. 다른 과정에 대한 많은 관심 부탁드립니다.

⑤ 과정 운영 결과는 교육통계로써 지속해서 관리하면 도움이 됨

⑥ 학습관리시스템에 저장되는 각종 운영 결과자료를 다음과 같이 연도별로 검색·활용하여 이러닝 과정명, 수강 규모, 수료율, 대상자별 실적 등의 흐름을 파악한 통계자료를 산출함으로써 향후 이러닝 과정 운영 기획·설계에 중요한 기초자료로 활용함

◤ 과정 운영 결과보고서의 교육통계 예시

◤ 과정 운영 결과보고서의 과정별 통계자료 생성 예시

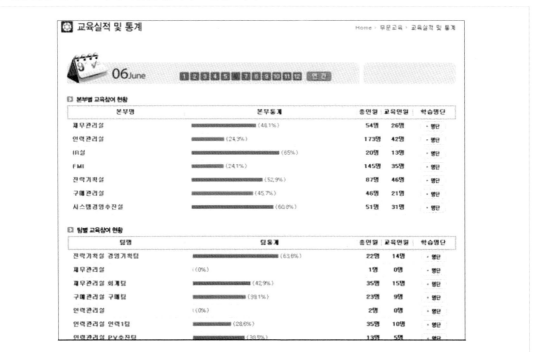

▶ 과정 운영 결과보고서의 학습자 통계자료 생성 예시

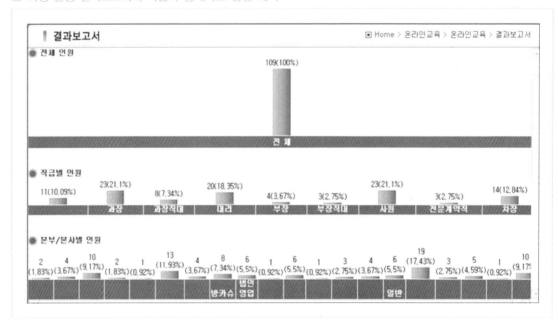

오답노트 말고
2023년 정답노트

1

첫 번째 요소는 무작위로 선정한 후 목록의 매번 k 번째 요소를 표본으로 선정하는 표집 방법은?

① 집락 표집
② 단순선택 표집
③ 층화 표집
④ 계통추출법

해설

계통추출법(계통 표집)은 모집단의 전체 사례에 번호를 붙여 놓고 일정한 표집 간격으로 표집하는 방법으로, 짧은 시간 내에 효과적으로 표본 추출을 할 수 있다.

2

100명 학생들의 성적을 높은 점수에서 낮은 점수 순으로 배열했을 때 가장 빨리 확인할 수 있는 대푯값은?

① 최빈치
② 중앙값
③ 표준편차
④ 평균

해설

중앙값은 크기순으로 자료를 나열했을 때 가운데 위치한 값이다. 크기순으로 나열을 해야 하고 평균에 비해 극단치나 이상치가 존재해도 영향을 덜 받는다.

3

T점수에 대한 설명으로 옳지 않은 것은?

① T점수의 평균이 50이면 표준편차는 10이다.
② T점수가 50점이면 Z점수는 1점이다.
③ T점수가 50일 때 스테나인은 5이다.
④ T점수가 정규분포를 이룰 때 T점수가 50이면 백분위도 50이다.

해설

Z점수는 평균이 0이고 표준편차가 1인 표준정규분포를 따르므로 T점수가 평균인 50일 때, Z점수는 0이 된다.

4

학업성취도 평가 결과에 영향을 미치는 원인으로 잘못된 것은?

① 평가 장소
② 평가 시기
③ 평가 내용
④ 평가 도구

해설

학업성취도 평가 결과에 영향을 미치는 요인은 평가 시기, 평가 내용, 평가 도구이며, 평가 장소는 원인에 해당하지 않는다.

5

교·강사 평가관리에 대해 **잘못** 설명한 것은?

① 활동이 미흡한 교·강사는 다음 과정 운영 시 배제하거나 패널티를 부여한다.
② 총괄평가에 속한다.
③ 교·강사의 지식, 기술, 태도를 평가하는 것이다.
④ 학습자의 만족도 평가, 학습관리시스템에 저장된 활동 내역 등을 평가에 활용한다.

해설

교·강사 평가는 이후 과정 운영의 개선이 목적이므로 형성평가에 해당한다.

6

다음 중 정략적인 평가 방법은?

① 포트폴리오
② 객관식 문제
③ 토론
④ 과제

해설

포트폴리오, 토론, 과제는 정성적 평가 방법이다.

7

최종 평가보고서 작성을 위해 이러닝 과정운영자에게 요구되는 능력으로 적절하지 **않은** 것은?

① LMS를 운영하는 능력
② 성과 산출과 개선사항을 도출하는 능력
③ 보고서 작성 능력
④ 의사소통 능력

해설

LMS를 운영하는 능력은 관련 없다.

03 │ 이러닝 운영 결과관리

1 콘텐츠 운영 결과관리

학습목표
1. 콘텐츠의 학습내용이 과정 운영목표에 맞게 구성되어 있는지 확인할 수 있다.
2. 콘텐츠가 과정 운영의 목표에 맞게 개발되었는지 확인할 수 있다.
3. 콘텐츠가 과정 운영이 목표에 맞게 운영되었는지 확인할 수 있다.

(1) 콘텐츠 내용과 운영목표 비교

1) 콘텐츠 내용 적합성

- 콘텐츠 내용 적합성은 이러닝 학습을 운영하는 과정에서 활용된 학습콘텐츠의 내용에 대한 적합성을 의미함
- 일반적으로 학습콘텐츠 내용 자체의 적합성은 학습콘텐츠를 개발하는 과정에서 내용 전문가와 콘텐츠 개발자의 품질관리 절차를 통해 다루어짐
- 개발된 이후의 학습콘텐츠 내용의 적합성은 품질관리 차원의 인증과정을 통해 내용 전문가에 의해서 관리됨
  - 예 교사 연수를 위한 학점인정에 활용되는 원격교육콘텐츠의 경우, 한국교육학술정보원(KERIS)으로부터 품질인증을 받는 과정에서 학습내용에 대한 적합성 평가가 이루어짐

① 학습내용 적합성 평가의 필요성
- 학습내용 적합성 평가는 학습콘텐츠를 개발하는 과정과 개발된 이후 운영을 위해 사전품질인증을 받는 과정에서 내용 전문가에 의해 다루어짐
- 이러닝 과정을 운영하는 기관에서는 학습내용 적합성을 평가할 필요❶가 있음

→ Check **학습내용 적합성을 평가해야 하는 이유**

- 운영기관이 이러닝 과정 운영을 준비하는 단계에서 교육과정에 적합한 학습콘텐츠의 유형, 특징이 결정되고 필요한 준비가 이루어지기 때문에 학습콘텐츠의 학습내용이 운영하고자 하는 교육과정의 특성에 적합한지를 확인하기 위해서
- 학습 과정을 운영한 이후 학습내용을 수정·보완할 부분은 없는지 등의 측면에서 적합성을 평가하고 관리할 필요가 있기 때문에
- 과정을 운영하는 동안 다루어지는 학습콘텐츠의 내용을 실제 학습자가 어떻게 인식하고 받아들이는지를 확인하여 개선·보완할 필요가 있는 내용이 있다면 차후 운영을 위해 변경해야 하기 때문에

② 학습내용 적합성 평가의 기준
- 학습내용: 교육의 핵심이라 할 수 있는 '무엇을 가르칠 것인가'를 의미하는 것으로, 학습자에게 제공되는 지식, 기술, 학습자원 등의 정보를 포괄한 학습 내용물을 의미
- 학습내용은 학습자의 수준, 학습시간, 발달단계 등과 같은 학습자의 여러 특성을 고려하여 구성됨

- 학습내용의 평가기준 고려사항: 학습목표, 학습내용의 선정기준, 구성·조직, 난이도, 학습 분량, 보조학습 자료, 내용의 저작권, 윤리적 규범 등
- 학습내용에 대한 적합성을 평가하기 위한 준거

학습목표	학습목표가 명확하고 적절하게 제시되고 있는가?
학습내용 선정	학습내용이 학습자의 지식, 기술, 경험의 수준에 맞게 적합한 학습내용으로 구성되어 있는가?
학습내용 구성·조직	학습내용을 체계적이고 조직적으로 구성하여 제시하고 있는가?
학습 난이도	학습내용은 학습자의 지식수준이나 발달단계에 맞게 구성되어 있는가?
학습 분량	학습시간은 학습내용을 학습하기에 적절한 학습시간을 고려하고 있는가?
보충·심화학습 자료	보충·심화학습 자료는 학습내용의 특성과 학습자의 수준 및 특성을 고려하여 제공하고 있는가?
내용의 저작권	학습내용이나 보조자료에 대한 저작권●은 확보되어 있는가? → Check 저작권 저작자가 자기 저작물의 복제, 반영 등에 대해 독점적으로 이용할 수 있는 권리를 의미함
윤리적 규범	• 학습내용과 관련하여 윤리적인 편견은 없는가? • 특정 국가·민족·문화·인물·상품·단체·종교·지역·이념·성·계층·다문화가정 등에 대한 편향적인 내용, 윤리적 편견, 선입관이 없으며 사회적으로 문제가 될 수 있는 내용이 없는가?

2) 과정 운영목표

① 과정 운영목표의 의미
- 이러닝 학습 과정을 운영하는 기관에서 설정한 교육과정 운영을 위한 목표, 즉 교육 운영기관 차원에서 특정 교육내용에 대한 과정을 왜 운영해야 하는가에 대한 필요성을 제시하는 것을 의미함
- 교육 운영기관에서 단순히 이익 추구라는 실리를 넘어서서 특정 교육과정에서 달성해야 하는 교육목표를 제시하는 것을 의미함
- 교육기관에서 운영되는 교육과정의 내용은 과정 운영을 위한 목표에 적합한 내용으로 구성되어 있어야 하고, 운영목표의 적합성에 해당하지 않은 학습내용은 배제되어야 함을 뜻함

② 과정 운영목표의 필요성
- 교육기관에서 다루고 있는 교육내용의 방향성, 범위를 결정하는 주요한 지표의 기능을 할 수 있음
- 과정 운영목표의 적합성을 평가한다는 것은 교육기관에서 운영된 학습콘텐츠의 내용이 이러닝 운영 과정의 특성에 맞는 과정인가의 여부를 평가하는 것을 의미함
- 특정 이러닝 과정을 운영하기 전의 준비 과정에서 과정의 특성이 무엇인지가 도출되고, 이에 적합한 과정을 도입·개발하여 운영하는 것이 보편적이며 이 과정을 통해 운영하고자 하는 이러닝 과정이 결정되어 운영되지만, 운영이 종료된 시점에서 한 번 더 확인하는 의미에서 운영된 이러닝 과정이 교육기관의 운영목표에 적합한 내용으로 구성되어 있는지를 확인·평가●하는 것은 지속적인 운영을 위한 매우 의미 있는 활동이 될 수 있음

콘텐츠의 학습내용이 과정 운영목표에 적합한 구성인지 여부 확인

① 이러닝 교육 운영기관 담당자는 운영기획서에 나와 있는 내용을 확인하거나 운영기관의 홈페이지에 접속하여 운영 과정에 대한 운영목표와 학습콘텐츠의 적합성 여부를 확인하는 방법으로 교육과정의 운영목표와 학습콘텐츠의 적합성 여부를 확인함
② 적합성 여부 확인 방법

운영기획서의 과정 운영목표와 학습콘텐츠의 내용 일치 여부 확인	담당자는 이러닝 교육과정 운영기획서에 제시된 과정 운영의 목표에 해당하는 내용을 확인하여 실제 운영된 학습콘텐츠의 내용이 과정 운영목표에 부합하는지를 확인해야 함
운영기관 홈페이지의 과정 운영목표와 학습콘텐츠의 내용 일치 여부 확인	담당자는 이러닝 교육과정을 운영하는 기관의 홈페이지에 접속하여 과정 운영목표와 해당 과목의 학습콘텐츠 내용이 부합하는지를 확인해야 함

③ 교육과정 운영목표와 학습콘텐츠의 내용이 적합한 것으로 판단된 경우: 과정기획서와 운영 홈페이지에 제시된 과정 운영목표 및 학습콘텐츠의 내용이 일치하거나 다루는 내용에 별 차이가 없어 적합하다고 판단될 때는 현재의 내용을 그대로 인정하고 향후 운영 과정에서 교육과정 안내·홍보 등에 활용하면 됨
④ 교육과정 운영목표와 학습콘텐츠의 내용이 적합하지 않은 것으로 판단된 경우: 과정기획서와 운영 홈페이지에 제시된 과정 운영목표 및 학습콘텐츠의 내용이 일치하지 않거나 다루는 내용에 차이가 있어 적합하지 않다고 판단될 때는 다음 절차를 통해 수정·보완을 고려해야 함

운영기획서에 제시된 과정 운영목표와 실제 운영된 학습콘텐츠의 내용이 부합하지 않는 경우

상급자에게 보고	상급자에게 보고하고, 운영기획서의 문제인지 학습콘텐츠의 내용 구성상의 문제인지를 확인하여 해당 부분의 내용을 변경해야 함
학습콘텐츠 내용 구성상의 문제인 경우 처리	학습콘텐츠의 내용 구성상의 문제가 발생한 경우 관련 내용 전문가에게 연락하여 과정 운영의 목표에 적합한 내용으로 변경을 요청해야 함
운영기획서의 문제인 경우 처리	운영기획서의 문제가 발생한 경우 운영기관 내부 관련 팀이나 담당자들의 협의를 통해 변경하고, 운영기획서의 내용을 변경하거나 운영 홈페이지 해당 부분의 내용을 변경하도록 요청하는 등의 후속 조치를 취해야 함

운영기관 홈페이지에 제시된 과정 운영목표와 실제 운영된 학습콘텐츠의 내용이 부합하지 않는 경우

상급자에게 보고	상급자에게 보고하고, 운영 홈페이지의 문제인지 학습콘텐츠의 내용 구성상의 문제인지를 확인하여 해당 부분의 내용을 변경해야 함
학습콘텐츠 내용 구성상의 문제인 경우 처리	학습콘텐츠의 내용 구성상의 문제가 발생한 경우 관련 내용 전문가에게 연락하여 과정 운영의 목표에 적합한 내용으로 변경한 후 해당 학습콘텐츠의 내용을 변경해야 함
운영 홈페이지의 문제인 경우 처리	• 운영 홈페이지의 문제가 발생한 경우 내부 회의를 거쳐 신속하게 홈페이지의 내용을 수정해야 함 • 차기 해당 과정을 운영하기 위해 매우 시급하고 중요한 일이므로 반드시 해당 부분의 콘텐츠를 수정·재개발해야 하며, 그 후에 해당 홈페이지의 내용을 변경해야 함

(2) 콘텐츠 개발 결과

1) 콘텐츠 개발 적합성

- 학습콘텐츠의 품질은 학습목표 달성에 매우 중요므로 이러닝 운영기관은 이러닝 과정 운영에 활용되는 학습콘텐츠의 품질이 교육과정의 목표 달성에 적합하게 개발되었는지를 확인·보장해야 할 의무가 있음
- 콘텐츠 개발 적합성은 이러닝 학습을 운영하는 과정에서 활용된 학습콘텐츠의 품질이 운영기관의 교육과정 운영목표 달성에 활용될 수 있도록 구현되어 있는지를 평가하는 것을 의미함
- 일반적으로 학습콘텐츠 품질의 적합성은 학습콘텐츠를 개발하는 과정과 개발 후 인증하는 과정을 통해 다루어짐
- 학습콘텐츠의 품질은 개발하는 과정의 설계 단계에서부터 프로토타입을 거쳐 콘텐츠 요소가 개발·통합되는 각각의 공정에서 해당 작업에 대한 검토·수정을 통해 관리됨
- 콘텐츠 개발 후에는 해당 콘텐츠가 운영되기 이전에 품질관리 차원의 사전 인증과정을 거쳐서 전문가에 의해 인증 여부가 결정됨
- 인증과정을 통과한 학습콘텐츠는 운영기관에서 교육목표를 달성하기 위해 활용해도 좋을 만큼 품질이 양호함을 뜻하며, 보편적으로 이러한 과정을 통해서 전반적인 품질이 관리됨

① 학습콘텐츠 개발 적합성 평가의 필요성
- 학습콘텐츠의 품질에 대한 관리·평가는 학습콘텐츠를 개발하는 과정과 개발된 이후에 운영을 위해 사전품질인증을 받는 과정에서 해당 전문가(예 내용 전문가, 교수설계자, 개발자 등)에 의해 다루어짐
- 이러닝 과정 운영기관은 전문가 인증 이후에도 학습콘텐츠의 개발 적합성을 평가·관리할 필요❓가 있음

> **→ Check** 학습콘텐츠의 개발 적합성을 평가·관리하는 이유
>
> 이러닝 학습콘텐츠의 구성, 기능 작동 등의 품질 상태가 운영하고자 하는 교육과정의 특성에 적합한지를 확인하기 위해서: 운영기관이 운영을 준비하는 단계에서 교육과정에 적합한 학습콘텐츠의 유형, 특징이 결정되고 이에 적합한 학습콘텐츠를 도입·개발하여 운영하기 때문에
> 학습 과정을 운영한 이후에 학습콘텐츠의 기능 구성, 작동 등에 대해 보완할 부분은 없는지 등의 측면에서 적합성을 평가하고 관리하기 위해서: 과정을 운영하는 동안 다루어지는 학습콘텐츠는 단순히 내용뿐만이 아니라 기능의 구성, 작동, 인터페이스 등의 완결성에 따라 학습 과정에서 이루어지는 학습활동과 결과에 영향을 줄 수 있기 때문에
> → 이러닝 과정을 운영한 이후에 운영 과정에서 도출된 결과를 기반으로 학습콘텐츠를 개선·보완할 필요가 있다면 차후 운영을 위해 보완해야 함

② 학습콘텐츠 개발 적합성 평가의 기준
- 이러닝 운영기관의 학습콘텐츠의 개발 적합성 평가 목적: 해당 교육과정의 운영목표에 맞게 학습콘텐츠가 개발되어 있는지의 맥락에서 콘텐츠 품질을 평가하고, 이미 운영된 학습콘텐츠라면 향후 운영을 위해 수정·보완할 사항이 운영 과정에서 도출되었는지를 확인·개선하기 위함

• 학습콘텐츠 개발 적합성 평가기준의 고려사항 `1회 기출`

학습목표 달성 적합도	Q. 운영된 학습콘텐츠가 해당 과정의 학습목표 달성에 도움이 되었는가? • 이러닝 운영 과정에서 실시한 학업성취도 평가의 결과를 검토하여 학습자들의 학습 과정 목표 달성도가 어느 정도인지를 산출할 수 있음 • 산출된 학습목표 달성도를 해당 과정의 운영 결과의 하나로 보고, 해당 학습콘텐츠가 학습목표의 달성에 얼마나 도움이 되었는가를 평가하는 도구로 활용함으로써 학습콘텐츠의 개발 적합성 여부를 가늠해볼 수 있음 • 학습콘텐츠의 개발 적합성을 평가하는 척도의 하나로 활용될 수 있음
교수설계 요소의 적합성	Q. 학습자들이 이러닝 학습을 수행하는 과정에서 제공된 학습콘텐츠는 체계적인 학습활동 수행에 도움이 되도록 설계되었는가? • 학습목표 제시, 수준별 학습, 학습요소 자료, 화면 구성, 인터페이스, 교수학습 전략, 상호작용 등과 같은 학습콘텐츠의 교수설계 요소에 대한 검토가 필요함 • 학습목표는 얼마나 명확하게 제시되고 있는가, 학습자의 수준을 고려한 학습활동이 제시되었는가, 학습내용의 이해에 도움이 되는 학습요소 자료는 얼마나 다양하게 제시되었는가, 학습콘텐츠의 내용을 설명하기 위한 화면 디자인은 얼마나 명료하고 깔끔하게 구성되었는가, 사용 방법에 대한 인터페이스는 일관성 있게 제공되었는가, 학습자에게 적합한 교수학습 방법이 활용되었는가, 학습 동기를 부여하였는가, 다양한 상호작용(교수자−학습자, 학습자−학습자, 학습자−학습내용)이 고려되었는가 등과 같은 교수설계 요소에 대한 학습자들의 반응을 검토해 볼 필요가 있음 • 학습콘텐츠의 개발 적합성 여부를 확인하고 평가하는 기준의 하나로 활용될 수 있음
학습콘텐츠 사용의 용이성	Q. 학습자들이 해당 이러닝 학습콘텐츠를 사용하는 학습 과정에서 어려움은 겪지는 않았는가? • 특정 이러닝 운영 과정에서 학습자들이 해당 학습콘텐츠의 사용에 불편하거나 어려워했던 사항은 없었는지를 검토하여 학습콘텐츠 사용의 용이성을 산출할 수 있음 • 학습콘텐츠가 얼마나 쉽게 사용할 수 있도록 개발되었는가를 살펴보는 도구로 활용함으로써 해당 학습콘텐츠의 개발 적합성을 평가하는 기준의 하나로 활용될 수 있음
학습평가 요소의 적합성	Q. 학습콘텐츠에서 활용하고 있는 학습내용에 대한 평가항목과 방법은 적절한가? • 학습콘텐츠에서 다루고 있는 평가항목과 방법에 대해 학습자의 의견을 수렴할 필요가 있음 • 학습콘텐츠에서 다루고 있는 평가항목이 학습목표와 콘텐츠에서 다루고 있는 학습내용을 체계적·일관적으로 다루고 있는지, 객관적·구체적인 평가 방법을 사용하고 있는지에 대해 확인해야 함 • 학습콘텐츠의 개발 적합성 여부를 확인하고 평가하는 기준의 하나로 활용될 수 있음
학습 분량의 적합성	Q. 학습콘텐츠의 전체적인 학습시간은 학습에 요구되는 학습시간을 충족하고 있는가? • 이러닝 과정 운영에 사용된 학습콘텐츠의 학습시간(러닝타임)을 확인해 볼 필요가 있음 • 일반적으로 동영상 학습콘텐츠의 경우 1학점당 학습시간(러닝타임)이 최소한 25분 이상으로 구성되어야 함 • 학습 과정에서 운영된 이러닝 학습콘텐츠의 학습 분량에 대한 적합성 여부를 확인할 수 있고, 이는 해당 학습콘텐츠의 개발 적합성을 평가하는 준거의 하나로 활용될 수 있음

2) 학습콘텐츠 품질

① 학습콘텐츠
• 일반적으로 학습목표 달성에 적합한 학습내용과 효과적인 교수학습 전략으로 구성됨
• 교육용 콘텐츠 품질인증을 통해 개발된 콘텐츠의 품질에 대한 적합성 여부를 결정함

② 교육용 콘텐츠 품질인증
- 이러닝 제공기관, 이러닝 개발자의 자체 기준에 의해 개발된 콘텐츠가 교육적 활용이 가능한지 적부 판정을 하는 콘텐츠 품질인증으로, 이러닝에 활용되는 콘텐츠들의 현장 적용 가능성에 대한 평가라고 할 수 있음
- 교육지원용 콘텐츠와 교수학습용 콘텐츠로 구분할 수 있음

교육지원용 콘텐츠	교수−학습활동에 직접적으로 활용되지는 않지만 교육기관의 교육활동을 지원하기 위한 각종 자료, 응용 S/W 등이 해당함
교수학습용 콘텐츠	• 교수−학습활동에 직접적으로 활용 가능한 학습콘텐츠를 의미함 • 이러닝 운영 과정에서 직접적으로 활용 가능한 교수학습용 콘텐츠는 교수학습 요소인 교육목표, 교육내용, 교수학습활동, 평가 등의 요소로 구성되어 개발되는 것이 보편적임

③ 학습콘텐츠의 품질관리는 학습자의 학습 수준과 경험을 반영한 요구분석, 학습환경과 학습내용 특성을 반영한 교수설계, 최신정보와 구조화된 학습내용설계, 적절한 교수·학습 전략, 다양한 상호작용, 명확한 평가기준 등의 요소로 구성되어 평가됨

④ 이러닝 학습콘텐츠는 사용기관에 따라 평생교육기관에서 사용되는 콘텐츠, 대학교육을 위해 사용되는 콘텐츠, 기업의 직무교육 훈련을 위해 사용되는 콘텐츠, 교사들의 원격 교원연수를 위해 사용되는 콘텐츠 등 다양하게 구분하여 개발·활용될 수 있음 ❓

→ Check

교육기관 및 대상의 특성 등에 따라 이러닝 학습 과정을 운영하는 목적, 방식, 평가기준 등이 다양하게 고려됨

⑤ 학습콘텐츠의 품질평가와 관련된 요소는 이러닝 운영을 위한 콘텐츠 개발 적합성을 검토하는 과정에서 양질의 이러닝 콘텐츠에 대한 근거로 참조할 수 있음

→ Check **콘텐츠가 과정 운영의 목표에 맞게 개발되었는지 확인**

교육과정의 운영목표 확인: 이러닝 교육 운영기관 담당자는 운영기획서에 나와 있는 내용을 확인하거나 운영기관의 홈페이지에 접속하여 운영 과정에 대한 운영목표를 확인할 수 있음

운영기획서의 과정 운영목표 확인	이러닝 교육과정 운영기획서에 제시된 과정 운영의 목표에 해당하는 세부내용을 확인하여 실제 운영된 학습콘텐츠의 개발 적합성 평가에 활용할 수 있음
운영기관 홈페이지의 과정 운영목표 확인	이러닝 교육과정을 운영하는 기관의 홈페이지에 접속하여 과정 운영목표에 해당하는 세부내용을 확인하여 실제 운영된 학습콘텐츠의 개발 적합성 평가에 활용할 수 있음

학습콘텐츠의 개발 적합성 평가: 이러닝 교육 운영기관 담당자는 운영 과정에서 제공한 학습콘텐츠가 과정 운영목표에 적합하게 개발되어 있는지를 확인하기 위해 다음 사항을 검토·확인함

학습콘텐츠의 학습목표 달성 적합도 확인	• 평가 결과(학업성취도) 확인: 이러닝 운영기관에서 보유하고 있는 학습관리시스템(LMS)에 접속하여 해당 평가 결과 정보 중 학업성취도를 확인함 • 운영 준비과정에서 학습콘텐츠 개발 적합성 확인: 평가 결과 정보 중 학업성취도를 검토하여 학습자들의 학습 과정 목표 달성도를 산출함

학습콘텐츠의 교수설계 요소의 적합성 확인	• 만족도 조사 결과 확인: 이러닝 운영기관에서 보유하고 있는 학습관리시스템(LMS)에 접속하여 학습 만족도에 대한 결과를 확인함 • 교수설계 요소에 대한 반응 확인: 학습 만족도에 대한 결과 중 학습콘텐츠의 교수설계 요소에 대한 학습자들의 반응을 확인함
학습콘텐츠 사용의 용이성 확인	• 게시판 자료와 만족도 조사 결과 확인: 이러닝 운영기관에서 보유하고 있는 학습관리시스템(LMS)에 접속하여 게시판 자료와 학습자들의 만족도 평가 결과자료를 확인함 • 학습콘텐츠 사용의 용이성 확인: 학습자들이 해당 학습콘텐츠의 사용에 불편하거나 어려웠던 사항은 없었는지를 확인함
학습평가 요소의 적합성 확인	• 만족도 조사 결과 확인: 이러닝 운영기관에서 보유하고 있는 학습관리시스템(LMS)에 접속하여 학습자들의 만족도에 대한 반응 결과를 확인함 • 평가 내용 적합성 확인: 만족도 결과 중 학습콘텐츠의 평가 내용에 대한 적합성을 점검하기 위해 학습 내용을 체계적이고 일관성 있게 다루었는지 확인함 • 평가 방법 적합성 확인: 만족도 결과 중 해당 과정의 학업성취도 평가 방법에 대한 적합성을 점검하기 위해 객관적이고 구체적인 평가 방법을 사용했는지 확인함
학습 분량의 적합성 확인	• 전체적인 학습시간(러닝타임) 확인: 이러닝 운영기관에서 보유하고 있는 학습관리시스템(LMS)에 접속하여 학습자들의 전체적인 학습시간(러닝타임)을 확인함 • 학습시간의 적합성 확인: 학습콘텐츠의 학습시간(러닝타임)을 확인하여 동영상 학습콘텐츠의 경우 해당 학습콘텐츠가 1학점당 학습시간(러닝타임)이 최소한 25분 이상으로 개발되어 있는지 확인함 ❓ **→ Check** 학습콘텐츠의 학습 분량은 대학, 기업, 평생교육기관의 경우 다소 차이가 있을 수 있으므로 운영 시 관련 법·제도에 대한 사전파악 자료를 참조해야 함

교육과정 운영목표와 학습콘텐츠의 개발이 적합하지 않은 것으로 판단된 경우: 이러닝 교육 운영기관 담당자는 과정기획서와 운영 홈페이지에 제시된 과정 운영목표와 운영된 학습콘텐츠의 개발 특성이 일치하지 않은 부분이 있어 적합하지 않다고 판단될 때는 다음 요소의 수정·보완을 고려해야 함

학습콘텐츠의 학습목표 달성도가 적합하지 않은 경우	• 실제 운영된 학습콘텐츠의 학습목표 달성도가 적합하지 않은 것으로 판단된 경우에 그 원인이 무엇인지 파악하여 차기 운영을 위해 보완할 필요가 있음 • 활용 가능 방안	
	내용 전문가에게 수정 요청	해당 학습콘텐츠의 내용에 대한 검토를 관련 내용 전문가에게 요청하여 수정 가능
	학습목표의 수준 변경	• 추후 운영 과정에 참여할 학습자의 수준을 진단하여 달성 학습목표의 수준 변경 가능 • 이러닝 운영기관에서는 학습목표 달성의 적절한 예상 수준을 설정하여 운영 과정에서 달성 여부를 지속해서 관리할 필요가 있음

학습콘텐츠의 교수설계 요소가 적합하지 않은 경우	• 실제 운영된 학습콘텐츠의 교수설계 요소가 적합하지 않은 것으로 판단된 경우에 그 원인이 무엇인지 파악하여 차기 운영을 위해 보완할 필요가 있음 • 활용 가능 방안	
	만족도 조사 문항 변경	이러닝 운영 과정에서 학습콘텐츠의 교수설계 요소에 대한 학 습자의 반응 확인에 문제가 있는 경우, 만족도 조사를 하는 과 정에서 교수설계 요소에 대한 반응을 파악할 수 있도록 만족 도 조사 문항을 변경해야 함
	학습콘텐츠의 사전 인증자료 활용	• 학습콘텐츠에 대한 사전 인증자료에 대한 검토를 통해 보완 방안 강구 가능 • 학습콘텐츠의 전반적인 품질에 영향을 미칠 만큼 많은 교수 설계 요소를 변경해야 하는 경우에는 해당 학습콘텐츠의 활 용 자체에 대한 재검토가 필요할 수도 있음
학습콘텐츠 사용의 용이성이 적합하지 않은 경우	• 실제 운영된 학습콘텐츠 사용의 용이성이 적합하지 않은 것으로 판단된 경우 그 원 인이 무엇인지 파악하여 차기 운영을 위해 보완할 필요가 있음 • 활용 가능 방안	
	불편사항 확인	이러닝 운영기관에서 보유하고 있는 학습관리시스템(LMS)에 접속하여 학습콘텐츠에 대해 학습자가 불편이나 어려움을 겪 었던 사항에 대한 자료를 수집하여 확인함
	불편사항 보완	학습자가 불편이나 어려움을 겪었던 사항을 보완함
학습평가 요소가 적합하지 않은 경우	학습평가 요소가 적합하지 않을 때는 관련 내용 전문가와 상의하여 해당 내용과 방법 에 대한 보완을 요청함	
학습 분량이 적합하지 않은 경우	실제 운영된 학습콘텐츠의 학습 분량이 적합하지 않은 원인이 무엇인지 파악하여 차 기 운영을 위해 보완할 필요가 있음 ❷ → Check 학습콘텐츠의 학습 분량은 대학, 기업, 평생교육기관의 경우 다소 차이가 있을 수 있으므로 운영 시 관련 법·제도를 고려하여 해결방안을 강구해야 함	

(3) 콘텐츠 운영 결과

1) 콘텐츠 운영 적합성

- 이러닝의 학습효과를 보장하기 위해서는 학습콘텐츠의 품질과 함께 이러닝 과정 운영의 적합성이 매우 중
  요함
- 이러닝 운영기관에서는 교육과정의 목표를 달성하기 위해 이러닝 과정 운영에 활용된 학습콘텐츠가 적합
  하게 운영되었는지를 확인해야 함
- 동일한 학습콘텐츠로 학습하더라도 어떻게 학습을 지원·운영하는지 운영 프로세스에 따라 그 성과는 달
  라질 수 있음

- 이러닝 학습콘텐츠의 내용, 콘텐츠 자체의 개발 완성도 못지않게 이러닝 과정에서 학습콘텐츠의 적합한 운영은 학습성과를 극대화하기 위한 매우 중요한 요소라는 의미
- 이러닝 운영 프로세스는 이러닝을 통해 실제로 교수-학습활동이 이루어지는 과정과 이를 지원·관리하는 활동을 의미함
- 이러닝 운영 프로세스는 이러닝을 기획·준비하는 단계에서부터 이러닝 학습활동과 평가 활동을 수행한 후, 평가 결과와 운영 결과를 활용·관리하는 단계에 이르는 전반적인 과정으로 이해됨
- 이러닝 과정을 운영하는 맥락(예 초·중·고, 대학, 기업, 평생교육기관 등)에 따라 그 절차와 특성을 달리할 수 있다는 점을 숙지해야 함
- 콘텐츠 운영 적합성은 이러닝 학습을 운영하는 과정에서 활용된 학습콘텐츠가 운영기관의 교육과정 운영목표 달성에 적절하게 활용되었는가를 평가하는 것을 의미함

① 학습콘텐츠 운영 적합성 평가의 필요성
- 학습콘텐츠의 적절한 운영에 대한 평가·관리는 학습콘텐츠 내용 및 개발 품질의 적합성과 함께 이러닝 학습성과를 극대화하기 위한 주요한 관리요소
- 이러닝 과정을 운영하는 기관에서는 학습콘텐츠의 운영 적합성을 평가·관리할 필요❓가 있음

→ Check **학습콘텐츠의 운영 적합성을 평가·관리하는 이유**

- 이러닝 학습콘텐츠가 교육과정의 운영목표 달성에 적합하게 활용되었는지를 확인·관리하기 위함
  - 이러닝 운영기관에서 도입·개발하여 운영하는 교육과정에 적합한 학습콘텐츠가 실제로 이러닝 운영 프로세스상에서 목적 달성에 활용되고 있는지를 확인·관리할 필요가 있기 때문
  - 이러닝 학습콘텐츠가 운영 과정에서 적절하게 활용되지 못한다면 그 교육과정은 본래 목적한 학습성과를 달성하기 어려울 것
  - 이러닝 운영 프로세스상에서 이러닝 학습콘텐츠의 적절한 활용 여부에 대한 평가·관리는 매우 중요함
- 학습 과정을 운영한 이후에 학습콘텐츠의 활용에 대한 보완사항은 없는지 등의 측면에서 적합성을 평가·관리할 필요가 있음
  - 이러닝 운영 프로세스에서 학습콘텐츠는 단순히 학습내용을 제공하고 설명하는 매체일 뿐만 아니라 학습자가 학습활동을 유발하도록 동기를 부여하고, 학습활동과 연계하여 학습성과에 영향을 미치는 기능을 수행하므로 운영 과정에서 콘텐츠의 적합한 활용에 대한 평가·관리는 매우 중요함
  - 이러닝 과정을 운영한 이후 이러닝 운영 프로세스에서 도출된 결과를 기반으로 학습콘텐츠의 적절한 활용에 대해 개선·보완할 필요가 있다면 차후 운영을 위해 반드시 보완해야 함

② 학습콘텐츠 운영 적합성 평가의 기준
- 이러닝 운영기관의 학습콘텐츠의 운영 적합성 평가 목적: 해당 교육과정의 운영목표에 맞게 학습콘텐츠가 활용되고 있는지의 맥락에서 콘텐츠 운영에 대한 품질을 평가·관리하고, 운영 과정에서 학습콘텐츠의 적절한 활용을 위해 수정·보완할 사항이 도출되었다면 향후 운영을 위해 운영 프로세스상에서 학습콘텐츠가 적절하게 활용되도록 개선하기 위함

• 학습콘텐츠 운영 적합성 평가기준의 고려사항

운영 준비 과정에서 학습콘텐츠 오류 적합성 확인	Q. 운영하고자 하는 학습콘텐츠의 오류 여부에 대한 확인이 이루어졌는가? • 운영을 준비하는 과정 중 운영환경을 분석하는 단계에서 향후 운영 과정에서 개설할 학습콘텐츠의 오류 여부를 점검하며, 오류가 발견되었다면 수정을 요청하고 수정되었는지를 확인해야 함 • 이러닝 운영 과정에서 활용될 학습콘텐츠에 대한 가장 기본적인 운영 적합성을 평가하는 것이므로 매우 중요한 과정 • 이 단계에서 학습콘텐츠가 오탈자, 기능상의 오류를 갖고 있다면 학습 과정에서 학습자의 불만이 발생할 수 있으므로 반드시 수정하고 개선한 후 운영을 위해 학습관리시스템(LMS)에 해당 학습콘텐츠를 탑재해야 함
운영 준비 과정에서 학습콘텐츠 탑재 적합성 확인	Q. 운영하고자 하는 학습콘텐츠가 학습관리시스템(LMS)에 정상적으로 등록되었는지에 대한 확인이 이루어졌는가? • 운영을 준비하는 과정 중 교육과정을 개설하는 단계에서 운영할 학습콘텐츠의 모든 차시가 학습관리시스템(LMS)에 오류 없이 정상적으로 탑재되었는지 확인하며, 오류가 발견되었다면 수정을 요청하고 수정되었는지를 확인해야 함 • 이 단계에서 모든 차시의 학습콘텐츠가 운영할 학습관리시스템(LMS)에 올바로 탑재되지 못한다면 해당 과정의 운영은 정시에 전개될 수 없으므로 이 과정의 확인·개선은 이러닝 과정의 원활한 운영을 위해 매우 중요함
운영 과정에서 학습콘텐츠 활용 안내 적합성 확인	Q. 이러닝 운영 과정에서 학습콘텐츠의 활용 등 학습 과정에 대한 정보를 다양한 방법을 통해서 학습자들에게 적시에 정확하고 충분하게 제공하였는가? • 이러닝 과정을 체계적으로 운영하기 위해서 이러닝 과정 학습활동 지원을 위한 학습 과정 안내하기 단계에서 학습자들에게 학습 과정에 대한 정보를 안내할 때 학습콘텐츠의 특성, 활용에 대해 적절하게 안내했는지를 확인해야 함 • 학습정보를 안내하는 과정에서 학습콘텐츠의 구성·활용 등에 대한 정확한 정보가 적절하게 제공되지 못했거나 소홀하게 제공되었다면 향후 운영을 위해 개선방안을 고려해야 함
운영 평가 과정에서 학습콘텐츠 활용의 적합성 확인	Q. 학습 과정에서 학습콘텐츠 활용에 관한 불편사항 및 애로사항은 없었는가? • 이러닝 과정을 평가하는 단계에서 학습자가 학습콘텐츠에 관해 경험하고 느낀 사항을 중심으로 만족도를 평가할 기회를 제공하고, 이를 통해 학습콘텐츠 전반에 관한 불편사항, 개선사항을 수렴해야 함 • 학습콘텐츠 전반에 대한 학습자의 만족도를 파악하고 개선사항을 도출함으로써 학습콘텐츠 내용 보완에서부터 이러닝 운영 과정의 개선에 이르기까지 이러닝 학습효과 극대화를 위한 전략을 발전시킬 수 있음 • 이러닝 학습 과정에서 이러닝 학습콘텐츠 운영에 대한 적합성을 확인하는 것은 매우 중요한 운영활동

2) 이러닝 운영 프로세스

① 이러닝 학습환경에서 교수-학습을 효율적·체계적으로 수행할 수 있도록 지원·관리하는 총체적인 활동을 의미하며 기획, 준비, 실시, 관리, 유지의 과정으로 구성됨

② 수행직무의 절차를 중심으로 학습 전, 학습 중, 학습 후 영역으로 구분함

학습 전 영역	이러닝 운영을 사전에 기획·준비하는 직무가 수행됨
학습 중 영역	실제로 이러닝을 통해 교수학습 활동을 수행하고 이를 지원하는 직무가 수행됨
학습 후 영역	이러닝 학습 결과와 운영 결과를 관리·유지하는 직무가 수행됨

③ 수행직무의 특성을 기준으로 교수학습 지원 활동, 행정관리 지원 활동으로 구분함

교수학습 지원 활동	이러닝을 활용한 교수학습 활동이 수행되는 과정에서 교수자와 학습자가 최적의 교수학습 활동을 수행할 수 있도록 다양한 지원 활동을 수행하는 것을 의미함
행정관리 지원 활동	• 이러닝을 운영하는 과정에서 수행되는 제반 행정적 측면의 지원·관리 활동을 의미함 • 수강생 관리, 수료기준 및 절차 안내, 교수·튜터 관리, 학습평가 지원 및 결과관리 등이 포함됨

④ 미시적 시각에서는 교수-학습 과정 및 평가 프로세스를 의미하며, 거시적 시각에서는 개발 프로세스를 포함하는 영역으로 구분할 수 있음

미시적인 시각의 이러닝 운영 프로세스	개발된 학습콘텐츠를 사용하여 교수학습 활동을 수행하고 이를 지원하는 과정을 의미함
거시적 시각의 이러닝 운영 프로세스	이러닝 운영에 대한 기획과 학습콘텐츠의 개발 등이 포함된 보다 광의의 이러닝 운영 과정을 의미함

→ Check 콘텐츠가 과정 운영의 목표에 맞게 운영되었는지 확인

교육과정의 운영목표 확인: 이러닝 교육 운영기관 담당자는 운영기획서에 나와 있는 내용을 확인하거나 운영기관의 홈페이지에 접속하여 운영 과정에 대한 운영목표를 확인할 수 있음

운영기획서의 과정 운영목표 확인	이러닝 교육과정 운영기획서에 제시된 과정 운영의 목표에 해당하는 세부내용을 확인하여 실제 운영된 학습콘텐츠의 운영 적합성 평가에 활용할 수 있음
운영기관 홈페이지의 과정 운영목표 확인	이러닝 교육과정을 운영하는 기관의 홈페이지에 접속하여 과정 운영목표에 해당하는 세부 내용을 확인하여 실제 운영된 학습콘텐츠의 운영 적합성 평가에 활용할 수 있음

학습콘텐츠의 운영 적합성 평가: 이러닝 교육 운영기관 담당자는 운영 과정에서 학습콘텐츠가 과정 운영목표에 적합하게 운영되었는지를 확인하기 위해 다음 사항을 검토·확인함

학습콘텐츠 오류 여부 점검 확인	운영 자료 확인	운영을 준비하는 과정에서 운영하고자 하는 학습콘텐츠의 오류 여부를 확인했는지, 확인 결과 오류가 개선되었는지 등에 관한 내용을 검토하기 위해 해당 과정의 운영 자료를 확인함
	학습콘텐츠 오류 확인	운영 자료를 검토한 결과, 학습콘텐츠 오류에 대한 확인과 수정 여부를 확인할 수 있으면 확인했음을 명시하고 다음 절차를 진행함
	기타 오류 확인	• 운영 자료를 검토한 결과, 학습콘텐츠 오류에 관한 확인이나 수정 여부가 불분명한 상태에서 운영되었음이 확인된다면 향후 운영을 위해 그 시점에서 오류사항에 대해 확인을 하고 필요하다면 수정을 요청해야 함 • 오류를 수정하지 않으면 해당 과정의 추후 운영 시 학습자의 불만이 발생할 수 있음
학습콘텐츠의 탑재 여부 점검 확인	학습콘텐츠 탑재 여부 확인	• 학습콘텐츠가 학습관리시스템(LMS)에 정상적으로 등록되어 운영되었는지를 확인해야 함 • 이러닝 과정의 운영을 준비하는 과정 중 교육과정을 개설하는 단계에서 운영할 학습콘텐츠의 모든 차시가 학습관리시스템(LMS)에 오류 없이 정상적으로 탑재되었는지, 문제가 있어 콘텐츠의 탑재를 위해 프로그램을 수정했는지 등을 확인해야 함 ❷

	학습콘텐츠 탑재 여부 확인	**→ Check** 확인 단계가 없으면 향후 운영할 학습콘텐츠가 학습관리시스템에서 안정적으로 작동될 것이라는 보장을 할 수 없음
학습콘텐츠의 탑재 여부 점검 확인	학습콘텐츠 탑재 오류 확인	• 모든 차시의 학습콘텐츠가 운영할 학습관리시스템(LMS)에 올바로 탑재되 지 못한 이유를 확인함 • 만약 탑재되지 못했다면 해당 과정의 운영은 정시에 전개될 수 없으므로 향후 이러닝 과정의 원활한 운영을 위해 매우 중요한 단계
운영 과정에서 학습콘텐츠 활용 안내 점검 확인	학습콘텐츠 활용 안내 확인	• 이러닝 운영 과정에서 학습콘텐츠의 활용 등 학습 과정에 대한 정보를 다 양한 방법을 통해서 학습자들에게 적시에 정확하고 충분하게 제공하였는 지를 확인해야 함 • 이러닝 과정을 체계적으로 운영하기 위해서 학습활동 지원을 위한 학습 과 정 안내하기 단계에서 학습 과정에 대한 정보를 학습자들에게 안내할 때 학습콘텐츠의 특성, 활용에 대해 적절하게 안내했는지를 확인해야 함
	학습콘텐츠 활용 안내 개선	학습정보를 안내하는 과정에서 학습콘텐츠의 구성·활용 등에 대한 정확한 정보가 적절하게 제공되지 못했거나 소홀하게 제공되었다고 판단되면 향후 운영을 위한 개선방안을 고려해야 함
운영평가 과정에서 학습콘텐츠 활용에 대한 만족도 점검 확인	학습콘텐츠 활용 만족도 확인	• 학습 과정에서 학습콘텐츠 활용에 관한 불편사항 및 애로사항을 점검했는 지 확인함 • 이러닝 운영 과정에서 만족도 조사를 통해 학습자들이 학습콘텐츠에 관해 경험하고 느낀 사항을 중심으로 만족도를 평가할 기회를 제공하고 학습콘 텐츠 전반에 관한 불편사항, 개선사항을 수렴했는지 확인해야 함 • 확인 결과, 만족도 조사를 통해 학습콘텐츠 전반에 관한 불편사항, 개선사 항을 수렴하였다면 이를 반영하는 개선방안을 도출해야 함
	학습콘텐츠 활용 개선사항 도출	• 이러닝 운영 과정 또는 운영 후 평가과정에서 학습콘텐츠 활용에 대한 불 편사항, 개선사항이 수렴되지 않았다면 향후 운영을 위해 운영 후 시점에 서라도 반드시 확인해야 함 • 학습콘텐츠 전반에 대한 학습자들의 만족도를 파악하고 개선사항을 도출 함으로써 학습콘텐츠 내용 보완에서부터 이러닝 운영 과정의 개선에 이르 기까지 이러닝 학습효과 극대화를 위한 전략을 발전시킬 수 있음

교육과정 운영목표와 학습콘텐츠의 운영이 적합하지 않은 것으로 판단된 경우: 이러닝 교육 운영기관 담당자는
과정기획서와 운영 홈페이지에 제시된 과정 운영목표와 실제 운영된 학습콘텐츠의 운영 특성이 일치하지 않은
부분이 있어 적합하지 않다고 판단될 때는 다음 요소에 대한 수정·보완을 고려해야 함

	이러닝 운영기관에서는 학습콘텐츠 오류로 인한 문제가 발생하지 않도록 운영을 준비 하는 과정에서부터 운영이 종료될 때까지 지속해서 관리해야 함	
학습콘텐츠의 오류로 인해 운영에 문제가 발생하는 경우	내용 전문가에게 수정 요청	실제 운영된 학습콘텐츠의 오류로 인해 운영이 적합하지 않은 것으로 판단된 경우에 해당 학습콘텐츠의 내용에 대한 검토를 관련 내용 전문가에게 요청하여 수정함
	개발자에게 수정 요청	실제 운영된 학습콘텐츠의 오류로 인해 운영이 적합하지 않은 것으로 판단된 경우에 개발자에게 학습콘텐츠 오탈자 여부에서 기능의 안정화를 요청함

	학습콘텐츠 내용 검토 요청	실제 운영된 학습콘텐츠가 학습 과정을 개설하는 단계에서 운영할 학습콘텐츠의 모든 차시가 학습관리시스템(LMS)에 오류 없이 정상적으로 탑재되었는지 확인함
학습콘텐츠의 불안전한 탑재로 인해 운영에 문제가 발생하는 경우	학습콘텐츠 탑재 오류 확인	실제 운영된 학습콘텐츠에 문제가 있어 콘텐츠 탑재를 위하여 프로그램을 수정했는지 등을 확인하고 운영 과정에서 문제가 발생하지 않도록 필요한 조치를 취해야 함
학습콘텐츠 활용에 대한 안내 활동 부족으로 문제가 발생하는 경우	학습정보를 안내하는 과정에서 학습자에게 학습콘텐츠의 구성·활용 등에 대한 정확한 정보를 적절하게 제공하지 못했거나 소홀하게 제공한 경우, 이러닝 운영 과정에서 학습콘텐츠의 활용 등 학습 과정에 대한 정보를 다양한 방법을 통해서 학습자에게 적시에 정확하고 충분하게 제공해야 함	
학습콘텐츠의 만족도 부족으로 문제가 발생하는 경우	• 학습 과정에서 학습콘텐츠 활용에 관한 불편사항, 애로사항을 점검하지 못했다면 향후 운영을 위해 반드시 운영 과정에서 만족도 조사를 수행해야 함 • 학습자가 학습콘텐츠에 관해 경험하고 느낀 사항을 중심으로 만족도를 평가할 기회를 제공하고 학습콘텐츠 전반에 관한 불편사항, 개선사항을 수렴하여 개선사항을 도출해야 함	

3) 콘텐츠 운영 결과 보고서 작성

① 콘텐츠 운영 평가를 통해 운영기관은 경쟁력을 확보할 수 있으며, 지속적 투자와 수강생 유치를 통한 건전성을 확보할 수 있음

② 콘텐츠 운영 평가를 위한 결과 보고서 작성 시 각 항목별 작성 방법을 참고할 수 있음 `1회 기출`

단계	작성 항목	작성 방법
준비 단계	특성화 전략	• 운영하는 이러닝 과정이 다른 유사 과정과 비교해 볼 때 어떠한 차별점을 가졌는지 중점적으로 기술해야 하며, 적절한 근거 자료를 함께 제시해야 함 • 그동안 기관을 운영해 오면서 작성한 추진 성과와 전략을 구체적으로 기술해야 하며, 이와 관련된 증빙 자료도 함께 포함해야 함
	과정 설계 전략	• 콘텐츠의 교수설계 요소의 적합성에 대한 분석 결과는 학습콘텐츠의 개발 적합성 여부를 확인·평가하는 기준으로 활용될 수 있음 • 표준교육과정과의 적합성, 자체 개발한 교육과정의 적절성 등을 강조할 수 있도록 강의계획서를 작성할 필요가 있음
	전문인력 확보 및 운영	• 이러닝 과정 운영과 관련된 조직 구성, 인력 배치 등의 사항을 알아보기 쉽도록 도표를 이용하여 작성함 • 운영 인력에 대한 경력사항 등을 정해진 양식에 따라 구체적으로 기술함 • 운영 인력의 전문성 개발을 위해 연수 기회가 제공되는지 기술하는 것도 필요함
	전문인력 근무 조건	• 전문인력의 근무 형태에 따른 인원 및 평균 급여를 제시함 • 교·강사의 경우 수업 부담시간의 평균을 제시하여 수업 부담에 대한 적절성을 평가할 수 있도록 보고서를 작성함 • 기관에 따라 적용되는 기준이 다를 수 있으므로 관련된 내용을 확인하여 평가에 필요한 적절한 정보를 제시하도록 함

준비 단계	LMS	• 운영 중인 LMS 기능을 관리자용, 교수자용, 학습자용으로 구분하여 기재함 • LMS 기본기능 외에 특성화 전략 차원에서 구현한 기능이 잘 나타날 수 있도록 제한함 • 평가자가 LMS에 접근할 수 있도록 접속 아이디, 비밀번호 등을 함께 제시함
	인프라 구축	• 운영기관의 규모에 따라 원격교육 시설 및 설비 기준에 따라 구축된 인프라 현황을 정해진 양식에 맞추어 사양, 수량, 용량 등을 자세히 작성함 • 각 시설 및 설비에 대한 증빙 등 참고 자료를 쉽게 찾도록 하기 위해 별도의 비고란을 두어 관련 증빙 서류가 제시되어 있는지 체크하고 번호를 기입함 • 하드웨어 운영에 필요한 소프트웨어, 콘텐츠 제작과 관련된 소프트웨어 등에 대한 라이선스를 기재함
운영 단계	수강 활동 관리	• 학습자의 출석을 관리하기 위해 로그인 방식을 통해 공정한 접속을 하도록 만들 수 있음 예 공인인증서 로그인, IP 등록, Mac Address 등록 등 • 출석을 관리할 때는 차시별 접속기록을 확인하는 방법이 보편적이며, 학습자의 출석 관리를 어떻게 하는지 구체적으로 제시해 주어야 함 • 학습자들의 수업 참여를 지속해 모니터링하고, 그 결과에 따라 학습 독려를 한 결과와 독려 방법, 모니터링 주기 등을 제시함
	평가 및 성적관리	• 평가와 성적관리 부분으로 구분하여 작성함 • 평가 부분은 과정 수강 결과와 성취도를 평가하는 부분에 중점을 두어 작성함
	수강 지원	• 학습자 문의에 대한 응답처리 과정을 접수부터 처리까지 절차별로 도식화하여 제시함 • 수강 지원과 관련한 LMS의 기능을 설명하고 실제 운영되고 있는 상황을 기술함 • 문의 대응 평균시간을 제시하고, 문의 내용의 분류와 시간대별 질문 빈도 등을 제시함
	수업 방법의 다양성	• 이러닝 과정에서 이루어지고 있는 수업 형태(이러닝, 오프라인 세미나, 토론, 팀 프로젝트 등)를 기술함 • 이러닝에 포함된 콘텐츠에서 이루어지고 있는 교수학습 방법 등도 이러닝의 특성에 비추어 기술하도록 함
운영 후 단계	품질 관리 체계	• 이러닝 과정에 필요한 콘텐츠, 시스템, 운영에 관한 품질 관리 체계와 방법을 중심으로 보고서를 작성함 • 학습자의 중도 탈락률 최소화, 학습자 참여도 향상, 교육내용의 질적 향상, 구체적인 수업지도 방법, 엄정한 평가 방법의 기술 등 자체적으로 진행하고 있는 질 관리 방안을 구체적으로 기술함
	강의 평가	• 강의 평가 시점 및 방식을 기술하고, 절차에 대해 구체적으로 밝힘 • 강의 평가의 문항은 평가의 목적에 따라 영역을 구분하고, 적절한 평가 요인을 배치함 • 타당한 강의 평가 문항이 만들어졌다는 근거를 확보할 필요가 있음 • 강의 평가 결과의 활용 방식은 강의 평가 결과의 통보 시점, 방법 등을 중심으로 어떻게 과정을 개편하는 데 반영했는지 제시함
	행정 지원	• 민원 접수 및 대응 체계에 대한 지침을 구비하고 주요 발생 민원 및 수강 관련 문의에 대한 처리 방법을 중심으로 기술함 • 민원 처리 및 온라인 상담에 대한 처리 결과를 지속해 기록함 • 증명서 발급 등 사후관리와 관련된 행정 처리를 위한 온라인 시스템을 구축한 경우 이에 대해 설명하고 학습자의 만족도 수준을 기술함

2 교·강사 운영 결과관리

📁 **학습목표**

① 교·강사 활동의 평가기준을 수립할 수 있다.
② 교·강사가 평가기준에 적합하게 활동하였는지 확인할 수 있다.
③ 교·강사의 질의응답, 첨삭지도, 채점 독려, 보조자료 등록, 학습 상호작용, 학습 참여, 모사답안 여부 확인을 포함한 활동의 결과를 분석할 수 있다.
④ 교·강사의 활동에 대한 분석 결과를 피드백할 수 있다.
⑤ 교·강사 활동 평가 결과에 따라 등급을 구분하여 다음 과정 운영에 반영할 수 있다.

(1) 교·강사 활동 평가기준

① 이러닝 과정 운영기관 담당자는 운영 과정에서 교·강사가 과정의 운영목표에 적합한 교수 활동을 수행했는지를 확인·평가하기 위해 사전에 작성된 교·강사 활동 평가기준을 기반으로 평가를 수행해야 함

② 교·강사 활동 평가기준은 이러닝 과정을 운영하는 운영기관의 특성에 따라 다소 차이가 있을 수 있음 ⓘ

→ Check **운영기관별 평가기준**

기업교육기관		일반적으로 질의응답의 충실성, 첨삭지도 및 채점, 보조자료 등록, 학습 상호작용 독려 등과 같은 교·강사의 튜터링 활동내용에 대한 평가기준이 활용됨
학교 교육기관	초·중등기관	대표 사례인 사이버가정학습의 경우, 사이버 교사의 만족도를 평가하기 위한 콘텐츠 속성, 시·도교육청 지원, 콘텐츠 기능, 수업 운영, 학습지원 기능 등의 준거가 평가기준으로 활용됨
	고등교육기관	사이버대학과 같은 고등교육기관에서는 학습내용, 수업콘텐츠, 교수의 강의, 수업 운영, 강의 추천 등을 평가기준으로 활용하여 교수자의 활동을 평가함

→ 기업교육기관의 경우 주로 교·강사의 수업 운영 활동에 초점을 맞추고 있으나, 학교 교육기관의 경우 교수자의 수업 운영은 물론이고 학습콘텐츠 자체의 속성 등과 같은 요소를 파악하고 있다는 점에서 차이를 보임

③ 기업교육 기관에서 활용되는 교·강사 활동 모니터링·평가에 활용될 수 있는 평가기준의 예시 ⓘ

구분	체크포인트	가중치
질의 답변 및 과정 평가 의견	• 질의에 대한 피드백은 신속히 이루어졌는가? • 질의에 대한 답변에 성의가 있는가? • 질의에 대한 답변 내용에 전문성이 있는가? • 감점사항에 대한 적절한 피드백이 이루어졌는가? • 최신의 과제를 유지하는가?	35%
자료실 관리	• 과정 특성에 맞는 자료가 게시되었는가? • 게시된 자료의 양이 적당한가? • 학습자가 요청한 자료에 대한 피드백이 신속한가?	25%

메일 발송 관리	• 주1회 메일을 발송하였는가? • 메일의 내용에 학습촉진을 위한 전문성이 있는가? • 운영자와 학습자의 요청에 대한 피드백이 신속한가?	25%
공지등록 관리	• 입과 환영 공지가 학습 시작일에 맞게 게시되었는가? • 학습 특이사항에 대한 공지가 적절히 이루어졌는가?	15%

→ Check

교·강사는 이러닝 과정을 운영하는 과정에서 학습자의 질의응답에 대한 관리, 과제 평가 및 피드백, 학습 보조자료 게시, 학습활동에 대한 촉진활동 등을 수행하고 있으며, 교·강사의 활동에 대해 각 영역에 대한 가중치를 부여하여 평가가 이루어지고 있음을 알 수 있음

(2) 교·강사 활동 관리

1) 교·강사 활동 평가기준의 수립

이러닝 교육 운영기관 담당자는 운영기관의 특성에 맞춰 교·강사의 활동을 평가하기 위한 평가기준을 수립할 수 있음

운영기관의 특성 확인	• 이러닝 과정 운영기관의 특성에 따라 교·강사의 수행 역할에 차이가 있을 수 있으므로 운영담당자는 교·강사의 평가기준 수립 반영을 위해 본인이 속해 있는 이러닝 운영기관의 특성을 확인해야 함 • 이러닝 운영 과정이 학교교육, 기업교육, 평생교육 중 어디에 해당하는지를 확인하고 해당 기관에서 이러닝 과정 운영 시 고려해야 할 특성에 대해 확인함
운영기획서의 과정 운영목표 확인	실제 운영될 이러닝 교육과정 운영기획서에 제시된 과정 운영의 목표에 해당하는 세부내용을 확인함으로써 교·강사 수행 역할의 범위, 속성 등을 확인할 수 있음
교·강사 활동에 대한 평가기준 작성	실제 운영될 이러닝 과정에서 교·강사가 수행할 역할을 기반으로 이를 객관적으로 평가할 수 있는 평가기준을 작성함
작성된 교·강사 활동 평가기준의 검토	해당 기관에서 운영될 이러닝 과정의 교·강사 활동 평가기준 작성이 완료되면 평가기준에 대한 적합성을 확인하기 위해 관련 전문가에게 의뢰하고, 전문가로부터 작성된 평가기준의 타당성을 확인함

2) 평가기준에 적합한 교·강사 활동의 평가

이러닝 교육 운영기관 담당자는 운영 과정에서 수행된 교·강사 활동의 적절성을 확인하기 위해 이미 작성된 평가기준을 기반으로 과정 운영목표에 적합한 활동을 수행했는지의 세부내용을 다음 방법을 사용하여 검토·평가함

① 학습관리시스템(LMS)에 저장된 과정 운영정보 및 자료 확인

과정 운영정보 및 자료 확인	운영기관의 학습관리시스템(LMS)에 접속하여 교·강사의 과정 운영 활동에 대한 정보와 관련 자료를 확인함
교·강사의 세부 활동내용 확인	교·강사 활동에 대한 세부내용을 확인함 예 과정의 공지사항에 대한 등록 및 관리 내용, 질의에 대한 답변 상태·횟수·시간, 답변에 대한 학생의 반응이나 피드백에 관한 세부내용, 토론 활동에 대한 교·강사의 수행 역할에 대한 세부내용, 과제에 대한 교·강사의 첨삭 및 피드백 여부에 관한 세부내용, 학습내용 관련 참조자료의 등록 및 관리 내용, 운영자에게 요청한 교·강사의 불편사항과 이를 처리한 내용 등

② 학습자들의 학습 만족도 조사 결과 확인

과정 만족도 조사 결과 확인	과정의 운영이 완료된 이후에 운영기관의 학습관리시스템(LMS)에 접속하여 학습자가 참여하여 수행한 과정 만족도 조사 결과를 문항별로 확인함
과정 만족도 조사 결과 평가	• 운영담당자 자신의 느낌이나 생각을 위주로 평가하지 않고 교·강사 활동에 대한 학습 만족도 평가 결과를 근거로 평가함 • 교·강사의 활동을 평가하는 과정에서 학습 과정에 참여하여 경험한 실제 학습자의 반응을 통해 교·강사의 활동에 대한 평가를 수행한다는 의미가 있으므로, 학습 만족도 평가에 관한 결과의 근거 반영은 매우 중요함

③ 교·강사 활동평가 항목 입력

교·강사 활동 평가	• 운영기관의 학습관리시스템(LMS)에 접속하여 교·강사 활동에 대한 평가를 수행함 • 학습관리시스템(LMS)에 저장된 교·강사 활동 정보와 학습 만족도 조사 결과를 통한 교·강사 활동 정보의 반영은 물론, 운영 과정에서 운영자와 교·강사의 상호작용 내용에 대한 정보도 반영함
교·강사 활동 반영	• 운영 과정에서 생성·저장된 교·강사 활동에 관한 정보, 실적자료가 교·강사 평가를 위해 자동으로 반영되는 경우 이를 반영함 • 해당하는 시스템을 가진 운영기관의 경우 교·강사에 대한 평가가 더욱 신속하고 정확하게 이루어지는 특징이 있으며 향후 운영 계획을 세우는 과정에서 효과적으로 활용될 수 있음

(3) 교·강사 활동 결과

- 교·강사의 활동 결과에 대한 분석은 이러닝 운영 과정에서 교·강사가 수행한 주요 활동의 결과를 분석하는 것으로, 교·강사 활동평가 기준에서 다루었던 내용과 크게 다르지 않음
- 교·강사 활동평가 기준은 이러닝 과정을 운영하는 운영기관의 특성에 따라 다소 차이가 있으나 교·강사의 수업 운영 과정에 초점을 맞추고, 활동 결과를 분석하는 것이 보편적
- 교·강사의 활동 결과를 분석하기 위한 내용으로는 질의응답의 충실성, 첨삭지도 및 채점, 보조자료 등록, 학습 상호작용 독려, 학습 참여 독려, 모사답안 여부 확인 등이 해당할 수 있음

1) 질의응답의 충실성 분석

① 교·강사는 이러닝 학습 과정 운영 중 학습자가 제기한 학습내용 관련 질문에 대해 24시간 이내에 신속하고 정확하게 답변을 하는 것이 이상적이며, 늦어도 48시간 이내에는 답변이 제공 ❶ 되어야 함

학습 내용에 대해 궁금증을 갖고 질문한 학습자는 가능한 빠른 시간 내에 교·강사로부터 즉각적인 답변을 받기를 원하는 경우가 많기 때문

학습자가 제기한 질문에 대해 온라인 튜터가 신속하게 답변을 해주지 않거나 장시간 간격을 두고 답변을 하게 되면 질문을 제기한 학습자는 학습 과정 활동에 대한 의욕을 잃게 되고, 궁극적으로는 원하는 기간에 학습활동을 하지 못하는 사태가 발생할 수도 있음

이러닝 교·강사는 이러한 현상을 방지하고 학습자의 학습 의욕을 강화할 수 있도록 가능한 신속 정확하게 답변을 제공해야 함

② 질의에 대한 답변은 질문을 제기한 학습자 이외에 과정을 수강하는 전체 학습자에게 공유하여 도움이 될 수 있도록 질의응답 게시판에 등록하는 방법을 고려할 수 있음

③ 이러닝 과정 운영자는 교·강사의 튜터링 활동을 지속적으로 모니터링하여 교·강사가 질의응답 활동을 게을리하지 않도록 독려해야 하고, 활동에 대한 실적을 평가해야 함

④ 질의응답 활동의 평가를 위해서는 학습관리시스템(LMS)에 기록되어 있는 질의응답의 답변 내용을 활용하여 응답 시간의 적절성, 응답 횟수의 적절성, 응답 내용의 질적 적절성 및 분량 등을 평가해야 함

⑤ 학습관리시스템(LMS)에 따라서는 학습자가 교·강사의 답변 내용에 대한 만족도를 체크할 수 있는 기능을 제공하여 교·강사 활동평가 시 활용하는 경우도 있음

2) 첨삭지도 및 채점 활동 분석

① 이러닝 과정의 운영자는 이러닝 학습 과정 운영 중에 교·강사가 학습과제에 대한 첨삭지도 및 채점을 잘 수행하고 있는지를 지속적으로 모니터링하고 평가해야 함

② 학습 과정에서 제시된 학습과제에 대하여 학습자가 작성·제출한 과제리포트의 내용을 교·강사가 자신의 내용 전문성을 기반으로 검토하고, 미흡한 내용을 첨삭하는 활동과 제출된 과제물에 대한 채점을 수행하는 활동을 잘 수행하고 있는지 모니터링하고 관리할 필요가 있음

③ 모니터링·관리 활동을 통해서 교·강사의 과제 리포트 첨삭지도 및 채점 활동에 대한 역할 수행을 평가할 수 있음

④ 교·강사가 과제물에 대한 첨삭지도 및 채점을 적절하게 수행하고 있는지를 평가하기 위해 교·강사가 학습자의 과제 리포트에 대한 첨삭 내용을 제공한 횟수, 시간, 첨삭 내용, 채점 활동 내역 등을 학습관리시스템(LMS)을 통해 확인해야 함

3) 보조자료 등록 현황 분석

① 이러닝 과정의 운영자는 이러닝 학습 과정 운영 중에 교·강사가 학습 관련된 자료를 주기적으로 학습자료 게시판에 등록하고 관리하는지를 모니터링하고 그 실적을 평가해야 함

② 이러닝 학습 과정에서 온라인 튜터는 참고사이트, 사례, 학습콘텐츠의 내용을 요약한 교안, 관련 주제에 대한 보충자료, 특정 학습내용을 요약한 정리자료 등 학습주제 관련 다양한 자료를 학습자료 게시판을 활용하여 주기적으로 등록하고 학습자가 활용할 수 있도록 촉진하는 활동을 수행해야 함

③ 학습자는 이러한 학습지원 활동을 통해서 등록된 학습자료를 활용하여 더욱 심화되고 폭넓은 학습 수행에 도움을 받음

④ 운영자는 이러닝 교·강사의 활동 결과를 분석하는 과정에서 보조자료 등록 활동에 대한 실적을 확인해야 함

4) 학습 상호작용 활동 분석

① 이러닝 학습은 학습자가 제공되는 학습콘텐츠를 읽고 학습하는 것만으로는 최적의 학습성과를 달성하기 어렵기 때문에 학습 과정에서 다양한 상호작용을 중심으로 학습활동이 수행되어야 하며, 이러닝 교·강사는 이를 지원·촉진할 책임이 있음

② 운영자는 이러닝 교·강사의 역할에 대한 평가 결과를 분석하는 과정에서 교·강사의 수행 활동의 정도를 반영할 필요가 있으며, 교·강사와 학습자 사이에 전개되거나 학습자와 학습자 사이에 이루어진 상호작용 활동이 있었는지를 확인해야 함

③ 교·강사-학습자, 학습자-학습자 상호작용 활동을 위해서 교·강사가 어떠한 구실을 했는지를 학습관리시스템(LMS)에 저장된 기록, 자료를 통해 확인하고 분석 시 그 결과를 관리해야 함

> → Check **학습 상호작용을 위한 교·강사의 활동**
>
> 토론의 경우 토론 주제를 공지하고 학습자가 제시하는 토론 의견에 대한 댓글, 첨삭, 정리 등을 수행함
> 과제의 경우 과제 내용 첨삭지도, 학습자가 게시판, 커뮤니티 등에서 제시하는 의견에 대한 피드백, 요청자료 제공 등을 함
> 이 외에 이러닝 운영 과정에서 교·강사가 학습자의 다양한 상호작용을 촉진하기 위해 게시판, SNS 등을 활용하는 것도 해당함

5) 학습 참여 독려 현황 분석

① 학습 참여 현황은 교·강사가 학습 과정 중 학습자의 참여를 위해 학습활동을 촉진하거나 독려 활동을 수행하는 역할에 대한 현황을 의미함

② 촉진·독려 역할에는 학습자의 과목 공지 조회, 질의응답 게시판 참여, 토론 게시판 참여, 강의내용에 대한 출석, 동료 학습자들과 자유게시판을 통한 의견교환 등에 관한 참여 촉진 및 독려 활동 등이 해당함

③ 이러닝 과정 운영자는 학습관리시스템(LMS)에 저장된 교·강사의 학습 참여 촉진 및 독려 활동에 대한 현황 정보를 확인하고 분석 시 반영해야 함

6) 모사답안 여부 확인 활동 분석

① 교·강사는 이러닝 학습 과정에서 학습자들이 제출한 과제물에 대한 모사답안 여부를 확인하고, 모사율이 일정비율(예 70%)을 넘을 경우 교육 운영기관의 규정에 따라 학습자를 처분해야 함

② 이러닝 과정 운영자는 교·강사가 이와 같은 규정을 잘 지키고 있는지를 실제 학습자들이 제출한 과제 자료의 채점 등 처리 결과를 중심으로 확인·관리해야 함

③ 교육 운영기관의 학습관리시스템(LMS)에서 학습자가 제출한 과제물 등의 자료에 대한 모사율을 확인하는 프로그램 및 기능이 지원되어야 모사답안 여부를 확인·처리할 수 있음

학습자가 제출한 과제 파일의 내용을 상호 비교하여 모사율을 제시하는 프로그램, 인터넷 검색을 통해 모사율을 제시하는 프로그램 등을 활용함
모사율을 자동으로 체크하고 관리하는 프로그램이 지원되지 않는다면 교·강사가 직접 수행해야 하며, 이 경우 모사율을 구분하는 것은 현실적으로 어려움

(4) 활동 결과 피드백

① 이러닝 과정 운영자는 교·강사의 주요 활동을 평가하고 개선점을 도출하여 피드백을 제공함으로써 교·강사가 학습자의 학습활동을 지원하는 과정에서 튜터링 활동에 대한 전문성을 강화하고, 보다 열정적으로 이러닝 과정을 운영할 수 있도록 도움

② 현재 기업교육을 운영하는 교육기관의 경우 이러닝 운영 과정에 참여하는 대부분의 교·강사를 기업의 내부 교수요원(사내 강사요원), 온라인 튜터 자격을 갖춘 내용 전문가가 담당하고 있음

③ 이들은 본업과 비교하여 이러닝 과정 운영을 부가적인 업무, 부수적인 과제로 인식·수행하는 경향이 있으므로 학습자 학습 과정의 능동적인 모니터링, 필요한 촉진 활동 수행에 한계를 가짐 ●

질의응답, 부가자료 요청, 과제 등에 대한 질의 등 개개인 학습자의 다양한 요구에 대하여 소극적으로 역할을 수행하거나 역할을 수행하는 능력 자체가 부족할 수 있음

④ 개선을 위해서는 교·강사들이 튜터링에만 전념할 수 있도록 전문직화하는 것이 바람직하나, 처우 문제 등으로 인해 현실화하기가 어려운 실정

⑤ 그럼에도 이러닝 과정에 대한 효과를 높이기 위해서는 교·강사의 역할을 능동적으로 수행할 수 있는 여건을 마련할 필요가 있음

⑥ 현재 이러닝 운영 과정에 참여하는 교·강사의 전문성 강화를 위한 교육내용에는 과제물 채점 및 피드백과 같은 평가에 관한 내용, 학습운영시스템(LMS) 사용 방법에 대한 내용, 진도 체크 및 학습 독려 등의 학습활동 촉진에 관한 내용, 질의·응답, 토론 등의 상호작용 활동 촉진에 관한 내용 등이 있음

⑦ 교·강사가 학습자의 학습활동을 지원·촉진하는 학습 지원자로서의 역할을 원활하게 수행하도록 돕는 교육이나, 실제 수행 역할은 질의응답, 과제물 채점 및 피드백 등이 주를 이루기 때문에 이 부분을 향상할 수 있도록 튜터링 전문성 강화에 대한 교육이 더욱 발달할 필요가 있음

(5) 교·강사 등급 관리

① 이러닝 운영기관의 운영담당자는 해당 기관에서 운영하는 이러닝 과정 운영에 참여하는 교·강사들의 활동 결과를 등급화하여 구분·관리할 수 있음 ●

활동이 우수한 교·강사에게는 인센티브를 부여하고, 활동이 저조한 교·강사에게는 향후 과정을 운영할 때 불이익을 주거나 과정 운영에서 배제하는 방식의 관리가 가능함
교·강사의 활동 결과를 기반으로 하는 이러한 관리 방식은 이러닝 과정 운영의 질을 높일 수 있는 방법의 하나로 추천됨

② 일반적으로 교·강사 활동에 대한 평가 결과 등급의 구분은 학습자의 만족도 평가, 학습관리시스템(LMS)에 저장된 활동 내역에 대한 정보 등을 활용하여 수행할 수 있음
③ 교·강사 활동평가 결과를 기반으로 하는 교·강사의 등급은 A, B, C, D 등으로 산정될 수 있음
 • A등급은 매우 양질의 우수한 교·강사를 의미하며 B등급은 보통 등급의 교·강사, C등급은 활동이 미흡하거나 다소 부족한 교·강사, D등급은 교·강사로서의 활동이 불량하여 다음 과정의 운영 시에 배제해야 할 대상이 됨
 • C등급의 경우에는 교육 훈련을 통해서 양질의 교·강사로서의 역할을 수행하도록 지원하는 것이 바람직함

3 시스템 운영 결과관리

학습목표
① 시스템 운영 결과를 취합하여 운영 성과를 분석할 수 있다.
② 과정 운영에 필요한 시스템의 하드웨어 요구사항을 분석할 수 있다.
③ 과정 운영에 필요한 시스템 기능을 분석하여 개선 요구사항을 제안할 수 있다.
④ 제안된 내용의 시스템 반영 여부를 확인할 수 있다.

(1) 운영 결과 취합 [1회 기출]

이러닝 시스템 운영 결과는 이러닝 운영을 준비하는 과정, 운영하는 과정, 운영을 종료하고 분석하는 과정에서 취합된 시스템 운영 결과를 의미함

1) 운영 준비과정 지원을 위한 시스템 운영

운영환경 준비	• 학습사이트 이상 유무 분석 • 학습관리시스템(LMS) 이상 유무 분석 • 멀티미디어 기기에서의 콘텐츠 구동에 관한 이상 유무 분석 • 단위 콘텐츠 기능의 오류 유무 분석 등
교육과정 개설 준비	다음 항목을 등록했을 때의 시스템 기능 오류 분석 등 • 개강 예정인 교육과정의 특성과 세부 차시 • 과정 관련 공지사항 • 강의계획서 • 학습 관련자료

교육과정 개설 준비	• 설문을 포함한 여러 가지 사전자료 • 교육과정별 평가문항
학사일정 수립 준비	다음 활동의 수행 시 학습관리시스템(LMS) 기능에 문제가 없었는지를 확인 • 연간 학사일정을 기준으로 과정별 학사일정 수립 • 수립된 학사일정을 교·강사와 학습자에게 공지
수강신청 관리 준비	다음 기능이 학습관리시스템(LMS)에서 원활하게 지원되었는지를 확인 • 수강 승인명단에 대한 수강 승인 • 교육과정 입과 안내 • 운영 예정 과정에 대한 운영자 정보 등록 • 교·강사 지정 등록 • 학과목별 수강 변경사항에 대한 처리 등

2) 운영 실시과정 지원을 위한 시스템 운영

학사관리 기능 지원	• 학습자 관리 기능 예 과정 등록 학습자 현황 확인, 등록 학습자 정보 관리, 중복신청자 관리, 수강 학습자 명단 관리 등 • 성적처리 기능 예 평가기준에 따른 평가항목 조회, 평가비율 조회, 성적 이의신청, 최종성적 확정, 과정별 이수 학습자 성적 분석 등 • 수료 관리 기능 예 수료기준 확인, 수료자 구분, 출결 등 미수료 사유 안내, 수료증 발급, 수료 결과 신고 등
교·강사 활동 기능 지원	• 교·강사 선정 관리 기능 예 자격과 과정 운영전략에 부합되는 교·강사 선정·관리·활동 평가·교체 등 • 교·강사 활동 안내 기능 예 학사일정, 교수학습환경, 학습촉진 방법, 학습평가지침, 활동평가기준 등 • 교·강사 수행 관리 기능 예 답변 등록, 평가문항 출제, 과제 출제, 첨삭, 채점, 상호작용 활성화, 보조자료 등록 등의 독려 활동, 근태 관리 등 • 교·강사 불편사항 지원 기능 예 불편사항 조사, 해결방안 마련, 실무부서 전달 및 처리 결과 확인, 의견 및 개선 아이디어 조사 등
학습자 학습활동 기능 지원	• 학습환경 지원 기능 예 PC·모바일 등의 학습환경 확인, 특성 분석, 원격지원, 문제상황에 대한 대응방안 수립 등 • 학습 과정 안내 기능 예 학습 절차, 과제 수행 방법, 평가기준, 상호작용 방법, 자료등록 방법 등 • 학습촉진 기능 예 학습 진도 관리, 과제 및 평가 참여 독려, 상호작용 활성화 독려, 온라인 커뮤니티 활동 지원, 질의에 대한 응답 등 • 수강오류 관리 기능 예 사용상 오류, 학습진도 오류, 과제 및 성적처리 오류에 대한 해결 등
이러닝 고객 활동 기능 지원	• 고객 유형 분석 기능 예 교육기관 고객 유형 특성 분석, 학습데이터 기반 고객 유형 분류, 질의사항 기반 문제사항 분류, 관리대상자 선정 등 • 고객 채널 관리기능 예 SMS·쪽지·메일·게시판·웹진·전화·SNS 등의 채널 선정, 채널별 응대자료 작성 등 • 게시판 관리 기능 예 게시판 모니터링, 문제사항 처리, 미처리사항 담당부서 이관, FAQ 작성 등 • 고객 요구사항 지원 기능 예 핫라인 활용, 고객 요구사항 처리, 학습 과정 이외 요구사항 처리, 요구사항 실무부서 전달, 처리 결과 피드백, 요구사항 유목화 정리 등

3) 운영 완료 후 활동 지원을 위한 시스템 운영

이러닝 과정 평가관리 기능 지원	• 과정 만족도 조사 기능 예 교육과정, 운영자 지원 활동, 교·강사 지원 활동, 시스템 사용 등에 대한 학습자 만족도 등 • 학업성취도 관리 기능 예 학업성취도 확인, 원인 분석, 향상 방안 등 • 과정 평가 타당성 검토 기능 예 평가의 운영 계획서 일치 여부, 평가기준 적절성, 평가방법 적절성, 평가시기 적절성 등 • 과정 평가 결과 보고 기능 예 과정별 학업성취도 현황, 교·강사 만족도, 학습자 만족도, 만족도 분석 결과, 운영 결과 등
이러닝 과정 운영성과 관리 기능 지원	• 콘텐츠 평가관리 기능 예 학습내용 구성, 콘텐츠 개발, 콘텐츠 운영의 적절성 등 • 교·강사 평가관리 기능 예 평가기준 수립, 활동 평가, 활동 결과 분석, 분석 결과 피드백, 등급 구분 등 • 시스템 운영 결과관리 기능 예 운영 성과, 하드웨어 요구사항, 시스템 기능, 제안내용 반영 등 • 운영 활동 결과관리 기능 예 학습 전 운영 준비, 학습 중 운영 활동 수행, 학습 후 운영성과 관리 등 • 개선사항 관리 기능 예 운영성과 결과 분석, 개선사항 확인·전달·실행 여부 확인 등 • 최종 평가보고서 작성 기능 예 내용 분석, 보고서 작성, 운영기획 반영 등

(2) 추가기능 도출 및 제안

- 이러닝 시스템 운영을 위한 개선 요구사항을 제안하기 위해 이러닝 과정 운영자는 시스템 운영 결과를 취합한 운영성과를 분석한 결과를 활용해야 함
- 이러닝 성과분석은 이러닝 시스템을 운영하는 과정에서 발생한 제반 문제점을 파악하고 개선 방안을 도출할 목적으로 작성되기 때문
- 이러닝 시스템 운영을 위한 개선 요구사항은 이러닝 운영 준비과정, 운영 실시과정, 운영을 종료하고 분석하는 과정으로 구분하고, 각 과정별로 분석된 운영성과를 활용하여 개선사항을 제안할 수 있음

1) 운영 준비과정에 관한 시스템 운영 개선 요구사항 제안

① 이러닝 시스템 운영을 위한 첫 번째 개선 요구사항은 운영 준비과정에 관한 내용으로 구성되며, 시스템 운영성과 분석 결과서에서 개선사항으로 작성된 내용을 검토하여 제안함

② 운영 준비과정 시스템 운영 개선 요구사항 제안

시스템 지원 기능	지원 결과	개선사항 제안
운영환경 준비 기능		
교육과정 개설 준비 기능		
학사일정 수립 준비 기능		
수강신청 관리 준비 기능		

2) 운영 실시과정에 관한 시스템 운영 개선 요구사항 제안

① 이러닝 시스템 운영을 위한 두 번째 개선 요구사항은 운영 실시과정에 관한 내용으로 구성되며, 시스템 운영성과 분석 결과서에서 개선사항으로 작성된 내용을 검토하여 제안함

② 운영 실시과정 시스템 운영 개선 요구사항 제안

시스템 지원 기능	지원 결과	개선사항 제안
학사관리 지원 기능		
교·강사 활동 지원 기능		
학습자 학습 활동 지원 기능		
이러닝 고객 활동 지원 기능		

3) 운영 완료 후 과정에 관한 시스템 운영 개선 요구사항 제안

① 이러닝 시스템 운영을 위한 세 번째 개선 요구사항은 운영 완료 후 과정에 관한 내용으로 구성되며, 시스템 운영성과 분석 결과서에서 개선사항으로 작성된 내용을 검토하여 제안함

② 운영 완료 후 과정 시스템 운영 개선 요구사항 제안

시스템 지원 기능	지원 결과	개선사항 제안
평가관리 지원 기능		
운영성과 관리 지원 기능		

4 운영 결과관리 보고서 작성

학습목표

① 학습 시작 전 운영 준비 활동이 운영계획서에 맞게 수행되었는지 확인할 수 있다.
② 학습 진행 중 학사관리 지원이 운영계획서에 맞게 수행되었는지 확인할 수 있다.
③ 학습 진행 중 교·강사 지원이 운영계획서에 맞게 수행되었는지 확인할 수 있다.
④ 학습 진행 중 학습활동 지원이 운영계획서에 맞게 수행되었는지 확인할 수 있다.
⑤ 학습 진행 중 과정 평가관리가 운영계획서에 맞게 수행되었는지 확인할 수 있다.
⑥ 학습 종료 후 운영 성과관리가 운영계획서에 맞게 수행되었는지 확인할 수 있다.

(1) 이러닝 운영 결과관리

① 과정 운영에 필요한 콘텐츠, 교·강사, 시스템, 운영 활동의 성과를 분석하고 개선사항을 관리하여 그 결과를 최종 평가보고서 형태로 작성하는 능력을 뜻함

② 이러닝 운영 활동에 관한 결과를 관리하는 과정에서 운영 종료 후 운영 성과관리가 운영계획서에 맞게 수행되었는지를 확인하는 것은 매우 중요한 일이며, 이것을 통해 운영 결과에 대한 적절성을 분석할 때 반영할 수 있음

③ 운영 종료 후 운영 성과관리가 적절하게 수행되었는지를 검토하기 위해서는 운영 준비 활동, 학사관리 지원, 교·강사 지원, 학습활동 지원, 과정 평가관리, 운영 성과관리를 참조할 수 있음

(2) 운영 준비 활동 ⊙

- 이러닝 운영 활동에 대한 결과를 관리하는 과정에서 운영 준비 활동에 대한 지원이 운영계획서에 맞게 수행되었는지를 확인하는 것은 매우 중요한 일이며 운영 결과에 대한 적절성 분석에 반영할 수 있음
- 운영 준비 활동의 적절한 수행 여부를 검토하기 위해 참조할 사항은 다음과 같음

1) 운영환경 준비 활동의 수행 여부에 대한 고려사항

이러닝 과정 운영자는 운영계획서에 따른 운영환경 준비 활동을 점검하기 위해 다음의 내용에 대한 수행 여부를 확인해야 함

- 이러닝 서비스를 제공하는 학습 사이트를 점검하여 문제점을 해결하였는가?
- 이러닝 운영을 위한 학습관리시스템(LMS)을 점검하여 문제점을 해결하였는가?
- 이러닝 학습지원 도구의 기능을 점검하여 문제점을 해결하였는가?
- 이러닝 운영에 필요한 다양한 멀티미디어 기기에서의 콘텐츠 구동 여부를 확인하였는가?
- 교육과정별로 콘텐츠의 오류 여부를 점검하여 수정을 요청하였는가?

2) 교육과정 개설 활동의 수행 여부에 대한 고려사항

이러닝 과정 운영자는 운영계획서에 따른 교육과정 개설 활동을 점검하기 위해 다음의 내용에 대한 수행 여부를 확인해야 함

- 학습자에게 제공 예정인 교육과정의 특성을 분석하였는가?
- 학습관리시스템(LMS)에 교육과정과 세부 차시를 등록하였는가?
- 학습관리시스템(LMS)에 공지사항, 강의계획서, 학습 관련 자료, 설문, 과제, 퀴즈 등을 포함한 사전자료를 등록하였는가?
- 학습관리시스템(LMS)에 교육과정별 평가문항을 등록하였는가?

3) 학사일정 수립 활동의 수행 여부에 대한 고려사항

이러닝 과정 운영자는 운영계획서에 따른 학사일정을 수립하는 활동을 점검하기 위해 다음의 내용에 대한 수행 여부를 확인해야 함

- 연간 학사일정을 기준으로 개별 학사일정을 수립하였는가?
- 원활한 학사 진행을 위해 수립된 학사일정을 협업부서에 공지하였는가?
- 교·강사의 사전 운영 준비를 위해 수립된 학사일정을 교·강사에게 공지하였는가?
- 학습자의 사전 학습 준비를 위해 수립된 학사일정을 학습자에게 공지하였는가?
- 운영 예정인 교육과정에 대해 서식과 일정을 준수하여 관계기관에 절차에 따라 신고하였는가?

4) 수강신청 관리 활동의 수행 여부에 대한 고려사항

이러닝 과정 운영자는 운영계획서에 따른 수강신청 관리 활동을 점검하기 위해 다음의 내용에 대한 수행 여부를 확인해야 함

- 개설된 교육과정별로 수강신청 명단을 확인하고 수강 승인처리를 하였는가?
- 교육과정별로 수강 승인된 학습자를 대상으로 교육과정 입과를 안내하였는가?
- 운영 예정 과정에 대한 운영자 정보를 등록하였는가?
- 운영을 위해 개설된 교육과정에 교·강사를 지정하였는가?
- 학습과목별로 수강 변경사항에 대한 사후처리를 하였는가?

(3) 학사관리 지원❶

> → **Check** 이러닝 운영 학사관리
>
> 학습자의 정보를 확인하고 성적처리를 수행한 후 수료기준에 따라 처리할 수 있는 능력

- 이러닝 운영 활동에 대한 결과를 관리하는 과정에서 운영 진행 활동 중 학사관리에 대한 지원이 운영계획서에 맞게 수행되었는지를 확인하는 것은 매우 중요한 일이며 운영 결과에 대한 적절성 분석에 반영할 수 있음
- 운영 진행 활동 중 학사관리가 적절하게 수행되었는지를 검토하기 위해 참조할 사항은 다음과 같음

1) 학습자 정보 확인 활동의 수행 여부에 대한 고려사항

이러닝 과정 운영자는 운영계획서에 따른 학습자 정보를 확인하는 활동을 점검하기 위해 다음의 내용에 대한 수행 여부를 확인해야 함

- 과정에 등록된 학습자 현황을 확인하였는가?
- 과정에 등록된 학습자 정보를 관리하였는가?
- 중복신청을 비롯한 신청 오류 등을 학습자에게 안내하였는가?
- 과정에 등록된 학습자 명단을 감독기관에 신고하였는가?

2) 성적 처리 활동의 수행 여부에 대한 고려사항

이러닝 과정 운영자는 운영계획서에 따른 성적처리 활동을 점검하기 위해 다음의 내용에 대한 수행 여부를 확인해야 함

- 평가기준에 따른 평가항목을 확인하였는가?
- 평가항목별 평가비율을 확인하였는가?
- 학습자가 제기한 성적에 대한 이의신청 내용을 처리하였는가?
- 학습자의 최종성적 확정 여부를 확인하였는가?
- 과정을 이수한 학습자의 성적을 분석하였는가?

3) 수료 관리 활동의 수행 여부에 대한 고려사항

이러닝 과정 운영자는 운영계획서에 따른 수료 관리 활동을 점검하기 위해 다음의 내용에 대한 수행 여부를 확인해야 함

- 운영계획서에 따른 수료기준을 확인하였는가?
- 수료기준에 따라 수료자, 미수료자를 구분하였는가?
- 출결, 점수미달을 포함한 미수료 사유를 확인하여 학습자에게 안내하였는가?
- 과정을 수료한 학습자에 대하여 수료증을 발급하였는가?
- 감독기관에 수료 결과를 신고하였는가?

(4) 교·강사 지원❶

> **→ Check 이러닝 운영 교·강사 지원**
>
> 일련의 절차를 통해 교·강사를 선정하고 사전교육을 실시한 후 교·강사가 수행해야 할 활동을 안내하고 독려하며 교·강사의 각종 활동사항에 대한 개선사항을 관리할 수 있는 능력

- 이러닝 운영 활동에 대한 결과를 관리하는 과정에서 운영 진행 활동 중 교·강사에 대한 지원이 운영계획서에 맞게 수행되었는지를 확인하는 것은 매우 중요한 일이며 운영 결과에 대한 적절성 분석에 반영할 수 있음
- 운영 진행 활동 중 교·강사에 대한 지원이 적절하게 수행되었는지를 검토하기 위해 참조할 사항은 다음과 같음

1) 교·강사 선정 관리 활동의 수행 여부에 대한 고려사항

이러닝 과정 운영자는 운영계획서에 따른 교·강사 선정 관리 활동을 점검하기 위해 다음의 내용에 대한 수행 여부를 확인해야 함

- 자격요건에 부합되는 교·강사를 선정하였는가?
- 과정 운영전략에 적합한 교·강사를 선정하였는가?
- 교·강사 활동평가를 토대로 교·강사를 변경하였는가?
- 교·강사 정보보호를 위한 절차와 정책을 수립하였는가?
- 과정별 교·강사의 활동 이력을 추적하여 활동 결과를 정리하였는가?
- 교·강사 자격심사를 위한 절차와 준거를 마련하여 이를 적용하였는가?

2) 교·강사 사전 교육활동의 수행 여부에 대한 고려사항

이러닝 과정 운영자는 운영계획서에 따른 교·강사 사전 교육활동을 점검하기 위해 다음의 내용에 대한 수행 여부를 확인해야 함

- 교·강사 교육을 위한 매뉴얼을 작성하였는가?
- 교·강사 교육에 필요한 자료를 문서로 만들어 교육에 활용하였는가?
- 교·강사 교육목표를 설정하여 이를 평가할 수 있는 준거를 수립하였는가?

3) 교·강사 활동의 안내 활동의 수행 여부에 대한 고려사항

이러닝 과정 운영자는 운영계획서에 따른 교·강사 활동을 안내하는 활동을 점검하기 위해 다음의 내용에 대한 수행 여부를 확인해야 함

- 운영계획서에 기반하여 교·강사에게 학사일정, 교수학습환경을 안내하였는가?
- 운영계획서에 기반하여 교·강사에게 학습평가지침을 안내하였는가?
- 운영계획서에 기반하여 교·강사에게 교·강사 활동평가 기준을 안내하였는가?
- 교·강사 운영매뉴얼에 기반하여 교·강사에게 학습촉진 방법을 안내하였는가?

4) 교·강사 활동의 개선 활동 수행 여부에 대한 고려사항

이러닝 과정 운영자는 운영계획서에 따른 교·강사 활동의 개선 활동을 점검하기 위해 다음의 내용에 대한 수행 여부를 확인해야 함

- 학사일정에 기반하여 과제 출제, 첨삭, 평가문항 출제, 채점 등을 독려하였는가?
- 학습자 상호작용이 활성화될 수 있도록 교·강사를 독려하였는가?
- 학습활동에 필요한 보조자료 등록을 독려하였는가?
- 운영자가 교·강사를 독려한 후 교·강사 활동의 조치 여부를 확인하고 교·강사 정보에 반영하였는가?
- 교·강사 활동과 관련된 불편사항을 조사하였는가?
- 교·강사 불편사항에 대한 해결방안을 마련하고 지원하였는가?
- 운영자가 처리 불가능한 불편사항을 실무부서에 전달하고 처리 결과를 확인하였는가?

(5) 학습활동 지원❷

> **→ Check 이러닝 운영 학습활동 지원**
>
> 학습환경을 최적화하고 수강오류를 신속하게 처리하며 학습활동이 촉진되도록 학습자를 지원하는 능력

- 이러닝 운영 활동에 대한 결과를 관리하는 과정에서 운영 진행 활동 중 학습활동에 대한 지원이 운영계획서에 맞게 수행되었는지를 확인하는 것은 매우 중요한 일이며 운영 결과에 대한 적절성 분석에 반영할 수 있음
- 운영 진행 활동 중 학습활동에 대한 지원이 적절하게 수행되었는지를 검토하기 위해 참조할 사항은 다음과 같음

1) 학습환경 지원 활동의 수행 여부에 대한 고려사항

이러닝 과정 운영자는 운영계획서에 따른 학습환경 지원 활동을 점검하기 위해 다음의 내용에 대한 수행 여부를 확인해야 함

- 수강이 가능한 PC, 모바일 학습환경을 확인하였는가?
- 학습자의 학습환경을 분석하여 학습자의 질문 및 요청사항에 대처하였는가?
- 학습자의 PC, 모바일 학습환경을 원격지원하였는가?
- 원격지원 상에서 발생하는 문제상황을 분석하여 대응 방안을 수립하였는가?

2) 학습 안내 활동의 수행 여부에 대한 고려사항

이러닝 과정 운영자는 운영계획서에 따른 학습 안내 활동을 점검하기 위해 다음의 내용에 대한 수행 여부를 확인해야 함

- 학습을 시작할 때 학습자에게 학습 절차를 안내하였는가?
- 학습에 필요한 과제 수행 방법을 학습자에게 안내하였는가?
- 학습에 필요한 평가기준을 학습자에게 안내하였는가?
- 학습에 필요한 상호작용 방법을 학습자에게 안내하였는가?
- 학습에 필요한 자료등록 방법을 학습자에게 안내하였는가?

3) 학습촉진 활동의 수행 여부에 대한 고려사항

이러닝 과정 운영자는 운영계획서에 따른 학습촉진 활동을 점검하기 위해 다음의 내용에 대한 수행 여부를 확인해야 함

- 운영계획서 일정에 따라 학습진도를 관리하였는가?
- 운영계획서 일정에 따라 과제와 평가에 참여할 수 있도록 학습자를 독려하였는가?
- 학습에 필요한 상호작용을 활성화할 수 있도록 학습자를 독려하였는가?
- 학습에 필요한 온라인 커뮤니티 활동을 지원하였는가?
- 학습 과정 중에 발생하는 학습자의 질문에 신속히 대응하였는가?
- 학습활동에 적극적으로 참여하도록 학습 동기를 부여하였는가?
- 학습자에게 학습 의욕을 고취하는 활동을 수행하였는가?
- 학습자의 학습활동 참여의 어려움을 파악하고 해결하였는가?

4) 수강오류 관리 활동의 수행 여부에 대한 고려사항

이러닝 과정 운영자는 운영계획서에 따른 수강오류 관리 활동을 점검하기 위해 다음의 내용에 대한 수행 여부를 확인해야 함

- 학습진도 오류 등 학습활동에서 발생한 각종 오류를 파악하고 이를 해결하였는가?
- 과제 또는 성적 처리상의 오류를 파악하고 이를 해결하였는가?
- 수강오류 발생 시 내용과 처리 방법을 공지사항을 통해 공지하였는가?

(6) 과정 평가관리 ⓘ

이러닝 운영 평가관리

과정 운영 종료 후 학습자 만족도와 학업성취도를 확인하고 과정 평가 결과를 보고할 수 있는 능력

- 이러닝 운영 활동에 대한 결과를 관리하는 과정에서 운영 진행 활동 중 과정 평가관리에 대한 지원이 운영계획서에 맞게 수행되었는지를 확인하는 것은 매우 중요한 일이며 운영 결과에 대한 적절성 분석에 반영할 수 있음
- 운영 진행 활동 중 과정 평가관리 활동에 대한 지원이 적절하게 수행되었는지를 검토하기 위해 참조할 사항은 다음과 같음

1) 과정 만족도 조사 활동의 수행 여부에 대한 고려사항

이러닝 과정 운영자는 운영계획서에 따른 과정 만족도 조사 활동을 점검하기 위해 다음의 내용에 대한 수행 여부를 확인해야 함

- 과정 만족도 조사에 반드시 포함되어야 할 항목을 파악하였는가?
- 과정 만족도를 파악할 수 있는 항목을 포함하여 과정 만족도 조사지를 개발하였는가?
- 학습자를 대상으로 과정 만족도 조사를 수행하였는가?
- 과정 만족도 조사 결과를 토대로 과정 만족도를 분석하였는가?

2) 학업성취도 관리 활동의 수행 여부에 대한 고려사항

이러닝 과정 운영자는 운영계획서에 따른 학업성취도 관리 활동을 점검하기 위해 다음의 내용에 대한 수행 여부를 확인해야 함

- 학습관리시스템(LMS)의 과정별 평가 결과를 근거로 학습자의 학업성취도를 확인하였는가?
- 학습자의 학업성취도 정보를 과정별로 분석하였는가?
- 유사 과정과 비교했을 때 학습자의 학업성취도가 크게 낮을 때 그 원인을 분석하였는가?
- 학습자의 학업성취도를 향상하기 위한 운영전략을 마련하였는가?

(7) 운영 성과관리 ⓘ

이러닝 운영 결과관리

과정 운영에 필요한 콘텐츠, 교·강사, 시스템, 운영 활동의 성과를 분석하고 개선사항을 관리하여 그 결과를 최종 평가보고서 형태로 작성하는 능력

- 이러닝 운영 활동에 대한 결과를 관리하는 과정에서 운영 종료 후 운영 성과관리가 운영계획서에 맞게 수행되었는지를 확인하는 것은 매우 중요한 일이며 운영 결과에 대한 적절성 분석에 반영할 수 있음
- 운영 종료 후 운영 성과관리가 적절하게 수행되었는지를 검토하기 위해 참조할 사항은 다음과 같음

1) 콘텐츠 운영 결과관리 활동의 수행 여부에 대한 고려사항

이러닝 과정 운영자는 운영계획서에 따른 콘텐츠 운영 결과를 관리하는 활동을 점검하기 위해 다음의 내용에 대한 수행 여부를 확인해야 함

- 콘텐츠의 학습 내용이 과정 운영목표에 맞게 구성되어 있는지 확인하였는가?
- 콘텐츠가 과정 운영의 목표에 맞게 개발되었는지 확인하였는가?
- 콘텐츠가 과정 운영의 목표에 맞게 운영되었는지 확인하였는가?

2) 교·강사 운영 결과관리 활동의 수행 여부에 대한 고려사항

이러닝 과정 운영자는 운영계획서에 따른 교·강사 운영 결과관리 활동을 점검하기 위해 다음의 내용에 대한 수행 여부를 확인해야 함

- 교·강사 활동의 평가기준을 수립하였는가?
- 교·강사가 평가기준에 적합하게 활동하였는지 확인하였는가?
- 교·강사의 질의응답, 첨삭지도, 채점 독려, 보조자료 등록, 학습 상호작용, 학습 참여, 모사답안 여부 확인을 포함한 활동의 결과를 분석하였는가?
- 교·강사의 활동에 대한 분석 결과를 피드백하였는가?
- 교·강사 활동 평가 결과에 따라 등급을 구분하여 다음 과정 운영에 반영하였는가?

3) 시스템 운영 결과관리 활동의 수행 여부에 대한 고려사항

이러닝 과정 운영자는 운영계획서에 따른 시스템 운영 결과관리 활동을 점검하기 위해 다음의 내용에 대한 수행 여부를 확인해야 함

- 시스템 운영 결과를 취합하여 운영 성과를 분석하였는가?
- 과정 운영에 필요한 시스템의 하드웨어 요구사항을 분석하였는가?
- 과정 운영에 필요한 시스템 기능을 분석하여 개선 요구사항을 제안하였는가?
- 제안된 내용의 시스템 반영 여부를 확인하였는가?

4) 운영 결과 관리보고서 작성 활동의 수행 여부에 대한 고려사항

이러닝 과정 운영자는 운영계획서에 따른 운영 결과 관리보고서 작성 활동을 점검하기 위해 다음의 내용에 대한 수행 여부를 확인해야 함

- 학습 시작 전 운영 준비 활동이 운영계획서에 맞게 수행되었는지 확인하였는가?
- 학습 진행 중 학사관리가 운영계획서에 맞게 수행되었는지 확인하였는가?
- 학습 진행 중 교·강사 지원이 운영계획서에 맞게 수행되었는지 확인하였는가?
- 학습 진행 중 학습활동 지원이 운영계획서에 맞게 수행되었는지 확인하였는가?
- 학습 진행 중 과정 평가관리가 운영계획서에 맞게 수행되었는지 확인하였는가?
- 학습 종료 후 운영 성과관리가 운영계획서에 맞게 수행되었는지 확인하였는가?

1

콘텐츠 개발 적합성 평가의 기준으로 볼 수 없는 것은?

① 학습평가 요소의 적합성
② 저작권 사용의 적합성
③ 학습 목표 달성 적합성
④ 학습 분량의 적합성

해설

저작권 사용은 콘텐츠 개발 적합성 평가기준에 포함되지 않는다.

2

콘텐츠 운영 결과 보고서 작성 및 평가 방법으로 적절한 것은?

① 다른 유사 과정과 비교해볼 때 어떠한 차별점을 가졌는지 중점적으로 기술한다.
② 운영 기관의 추진 성과와 전략은 배제하고 콘텐츠 자체에 집중한다.
③ 특성화 내용에 대한 논리적 타당성보다는 실현 가능성에 초점을 둔다.
④ 운영 기관 관리책임자의 의견을 다루는 것이 가장 중요하다.

해설

유사 과정과 비교했을 때 어떤 차별성이 있는지 제시하는 것이 중요하다.

3

학습자 평가 기준이 될 수 없는 것은?

① 과제 점수
② 시험 점수
③ 진도율
④ 로그인 횟수

해설

학습자 평가 기준은 진도율, 토론 참여 점수, 시험 점수, 과제 점수 등을 활용할 수 있으며 로그인 횟수는 평가 기준이 될 수 없다.

memo

이러닝운영관리사
필기편

출제예상문제

PART 01   이러닝 운영계획 수립

1

다음 중 이러닝 산업 특수분류의 대분류가 <u>아닌</u> 것은?

① 콘텐츠　　　　　② 솔루션
③ 서비스　　　　　④ 소프트웨어

2

다음 〈보기〉에서 설명하고 있는 이러닝 산업 특수분류는?

보기

전자적 수단, 정보통신 및 전파·방송기술을 활용한 학습·훈련을 제공하는 사업

① 이러닝 콘텐츠　　② 이러닝 솔루션
③ 이러닝 서비스　　④ 이러닝 하드웨어

3

이러닝에 필요한 교육 관련 정보시스템의 전부 혹은 일부를 개발, 제작, 가공, 유통하는 이해관계자의 명칭으로 옳은 것은?

① 콘텐츠 사업체　　② 솔루션 사업체
③ 서비스 사업체　　④ 이러닝 유통 사업체

4

다음 중 직업훈련 접근성을 높이고, 콘텐츠 마켓·학습관리시스템(LMS) 등을 제공하는 공공 스마트 직업훈련 플랫폼의 명칭은?

① 온국민평생배움터　② STEP
③ e-학습터　　　　④ MOOC

5

다음 〈보기〉에서 설명하는 용어로 옳은 것은?

보기

아바타(avatar)를 통해 실제 현실과 같은 사회·경제·교육·문화·과학 기술 활동을 할 수 있는 3차원 공간 플랫폼을 뜻한다.

① VR　　　　　　② 메타버스
③ AR　　　　　　④ SaaS LMS

6

다음 기술 중 분야가 <u>다른</u> 하나는?

① SaaS LMS
② 인터랙티브 e-book 기술
③ 가상현실 기반 체험형 학습기술
④ 증강현실 기반 실감형 학습기술

7

다음 〈보기〉의 빈칸에 들어갈 훈련의 형태로 옳은 것은?

| 보기 |

( )은 집체훈련, 현장 훈련 및 원격훈련 중에서 두 종류 이상의 훈련을 병행하여 실시하는 직업능력개발훈련을 뜻한다.

① 인터넷 원격훈련
② 스마트훈련
③ 혼합훈련
④ 우편 원격훈련

8

다음 중 자체 훈련시설의 요건이 <u>아닌</u> 것은?

① 인터넷 전용선 100M 이상을 갖출 것
② Help Desk 및 사이트 모니터를 갖출 것
③ 정보보안을 위해 방화벽과 보안 소프트웨어를 설치할 것
④ DBMS에 대한 동시접속 권한을 20개 이상 확보할 것

9

이러닝 콘텐츠 개발을 위한 산출물 중 설계 단계에서의 산출물이 <u>아닌</u> 것은?

① 교육과정 설계서
② 원고
③ 콘텐츠 제작물
④ 스토리보드

10

다음 〈보기〉에서 설명하고 있는 이러닝 콘텐츠 개발을 위한 산출물은?

| 보기 |

학습 내용이 개발물에 어떻게 표현되고 전개되는지 작성되어 있는 산출물

① 교육과정 설계서
② 스토리보드
③ 최종 교안
④ 테스트 보고서

11

이러닝 콘텐츠 개발에서 내용 요소 개발을 위한 인적 자원이 <u>아닌</u> 것은?

① SME
② 교수설계자
③ 작가
④ 매체 제작자

12

이러닝 콘텐츠 개발을 위한 인적 자원과 주로 사용하는 물적 자원의 연결이 <u>잘못된</u> 것은?

① 교수설계자－타블렛
② 매체 제작자－동영상 편집 소프트웨어
③ 성우－마이크
④ 웹 프로그래머－프로그래밍용 에디터

13

다음 이러닝 콘텐츠 유형 중 교수-학습 구분에 따른 유형이 아닌 것은?

① 반복학습형 ② 문제중심학습형
③ 시뮬레이션형 ④ WBI형

14

다음 〈보기〉에서 설명하는 콘텐츠 개발의 유형으로 옳은 것은?

> 보기
>
> 이 유형은 학습자 스스로가 주어진 문제 상황의 의사결정자가 되어 다각적인 검토와 분석을 통해 문제를 해결해 볼 수 있도록 하는 콘텐츠 개발 유형을 뜻한다.

① 스토리텔링형 ② 문제중심학습형
③ 시뮬레이션형 ④ 게임기반학습형

15

다음 중 일반적으로 콘텐츠 운영 서버에 탑재되는 소프트웨어 서버가 아닌 것은?

① 웹 서버(Web Server)
② 메일 서버(Mail Transfer Agent, MTA)
③ 애플리케이션 서버(Web Application Server, WAS)
④ 미디어 서버(Media Server)

16

다음 〈보기〉에서 설명하는 웹 서버의 명칭으로 옳은 것은?

> 보기
>
> 가장 대중적으로 사용되는 웹 서버로, 무료이며 자바 서블릿(Servlet) 지원, 실시간 모니터링, 자체 부하 테스트 등의 기능을 제공한다.

① 아파치(Apache)
② IIS(Internet Information Server)
③ 엔진엑스(nginx)
④ 아이플래닛(iPlanet)

17

다음 〈보기〉에서 설명하고 있는 콘텐츠 개발 이해관계자는?

> 보기
>
> 콘텐츠의 설계, 제작 책임을 맡은 중간 관리자 역할을 하는 사람으로, 교수 설계부터 매체 제작까지 콘텐츠 실제 개발과 관련된 업무를 관리해야 한다.

① 과정(콘텐츠) 기획자
② 프로젝트 리더(PL)
③ 내용 전문가(SME, Subject Matter Expert)
④ 매체 제작자

18

다음 〈보기〉의 빈칸에 들어갈 콘텐츠 개발 관련 용어로 옳은 것은?

| 보기 |

( )이란 개발과정에 대한 보완사항을 사전에 규명하고 보완하는 것을 목적으로 설계과정에서 산출된 설계서를 기반으로 실제 개발될 학습콘텐츠의 1차시 분량을 개발하는 것을 뜻한다.

① 파일럿 테스트   ② 교육과정 설계서 검토
③ 프로토타입   ④ 콘텐츠 검수

19

이러닝 개발의 범위 중 다음 〈보기〉의 빈칸에 들어갈 개발 요소는?

| 보기 |

( )은 이러닝 콘텐츠가 사용자에게 더욱 효과적으로 전달될 수 있도록 하는 데 중요한 역할을 하며, 콘텐츠의 전반적인 흐름, 학습목표, 학습내용 등을 포함한다.

① 콘텐츠 디자인   ② 콘텐츠 구성
③ 기술개발   ④ 품질관리

20

동영상 촬영 유형에 따른 스튜디오 선택의 고려요소가 아닌 것은?

① 스튜디오 크기   ② 스튜디오 배경
③ 스튜디오 촬영 장비 ④ 스튜디오 위치

21

대한민국 정부에서 주도하는 전자정부 표준프레임워크 기반의 개발이 주로 이루어지는 학습시스템의 유형은?

① 학점기관 이러닝 시스템
② 공공기관 이러닝 시스템
③ MOOC 이러닝 시스템
④ 기업교육 이러닝 시스템

22

다음 〈보기〉에서 설명하고 있는 이러닝 요소 기술의 명칭으로 옳은 것은?

| 보기 |

이 기술은 다양한 운영체제 대응이 가능하고, 플러그인이 탑재되지 않은 기기에서도 동작할 수 있다는 장점을 가지고 있다.

① HTML5   ② 증강현실 기술
③ 콘텐츠관리 기술   ④ 이벤트 처리 기술

23

Edu Graph에서 제안하는 교육 데이터 모델의 분류가 아닌 것은?

① Learning Content Data
② Learning Activity Data
③ Experience Data
④ Career Data

24

다음 〈보기〉에서 설명하는 이러닝 산업 표준의 명칭으로 옳은 것은?

보기

학습 관련 데이터 표준인 SCORM으로부터 출발하여 더욱 간단하고 유연하게 사용될 수 있도록 최소한의 일관된 어휘를 통해 데이터를 생산하고 전송할 수 있도록 한 표준을 뜻한다.

① Caliper Analytics
② Experience API
③ EDUPUB
④ IMS Common Cartridge

25

다음 중「행정기관 및 공공기관 정보시스템 구축 운영 지침」에서 규정한 사항으로 거리가 먼 것은?

① 행정기관 등의 장은 사업자에게 기술적용계획표가 포함된 제안서 및 사업수행계획서를 제출하게 하여야 한다.
② 행정기관 등의 장은 운영, 유지보수 등에 필요한 표준산출물을 지정하여 사업자에게 제출을 요구할 수 있다.
③ 사업자는 운영 및 유지보수를 수행하면서 반복적으로 수행하는 사항을 매뉴얼로 작성·관리하고, 행정기관 등의 장이 요구하는 경우 제공하여야 한다.
④ 사업자는 설계 단계 감리 수행 시 기술적용결과표를 작성하여 제출하여야 한다.

26

다음 중「행정기관 및 공공기관 정보시스템 구축 운영 지침」에 따른 사업관리 요건을 잘못 설명한 것은?

① 품질인증(GS인증) 또는 신제품인증(NEP) 제품 도입 시 중소기업자가 개발한 제품을 우선적으로 구매할 수 있도록 제안서 기술평가 기준에 평가항목으로 반영한다.
② 사전협의 대상 사업에 해당할 경우 사업계획을 수립한 후 행정안전부 장관에게 사전협의를 요청하여야 한다.
③ 추정가격 중 하드웨어의 비중이 50% 이상인 사업은 기술능력평가의 배점 한도를 90점으로 하여야 한다.
④ 정보시스템을 신·증설하는 경우 국가정보원장에게 보안성 검토를 의뢰해야 한다.

27

학습시스템 요구사항 분석 중 하드웨어 요구사항 항목이 아닌 것은?

① 서버
② 네트워크 장비
③ 보안 관련 장비
④ 데이터 관리 시스템

28

〈보기〉의 학습시스템 개발 절차를 순서대로 올바르게 나열한 것은?

보기

㉠ 개발 계획 수립   ㉡ 요구사항 정의
㉢ 데이터베이스 모델링   ㉣ 분석 작업

① ㉠-㉡-㉣-㉢
② ㉡-㉠-㉣-㉢
③ ㉡-㉣-㉢-㉠
④ ㉣-㉠-㉡-㉢

29

「정보시스템 운영관리 지침」에서 제시하는 시스템 운영 수행을 위한 10대 관리요소에 포함되지 <u>않는</u> 것은?

① 구성 및 변경관리   ② 운영상태관리
③ 보안관리   ④ 네트워크관리

30

학습시스템 운영 시 리스크 관리를 위해 장애 등급을 측정해야 한다. 〈보기〉에서 장애등급 측정 절차를 순서대로 올바르게 나열한 것은?

┌─ 보기 ─────────────────
│ ㉠ 긴급도의 측정   ㉡ 장애의 식별
│ ㉢ 영향도의 측정   ㉣ 장애 복구
└────────────────────

① ㉡－㉢－㉠－㉣   ② ㉡－㉣－㉠－㉢
③ ㉢－㉡－㉠－㉣   ④ ㉢－㉡－㉣－㉠

31

학습시스템 요구사항 분석에서 인터뷰를 통한 요구사항 수집 방법에 대한 설명이 <u>잘못된</u> 것은?

① 개발프로젝트 참여자들과의 직접적인 대화를 통하여 정보를 수집하는 일반적인 기법이다.
② 개발된 제품이 사용될 조직 안에서의 작업 수행 과정에 대한 정보를 얻을 수 있다.
③ 사용자들에 관한 정보를 얻을 수 있다.
④ 요구사항 분석자는 시스템과 사용자 간에 상호작용 시나리오를 작성하여 시스템 요구사항을 수집해야 한다.

32

다음 〈보기〉의 밑줄친 <u>이 산출물</u>의 명칭으로 옳은 것은?

┌─ 보기 ─────────────────
│ <u>이 산출물</u>은 소프트웨어 시스템이 수행하여야 할
│ 모든 기능과 시스템에 관련된 구현상의 제약조건
│ 등의 내용이 포함된 문서를 뜻한다.
└────────────────────

① 구매 계획서   ② 제안요청서
③ 요구사항 명세서   ④ 정보요청서

33

다음 〈보기〉의 학습시스템 기능 분석을 위한 학습자 요구사항 분석의 수행 절차를 순서대로 올바르게 나열한 것은?

┌─ 보기 ─────────────────
│ ㉠ 교수학습 모형에 맞는 수업모델을 비교분석
│ ㉡ 수업모델의 사용 실태를 분석
│ ㉢ 실제 수업에 적용된 수업모델을 조사분석
│ ㉣ 교수자의 교수학습 모형을 분석
└────────────────────

① ㉡－㉢－㉠－㉣   ② ㉡－㉣－㉠－㉢
③ ㉢－㉡－㉣－㉠   ④ ㉣－㉠－㉡－㉢

34

학습시스템 기능 분석을 위한 교수자 특성 분석 방법에 대한 설명이 <u>잘못된</u> 것은?

① 교수 선호도를 조사하고 분석한다.
② 이러닝 체제 도입 요구 정도를 분석한다.
③ 교수자의 교육 형태를 분석한다.
④ 모든 교수학습 방법들을 비교 분석한다.

35

다음 중 교수학습 활동에 대한 설명으로 옳지 <u>않은</u> 것은?

① 교수학습 활동이란 교수자가 가르친 것을 학습자가 배우는 것으로 일방향적인 특성을 가진다.
② 학습이론은 학습 형상의 원인과 과정을 설명하는 것이다.
③ 교수 이론은 교육자가 어떻게 효과적으로 수업을 할 것인가에 대한 것이다.
④ 교수학습 과정은 교수 이론과 학습이론의 개념을 모두 포괄하고 있다.

36

다음 중 Glaser가 정의한 교수–학습 과정 활동이 <u>아닌</u> 것은?

① 수업목표 확정
② 출발점 행동의 진단
③ 수업의 실행
④ 평가 활동

37

운영 서비스 점검에 대한 설명으로 <u>잘못된</u> 것은?

① 이러닝 과정 운영자는 사후 점검을 통해 학습자가 강의를 이수하는 데 불편함이 없도록 해야 한다.
② 가장 많이 발생하는 문제점에는 동영상 재생 오류, 진도 체크 오류, 웹 브라우저 호환성 오류 등이 있다.
③ 이러닝 과정 운영자는 테스트용 ID를 통해 콘텐츠와 시스템 정상작동 여부를 확인해야 한다.
④ 이러닝 과정 운영자는 이러닝 과정의 교수·학습전략이 적절한지 수시로 점검해야 한다.

38

다음 중 학습관리시스템(LMS)의 훈련생 모듈과 관련된 기능 체크 항목으로 거리가 <u>먼</u> 것은?

① 수강신청
② 평가 및 결과 확인
③ 모니터링
④ 개인 이력 및 수강 이력

39

다음 중 이러닝 콘텐츠의 점검 항목이 <u>아닌</u> 것은?

① 교육 내용
② 학습환경
③ 화면 구성
④ 제작 환경

40

콘텐츠 점검에 따른 오류 발생 시의 처리 방법으로 옳지 <u>않은</u> 것은?

① 콘텐츠 오류가 학습환경의 설정 변경으로 해결할 수 있는 문제에 해당하는 경우 운영자가 학습자에게 문제해결 방법을 알려준다.
② 교육 내용에 대한 오류에 해당하는 경우에는 이러닝 콘텐츠 개발자에게 수정을 요청한다.
③ 정상적으로 제작된 콘텐츠가 사이트에 표시되지 않을 때는 시스템 개발자에게 수정을 요청한다.
④ 제작 환경에 대한 오류인 경우 이러닝 시스템 개발자에게 수정을 요청한다.

★☆☆
41

다음 〈보기〉의 빈칸에 들어갈 개념의 명칭으로 옳은 것은?

| 보기 |

교육과정을 효과적으로 운영하고, 학습의 전반적인 활동을 지원하기 위한 시스템을 (　　)라고 한다.

① LMS
② LCMS
③ 메시징 시스템
④ 개인학습지원 시스템

★★☆
42

다음 중 LCMS에 해당하는 기능이 <u>아닌</u> 것은?

① 시험문제 제작 및 관리
② 학습자 인터페이스 제공
③ 콘텐츠 전송
④ 수업(학습)관리

★★☆
43

다음 이러닝 운영지원 도구 중 학습자 기능이 <u>아닌</u> 것은?

① 학습하기
② 과제 확인
③ 권한 그룹 메뉴 관리
④ 강의실 선택

★★★
44

다음 〈보기〉의 빈칸에 들어갈 단어로 가장 적합한 것은?

| 보기 |

교육과정에 교수자와 학습자의 채팅 기능을 활용하기 위해 교수자가 시간을 할애할 수 있는지를 확인해 보았다. 이것은 운영지원 도구 활용을 위해 (　　) 차원에서 분석한 것이다.

① 수업 과정 관리　　② 시스템 자원관리
③ 모니터링 기능　　④ 학습자 중심

★★☆
45

웹 브라우저의 종류에 대해 파악하는 것은 다음 중 어떤 학습환경을 파악하는 것인가?

① 인터넷 접속환경
② 기기
③ 소프트웨어
④ 사무환경

★☆☆
46

운영자는 학습자가 원활한 이러닝 학습을 할 수 있도록 지원을 할 수 있다. 다음 중 학습자가 조치를 취해야 할 상황이 <u>아닌</u> 것은?

① 학습자가 낮은 버전의 웹 브라우저를 사용하고 있는 경우
② 학습자의 PC가 바이러스에 감염된 경우
③ 과도한 트래픽으로 동영상 재생이 안 되는 경우
④ 학습자의 학습 창이 자동으로 닫히는 경우

47

웹 사이트 접속이 되지 않을 경우에 취할 수 있는 조치로 가장 적합하지 <u>않은</u> 것은?

① 운영자 자신도 동일하게 웹 사이트에 접속되지 않는지를 확인해 본다.
② 웹 사이트 도메인이 만료되었는지 확인해 본다.
③ 트래픽 부하 여부를 확인해 본다.
④ FAQ 메뉴 등에 안내한다.

48

다음 문제 상황 중 문제의 원인이 <u>다른</u> 하나는?

① 학습자의 학습 창이 자동으로 닫히는 경우
② 학습자가 동영상 강좌를 수강할 수 없는 경우
③ 학습자의 윈도우 버전이 너무 낮은 경우
④ 트래픽이 과도하게 몰려 웹 사이트 접속이 되지 않는 경우

49

일반적으로 웹 사이트 로그인 전에 확인할 수 있는 정보가 <u>아닌</u> 것은?

① 과정명   ② 학습기간
③ 진도율   ④ 강사명

50

다음 중 과제에 대한 설명으로 옳지 <u>않은</u> 것은?

① 과제의 점수에 따라서 성적 결과가 달라질 수 있다.
② 과제 평가 후 이의신청 기능이 있어야 한다.
③ 객관적인 과제 채점을 위해서 모사답안 검증을 활용한다.
④ 성적과 관련되지 않은 과제에 대해서는 사전에 튜터링 진행자를 구성할 필요는 없다.

51

다음 중 진도율에 대하여 <u>잘못</u> 설명한 것은?

① 진도율은 전체 수강 범위 중 학습자가 어느 정도 학습을 진행했는지 계산하여 제시하는 수치이다.
② 진도율은 일반적으로 튜터가 입력을 한다.
③ 진도율은 오프라인 교육에서 출석을 부르는 것과 유사한 개념이다.
④ 진도율은 과제와 평가를 진행할 수 있는 등의 전제 조건으로 사용되는 경우가 많다.

52

다음 〈보기〉에서 설명하고 있는 상호작용의 유형은?

| 보기 |

1:1질문하기 기능, 고객센터 등을 통해 일어나는 상호작용

① 학습자 – 학습자
② 학습자 – 교·강사
③ 학습자 – 시스템/콘텐츠
④ 학습자 – 운영자

53

다음 중 웹에서 사용할 수 있는 이미지 확장자가 <u>아닌</u> 것은?

① jpg   ② gif
③ png   ④ bmp

54

자료의 종류와 해당하는 확장자가 잘못 연결된 것은?

① 이미지－jpg   ② 비디오－mp4
③ 오디오－avi   ④ 문서－docx

55

학습 참여를 독려하는 방법으로 가장 적절하지 <u>않은</u> 것은?

① 독려 횟수를 적절히 조정한다.
② 독려는 학습자의 학습을 도와주는 행위라는 마음가짐을 가진다.
③ 독려의 효율성을 위해 모두 자동화한다.
④ 독려한 후에는 학습자의 반응을 체크한다.

56

다음 〈보기〉에서 설명하는 소통 채널로 옳은 것은?

> ┤ 보기 ├
>
> 쌍방향 소통 채널의 대표적 활용 수단이며, 학습자가 많은 경우 원활하게 소통을 하기 어렵다는 단점이 있다.

① 푸시 알림   ② 전화
③ 채팅   ④ 직접 면담

57

다음 중 학습 커뮤니티에 대한 설명으로 옳지 <u>않은</u> 것은?

① 학습 커뮤니티는 배우고 가르치는 것에 관심을 두고 모인 집단을 의미한다.
② 학습 커뮤니티에서는 배우고자 하는 주제와 관련된 정보를 제공해야 한다.
③ 학습 커뮤니티를 운영할 때는 효율성을 위해 학습자를 하나의 공간에서 관리한다.
④ 학습 커뮤니티 회원들이 예측할 수 있는 활동을 정기적으로 진행한다.

58

학습 과정 중 학습자 질문에 대응하는 방법으로 가장 적합하지 <u>않은</u> 것은?

① 게시판을 활용하여 대응할 경우 FAQ 게시판에 내용을 충실하게 작성해 놓는 것이 중요하다.
② 채팅을 활용하여 대응한다는 것은 실시간으로 인력이 붙어 있어야 함을 의미한다.
③ 채팅을 활용하여 대응하기 위해서는 반드시 투자가 필요하다.
④ 이메일, 문자, 전화 등의 채널을 활용하여 대응하기 위해서는 기본적으로 운영 매뉴얼이 준비되어 있어야 한다.

59

Keller의 ARCS 이론에서 동기 부여 요소에 속하지 <u>않는</u> 것은?

① 주의집중   ② 관련성
③ 자존감   ④ 만족감

60

다음 〈보기〉는 학습 중 자주 발생하는 질문 유형 중 하나이다. 〈보기〉가 포함될 수 있는 질문 유형으로 옳은 것은?

| 보기 |

사이트 접속 시 "웹 사이트의 보안 인증서에 문제가 있습니다.", "사이트 인증서가 만료되었거나 유효하지 않습니다."라는 메시지가 뜹니다.

① 회원가입 문의사항
② 수강신청 문의사항
③ 학습 및 평가
④ 장애

61

학습전략이 적절하게 반영된 이러닝의 특징이 아닌 것은?

① 이러닝 학습전략은 교수자 중심으로 구현되어야 한다.
② 학습자가 자신의 학습에 대해 지속적으로 모니터링하고 성찰할 수 있도록 도와주어야 한다.
③ 학습자가 긍정적인 감정을 가질 수 있는 학습환경을 조성해야 한다.
④ 상호작용을 촉진해야 한다.

62

수강오류의 내용과 적절한 처리 방법에 대한 설명으로 옳지 않은 것은?

① 학습자의 수강 기기에 문제가 있는 경우에는 기기의 종류를 파악한다.
② 관리자 부문은 학습자 부문과는 별도로 작동한다.
③ 관리자 기능에서 직접 문제를 해결하는 경우에는 기존 데이터에 영향을 주는 것인지에 대한 면밀한 검토가 필요하다.
④ 웹 사이트 부문에 속하는 수강오류는 사이트 미접속, 진도체크 불량 등 사용상의 문제들이 대부분이다.

63

〈보기〉의 사용상 오류 해결 절차를 순서대로 올바르게 나열한 것은?

| 보기 |

㉠ 해결 여부 확인
㉡ 수강오류 원인 확인
㉢ 학습자 안내
㉣ 기술 지원팀에 처리 요청

① ㉠－㉡－㉣－㉢
② ㉡－㉠－㉣－㉢
③ ㉡－㉣－㉠－㉢
④ ㉣－㉠－㉡－㉢

64

다음 중 일반적으로 운영자가 직접 해결할 수 없는 경우는?

① 과제 점수
② 진도율
③ 평가 점수
④ 강제 수료 처리

★★★
65

학사관리 지원과 관련된 고려사항이 <u>아닌</u> 것은?

① 학습 안내활동 수행 여부
② 학습자 정보 확인활동 수행 여부
③ 성적처리활동 수행 여부
④ 수료 관리활동 수행 여부

★★☆
66

다음 중 학습활동 지원과 관련된 체크리스트에 속하지 <u>않는</u> 항목은?

① 운영 계획서에 기반하여 교·강사에게 학사일정, 교수학습환경을 안내하였는가?
② 학습자의 학습환경을 분석하여 학습자의 질문 및 요청사항에 대처하였는가?
③ 학습에 필요한 과제 수행 방법을 학습자에게 안내하였는가?
④ 학습에 필요한 온라인 커뮤니티 활동을 지원하였는가?

★★☆
67

다음 중 이러닝 운영의 준비 과정과 관련된 문서로 보기 <u>어려운</u> 것은?

① 과정 운영 계획서
② 운영 관계 법령
③ 교육과정별 과정 개요서
④ 학습활동 지원 현황 자료

★★☆
68

다음 중 학업성취도 평가의 결과 관리 단계에서 수행하는 활동이 <u>아닌</u> 것은?

① 모사 관리
② 평가문항 개발
③ 평가결과 검수
④ 성적 공지

★★★
69

상위집단과 하위집단의 정·오답률이 다음 〈보기〉와 같을 때 문항 변별도(D)는?

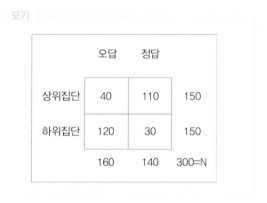

① 0.2
② 0.53
③ 0.55
④ 0.4

★★★
70

단위별 성취도 평가활동에 활용할 수 있는 평가와 세부유형이 <u>잘못</u> 연결된 것은?

① 진위형 – 군집형
② 선다형 – 불완전 문장형
③ 조합형 – 부정형
④ 완성형 – 불완전 도표형

71

다음 〈보기〉에서 설명하고 있는 개념은?

| 보기 |

이러닝 운영과 관련된 개념으로, 현재 상태와 바람직한 상태의 차이를 파악하는 것이다.

① 자료수집
② 수요조사
③ 요구분석
④ 성과분석

72

교육 수요 예측을 위한 시장 세분화의 방법과 절차에 대한 설명으로 옳지 않은 것은?

① 세분화된 시장 간 차이가 명확해야 한다.
② 다른 특성과 요구를 가진 학습자들을 찾아서 하나로 묶는다.
③ 프로그램 참여와 관련된 학습자의 행동 변수를 이용하여 시장을 세분화한다.
④ 학습자의 특성 변수를 이용하여 세분 시장 각각의 전반적인 특성을 파악한다.

73

다음 중 이러닝 운영전략 수립에 대해 <u>잘못</u> 설명한 것은?

① 이러닝 운영전략 수립은 과정 운영의 구체적인 방향과 체계적인 절차를 결정하는 중요한 요소이다.
② 운영전략 수립에서 이전 과정의 문제점과 개선 사항을 수정·보완해 나가는 피드백 활동이 중요하다.
③ 운영 결과를 분석하는 과정에서 수집되고 분석된 자료는 이러닝 사업기획을 위한 기초자료로 활용할 수 있다.
④ 사업기획 방향과 전략 수립을 위해서는 운영 결과를 통해 파악된 정량적 통계자료만 활용하면 된다.

74

운영할 교육과정의 상세 정보와 학습목표 확인에 대한 설명으로 옳지 <u>않은</u> 것은?

① 이러닝은 학습자가 교과의 학습목표를 달성하는 것을 최우선으로 하므로 과정 운영자는 교육목표 확인을 해야 한다.
② 과정 운영자는 교육과정의 특성을 분석할 때 교과 운영 계획서의 주요 내용을 확인한다.
③ 교육목표는 교육 내용의 선정, 평가 도구의 개발, 교수전략 및 교수 매체의 선정에 직접적으로 영향을 주는 요소이다.
④ 교육목표는 교육 훈련이 의도하는 방향을 일반적인 수준에서 포괄적으로 나타낸 것이다.

75

다음 중 이러닝 과정 관리 항목에 대한 설명으로 옳지 <u>않은</u> 것은?

① 이러닝 학습 운영 프로세스는 이러닝 학습 과정의 진행과 흐름에 따라 고려되어야 할 운영과 관리 측면에서의 사항들을 정리한 것이다.
② 교육과정 전 관리 항목에는 과정 홍보 관리, 과정별 코드 관리, 이수 학점 관리, 차수 관리가 있다.
③ 교육과정 중 관리 항목에는 수강신청, 강의 로그인을 위한 ID 지급이 있다.
④ 교육과정 후 관리 항목에는 수강생 수료 처리, 과정 만족도 조사, 운영 결과 보고가 있다.

76

이러닝 운영전략에 대한 주요 검토 내용으로 가장 거리가 <u>먼</u> 것은?

① 교·강사가 선정되었는지 확인한다.
② 교·강사와 학습자, 학습자와 학습자 간의 상호작용을 경험하게 하고 커뮤니케이션 기회를 제공하는지 확인한다.
③ 운영전략이 학습을 촉진하고 학습자의 참여를 높이는 요소로 구성되었는지 확인한다.
④ 학습 진도 상황에 맞는 일정 관리와 학습 독려를 제공하는지 확인한다.

77

이러닝 운영기획 시 홍보계획을 수립할 때의 고려사항으로 가장 거리가 <u>먼</u> 것은?

① 운영과정의 특성을 분석하였는가?
② 운영과정에 대한 학습자, 고객사 요구분석의 결과를 반영하였는가?
③ 홍보 목적에 적합한 자료를 제작하였는가?
④ 수료기준이 결정되었는가?

78

이러닝 학습환경 준비 시의 검토사항으로 옳지 <u>않은</u> 것은?

① 온라인 학습공간인 학습관리시스템(LMS)의 환경 설정을 점검하고 세부기능을 확인하도록 한다.
② 검토 시 이러닝 운영에 주로 사용되는 기능과 메뉴를 관리하도록 제공된 체크리스트를 활용한다.
③ 검토의 효율성을 위해 과정에 따라 필요한 부가기능을 먼저 점검하고 필수기능을 점검한다.
④ 체크리스트 항목 중 하나라도 오류가 발생하면 이러닝 운영에 문제가 발생할 수 있으므로 즉시 해결하고 운영하도록 한다.

79

이러닝 운영을 위한 학습환경 준비 검토를 위해 고용노동부 고시의 학습관리시스템(LMS)의 기능 체크리스트를 활용할 수 있다. 다음 중 훈련생 모듈 체크리스트 내용으로 옳지 <u>않은</u> 것은?

① 훈련목표, 학습평가보고서 양식, 출결관리 등에 대한 안내가 이루어지고 있는가?
② 모사답안 기준 및 모사답안 발생 시 처리기준 등이 훈련생이 충분히 인지할 수 있도록 안내되고 있는가?
③ 집체훈련(100분의 70 이하)이 포함된 경우 웹상에서 출결 및 훈련생 관리가 연동되고 있는가?
④ 훈련생의 개인정보 수집에 대한 안내를 명시하고 있는가?

80

다음 교·강사 활동내용 중 학습 진행 중의 운영활동으로 보기 <u>어려운</u> 것은?

① 학습 진행 안내
② 학습자 모니터링
③ 수료 처리
④ 학습 독려

81

운영 결과보고서의 작성에 대한 설명으로 옳지 <u>않은</u> 것은?

① 과정 운영 결과보고서는 하나의 과정에 대해서만 작성을 한다.
② 운영 결과보고서에는 운영 결과에 대한 해석 의견과 피드백을 포함하여야 한다.
③ 운영 결과보고서에 포함되는 교육기관의 의견은 전문가 관점에서 의견을 제시해야 한다.
④ 운영 결과보고서 교육 결과를 통계자료로 정리하여 작성한다.

82

다음 중 과정 만족도 조사의 대상이 <u>아닌</u> 것은?

① 학습자
② 교·강사
③ 과제 점수
④ 학습 위생

83

학업성취도 분석을 통해 학습자의 변화 정도를 파악하고자 할 때 활용할 수 있는 평가 방법은?

① 사전평가
② 사후평가
③ 사전·사후평가
④ 직후평가

84

이러닝 운영의 품질 개선을 위한 벤치마킹 방법으로 적합하지 <u>않은</u> 것은?

① 벤치마킹을 위해서는 이러닝 실패 사례를 선정한다.
② 이러닝 분야의 최신 트렌드를 주도하는 교육기관을 대상으로 선정한다.
③ 벤치마킹에 대한 방법론을 선정한다.
④ 벤치마킹의 목적과 예상되는 기대효과를 사전에 정의한다.

85

★☆☆

학업성취도 평가 도구인 과제 수행에 대한 설명으로 잘못된 것은?

① 과제 수행은 해당 과정에서 습득한 지식이나 정보를 서술형으로 작성하게 하는 도구이다.
② 단순 개념에 대한 조사를 과제 수행으로 하는 경우 모사율이 낮아질 수 있다.
③ 응용프로그램의 사용은 학업성취도 평가 결과에 영향을 준다.
④ 응용프로그램을 활용하는 과제는 학습자의 응용프로그램 사용 능력을 고려해야 한다.

86

★★☆

다음 중 학업성취도 평가 시기에 대한 설명으로 옳지 않은 것은?

① 평가 시기에 따라 발생할 수 있는 주요 문제가 학습자의 평가 불참이다.
② 수시로 평가 일정에 대해 사전 안내하고 개별적으로 확인해야 한다.
③ 학습자가 평가 시기에 부득이하게 참여가 어려운 상황이 발생할 것을 대비해 여러 일정 중에 선택할 수 있게 하는 방법을 고려할 필요가 있다.
④ 학습이 시작된 이후에도 사전·사후평가 방법을 활용할 수 있다.

87

★★☆

학업성취도 향상을 위해 이러닝 운영자는 다양한 운영전략을 마련할 수 있다. 다음 중 평가 일정 관리 지원과 관련한 운영전략에 대한 설명으로 옳지 않은 것은?

① 반드시 동시에 시험을 쳐야 하는 경우가 아니라면 시험 시기를 선택할 수 있도록 지원한다.
② 운영관리의 효율성을 위해 시험 장소는 일괄 지정한다.
③ 동일 IP 또는 인접 IP를 사용하는 경우 확인을 하고 개인을 식별할 수 있는 방법을 활용하는 등의 부정 참여를 예방한다.
④ 일과 학습을 병행하는 이러닝 과정의 경우 학습자 참여를 높이기 위해 평가에 대한 다양한 참여 방법을 지원한다.

88

★★

이러닝 과정 종료 시 작성하는 평가 결과보고서의 학습자 만족도 평가에 대한 설명으로 틀린 것은?

① 학습자 만족도 평가는 교육훈련과 관련하여 학습자에게 제공되는 모든 요소가 평가 영역이 될 수 있다.
② 과정 운영에 대한 학습자 의견 수렴 및 결과분석은 과정 운영을 위한 중요한 기초자료이다.
③ 하나의 과정이 여러 차수로 운영된 경우 연간 결과만 정리한다.
④ 학습자 만족도 평가 결과는 해당 과정별로 분석하여 과정 운영을 위한 개선사항 도출 자료로 활용한다.

89

다음 중 과정 운영 결과보고서 작성에 대한 설명으로 옳지 <u>않은</u> 것은?

① 과정 운영 결과보고서는 보고서 작성 목적에 따라 다양한 형태로 산출한다.
② 과정 운영 결과는 교육통계로써 지속해서 관리한다.
③ 일반적으로 하나의 과정에 대한 과정 운영 결과로써 수료율 현황, 설문조사 결과가 포함된다.
④ 과정 운영 결과보고서는 일관성 확보를 위해 구성요소를 통일해서 작성한다.

90

이러닝 콘텐츠 내용 적합성과 관련 평가에 대한 설명으로 <u>잘못된</u> 것은?

① 이러닝 콘텐츠 내용 적합성이란 이러닝 학습을 운영하는 과정에서 활용된 학습콘텐츠의 내용에 대한 적합성을 의미한다.
② 기업 재직자훈련을 위한 내용 적합성 평가의 예로 한국교육학술정보원(KERIS) 품질인증이 있다.
③ 일반적으로 학습콘텐츠를 개발하는 과정에서 내용 전문가와 콘텐츠 개발자의 질 관리 절차를 통해 다루어진다.
④ 개발된 이후의 학습콘텐츠 내용의 적합성은 품질관리 차원의 인증과정을 통해 내용 전문가들에 의해서 관리된다.

91

이러닝 과정 운영목표에 대한 설명으로 옳지 <u>않은</u> 것은?

① 교육과정의 내용은 과정 운영을 위한 목표를 초과 수행할 수 있는 내용으로 구성되어 있어야 한다.
② 이러닝 학습 과정을 운영하는 기관에서 설정한 교육과정 운영을 위한 목표를 의미한다.
③ 이익 추구라는 실리를 넘어서서 특정 교육과정에서 달성해야 하는 교육목표를 제시하는 것을 의미한다.
④ 교육기관에서 다루고 있는 교육 내용의 방향성과 범위를 결정하는 주요한 지표이다.

92

다음 〈보기〉의 빈칸에 들어갈 조치 방법으로 옳지 <u>않은</u> 것은?

| 보기 |

이러닝 교육 운영기관 담당자인 종완씨는 콘텐츠 학습 내용과 과정 운영목표가 다르다는 것을 확인하였다. 이때 이러닝 운영담당자로서 (   )하는 방식으로 조치하였다.

① 상급자에게 보고
② 운영기획서의 문제인지, 학습콘텐츠의 내용 구성상의 문제인지를 확인
③ 운영기획서의 문제인 경우 운영기관 내부 관련 팀이나 담당자들의 협의를 통해 변경하고, 운영 홈페이지에 해당 내용을 변경하도록 요청
④ 학습콘텐츠 내용 구성상 문제인 경우 교·강사에게 연락하여 과정 운영의 목표에 적합한 내용으로 변경한 후 해당 학습콘텐츠의 내용을 변경

93

다음 중 학습콘텐츠의 개발 적합성을 확인하는 방법으로 적절하지 않은 것은?

① 학습콘텐츠의 학습목표 달성 적합도를 확인한다.
② 교수설계 요소의 적합성을 확인한다.
③ 학습콘텐츠 활용 안내 적합성을 확인한다.
④ 학습평가 요소의 적합성을 확인한다.

94

학습콘텐츠의 학습목표 달성도가 적합하지 않은 경우의 조치 방법과 가장 거리가 먼 것은?

① 학습목표 달성도가 적합하지 않은 원인을 파악한다.
② 학습콘텐츠의 내용에 대한 검토를 관련 내용 전문가에게 요청하여 수정한다.
③ 추후 운영과정에 참여할 학습자들의 수준을 진단하여 달성 학습목표의 수준을 변경한다.
④ 학습관리시스템(LMS)에 접속하여 학습콘텐츠에 대한 학습자들의 불편사항에 대한 자료를 수집한다.

95

이러닝 콘텐츠의 운영 적합성에 대한 설명으로 옳지 않은 것은?

① 이러닝 콘텐츠 운영 적합성이 중요한 이유는 학습콘텐츠로 학습하더라도 어떻게 학습을 지원하고 운영하는가의 이러닝 운영 프로세스에 따라 그 성과가 달라질 수 있기 때문이다.
② 이러닝 콘텐츠 운영 적합성 확인은 이러닝 운영기관에서 교육과정의 목표를 달성하기 위해 이러닝 과정 운영에 활용된 학습콘텐츠가 적합하게 운영되었는지를 확인하는 것이다.
③ 이러닝 운영 적합성은 학습자들이 이러닝 학습콘텐츠를 사용하는 학습 과정에서 어려움은 겪지는 않았는가의 맥락에서 콘텐츠의 운영 품질을 평가하고 관리하는 데 목적이 있다.
④ 학습콘텐츠의 적절한 활용에 대해 개선하거나 보완할 필요가 있다면 차후 운영을 위해 반드시 보완해야 한다.

96

교·강사 활동 결과분석과 기준에 대한 설명으로 잘못된 것은?

① 교·강사의 수업 운영과정에 초점을 맞추고 활동 결과를 분석하는 것이 보편적이다.
② 학습자의 질문에 대한 교·강사의 답변은 아무리 늦어도 72시간 이내에는 제공되어야 한다.
③ 교·강사가 자신의 내용 전문성을 기반으로 검토하고, 미흡한 내용에 대해 첨삭하는 활동을 잘 수행하고 있는지 모니터링하고 관리할 필요가 있다.
④ 교·강사 활동평가 기준은 이러닝 과정을 운영하는 운영기관의 특성에 따라 다소 차이가 있을 수 있다.

97

다음 〈보기〉와 관련 있는 교·강사 활동 결과분석 내용으로 옳은 것은?

> **보기**
>
> 학습자들의 과목 공지 조회, 질의응답 게시판 참여, 토론 게시판 참여, 강의내용에 대한 출석, 동료 학습자들과 자유게시판을 통한 의견 교환 등의 현황을 평가한다.

① 학습 상호작용 독려
② 학습 참여 독려 현황 분석
③ 보조자료 등록
④ 첨삭지도 및 채점

98

교·강사 등급 관리에 대한 방법으로 옳지 <u>않은</u> 것은?

① 우수한 교·강사에 대해서는 인센티브를 부여한다.
② 활동이 저조한 교·강사에 대해서는 향후 과정을 운영할 때 불이익을 주거나 과정 운영에서 배제한다.
③ 교·강사의 활동 과정을 중심으로 한 관리 방식은 이러닝 과정 운영의 질을 높이는 데 추천할 만한 방법이다.
④ 일반적으로 평가 결과 등급 구분을 위해 학습자들의 만족도 평가와 학습관리시스템(LMS)에 저장된 활동 내역에 대한 정보를 활용한다.

99

이러닝 시스템 운영 결과 내용 중 완료 후 활동 지원에 해당하는 것은?

① 학습자 학습활동 기능 지원을 위한 시스템 운영
② 학사일정 수립 준비를 위한 시스템 운영
③ 이러닝 과정 평가관리 기능 지원을 위한 시스템 운영
④ 이러닝 고객 활동 기능 지원을 위한 시스템 운영

100

다음 중 학습자 학습활동 기능 지원을 위한 시스템 운영의 세부 내용으로 적절하지 <u>않은</u> 것은?

① 학습환경 지원 기능
② 학습과정 안내 기능
③ 학습 촉진 기능
④ 과정 만족도 조사 기능

제2회 출제예상문제

1회독 □ 2회독 □ 3회독 □

PART 01 이러닝 운영계획 수립

01

다음 중 용어와 정의의 연결이 <u>잘못된</u> 것은?

① 교사 - 가르치는 사람
② 트레이너 - 훈련을 지원하고 촉진하는 사람
③ 튜터 - 학습활동을 지원하는 사람
④ 교수설계자 - 학습콘텐츠 내용에 대한 전문적인 지식이 있는 사람

2

다음 〈보기〉에서 설명하고 있는 이러닝 산업 특수 분류는?

| 보기 |

이러닝을 위한 개발도구, 응용소프트웨어 등의 패키지 소프트웨어 개발과 이에 대한 유지·보수업 및 관련 인프라 임대업

① 이러닝 콘텐츠
② 이러닝 솔루션
③ 이러닝 서비스
④ 이러닝 하드웨어

3

이러닝에 필요한 정보와 자료를 멀티미디어 형태로 개발, 제작, 가공, 유통하는 이해관계자의 명칭으로 옳은 것은?

① 콘텐츠 사업체
② 솔루션 사업체
③ 서비스 사업체
④ 이러닝 유통 사업체

04

산업통상자원부의 제4차 이러닝 산업 발전 및 이러닝 활용 촉진 기본계획의 내용으로 옳지 <u>않은</u> 것은?

① 취약 계층, 고령층 및 교육 사각지대 학습자의 학습권 확장을 위한 콘텐츠 개발을 지원한다.
② 제작 비용이 상대적으로 높은 기술·공학 분야 등을 대상으로 공공 주도의 직업훈련 콘텐츠 공급을 확대한다.
③ 양질의 온라인 직업능력개발 서비스 제공을 위해 '공공 스마트 직업훈련 플랫폼(STEP)'을 신규 구축한다.
④ 해외 MOOC 플랫폼과 협력을 통한 글로벌 우수강좌 제공 및 강좌 활용 제고를 위한 학습지원 서비스를 지원한다.

5

다음 〈보기〉의 빈칸에 들어갈 개념으로 옳은 것은?

| 보기 |

( )은 인공지능의 연구 분야 중 하나로, 인간의 학습능력과 같은 기능을 컴퓨터에서 실현하고자 하는 기술 및 기법을 뜻한다.

① 머신러닝
② 웨어러블
③ SaaS
④ VR

6

교육 분야에서의 인공지능과 머신러닝 활용 방안에 대한 내용으로 가장 거리가 먼 것은?

① 인공지능과 머신러닝을 활용하여 교사가 채점하는 데 드는 시간을 줄여줄 수 있다.
② 인공지능과 머신러닝을 활용하여 학습자의 질문에 빠르게 답할 수 있다.
③ 인공지능과 머신러닝을 활용하여 학습자에게 몰입감을 높일 수 있다.
④ 인공지능과 머신러닝을 활용하여 교육 이외에 관리가 필요한 부분을 자동화 할 수 있다.

7

인터넷 원격훈련과 스마트훈련에 대한 훈련과정 인정요건의 설명으로 옳지 않은 것은?

① 한국기술교육대학교의 사전 심사를 거쳐 적합 판정을 받아야 한다.
② 훈련과정 분량이 4시간 이상이어야 한다.
③ 스마트훈련은 집체훈련을 포함할 경우 원격훈련 분량이 전체 훈련 시간의 100분의 30 이상이어야 한다.
④ 학습목표, 학습계획, 적합한 교수·학습활동, 학습평가 및 진도관리 등이 웹에 제시되어야 한다.

8

다음 중 학점은행제에 대한 설명으로 옳은 것은?

① 학점은행제 활용은 자격 제한 없이 누구나 할 수 있다.
② 학점은행제 인증은 평생교육진흥원에서 진행한다.
③ 평가인정 학습과목의 수강 비용은 평생교육진흥원에서 정한다.
④ 학점은행제 평가인정 학습과목은 대학 부설 평생교육원에서만 운영된다.

9

원격훈련 모니터링에 대한 설명으로 옳지 않은 것은?

① 원격훈련 모니터링은 원격훈련기관의 부정·부실훈련을 예방하고 훈련 품질을 높이는 데 목적이 있다.
② 원격훈련 모니터링의 대상은 원격훈련 운영기관과 과정, 참여자이다.
③ 원격훈련 모니터링을 통해 훈련과정 진도율, 시험 및 과제 득점 현황, 제출기간 내 응시 여부 등을 모니터링한다.
④ 원격훈련 모니터링을 위해서 원격훈련기관은 주기적인 현황보고를 해야 한다.

10

이러닝 콘텐츠 개발을 위한 다음의 산출물 중 분석단계의 산출물에 해당하는 것은?

① 요구분석서
② 교육과정 설계서
③ 콘텐츠 제작물
④ 테스트 보고서

11

이러닝 콘텐츠 개발을 위한 산출물 중 다음 〈보기〉에서 설명하는 것은?

| 보기 |

연령, 학습 능력, 선수학습 정도와 같은 학습자의 성향과 특징이 분석되어 있는 산출물

① 요구분석서
② 스토리보드
③ 콘텐츠 제작물
④ 평가보고서

12

이러닝 콘텐츠 개발을 위해 다음 〈보기〉와 같은 물적 자원을 사용하는 사람은?

| 보기 |

Adobe Premiere Pro, Power Director, 캠타시아

① 교수설계자
② 매체 제작자
③ 웹 디자이너
④ 웹 프로그래머

13

다음 이러닝 콘텐츠 유형 중 개발 형태에 따른 구분이 아닌 것은?

① 구조중심형
② 대화중심형
③ 혼합형
④ 개인교수형

14

다음 〈보기〉의 빈칸에 들어갈 콘텐츠 개발 유형은?

| 보기 |

(   )은 전통적인 교수 형태의 하나로, 여러 수준의 지식 전달 교육에 효과적인 콘텐츠 개발 유형이다.

① 개인교수형
② 토론학습형
③ 반복학습형
④ 사례제시형

15

다음 〈보기〉에서 설명하고 있는 웹 서버의 명칭으로 옳은 것은?

| 보기 |

WINDOW 전용으로 개발한 웹 서버로 검색 엔진, 스트리밍 오디오, 비디오 기능이 포함되어 있다.

① 아파치(Apache)
② IIS(Internet Information Server)
③ 엔진엑스(nginx)
④ 아이플래닛(iPlanet)

16

다음 〈보기〉의 밑줄친 이 미디어 서버의 명칭으로 옳은 것은?

| 보기 |

이 미디어 서버는 Java로 개발되었기 때문에 리눅스, 맥OS, 유닉스, 윈도우 등의 운영체제에서 동작하는 컴퓨터, 태블릿, 스마트 기기, IPTV 등으로 동영상을 전송할 수 있다.

① WMS(Windows Media Server)
② 와우자 미디어 스트리밍 서버(WOWZA Media Streaming Server)
③ IIS(Internet information server)
④ 다윈 서버(Darwin Server)

17

콘텐츠 개발 이해관계자 중 SME에 대한 설명으로 옳지 않은 것은?

① 이러닝 콘텐츠의 학습 내용을 생산하는 사람이다.
② 원고를 작성하는 역할을 한다.
③ 프로젝트를 수행하는 사람들에게는 1차 고객이다.
④ 과정 기획자, PM, 교수설계자와 지속적인 커뮤니케이션을 한다.

18

이러닝 콘텐츠 개발 절차 중 설계 단계에서 수행하는 과제가 아닌 것은?

① 학습흐름도 작성   ② 원고작성 가이드 작성
③ 스토리보드 작성   ④ 파일럿 테스트

19

이러닝 콘텐츠 개발 요소와 설명이 바르게 연결된 것은?

① 콘텐츠 제작 – 학습자의 진도와 성취도 관리를 위한 요소이다.
② 콘텐츠 디자인 – 사용자가 더 효과적으로 콘텐츠를 이해하도록 하기 위한 요소로 학습목표, 학습내용과 관련이 있다.
③ 콘텐츠 구성 – 텍스트, 이미지, 동영상, 오디오 등 다양한 형식으로 콘텐츠를 제작할 수 있음을 의미한다.
④ 품질관리 – 학습 효과와 직결되는 요소로 테스트, 검수, 문서화 등이 포함된다.

20

이러닝 시스템에 대한 설명으로 옳지 않은 것은?

① 이러닝 시스템은 교육 서비스 목적에 따라 다양한 목표 시스템의 특징을 가진다.
② 각 시스템의 특징에 맞춰진 개발기술을 선택하고 적용하는 것이 중요하다.
③ 대표적인 개발언어로는 PHP, JSP, XML, ASP 등이 있다.
④ 개발언어는 하나만 선택해서 사용해야 한다.

다음 〈보기〉의 특징을 갖는 학습시스템의 유형은?

| 보기 |

대학교, 사이버대학교, 원격 평생교육 기관 등에서 사용되는 시스템으로 정부 부서의 권고사항을 준수해야 한다.

① 학점기관 이러닝 시스템
② 공공기관 이러닝 시스템
③ MOOC 이러닝 시스템
④ 기업교육 이러닝 시스템

22

전자정부 표준프레임워크에 대한 설명으로 옳지 <u>않은</u> 것은?

① 정보시스템 개발을 위해 필요한 기능 및 아키텍처를 미리 만들어 제공하는 프레임워크이다.
② 응용 SW 표준화, 품질 및 재사용성 향상을 목표로 운영되고 있다.
③ php 기반의 정보시스템 구축에 활용할 수 있다.
④ 다양한 플랫폼 환경을 대체하기 위한 표준은 아니다.

다음 〈보기〉에서 설명하는 이러닝 요소 기술로 옳은 것은?

| 보기 |

• 높은 실재감과 몰입감으로 학습 효과가 높아 주목받고 있는 기술
• 구현을 위해서는 인식 기술, 자세 추정 기술, 콘텐츠 저작 기술이 필요함

① 가상체험 학습기술
② 증강현실 학습기술
③ 시뮬레이션 학습기술
④ 협력형 학습기술

「행정기관 및 공공기관 정보시스템 구축 운영 지침」에 따라 행정기관 등의 장은 제안요청서에 투입인력의 수와 기간에 의한 방식에 관한 요구사항을 명시할 수 없다. 다음 중 투입인력별 투입 기간을 관리할 수 있는 예외사업으로 규정되지 <u>않은</u> 것은?

① 정보시스템 감리사업
② 데이터베이스 구축사업
③ 정보시스템 구축
④ 정보시스템 구축계획 수립 컨설팅

25

「행정기관 및 공공기관 정보시스템 구축 운영 지침」에서 규정하고 있는 기술능력평가의 배점 한도를 80점으로 하는 경우가 <u>아닌</u> 것은?

① 추정가격 중 하드웨어의 비중이 50% 이상인 사업
② 추정가격이 1억 미만인 개발사업
③ 추정가격 중 상용 소프트웨어 구매 비중이 50% 이상인 사업
④ 행정기관 등의 장이 필요하다고 판단한 사업

26

학습시스템 요구사항 분석 중 소프트웨어 요구사항의 항목이 <u>아닌</u> 것은?

① 리눅스
② My-SQL
③ Apache
④ 라우터

27

다음 중 학습시스템 요구사항 분석에 대한 내용으로 옳지 <u>않은</u> 것은?

① 학습시스템은 구축에 대해 확장 기능에 대한 제안요청이 있을 수 있다.
② 확장 기능에 대한 제안요청 시 그와 관련해 어떠한 기술이 사용되어야 할지 파악하여 요구사항을 정리하여야 한다.
③ 학습시스템 개발은 소프트웨어 개발에 대한 것으로 한정된다.
④ DBMS의 경우 개발비 이상의 비용이 투입될 수 있으므로 필수로 확인해야 한다.

28

학습시스템의 기본 기능에 대한 설명이 <u>잘못된</u> 것은?

① 학습관리시스템은 온라인 학습환경에서의 교수-학습을 효율적이고 체계적으로 준비, 실시, 관리할 수 있도록 지원해 주는 시스템이다.
② 학습콘텐츠 관리시스템은 학습콘텐츠의 제작, 재사용, 전달, 관리를 담당한다.
③ 학습지원 도구 중 저작도구는 콘텐츠나 학습자료를 효율적으로 저작하도록 지원하는 기능을 가진 도구이다.
④ 학습지원 도구 중 패키징 도구는 교안 작성, 강의내용 관리 등의 기능으로 구성된다.

29

이러닝 시스템 자원관리 시 관리 요소-자원 매핑 테이블을 활용할 수 있다. 다음 중 하드웨어 자원과 관련성이 매우 높은 관리 요소는?

① 보안관리
② 사용자 지원관리
③ 운영상태관리
④ 운영 아웃소싱관리

30

시나리오에 의한 학습시스템 요구사항을 수집하고자 하는 경우 시나리오에 포함되는 필수 정보가 <u>아닌</u> 것은?

① 시나리오로 들어가기 이전의 시스템 상태에 관한 기술
② 비정상적인 사건의 흐름
③ 정상적인 사건의 흐름에 대한 예외 흐름
④ 동시에 수행되어야 할 다른 행위의 정보

31

학습시스템 요구사항은 기능적 요구사항과 비기능적 요구사항으로 구분할 수 있다. 다음 중 기능적 요구사항이 아닌 것은?

① 처리 및 절차
② 입출력 양식
③ 신뢰도
④ 명령어의 실행 결과

32

학습시스템 기능 분석을 위한 〈보기〉의 교수자 요구사항 분석 수행의 절차를 올바르게 나열한 것은?

┌ 보기 ┐

㉠ 실제 교수학습 방법의 사용 실태를 조사
㉡ 교수학습 방법에 대한 주요 개념과 정의를 분석
㉢ 선정된 교수학습 방법이 실제 수업에 적용될 가능성이 있는지 조사
㉣ 지원하고자 하는 교수학습 모형의 종류를 파악
㉤ 주요 교수학습 방법을 선정하여 비교분석

① ㉡-㉠-㉣-㉢-㉤
② ㉡-㉣-㉠-㉢-㉤
③ ㉡-㉣-㉠-㉤-㉢
④ ㉢-㉡-㉣-㉤-㉠

33

다음 중 학습이론에 대한 설명으로 가장 거리가 먼 것은?

① 학습 형상의 원인과 과정을 설명한다.
② 학습자에게 지식, 기술을 학습시키는 가장 효과적인 방법에 관한 원리와 법칙을 제시한다.
③ 경험으로 새로운 능력과 행동을 획득하고 새로운 적응 능력을 습득하게 되는 과정을 설명하기 위해서 만들어진 이론이다.
④ 효과적인 수업을 위해 무엇이 일어나고 일어나야 하는가와 관련되어 있다.

34

IMS의 Learning Design에 대한 설명으로 옳지 않은 것은?

① 다양한 교수설계들을 지원하기 위한 표준 규격이다.
② 학습 객체들로 구성된 콘텐츠에 중점을 두고 있다.
③ 특정 교수 방법에 한정하지 않는다.
④ 컴포넌트와 메소드로 구성된다.

35

학습관리시스템(LMS)의 관리자 모듈과 관련된 기능의 체크 항목으로 가장 거리가 먼 것은?

① 훈련생별 훈련과정 진행 상황 기록 여부
② 평가의 훈련생별 무작위 출제 여부
③ 훈련 참여가 저조한 훈련생들에 대한 학습 독려 기능 여부
④ 훈련생 개인정보 수집 안내 여부

36

이러닝 콘텐츠 점검 후의 수정 요청 방법으로 옳은 것은?

① 콘텐츠 상의 오류는 시스템 개발자에게 수정 요청을 한다.
② 제작 환경과 관련한 오류가 있을 때는 콘텐츠 개발자에게 수정을 요청한다.
③ 학습환경의 설정 변경으로 해결할 수 있는 문제는 시스템 개발자에게 요청해서 처리한다.
④ 학습 사이트상에서 콘텐츠 자체가 플레이되지 않으면 콘텐츠 개발자에게 수정 요청을 한다.

37

교육과정 특성 분석 시 분석 대상에 해당하지 않는 것은?

① 교과의 성격   ② 단원구성
③ 교·강사의 경력   ④ 평가 방법

38

다음 중 학습(보조)자원 등록에 대한 설명으로 옳지 않은 것은?

① 학습자원은 학습 전 자료, 학습 중 자료, 학습 후 자료로 구분할 수 있다.
② 대표적인 학습 전 자료로는 공지사항과 강의계획서가 있다.
③ 만족도 조사 설문은 성적 확인 후 실시하도록 한다.
④ 학습 중 자료는 강의 진행 중에 자료를 직접 다운로드 받을 수 있도록 한다.

39

학사일정 수립에 대한 설명으로 옳지 않은 것은?

① 일반적으로 당해 연도의 학사 일정계획은 전년도 연말에 수립된다.
② 개별 학사일정을 수립한 후 연간 학사일정을 수립한다.
③ 과정 개설하기 메뉴를 통해 수강신청 기간, 수강 기간 등을 설정할 수 있다.
④ 학사일정 수립이 완료되면 홈페이지 공지사항을 통해 예비 학습자들에게 알려주어야 한다.

40

이러닝 운영을 위한 관계기관 신고에 대한 설명이 잘못된 것은?

① 운영 예정인 교육과정을 관계기관에 신고할 때는 공문서 기안을 통해 신고한다.
② 신고를 위한 서식은 통일되어 있다.
③ 이러닝 과정 운영의 관계기관은 감독기관, 산업체, 학교 등 다양하다.
④ 공문은 전자문서 또는 비전자문서로 발송할 수 있다.

41

다음 〈보기〉에서 설명하는 시스템의 명칭은?

| 보기 |

이러닝 콘텐츠를 개발하고 유지 및 관리하기 위한 시스템

① LMS
② LCMS
③ 메시징 시스템
④ 개인학습지원 시스템

42

이러닝 운영지원 도구에 대한 설명으로 옳지 <u>않은</u> 것은?

① 이러닝 운영지원 도구는 이러닝의 효과성을 높이기 위한 도구이다.
② 활용도에 따라 LMS 혹은 LCMS의 일부로 종속되기도 한다.
③ 사내 학습 관련 시스템과의 연계지원 도구로 역량진단시스템, 학습이력 관리시스템이 있다.
④ 일반적인 운영지원 도구로는 커뮤니케이션 지원 도구, 저작도구, 평가시스템이 있다.

43

다음의 이러닝 운영지원 도구 중 교수자 기능이 <u>아닌</u> 것은?

① 과제 피드백
② 문제은행 등록
③ 신규 과정 등록
④ 강의계획서 등록 및 관리

44

다음 〈보기〉의 빈칸에 들어갈 단어로 가장 적합한 것은?

| 보기 |

학생 관리의 인터페이스가 쉽게 제공되고 관리자가 모니터링과 분석보고서를 볼 수 있는지 확인해 보았다. 이것은 운영지원 도구 활용을 위해 (   ) 차원에서 분석한 것이다.

① 수업 과정 관리
② 시스템 자원관리
③ 모니터링 기능
④ 유연성과 적응성

45

운영자는 학습자가 원활한 이러닝 학습을 할 수 있도록 학습자의 학습환경을 확인할 수 있다. 다음 중 학습자의 인터넷 접속환경과 관련하여 확인해야 할 항목이 <u>아닌</u> 것은?

① 와이파이 사용 여부
② 인터넷 접속공간
③ 유선인터넷 사용 여부
④ 노트북 사용 여부

〈보기〉 중 학습자의 학습환경 확인 포인트에 대한 설명으로 옳은 것을 <u>모두</u> 고른 것은?

> ┌── 보기 ┐
>
> ㉠ 네트워크 속도에 따라 이러닝 사용에 제약이 있을 수 있으므로 유선 접속환경인지 무선 접속환경인지 확인을 한다.
> ㉡ OS가 다르면 지원 방법이 달라지므로 설치된 OS를 확인한다.
> ㉢ 스마트폰은 설치된 OS 종류로 구분하기보다는 기기에 따라 구분하는 것이 현실적이다.
> ㉣ 웹 브라우저의 버전과 종류에 따라 웹 호환성 문제가 발생할 수 있으므로 웹 브라우저의 버전을 확인한다.

① ㉠, ㉡
② ㉠, ㉡, ㉣
③ ㉡, ㉢, ㉣
④ ㉠, ㉡, ㉢, ㉣

다음 중 학습자 컴퓨터에 의한 문제상황과 가장 거리가 <u>먼</u> 것은?

① 동영상 강좌를 수강할 수 없는 경우
② 학습 창이 자동으로 닫히는 경우
③ 학습을 진행했는데 관련 정보가 시스템에 업데이트가 되지 않은 경우
④ 학습 진행이 원활하게 이루어지지 않는 경우

운영자는 학습 관련 문제가 발생했을 때 원인을 파악하고 조치할 수 있다. 다음 중 학습자의 학습환경 확인 및 조치를 통해 해결할 수 있는 상황은?

① 동영상 서버에 사람이 많이 몰리는 경우
② 동영상 수강 소프트웨어가 없는 경우
③ 동영상 서버에 파일이 없는 경우
④ 인증서가 만료된 경우

이러닝 과정의 일반적인 학습 절차에 대한 설명과 가장 거리가 <u>먼</u> 것은?

① 로그인 전에 수강신청을 할 수 있으며, 수강신청 결과는 일반적으로 마이페이지 등과 같은 메뉴에서 확인할 수 있다.
② 수강신청이 완료되면 마이페이지 등에서 수강신청한 과정명을 찾을 수 있다.
③ 일반적으로 학습을 위해 차시 등으로 구성된 학습내용을 클릭하여 확인해야 한다.
④ 학습을 구성하는 요소는 일반안내, 학습 강좌 동영상, 토론, 과제, 평가, 기타 상호작용 등이 있다.

50

다음 중 과제에 대한 설명으로 가장 거리가 먼 것은?

① 과제는 성적과 관련된 과제와 성적과 관련되지 않은 과제로 구분할 수 있다.
② 과제에 대한 모사답안 검증과 채점은 모두 튜터가 진행한다.
③ 성적과 관련되지 않은 과제일지라도 과제 첨삭 여부에 따라 튜터링을 진행할 사람을 사전에 구성할 필요가 있다.
④ 성적과 관련되지 않은 과제일지라도 학습에 큰 도움이 되는 경우 학습자의 참여도가 높을 수 있다.

51

평가의 종류와 기준에 대한 설명으로 옳지 않은 것은?

① 일반적으로 평가는 진단평가, 형성평가, 총괄평가로 구분할 수 있다.
② 일반적으로 성적에 반영되는 요소는 진도율, 과제, 평가가 있다.
③ 진도율은 전체 수강 범위 중 학습자가 어느 정도 학습을 진행했는지 계산하여 제시하는 수치로, 튜터가 수동으로 입력한다.
④ 평가 성적반영을 위해 성적반영 요소와 요소별 배점기준을 학습관리시스템에 설정해야 한다.

52

다음 내용이 설명하고 있는 상호작용 유형은?

> "토론방, 공동작업, 게시판 답글, 쪽지 등을 통해 가능한 상호작용"

① 학습자 – 학습자
② 학습자 – 교 · 강사
③ 학습자 – 시스템/콘텐츠
④ 학습자 – 운영자

53

다음 중 문제중심학습형의 특징이 아닌 것은?

① 학습자 스스로 문제상황의 의사결정자가 된다.
② 사건 및 일화 중심의 스토리텔링을 활용한다.
③ 창의적 사고력, 비판적 사고력 개발을 목표로 한다.
④ 학습자가 실제 생활에서 접하는 문제에 대하여 내용 지식을 적용하도록 하는 교수 방법이다.

54

다음 중 이러닝의 의사소통 방법과 관련된 설명으로 옳지 않은 것은?

① 이러닝에서 게시판은 자료 공유용으로만 사용된다.
② 게시판에 적용된 에디터의 특성에 따라 활용 방법이 달라질 수 있다.
③ 쪽지를 잘 활용하면 학습자와 학습자 사이의 긴밀한 의사소통이 가능하다.
④ 진도율, 학습시간 등의 정보를 수집하여 학습 활동 통계에 활용할 수 있다.

55

다음 〈보기〉의 밑줄친 이것의 명칭으로 옳은 것은?

> 보기
>
> 이것은 이러닝에서 전통적으로 많이 사용하고 있는 독려 수단으로, 단문과 장문으로 보낼 수 있다.

① 문자(SMS)
② 이메일(e-mail)
③ 푸시 알림 메시지
④ 전화

56

다음 〈보기〉에서 설명하고 있는 소통 채널은?

> 보기
>
> 짧고 간결한 형식으로 전달되는 소통 채널이기 때문에 간단하면서도 명확하게 메시지를 작성하는 것이 필요하다.

① 웹 사이트
② 문자
③ 이메일
④ 전화

57

학습활동 지원을 위해 온라인 커뮤니티 활동을 지원할 수 있다. 〈보기〉 중 학습 커뮤니티 관리 방법에 대한 설명으로 옳은 것을 모두 고른 것은?

> 보기
>
> ㉠ 주제와 관련된 정보를 제공한다.
> ㉡ 커뮤니티 회원들이 예측할 수 있는 활동을 정기적으로 진행한다.
> ㉢ 커뮤니티 회원들의 자발성을 유도할 수 있는 전략을 수립한다.
> ㉣ 커뮤니티의 운영 효율성을 위해 하나로 통합 운영한다.

① ㉠, ㉡, ㉢
② ㉠, ㉢, ㉣
③ ㉡, ㉢, ㉣
④ ㉠, ㉡, ㉢, ㉣

58

운영자는 학습 과정 중에 발생하는 학습자의 질문에 신속히 대응할 수 있다. 다음 중 게시판을 활용한 대응방법으로 옳지 않은 것은?

① 주로 자주 묻는 질문(FAQ) 게시판을 활용하여 대응한다.
② 게시판에 올라갈 내용은 충실하게 작성하는 것이 중요하다.
③ 다양한 질문 유형에 따른 답변을 미리 등록해 놓아야 한다.
④ 자주 묻는 질문(FAQ) 게시판은 학습자 스스로 정보를 찾게 하는 데만 목적이 있다.

59

Keller의 ARCS 이론 중 다음 〈보기〉 내용과 관련된 동기전략의 요소는?

| 보기 |

문제를 제기하고, 역설을 제시하며, 일상적인 사고 패턴과는 대조적인 자료를 제시함으로써 탐구하고자 하는 호기심을 유발한다.

① 주의집중 ② 관련성
③ 자신감 ④ 만족감

자주 묻는 질문은 질문 유형을 잘 분류해두어야 한다. 다음 〈보기〉 중 학습 및 평가와 관련된 질문을 <u>모두</u> 고른 것은?

| 보기 |

㉠ 온라인시험의 종류는 주관식인가, 객관식인가?
㉡ 고용보험 환급제도란 무엇인가?
㉢ 진도는 매일 일정하게 수강해야 하나?
㉣ 모바일 수강을 하기 위한 준비사항이 있나?
㉤ 수료 조건은 어떻게 되나?

① ㉠, ㉢, ㉣ ② ㉠, ㉢, ㉤
③ ㉡, ㉢, ㉤ ④ ㉡, ㉢, ㉣

다음 중 수강오류의 원인에 대한 설명으로 옳지 <u>않은</u> 것은?

① 수강오류는 학습자에 의한 원인과 학습지원 시스템에 의한 원인으로 구분할 수 있다.
② 학습자에 의한 원인은 기기 자체에 의해 발생할 수도 있고, 인터넷 접속 상태에 의해 발생할 수도 있다.
③ 학습지원 시스템에 의한 원인은 사이트 접속이 되지 않거나 로그인이 되지 않는 등의 사용상 문제들이 대부분이다.
④ 학습지원 시스템에 의한 원인은 학습자의 수강 기기에 영향을 받는다.

62

다음 〈보기〉에서 설명하고 있는 문서의 명칭으로 옳은 것은?

| 보기 |

강의명, 강사, 연락처, 강의 목적, 강의 구성 내용 등과 같은 단위 운영과목에 관한 세부 내용을 담고 있는 문서

① 과정 운영 계획서
② 학습과목별 강의계획서
③ 교·강사 프로파일
④ 교육과정별 과정 개요서

63

수료 관리 활동 중 미수료 사유의 확인 및 안내 활동과 관련한 설명으로 잘못된 것은?

① 미수료를 안내할 때는 전화를 활용한다.
② 유감 표현을 포함한 간단한 인사말을 포함한다.
③ 과정이 미수료되었음을 알리고 그 이유를 간단히 설명한다.
④ 미수료 사유를 자세히 확인할 수 있는 페이지 주소를 링크 걸어 두는 것이 좋다.

64

과정 만족도 조사 활동에 대한 설명으로 옳지 않은 것은?

① 과정 만족도 평가는 과정이 운영된 직후 실시하는 경우가 대부분이다.
② 평가의 주요 내용은 학습자 요인, 교·강사 요인, 교육내용 요인, 교육환경 요인으로 구성된다.
③ 평가 내용구성에 따라 결과를 분석하여 사업기획 업무에 필요한 시사점을 파악할 수 있다.
④ 과정 운영의 교육 효과성을 파악할 수 있는 중요한 활동이다.

65

다음 중 운영 준비활동 수행 여부의 점검 항목이 아닌 것은?

① 운영환경 준비활동 수행 여부 점검
② 교육과정 개설활동 수행 여부 점검
③ 학사일정 수립활동 수행 여부 점검
④ 학습 안내활동 수행 여부 점검

66

과정 성취도 측정 방법에 대한 설명으로 옳지 않은 것은?

① 선다형의 경우 명확한 정답을 선택할 수 있도록 지문을 제시하는 것이 중요하다.
② 설문조사는 일반적으로 5점 척도를 사용한다.
③ 단순한 개념, 특징 조사와 같은 과제 출제는 모사율을 높일 수 있다.
④ 단답형의 경우 명확한 정답을 명시하는 것이 중요하다.

67

전체 반응자 수가 25명이고 문항의 정답자 수가 5명일 때 문항 난이도 지수(P)는?

① 0.5
② 0.2
③ 5
④ 0.4

68

단위별 성취도 평가 활동과 평가 설계가 잘못 연결된 것은?

① 사전 평가: 본 학습 전에 제시되는 진위형 퀴즈
② 직후 평가: 본 학습 후 제시되는 4지 선다형 퀴즈
③ 사전 평가: 본 학습 전에 제시되는 단답형 퀴즈
④ 사후 평가: 본 학습 후 제시되는 의견 나누기

69

상위집단과 하위집단의 정·오답률이 다음 〈보기〉와 같을 때 문항 변별도를 올바르게 해석한 것은?

① 해당 문항의 변별도는 0.27이다.
② 해당 문항의 변별도는 양호하다.
③ 해당 문항의 변별도는 비교적 양호하다.
④ 해당 문항은 전면개선이 필요하다.

70

5지 선다형 문항의 전체 반응자 수가 30명이고 정답자 수가 26명인 경우 오답지의 매력도는?

① 0.03   ② 0.05
③ 0.09   ④ 0.3

71

다음 중 요구분석의 방법으로 옳지 <u>않은</u> 것은?

① 교육기관의 주된 교육대상자를 대상으로 설문조사를 실시한다.
② 이러닝 백서, 이러닝 관련 통계자료 등의 발간물을 활용한다.
③ 요구분석의 목적을 명확히 하고 분석 방법과 절차를 구체화하여 실시한다.
④ 요구분석은 현재 상태와 선수 지식의 차이를 파악하기 위한 과정이므로 현재 상태를 파악할 수 있는 각종 자료를 수집한다.

72

교육 수요 예측을 위한 필립 코틀러의 시장 세분화의 조건으로 옳지 <u>않은</u> 것은?

① 세분화된 시장 사이의 차이가 명확해야 한다.
② 과거 수입과 이익의 흐름을 충분하게 제공할 수 있어야 한다.
③ 적합한 판매 촉진 프로그램과 유통 채널로 구매자에게 다가갈 수 있어야 한다.
④ 구분과 측정이 쉬워야 한다.

73

다음 중 학습목표에 대한 설명으로 옳지 <u>않은</u> 것은?

① 학습목표는 의도하고자 하는 학습이 마무리된 후에 무엇을 할 수 있을 것인가를 명확하게 기술하는 것이다.
② 학습목표는 포괄적이며, 학습의 방향을 나타낸다.
③ 학습목표는 교육 훈련평가 내용, 절차, 방법에 준거를 제공한다.
④ 학습목표는 교육 내용, 학습전략과 매체 선정의 지침이 된다.

74

이러닝 사업기획 시 운영 전 단계의 사업기획 요소가 <u>아닌</u> 것은?

① 과정 기본 정보 등록과 같은 과정 개설
② 고용보험 신고와 같은 등록
③ 과제 수행 방법 안내와 같은 과제 관리
④ 매뉴얼을 활용한 교·강사 사전교육

75

다음 〈보기〉의 과정 관리사항 중 교육과정 전 관리사항에 해당하는 것을 <u>모두</u> 고른 것은?

보기
㉠ 과정 홍보 관리 ㉡ 수료 처리
㉢ 평가 결과보고서 작성 ㉣ 공지사항 관리
㉤ 과정별 코드 관리 ㉥ 로그인 ID 지급
㉦ 만족도 조사 ㉧ 게시판 관리
㉨ 과제물 관리

① ㉠, ㉣, ㉤
② ㉠, ㉤, ㉥
③ ㉡, ㉤, ㉦
④ ㉣, ㉥, ㉧

76

다음 중 이러닝 운영기획에서 일정계획 수립에 대한 주요 검토 내용이 <u>아닌</u> 것은?

① 일정계획은 과정 운영을 위한 실제적인 일정을 수립하는 것이다.
② 일반적으로 운영 전·중·후 단계에 따라 월 단위 기간으로 세부 활동을 포함하여 일정계획을 수립한다.
③ 콘텐츠 개발 계획, 운영에 참여하는 인력관리 등의 방향 수립과 협의하여 반영하도록 한다.
④ 운영 프로세스의 일정계획을 참조하여 사업의 기획업무에 필요한 상세 정보를 확보하고 활용한다.

77

이러닝 운영을 위한 학습환경 준비 검토를 위해 고용노동부 고시의 학습관리시스템(LMS)의 기능 체크리스트를 활용할 수 있다. 다음 중 체크리스트의 훈련생 모듈과 관련된 사항이 <u>아닌</u> 것은?

① 정보 제공
② 수강신청
③ 모니터링
④ 훈련생 개인 수강 이력

78

이러닝의 운영관리를 목적으로 운영목표를 설정하고, 그에 따른 운영 성과를 도출할 수 있다. 다음 중 운영 성과별 운영목표가 잘못된 것은?

① 콘텐츠 운영 – 콘텐츠의 학습 내용을 과정 운영 목표에 맞게 구성한다.
② 교·강사 활동 – 교·강사가 평가기준에 적합하게 활동을 수행한다.
③ 시스템 운영 – 시스템 운영 결과를 취합하여 운영 성과를 분석한다.
④ 운영 활동 – 학습 진행 중 학사관리를 교육과정 설계서에 맞게 수행한다.

79

다음 중 이러닝 콘텐츠 품질기준에 대한 설명으로 옳지 않은 것은?

① 국내 이러닝 콘텐츠에 대한 품질관리 기준은 동일하다.
② 학습 내용, 교수설계, 디자인 제작, 상호작용, 평가 방법이 주요 품질기준에 포함된다.
③ 이러닝 콘텐츠 품질기준을 이해하고 있으면 운영 활동 중에 콘텐츠와 관련된 개선의견을 파악하기 쉽다.
④ 학습목표 달성에 적합한 교수학습 전략을 채택했는지의 여부는 교수설계에 대한 품질기준에 해당한다.

80

교육과정별 운영 결과분석에 대한 설명으로 옳지 않은 것은?

① 운영과정에 관한 결과를 분석하는 것은 과정 운영 중에 생성된 자료를 수집하고 분석하여 그 결과의 의미를 파악하기 위함이다.
② 학습자의 운영 만족도 분석은 운영 결과분석 활동에 포함된다.
③ 운영인력의 운영 활동과 의견 분석은 운영 결과분석 활동에 포함된다.
④ 매출 현황 분석은 운영 결과분석 활동에 포함된다.

81

과정 운영 결과보고서에는 학업성취도 평가 결과 내용이 포함된다. 다음 중 학업성취도 평가 결과에 대한 설명으로 옳지 않은 것은?

① 교육 훈련기관 입장에서 학업성취도 평가 결과는 동일 과정 운영을 지속할지 판단하는 자료가 된다.
② 고객사 입장에서 학업성취도 평가는 조직원인 학습자의 교육 훈련 지원을 판단하는 자료가 된다.
③ 운영 결과보고서를 통해 얻고자 하는 시사점은 공급자 관점에서 구체적으로 명시하는 것이 효과적이다.
④ 학업성취도 평가 결과에는 정확하고 명확한 통계자료 분석이 포함된다.

82

과정 만족도 조사 결과의 통계 분석에 대한 설명으로 옳지 <u>않은</u> 것은?

① 과정 만족도 평가 결과에 대한 보고서 작성은 보고서의 기본적인 구성요소를 포함하여 분석하는 동시에 시사점, 개선방안을 포함하여야 한다.
② 일반적으로 70% 이상 조사에 참여하도록 독려하는 것이 바람직하다.
③ 설문조사에 5점 척도를 활용했으면 문항별 빈도 비율을 숫자로 표현하여 제시한다.
④ 조사 참여율이 50% 이하일 때는 만족도 결과의 해석 및 활용에 유의해야 한다.

83

학습자의 학업성취도가 크게 높거나 낮을 때는 그 원인을 분석할 수 있다. 다음 중 이러닝 과정 운영에서 학업성취도에 영향을 미치는 원인과는 가장 거리가 <u>먼</u> 것은?

① 평가 횟수 ② 평가 도구
③ 평가 내용 ④ 평가 시기

84

학업성취도 평가 도구 중 하나인 지필시험의 작성 방법에 대한 설명으로 옳지 <u>않은</u> 것은?

① 4지 선다형 또는 5지 선다형의 구성으로 출제한다.
② 선다형의 경우 명확한 정답을 선택할 수 있도록 지문을 제시하는 것이 중요하다.
③ 단답형의 경우 다양한 답이 나올 수 있도록 한다.
④ 부정적인 질문의 경우 밑줄 또는 굵은 표시 등을 포함하면 학습자 실수를 줄이는 데 도움이 된다.

85

학업성취도 향상을 위해 이러닝 운영자는 다양한 운영전략을 마련할 수 있다. 다음 중 학습 진도관리 지원 관련 운영전략에 대한 설명으로 거리가 <u>먼</u> 것은?

① 학습관리시스템 내의 진도율은 텍스트로 표시하여 안내한다.
② 학습관리시스템 내에 현재 참여 상황을 표시하여 안내한다.
③ 학습관리시스템 내에 차시별 학습 여부를 표시하여 안내한다.
④ 학습관리시스템 내에 과정의 학습 기간을 표시하여 안내한다.

86

이러닝 과정 종료 시 작성하는 평가 결과보고서의 과정 만족도 평가에 대한 설명으로 옳지 <u>않은</u> 것은?

① 교육 훈련의 효과 또는 개별 학습자의 학업성취 수준을 평가하는 것이다.
② 형성평가의 성격을 지닌다.
③ 학습자의 반응 정보를 다각적으로 수집하고 의견을 분석한다.
④ 이러닝 과정 만족도 평가는 교육 훈련에 참여한 학습자의 교육과정에 대한 느낌이나 반응 정도를 만족도 문항으로 측정하는 것이다.

87

이러닝 과정 종료 시 작성하는 평가 결과보고서의 학업성취도 평가에 대한 설명으로 옳지 <u>않은</u> 것은?

① 학업성취도 평가는 교육 훈련이 실시된 후 학습자의 지식, 기능, 태도 영역이 어느 정도 향상되었는지를 학습목표를 기준으로 측정하는 것이다.

② 학업성취도 평가는 형성평가의 성격을 지닌다.

③ 학업성취도 평가 결과를 통해 개별 학습자의 수료 여부를 판단할 수 있다.

④ 학업성취도 평가 결과는 교육과정의 지속 여부에 대한 경영 의사결정 등의 자료로 활용할 수 있다.

다음 중 평가보고서의 학습자별 학업성취도 평가 결과에 대한 설명으로 옳지 <u>않은</u> 것은?

① 과제의 모사율은 일반적으로 50~60% 이상으로 기준을 적용하고 있다.

② 학업성취도 평가 요소는 일반적으로 지필시험, 과제 수행, 학습진도율이 활용된다.

③ 지필시험의 경우 시스템에 의해 자동 채점된다.

④ 주관식 서술형의 경우 교·강사가 별도로 채점한다.

89

다음 중 과정 운영 결과보고서 작성에 대한 설명으로 가장 적절한 것은?

① 과정 운영 결과보고서는 일관성 확보를 위해 구성요소를 통일해서 작성한다.

② 과정 운영 결과보고서는 일반적으로 여러 과정에 대한 운영의 결과물이다.

③ 학습관리시스템에 저장된 운영 결과자료를 검색하여 운영 결과보고서 데이터로 활용한다.

④ 과정 운영 결과는 교육통계로서 한시적으로 관리한다.

학습 내용의 적합성 평가 기준으로 가장 거리가 <u>먼</u> 것은?

① 학습목표가 명확하고 적절하게 제시되고 있는가?

② 학습 내용을 체계적이고 조직적으로 구성하여 제시하고 있는가?

③ 학습 시간은 학습 내용을 학습하기에 여유로운 학습 시간을 고려하고 있는가?

④ 학습 내용이나 보조자료에 대한 저작권은 확보되어 있는가?

91

이러닝 과정 운영목표에 대한 설명으로 옳지 <u>않은</u> 것은?

① 과정 운영목표의 적합성을 평가한다는 것은 교육기관에서 운영된 학습콘텐츠의 내용이 이러닝 운영과정의 특성에 맞는 과정인지 여부를 평가하는 것을 의미한다.
② 과정 운영목표의 적합성에 해당하지 않은 학습 내용은 배제되어야 한다.
③ 교육기관에서 다루고 있는 교육 내용의 방향성과 범위를 결정하는 주요한 지표이다.
④ 교육 운영기관에서 이익 추구의 목적에 따라 설정되는 지표이다.

92

이러닝 학습콘텐츠 개발 적합성 평가에 대한 설명으로 옳지 <u>않은</u> 것은?

① 교육과정의 운영목표에 적합하게 학습콘텐츠가 개발되었는지 여부를 평가하는 데 목적이 있다.
② 이미 운영된 학습콘텐츠라면 향후 운영을 위해 수정하거나 보완할 사항이 운영과정에서 도출된 것은 없는지를 확인하고 개선하는 데 목적이 있다.
③ 학습목적 달성 적합도를 학습콘텐츠 개발 적합성 평가의 기준으로 활용할 수 있다.
④ 교수설계 요소의 적합성을 학습콘텐츠 개발 적합성 평가의 기준으로 활용할 수 있다.

93

다음 중 학습콘텐츠의 운영 적합성을 확인하는 방법으로 적절하지 <u>않은</u> 것은?

① 학습콘텐츠 탑재 적합성을 확인한다.
② 학습콘텐츠 활용 안내 적합성을 확인한다.
③ 학습평가 요소의 적합성을 확인한다.
④ 학습콘텐츠 활용의 적합성을 확인한다.

94

이러닝 운영 프로세스의 구분 기준과 요소가 올바르게 연결된 것은?

① 수행직무 절차 - 교수학습 지원 활동, 행정관리 지원 활동
② 수행직무 특성 - 학습 전 영역, 학습 중 영역, 학습 후 영역
③ 수행직무 절차 - 학습 전 영역, 학습 중 영역, 학습 후 영역
④ 수행직무 특성 - 미시적 시각의 운영 프로세스, 거시적 시각의 운영 프로세스

95

교·강사 활동평가에 대한 설명으로 옳지 <u>않은</u> 것은?

① 운영과정에서 교·강사가 과정의 운영목표에 적합한 교수 활동을 수행했는지를 확인하고 평가하는 것이다.
② 교·강사 활동평가 기준은 이러닝 과정을 운영하는 운영기관에서 모두 동일하다.
③ 질의 답변 및 과정 평가의견, 자료실 관리, 메일 발송 관리 등이 교·강사 활동평가의 기준이 된다.
④ 교·강사의 활동에 대해 평가 영역에 대한 가중치를 부여하여 평가를 할 수 있다.

96

〈보기〉의 교·강사 활동평가 기준 수립 절차를 순서대로 올바르게 나열한 것은?

| 보기 |

㉠ 작성된 교·강사 활동평가 기준의 검토
㉡ 운영기획서의 과정 운영목표 확인
㉢ 교·강사 활동에 대한 평가 기준 작성
㉣ 운영기관의 특성 확인

① ㉠-㉢-㉣-㉡   ② ㉡-㉢-㉠-㉣
③ ㉣-㉠-㉡-㉢   ④ ㉣-㉡-㉢-㉠

97

다음 〈보기〉의 빈칸에 들어갈 교·강사 활동 결과분석 내용은?

| 보기 |

교·강사가 자신의 내용 전문성을 기반으로 레포트와 과제를 검토하는 것과 관련 있는 것은 (   ) 이다.

① 학습 상호작용 활동 분석
② 학습 참여 독려 현황 분석
③ 보조자료 등록 현황 분석
④ 첨삭지도 및 채점 활동 분석

98

이러닝 시스템 운영 결과 내용 중 운영 준비과정 지원에 해당하지 않는 것은?

① 교육과정 개설 준비를 위한 시스템 운영
② 교·강사 활동 기능 지원을 위한 시스템 운영
③ 학사일정 수립 준비를 위한 시스템 운영
④ 수강신청 관리 준비를 위한 시스템 운영

99

과정 운영에 필요한 이러닝 시스템 기능의 분석 및 개선에 대한 설명으로 옳지 않은 것은?

① 개선 요구사항을 제안하기 위해 이러닝 과정 운영자는 시스템 운영 결과를 취합한 운영 성과를 분석한 결과를 활용하는 것이 바람직하다.
② 운영 준비과정과 관련된 시스템 지원기능에는 운영환경 준비 기능, 교육과정 개설 준비 기능, 학사일정 수립 준비 기능, 수강신청 관리 준비 기능이 있다.
③ 이러닝 시스템 운영을 위한 개선 요구사항은 이러닝 운영 준비과정, 운영 실시과정, 운영을 종료하고 분석하는 과정으로 구분하여 제안할 수 있다.
④ 운영 완료 후와 관련된 시스템 지원기능에는 학사관리 지원기능, 이러닝 고객 활동 지원기능이 있다.

100

다음 중 운영환경 준비 활동 수행 여부에 대한 고려 사항이 아닌 것은?

① 이러닝 서비스를 제공하는 학습 사이트를 점검하여 문제점을 해결하였는가?
② 이러닝 운영을 위한 학습관리시스템(LMS)을 점검하여 문제점을 해결하였는가?
③ 과정에 등록된 학습자 현황을 확인하였는가?
④ 교육과정별로 콘텐츠의 오류 여부를 점검하여 수정을 요청하였는가?

제3회 | 출제예상문제

PART 01 이러닝 운영계획 수립

01

다음 중 용어와 정의가 잘못 연결된 것은?

① 학습관리시스템–이러닝과 관련된 관리적·기술적 지원 절차들을 수행하기 위한 소프트웨어 시스템
② 학습콘텐츠 관리시스템–이러닝 콘텐츠를 개발, 저장, 조합, 전달하는 데 사용되는 시스템
③ 학습기술시스템–학습을 전달하고 관리하는 데 사용되는 모든 정보 기술시스템
④ 분산학습시스템–학습에 영향을 미치는 물리적 또는 가상적 환경

2

다음 중 이러닝 산업에 대한 설명으로 옳지 않은 것은?

① 이러닝 산업은 크게 콘텐츠, 솔루션, 서비스, 소프트웨어로 분류한다.
② 이러닝 특수분류 제정을 통해 산업 현황에 대한 정확한 기초통계 확보가 가능해졌다.
③ 정보 검색의 어려움 해소를 위해 이러닝 분야 용어에 대한 KS 국가표준이 제정되었다.
④ 코로나 19로 인해 비대면 교육 시장이 더욱 활성화되었다.

3

쌍방향으로 정보통신 네트워크를 통해 온라인으로 교육, 훈련, 학습 등을 개인, 사업체 및 기관에 직접 제공하는 이해관계자는?

① 콘텐츠 사업체   ② 솔루션 사업체
③ 서비스 사업체   ④ 이러닝 유통 사업체

4

다음 중 산업통상자원부의 제4차 이러닝 산업 발전 및 이러닝 활용 촉진 기본계획에서 DICE(위험·어려움·부작용·고비용) 분야를 중심으로 적용되는 콘텐츠 개발기술과 관련이 적은 것은?

① 가상현실   ② 증강현실
③ 메타버스   ④ 인공지능

5

서비스형 솔루션 LMS(SaaS LMS)에 대한 설명으로 옳지 않은 것은?

① 클라우드 기반으로 제공된다.
② 분산식 데이터 스토리지를 운용한다.
③ 가격에 대한 예측이 가능하다.
④ 빠른 수정과 적용이 가능하다.

402 PART 04 · 출제예상문제

06

다음 〈보기〉에서 설명하는 훈련의 형태는?

| 보기 |

정보통신매체를 활용하여 훈련이 실시되고 훈련생 관리 등이 웹상으로 이루어지는 원격훈련

① 인터넷 원격훈련
② 스마트훈련
③ 혼합훈련
④ 우편 원격훈련

07

혼합훈련과정 인정요건에 대한 설명으로 옳지 않은 것은?

① 원격훈련이 포함된 경우 원격훈련의 분량은 전체 훈련 시간의 100분의 20 이상이어야 한다.
② 집체훈련, 현장훈련, 원격훈련의 훈련목표, 훈련내용, 훈련평가 등이 서로 연계되어 실시되어야 한다.
③ 훈련과정별 훈련 실시 기간은 서로 중복되어 운영되지 않아야 한다.
④ 교재를 중심으로 훈련과정을 운영하면서 훈련생에 대한 학습지도, 학습평가 및 진도관리가 웹으로 이루어져야 한다.

08

다음 중 「이러닝산업법」의 의의에 대한 설명으로 옳지 않은 것은?

① 이러닝과 이러닝 산업 등에 대한 정의를 마련하였다.
② 이러닝 산업 발전 및 활성화를 위한 기본계획을 수립하였다.
③ 이러닝 산업의 전문인력 양성을 지원한다.
④ 대기업 및 교육기관의 이러닝을 지원하기 위한 교육 및 경영 컨설팅을 수행한다.

09

이러닝 콘텐츠 개발을 위한 다음의 산출물 중 교수방법을 구체화하는 과정에서 작성되는 것은?

① 요구분석서　　② 교육과정 설계서
③ 콘텐츠 제작물　　④ 최종 평가보고서

10

이러닝 콘텐츠 개발을 위한 산출물 중 다음 〈보기〉의 밑줄친 이것의 명칭으로 옳은 것은?

| 보기 |

이러닝 콘텐츠 개발을 위한 산출물 중, 이것은 이러닝 콘텐츠의 문제점을 파악하여 개선하기 위한 산출물이다.

① 요구분석서　　② 교육과정 설계서
③ 콘텐츠 제작물　　④ 평가보고서

11

이러닝 콘텐츠 개발을 위해 다음 〈보기〉와 같은 물적 자원을 사용하는 사람은?

> 보기
>
> 태블릿, Adobe Animate, Toon Boom Harmony, Pencil2D

① 매체 제작자
② 웹 디자이너
③ 애니메이터
④ 웹 프로그래머

12

이러닝 콘텐츠 개발을 위한 인적 자원과 물적 자원에 대한 설명으로 옳지 <u>않은</u> 것은?

① 이러닝 콘텐츠의 비디오 요소 개발을 위해 캠코더와 마이크, 조명 등이 필요하다.
② 교수설계자는 문서 편집용 소프트웨어를 주로 사용한다.
③ 매체 제작자는 이미지와 동영상을 제약 없이 사용할 수 있다.
④ 웹 프로그래머는 Visual Studio 코드, Atom, Notepad ++와 같은 소프트웨어를 주로 사용한다.

13

다음 〈보기〉에서 설명하는 콘텐츠 개발 유형은?

> 보기
>
> 실제와 유사한 모형적 상황을 통해 학습하도록 하는 콘텐츠 개발 유형

① 반복학습형   ② 사례제시형
③ 문제중심학습형   ④ 시뮬레이션형

14

이러닝 콘텐츠 개발 유형 중 멀티미디어 튜토리얼형에 대한 설명으로 옳지 <u>않은</u> 것은?

① WBI(Web-Based Instruction)라고도 불린다.
② 학습자와 콘텐츠 간 활발한 상호작용을 할 수 있도록 개발된다.
③ 목표는 효율적인 자율학습 및 정교한 자기주도학습이다.
④ 교수자는 촉진자 역할을 한다.

15

다음 〈보기〉에서 설명하는 웹 서버의 명칭으로 옳은 것은?

> 보기
>
> • 미국 썬 마이크로시스템즈가 개발하였다.
> • 썬원(SUN one)으로 불리기도 하였다.

① 아파치(Apache)
② IIS(Internet Information Server)
③ 엔진엑스(nginx)
④ 아이플래닛(iPlanet)

16

다음 〈보기〉에서 설명하는 미디어 서버의 명칭으로 옳은 것은?

> **보기**
>
> • Microsoft에서 개발하였다.
> • HTTP 기반 적응형(Adaptive) 스트리밍 서비스를 지원한다.

① WMS(Windows Media Server)
② IIS(Internet Information Server)
③ 다윈 서버(Darwin Server)
④ 레드5(Red5)

17

다음 〈보기〉에서 설명하는 콘텐츠 개발 이해관계자는?

> **보기**
>
> • 프로젝트를 전반적으로 관리하는 역할이다.
> • 일정, 비용, 요구사항 수렴, 인력 배정 등 프로젝트 성공을 위해 다양한 업무를 수행한다.

① 프로젝트 발주자
② 과정 기획자
③ 프로젝트 매니저
④ 수석 웹디자이너

18

이러닝 콘텐츠 개발 절차 중 운영 및 사후관리 단계에서 수행하는 과제가 아닌 것은?

① 평가의 계획
② 평가도구의 제작 및 타당화
③ Usability Test 실시
④ Pilot Test 실시

19

다음 중 이러닝 개발을 위한 녹음실 구성의 고려요소로 가장 거리가 먼 것은?

① 크기
② 방음
③ 녹음 장비
④ 조명

20

다음 〈보기〉와 같은 특징을 갖는 학습시스템의 유형은?

> **보기**
>
> • 상호참여적, 거대규모의 교육이 이루어진다.
> • 파이선, PHP 등이 많이 활용된다.

① 학점기관 이러닝 시스템
② 공공기관 이러닝 시스템
③ MOOC 이러닝 시스템
④ 기업교육 이러닝 시스템

21

다음 중 오픈소스에 대한 설명으로 옳지 않은 것은?

① 무상으로 공개된 소스 코드 또는 소프트웨어를 의미한다.
② 인터넷을 통해 공개되어 있다.
③ 이러닝 시스템에서 가장 많이 사용하는 LMS 오픈소스로 Moodle이 있다.
④ 누구나 공유할 수 있지만 개량하여 재배포하려면 저작권자의 허락이 필요하다.

22

다음 중 HTML5에 대하여 올바르게 설명한 것은?

① 웹에서의 다양한 동작을 구현하기 위해 플러그인이 필요하다.
② HTML, CSS, Javascript 형식으로 구성되어 있다.
③ 특정 운영체제에 종속되어 있다.
④ 파일 처리를 위해서 별도의 컴포넌트 사용이 필요하다.

23

가상체험 학습기술에 필요한 세부기술이 아닌 것은?

① 학습자 영상 추출 기술
② 인체 추적 및 제스처 인식 기술
③ 영상 합성 기술
④ 자세 추정 기술

24

「행정기관 및 공공기관 정보시스템 구축 운영 지침」의 내용으로 옳은 것을 〈보기〉에서 모두 고른 것은?

> **보기**
>
> ㉠ 사업자선정을 위한 평가위원회 구성 시 전체 평가위원 중 과반수 이내에서 발주 담당 공무원을 제외한 소속 공무원을 평가위원으로 위촉할 수 있다.
> ㉡ 추정가격이 10억 원 미만일 때 평가위원에게 제안서 검토 시간을 90분 이상을 주어야 한다.
> ㉢ 사업자와 소프트웨어사업 수행을 위하여 필요한 장소 및 설비 기타 작업환경을 상호 협의하여 정한다.
> ㉣ 사업자는 계약체결 후 10일 이내에 정보시스템 사업 착수계를 작성하여 제출해야 한다.

① ㉠, ㉡
② ㉠, ㉢, ㉣
③ ㉡, ㉢, ㉣
④ ㉠, ㉡, ㉢, ㉣

25

「행정기관 및 공공기관 정보시스템 구축 운영 지침」에 따른 정보화 사업 원가 산정의 방법으로 가장 거리가 먼 것은?

① 조달 품목인 경우 조달단가를 적용하여 하드웨어 구입비를 산정한다.
② 조달 품목이 아닌 경우 최근 도입가격을 적용하여 하드웨어 구입비를 산정한다.
③ 조달 품목이 아닌 경우 유사한 거래 실례가격을 적용하여 소프트웨어 구입비를 산정한다.
④ 조달 품목이 아니고 유사 거래를 찾을 수 없는 경우 3개 이상의 공급업체로부터 직접 받은 견적가격을 기준으로 한 평균 가격을 산정한다.

26

학습시스템 개발 프로세스 단계 중 다음 〈보기〉의 밑줄친 이 단계는?

| 보기 |

이 단계는 교수−학습 지원시스템을 구성하고, 웹 프로그래밍 소스 작업과 데이터베이스 연결을 하는 단계이다.

① 개발 계획 수립
② 분석 작업
③ 데이터베이스 모델링
④ 구현 작업

다음 중 학습시스템의 기본 기능으로 보기 어려운 것은?

① 학습자 관리
② 이러닝 콘텐츠관리
③ 통합 로그인(SSO)
④ 수강 승인처리

이러닝 시스템 자원관리 시 관리 요소−자원 매핑 테이블을 활용할 수 있다. 다음 중 성능관리 요소와의 관련성이 가장 낮은 자원은?

① 하드웨어
② 소프트웨어
③ 데이터베이스
④ 네트워크

이러닝 시스템 운영관리에 필요한 지침서 및 절차서 작성 방법으로 옳지 않은 것은?

① 시스템 운영관리 요소는 통합적으로 작성하여 관리한다.
② 전산 기계실 운영과 운영데이터 수집, 문제에 대한 식별, 기록 및 해결에 대한 업무처리 절차와 관련 규정에 대한 내용이 포함되어 있어야 한다.
③ 운영과정 중에 생성되는 각종 산출물과 문서 양식들이 포함되어야 한다.
④ 하드웨어와 소프트웨어의 추가, 변경 시의 시험절차, 시험의 종료 후 실제 운영환경에서 배포 및 설치를 위한 절차가 포함되어야 한다.

30

학습시스템 요구사항 분석과 관련된 비기능적 요구사항의 요소와 설명이 잘못 연결된 것은?

① 성능−응답시간, 데이터 처리량
② 신뢰도−불법적 접근 금지 및 보안 유지
③ 개발 계획−개발 기간, 조직, 개발자, 개발방법론 등에 대한 사용자의 요구
④ 개발 비용−사용자 측의 투자 한계

다음 중 학습시스템 기능 분석을 위한 교수자 요구사항 분석 항목으로 가장 거리가 먼 것은?

① 교수자의 교수 선호도
② 교수자의 이러닝 체제 도입 요구 정도
③ 교수자의 관심사
④ 교수자의 교육 형태

다음 중 학습시스템 기능 분석을 위한 이해관계자의 역할 정의가 옳지 <u>않은</u> 것은?

① 학습자의 역할: 학습에 있어서 수동적인 참여자로 정의한다.
② 교수자의 역할: 학습자의 참여를 유도하는 것으로 활동을 정의한다.
③ 튜터의 역할: 학습자의 학습에 도움을 주는 것으로 정의한다.
④ 에이전트의 역할: 인간의 대리인으로 역할을 정의한다.

33

교수 이론에 대한 설명으로 가장 거리가 <u>먼</u> 것은?

① 교육자가 어떻게 효과적으로 수업을 할 것인가에 대한 것이다.
② 학습자의 수행 개선을 위한 예방적 측면이 강하다.
③ 효과적인 수업을 위해 무엇이 일어나고 일어나야 하는가와 관련되어 있다.
④ 학습자의 행동 변화에 어떻게 영향을 주는가를 설명하고 예측하고 통제하는 데 초점을 둔다.

다음 〈보기〉에서 설명하는 개발 표준은?

> 보기
>
> 다양한 교수설계들을 지원하기 위한 표준 규격으로 특정 교수 방법에 한정하지 않고, 혁신을 지원하는 프레임워크 개발을 목적으로 개발된 표준이다.

① 시퀀싱 모델
② LTI
③ Learning Design
④ SCORM

이러닝 운영 준비를 위한 교육과정 특성 분석에 대한 설명으로 옳지 <u>않은</u> 것은?

① 교육과정 특성 분석을 위해서는 교과 운영 계획서 내용을 확인해야 한다.
② 교육과정 특성 분석은 이러닝 학습자가 교과의 학습목표 달성을 잘하도록 하기 위해 실시한다.
③ 교육과정 특성 분석을 할 때는 학습 이해관계자인 학습자, 교수, 튜터에 대한 정보를 확인해야 한다.
④ 교과 교육과정의 주요 특성을 표로 제작하면 교육과정의 특성을 분석하기 쉽다.

★★☆
36

이러닝 운영 준비를 위한 과정 개설에 대한 방법으로 옳지 <u>않은</u> 것은?

① 교육과정 분류는 교·강사가 제출한 교과 교육과정 운영 계획서를 확인하며 등록한다.
② 강의 만들기 단계에서는 제작된 동영상 콘텐츠에 목차를 부여하고 순서를 지정해 준다.
③ 과정 만들기 단계에서는 과정 목표, 과정 정보, 수료조건 안내 등의 정보를 입력한다.
④ 과정 개설하기 단계에서는 동영상 업로드를 진행한다.

★★☆
37

다음 〈보기〉의 빈칸에 들어갈 과정 개설 진행단계로 옳은 것은?

| 보기 |

(   ) 단계는 동영상 콘텐츠에 목차를 부여하고 순서를 지정해 주는 단계를 뜻한다.

① 교육과정 분류하기
② 강의 만들기
③ 과정 만들기
④ 과정 개설하기

★☆☆
38

다음 〈보기〉에서 설명하고 있는 평가 유형은?

| 보기 |

학습자의 기초능력 전반을 파악하기 위한 평가

① 진단평가   ② 형성평가
③ 총괄평가   ④ 사후평가

★★☆
39

다음 중 수립된 학사일정의 주요 공지 대상이 <u>아닌</u> 것은?

① 협업부서
② 교·강사
③ 학습자
④ 교수설계자

★☆☆
40

〈보기〉의 전자문서 작성 절차를 순서대로 올바르게 나열한 것은?

| 보기 |

㉠ 발송하기
㉡ 기안문 작성 화면으로 이동하기
㉢ 기안문 작성하기
㉣ 결재 올리기

① ㉡-㉢-㉠-㉣
② ㉡-㉢-㉣-㉠
③ ㉢-㉡-㉣-㉠
④ ㉣-㉠-㉡-㉢

41

학습관리시스템(LMS)과 학습콘텐츠 관리시스템(LCMS)을 비교한 다음의 설명 중 옳지 <u>않은</u> 것은?

① 학습관리시스템(LMS)의 주 사용자는 튜터, 강사, 교육담당자이다.
② 학습콘텐츠 관리시스템(LCMS)의 관리대상은 학습자이다.
③ 학습관리시스템(LMS)은 학습자 데이터를 보존하지만, 학습콘텐츠 관리시스템(LCMS)은 학습자 데이터를 보존하지 않는다.
④ 학습콘텐츠 관리시스템(LCMS)은 학습콘텐츠의 재사용과 관련이 있다.

42

이러닝 운영지원 도구의 운영 주체에 따른 구분에 해당하지 <u>않는</u> 것은?

① 운영자 지원시스템
② 학습자 지원시스템
③ 메시징 지원시스템
④ 튜터 지원시스템

43

이러닝 운영지원 도구 중 관리자만의 기능이 <u>아닌</u> 것은?

① 학습자 정보 등록
② 제출 과제 확인
③ 설문 등록
④ 시스템 접속 통계 열람

44

다음 〈보기〉의 빈칸에 들어갈 단어로 가장 적합한 것은?

| 보기 |

새로운 내용과 프로세스를 수용할 능력과 서브 그룹을 만들고 모니터링하는 과정이 쉽게 구성되어 있는지 확인해 보았다. 이것은 운영지원 도구 활용을 위해 (   ) 차원에서 분석한 것이다.

① 수업 과정 관리
② 시스템 자원관리
③ 모니터링 기능
④ 유연성과 적응성

45

운영자는 학습자가 원활한 이러닝 학습을 할 수 있도록 학습자의 학습환경을 확인할 수 있다. 다음 〈보기〉 중 학습자 학습환경의 주요 요소를 <u>모두</u> 고른 것은?

| 보기 |

㉠ 인터넷 접속환경   ㉡ 기기
㉢ 소프트웨어   ㉣ 학습관리시스템

① ㉠, ㉡
② ㉠, ㉡, ㉢
③ ㉡, ㉢, ㉣
④ ㉠, ㉡, ㉢, ㉣

46

운영자는 학습자가 원활한 이러닝 학습을 할 수 있도록 지원을 할 수 있다. 다음 〈보기〉 중 학습자가 조치를 취해야 할 상황을 <u>모두</u> 고른 것은?

| 보기 |

㉠ 과도한 트래픽으로 동영상 재생이 되지 않는 경우
㉡ 학습자의 PC가 바이러스에 감염된 경우
㉢ 학습자가 낮은 버전의 웹 브라우저를 사용하고 있는 경우
㉣ 인증서가 만료된 경우

① ㉠, ㉡   ② ㉠, ㉣
③ ㉡, ㉢   ④ ㉢, ㉣

47

학습 관련 문제 발생 시 운영자의 조치사항으로 가장 적절한 것은?

① 동영상 서버의 트래픽이 과도하게 몰려 학습자의 인터넷 접속환경을 확인하였다.
② 학습자 컴퓨터로 접속했을 때 학습 창이 자동으로 닫혀 충돌 플러그인을 삭제하도록 안내하였다.
③ 웹 사이트 접속이 되지 않는다는 문의가 다수 들어와 학습자의 브라우저 버전을 확인하였다.
④ 동영상 코덱 문제로 서비스가 되지 않아 동영상 서버에 코덱을 설치하였다.

48

다음 〈보기〉 중 일반적으로 웹 사이트 로그인 전에 확인할 수 없는 정보를 <u>모두</u> 고른 것은?

| 보기 |

㉠ 수강신청 과정 리스트
㉡ 과정명
㉢ 진도율
㉣ 학습 기간
㉤ 강사명

① ㉠, ㉡   ② ㉠, ㉢
③ ㉡, ㉢   ④ ㉠, ㉢, ㉣

49

다음 중 총괄평가에 대한 설명으로 옳지 <u>않은</u> 것은?

① 총괄평가는 문제은행 방식으로 구현될 수 있다.
② 총괄평가의 부정시험 방지를 위해 시스템적인 제약을 걸어 놓은 경우도 있다.
③ 총괄평가의 점수는 수료에 영향을 주기 때문에 학습자 불만사항을 접수받는 경우가 많다.
④ 총괄평가 점수는 객관적인 기준에 의해 산정되므로 이의신청 절차는 불필요하다.

50

다음 〈보기〉에서 설명하는 상호작용의 유형은?

> **보기**
>
> 첨삭과 평가 등을 통해 이루어지는 상호작용

① 학습자 - 학습자
② 학습자 - 교·강사
③ 학습자 - 시스템/콘텐츠
④ 학습자 - 운영자

51

다음 〈보기〉 중 오디오 자료에 대한 올바른 설명을 <u>모두</u> 고른 것은?

> **보기**
>
> ㉠ 웹에서 사용할 수 있는 대표적인 오디오 포맷은 MP3다.
> ㉡ 아이폰 계열의 경우 m4a로 저장되기도 한다.
> ㉢ 모바일 환경을 고려하여 오디오는 mp3 포맷을 주로 활용한다.
> ㉣ mp4 동영상 변환 소프트웨어의 옵션 조정을 통해 mp3로 변환할 수 있다.

① ㉠, ㉡, ㉢
② ㉠, ㉢, ㉣
③ ㉡, ㉢, ㉣
④ ㉠, ㉡, ㉢, ㉣

52

다음 중 학습자료로 활용할 수 있는 문서에 대해 <u>잘못</u> 설명한 것은?

① 마이크로소프트사가 제작한 오피스 소프트웨어의 대표적 문서는 워드, 엑셀, 파워포인트이다.
② 아래아한글 파일의 확장자명은 hwp이다.
③ 오픈오피스로 워드, 엑셀, 파워포인트 파일을 읽고 쓸 수 있다.
④ 공무원, 학교, 공공기관 등은 대부분 오픈오피스로 문서를 작성한다.

53

게시판에 공유하기 위한 자료 이름의 작성 방법으로 옳지 <u>않은</u> 것은?

① 영문자와 숫자를 조합하여 사용한다.
② 중간에 공백을 없앤다.
③ 특수문자를 사용한다.
④ 단어 사이에 언더바(_)를 사용한다.

54

다음 중 학습 진도관리에 대한 설명으로 옳지 <u>않은</u> 것은?

① 학습관리시스템의 학습현황 정보에서 과정별로 진도 현황을 체크할 수 있다.
② 일반적으로 진도는 퍼센트로 표현된다.
③ 학습 진도의 누적 수치에 따라서 수료와 미수료 기준이 결정된다.
④ 진도는 차시 단위로만 체크된다.

55

〈보기〉의 학습 독려 수행 절차를 순서대로 올바르게 나열한 것은?

| 보기 |

ㄱ 학습지원 시스템에서 학습 진도 현황 확인
ㄴ 독려 리스트를 만든 후 독려
ㄷ 운영 계획서의 일정 확인
ㄹ 쪽지, 이메일, 문자 등의 독려 방법 확인
ㅁ 과제가 있는 경우, 과제가 없는 경우, 과제가 있는데 제출했는지 여부 등 확인

① ㄱ－ㄹ－ㄴ－ㅁ－ㄷ
② ㄴ－ㄷ－ㄱ－ㅁ－ㄹ
③ ㄷ－ㄱ－ㅁ－ㄹ－ㄴ
④ ㄹ－ㄱ－ㄴ－ㄷ－ㅁ

다음 〈보기〉에서 설명하는 소통 채널은?

| 보기 |

• 학습자가 원하는 상세한 정보를 전달할 수 있는 소통 채널이다.
• 전달하려는 정보의 양과 수준에 따라 내용과 구조의 설계를 다르게 해야 한다.

① 문자
② 이메일
③ 푸시 알림
④ 전화

운영자는 학습 과정 중에 발생하는 학습자의 질문에 신속히 대응할 수 있다. 다음 중 채팅을 활용한 대응 방법으로 적절하지 <u>않은</u> 것은?

① 채팅 전문소프트웨어를 사용할 수도 있고, 모바일 메신저를 활용할 수도 있다.
② 실시간 대응 인력은 필요하지 않다.
③ 채팅 기능을 자체 기술로 해결하기 위해서는 투자가 필요하다.
④ 조직 내 준비상황을 고려하여 대응 전략을 수립할 필요가 있다.

58

Keller의 ARCS 이론 중 다음 〈보기〉 내용과 관련된 동기전략의 요소는?

| 보기 |

교육생의 경험, 가치관과 밀접한 관련을 맺고 있는 구체적인 예나 경험을 제공한다.

① 주의집중
② 관련성
③ 자신감
④ 만족감

59

다음 중 학습 동기 이론에 대한 설명으로 옳지 <u>않은</u> 것은?

① 기술수용모델에서는 기술에 대한 수용 과정을 인지된 용이성과 인지된 유용성으로 구분한다.
② 기술수용모델에서 인지된 유용성은 특정 시스템을 사용하는 것이 자신의 업무능력을 향상시킬 것으로 믿는 정도를 의미한다.
③ 자기결정이론에서는 동기를 여섯 가지로 구분하였다.
④ 자기결정이론에서 자기결정성이 가장 낮은 상황은 내부 규제 상황이다.

60

자주 묻는 질문은 질문 유형을 잘 분류해두어야 한다. 다음 〈보기〉 중 수강신청 관련 질문을 <u>모두</u> 고른 것은?

| 보기 |

㉠ 온라인과제 분량은 얼마이며 제출 기간은 어떻게 되나?
㉡ 고용보험 환급과정으로 수강신청을 하고 싶은데 대상은 어떻게 되나?
㉢ 포인트는 얼마를 주고 언제까지 사용할 수 있나?
㉣ 고용보험 환급제도란 무엇인가?
㉤ 수료 조건은 어떻게 되나?

① ㉠, ㉢
② ㉡, ㉢
③ ㉡, ㉣
④ ㉢, ㉤

61

다음 〈보기〉 중 수강오류 해결 방법에 대한 설명으로 옳은 것을 <u>모두</u> 고른 것은?

| 보기 |

㉠ 운영자가 관리자 기능을 통해 직접 해결할 경우 기존 데이터에 영향을 주는지 면밀하게 검토해야 한다.
㉡ 모든 오류는 기술 지원팀에 요청하여 처리하여야 한다.
㉢ 운영자가 직접 처리하지 못할 때는 기술 지원팀에 요청하여 처리한다.
㉣ 기술 지원팀에 요청하여 처리할 때 운영자는 육하원칙에 맞게 내용을 정리하여 전달한다.

① ㉠, ㉡, ㉢
② ㉠, ㉡, ㉣
③ ㉠, ㉢, ㉣
④ ㉡, ㉢, ㉣

62

다음 중 운영 준비 활동과 관련된 체크리스트가 <u>아닌</u> 것은?

① 이러닝 운영을 위한 학습관리시스템(LMS)을 점검하여 문제점을 해결하였는가?
② 학습관리시스템(LMS)에 교육과정과 세부 차시를 등록하였는가?
③ 원활한 학사 진행을 위해 수립된 학사일정을 협업부서에 공지하였는가?
④ 원격지원 상에서 발생하는 문제상황을 분석하여 대응 방안을 수립하였는가?

63

다음 〈보기〉의 성적처리 활동 중 학습자가 제기한 성적에 대한 이의신청 처리 절차를 순서대로 올바르게 나열한 것은?

| 보기 |

ⓐ 학습자에게 해결방안 제시
ⓑ 학습자의 이의신청 사항 경청
ⓒ 학습자 이의신청 이유 분석
ⓓ 개선사항 반영

① ⓑ-ⓒ-ⓐ-ⓓ
② ⓑ-ⓓ-ⓐ-ⓒ
③ ⓒ-ⓑ-ⓐ-ⓓ
④ ⓒ-ⓑ-ⓓ-ⓐ

64

시스템 관리자의 운영 활동 중 운영 준비과정 지원에 해당하지 <u>않는</u> 활동은?

① 교육과정 개설 준비를 위한 시스템 운영
② 학사일정 수립 준비를 위한 시스템 운영
③ 수강 신청관리 준비를 위한 시스템 운영
④ 교·강사 활동 기능 지원을 위한 시스템 운영

65

다음 〈보기〉에서 설명하는 이러닝 운영과정의 현황 및 결과 검토 자료는?

| 보기 |

시험 성적, 과제물 성적, 학습 과정 참여(토론, 게시판 등) 성적, 출석 관리 자료(학습 시간, 진도율 등)에 관한 내용으로 구성된다.

① 고객지원 현황 자료
② 과정 만족도 조사 자료
③ 학업성취도 자료
④ 과정 평가 결과 보고자료

66

다음 중 최종 평가보고서에 반영될 개선사항에 관한 내용분석 기준으로 옳지 <u>않은</u> 것은?

① 과정 운영상에서 수집된 자료를 기반으로 운영 성과 결과를 분석했는가?
② 운영 성과 결과분석을 기반으로 개선사항을 도출했는가?
③ 도출된 개선사항을 관리자에게 정확하게 전달했는가?
④ 전달된 개선사항이 실행되었는가?

67

이러닝 평가 결과관리 방법에 대한 설명으로 옳지 <u>않은</u> 것은?

① 지필고사 채점은 시스템에 의해 자동으로 진행된다.
② 서술형 문제의 채점은 교·강사, 튜터 등이 직접 진행한다.
③ 모사 관리는 서술형 평가에서 발생할 수 있는 내용 중복성을 검토하는 것이다.
④ 서술형 문제의 내용에 대한 모사 여부는 교·강사, 튜터 등이 먼저 파악한다.

68

선다형 문항의 전체 반응자 수가 60명이고 문항의 정답자 수가 50명인 경우 문항 난이도를 올바르게 해석한 것은?

① 해당 문항의 난이도는 적정하다.
② 해당 문항의 난이도 지수는 높다.
③ 해당 문항은 문제가 어렵다.
④ 해당 문항 난이도 지수는 0.54이다.

69

다음 〈보기〉와 같은 특징을 가진 단위별 평가 유형은?

| 보기 |

- 장점: 세부 지식보다 광범위한 주제에 대한 이해도 측정이 가능하다.
- 단점: 문항의 수가 적기 때문에 내용 타당도가 낮을 수 있다.

① 객관식 문제　　② 연결하기 문제
③ 서술형 문제　　④ 구두시험

70

다음 중 단위별 평가의 활용에 대한 설명으로 옳지 <u>않은</u> 것은?

① 단위별 평가의 결과를 검토하여 차시별 학습목표 달성도가 어느 정도인지를 산출할 수 있다.
② 학습목표 달성도를 해당 차시 운영 결과로 볼 수 있다.
③ 학습목표 달성도 확인을 통해 콘텐츠의 개발 적합성 여부를 가늠할 수 있다.
④ 학습목표 달성 적합도는 교·강사의 적합성을 평가하는 척도로 활용할 수 있다.

PART 03 　이러닝 운영관리

71

이러닝 수요 예측과 관련하여 다음 〈보기〉에서 설명하고 있는 개념은?

| 보기 |

분화된 시장 중에서 표적 시장을 정한 후 경쟁 제품과 다른 차별 요소를 표적 시장 내 목표 고객의 머릿속에 인식시키기 위한 마케팅믹스(marketing mix) 활동을 뜻한다.

① 시장 세분화　　② 표적 시장 선정
③ 포지셔닝　　　④ 가격전략

다음 〈보기〉와 같은 세부 활동을 수행하는 계획 수립 단계는?

┌ 보기 ┐

운영과정의 특성을 분석하고 4P 분석을 통한 마케팅 포인트를 설정하며, 마케팅 타겟을 선정한다.

① 일정계획 수립
② 홍보계획 수립
③ 운영전략 수립
④ 성과계획 수립

다음 중 학습목표 기술을 위한 구성요소가 <u>아닌</u> 것은?

① 태도
② 조건
③ 기준
④ 행동 동사

이러닝 사업기획 시 운영 중 단계의 사업기획 요소가 <u>아닌</u> 것은?

① 학습 진행 상황 모니터링과 같은 진도관리
② 학습 참여도나 만족도 조사 등의 평가관리
③ 학습촉진 활동과 상담 지원과 같은 교·강사 관리
④ 참여자 독려 및 과제 제출 여부 확인과 같은 과제 관리

다음 〈보기〉의 과정 관리사항 중 교육과정 후 관리사항에 해당하는 것을 <u>모두</u> 고른 것은?

┌ 보기 ┐

㉠ 과정 홍보 관리   ㉡ 수료 처리
㉢ 로그인 ID 지급   ㉣ 만족도 조사
㉤ 게시판 관리   ㉥ 과제물 관리
㉦ 공지사항 관리   ㉧ 과정별 코드 관리
㉨ 평가 결과보고서 작성

① ㉠, ㉢, ㉤
② ㉡, ㉣, ㉨
③ ㉢, ㉣, ㉥
④ ㉣, ㉦, ㉨

이러닝 운영기획 시 홍보계획 수립에 대한 주요 검토 내용으로 옳지 <u>않은</u> 것은?

① 홍보계획 수립 시 학습자의 운영 만족도를 분석해야 한다.
② 홍보계획은 과정의 운영계획과 운영전략을 수립할 때 함께 모색해야 한다.
③ 마케팅 전략, 홍보전략, 매출계획 등을 수립할 때 홍보계획을 검토하면 효율적이다.
④ 홍보계획 수립 시 과정 특성에 적합한 홍보 대상, 방법, 자료를 마련해야 한다.

77

이러닝 운영기획에서 활용할 수 있는 다음 〈보기〉의 체크리스트 중에서 홍보계획 수립 관련 체크리스트에 해당하는 것을 모두 고른 것은?

> 보기
>
> ㉠ 운영과정의 특성 분석을 하였는가?
> ㉡ 과정 튜터는 결정되었는가?
> ㉢ 과정 운영자는 결정되었는가?
> ㉣ 홍보 마케팅 포인트를 설정하였는가?
> ㉤ 평가 기준 및 배점은 결정되었는가?

① ㉠, ㉣ 　　　　② ㉡, ㉣
③ ㉢, ㉣ 　　　　④ ㉣, ㉤

78

이러닝 운영을 위한 학습환경 준비 검토를 위해 고용노동부 고시의 학습관리시스템(LMS)의 기능 체크리스트를 활용할 수 있다. 다음 중 교·강사 모듈과 관련된 점검 항목은?

① 훈련목표, 학습평가보고서 양식, 출결 관리 등에 대한 안내가 이루어지고 있는가?
② 시험 평가 및 과제에 대한 첨삭지도가 웹상에서 가능한 기능을 갖추고 있는가?
③ 동일 ID에 대한 동시접속방지 기능을 갖추고 있는가?
④ 훈련생의 개인정보 수집에 대한 안내를 명시하고 있는가?

79

이러닝 콘텐츠 품질기준의 점검 요소 중 교수설계와 관련된 내용이 아닌 것은?

① 학습목표의 달성을 위한 교수학습 전략 채택 여부
② 다양한 동기유발 전략 적용 여부
③ 목차 학습지원 메뉴, 페이지 이동의 편리성 여부
④ 상호작용 전략 적용 여부

80

다음의 운영 결과보고서 항목 중 운영 개요에 포함되지 않는 것은?

① 과정명
② 인원
③ 수료율
④ 교육 기간

81

다음 중 과정 만족도 조사에 대한 설명으로 옳지 않은 것은?

① 교육 프로그램에 대한 느낌이나 만족도를 측정하는 것을 의미한다.
② 교육의 과정과 운영상의 문제점을 수정·보완함으로써 교육의 질을 향상하기 위해 실시한다.
③ 조사 대상은 학습자, 교·강사, 교육 내용, 시험 점수 등이다.
④ 학습자의 반응 정보를 다각적으로 분석·평가하는 것이다.

82

다음 중 교육과정 내용과 관련한 만족도 조사 문항이 <u>아닌</u> 것은?

① 교육과정의 학습 내용은 학습목표에 대비하여 적절했는가?
② 교육과정의 학습 분량은 적절했는가?
③ 과제에 대한 첨삭지도는 충실하였는가?
④ 교육과정의 내용은 현업에 많은 도움이 될 것으로 생각되는가?

83

학업성취도 평가 결과를 확인하고 평가 결과가 높거나 낮게 나타나면 그에 대한 원인 분석이 필요하다. 다음 중 평가 결과에 영향을 미치는 원인에 대한 설명으로 옳지 <u>않은</u> 것은?

① 평가 문항의 난이도: 학습목표 난이도보다 높으면 점수가 낮아 수료율이 낮아지고, 난이도보다 낮으면 점수가 높아져 변별력이 저하된다.
② 연습의 기회 부여: 기능 영역은 행동의 신체적 변화를 측정하는 것이므로 충분한 연습의 기회를 제공해야 한다.
③ 평가 시기: 평가 시기에 따라 학습자의 평가 불참이 발생할 수 있다.
④ 사전·사후평가: 다른 평가 내용으로 실시해야 변화 정도를 파악하고 비교할 수 있다.

84

학업성취도 평가도구 중 하나인 설문조사에 대한 설명으로 옳지 <u>않은</u> 것은?

① 해당 문제에 대한 학습자 선호나 의견의 정도를 가늠하기 위해 사용한다.
② 일반적으로 5점 척도를 사용한다.
③ 10점 척도는 100점 기준에 익숙한 학습자들이 쉽고 정확하게 자신의 선호나 의견을 표현하는 데 도움이 된다.
④ 7점 척도는 중간값에 대한 학습자의 인식을 고려하여 사용한다.

85

학업성취도 향상을 위해 이러닝 운영자는 다양한 운영전략을 마련할 수 있다. 다음 중 과제 수행 지원과 관련한 운영전략에 대한 설명으로 옳지 <u>않은</u> 것은?

① 단편적인 지식에 대한 과제 수행은 과제 모사율이 높아져 평가 결과를 신뢰하기 어려울 수 있다.
② 과제 내용은 사례 분석, 시사점 제시, 개인 의견 작성 등과 같은 것이 적절하다.
③ 과제 평가에 대한 구체적인 평가 기준은 사후에 안내하여야 한다.
④ 과제 수행에 필수 응용프로그램이 필요할 경우 프로그램 설치를 지원하여야 한다.

86

이러닝 과정 종료 시 작성하는 평가 결과보고서의 교·강사 만족도 평가에 대한 설명으로 옳지 <u>않은</u> 것은?

① 교·강사 만족도 평가는 교육 훈련이 시작된 이후 과제 수행, 시험 피드백, 학습활동 지원 등 학습이 완료되기까지 제공되는 다각적인 활동에 대해 평가하는 것이다.
② 교·강사 만족도 평가는 학습자만 참여할 수 있다.
③ 평가 결과는 교·강사에 대한 선발, 유지, 퇴출 등의 교·강사 관리의 기초자료로 활용된다.
④ 평가 결과는 교육 훈련의 질적 개선을 도모할 수 있는 중요한 자료로 활용될 수 있다.

87

이러닝 과정 종료 시 작성하는 평가 결과보고서의 학업성취도 평가의 구성에 대한 설명으로 옳지 <u>않은</u> 것은?

① 학업성취도 평가의 구성요소는 이러닝 운영계획을 수립할 때부터 구체적으로 제시되어야 한다.
② 평가 요소의 선정 및 수립에 따라 과정 운영에 대한 지원 전략 및 관리 방안이 달라질 수 있다.
③ 지식 영역은 지필고사와 문답법을 활용하여 측정할 수 있다.
④ 기능 영역은 지필고사와 역할놀이를 활용하여 측정할 수 있다.

88

다음 중 평가보고서의 학습자별 학업성취도 평가에 대한 설명으로 옳지 <u>않은</u> 것은?

① 지필시험의 경우 문제은행 방식으로 출제된 시험 문제가 개별 학습자에게 온라인으로 제공된다.
② 과제 수행의 경우 전체 학습자를 대상으로 모사 여부를 판단한다.
③ 과제 채점 시 교·강사는 주관적 판단에 따라 감점 사유를 명시한다.
④ 평가 결과는 교·강사에게는 문제 출제와 과제 구성에 대한 분석자료로 제공되어 향후 과정 운영의 개선을 위해 활용할 수 있다.

89

이러닝 콘텐츠의 내용 적합성과 관련 평가에 대한 설명으로 옳은 것은?

① 일반적으로 학습콘텐츠를 개발하는 과정에서 품질관리 차원의 인증과정을 통해 내용 전문가들에 의해서 관리된다.
② 학습콘텐츠 개발 이후의 내용 적합성은 내용 전문가와 콘텐츠 개발자의 질 관리 절차를 통해 다루어진다.
③ 이러닝 콘텐츠 내용 적합성이란 이러닝 학습을 운영하는 과정에서 활용된 학습콘텐츠의 내용에 대한 적합성을 의미한다.
④ 교사 연수를 위한 내용 적합성 평가의 예로 직업능력개발훈련 심사가 있다.

90

다음 〈보기〉 중 학습 내용 적합성의 평가 기준으로 옳은 것을 <u>모두</u> 고른 것은?

| 보기 |

㉠ 학습목표
㉡ 직무 특성
㉢ 학습 내용구성 및 조직
㉣ 학습 난이도
㉤ 조직 구성

① ㉠, ㉣, ㉤
② ㉠, ㉢, ㉣
③ ㉡, ㉢, ㉣
④ ㉢, ㉣, ㉤

91

학습콘텐츠의 개발 적합성을 확인하는 방법으로 적절하지 <u>않은</u> 것은?

① 학습콘텐츠 사용의 용이성을 확인한다.
② 학습콘텐츠 탑재 적합성을 확인한다.
③ 학습평가 요소의 적합성을 확인한다.
④ 학습 분량의 적합성을 확인한다.

92

학습콘텐츠 운영 적합성 평가 기준 중 운영평가 과정에 해당하는 것은?

① 운영하고자 하는 학습콘텐츠가 학습관리시스템(LMS)에 정상적으로 등록되었는지에 대한 확인이 이루어졌는가?
② 학습 과정에서 학습콘텐츠 활용에 관한 불편사항 및 애로사항은 없었는가?
③ 운영하고자 하는 학습콘텐츠의 오류 여부에 대한 확인이 이루어졌는가?
④ 이러닝 운영 과정에서 학습콘텐츠의 활용 등 학습 과정에 대한 정보를 다양한 방법을 통해서 학습자들에게 적시에 정확하고 충분하게 제공하였는가?

93

이러닝 교육 운영기관 담당자가 콘텐츠 학습 내용이 과정 운영목표에 맞게 구성되어 있는지 확인하고 조치하는 방법으로 옳지 <u>않은</u> 것은?

① 과정 운영목표를 확인하기 위해 운영기획서를 확인한다.
② 과정 운영목표를 확인하기 위해 운영기관 홈페이지를 확인한다.
③ 확인한 과정 운영목표와 실제 운영된 학습콘텐츠의 내용이 부합하는지를 확인하여 일치하면 내용이 적합한 것으로 판단한다.
④ 확인한 과정 운영목표와 실제 운영된 학습콘텐츠의 내용이 부합하지 않을 경우 스스로 처리한다.

94

콘텐츠 개발 적합성 요소 중 학습 분량의 적합성에 대한 설명으로 옳지 않은 것은?

① 학습 분량 적합성은 학습콘텐츠의 전체적인 학습 시간이 학습에 요구되는 학습 시간을 충족하고 있는가를 평가하는 것이다.

② 실제 운영된 학습콘텐츠의 학습 분량이 적합하지 않을 경우 관련 법·제도를 고려하여 해결방안을 강구해야 한다.

③ 학습 분량 적합성 평가를 위해 이러닝 과정 운영에 사용된 학습콘텐츠의 학습 시간을 확인해 볼 필요가 있다.

④ 일반적으로 동영상 학습콘텐츠의 경우 1학점당 학습 시간이 최소한 20분 이상으로 구성되어야 한다.

다음 중 교·강사 활동평가 기준을 수립하는 방법으로 옳지 않은 것은?

① 이러닝 교육 운영기관 담당자는 운영기관의 특성에 맞춰 교·강사의 활동평가 기준을 수립한다.

② 이러닝 교육 운영기관 담당자는 작성된 교·강사 활동평가 기준을 검토한다.

③ 교·강사의 활동평가 기준 수립을 위해 이러닝 교육 운영기관 담당자는 운영기관의 특성을 확인한다.

④ 교·강사의 활동평가 기준 수립을 위해 이러닝 교육 운영기관 담당자는 교수설계서의 과정 운영목표를 확인한다.

96

다음 〈보기〉와 관련 있는 교·강사 활동 결과분석 내용은?

> 보기

학습관리시스템(LMS)에 기록되어 있는 질의응답에 대한 답변내용을 활용하여 응답 시간의 적절성, 응답 횟수의 적절성, 응답 내용의 질적 적절성 및 분량 등을 평가한다.

① 질의응답의 충실성 분석

② 첨삭지도 및 채점 활동 분석

③ 보조자료 등록 현황 분석

④ 학습 참여 독려 현황 분석

이러닝 시스템 운영 결과 내용 중 운영 실시 과정의 지원에 해당하지 않는 것은?

① 학사관리 기능 지원을 위한 시스템 운영

② 교·강사 활동 기능 지원을 위한 시스템 운영

③ 이러닝 과정 평가관리 기능 지원을 위한 시스템 운영

④ 이러닝 고객 활동 기능 지원을 위한 시스템 운영

98

다음 중 운영환경 준비를 위한 시스템 운영의 세부 내용으로 적절하지 <u>않은</u> 것은?

① 학습 사이트 이상 유무 분석
② 멀티미디어 기기에서의 콘텐츠 구동에 관한 이상 유무 분석
③ 수료 관리기능 이상 유무 분석
④ 단위 콘텐츠 기능의 오류 유무 분석

99

수강신청 관리 활동 수행 여부에 대한 고려사항으로 옳지 <u>않은</u> 것은?

① 수강이 가능한 PC, 모바일 학습환경을 확인하였는가?
② 개설된 교육과정별로 수강신청 명단을 확인하고 수강 승인처리를 하였는가?
③ 운영 예정 과정에 대한 운영자 정보를 등록하였는가?
④ 운영을 위해 개설된 교육과정에 교·강사를 지정하였는가?

100

수강오류 관리 활동 수행 여부에 대한 고려사항으로 옳지 <u>않은</u> 것은?

① 학습 진도 오류 등 학습활동에서 발생한 각종 오류를 파악하고 이를 해결하였는가?
② 과제나 성적 처리상의 오류를 파악하고 이를 해결하였는가?
③ 수강오류 발생 시 내용과 처리 방법을 공지사항을 통해 공지하였는가?
④ 학습자의 PC, 모바일 학습환경을 원격지원하였는가?

제1회 정답 및 해설

01	④	02	③	03	②	04	②	05	②
06	①	07	③	08	④	09	③	10	②
11	④	12	①	13	④	14	②	15	②
16	①	17	②	18	③	19	②	20	④
21	②	22	①	23	③	24	②	25	④
26	③	27	④	28	②	29	④	30	①
31	④	32	③	33	④	34	④	35	①
36	③	37	①	38	③	39	②	40	④
41	①	42	④	43	③	44	②	45	③
46	③	47	④	48	④	49	②	50	④
51	②	52	④	53	④	54	③	55	③
56	③	57	③	58	③	59	②	60	④
61	①	62	②	63	②	64	②	65	①
66	①	67	④	68	②	69	②	70	③
71	③	72	②	73	④	74	④	75	③
76	①	77	④	78	③	79	③	80	③
81	①	82	③	83	③	84	①	85	②
86	④	87	②	88	③	89	④	90	②
91	①	92	④	93	③	94	④	95	③
96	②	97	②	98	③	99	③	100	④

01 ④

이러닝 산업 특수분류의 대분류는 콘텐츠, 솔루션, 서비스, 하드웨어이다.

02 ③

학습·훈련을 제공하는 사업은 '이러닝 서비스'이다.

03 ②

이러닝에 필요한 교육 관련 정보시스템의 전부 혹은 일부를 개발, 제작, 가공, 유통하는 이해관계자는 솔루션 사업체이다.

04 ②

콘텐츠 마켓·학습관리시스템(LMS) 등을 제공하는 공공 플랫폼은 STEP이다.

05 ②

아바타를 통해 현실과 같은 활동을 할 수 있는 3차원 공간 플랫폼은 메타버스이다.

06 ①

SaaS LMS는 시스템 관련 기술이며 나머지는 콘텐츠 관련 기술이다.

07 ③

두 종류 이상의 훈련을 병행하는 형태는 혼합훈련이다.

08 ④

DBMS에 대한 동시접속 권한을 20개 이상 확보해야 한다는 요건은 위탁 훈련시설의 요건에 해당한다.

09 ③

콘텐츠 제작물은 개발 단계의 산출물에 속한다.

10 ②

학습 내용이 개발물에 어떻게 표현되고 전개되는지 작성되어 있는 산출물은 스토리보드이다.

11 ④

매체 제작자는 동영상 요소 개발과 관련된 인적 자원이다.

12 ①

타블렛은 애니메이터가 주로 사용하는 물적 자원에 속한다.

13 ④

WBI형은 개발 형태에 따라 구분한 콘텐츠 유형이다.

14 ②

학습자 스스로가 주어진 문제 상황의 의사결정자가 되어 다각적인 검토와 분석을 통해 문제를 해결해 볼 수 있도록 하는 콘텐츠 개발 유형은 문제중심학습형이다.

15 ②

일반적으로 콘텐츠 운영 서버에 탑재되는 소프트웨어 서버로는 웹 서버, 애플리케이션 서버, 미디어 서버가 있다.

16 ①

아파치(Apache)는 가장 대중적인 웹 서버로, 무료이며 자바 서블릿(Servlet)을 지원하고 실시간 모니터링, 자체 부하 테스트 등의 기능을 제공한다.

17 ②

프로젝트 리더(PL)는 콘텐츠의 설계, 제작 책임을 맡은 중간 관리자 역할을 하는 사람이다. 교수 설계부터 매체 제작까지 콘텐츠 실제 개발과 관련된 업무를 관리해야 한다.

18 ③

개발과정에 대한 보완사항의 사전 규명과 보완을 목적으로 설계서를 기반으로 실제 개발될 학습콘텐츠의 1차시 분량의 프로토타입을 개발한다.

19 ②

콘텐츠 구성은 이러닝 콘텐츠가 사용자에게 더욱 효과적으로 전달될 수 있도록 하는 데 중요한 역할을 하며, 콘텐츠 구성에는 콘텐츠의 전반적인 흐름, 학습목표, 학습내용 등이 포함된다.

20 ④

실무에서는 스튜디오 위치가 중요한 요소일 수는 있지만, 동영상 촬영 유형과는 관련이 없다.

21 ②

공공기관 이러닝 시스템은 주로 전자정부 표준프레임워크 기반으로 개발이 이루어진다.

22 ①

HTML5는 HTML + CSS + JavaScript 형식으로 구성되어 있으며 다양한 운영체제 대응이 가능하고, 플러그인이 탑재되지 않은 기기에서도 동작할 수 있다.

23 ③

Edu Graph에서 제안하는 교육 데이터 모델의 5가지 분류는 Learning Content Data, Learning Activity Data, Operation Data, Career Data, Profile Data이다.

24 ②

Experience API는 학습 관련 데이터 표준인 SCORM으로부터 출발하여 더욱 간단하고 유연하게 사용될 수 있도록 최소한의 일관된 어휘를 통해 데이터를 생산하고 전송할 수 있도록 한 표준이다.

25 ④

사업자는 사업 검사 및 최종감리 수행 시 기술적용결과표를 작성하여 제출하여야 한다.

26 ③

추정가격 중 하드웨어의 비중이 50% 이상인 사업은 기술능력평가의 배점 한도를 80점으로 하여야 한다.

27 ④

데이터 관리 시스템은 소프트웨어 요구사항 항목에 속한다.

28 ②

학습시스템의 개발은 요구사항 정의 → 개발 계획 수립 → 분석 작업 → 데이터베이스 모델링 순서로 진행된다.

29 ④

「정보시스템 운영관리 지침」에서 제시하는 10대 관리요소는 구성 및 변경관리, 운영상태관리, 성능관리, 장애관리, 보안관리, 백업관리, 사용자 지원관리, 전산기계실관리, 운영아웃소싱관리, 예산관리이다.

30 ①

장애등급 측정 절차는 장애의 식별 → 영향도의 측정 → 긴급도의 측정 → 장애 복구 순서로 진행된다.

31 ④

시스템과 사용자 간에 상호작용 시나리오를 작성하여 시스템 요구사항을 수집하는 것은 시나리오를 활용한 방법이다.

32 ③

요구사항 명세서에는 소프트웨어 시스템이 수행하여야 할 모든 기능과 시스템에 관련된 구현상의 제약조건 등의 내용이 포함되어 있다.

33 ④

학습시스템 기능 분석을 위한 학습자 요구사항 분석은 교수자의 교수학습 모형 분석 → 교수학습 모형에 맞는 수업모델 비교분석 → 수업모델의 사용 실태 분석 → 실제 수업에 적용된 수업모델 조사분석의 순서로 진행된다.

34 ④

모든 교수학습 방법들을 비교 분석하는 것은 현실적으로 어려우므로, 교수 방법에 대한 사용 실태조사 후 주요 교수학습 방법을 선정하여 비교 분석해야 한다.

35 ①

교수학습 활동이란 교수자가 가르친 것을 학습자가 배우는 것으로, 양자 간의 상호의존적 특성을 가진다.

36 ③

Glaser의 교수 - 학습 과정 4가지 활동은 수업목표 확정, 출발점 행동의 진단, 수업의 실제, 평가 활동이다.

37 ①

과정 운영자는 학습자가 강의를 이수하는 데 불편함이 없도록 사전 점검을 진행해야 한다.

38 ③

모니터링은 관리자 모듈과 관련된 기능 체크 항목에 속한다.

39 ②

이러닝 콘텐츠 점검 항목에는 교육 내용, 화면 구성, 제작 환경이 있다.

40 ④

제작 환경에 대한 오류인 경우에는 이러닝 콘텐츠 개발자에게 수정을 요청해야 한다.

41 ①

〈보기〉의 설명은 학습관리시스템(LMS, Learning Management System)에 대한 것이다.

42 ④

교수·학습활동 관련 기능은 LMS와 관련되며, 수업(학습)관리는 LMS의 기능에 해당한다.

43 ③

권한 그룹 메뉴 관리 기능은 관리자 기능에 해당한다.

44 ②

'교수자가 시간을 할애할 수 있는지 여부를 확인하는 것'은 시스템 자원관리 측면이다.

45 ③

웹 브라우저의 종류를 파악하는 것은 소프트웨어의 이상 여부를 확인하기 위한 것이다.

46 ③

과도한 트래픽은 학습자가 아니라 운영자가 조치해야 할 상황이다.

47 ④

FAQ는 학습자 편의를 위해 반복적으로 발생하는 문제 상황과 해결 방법을 안내하는 것으로, 웹 사이트 접속 장애의 원인을 파악하기 위한 조치와는 거리가 멀다.

48 ④

①, ②, ③번은 학습자 컴퓨터에 의한 문제 상황이며, ④번은 학습지원 시스템에 의한 문제 상황이다.

49 ③

진도율은 로그인을 한 후에 확인할 수 있는 정보이다.

50 ④

성적과 관련되지 않은 과제일지라도 과제 첨삭 여부에 따라서는 튜터링을 진행할 사람을 사전에 구성할 필요가 있다.

51 ②

진도율은 학습관리시스템에서 자동으로 계산하여 강의실 화면에서 보여주는 경우가 많다.

52 ④

1:1질문하기 기능, 고객센터 등을 통해 일어나는 상호작용은 학습자와 운영자 간 상호작용이다.

53 ④

bmp는 비트맵 디지털 그림을 저장하는 데 쓰이는 그림 파일 포맷이다. 브라우저에서는 이미지로 인식하지 않는 경우가 많다.

54 ③

avi는 비디오 자료의 확장자이다.

55 ③

독려 방법에 따른 최대 효과를 볼 수 있는 방법을 고민하고 비용, 효과성을 따져가면서 독려를 진행할 필요가 있다.

56 ③

채팅은 대표적으로 활용되는 쌍방향 소통 채널이지만 학습자가 많은 경우에는 소통이 원활하게 진행되기 어렵다는 단점이 있다.

57 ③

학습 커뮤니티를 운영할 때는 모든 학습자를 하나의 공간에서 관리하려고 하지 말고, 주제별로 구분하여 운영하는 것이 좋다.

58 ③

채팅을 활용하여 대응하기 위해서 모바일 메신저를 활용할 수도 있으므로 반드시 투자가 필요한 사항은 아니다.

59 ③

ARCS 이론의 동기 부여 요소는 주의집중(Attention), 관련성(Relevance), 자신감(Confidence), 만족감(Satisfaction)이다.

60 ④

인증서 문제는 장애와 관련한 질문 유형이다.

61 ①

이러닝 학습전략은 교수자가 아닌 학습자를 중심으로 구현되어야 한다.

62 ②

학습자의 오류는 관리자와 연동되어 움직이기 때문에 운영자 입장에서는 관리자 부문도 고려할 필요가 있다.

63 ③

먼저 수강오류의 원인을 확인한 후 직접 처리가 불가능한 경우 기술 지원팀에 처리 요청을 한다. 이후에 해결 여부를 확인하여 학습자에게 안내하도록 한다.

64 ②

진도율은 수료기준에 들어가는 중요한 정보로, 운영자가 임의로 값을 수정하게 되면 그 자체로 부정행위 발생 빈도를 높일 수 있으므로 엔지니어에게 요청하여 처리하는 경우가 일반적이다.

65 ①

학습 안내활동 수행 여부 확인은 학습활동 지원에 해당한다.

66 🔓 ①

교·강사를 대상으로 한 학사일정, 교수학습환경의 안내는 교·강사 지원에 해당한다.

67 🔓 ④

현황 자료는 준비가 아니라 운영 실시 중에 필요한 문서이다.

68 🔓 ②

평가문항 개발은 평가의 준비 단계 활동에 속한다.

69 🔓 ②

문항 변별도(D)=(상위집단의 정답자 수−하위집단의 정답자 수)/각 집단의 교육생 수=(110−30)/150=0.53

70 🔓 ③

부정형은 선다형의 유형에 속하며 조합형은 단순조합형, 복합조합형, 분류조합형으로 구분한다.

71 🔓 ③

현재 상태와 바람직한 상태의 차이를 파악하는 것은 요구분석이며, 요구분석을 위해 자료수집, 수요조사 등을 진행한다.

72 🔓 ②

시장 세분화를 할 때는 비슷한 특성과 요구를 가진 학습자들을 찾아서 하나로 묶어야 한다.

73 🔓 ④

사업기획 방향과 전략 수립을 위해서는 운영 결과를 통해 파악된 정량적 통계자료뿐만 아니라 학습자 의견과 같은 정석적 분석자료도 함께 활용해야 한다.

74 🔓 ④

해당 교육 훈련이 의도하는 방향을 일반적인 수준에서 포괄적으로 나타낸 것은 교육목적이며, 교육목표는 목적을 구체적 수준에서 측정할 수 있고 관찰할 수 있게 진술하는 것이다.

75 🔓 ③

수강신청, 강의 로그인을 위한 ID 지급은 교육과정 시작 전 진행되어야 한다. 교육과정 중 관리 항목에는 공지사항, 게시판, 토론, 과제물 관리 등이 있다.

76 🔓 ①

교·강사의 선정은 이러닝 운영전략의 주요 검토 내용과는 거리가 멀다.

77 🔓 ④

수료기준에 대한 사항은 홍보계획 수립과는 거리가 멀다.

78 🔓 ③

검토의 효율성을 위해서는 필수기능 중심으로 먼저 점검하고 과정에 따라 필요한 부가기능을 점검한다.

79 🔓 ③

집체훈련 비중에 대한 기준은 100분의 70 이하가 아니라 100분의 80 이하이다.

80 ③

수료 처리는 학습 후 활동이다.

81 ①

과정 운영 결과보고서는 하나의 과정에 대해서 작성을 하기도 하지만 여러 과정을 종합하여 작성하기도 한다.

82 ③

과제 점수는 과정 만족도 조사 대상에 포함되지 않는다.

83 ③

학습자의 변화 정도를 파악하려면 학습 전과 후를 비교할 수 있도록 사전·사후평가를 실시해야 한다.

84 ①

벤치마킹을 위해서는 우수 이러닝 사례를 선정한다.

85 ②

단순 개념에 대한 조사를 과제 수행으로 하는 경우 모사율이 높아질 수 있다.

86 ④

학습이 시작된 이후에는 사전평가를 하지 않도록 해야 하며, 사전·사후평가 방법이 아닌 다른 방법으로 학업성취도 평가를 진행하도록 해야 한다.

87 ②

학업성취도 평가의 참여율을 높일 수 있도록 시험 장소는 선택할 수 있도록 지원하는 것이 필요하다.

88 ③

하나의 과정이 여러 차수로 운영된 경우 개별 차수 결과 정리는 물론 연간 결과 정리를 함께하여 다음의 교육계획 수립에 반영할 수 있다.

89 ④

과정 운영 결과보고서는 수요자의 관점에서 포함되는 구성요소와 표현 형태를 판단하여 작성하여야 한다.

90 ②

한국교육학술정보원(KERIS) 품질인증은 기업 재직자훈련이 아닌 교사 연수를 대상으로 하는 평가이다.

91 ①

초과 수행할 수 있는 내용을 제공하는 것은 학습자가 운영목표보다 더 많은 내용을 학습해야 함을 의미한다. 그런 측면에서 교육과정의 내용은 과정 운영을 위한 목표에 적합한 내용으로 구성되어 있어야 한다.

92 ④

학습콘텐츠 내용 구성상 문제인 경우 교·강사가 아닌 내용 전문가에게 연락하여 과정 운영의 목표에 적합한 내용으로 변경한 후 해당 학습콘텐츠의 내용을 변경해야 한다.

93 ③

학습콘텐츠 활용 안내 적합성의 확인은 학습콘텐츠 개발 적합성이 아니라 학습콘텐츠 운영 적합성을 확인하는 방법이다.

94 ④

학습자들의 불편사항에 대한 자료수집은 학습콘텐츠 사용의 용이성이 적합하지 않은 경우의 조치 방법에 해당한다.

95 ③

이러닝 운영 적합성은 해당 교육과정의 운영목표에 맞게 학습콘텐츠가 활용되고 있는가의 맥락에서 콘텐츠의 운영 품질을 평가하고 관리하는 데 목적이 있다.

96 ②

학습자의 질문에 대한 교·강사의 답변은 아무리 늦어도 48시간 이내에는 제공되어야 한다.

97 ②

학습자들의 과목 공지 조회, 질의응답 게시판 참여, 토론 게시판 참여, 강의내용에 대한 출석, 동료 학습자들과 자유게 시판을 통한 의견 교환 등의 현황을 평가하는 것은 학습 참여 독려 현황 분석이다.

98 ③

이러닝 과정 운영의 질을 높이기 위해 추천할 만한 교·강사 관리 방식은 교·강사의 활동 결과를 기반으로 하는 것이다.

99 ③

완료 후 활동 지원에 해당하는 것은 '이러닝 과정 평가관리 기능 지원을 위한 시스템 운영'이다.

> ⊕ **포인트**
>
> • 학습자 학습활동 기능 지원을 위한 시스템 운영: 운영 실시과정 지원
> • 학사일정 수립 준비를 위한 시스템 운영: 운영 준비과정 지원
> • 이러닝 고객 활동 기능 지원을 위한 시스템 운영: 운영 실시과정 지원

100 ④

과정 만족도 조사 기능은 이러닝 과정 평가관리 기능 지원을 위한 시스템 운영의 세부 내용이다.

제2회 정답 및 해설

01	④	02	②	03	①	04	③	05	①
06	③	07	③	08	②	09	④	10	①
11	①	12	②	13	④	14	①	15	②
16	②	17	③	18	④	19	④	20	④
21	①	22	③	23	②	24	③	25	③
26	④	27	③	28	④	29	③	30	②
31	③	32	③	33	④	34	②	35	④
36	③	37	③	38	③	39	②	40	④
41	②	42	③	43	③	44	①	45	④
46	②	47	③	48	②	49	①	50	②
51	③	52	①	53	②	54	①	55	①
56	②	57	①	58	④	59	①	60	②
61	④	62	②	63	①	64	④	65	④
66	②	67	③	68	④	69	④	70	①
71	④	72	②	73	②	74	③	75	②
76	②	77	③	78	④	79	①	80	④
81	③	82	③	83	①	84	③	85	①
86	①	87	②	88	①	89	③	90	③
91	④	92	③	93	③	94	③	95	②
96	④	97	④	98	②	99	④	100	③

01 ④

학습콘텐츠 내용에 대한 전문적인 지식이 있는 사람은 내용 전문가이며, 교수설계자는 체계적인 교수학습 이론 및 방법론을 이용하여 학습콘텐츠를 개발할 수 있도록 설계하는 사람이다.

02 ②

이러닝을 위한 개발도구, 응용소프트웨어 등의 패키지 소프트웨어 개발과 이에 대한 유지·보수업 및 관련 인프라 임대업은 '이러닝 솔루션'이다.

03 ①

이러닝에 필요한 정보와 자료를 멀티미디어 형태로 개발, 제작, 가공, 유통하는 이해관계자는 콘텐츠 사업체이다.

04 ③

'공공 스마트 직업훈련 플랫폼(STEP)'은 이미 구축되어 있으며 제4차 기본계획에서는 '공공 스마트 직업훈련 플랫폼(STEP)'의 고도화를 목표로 하고 있다.

05 ①

인공지능의 연구 분야 중 하나로, 인간의 학습능력과 같은 기능을 컴퓨터에서 실현하고자 하는 기술 및 기법은 머신러닝이다.

06 ③

학습자에게 몰입감을 높일 수 있는 기술은 가상현실, 증강현실 기술이며 인공지능 및 머신러닝과는 거리가 멀다.

07 ③

스마트훈련은 집체훈련을 포함할 경우 원격훈련 분량이 전체 훈련 시간의 100분의 20 이상이어야 한다.

학점은행제 이용은 고등학교 졸업자 또는 동등 이상의 학력을 가진 자여야 하며, 평가인정 학습과목의 수강 비용은 교육기관의 자체적인 방침에 의해 결정된다. 그리고 학점은행제 평가인정 학습과목은 대학 부설 평생교육원, 직업전문학교, 학원, 각종 평생교육시설 등에서 운영된다.

09 ④

원격훈련 모니터링을 위한 훈련데이터 수집은 API(Application programming interface) 기반으로 진행한다.

10 ①

분석 단계의 산출물은 요구분석서이다.

> **⊙ 포인트**
>
> • 교육과정 설계서: 설계 단계 산출물
> • 콘텐츠 제작물: 개발 단계 산출물
> • 테스트 보고서: 실행 단계 산출물

11 ①

요구분석서에는 학습자의 연령, 성별, 학력, 소속 등의 일반적인 특성과 학습 내용과 연계되어 콘텐츠에서 특별히 고려되거나 요구되는 특성 등을 조사하고 파악한 내용이 제시된다.

12 ②

〈보기〉의 Adobe Premiere Pro, Power Director, 캠타시아는 동영상 녹화와 편집을 위한 소프트웨어이며, 이것은 매체 제작자가 사용한다.

13 ④

이러닝 콘텐츠는 개발 형태에 따라 구조중심형, 대화중심형, 혼합형으로 구분할 수 있다.

> **⊙ 포인트**
>
> 개인교수형은 교수–학습 구분에 따른 콘텐츠 유형이다.

14 ①

전통적인 교수 형태의 하나로, 여러 수준의 지식 전달 교육에 효과적인 콘텐츠 개발 유형은 개인교수형이다.

15 ②

WINDOW 전용으로 개발한 웹 서버로 검색 엔진, 스트리밍 오디오, 비디오 기능이 포함되어 있는 것은 IIS(Internet Information Server)이다.

16 ②

와우자 미디어 스트리밍 서버는 실시간 주문형 비디오, 동영상 채팅 등 다양한 미디어 분야에서 사용되고 있다. Java로 개발되었기 때문에 리눅스, 맥OS, 유닉스, 윈도우 등의 운영체제에서 동작하는 컴퓨터, 태블릿, 스마트 기기, IPTV 등으로 동영상을 전송할 수 있다.

17 ③

SME는 내용 전문가로 이러닝 콘텐츠의 학습 내용을 생산하고 원고를 작성하는 역할을 하며 과정 기획자와 PM, 교수설계자와 지속적인 커뮤니케이션을 통해 학습 내용을 집필한다. 프로젝트를 수행하는 사람들의 1차 고객은 SME이 아니라 프로젝트 발주자이다.

18 ④

파일럿 테스트는 개발 단계에서 수행하는 과제이다.

19 ④

학습자의 진도와 성취도 관리를 위한 요소는 LMS 연동이며 학습목표, 학습내용과 관련이 있는 요소는 콘텐츠 구성이다. 다양한 형식으로 콘텐츠를 제작할 수 있음을 의미하는 개발 요소는 콘텐츠 제작이다.

20 ④

서비스의 목적에 따라 개발언어를 하나 또는 여러 가지를 혼합해서 사용할 수 있다.

21 ①

대학교, 사이버대학교, 원격 평생교육 기관 등에서 사용되는 시스템으로 정부 부서의 권고사항을 준수해야 하는 시스템은 학점기관 이러닝 시스템이다.

22 ③

전자정부 표준프레임워크는 java 기반의 정보시스템 구축에 활용할 수 있다.

23 ②

증강현실 학습기술은 높은 실재감과 몰입감으로 학습 효과가 높아 주목받고 있다. 학습콘텐츠를 불러들이기 위한 인식 기술과 불러들인 콘텐츠를 실감 나게 현실에 증강하기 위한 자세 추정 기술, 콘텐츠 내 가상의 객체 그리고 학습콘텐츠 저작 및 관리 기술 등이 필요하다.

24 ③

인력관리 금지 예외사항은 정보화 전략계획 수립, 업무 재설계, 정보시스템 구축계획 수립, 정보보안 컨설팅 등 컨설팅 성격의 사업, 정보시스템 감리사업, 전자정부 사업관리 위탁사업, 데이터베이스 구축사업, 디지털콘텐츠 개발사업, 관제, 고정비(투입공수방식 운영비) 방식의 유지관리 및 운영 사업 등 인력관리 성격의 사업이다.

25 ③

「행정기관 및 공공기관 정보시스템 구축 운영 지침」에서 규정하고 있는 기술능력평가 배점 한도를 80점으로 하는 사업은 추정가격 중 하드웨어의 비중이 50% 이상인 사업, 추정가격이 1억 미만인 개발사업, 그 밖에 행정기관 등의 장이 판단하여 필요한 경우이다.

26 ④

리눅스, My-SQL, Apache는 소프트웨어 요구사항 항목에 해당하며 라우터는 하드웨어 요구사항 항목이다.

27 ③

이러닝 시스템 제안요청 내용 중 하드웨어에 대한 공급을 요구하는 경우도 있다.

28 ④

패키징 도구는 학습콘텐츠를 학습콘텐츠 관리시스템(LCMS)에 업로드해서 운영할 수 있도록 패키지화하는 도구이다.

> **포인트**
>
> 교안 작성, 강의내용 관리 등의 기능으로 구성되는 것은 저작도구이다.

29 🔓 ③

하드웨어 자원과 관련성이 매우 높은 관리 요소는 구성 및 변경관리, 운영상태관리, 성능관리, 장애관리, 전산실관리이다.

30 🔓 ②

시나리오에 포함되는 필수 정보는 시나리오로 들어가기 이전의 시스템 상태에 관한 기술, 정상적인 사건의 흐름, 정상적인 사건의 흐름에 대한 예외 흐름, 동시에 수행되어야 할 다른 행위의 정보, 시나리오의 완료 후에 시스템 상태의 기술이다.

31 🔓 ③

학습시스템의 기능적 요구사항은 처리 및 절차, 입출력 양식(예 한글, 영문, 한자, 색상 등), 명령어의 실행 결과, 키보드의 구체적인 조작, 주기적인 자료 출력 등이 있다. 신뢰도는 비기능적 요구사항에 해당한다.

32 🔓 ③

학습시스템 기능 분석을 위한 교수자 요구사항 분석은 교수학습 방법에 대한 주요 개념과 정의 분석 → 지원하고자 하는 교수학습 모형의 종류 파악 → 실제 교수학습 방법의 사용 실태조사 → 주요 교수학습 방법을 선정하여 비교분석 → 선정된 교수학습 방법의 실제 수업에 적용 가능성 조사 순서로 진행된다.

33 🔓 ④

효과적인 수업을 위해 무엇이 일어나고 일어나야 하는가와 관련된 것은 교수 이론에 대한 설명이다. 학습이론은 학습자의 행동 변화가 왜, 어떻게 나타나는 것인가를 설명한다.

34 🔓 ②

Learning Design은 콘텐츠가 아니라 학습활동에 중점을 두고 있다.

35 🔓 ④

훈련생 개인정보 수집 안내는 훈련생 모듈과 관련된 기능 체크 항목이다.

36 🔓 ②

콘텐츠 상의 오류는 콘텐츠 개발자에게 수정을 요청해야 하며, 학습환경의 설정 변경으로 해결할 수 있는 문제는 과정운영자가 팝업 메시지를 통해 해결방법을 학습자에게 알려 줄 수 있다. 학습 사이트상에서 콘텐츠 자체가 플레이되지 않는 경우에는 시스템 개발자에게 수정 요청을 한다.

37 🔓 ③

교육과정 특성 분석 시에는 교과의 성격과 목표, 단원구성, 교수·학습 방법, 평가 방법 등을 확인한다.

38 🔓 ③

만족도 조사 설문은 평가 또는 성적 확인 전에 실시하도록 한다.

39 🔓 ②

학사일정 수립 시 연간 학사일정을 먼저 수립한 후 개별 학사일정을 수립해야 한다.

40 🔓 ②

운영기관마다 표현되는 교육과정의 서식은 다르다.

41 🔓 ②

〈보기〉의 설명은 학습콘텐츠 관리시스템(LCMS, Learning Contents Management System)에 대한 것이다.

42 ③

역량진단시스템과 학습이력 관리시스템은 사내 학습 관련 시스템과의 연계지원 도구가 아니라 개인 학습자의 학습지원 도구이다.

43 ③

신규 과정 등록은 교수자 기능이 아니라 관리자 기능이다.

44 ①

학생 관리의 인터페이스가 쉽게 제공되고 관리자가 모니터링과 분석보고서를 볼 수 있는지 확인하는 것은 '수업 과정 관리' 측면이다.

45 ④

노트북 사용 여부는 인터넷 접속환경이 아니라 기기와 관련된 확인 항목이다.

46 ②

스마트폰 기기를 구분하기보다는 설치된 OS의 종류에 따라 구분하는 것이 현실적이다.

47 ③

학습을 진행했는데 관련 정보가 시스템에 업데이트가 되지 않는 경우는 학습지원 시스템에 의한 문제상황이다.

48 ②

동영상 수강 소프트웨어가 없는 경우 학습자 기기에 소프트웨어를 설치하여 해결할 수 있으며, 그 외의 상황은 학습지원 시스템을 점검해 보아야 한다.

49 ①

일반적으로 수강신청은 로그인 후에 할 수 있다.

50 ②

객관적인 과제 채점을 위해 모사답안 검증을 위한 시스템을 활용하기도 한다

51 ③

진도율은 전체 수강 범위 중 학습자가 어느 정도 학습을 진행했는지 계산하여 제시하는 수치로, 학습관리시스템에서 자동 계산·저장된다.

52 ①

토론방, 질문답변 게시판, 쪽지 등을 활용한 상호작용은 학습자와 학습자 간 상호작용이다.

53 ②

사건 및 일화 중심의 스토리텔링을 활용하는 것은 스토리텔링형이다.

54 ①

이러닝에서 게시판은 자료 공유뿐만 아니라 토론이나 문제 중심학습 운영에도 활용할 수 있다.

55 ①

이러닝에서 전통적으로 많이 사용하고 있는 독려 수단은 문자(SMS)이다. 단문으로 보내는 경우 메시지를 압축해서 작성해야 하고, 장문으로 보낼 때는 조금 더 다양한 정보를 담을 수 있다.

56 ② ②

문자는 짧고 간결한 형식으로 전달되는 소통 채널이기 때문에 간단하면서도 명확하게 메시지를 작성해야 한다.

57 ① ①

커뮤니티를 운영할 때에 모든 학습자를 하나의 공간에서 관리하려고 하지 말고, 주제별로 구분하여 운영하는 것이 좋다.

58 ④ ④

자주 묻는 질문(FAQ) 게시판은 학습자 스스로 정보를 찾게 하는 것 외에도 운영자들이 학습자에게 정보 안내를 용이하게 하는 목적도 있다.

59 ① ①

문제를 제기하고, 역설을 제시하며, 일상적인 사고 패턴과는 대조적인 자료를 제시함으로써 탐구하고자 하는 호기심을 유발하는 것은 주의집중과 관련한 동기전략이다.

60 ② ②

학습 및 평가 관련 질문에는 온라인시험의 종류, 진도, 수료 조건 관련 내용이 포함된다.

61 ④ ④

학습자의 수강 기기에 영향을 받는 것은 학습자에 의한 원인에 해당한다.

62 ② ②

강의명, 강사, 연락처, 강의 목적, 강의 구성 내용 등과 같은 단위 운영과목에 관한 세부 내용을 담고 있는 문서는 학습과목별 강의계획서이다.

63 ① ①

미수료를 안내할 때는 이메일 또는 단체 문자메시지 전송 서비스를 활용한다.

64 ④ ④

과정 운영의 교육 효과성을 파악할 수 있는 활동은 학업성취도 평가이다.

65 ④ ④

학습 안내활동 수행 여부 점검은 학습활동 지원 수행 여부의 점검 항목이다.

66 ④ ④

단답형의 경우 가능할 수 있는 유사 답안을 명시하는 것이 중요하다.

67 ② ②

문항 난이도 지수는 '정답자 수/전체 반응자 수'로 구할 수 있으므로 5/25=0.2이다.

68 ④ ④

사후평가는 교육이 종료되고 일정 기간이 지난 후 진행되는 것으로, 단위별 성취도 평가에 적용할 수 없다.

69 ④ ④

문항 변별도＝상위집단의 정답자 수−하위집단의 정답자 수)/각 집단의 교육생 수＝(60−100)/150＝−0.27, 즉 음수이므로 전면개선이 필요하다.

70 ①

해당 문항의 난이도 지수는 '정답자 수/전체 반응자 수'로 구할 수 있으므로 26/30 = 0.87이다. 오답지의 매력도는 (1 − 문항 난이도 지수)/(답지 수−1) = (1−0.87)/(5−1) = 0.03이다.

71 ④

요구분석은 현재 상태와 바람직한 상태의 차이를 파악하기 위한 과정이므로 현재 상태를 파악할 수 있는 각종 자료를 수집한다.

72 ②

과거가 아닌 미래 수입과 이익의 흐름을 충분하게 제공할 수 있어야 한다.

73 ②

학습목표는 구체적이고, 측정할 수 있고, 관찰할 수 있게 진술해야 한다.

74 ③

과제 관리는 운영 중 단계의 사업기획 요소이다.

75 ②

교육과정 전 관리사항이란 교육을 시작하기 전에 수행해야 하는 과정 관리를 뜻한다. 여기에는 과정 홍보 관리, 과정별 코드나 이수 학점, 차수에 관한 행정 관리, 수강신청, 수강 여부 결정, 강의 로그인을 위한 ID 지급, 학습자들의 테크놀로지 현황관리 등 과정 시작 전 결정되어야 할 사항들이 포함된다.

76 ②

이러닝 운영기획 단계에서는 일반적으로 운영 전·중·후 단계에 따라 월 단위가 아니라 주 단위 기간으로 세부 활동을 포함하여 일정계획을 수립한다.

77 ③

모니터링은 관리자 모듈과 관련된 사항이다.

78 ④

교육과정 설계서는 콘텐츠 개발을 위한 산출물이며, 학습 진행 중 학사관리는 운영 계획서에 맞게 수행하여야 한다.

79 ①

이러닝 콘텐츠에 대한 품질관리 기준은 콘텐츠 개발 기관이나 품질인증 기관에 따라 조금씩 다르다.

80 ④

매출 현황 분석은 운영 결과분석 활동에 포함되지 않는다.

81 ③

운영 결과보고서를 통해 얻고자 하는 시사점은 공급자가 아닌 수요자의 관점에서 구체적으로 명시하는 것이 효과적이다.

82 ③

설문조사의 5점 척도인 경우 문항별로 막대그래프를 활용하여 제시하고, 체크리스트인 경우 빈도 비율을 숫자로 표현하여 제시한다.

83 ①

평가 횟수는 학업성취도에 영향을 미치는 원인과는 거리가 멀다.

84 ③

단답형의 경우 다양한 답이 발생할 수 있는 경우를 배제해야 한다.

85 ①

학습관리시스템 내의 진도율은 학습자가 직관적으로 확인할 수 있도록 비율이나 그래프로 표시하여 안내한다.

86 ①

과정 만족도 평가는 교육 훈련의 효과 또는 개별 학습자의 학업성취 수준을 평가하는 것이라기보다는 교육 훈련과정의 구성, 운영상의 특징, 문제점 및 개선사항 등을 파악하고 수정·보완하여 교육 운영의 질적 향상을 위한 것이다.

87 ②

학업성취도 평가는 실제 학습을 통해 나타난 교육적 효과성을 측정하는 것이기 때문에 총괄평가라고 할 수 있다.

88 ①

과제의 모사율은 일반적으로 70~80% 이상으로 기준을 적용하고 있다.

89 ③

과정 운영 결과보고서는 수요자의 관점에서 포함되는 구성요소와 표현 형태를 판단하여 작성하여야 하며, 일반적으로 하나의 과정에 대한 운영 결과물이다. 과정 운영 결과는 교육통계로써 지속적으로 관리한다.

90 ③

학습하기에 여유로운 학습 시간이 아니라 적절한 학습 시간을 고려해야 한다.

91 ④

이러닝 과정 운영목표는 교육 운영기관에서 단순히 이익 추구라는 실리를 넘어서서 특정 교육과정에서 달성해야 하는 교육목표를 제시하는 것을 의미한다.

92 ③

학습목적이 아니라 학습목표 달성 적합도를 학습콘텐츠 개발 적합성 평가의 기준으로 활용할 수 있다.

93 ③

학습평가 요소 적합성의 확인은 학습콘텐츠 운영 적합성이 아니라 학습콘텐츠 개발 적합성을 확인하는 방법이다.

94 ③

이러닝 운영 프로세스는 수행직무 절차에 따라 학습 전 영역, 학습 중 영역, 학습 후 영역으로 구분할 수 있다.

95 ②

교·강사 활동평가 기준은 이러닝 과정을 운영하는 운영기관의 특성에 따라 다소 차이가 있을 수 있다.

96 ④

교·강사 활동평가 기준 수립을 위해서는 운영기관의 특성을 확인하고, 운영기획서의 과정 운영목표를 확인한 후, 교·강사 활동에 대한 평가 기준을 작성하며, 작성된 교·강사 활동평가 기준을 검토한다.

97 ④

교·강사가 자신의 내용 전문성을 기반으로 레포트와 과제를 검토하는 것과 관련 있는 교·강사 활동 결과분석 내용은 첨삭지도 및 채점 활동 분석이다.

98 ②

교·강사 활동 기능 지원을 위한 시스템 운영은 운영 실시과정 지원에 해당한다.

99 ④

운영 완료 후와 관련한 시스템 지원기능은 평가관리 지원기능, 운영 성과관리 지원기능이다.

100 ③

과정에 등록된 학습자 현황 확인 여부는 학습자 정보 확인 활동 수행 여부에 대한 고려사항이다.

제3회 정답 및 해설

제03회 빠른 정답표

01	④	02	①	03	③	04	④	05	②
06	①	07	④	08	④	09	②	10	④
11	③	12	③	13	④	14	④	15	④
16	②	17	③	18	④	19	④	20	③
21	④	22	②	23	④	24	②	25	④
26	④	27	③	28	②	29	①	30	②
31	③	32	①	33	②	34	③	35	③
36	④	37	③	38	①	39	④	40	②
41	②	42	③	43	②	44	④	45	②
46	③	47	②	48	④	49	④	50	②
51	④	52	④	53	③	54	④	55	③
56	②	57	③	58	②	59	④	60	③
61	③	62	④	63	①	64	④	65	③
66	③	67	④	68	②	69	③	70	④
71	③	72	②	73	①	74	②	75	②
76	①	77	①	78	②	79	③	80	③
81	③	82	③	83	④	84	④	85	③
86	②	87	④	88	③	89	③	90	②
91	②	92	②	93	④	94	④	95	④
96	①	97	③	98	③	99	①	100	④

01 🔓 ④

분산학습시스템은 인터넷 또는 광역 통신망을 사용하여 서브 시스템과 다른 시스템 간에 통신하는 학습기술시스템이다.

🔆 포인트

학습에 영향을 미치는 물리적 또는 가상적 환경을 일 컫는 용어는 학습환경이다.

02 🔓 ①

이러닝 산업은 크게 콘텐츠, 솔루션, 서비스, 하드웨어로 분류한다.

03 🔓 ③

쌍방향으로 정보통신 네트워크를 통해 온라인으로 교육, 훈련, 학습 등을 개인, 사업체 및 기관에 직접 제공하는 이해관계자는 서비스 사업체이다.

04 🔓 ④

제4차 기본계획에서는 위험하고 부작용이 큰 산업 현장의 직무체험, 운영, 제조 현장 안전관리 등을 가상에서 체험해 볼 수 있도록 가상현실, 증강현실, 메타버스와 같은 실감형 기술이 적용된 콘텐츠 개발의 추진을 목표로 하고 있다.

05 🔓 ②

서비스형 솔루션 LMS(SaaS LMS)는 중앙 집중식으로 데이터 스토리지를 운용한다.

06 🔓 ①

정보통신매체를 활용하여 훈련이 실시되고, 훈련생 관리 등이 웹상으로 이루어지는 원격훈련은 인터넷 원격훈련이다.

07 🔓 ④

교재를 중심으로 운영되는 훈련과정은 우편 원격훈련이다.

08 ④

「이러닝산업법」에서는 대기업이 아닌 중소기업의 지원에 대한 내용을 규정하고 있다.

09 ②

이러닝 콘텐츠 개발에서 교수 방법을 구체화하는 과정은 설계 단계이며, 설계 단계의 산출물은 교육과정 설계서이다.

10 ④

평가보고서는 학습자들의 학습성과를 평가하고, 이러닝 콘텐츠의 문제점을 파악하여 개선하기 위한 것이다.

11 ③

〈보기〉의 타블렛, Adobe Animate, Toon Boom Harmony, Pencil2D는 애니메이션 제작을 위한 하드웨어와 소프트웨어이며, 이것은 애니메이터가 사용한다.

12 ③

매체 제작자는 저작권이 확보된 이미지와 동영상을 사용해야 한다.

13 ④

시뮬레이션형은 실제와 유사한 모형적 상황을 학습자들에게 적응하도록 설계한 시뮬레이션을 기반으로 학습이 이루어지는 유형이다.

14 ④

멀티미디어 튜토리얼형에서는 교수자가 주도적으로 정보를 제공한다. 교수자가 촉진자 역할을 하는 유형은 문제중심학습형이다.

15 ④

미국 썬 마이크로시스템즈가 개발했고, 썬원(SUN one)으로 불리기도 한 웹 서버는 아이플래닛(iPlanet)이다. 공개 버전과 상용 버전이 있다.

16 ②

IIS(Internet Information Server)에는 웹 서버 기능뿐만 아니라 미디어 서버 기능도 포함되어 있다. IIS는 HTTP 기반 적응형(Adaptive) 스트리밍 서비스를 지원한다.

17 ③

콘텐츠 개발을 하는 데 있어 프로젝트를 전반적으로 관리하고 일정, 비용, 요구사항 수렴, 인력 배정 등 프로젝트 성공을 위해 다양한 업무를 수행하는 이해관계자는 프로젝트 매니저이다.

18 ④

Pilot Test는 운영 및 사후관리 단계가 아니라 콘텐츠 개발 단계에서 수행하는 과제이다.

> ⓟ **포인트**
>
> 이러닝 콘텐츠 개발 절차 중 운영 및 사후관리는 개발 과정에서 도출된 학습콘텐츠의 효과를 분석하기 위하여 예비로 실행해 보고 평가하는 것을 의미하며, 주요 수행과제는 평가의 계획, 평가도구의 제작 및 타당화, Usability Test 실시가 있다.

19 ④

조명은 동영상 촬영 스튜디오 구성의 고려요소로, 녹음실의 구성과는 거리가 멀다.

20 ③

MOOC 이러닝 시스템은 학생들의 상호작용과 협력학습을 중요한 학습 요소로 사용하고 있으며 파이선, PHP 등이 많이 활용된다.

21 ④

오픈소스는 누구나 공유, 개량하여 재배포할 수 있다.

22 ②

HTML5는 다양한 운영체제 대응이 가능하고 플러그인이 탑재되지 않은 기기에서도 동작할 수 있으며, File 처리 기능이 추가되어 있다.

23 ④

가상체험 학습을 위해서는 담당하는 학습자 영상 추출 기술, 인체 추적 및 제스처 인식 기술, 영상 합성 기술, 콘텐츠관리 기술, 이벤트 처리 기술이 필요하다. 자세 추정 기술은 증강현실 구현에 필요한 기술이다.

24 ②

추정가격이 10억 원 미만일 때는 평가위원에게 제안서 검토 시간을 60분 이상을 주어야 한다.

25 ④

조달 품목이 아니고 유사 거래를 찾을 수 없는 경우 3개 이상의 공급업체로부터 직접 받은 견적가격을 기준으로 평균 가격이 아닌 적정 가격을 산정해야 한다.

26 ④

구현 작업에서 실제 교수-학습 지원시스템을 구성하고, 웹 프로그래밍 소스 작업과 데이터베이스 연결을 한다.

27 ③

통합 로그인(SSO) 기능은 학습시스템의 확장 기능이라 할 수 있다.

28 ②

성능관리 요소는 하드웨어, 데이터베이스, 네트워크 자원과 관련성이 매우 높다.

29 ①

구성 및 변경관리, 운영상태관리, 성능관리, 장애관리 등의 시스템 운영관리 요소별로 작성하여 관리하여야 한다.

30 ②

신뢰도는 소프트웨어가 정확성, 완벽성, 견고성을 가지는 것을 의미한다. 불법적 접근을 금지하고 보안을 유지하는 것은 기밀 보안성에 대한 설명이다.

31 ③

학습시스템 기능 분석을 위한 교수자 요구사항 분석을 위해서는 교수자의 일반적 특성, 교수자의 이러닝에 대한 상황, 교수자의 교육 형태를 파악하여야 한다.

32 ①

학습시스템 기능 분석을 위한 이해관계자 분석 시 학습자는 학습에 있어 능동적인 참여자로 정의해야 한다.

33 ②

교수 이론은 학습자에게 가장 적합한 교수설계, 교수 방법 등을 처방하는 측면이 강하다.

34 ③

다양한 교수설계들을 지원하기 위한 표준 규격으로 특정 교수 방법에 한정하지 않고, 혁신을 지원하는 프레임워크 개발을 목적으로 개발된 표준은 Learning Design이다.

35 ③

교육과정 특성 분석을 할 때는 교과의 성격, 목표, 내용 체계, 교수·학습 방법, 평가 방법 등을 확인해야 한다.

36 ④

동영상 업로드는 강의 만들기 단계에서 진행하며, 과정 개설하기 단계에서는 수강신청 기간, 수강 기간, 평가 기간, 수료 처리 종료일 등의 기간 정보를 입력한다.

37 ②

동영상 콘텐츠에 목차를 부여하고 순서를 지정해 주는 것은 강의 만들기 단계에서 진행한다.

38 ①

학습자의 기초능력 전반을 파악하기 위한 평가는 진단평가다.

39 ④

수립된 학사일정의 주요 공지 대상은 협업부서, 교·강사, 학습자이다.

40 ②

전자문서 작성의 진행 절차는 기안문 작성 화면으로 이동 → 기안문에 대한 정보 입력 → 기안문 작성 → 첨부파일 첨부 → 결재 올리기 → 결재 완료 후 발송 순서로 진행된다.

41 ②

학습콘텐츠 관리시스템(LCMS)의 관리대상은 학습콘텐츠이다.

42 ③

이러닝 운영지원 도구의 운영 주체에 따라 운영자 지원시스템, 학습자 지원시스템, 튜터 지원시스템으로 구분할 수 있다.

43 ②

제출 과제 확인은 학습자도 사용 가능한 운영지원 도구이다.

44 ④

새로운 내용과 프로세스를 수용할 능력과 서브 그룹을 만들고 모니터링하는 과정이 쉽게 구성되어 있는지 확인하는 것은 '유연성과 적응성' 측면이다.

45 ②

학습자 학습환경의 주요 요소는 인터넷 접속환경, 기기, 소프트웨어이다. 학습관리시스템은 학습자 학습환경이라고 할 수 없다.

46 ③

과도한 트래픽과 인증서 만료는 운영자가 조치해야 할 상황이다.

47 ②

동영상 서버의 트래픽이 과도하게 몰릴 때는 기술 지원팀과 상의하여 트래픽을 낮출 수 있는 방안을 찾아야 하며, 웹 사이트 접속이 되지 않는 경우에도 학습지원 시스템에 의한 문제상황이므로 학습자 학습환경을 파악하는 대신 학습지원 시스템에서 원인을 찾아야 한다. 동영상 코덱은 음성과 영상 신호를 변환하는 프로그램으로 학습자 PC에 설치하는 프로그램이다.

48 ②

일반적으로 과정명, 학습 기간, 강사명은 로그인 전에도 확인할 수 있는 과정 상세 정보이며 수강신청 과정 리스트와 진도율은 로그인한 후 확인할 수 있는 정보이다.

49 ④

총괄평가 중 시험은 객관적인 기준에 의해 점수가 산정되지만, 과제는 튜터나 교·강사에 의해 채점되므로 별도 이의신청 기간이 필요할 수 있다.

50 ②

첨삭과 평가 등을 통해 이루어지는 상호작용은 학습자와 교·강사 간 상호작용이다.

51 ④

웹에서 사용할 수 있는 대표적인 오디오 포맷은 MP3이며, 모바일 환경을 고려하여 오디오는 mp3 포맷을 주로 활용한다. 아이폰 계열의 경우 m4a로 저장되기도 하는데 mp4 동영상 변환 소프트웨어의 옵션 조정을 통해 mp3로 변환할 수 있다.

52 ④

공무원, 학교, 공공기관 등은 대부분 hwp 파일로 문서를 작성한다.

53 ③

게시판에 공유하기 위한 자료 이름에는 특수문자의 사용을 지양해야 한다.

54 ④

진도는 설정에 따라 학습시간을 달성했는지 여부로 체크될 수 있다.

55 ③

학습 독려의 진행 절차는 운영 계획서의 일정 확인 → 학습 지원 시스템에서 학습 진도 현황 확인 → 과제가 있는 경우, 과제가 없는 경우, 과제가 있는데 제출했는지 여부 등 확인 → 쪽지, 이메일, 문자 등의 독려 방법 확인 → 독려 리스트를 만든 후 독려 순서로 진행된다.

56 ②

학습자가 원하는 상세한 정보는 이메일로 전달할 수 있으며 전달하려는 정보의 양, 수준에 따라 이메일 내용과 구조의 설계를 다르게 해야 한다.

57 ②

채팅 활용을 위해서는 학습자 문의에 대응할 수 있도록 실시간으로 인력이 붙어 있어야 한다.

58 ②

교육생의 경험, 가치관과 밀접한 관련을 맺고 있는 구체적인 예나 경험을 제공하는 것은 관련성과 관련된 동기전략이다.

59 ④

자기결정이론에서 내부 규제를 하는 상황은 자기결정성과 내적 동기가 가장 높은 상황이다.

60 ③

수강신청 관련 질문에는 고용보험 환급과정 수강 대상, 수강신청 변경 및 취소, 고용보험 환급제도 관련 내용이 포함된다.

61 ③

오류 중에는 관리자 기능을 통해 운영자가 직접 처리할 수 있는 오류도 있으며, 이 경우에는 기술 지원팀에 요청하지 않아도 된다.

62 ④

원격지원 상에서 발생하는 문제상황 분석과 대응 방안 수립은 운영 준비가 아닌 운영 실시 단계의 체크리스트에 해당한다.

63 ①

학습자의 성적 이의신청 처리는 학습자의 이의신청 사항을 경청하고, 학습자가 이의신청한 이유를 분석한 후, 학습자에게 해결방안을 제시하고, 개선사항을 반영하는 순서로 진행한다.

64 ④

교·강사 활동 기능 지원을 위한 시스템 운영은 운영 실시과정 지원 활동에 해당한다.

65 ③

학업성취도 자료는 시험 성적, 과제물 성적, 학습 과정 참여(토론, 게시판 등) 성적, 출석 관리 자료(학습 시간, 진도율 등)에 관한 내용으로 구성된다.

66 ③

도출된 개선사항은 관리자가 아닌 실무 담당자에게 정확하게 전달해야 한다.

67 ④

서술형 문제의 내용에 대한 모사 여부는 모사 관리 프로그램을 통해 검색한다.

68 ②

문항 난이도 지수는 '정답자 수/전체 반응자 수'로 구할 수 있으므로 $50/60=0.83$이다. 선다형 문항의 난이도 적정선은 0.74이므로, 해당 문제의 난이도 지수는 높은 것으로 해석할 수 있다.

69 ③

서술형 문제는 세부 지식보다 광범위한 주제에 대한 이해도 측정이 가능한 반면 문항의 수가 적기 때문에 내용 타당도가 낮을 수 있다.

70 ④

학습목표 달성 적합도는 단위 콘텐츠의 개발 적합성을 평가하는 척도로 활용할 수 있다.

71 ③

분화된 시장 중에서 표적 시장을 정한 후 경쟁 제품과 다른 차별 요소를 표적 시장 내 목표 고객의 머릿속에 인식시키기 위한 마케팅믹스(marketing mix) 활동은 포지셔닝(positioning)이다.

72 ②

운영과정의 특성을 분석하고 4P 분석을 통한 마케팅 포인트를 설정하며, 마케팅 타겟을 선정하는 단계는 홍보계획 수립 단계이다.

73 ①

학습목표 기술을 위한 구성요소 4가지는 행위, 조건, 기준, 행동 동사이다. 학습목표는 행동 동사를 활용하여 행위와 조건, 기준이 드러나도록 기술하여야 한다.

74 ② ②

평가관리는 이러닝 운영 후 단계의 사업기획 요소이다.

75 ② ②

교육과정이 끝난 후에는 수강생의 과정 수료 처리를 비롯하여 미수료자의 사유에 관한 행정처리, 과정에 대한 만족도 조사, 운영 결과 및 평가 결과에 대한 보고서 작성, 업무에 복귀한 교육생들에게 관련 정보 제공, 교육생 상호 간 동호회 구성 여부 확인 등을 진행한다.

76 ① ①

학습자의 운영 만족도는 홍보계획 수립과는 거리가 멀다.

77 ① ①

홍보계획 수립을 위해서는 운영과정 특성을 분석하고 홍보 마케팅 포인트를 설정하는 것이 중요하다.

78 ② ②

훈련목표, 평가보고서 양식, 출결 관리 안내와 동일 ID에 대한 동시접속방지 기능에 대한 점검, 개인정보 수집에 대한 안내는 훈련생 모듈과 관련된 항목이다.

79 ③ ③

목차 학습지원 메뉴, 페이지 이동의 편리성은 디자인 제작과 관련된 점검 요소이다.

80 ③ ③

수료율은 운영 결과보고서의 교육 결과에 포함되는 항목이다.

81 ③ ③

시험 점수는 과정 만족도 조사 대상에 포함되지 않는다.

82 ③ ③

과제 첨삭지도에 대한 문항은 교·강사 지원 활동에 해당한다.

83 ④ ④

사전·사후평가는 같은 평가 내용으로 실시해야 일관성 있는 변화 정도를 파악하고 비교할 수 있다.

84 ④ ④

7점 척도는 최고와 최하의 선택이 가지는 학습자 인식을 고려하여 사용한다.

85 ③ ③

과제 평가에 대한 구체적인 평가 기준은 사전에 안내하여야 한다.

86 ② ②

교·강사 만족도 평가는 학습자, 운영자 모두 평가에 참여할 수 있다.

87 ④ ④

지필고사와 역할놀이는 태도 영역 측정에 적절한 도구이며, 기능 영역에 대한 측정은 수행평가나 실기시험을 활용하는 것이 적절하다.

88 ③

과제 채점 시 교·강사는 사전에 마련된 구체적인 평가 기준에 따라 감정 및 감점 사유를 명시한다.

89 ③

인증과정을 통해 내용 전문가들에 의해 관리되는 것은 학습콘텐츠 개발 이후이며, 콘텐츠 개발 이전의 내용 적합성은 내용 전문가와 콘텐츠 개발자의 질 관리 절차를 통해 다루어진다. 직업능력개발훈련 심사는 기업 재직자훈련을 대상으로 진행되는 심사이며, 교사 연수를 대상으로는 한국교육학술정보원(KERIS)의 품질인증평가를 진행한다.

90 ②

학습 내용 적합성 평가 기준으로 적절한 것은 학습목표, 학습 내용구성 및 조직, 학습 난이도이다.

91 ②

학습콘텐츠 탑재 적합성은 학습콘텐츠 개발 적합성이 아닌 학습콘텐츠 운영 적합성을 확인하는 방법이다.

92 ②

운영평가 과정에서는 학습 과정에서 학습콘텐츠 활용에 관한 불편사항 및 애로사항은 없었는지를 확인해야 한다.

> **◎ 포인트**
>
> - 운영 준비 과정에서 학습콘텐츠 탑재 적합성: 운영하고자 하는 학습콘텐츠가 학습관리시스템(LMS)에 정상적으로 등록되었는지에 대한 확인이 이루어졌는가?
> - 운영 준비 과정에서 학습콘텐츠 오류 적합성: 운영하고자 하는 학습콘텐츠의 오류 여부에 대한 확인이 이루어졌는가?
> - 운영 과정에서 학습콘텐츠 활용 안내 적합성: 이러닝 운영 과정에서 학습콘텐츠의 활용 등 학습 과정에 대한 정보를 다양한 방법을 통해서 학습자들에게 적시에 정확하고 충분하게 제공하였는가?

93 ④

확인한 과정 운영목표와 실제 운영된 학습콘텐츠의 내용이 부합하지 않을 경우 상급자에게 보고하고, 문제의 원인에 따라 내용 전문가나 관련 팀 담당자에게 협조를 요청하여 처리되도록 해야 한다.

94 ④

일반적으로 동영상 학습콘텐츠의 경우 1학점당 학습 시간이 최소한 25분 이상으로 구성되어야 한다.

95 ④

교·강사의 활동평가 기준 수립을 위해 이러닝 교육 운영기관 담당자는 운영기획서의 과정 운영목표를 확인해야 한다.

96 ①

학습관리시스템(LMS)에 기록되어 있는 질의응답에 대한 답변내용을 활용하여 응답 시간의 적절성, 응답 횟수의 적절성, 응답 내용의 질적 적절성 및 분량 등을 평가하는 것은 질의응답의 충실성 분석이다.

97 ③

이러닝 과정 평가관리 기능 지원을 위한 시스템 운영은 운영 완료 후 활동 지원에 해당한다.

98 ③

수료 관리기능은 학사관리 기능 지원을 위한 시스템 운영에 대한 세부 내용이다.

99 ①

수강이 가능한 PC, 모바일 학습환경의 확인 여부는 학습환경 지원 활동 수행 여부에 대한 고려사항이다.

100 🔒 ④

학습자의 PC, 모바일 학습환경의 원격지원 여부는 학습환경 지원 활동 수행 여부에 대한 고려사항이다.

이러닝운영관리사
실기편

PART

05

이러닝 운영 실무

01 이러닝운영관리사 실기 개요

이러닝운영관리사 실기에서는 이러닝 운영계획 수립, 이러닝 활동 지원, 이러닝 운영관리 세 개 과목의 내용을 종합적으로 이해하고 있는지를 평가합니다. 필답형으로 진행되며 시험시간은 약 2시간 정도로 예상됩니다.

본 수험서의 실기 예상문제들은 2023년 1월 25일에 공개된 한국산업인력공단 이러닝운영관리사 출제 기준(적용기간 2023.1.1.~2025.12.31.)에 근거하여 단답형과 서술형 두 가지 유형으로 출제하였습니다.

예상문제들을 풀어보며 내용들을 종합 정리하고 실기시험 유형에 잘 적응하시길 바라며, 좋은 결과가 있길 기대합니다.

---

1 이러닝 산업 파악

Q. **이러닝의 특징 3가지를 작성하시오.**

답변 ① 시스템 개발, 콘텐츠 개발 등으로 초기 구축 비용이 많이 든다.
② 학습자가 시간, 장소에 제약받지 않고 학습할 수 있다.
③ 학습자 자신의 학습 속도와 수준에 맞게 조절할 수 있다.
④ 즉각적인 의사소통과 상호작용이 가능하다.

Q. **이러닝 콘텐츠 분야 특성 중 3가지를 작성하시오.**

답변 ① 이러닝 콘텐츠의 제작 활성화를 위한 개발·투자의 다양화
② 제작 비용이 상대적으로 높은 기술·공학 분야 등을 대상으로 공공 주도의 직업훈련 콘텐츠 공급 확대
③ 공공 민간 훈련기관, 개인 등이 개발한 콘텐츠를 유·무료로 판매·거래할 수 있는 콘텐츠 마켓 운영 확대
④ 해외 MOOC 플랫폼과 협력을 통한 글로벌 우수강좌제공 및 강좌 활용 제고를 위한 학습지원 서비스 지원
⑤ DICE(위험·어려움·부작용·고비용) 분야를 중심으로 산업 현장의 특성에 맞는 실감형 가상 훈련 기술개발 및 콘텐츠 개발 추진

Q. **인터넷 원격훈련의 개념에 대해 설명하시오.**

답변 정보통신매체를 활용하여 훈련이 실시되고 훈련생 관리 등이 웹상으로 이루어지는 원격훈련을 말한다.

Q. 스마트훈련의 개념에 대해 설명하시오.

답변 위치기반서비스, 가상현실 등 스마트 기기의 기술적 요소를 활용하거나 특성화된 교수 방법을 적용하여 원격 등의 방법으로 훈련이 실시되고 훈련생 관리 등이 웹상으로 이루어지는 훈련을 말한다.

Q. 우편 원격훈련의 개념에 대해 설명하시오.

답변 인쇄 매체로 된 훈련교재를 이용하여 훈련이 실시되고 훈련생 관리 등이 웹상으로 이루어지는 원격훈련을 말한다.

Q. 이러닝 산업 특수분류에서 ㉠~㉣에 알맞은 분류를 작성하시오.

대분류	중분류	소분류
이러닝 콘텐츠	(㉠)	코스웨어(Courseware) 자체 개발, 제작업
		전자책(e-book) 자체 개발, 제작업
		체감형 학습콘텐츠 자체 개발, 제작업
		기타 이러닝 콘텐츠 자체 개발, 제작업
	이러닝 콘텐츠 외주 개발, 제작업	코스웨어 외주 개발, 제작업
		전자책(e-book) 외주 개발, 제작업
		체감형 학습콘텐츠 외주 개발, 제작업
		기타 이러닝 콘텐츠 외주 개발, 제작업
	이러닝 콘텐츠 유통업	이러닝 콘텐츠 유통업
이러닝 솔루션	(㉡)	LMS 및 LCMS 개발업
		학습콘텐츠 저작도구 개발업
		가상교실 소프트웨어 개발업
		가상훈련시스템 소프트웨어 개발업
		기타 이러닝 소프트웨어 개발업
	이러닝 시스템 구축 및 유지보수업	이러닝 시스템 구축 및 관련 컨설팅 서비스업
		이러닝 시스템 유지보수 서비스업
	이러닝 소프트웨어 유통 및 자원 제공 서비스업	이러닝 소프트웨어 유통업
		이러닝 컴퓨팅 자원 임대 서비스업
		이러닝 관련 기타 자원 임대 서비스업
이러닝 서비스	교과교육 서비스업	유아교육 서비스업
		초등교육 서비스업
		중등교육 서비스업
		고등교육 서비스업
		기타 교과교육 서비스업
	(㉢)	기업 직무훈련 서비스업
		직업훈련 서비스업
		교수자 연수 서비스업
	기타 교육훈련 서비스업	기타 교육 훈련 서비스업
이러닝 하드웨어	(㉣)	디지털 강의장 설비 및 부속 기기 제조업
		가상훈련시스템 장비 및 부속 기기 제조업
		기타 교육 제작 및 훈련시스템용 설비, 장비 및 부속기기 제조업
	학습용 기기 제조업	휴대형 학습 기기 제조업
	이러닝 설비, 장비 및 기기 유통업	이러닝 설비, 장비 및 기기 유통업

㉠ _____   ㉡ _____

㉢ _____   ㉣ _____

답변 ㉠ 이러닝 콘텐츠 자체 개발, 제작업, ㉡ 이러닝 소프트웨어 개발업, ㉢ 직무훈련 서비스업, ㉣ 교육 제작 및 훈련시스템용 설비 및 장비 제조업

Q. 이러닝 산업 발전 및 활용 촉진을 위한 기본계획의 내용을 5가지 작성하시오.

답변 ① 이러닝산업 발전 및 이러닝 활용 촉진을 위한 시책의 기본방향
② 이러닝산업 발전 및 이러닝 활용 촉진을 위한 기반조성에 관한 사항
③ 이러닝산업 발전 및 이러닝 활용 촉진을 위한 제도개선에 관한 사항
④ 이러닝 도입 촉진 및 확산에 관한 사항
⑤ 이러닝 관련 기술 개발 및 연구·조사와 표준화에 관한 사항
⑥ 이러닝 분야의 전문인력 양성에 관한 사항
⑦ 이러닝 분야 기술·인력 등의 국외진출 및 국제화에 관한 사항
⑧ 이러닝 관련 기술 및 산업 간 융합 촉진에 관한 사항
⑨ 이러닝 관련 소비자 보호에 관한 사항
⑩ 그 밖에 이러닝산업 발전 및 이러닝 활용 촉진에 필요한 것으로서 대통령령으로 정하는 사항

Q. 이러닝진흥위원회 구성에 관한 설명 중 ㉠~㉥에 적절한 용어 또는 숫자를 기입하시오.

제8조 【이러닝진흥위원회】 ① 다음 각 호의 사항을 심의·의결하기 위하여 산업통상자원부에 이러닝진흥위원회(이하 이 조에서 "위원회"라 한다)를 둠
1. 기본계획의 수립 및 시행계획의 수립·추진에 관한 사항
2. 이러닝산업 발전 및 이러닝 활용 촉진 정책의 총괄·조정에 관한 사항
3. 이러닝산업 발전 및 이러닝 활용 촉진 정책의 개발·자문에 관한 사항
4. 그 밖에 위원장이 이러닝산업 발전 및 이러닝 활용 촉진에 필요하다고 인정하는 사항

② 위원회는 위원장 1명과 부위원장 1명을 포함하여 (㉠)명 이내의 위원으로 구성하되, 위원장은 (㉡) 중에서 (㉢)이 지정하는 사람이 되고, 부위원장은 교육부의 (㉣)에 속하는 일반직공무원 또는 3급 공무원 중에서 (㉤)이 지명하는 사람이 되며, 그 밖의 위원은 다음 각 호의 사람이 됨
1. 기획재정부, 과학기술정보통신부, 문화체육관광부, 산업통상자원부, 고용노동부, 중소벤처기업부 및 인사혁신처의 고위공무원단에 속하는 일반직공무원 또는 3급 공무원 중에서 해당 소속 기관의 장이 지명하는 사람 각 1명
2. 「소비자기본법」에 따른 (㉥)이 추천하는 소비자단체 소속 전문가 2명
3. 이러닝산업에 관한 전문지식과 경험이 풍부한 사람 중에서 위원장이 위촉하는 사람

③ 위원회에 간사위원 1명을 두며, 간사위원은 산업통상자원부 소속 위원이 됨

⑤ 제1항부터 제3항까지에서 규정한 사항 외에 위원회의 구성 및 운영에 필요한 사항은 대통령령으로 정함

㉠ ________ ㉡ ________ ㉢ ________

㉣ ________ ㉤ ________ ㉥ ________

답변 ㉠ 20, ㉡ 산업통상자원부차관, ㉢ 산업통상자원부장관, ㉣ 고위공무원단, ㉤ 교육부장관, ㉥ 한국소비자원

Q. 이러닝진흥위원회 운영에 관한 설명 중 ㉠∼㉤에 적절한 용어 또는 숫자를 기입하시오.

제6조【위원회의 운영 등】① 위원회의 회의는 위원회 위원장(이하 "위원장"이라 한다)이 필요하다고 인정하거나 (㉠)이 요청하는 경우에 위원장이 소집함

② 위원장이 부득이한 사유로 직무를 수행할 수 없을 때에는 부위원장이 그 직무를 대행하고, 위원장과 부위원장이 모두 직무를 수행할 수 없을 때에는 법 제8조 제2항 제1호에 따른 위원의 순으로 그 직무를 대행함

③ 위원장은 회의를 소집하려는 경우 회의 개최 (㉡)일 전까지 회의의 일시·장소 및 안건을 각 위원에게 통보하여야 함. 다만, 긴급히 개최해야 하거나 부득이한 사유가 있는 경우에는 회의 개최 전날까지 통보할 수 있음

④ 위원회의 회의는 재적위원 (㉢)의 출석으로 개의(開議)하고 출석위원 (㉣)의 찬성으로 의결함

⑤ 법 제8조 제2항 제2호 및 제3호에 따른 위원의 임기는 (㉤)년으로 하며, 한 차례만 연임할 수 있음

㉠ _____ ㉡ _____ ㉢ _____

㉣ _____ ㉤ _____

답변 ㉠ 재적위원 3분의 1 이상, ㉡ 7, ㉢ 과반수, ㉣ 과반수, ㉤ 2

Q. 이러닝 산업 발전 및 이러닝 활용촉진에 관한 법률상의 취약계층 대상 3가지를 설명하시오.

답변 ① 가구 월평균 소득이 전국 가구 월평균 소득의 100분의 60 이하인 사람

② 「고용상 연령차별금지 및 고령자고용촉진에 관한 법률」 제2조 제1호에 따른 고령자

③ 「장애인고용촉진 및 직업재활법」 제2조 제1호에 따른 장애인

④ 「청년고용촉진 특별법」 제2조 제1호에 따른 청년 또는 「여성의 경제활동 촉진과 경력단절예방법」에 따른 경력단절여성등 중 「고용보험법 시행령」 제26조 제1항에 따른 고용촉진 지원금의 지급대상이 되는 사람

⑤ 「북한이탈주민의 보호 및 정착지원에 관한 법률」 제2조 제1호에 따른 북한 이탈 주민

⑥ 그 밖에 교육부장관이 정하여 고시하는 사람

Q. 학점은행 제도에 대해 설명하시오.

> **답변** 학교에서뿐만 아니라 학교 밖에서 이루어지는 다양한 형태의 학습과 자격을 학점으로 인정하고, 학점이 누적되어 일정 기준을 충족하면 학위취득을 가능하게 함으로써 궁극적으로 열린 교육 사회, 평생학습사회를 구현하기 위한 제도이다.

Q. 학점은행 제도의 이용 대상에 대해 설명하시오.

> **답변** 고등학교 졸업자나 동등 이상의 학력을 가진 사람들은 누구라도 학점은행제를 활용할 수 있다.

Q. 「원격교육에 대한 학점인정 기준」에 대한 설명 중 ㉠~㉑에 적절한 용어 또는 숫자를 기입하시오.

수업일수 및 수업시간 등 【제4조】 ① 수업일수는 출석수업을 포함하여 (㉠)주 이상 지속되어야 함(단, 시간제등록제의 경우에는 8주 이상 지속되어야 함)

② 원격 콘텐츠의 순수 진행시간은 (㉡)분 또는 (㉢)프레임 이상을 단위시간으로 하여 제작되어야 함

③ 대리출석 차단, 출결처리가 자동화된 학사운영플랫폼 또는 학습관리시스템을 보유해야 함

④ 학업성취도 평가는 학사운영플랫폼 또는 학습관리시스템 내에서 엄정하게 처리하여야 하며, (㉣), (㉤), (㉥) 등의 평가근거는 시스템에 저장하여 (㉦)년까지 보관하여야 함

수업방법 【제6조】 ① 원격교육의 수업은 법령 및 학칙(또는 원칙)등에서 수업방법을 원격으로 할 수 있도록 규정한 학습과정·교육과정에 한하여 인정함

② 원격교육의 비율은 다음 각 호의 범위에서 운영하여야 함

　가. 원격교육기관: 수업일수의 (㉧)% 이상(실습 과목은 예외)

　나. 원격교육기관 외의 교육기관: 수업일수의 (㉨)% 이내

　다. 고등교육법 시행령 제53조 제3항에 의한 시간제등록생만을 대상으로 하는 수업: 수업 일수의 (㉩)% 이내

이수학점 【제7조】 ① 연간 최대 이수학점은 (㉪)학점으로 하되, 학기마다 24학점을 초과하여 이수할 수 없음

㉠ _____　　㉡ _____　　㉢ _____　　㉣ _____

㉤ _____　　㉥ _____　　㉦ _____　　㉧ _____

㉨ _____　　㉩ _____

> **답변** ㉠ 15, ㉡ 25, ㉢ 20, ㉣ 평가 시작시간, ㉤ 종료시간, ㉥ IP주소, ㉦ 4, ㉧ 60, ㉨ 40, ㉩ 60

Q. 이러닝 전문인력양성 기관으로 지정할 수 있는 곳에 대해 설명하시오.

답변 ① 「고등교육법」 제2조에 따른 학교
② 「평생교육법」 제33조 제3항에 따라 설립된 평생교육시설
③ 대통령령으로 정하는 이러닝 관련 연구소 또는 기관

Q. 이러닝 산업의 주요 이해관계자에 대해 기술하시오.

◎ 포인트

구분		이해관계자
이러닝 공급자	콘텐츠 사업체	이러닝에 필요한 정보와 자료를 멀티미디어 형태로 개발·제작·가공·유통하는 사업체
	솔루션 사업체	이러닝에 필요한 교육 관련 정보시스템의 전부 혹은 일부를 개발·제작·가공·유통하는 사업체
	서비스 사업체	• 온라인으로 교육, 훈련, 학습 등을 쌍방향으로 정보통신 네트워크를 통해 개인, 사업체 또는 기관에 직접 서비스를 제공하는 사업체 • 이러닝 교육·구축 등 이러닝 사업 제반에 관한 컨설팅을 수행하는 사업체
이러닝 수요자		• 개인 • 사업체 • 정규 교육기관: 초·중·고교 및 대학 교육기관 • 정부·공공기관: 중앙정부 기관, 교육청, 광역지방자치단체

답변 이러닝 주요 이해 관계자는 이러닝 공급자와 이러닝 수요자로 구분할 수 있다. 이러닝 공급자는 콘텐츠 사업체, 솔루션 사업체, 서비스 사업체가 있으며, 이러닝 수요자는 개인과 사업체, 정규 교육기관, 정부·공공기관이 있다.

Q. 이러닝 기술의 구성요소에 대해 기술하시오.

기술	정의
서비스	온라인으로 교육, 훈련, 학습 등을 쌍방향으로 정보통신 네트워크를 통해 개인, 사업체 또는 기관에 직접 서비스를 제공하는 기술
콘텐츠	이러닝에 필요한 정보와 자료를 멀티미디어 형태로 개발·제작·가공하는 기술
시스템	이러닝에 필요한 교육 관련 정보시스템을 개발·제작·가공하는 기술

답변 이러닝 기술은 서비스, 콘텐츠, 시스템으로 구분할 수 있다. 서비스는 온라인으로 교육, 훈련, 학습 등을 쌍방향으로 정보통신 네트워크를 통해 개인, 사업체 또는 기관에 직접 서비스를 제공하는 것이다. 콘텐츠는 이러닝에 필요한 정보와 자료를 멀티미디어 형태로 개발·제작·가공하는 기술이다. 시스템은 이러닝에 필요한 교육 관련 정보시스템을 개발·제작·가공하는 기술이다.

Q. 다음은 이러닝 기술의 용어와 의미를 정리한 것이다. ㉠~㉤에 알맞은 용어를 작성하시오.

용어	의미
(㉠)	• 컴퓨터로 만들어 놓은 가상의 세계에서 사람이 실제와 같은 체험을 할 수 있도록 하는 최첨단 기술 • HMD(머리에 장착하는 디스플레이 디바이스)를 활용하여 체험 가능
(㉡)	아바타(avatar)를 통해 실제 현실과 같은 사회·경제·교육·문화·과학 기술 활동을 할 수 있는 3차원 공간 플랫폼
(㉢)	인공지능 연구분야 중 하나로, 인간의 학습능력과 같은 기능을 컴퓨터에서 실현하고자 하는 기술·기법
(㉣)	정보통신(IT) 기기를 사용자의 손목, 팔, 머리 등 몸에 지니고 다닐 수 있는 기기로 만드는 기술
(㉤)	개인, 기업이 컴퓨팅 소프트웨어를 필요한 만큼 가져가 쓸 수 있게 인터넷으로 제공하는 사업 체계

㉠ _____ ㉡ _____ ㉢ _____

㉣ _____ ㉤ _____

답변 ㉠ 가상현실(VR), ㉡ 메타버스(Metaverse), ㉢ 머신러닝(Machine Learning), ㉣ 웨어러블(Wearable), ㉤ 서비스형 솔루션(SaaS)

Q. 다음은 이러닝 관련 기술의 동향과 관련된 용어를 정리한 것이다. ㉠~㉢에 알맞은 용어를 작성하시오.

용어	의미
(㉠)	직업훈련 접근성 제고, 온−오프라인 융합 新 훈련방식의 지원을 위해 콘텐츠 마켓·학습관리시스템(LMS) 등을 제공하는 종합 플랫폼
(㉡)	개인의 다양한 직무능력을 저축, 통합관리하여 취업·인사배치 등에 활용할 수 있는 '개인별 직무능력 인정·관리체계'
(㉢)	이러닝 시스템을 기반으로 웹에서 이루어지는 상호참여적·대규모의 교육

㉠ _____ ㉡ _____ ㉢ _____

답변 ㉠ STEP(Smart Training Education Platform), ㉡ 직무능력은행제, ㉢ 온라인 공개수업 (Massive Open Online Course, MOOC)

Q. 다음 내용은 「사업주 직업능력개발훈련 지원규정」에서 정의하는 용어에 대한 설명이다. ㉠, ㉡에 알맞은 용어를 작성하시오.

- (㉠)(이)란 정보통신매체를 활용하여 훈련이 실시되고 훈련생 관리 등이 웹상으로 이루어지는 원격훈련을 말함
- (㉡)(이)란 위치기반서비스, 가상현실 등 스마트 기기의 기술적 요소를 활용하거나 특성화된 교수 방법을 적용하여 원격 등의 방법으로 훈련이 실시되고 훈련생 관리 등이 웹상으로 이루어지는 훈련을 말함

㉠ _____ ㉡ _____

답변 ㉠ 인터넷 원격훈련, ㉡ 스마트훈련

Q. 다음 내용은 「사업주 직업능력개발훈련 지원규정」에 따른 훈련과정 인정요건에 대한 설명이다. ㉠~㉢에 알맞은 용어를 작성하시오.

> ✏️ 인터넷 원격훈련 또는 스마트훈련을 실시하려는 경우
>
> 가. (㉠)의 사전 심사를 거쳐 적합 판정을 받은 훈련과정일 것
> 나. 훈련과정 분량이 (㉡)시간 이상일 것. 다만, 스마트훈련은 집체훈련을 포함할 경우 원격훈련 분량은 전체 훈련 시간(분량)의 100분의 (㉢) 이상(소수점 아래 첫째 자리에서 올림한다)이어야 함
> 다. 학습목표, 학습계획, 적합한 교수·학습활동, 학습평가 및 진도관리 등이 웹(훈련생 학습관리 시스템)에 제시될 것

㉠ _____   ㉡ _____   ㉢ _____

답변 ㉠ 한국기술교육대학교, ㉡ 4, ㉢ 20

Q. 다음 내용은 「이러닝(전자학습)산업 발전 및 이러닝 활용 촉진에 관한 법률」에서 정의하는 용어에 대한 설명이다. ㉠~㉢에 알맞은 용어를 작성하시오.

> • (㉠)은(는) 전자적 수단, 정보통신, 전파, 방송, 인공지능, 가상현실 및 증강현실 관련 기술을 활용하여 이루어지는 학습을 말함
> • (㉡)(이)란 전자적 방식으로 처리된 부호·문자·도형·색채·음성·음향·이미지·영상 등 이러닝과 관련된 정보나 자료를 말함
> • (㉢)(이)란 이러닝 콘텐츠 및 이러닝 콘텐츠 운용소프트웨어를 연구·개발·제작·수정·보관·전시 또는 유통하는 업, 이러닝의 수행·평가·컨설팅과 관련된 서비스업, 그 밖에 이러닝을 수행하는 데에 필요하다고 대통령령으로 정하는 업을 말함

㉠ _____   ㉡ _____   ㉢ _____

답변 ㉠ 이러닝, ㉡ 이러닝 콘텐츠, ㉢ 이러닝 산업

Q. 다음 내용은 「이러닝(전자학습)산업 발전 및 이러닝 활용 촉진에 관한 법률」에서 정의하는 조직에 대한 설명이다. ⊙, ⓒ에 알맞은 용어를 작성하시오.

> 정부는 이러닝 산업의 발전 및 활성화에 관한 기본계획을 수립하고, 이러닝산업과 관련된 중앙행정기관의 장은 기본계획에 따라 매년 소관별 이러닝 산업의 발전을 위한 시행계획을 수립·추진하며, 기본계획의 수립 및 시행계획의 수립·추진에 관한 사항을 심의·의결하기 위하여 (⊙)에 (ⓒ)(을)를 두도록 함

⊙ _____ ⓒ _____

답안 ⊙ 산업통상자원부, ⓒ 이러닝진흥위원회

2 이러닝 콘텐츠의 파악

Q. 다음은 교수−학습 구분에 따른 콘텐츠 유형이다. ⊙~⑩에 적절한 이러닝 콘텐츠 유형을 기입하시오.

유형	내용
(⊙)	• 전통적인 교수 형태의 하나로 교수자가 주도해서 학습을 진행해 나가는 것임 • 여러 수준의 지식 전달 교육에 효과적이며 가장 친숙한 교수 방법임 • 컴퓨터가 학습자와 상호작용하면서 학습자의 반응을 판단하고 그에 적합한 피드백을 제공하는 방법임
(ⓒ)	사이버 공간에서 공동의 과제를 해결하거나 특정 주제에 대해 실시간 및 비실시간으로 상호의사를 교환하는 등의 상호작용 활동을 하는 유형임
(ⓒ)	• 학습자들이 반복해서 학습함으로써 목표에 도달할 수 있도록 하는 형태임 • 주로 어학 부문 콘텐츠에서 많이 사용됨
(ⓔ)	실제와 유사한 모형적 상황을 학습자들에게 적응하도록 설계한 시뮬레이션을 기반으로 학습이 이루어지는 유형임
(⑩)	• 실제와 유사한 모형적 상황을 통해 학습하도록 하는 콘텐츠 개발유형임 • 실제 사례를 통해 학습자들이 쉽게 이해할 수 있도록 도움 • 실제 사례를 통해 이론을 사례에 적용해 봄으로써 이해할 수 있도록 함

⊙ _____ ⓒ _____ ⓒ _____
ⓔ _____ ⑩ _____

답안 ⊙ 개인교수형, ⓒ 토론학습형, ⓒ 반복학습형, ⓔ 시뮬레이션형, ⑩ 사례제시형

Q. 콘텐츠 개발 유형 중 스토리텔링형에 대해 설명하시오.

답안 스토리텔링은 사건 및 일화 중심의 스토리텔링으로 학습을 진행하는 콘텐츠 개발 유형이다. 대부분 문화·역사·인문학 등의 분야를 대상으로 하며, 학습자들의 이해도와 학습 흥미를 높일 수 있다. 주요 대상은 문화·역사·인문학 등에 관심이 있는 일반인이나 학생들이다.

Q. 콘텐츠 개발 유형 중 시뮬레이션형에 대해 설명하시오.

답변 실제와 유사한 모형적 상황을 학습자들에게 적응하도록 설계한 시뮬레이션을 기반으로 학습이 이루어지는 유형이다.

Q. 데일(E.Dale)의 경험의 원추에서 구분한 3가지 학습 형태는?

답변 ① 추상적, 상징적 개념에 의한 학습(상징적 경험에 의한 학습)
② 영상을 통한 학습(감각적 경험에 의한 학습)
③ 행위에 의한 학습(행동적 경험에 의한 학습)

Q. 다음은 이러닝 콘텐츠 개발 관련 이해관계자에 대한 설명이다. ㉠~㉣에 적절한 이해관계자를 기입하시오.

이해관계자	설명
(㉠)	이러닝 콘텐츠의 학습 내용을 생산하는 사람으로 '원고'를 작성하는 역할을 함
(㉡)	프로젝트를 전반적으로 관리하는 사람으로 일정, 비용, 요구사항 수렴, 인력 배정 등 프로젝트 성공을 위해 다양한 업무를 수행함
(㉢)	이러닝 콘텐츠의 학습 방법, 콘텐츠 콘셉트, 매체 설계, 학습창 구성도 설계 등을 담당하는 사람
웹디자이너	확정된 '시안'을 기반으로 콘텐츠 제작에 필요한 각종 개발 요소들을 제작하고 이를 조합하여 실제 콘텐츠를 개발함
애니메이터	교수자를 대신할 캐릭터나 흥미 유발을 위한 상황 애니메이션 제작을 담당하는 사람
(㉣)	동영상 촬영·편집, 3D 작업, 음성 녹음·편집 등 이러닝 콘텐츠 개발에 필요한 매체를 제작하는 사람

㉠ _____ ㉡ _____
㉢ _____ ㉣ _____

답변 ㉠ 내용 전문가(SME: Subject Matter Expert), ㉡ 프로젝트 매니저(PM), ㉢ 교수설계자, ㉣ 매체 제작자

Q. 이러닝에서 교수자가 지녀야 할 역량에 대해 설명하시오.

답변 ① 창의적인 학습 방법을 고민하고, 학습자들이 자기 생각과 아이디어를 발표할 기회를 제공해야 한다.
② 학습자 중 교육 방식을 이해하고 이를 적용할 수 있는 능력이 필요하다.
③ 온라인 교육에서 교수자는 강의 녹화나 영상 편집 등의 제작 능력이 필요하다.
④ 학습자의 다양한 상황을 이해하고, 적극적으로 대처할 수 있는 인성을 가지고 있어야 한다.

Q. 이러닝 교수설계자가 지녀야 할 역량에 대해 설명하시오.

답변 ① 교육학에 대한 지식을 가지고, 콘텐츠의 구현 가능성을 탐구하며 기술에 대한 기본적인 이해와 실제 구현이 가능한지에 대한 판단 능력이 필요하다.
② 성인학습에 대한 원리를 이해하고 콘텐츠에 적용할 수 있는 능력이 필요하다.

Q. 이러닝 교수설계자의 역할에 대해 설명하시오.

답변 교육학, 기술, 그리고 성인교육 이론을 융합하여, 학습자가 디지털 환경에서 효과적으로 학습할 수 있도록 지원하는 역할을 한다.

Q. 이러닝 콘텐츠 개발 프로세스에 대해 설명하시오.

답변 이러닝 콘텐츠 개발 프로세스는 콘텐츠 개발계획 수립·분석 → 콘텐츠 설계 → 콘텐츠 개발 → 검수·포팅 → 운영·사후관리(평가)이다.

Q. 다음 저작물 이용허락 표시의 의미를 해석하시오.

답변 저작자를 표시하고 비영리적으로 사용해야 함을 의미한다.

Q. 이러닝 콘텐츠 제작 시 점검 항목에 대해 설명하시오.

답변 ① 교육내용: 학습 목표에 맞는 내용으로 콘텐츠가 구성되어 있는지, 내레이션이 학습자의 수준과 과정의 성격에 맞는지 점검한다.
② 화면 구성: 자막 및 그래픽 작업에서 오탈자가 없는지, 영상과 내레이션이 매끄럽게 연결되는지 살펴본다.
③ 제작 환경: 배우의 목소리 크기나 의상, 메이크업이 적절한지, 최종 납품 매체의 영상 포맷을 고려한 콘텐츠인지, 카메라 앵글이 무난한지를 살펴본다.

Q. 이러닝 콘텐츠 개발에 필요한 자원에 대해 기술하시오.

답변 이러닝 콘텐츠 개발을 위해서 필요한 자원은 인적 자원과 물적 자원으로 구분할 수 있다. 내용 요소 개발을 위해서는 내용 전문가와 교수설계자, 작가가 필요하며, 이들이 활용할 수 있는 문서 편집용 PC와 소프트웨어가 필요하다. 동영상 요소 개발을 위해서는 매체 제작자와 강사, 성우가 필요하며, 동영상 요소 개발을 위해서 동영상 편집용 PC, 카메라, 마이크, 조명과 동영상 편집 및 음성 녹음·편집을 위한 소프트웨어가 필요하다. 그래픽 요소 개발을 위해 웹 디자이너와 웹 디자이너가 사용할 수 있는 그래픽 편집용 PC, 그래픽 편집용 소프트웨어가 필요하며, 애니메이터와 웹 프로그래머를 위한 애니메이션 제작 및 프로그래밍용 PC와 애니메이션 제작 소프트웨어, 프로그래밍용 에디터 프로그램이 필요하다.

Q. 이러닝 콘텐츠 개발에 필요한 장비에 대해 기술하시오.

답변 이러닝 콘텐츠 개발을 위해서는 비디오 요소 장비와 오디오 요소 개발 장비가 필요하다. 비디오 요소를 개발하기 위해서는 비디오 촬영을 위한 캠코더, 마이크, 조명 등이 필요하며 오디오 요소 개발을 위해서는 오디오 녹음을 위한 마이크, 믹서 등이 필요하다.

Q. 이러닝 콘텐츠 개발 최종산출물에 대해 기술하시오.

ⓘ 포인트

ADDIE의 과정	역할(기능)	세부단계(활동)	산출물
분석	학습 내용(what)을 정의하는 과정	요구분석, 학습자분석, 내용(직무 및 과제) 분석, 환경분석	요구분석서
설계	교수 방법(how)을 구체화하는 과정	학습구조 설계, 교안 작성, 스토리보드 작성, 콘텐츠 인터페이스 설계 명세	교육과정 설계서, 스토리보드, 원고
개발	학습할 자료를 만들어 내는 과정	교수자료 개발, 프로토타입 제작, 사용성 검사	최종 교안, 콘텐츠 제작물
실행	프로그램을 실제의 상황에 설치하는 과정	콘텐츠 사용, 시스템의 설치·유지·관리	실행 결과에 대한 테스트 보고서
평가	프로그램의 적절성을 결정하는 과정	콘텐츠 및 시스템에 대한 총괄평가	최종 평가보고서, 프로그램 개발 완료 보고서

답변 이러닝 콘텐츠 개발 단계는 분석, 설계, 개발, 실행, 평가로 구분할 수 있으며, 각 단계별로 산출물이 작성된다. 분석 단계에서는 요구분석서, 설계 단계에서는 교육과정 설계서, 원고, 스토리보드가 작성된다. 개발 단계에서는 최종 교안이 작성되고 콘텐츠 제작물이 만들어지며, 실행 단계에서는 실행 결과에 대한 테스트 보고서, 평가 단계에서는 최종 평가보고서와 프로그램 개발 완료 보고서가 작성된다.

Q. 이러닝 콘텐츠의 개발 범위에 대해 기술하시오

개발 요소	특징
콘텐츠 제작	이러닝 개발의 핵심 요소 중 하나로 텍스트, 이미지, 동영상, 오디오, 시뮬레이션, 게임 등 다양한 형식으로 제작될 수 있음
콘텐츠 디자인	• 사용자가 이러닝 콘텐츠를 더욱 효과적으로 이해하고 습득하는 데 중요한 역할을 함 • 그래픽 디자인, UI/UX 디자인 등이 포함됨
콘텐츠 구성	• 이러닝 콘텐츠가 사용자에게 더욱 효과적으로 전달되는 데 중요한 역할을 함 • 콘텐츠의 전반적인 흐름, 학습목표, 학습 내용 등이 포함됨
기술개발	이러닝 개발에는 HTML5, CSS, JavaScript, SCORM 등의 다양한 기술이 필요하며, 이러한 기술을 활용하여 이러닝 콘텐츠를 개발할 수 있음
LMS(학습관리 시스템) 연동	• LMS(학습관리 시스템): 이러닝 콘텐츠를 관리하고 학습자의 학습 진도, 성취도 등을 추적할 수 있는 시스템 • 이러닝 콘텐츠 개발에서는 LMS와의 연동을 통하여 학습자의 학습과정을 관리하는 것이 중요함
품질관리	• 콘텐츠의 품질은 학습 효과와 직결되므로 이러닝 개발에서 중요한 요소가 됨 • 테스트, 검수, 문서화 등이 포함됨

답변 이러닝 콘텐츠의 일반적인 개발 범위는 그래픽 디자인, UI/UX 디자인 등을 포함한 콘텐츠 디자인, 콘텐츠의 전반적인 흐름, 학습목표, 학습 내용 등을 포함한 콘텐츠 구성과 이들을 종합하여 텍스트, 이미지, 동영상, 오디오, 시뮬레이션, 게임 등 다양한 형식으로 제작하는 콘텐츠 제작을 포함한다. 또한 학습관리 시스템과의 연동과 테스트, 검수, 문서화 등의 품질관리까지 이러닝 콘텐츠의 개발 범위라 할 수 있다.

Q. 이러닝 콘텐츠의 유형별 차이점과 개발상의 특징을 기술하시오.

⚲ 포인트

콘텐츠 유형	특징	개발상 특징
VOD형	• 동영상을 기반으로 하는 방식 • 교육 방송과 같은 TV 매체에서 주로 사용되던 방식이었으나 최근에는 컴퓨터와 같은 정보통신기기에서 사용됨	학습효과가 교수의 강의 전달 능력이나 구조화 역량에 좌우되는 경향이 강함
WBI형 (Web Based Instruction)	웹 기반학습에서 보편적으로 많이 사용되는 방식	클릭 이벤트가 많으며 여러 가지 활동들을 개별적으로 혹은 학습자 중심적으로 수행할 수 있게 되어 있음
텍스트형	한글 문서 또는 인쇄용(PDF) 방식의 텍스트 위주의 방식	화면상의 텍스트로 쉽게 학습할 수 있으며 다른 유형에 비해 인쇄물로의 변환이 쉬운 장점이 있음
혼합형 (동영상+텍스트 혹은 하이퍼텍스트)	동영상과 텍스트 또는 하이퍼텍스트를 혼합하여 제작된 강의 자료	동영상 강의를 기반으로 진행되며 강의내용에 따라 텍스트 자료가 바뀔 수 있는 제작방식임
애니메이션형 (Animation)	애니메이션을 기반으로 한 방식	일반적으로 다른 콘텐츠에 비해 제작기간이 오래 소요되고 제작비용이 비쌈

답변 이러닝 콘텐츠는 개발 형태에 따라 VOD형, WBI형, 텍스트형, 혼합형, 애니메이션형으로 구분할 수 있다. VOD형은 교육 방송과 같은 TV 매체에서 주로 사용되던 방식으로, 강의자가 강의하는 동영상 형태를 말하며 콘텐츠 제작 시에는 학습 효과가 교수의 강의 전달 능력이나 구조화 역량에 좌우되는 경향이 있음을 인식하고 있어야 한다. WBI형은 웹 기반학습에서 보편적으로 많이 사용되는 방식으로 제작 시 다양한 학습활동을 위한 클릭 이벤트와 같은 상호작용을 포함할 수 있다. 텍스트형은 한글 문서나 인쇄용(PDF) 방식의 텍스트 위주의 방식으로 다른 유형에 비해 인쇄물로의 변환이 쉬운 장점이 있다. 혼합형은 동영상과 텍스트 혹은 하이퍼텍스트를 혼합하여 제작되는 형태로, 동영상 강의를 기반으로 진행되며 강의내용에 따라 텍스트 자료가 바뀔 수 있도록 제작된다. 애니메이션형은 애니메이션을 기반으로 한 방식으로 일반적으로 다른 콘텐츠에 비해 제작기간이 오래 소요되고 제작비용이 비싸다.

Q. 다음은 이러닝 콘텐츠 개발에 필요한 인력과 그에 대한 정의를 정리한 것이다. ㉠~㉢에 알맞은 개발인력의 명칭을 작성하시오.

개발인력	정의
(㉠)	이러닝 콘텐츠의 학습 방법, 콘텐츠 콘셉트, 매체 설계, 학습창 구성도 설계 등을 담당하는 사람
(㉡)	• 프로젝트를 전반적으로 관리하는 사람 • 일정, 비용, 요구사항 수렴, 인력 배정 등 프로젝트 성공을 위해 다양한 업무를 수행함
(㉢)	• 이러닝 콘텐츠의 학습 내용을 생산하는 사람 • '원고'를 작성하는 역할

㉠ _____ ㉡ _____ ㉢ _____

답변 ㉠ 교수설계자, ㉡ 프로젝트 매니저, ㉢ 내용 전문가

---

3 학습시스템 특성 분석

Q. 이러닝 표준 준수의 효과 4가지에 대해 설명하시오.

답변 ① 항구성: 한번 개발된 학습자료는 새로운 기술이나 환경변화에 큰 비용부담 없이 쉽게 적용될 수 있는 특성이다.

② 재사용 가능성: 기존 학습객체 또는 콘텐츠를 학습자료를 다양하게 응용하여 새로운 학습콘텐츠를 구축할 수 있는 특성이다.

③ 상호운용성: 서로 다른 도구 및 플랫폼에서 개발된 학습자료가 상호 간에 공유되거나 그대로 사용될 수 있는 특성이다.

④ 접근성: 원격지에서 학습자료를 쉽게 접근하여 검색하거나 배포할 수 있는 특성이다.

Q. 이러닝 표준 규약 중 IMS LTI에 대해 설명하시오.

답변 IMS LTI(Learning Tool Interoperability)는 학습 도구와 이러닝 시스템 간의 API 규격을 정의하는 표준 규약으로 써드파티 소프트웨어와 타 이러닝 시스템을 학습보조자료, 학습 도구로 사용할 수 있도록 연계시킬 수 있다.

Q. LRS(Learning Record Store)에 대해 설명하시오.

답변 LRS는 다양한 학습환경으로부터 실시간 학습데이터에 대한 수집 및 조회를 할 수 있는 저장체계이다.

Q. SCORM으로부터 시작되었으며, 더욱 간단하고 유연하게 사용될 수 있도록 다양한 제약조건 제거와 최소한의 일관된 어휘를 통해 데이터를 생산·전송할 수 있게 하는 표준은?

답변 xAPI

Q. 이러닝에 활용되는 시스템인 LMS와 LCMS를 구분하여 설명하시오.

답변 ① LMS(Learning Management System): 온라인 학습 환경에서의 교수-학습을 효율적이고 체계적으로 준비, 실시, 관리할 수 있도록 지원해 주는 시스템으로 주로 효과적인 교수-학습관리에 중점을 두고 있다.
② LCMS(Learning Contents Management System): 개별화된 이러닝 콘텐츠를 학습 객체의 형태로 만들어 이를 저장하고 조합하고 학습자에게 전달하는 시스템으로, 학습콘텐츠의 제작, 재사용, 전달, 관리를 담당한다.

Q. 다음은 웹표준 기술과 관련 설명이다. ㉠~㉢에 적절한 기술명을 기입하시오.

기술명	설명
(㉠)	• 데이터를 저장하고 전달하기 위해 설계된 마크업 언어 • 웹 문서뿐만 아니라 다양한 종류의 데이터 구조를 기술하는 데 사용됨 • 데이터를 저장하고 전송하는 데 중점을 둠
(㉡)	• 웹 페이지가 서버와 비동기적으로 데이터를 교환하고 업데이트할 수 있게 하는 기술 • 이것을 통해 페이지 전체를 새로 고침하지 않고도 웹 페이지의 일부를 업데이트할 수 있음
(㉢)	• 웹 페이지의 스타일을 정의하는 언어 • 웹 페이지의 레이아웃, 색상, 글꼴 등을 지정할 수 있음
(㉣)	• 웹 콘텐츠의 업데이트를 쉽게 공유하고 구독할 수 있게 하는 데이터 포맷 • 콘텐츠의 제목, 요약, 발행 날짜 등의 정보를 포함함

㉠ _____ ㉡ _____

㉢ _____ ㉣ _____

답변 ㉠ XML, ㉡ AJAX, ㉢ CSS, ㉣ RSS

Q. Edu Graph에서 제안하는 교육 데이터 모델 분류 중 3가지를 기술하시오.

답변 ① 교육 데이터 모델을 디지털 콘텐츠가 발생시키는 데이터(Learning Content Data)
② 학습 플랫폼을 통해 발생하는 학습활동 데이터(Learning Activity Data)
③ 교육기관에서 교육 프로그램 운영 중에 발생하는 데이터(Operation Data)
④ 학습자의 경력과 인맥에 대한 데이터(Career Data)
⑤ 학습자 또는 교수자의 프로파일링 중에 발생하는 데이터(Profile Data)

Q. 정보시스템 구축 운영지침의 내용 3가지를 기술하시오.

답변 ① 하드웨어 및 소프트웨어 도입기준
② 기술적용계획 수립 상호운용성 등 기술평가
③ 보안성 검토 및 보안 관리

Q. 다음은 학습시스템의 요소 기술과 그에 대한 정의를 정리한 것이다. ㉠~㉢에 알맞은 요소 기술의 명칭을 작성하시오.

요소 기술	정의
(㉠)	정보시스템 개발을 위해 필요한 기능 및 아키텍처를 미리 만들어 제공함으로써 효율적인 애플리케이션 구축을 지원한다.
(㉡)	무상으로 공개된 소스 코드 또는 소프트웨어로 인터넷 등을 통하여 공개되어 있으며 누구나 공유·개량하여 재배포할 수 있다.
(㉢)	웹 문서 제작을 위한 기본적 언어로 기존 버전의 구조를 탈피하여 CSS와 JavaScript와 함께 사용되며 다양한 운영체제 대응이 가능하고 플러그인이 탑재되지 않은 기기에서도 동작할 수 있다는 장점이 있다.

㉠ _____ ㉡ _____ ㉢ _____

답변 ㉠ 전자정부 표준프레임워크, ㉡ 오픈소스, ㉢ HTML5

Q. 다음은 학습시스템 표준과 그에 대한 정의를 정리한 것이다. ㉠~㉢에 알맞은 학습시스템 표준의 명칭을 작성하시오.

학습시스템 표준	정의
(㉠)	학습환경에서 일어나는 경험을 문장으로 구성하여 학습 기록 저장소(Learning Record Store)에 저장하기 위한 과정을 정의하는 표준이다.
(㉡)	• 학습활동, 이벤트 및 관련 엔티티 등을 설명하는 정보 모델과 어휘를 정의하여 여러 학습기관의 데이터 호환성을 제공하고자 개발되었다. • 통제된 단일 인터페이스(Sensor API)를 통해 수집하는 방법을 함께 제공한다.
(㉢)	콘텐츠 유통 표준을 지정하는 규격으로 25가지 CMI Data 규격 지원을 통해 콘텐츠 유통 규격과 시스템과 콘텐츠와의 통신 규약을 지원한다.

㉠ _____ ㉡ _____ ㉢ _____

답변 ㉠ Experience API(xAPI), ㉡ Caliper Analytics, ㉢ SCORM

Q. 학습시스템 개발에 필요한 H/W, 네트워크, 보안의 일반적인 요구사항에 대해 기술하시오.

포인트	
서버	• 이러닝 시스템 제안에서의 서버: 웹 서버, DB 서버, 스트리밍(Streaming) 서버, 저장용 (Storage) 서버 • 스트리밍 서버: 이러닝 동영상의 스트리밍 서비스에 필요한 서버 • 저장용 서버: NAS(Network-Attached Storage) 서버라는 명칭으로 제시되기도 함
네트워크 장비	이러닝 서비스를 진행하기 위한 스위치, 라우터 등의 장비가 사용·요구됨
보안 관련 장비	이러닝 서비스의 보안을 위한 방화벽과 관련된 내용이 요구됨

답변 학습시스템 개발을 위해서는 서버와 네트워크 장비 보안 관련 장비가 필요하다. 서버는 웹 서버, DB 서버, 스트리밍 서버, 저장용 서버가 필요하며 네트워크 장비는 스위치, 라우터 등의 장비가 필요하다. 보안과 관련하여서는 방화벽이 필요하다.

Q. 학습시스템 개발에 필요한 S/W의 일반적인 요구사항에 대해 서술하시오.

포인트	
운영체제(OS)	• 시스템에 기본적으로 설치되어야 하는 소프트웨어 • 고객의 환경에 따라 MS Window, 리눅스, 유닉스 등이 대표적으로 요구됨
데이터 관리 시스템(DBMS)	• 이러닝 학습의 진행에 필요한 데이터를 관리하는 시스템 • OS와 마찬가지로 고객의 기존 환경에 따라 MS-SQL, ORACLE, My-SQL 등이 요구됨
WEB & WAS 서버 소프트웨어	• WEB 서버, WAS 서버를 제어하기 위해 필요한 소프트웨어 • 대표적인 WEB 서버 소프트웨어: IIS, Apache, TMax WebtoB 등 • 대표적인 WAS 서버 소프트웨어: Tomcat, TMax Jeus, BEA Web logic 등 • 소요되는 비용이 크기 때문에 각 이러닝 시스템의 사용 대상과 분야에 따라 선택해야 함

답변 학습시스템 개발을 위해서는 운영체제, 데이터 관리 시스템(DBMS), 웹(WEB) 서버, 웹 애플리케이션(WAS) 서버 소프트웨어가 필요하다. 운영체제에는 Window 계열과 리눅스, 유닉스 등이 대표적이며, 데이터 관리 시스템에는 MS-SQL, ORACLE, My-SQL이 있다. WEB 서버 소프트웨어는 IIS, Apache, TMax WebtoB 등이 있고, WAS 서버 소프트웨어는 Tomcat, TMax Jeus, BEA Web logic 등이 있다.

Q. 학습시스템 개발 프로세스에 대해 서술하시오.

ⓘ 포인트

개발 단계	설명
요구사항 정의	• 교수-학습 지원시스템에 필요한 정보를 분석하여 교수자의 요구에 맞는 시스템 구축을 위한 요구사항을 추출함 • 시스템의 범위가 넓고 다양한 요구사항이 도출되므로 요구사항의 정의가 필요함
개발 계획 수립	• 개발 계획을 수립하여 정확한 일정에 따라 작업이 진행되도록 계획수립 및 절차를 명시하도록 함 • 프로그램이 절차에 따라 설계·구현되지 않으면 재작업을 해야 하는 경우가 발생함
분석 작업	• 요구사항 분석을 통해 더욱 효율적으로 입·출력 양식을 설계하여 교수-학습 지원시스템에 효율적으로 활용할 수 있도록 함 • 프로그램의 목표가 반드시 수립되어야 함
데이터베이스 모델링	• 분석작업에서 추출한 내용을 바탕으로 실제 개발에 필요한 데이터베이스를 정규화하여 설계함 • 데이터의 중복성, 독립성을 보장하기 위해 반드시 수행되어야 하는 과정
화면설계	모델링·정규화 작업을 바탕으로 실제 웹으로 구현할 화면을 HTML로 작업하며 화면설계가 제대로 이루어져야 작업시간을 단축할 수 있음
구현 작업	실제 교수-학습 지원시스템을 구성하고 웹 프로그래밍 소스작업과 데이터베이스 연결을 하고 구현함
테스트	• 시스템을 운영하기 전에 사용자에게 테스트하는 단계 • 사용상의 불편한 점, 오류에 대해 검사함
수정 및 보완	사용자가 데이터를 입력하여 시스템상에서 처리하는 일련의 과정에서 발생할 수 있는 오류를 발견하고 보완·업데이트함
최종배포	마무리 단계에 속하며, 지금까지 구현한 시스템을 교수자, 학습자에게 웹으로 접근하여 활용할 수 있도록 함

답변 학습시스템 개발은 요구사항 정의, 개발 계획 수립, 분석 작업, 데이터베이스 모델링, 화면설계, 구현 작업, 테스트, 수정 및 보완, 최종배포 순서로 진행된다.

요구사항 정의에서는 교수-학습 지원시스템에 필요한 정보를 분석하여 교수자의 요구에 맞는 시스템 구축을 위하여 요구사항을 추출한다. 개발 계획 수립에서는 개발 계획을 수립하여 정확한 일정에 작업이 진행되도록 계획수립 및 절차를 명시하도록 한다. 분석 작업에서는 요구사항들을 분석하고 더욱 효율적인 입·출력 양식을 설계하여 교수-학습 지원시스템에 효율적으로 활용할 수 있도록 한다. 데이터베이스 모델링에서는 분석 작업에서 추출한 내용을 바탕으로 실제 개발에 필요한 데이터베이스를 정규화하여 설계한다. 화면설계에서는 모델링 및 정규화 작업을 바탕으로 실제 웹으로 구현할 화면을 HTML로 작업한다. 구현 작업에서는 실제 교수-학습 지원시스템을 구성하고 웹 프로그래밍 소스 작업과 데이터베이스 연결을 하고 구현한다. 테스트에서는 사용상의 불편한 점이나 오류에 대해 검사하고 수정 및 보완에서는 오류를 발견하고 보완·업데이트한다. 최종배포에서는 구현한 시스템을 교수자, 학습자에게 웹으로 접근하여 활용할 수 있도록 한다.

Q. 학습시스템 운영에 대해 정의하시오.

답변 이러닝 시스템은 이러닝 학습활동을 위한 중요한 기반 환경으로, 이러닝 시스템의 안정성과 성능은 이러닝 학습활동 성공에 큰 영향을 미친다. 학습시스템 운영이란 이러닝 시스템이 안정적으로 운영될 수 있도록 운영상태를 관리하고 리스크 관리를 하는 활동이다.

Q. 학습시스템 운영 프로세스에 대해 기술하시오.

♀ 포인트

이러닝 시스템 운영계획	성공적인 이러닝 서비스가 제공될 수 있도록 이러닝 시스템을 체계적이고 효율적으로 관리하기 위해 수행하는 계획수립, 준비, 운영, 모니터링, 결과분석 등 관련된 제반 활동을 말함
이러닝 시스템 운영 지침서 및 절차서 작성	운영하는 이러닝 시스템의 성격과 규모, 특성, 상황에 맞게 이러닝 시스템 운영관리 지침서 및 절차서를 만들어야 함
이러닝 시스템 운영상태 관리(Monitoring)	이러닝 시스템 구성요소에 대한 운영상태를 관리해 시스템 이상 징후를 발견, 기록, 분류, 통지하여 해당 업무 담당자를 통해 조치할 수 있도록 함으로써 시스템의 가용성과 안정성을 향상하는 업무 프로세스

답변 학습시스템 운영은 이러닝 시스템 운영계획, 이러닝 시스템 운영 지침서 및 절차서 작성, 이러닝 시스템 운영상태 관리로 구분할 수 있다. 이러닝 시스템 운영계획에는 성공적인 이러닝 서비스가 제공될 수 있도록 이러닝 시스템을 체계적이고 효율적으로 관리하기 위해 수행하는 계획수립, 준비, 운영, 모니터링, 결과분석 등 관련된 제반 활동이 포함된다. 이러닝 시스템 운영 지침서 및 절차서 작성에서는 운영하는 이러닝 시스템의 성격과 규모, 특성, 상황에 맞게 이러닝 시스템 운영관리 지침서 및 절차서를 만들어야 한다. 이러닝 시스템 운영상태 관리를 통해 시스템 이상 징후를 발견, 기록, 분류, 통지하여 해당 업무 담당자를 통해 조치할 수 있도록 함으로써 시스템의 가용성과 안정성을 향상한다.

Q. 학습시스템 운영 시 발생하는 리스크의 해결 방법을 기술하시오.

> **ⓘ 포인트**
>
> 한국정보통신기술협회(TTA, Telecommunication Technology Association) 정보통신단체 표준의 「정보시스템 장애 관리 지침」에서 제시한 장애 관리 프로세스 8단계
> ① 장애 식별 및 접수   ② 장애등록 및 등급지정
> ③ 1차 해결   ④ 장애배정
> ⑤ 2차 해결   ⑥ 문제관리
> ⑦ 장애 종료   ⑧ 프로세스 점검

답변 장애가 식별되거나 접수되면 장애를 등록하고 영향도와 긴급도를 고려해 등급을 지정한 후 우선순위 장애를 1차 해결한다. 이후 장애를 배정한 후 2차 해결을 하고 문제를 관리하고 장애 처리를 종료한다. 마지막으로 전반적인 프로세스를 점검한다.

---

4 이러닝 운영 준비

Q. 연간 운영계획에 포함되는 항목을 3가지 기술하시오.

답변 ① 연수(강의) 신청일
② 연수(강의) 시작일
③ 연수(강의) 종료일
④ 평가일

Q. 이러닝 운영을 위한 학사일정 공지 대상을 기술하시오.

답변 ① 협업부서
② 교·강사
③ 학습자

Q. 이러닝 학습 전 등록이 필요한 자료에 대해 작성하시오.

답변 ① 학습 관련자료
② 강의계획서
③ 공지사항

Q. 다음 표는 학습 시작 전에 시스템상에 등록해야 하는 평가의 유형이다. ㉠~㉢에 적절한 평가 유형을 기입하시오.

평가 구분	설명
(㉠)	• 학습자의 기초능력(선수학습능력, 사전학습능력) 전반을 진단하는 평가 • 강의 진행 전에 이루어짐
(㉡)	• 학습자에게 바람직한 학습 방향을 제시해주고 강의에서 원하는 학습 목표를 제대로 달성했는지 확인하는 평가 • 해당 차시가 종료된 후 이루어짐
(㉢)	• 학습자의 수준을 종합적으로 확인할 수 있는 평가 • 성적을 결정하고 학습자 집단의 특성을 분석할 수 있음 • 강의가 종료된 후 이루어짐

㉠ _____ ㉡ _____ ㉢ _____

답변 ㉠ 진단평가, ㉡ 형성평가, ㉢ 총괄평가

Q. 이러닝 서비스를 제공하는 학습사이트의 주요 점검 항목에 대해 기술하시오.

점검 항목	설명
동영상 재생 오류	학습자가 동영상을 재생할 때 사용하는 웹 브라우저의 버전 및 호환성 문제로 인해 학습자 인터넷 환경에서 동영상이 재생되지 않음
진도 체크 오류	• 정상적인 진도 체크는 보통 '미학습', '학습 중', '학습 완료'로 표시됨 • 강의를 다 들었는데도 진도가 '학습 완료'로 바뀌지 않는 경우, 학습을 진행할 수 있게 해주는 next 버튼이 보이지 않는 경우 등의 진도 체크 오류가 발생할 수 있음
웹 브라우저 호환성 오류	ID/PW가 입력되지 않는 경우, 화면이 하얗게 보이는 경우, 버튼이 눌러지지 않는 경우 등의 웹브라우저 호환성 오류가 발생할 수 있음

답변 가장 많이 발생하는 문제점은 '동영상 재생 오류', '진도 체크 오류', '웹 브라우저 호환성 오류' 등이 있다. 동영상 재생 오류는 학습자가 동영상을 재생할 때 사용하는 웹 브라우저의 버전 및 호환성 문제로 인해 학습자 인터넷 환경에서 동영상이 재생되지 않는 오류이다. 진도 체크 오류는 강의를 모두 들었는데도 진도가 '학습 완료'로 바뀌지 않거나 학습을 진행할 수 있게 해주는 next 버튼이 보이지 않는 오류이다. 웹 브라우저 호환성 오류에 따라서는 ID/PW가 입력되지 않거나 화면이 하얗게 보이며 버튼이 눌러지지 않는 현상이 발생할 수 있다.

Q. 이러닝 운영을 위한 학습관리시스템(LMS)을 점검하고 문제점을 해결하는 방법에 대해 기술하시오.

답변 이러닝 과정 운영자는 테스트용 ID를 통해 로그인 후 메뉴를 클릭해 가면서 정상적으로 페이지가 표현되고 동영상이 플레이되는지 확인해야 한다. 문제될 소지를 미리 발견했다면 시스템 관리자에게 문제를 알리고 해결방안을 마련하도록 공지한 뒤 팝업 메시지, FAQ 등을 통해 학습자가 강의를 정상적으로 이수할 수 있도록 도와야 한다.

Q. 이러닝 학습지원 도구의 기능을 점검하여 문제점을 해결하는 방법에 대해 기술하시오.

답변 학습도구와 관련된 점검사항은 주로 차수 개설 및 학습콘텐츠 등록, 과제 및 토론 주제 등록, 평가 일정 및 방법 등록, 평가문항 등록 및 확인, 공지 내용 등록 및 확인 등이 포함된다. 이러닝 운영자는 이러한 내용이 실제 학습관리시스템(LMS)에서 잘 작동되고 기능을 사용하는 데 문제가 없는지를 파악한다. 인터넷 원격훈련에서 이러닝 운영의 학습환경 점검을 위해 체크리스트를 활용하여 요구분석 과정을 점검하는 과정이 필요하다.

Q. 이러닝 운영에 필요한 다양한 멀티미디어 기기에서의 콘텐츠 구동 여부를 확인하는 방법에 대해 기술하시오.

답변 이러닝 콘텐츠는 멀티미디어 기기의 유형과 설치된 소프트웨어에 따라 제대로 구동되지 않을 수 있으므로, 이러닝 운영에 필요한 다양한 멀티미디어 기기를 준비하여 구동 여부를 직접 확인하여야 한다.

Q. 교육과정별 콘텐츠 오류를 점검한 후 수정을 요청하는 방법을 기술하시오.

• 콘텐츠 점검 시 오류가 발생하였다면 시스템 개발자나 콘텐츠 개발자에게 수정을 요청함
• 만약 콘텐츠 오류가 학습환경의 설정 변경으로 해결할 수 있는 문제라면, 이러닝 과정 운영자가 팝업 메시지를 통해 문제 해결 방법을 학습자에게 알려줘도 됨

요청 대상	요청 내용
이러닝 콘텐츠 개발자	콘텐츠상의 오류 예 교육 내용, 화면 구성, 제작 환경에 대한 오류 등
이러닝 시스템 개발자	시스템상의 오류 예 콘텐츠가 정상적으로 제작되었음에도 학습사이트상에서 콘텐츠 자체가 플레이되지 않는 경우, 사이트에 표시되지 않는 경우, 엑스박스 등으로 표시되는 경우 등

답변 콘텐츠 점검 시 오류가 발생하였다면 시스템 개발자나 콘텐츠 개발자에게 수정을 요청해야 한다. 교육 내용, 화면 구성, 제작 환경에 대해 오류가 있을 시 콘텐츠 개발자에게 요청해서 문제를 해결한다. 콘텐츠는 정상적으로 제작되었지만 학습사이트상에서 콘텐츠 자체가 플레이되지 않거나, 사이트에 표시되지 않을 때, 엑스박스 등으로 표시될 때는 시스템 개발자에게 요청해서 문제를 해결한다. 만약 콘텐츠 오류가 학습환경의 설정 변경으로 해결할 수 있는 문제라면, 이러닝 과정 운영자가 팝업 메시지를 통해 문제 해결 방법을 학습자에게 알려줄 수 있다.

Q. 학습자에게 제공 예정인 교육과정의 특성 분석 방법을 기술하시오.

답변 교·강사가 제출한 교과의 전체적인 운영계획서에서 교과 교육과정의 특성을 볼 수 있는 교과의 성격, 목표, 내용 체계(단원구성), 교수·학습 방법, 평가 방법 및 평가의 주안점 등을 확인한다.

Q. 학습관리시스템(LMS)에 교육과정과 세부 차시를 등록하는 순서를 기술하시오.

포인트

단계	설명
교육과정 분류하기	• 교육과정 분류를 입력하는 단계 • '대분류 – 중분류 – 소분류' 순으로 분류 • 교·강사가 제출한 교과 교육과정 운영계획서를 확인하며 등록함
강의 만들기 (차시 등록하기)	• 제작된 동영상 콘텐츠에 목차를 부여하고 순서를 지정하는 단계 • 동영상을 업로드하면 제작된 콘텐츠가 강의로 등록됨
과정 만들기	과정 목표, 과정 정보, 수료조건 안내 등 자세한 정보를 등록하는 단계
과정 개설하기	수강신청 기간, 수강 기간, 평가 기간, 수료처리 종료일, 수료 평균점수 등을 지정하는 단계

답변 학습관리시스템에 교육과정과 세부 차시 등록을 위해서는 교육과정 분류하기, 강의 만들기, 과정 만들기, 과정 개설하기를 차례대로 수행한다. 교육과정 분류는 교·강사가 제출한 교과 교육과정 운영계획서를 확인하며 등록하고 강의 만들기에서는 제작된 콘텐츠 업로드와 함께 제작된 동영상 콘텐츠에 목차를 부여하고 순서를 지정해 준다. 과정 만들기에서는 과정 목표, 과정 정보, 수료조건 안내 등 자세한 정보를 등록한다. 과정 개설하기에서 수강신청 기간, 수강 기간, 평가 기간, 수료처리 종료일, 수료 평균점수 등을 지정해 준다.

Q. 학습관리시스템(LMS)에 등록하는 자료와 등록 방법에 대해 기술하시오.

구분	설명
학습 전 자료	• 대표적으로 공지사항, 강의계획서가 있음 • 공지사항: 학습 전에 학습자가 꼭 알아야 할 사항들을 공지사항으로 등록하며 오류 시 대처방법, 학습기간에 대한 설명, 수료(이수)하기 위한 필수조건, 학습 시 주의사항 등을 알려줌 • 강의계획서: 학습목표, 학습 개요, 주별 학습 내용, 평가 방법, 수료 조건 등 강의에 대한 사전 정보를 담고 있음
학습 중 자료	• 학습자가 강의 중에 도움을 받을 수 있도록 필요한 자료를 등록함 • 강의 진행 중에 직접 자료를 다운로드 받을 수 있도록 하거나, 관련 사이트 링크를 걸어주는 방식이 일반적임
학습 후 자료	• 평가 및 과제 제출을 통해 과정이 종료되는 것은 아니며, 설문조사를 등록하여 학습자가 과정에 대해 소비자 만족도 평가를 할 수 있도록 해야 함 • 학습자들이 필수적으로 하는 '평가' 또는 '성적 확인' 전에 설문을 먼저 실시하도록 하는 경우가 일반적임 • 강의, 과정 운영의 만족도뿐만 아니라 시스템, 콘텐츠의 만족도 또한 질문하도록 함 • 설문조사는 과정의 품질을 높일 수 있는 중요한 정보라는 점을 숙지해야 함

답변 학습관리시스템에 등록하는 자료는 학습 전 자료, 학습 중 자료, 학습 후 자료로 구분할 수 있다. 학습 전 자료에는 공지사항과 강의계획서가 있으며, 학습 중 자료로는 강의 진행 중에 학습자가 직접 다운로드 받을 수 있는 강의 교안 등이 있다. 학습 후 자료는 만족도 조사가 있다. 이 자료들은 과정이 시작되기 전에 등록이 되어야 한다.

Q. 학습관리시스템(LMS)에 교육과정별 평가문항을 등록하는 방법을 기술하시오.

① 포인트

평가는 강의 진행단계에 따라 진단평가, 형성평가, 총괄평가 등으로 구분되며 다음 순서에 따라 평가 문항을 등록함

단계	설명
관련 메뉴 확인	• 평가문항 등록을 위한 메뉴를 확인하는 단계 • 일반적으로 '교육 관리-모의고사 출제 관리'에서 평가문항을 등록할 수 있음
평가문항 등록	• 디자인 관리 메뉴에서 평가 시 화면에 표현되는 디자인을 설정해주는 과정이 먼저 필요함 • 디자인 설정은 초기 세팅 페이지를 활용 가능하며, 변경을 원할 때는 이미지를 등록하거나 해당 html을 입력하면 됨 • 디자인 설정 후, 시험 출제 메뉴에서 평가에 대한 정보(예) 시험명, 시간 체크 여부, 응시 가능 횟수, 정답해설 사용 여부, 응시 대상 안내 등)를 입력하고 평가문항을 등록함

답변 평가는 강의 진행단계에 따라 진단평가, 형성평가, 총괄평가 등으로 구분되며 평가문항 등록을 위한 메뉴를 확인 후 해당 메뉴를 통해 평가문항을 등록한다. 평가문항 등록 시 디자인 관리 메뉴에서 화면에 표현되는 디자인을 설정해 주고, 시험 출제 메뉴에서 평가에 대한 정보(시험명, 시간 체크 여부, 응시 가능 횟수, 정답해설 사용 여부, 응시 대상 안내 등)를 입력하고 평가문항을 등록한다.

Q. 원활한 학사 진행을 위해 수립된 학사일정을 협업부서에 공지하는 방법을 기술하시오.

① 포인트

공지 방법	설명
통신망 활용하기	• 사내전화, 인트라넷, 메신저 등 조직에서 사용하는 통신망을 활용한 내부조직 공지 • 주요 학사일정에 대해서는 조율을 먼저 한 후에 공지함
공문서 활용하기	• 내부조직 간의 주요 연락수단으로 공문서를 활용한 내부 결재를 거친 공지 • 자주 진행하지는 없고 연 1~2회 정도만 진행하며, 의견 수렴과정을 거쳐 다음 연도의 학사일정 수립에 반영 가능

답변 이러닝 과정 운영자는 수립된 학사일정을 협업부서에 공지하여 업무의 효율을 높여야 한다. 협업부서에 공지하는 방법은 사내전화, 인트라넷, 메신저와 같은 통신망을 활용하는 방법과 공문서를 활용하는 방법이 있다.

Q. **학습자의 사전 학습 준비를 위해 수립된 학사일정을 학습자에게 공지하는 방법에 대해 기술하시오.**

답변 학습자는 학사일정을 공지 받아야 사전 정보를 얻고 학습을 준비할 수 있다. 과정 운영자는 사전에 학사일정을 문자, 메일, 팝업 메시지 등을 통해 공지해 주어야 한다.

Q. **운영 예정인 교육과정에 대해 관계기관에 신고하는 방법을 기술하시오.**

답변 운영 예정인 교육과정을 관계기관에 신고할 때는 공문서 기안을 통해 신고하도록 한다. 사전에 조율이 필요하거나 긴급한 사항일 경우 전화로 관계기관과 연락을 하지만 대부분 공문을 통해 학사일정 및 교육과정을 신고한다. 교육과정을 관계기관에 신고하기 위해서는 우선 교육과정이 최종 결정된 내용인지 확인해야 한다.

Q. **개설된 교육과정별로 수강신청 명단을 확인하고 수강 승인처리하는 방법에 대해 기술하시오.**

답변 수강신청 현황을 확인하는 방법은 먼저 수강신청이 이루어지면 학습관리시스템의 수강 현황을 관리하는 화면에 수강신청 목록이 나타나게 된다. 수강신청 순서에 따라서 목록이 누적되며, 수강신청한 과정명과 신청인 정보가 목록에 나타난다. 수강신청된 과정 정보를 확인하기 위해서는 과정명을 클릭하면 된다.
수강 승인처리 방법은 자동으로 수강신청이 되는 과정 개설 방법인 경우를 제외하면 수강신청 목록에 있는 과정을 수강신청 승인해 주어야 한다. 수강 승인을 위해서는 수강 승인할 수강신청 목록을 체크한 후 수강 승인을 위한 버튼을 클릭하면 된다.

Q. 교육과정별로 수강 승인된 학습자를 대상으로 교육과정 입과를 안내하는 방법에 대해 기술하시오.

답변 수강신청이 되고, 수강 승인이 되면 해당 교육과정에 입과된 것으로 볼 수 있다. 입과 처리가 되었을 때 자동으로 입과 안내 이메일이나 문자가 발송되게 할 수 있다. 만약 학습자의 수강 참여가 특별히 요구되는 과정의 경우에는 학습자 정보를 확인하여 운영자가 직접 전화로 입과 안내 후 학습 진행 절차를 안내할 수도 있다. 이때 학습자가 활용할 수 있는 별도의 사용 매뉴얼, 학습 안내 교육자료 등을 첨부할 수 있다.

Q. 운영 예정 과정에 대한 운영자 정보를 등록하는 방법을 기술하시오.

답변 운영의 효율성과 학습자의 학습 만족도를 높이기 위해 운영자를 사전에 등록하여 관리하게 할 수 있다. 운영자를 사전에 등록하려면 운영자 정보를 학습관리시스템에 먼저 등록해야 한다. 운영자는 일종의 관리자 개념으로 인식되기 때문에 학습자가 볼 수 없는 별도의 관리자 화면에 접속할 수 있도록 운영자 등록이 필요하다. 운영자 정보를 등록하고, 접속 계정을 부여한 후 수강신청 건별로 운영자를 배치할 수 있다.

Q. 운영을 위해 개설된 교육과정에 교·강사를 지정하는 방법에 대해 기술하시오.

답변 튜터링을 위해서 별도의 관리자 화면에 접속할 수 있도록 교·강사 등록이 필요하다. 교·강사 정보를 입수 받고 학습관리시스템에 입력한 후 튜터링이 가능한 권한을 부여한다. 교·강사 정보를 등록하고, 접속 계정을 부여한 후 수강신청 건별로 교·강사를 배치할 수 있는데, 일반적으로 교·강사의 배치는 과정당 담당할 학습자 수를 지정한 후 자동으로 교·강사에게 배정될 수 있도록 학습관리시스템에서 세팅하게 된다.

Q. 학습과목별 수강 변경사항에 대한 사후처리 방법을 기술하시오.

답변 수강 승인을 한 후 잘못된 정보가 있다면 수강신청을 취소하거나, 수강 내역을 변경할 수 있다. 수강 신청 내역을 변경하거나, 수강내역 등을 변경하는 경우에는 반드시 다른 정보들과 함께 비교해서 처리해야 한다. 학습자가 수강신청한 내역과 다르게 학습관리시스템에 처리가 되어 있다면 그 자체만으로 학습의 불만족 요소가 될 수 있으므로 학습과 관련된 데이터를 다룰 때는 주의하여야 한다.

5 이러닝 운영지원 도구 관리

Q. 다음 표는 이러닝 운영지원 도구 기능 개선 예시이다. ㉠~㉣에 적절한 주요 메뉴 명칭을 기입하시오.

주요 메뉴	개선 니즈 내용
쪽지함 관리	• 모든 사용자메뉴에서 바로가기가 가능해야 함 • 사용자목록화면에서 친구/학습자 등록이 가능해야 함 • 쪽지발송 시에 개별학습자를 클릭하여 학습자 정보 조회
학습 진도 관리	• 강의별 전체 학습 진도 현황 조회 • 개인별 최근 학습 진도 현황 조회 • 학습 진도 부진자 자동 선택 및 메일/쪽지 일괄 발송 • 일괄 발송 시 기본 메시지 문구 자동 설정/관리
(㉠) 관리	• 토론, 일반게시판, 설문 등 학습 참여 항목 정의 • 각 학습자의 참여 총괄 현황 조회 관리(항목별 참여 수, 글 목록, 상세 글 조회 등) • 학습자의 참여 점수 입력 및 조정
설문 관리	• 찬반, 다지선다형 등의 다양한 설문 등록, 수정, 삭제, 결과 분석 • 정보 수집을 위한 5점 척도 기준의 Likert 척도 설문조사 지원
(㉡)관리	• 재시험, 재시험 시 인정점수, 총점수비율 등 응시 조건 설정 • 학습자 응시 IP 관리 • 논술형 시험에 대해서는 온라인 첨삭 지원기능 • 오프라인 시험 결과 등록 기능 및 시험지 파일 다운로드 • 문항 한글파일 업로드 • 문항별 정답률, 난이도 관리
퀴즈 관리	수시시험 형태의 퀴즈 및 학습 과정에서 학습통제를 위한 퀴즈 등 다양한 유형
(㉢) 관리	• 욕설 등 등록 용어 제한 설정 • 파일 등록 시 용량 제한 설정 • 다양한 템플릿 설정 • 동영상, 이미지 파일 등록 시 썸네일 자동 체크
Q&A 관리	• 답변 등록 시 자동 메일 발송 기능 • Q&A 분류 관리
(㉣) 관리	• 토론에 대한 학습자들 간의 평점/공감/추천 등을 통한 학습자 간 평가 지원 • 토론 성적에 대한 성적 입력(학습자별 참여 횟수, 학습자 간 추천점수, 학습자들의 참여 글 목록 조회 등 조회 기능 제공)

㉠ ＿＿＿＿＿＿＿＿   ㉡ ＿＿＿＿＿＿＿＿

㉢ ＿＿＿＿＿＿＿＿   ㉣ ＿＿＿＿＿＿＿＿

답변 ㉠ 학습 참여, ㉡ 온라인 평가, ㉢ 게시판, ㉣ 토론방

Q. 과정 운영에 필요한 운영지원 도구의 종류를 기술하시오.

🔘 포인트	이러닝 학습지원 도구

구분	학습지원 도구 종류
과정 개발 및 운영지원을 위한 도구	콘텐츠 저작도구, 운영지원을 위한 메시징시스템(메신저, 쪽지 등), 평가시스템, 설문시스템, 커뮤니티, 원격지원시스템
사내 학습 관련 시스템과의 연계 지원 도구	사내 인트라넷, 지식경영시스템, 성과관리시스템, ERP
개인 학습자의 학습지원 도구	역량진단시스템, 개인 학습경로 제시, 개인 학습자의 학습 이력 관리시스템

답변 이러닝 운영지원 도구에는 과정 개발 및 운영지원을 위한 도구, 사내 학습 관련 시스템과의 연계 지원 도구, 개인 학습자의 학습지원을 위한 도구가 있다. 과정 개발 및 운영지원을 위한 도구로 는 콘텐츠 저작도구, 운영지원을 위한 메시징시스템, 평가시스템, 설문시스템, 커뮤니티, 원격지 원시스템 등이 있으며 사내 학습 관련 시스템과의 연계 지원 도구로는 사내 인트라넷, 지식경영 시스템, 성과관리시스템, ERP 등이 있다. 개인 학습자의 학습지원 도구로는 역량진단시스템, 개인 학습경로 제시, 개인 학습자의 학습 이력 관리시스템 등이 있다.

Q. 학습자의 원활한 학습을 지원하는 데 필요한 도구에 대해 기술하시오.

답변 학습자의 원활한 학습을 지원하기 위한 도구는 학습자가 사용하는 도구, 교수자가 사용하는 도 구, 관리자가 사용하는 도구로 구분할 수 있다. 학습자가 사용할 수 있는 도구는 강의, 학사, 시 험, 과제, 상담 기능, 학습지원, 커뮤니티(설문, 쪽지, 이메일, SMS) 기능 등 학습활동을 원활히 할 수 있도록 지원하기 위한 도구들이다. 교수자가 사용할 수 있는 도구는 학습관리, 강의, 평가, 성적관리, 퀴즈, 커뮤니티(설문, 쪽지, 이메일, SMS) 기능 등 교수자 및 튜터의 학습관리를 위 한 도구들이다. 관리자가 사용할 수 있는 도구는 학습관리시스템을 운영 및 관리하기 위해 콘텐 츠, 강의실, 교수자 및 학습자, 학습 운영, 문항 관리, 학습자 관리, 학습자 지원, 모니터링 기능 을 위한 도구들이다.

Q. 운영지원 도구별 사용상 특성에 대해 기술하시오.

답변 학습자가 사용하는 도구 중 수강 조회 기능은 지난 수강 이력 및 수강 현황, 성적, 이수 등의 학습 정보를 조회할 수 있어야 한다. 시험 기능은 온라인 응시가 가능하도록 해야 하며 온라인으로 과제를 제출하고 확인할 수 있어야 한다. 커뮤니티 기능은 관리자 및 교수자와 소통할 수 있는 기능이 있어야 한다.

교수자가 사용하는 도구 중 강의 관리기능은 강의실 메뉴에 대한 추가, 삭제 권한을 제공하고, 수강생별 출석과 성적을 산출하고, 학습현황을 실시간으로 체크할 수 있어야 한다. 시험관리 기능은 과제의 출제와 시험의 경우 객관식, 주관식, 단답식 기능이 제공되어야 하며, 최종성적을 입력할 수 있도록 제공되어야 한다. 강의콘텐츠 관리기능은 콘텐츠의 검색, 등록, 삭제가 가능하도록 제공되어야 하며 커뮤니케이션 기능은 학습자와 소통할 수 있는 기능을 제공해야 한다.

관리자는 학습자, 교수자 등의 권한 설정을 조정할 수 있는 권한을 가져야 하며 모든 메뉴의 입력 내용과 설정 등을 수정할 수 있어야 한다. 메뉴 관리기능은 과정 및 과목에 대한 등록 관리기능, 강의콘텐츠의 등록과 삭제, 설문조사와 같은 부가기능에 대한 관리, 메뉴 구성이 자유롭게 가능해야 한다.

6 이러닝 운영 학습활동 지원

Q. 켈러의 동기부여 이론의 4가지 동기유발 요소를 작성하시오.

답변 ① 주의집중(Attention)
② 관련성(Relevance)
③ 자신감(Confidence)
④ 만족감(Satisfaction)

Q. 켈러의 동기부여 이론 중 '주의집중' 하위전략 3가지를 설명하시오.

답변 ① 지각적 주의 환기 전략: 시청각 매체의 활용, 비일상적인 내용이나 사건의 제시
② 탐구적 주의 환기 전략: 능동적 반응 유도, 문제해결 활동의 구상 장려
③ 다양성 전략: 간결하고 다양한 교수형태의 사용, 교수 자료의 다양한 변화 추구

Q. 켈러의 동기부여 이론 중 '관련성' 하위전략 3가지를 설명하시오.

답변 ① 친밀성 전략: 친밀한 인물이나 사건 활용
② 목적 지향성 전략: 실용성에 중점을 둔 목표 제시, 목표지향적인 학습 형태 활용
③ 필요한 동기와의 부합: 어렵고 쉬운 다양한 수준의 목표 제시, 협동적 학습상황 제시, 비경쟁적 학습상황의 선택 가능

Q. 켈러의 동기부여 이론 중 '자신감' 하위전략 3가지를 설명하시오.

답변 ① 학습의 필요조건 제시 전략: 수업의 목표와 구조 제시, 명확한 평가 기준 및 피드백 제시, 선수학습 능력의 판단
② 성공 기회 제시 전략: 쉬운 것에서 어려운 것으로 과제 제시, 적정수준의 난이도 유지, 다양한 수준의 시작점 제시
③ 개인적 조절감 증대 전략: 학습 속도를 적절히 조절할 수 있는 기회 제공, 학습의 끝을 조절할 수 있는 기회 제시, 원하는 부분으로의 재빠른 회기 가능

Q. 켈러의 동기부여 이론 중 '만족감' 하위전략 3가지를 설명하시오.

답변 ① 자연적 결과 강조 전략: 연습 문제를 통한 적용 기회 제공, 모의 상황을 통한 적용 기회 제공
② 긍정적 결과 강조 전략: 적절한 강화계획의 활용, 수준에 맞고 의미 있는 강화의 제공, 정답에 대한 보상 강조, 선택적 보상체제 활용
③ 공정성 강조 전략: 수업 목표와 내용의 일관성 유지, 수업내용과 시험내용의 일치

Q. 이러닝의 상호작용 유형 4가지를 작성하시오.

답변 ① 학습자-학습자
② 학습자-운영자
③ 학습자-교·강사
④ 학습자-콘텐츠

Q. 학습자와 학습자 간 상호작용에 대해 설명하시오.

답변 학습자들이 서로를 이해하며 공감하는 데에 큰 도움을 주며, 온라인 토론, 공동작업, 토의 및 피드백 등을 통해 팀워크를 강화하여 효과적인 학습을 끌어내는 데 필요한 상호작용이다.

Q. 학습자와 운영자 간 상호작용에 대해 설명하시오.

답변 강의 수강 등의 학습 중에 학습장애가 발생했을 때 고객센터의 1:1 질문하기 기능을 통해 문의하면서 발생하는 상호작용이다.

Q. LMS상의 학습자 소통 도구 3가지를 작성하시오.

답변 ① 게시판
② 쪽지
③ SMS

Q. 학습 참여 독려 수단 3가지를 작성하시오.

답변 ① 문자
② 이메일
③ 푸시메시지
④ 전화

Q. 이러닝 운영 중에 발생할 수 있는 '동영상 재생 오류'에 대해 설명하고, 해결 방법을 제시하시오.

답변 학습자가 동영상을 재생할 때 사용하는 웹 브라우저의 버전 및 호환성 문제로 인해 학습자 인터넷 환경에서 동영상이 재생되지 않는 오류이다. 동영상 재생이 되지 않는 원인이 동영상 링크 설정 오류인지, 동영상 서버 부하의 문제인지를 파악한 후 조치를 한다.

Q. 이러닝 운영 중에 발생할 수 있는 '진도 체크 오류'에 대해 설명하고, 해결 방법을 제시하시오.

답변 정상적인 진도 체크는 보통 '미학습', '학습 중', '학습 완료'로 표시되지만 강의를 다 들었음에도 진도가 '학습 완료'로 바뀌지 않는 오류이다. 해결 방법은 진도 체크가 되지 않는 원인이 시스템의 문제인지 콘텐츠의 문제인지 파악하고, 시스템 혹은 콘텐츠 수정을 기술개발팀이나 콘텐츠 개발자에게 요청한다.

Q. 이러닝 운영 중에 발생할 수 있는 '웹 브라우저 호환성 오류'에 대해 설명하고, 해결 방법을 제시하시오.

답변 웹 브라우저의 호환성 문제로 ID/PW가 입력되지 않거나 화면이 하얗게 보이고 버튼이 눌러지지 않는 등 다양하게 발생하는 오류이다. 해결 방법은 다양한 웹 브라우저에 호환이 되도록 시스템이나 콘텐츠의 수정을 기술개발팀이나 콘텐츠 개발자에게 요청한다.

Q. 이러닝 운영에서 원격지원이 무엇인지 개념을 설명하시오.

> **답변** 학습자가 학습을 진행하는 데에 문제가 발생한 경우 운영자가 별도의 원격지원 도구를 활용하여 직접 학습자 기기를 조작하면서 문제를 해결하는 방법이다. 학습자의 기기에 원격으로 접속하여 마치 운영자가 직접 기기를 사용하는 것과 같이 조작하면서 문제를 해결할 수 있으므로 이러닝 운영에 있어서 원격지원은 없어서는 안 되는 꼭 필요한 지원 방법이라고 할 수 있다.

Q. 이러닝 학습자 환경에 해당하는 요소 3가지를 작성하시오.

> **답변** ① 인터넷 접속 환경
> ② 접속 기기
> ③ 소프트웨어

Q. 이러닝 학습 진행 이후 효과적인 학습 촉진 전략 3가지를 설명하시오.

> **답변** ① 학습자들이 참고할 수 있는 보충·심화 자료를 제공한다.
> ② 적극적이고 자유로운 상호작용을 위해 학습 커뮤니티를 운영한다.
> ③ 복습의 기회를 제공한다.
> ④ 실제 적용 가능한 프로젝트 수행 기회를 제공한다.

Q. 학습 전략이 적절하게 반영된 이러닝의 특징에 대해 설명하시오.

> **답변** ① 교수자는 촉진자 역할을 수행하여야 한다.
> ② 상호작용을 촉진해야 한다.
> ③ 이러닝 학습 전략은 학습자 중심으로 구현되어야 한다.
> ④ 학습자는 자신의 학습에 대해 지속해서 모니터링 할 수 있어야 한다.

Q. 학습 참여 독려 시의 고려사항을 3가지 작성하시오.

답변 ① 너무 자주 독려하지 않도록 한다.
② 관리 자체가 목적이 아니라 학습을 다시 할 수 있도록 함이 목적임을 기억해야 한다.
③ 독려 후 반응을 측정해야 한다.
④ 독려 비용 효과성을 측정해야 한다.

Q. 학습 커뮤니티 관리 방법을 3가지 작성하시오.

답변 ① 주제와 관련된 정보를 제공한다.
② 예측할 수 있도록 정기적으로 운영한다.
③ 회원들의 자발성을 유도한다.
④ 운영진은 커뮤니티의 성장을 위해 헌신한다.

Q. 수강이 가능한 PC 학습환경의 확인 방법에 대해 기술하시오.

답변 개인용 컴퓨터는 개인이 사적인 용도로 사용하는 것일 수도 있고, 회사나 기관 등에서 공적인 용도로 사용하는 것일 수도 있다. 고정된 공간에 놓고 사용할 수 있는 데스크 톱도 있지만, 이동식으로 사용할 수 있는 노트북(랩톱)도 있다. 특히 데스크 톱의 경우 일반적으로 많이 사용하는 윈도우 설치 PC가 있는 반면에 윈도우가 아닌 맥이나 리눅스 등이 설치된 것이 있을 수 있다. 같은 데스크 톱이라고 해도 설치된 OS가 다르면 지원해야 하는 방법이 다르므로 학습자 소유의 개인용 컴퓨터가 어떤 것인지 확인하는 것이 중요하다.

Q. 학습 시작 시 학습자에게 학습 절차를 안내하는 방법에 대해 기술하시오.

답변 우선 학습 절차를 확인해야 한다. 학습 절차는 운영계획서와 웹 사이트에서 확인할 수 있다. 운영계획서에는 이러닝 운영에 관한 전략과 절차가 모두 담겨 있으므로 운영계획서상의 학습 절차를 확인하여 숙지해야 한다. 학습 절차는 초보 학습자가 궁금해하는 내용 중 하나이기 때문에 올바른 절차와 해당 절차에서 수행해야 하는 학습활동을 이해해야 한다. 운영계획서에 포함된 학습 절차에 대한 세부 내용은 웹 사이트를 통해 학습자에게 안내할 수 있다.

Q. 학습에 필요한 평가 기준을 학습자에게 안내하는 방법에 대해 기술하시오.

답변 일반적으로 성적에 반영되는 요소에는 진도율, 과제, 평가가 있다. 학습자에게 안내 시 해당 요소의 특징을 잘 파악하여 안내하여야 한다. 진도율은 학습관리시스템에서 자동으로 산정하는 경우가 많은데, 학습자가 해당 학습 관련 요소에 접속하여 학습활동을 했는가를 시스템에서 체크하여 기록하게 되며, 진도율 몇 퍼센트(%) 이상 등의 내용이 필수조건으로 붙게 된다. 과제는 첨삭 후 점수가 나오는 경우가 많다. 평가는 차시 중간에 나오는 형성평가와 과정 수강 후 나오는 총괄평가로 구분되는 경우가 많은데, 형성평가의 경우 성적에 반영되지 않는 경우가 많다.

Q. 학습에 필요한 상호작용 방법을 학습자에게 안내하는 방법에 대해 기술하시오.

⚲ 포인트

학습자-학습자	• 학습자가 동료 학습자와 상호작용하는 것을 의미함 • 토론방, 질문답변 게시판, 쪽지 등을 통해 상호작용할 수 있음 • 학습이 반드시 교·강사의 강의내용이나 콘텐츠 내용으로 이루어져야 하는 것이 아니라, 동료 학습자와의 의사소통 사이에서도 일어날 수 있음이 최근 중요한 사실로 부각되고 있음 • 이러한 트렌드를 일반적으로 '소셜러닝'이라고 부르며, 학습상황에 소셜미디어와 같은 방식을 도입하여 학습자-학습자 상호작용을 강화하려는 노력임 • 학습의 진행절차에 학습자-학습자 상호작용을 얼마나 다양하고 유연하게 적용하느냐에 따라서 학습성과가 달라질 수 있음 • 학습자-학습자 상호작용은 자발적으로 일어나기도 하지만 교·강사가 의도적으로 노력해야 하는 상황도 있음을 고려하여, 상호작용할 수 있는 공간 제공뿐만 아니라 적절한 설계 또한 필요함
학습자-교·강사	• 학습자-교·강사 상호작용은 첨삭과 평가 등을 통해 이루어지는 경우가 많고, 학습 진행상의 질문과 답변을 통해서 이루어지기도 함 • 학습자는 무언가를 배우고자 이러닝 서비스에 접속했기 때문에 배움에 가장 큰 목적이 있으며, 학습 과정에서 모르는 것이 있거나 추가 의견이 있는 경우 학습자-교·강사 상호작용이 활발하게 일어남 • 학습자-교·강사 상호작용을 위해서는 튜터링에 필요한 정책 및 절차가 미리 마련되어 있어야 하며, 학습관리시스템에 이와 관련된 기능이 구현되어 있어야 함
학습자-시스템/콘텐츠	• 이러닝은 학습자가 이러닝 시스템 또는 사이트에 접속하여 콘텐츠를 활용하여 배우기 때문에 시스템, 콘텐츠와의 상호작용이 가장 빈번하게 일어남 • 일반적인 이러닝 환경에서는 시스템과 콘텐츠가 명확하게 분리되어 운영되었으며 시스템은 웹 사이트, 마이페이지, 강의실 등까지의 영역이고, 콘텐츠는 학습하기 버튼을 클릭하여 새롭게 뜨는 팝업창 속의 영역이었음 • 최근의 이러닝 트렌드는 시스템과 콘텐츠의 경계가 점차 사라지는 추세이며, 특히 모바일 환경에서 학습을 진행하는 경우가 많아지면서 시스템과 콘텐츠의 상호작용이 서로 섞여 이루어지고 있음 • 학습자는 자신이 하는 행동이 시스템과의 상호작용인지, 콘텐츠와의 상호작용인지 구분하지 않고 원하는 학습활동을 하기 때문에 학습 진행 중 문제가 발생하면 혼란스러워하는 경우가 발생함
학습자-운영자	• 학습자는 학습활동 중 혼란스러운 상황이 발생하면 시스템상에 들어가 있는 1:1질문하기 기능을 활용하거나, 고객센터 등에 마련되어 있는 별도의 의사소통 채널을 통해 문의함 • 전화를 바로 걸거나 운영자와의 채팅을 통해 해결하고자 운영자와 접촉하는 경우가 있는데, 이때 학습자-운영자 상호작용이 발생함 • 학습자는 주로 이러닝 시스템과 콘텐츠를 통해 학습하기 때문에, 운영자와의 상호작용을 통해 맞춤형 방식으로 신속한 문제 해결을 원하기도 함 • 휴먼터치가 부족한 이러닝 환경의 특성에 맞춘 학습자-운영자 상호작용을 운영의 특장점으로 내세울 수 있으므로 운영자의 역할 및 책임이 더욱 커지고 있음

답변 학습에 필요한 상호작용은 학습자와 학습자, 학습자와 교·강사, 학습자와 시스템/콘텐츠, 학습자와 운영자 간 상호작용이 있다. 학습자와 학습자 상호작용은 학습자가 동료 학습자와 상호작용하는 것을 의미하며 토론방, 질문답변 게시판, 쪽지 등을 통해 상호작용할 수 있다. 학습자와 교·강사 상호작용은 첨삭과 평가 등을 통해 이루어지는 경우가 많고, 학습 진행상의 질문과 답변을 통해서 이루어지기도 한다. 학습자와 시스템/콘텐츠 간에는 진도 체크와 같은 상호작용이 빈번하게 일어나는데 이는 이러닝의 경우 학습자가 시스템에 접속하여 콘텐츠를 활용하여 배우기 때문이다. 학습자와 운영자 상호작용은 1:1질문하기 기능이나 고객센터 등을 통해 문의하는 것을 의미한다.

Q. 운영계획서 일정에 따라 학습 진도를 관리하는 방법에 대해 기술하시오.

답변 운영계획서 일정에 대비하여 학습 진도가 뒤떨어지는 학습자에게는 다양한 방법을 활용하여 독려해야 한다. 독려 방법은 시스템에서 자동으로 독려하는 방법이 있고, 운영자가 수동으로 독려하는 방법이 있다. 학습관리시스템에 자동 독려할 수 있는 기능이 있는 경우 설정된 진도율보다 낮은 수치를 보이는 학습자에게 자동으로 문자나 이메일을 전송하도록 할 수 있다.

Q. 운영계획서 일정에 따라 과제와 평가에의 참여를 학습자에게 독려하는 방법에 대해 기술하시오.

답변 운영계획서 일정을 확인한 후에 일정 대비 과제와 평가에 참여하지 않은 학습자를 대상으로 독려를 할 수 있다. 독려 수단은 문자, 이메일, 푸시 알림 메시지, 전화가 있으며 독려 시에는 너무 자주 독려하지 않도록 하고 독려는 관리 자체가 목적이 아니라 학습을 다시 할 수 있도록 함이 목적임을 기억해야 한다. 그리고 독려 후 대상자가 반응을 보이는지 체크를 하도록 하며 독려 수단과 방법 선정 시 비용 효과성을 고려해야 한다.

Q. 학습에 필요한 상호작용을 활성화할 수 있도록 학습자를 독려하는 방법에 대해 기술하시오.

답변 이러닝은 자기 주도 방식으로 학습이 진행되는 경우가 많고, 원격으로 웹 사이트에 접속하여 스스로 컴퓨터, 스마트폰 등을 조작하면서 학습해야 하므로 다른 학습자나 운영자 등과 소통할 수 있는 빈도가 높지 않다. 따라서 학습자의 원활한 학습을 지원하고 같은 공간에 함께 존재하면서 배우고 있다는 실재감(presence)을 높이기 위해서는 학습과 관련된 소통을 관리하는 것이 매우 중요하며, 웹 사이트나 문자, 이메일, 푸시 알림, 전화, 채팅, 직접 면담 등의 수단을 활용하여 독려를 할 수 있다.

Q. 학습에 필요한 온라인 커뮤니티 활동을 지원하는 방법에 대해 기술하시오.

답변 학습 커뮤니티는 배우고 가르치는 것에 관심을 두고 모인 집단이며 포털사이트의 카페 등과 같은 형식의 커뮤니티와 다르게 학습에 특화되어 있다. 학습 커뮤니티의 관리를 위해서는 주제와 관련된 정보를 제공하고 '월요일 점심 이후에는 어떤 정보들이 주로 올라온다'와 같은 예측 가능한 활동을 정기적으로 진행하는 것이 필요하다. 회원들의 자발성을 유도할 수 있는 운영전략을 수립하여 지속해서 꾸준하게 추진하고, 운영진의 헌신도 뒷받침되어야 한다.

Q. 학습 과정 중에 발생하는 학습자의 질문에 대응하는 방법에 대해 기술하시오.

답변 학습 과정 중에 발생하는 학습자 질문에 대응하기 위해 우선 FAQ. 게시판을 활용할 수 있다. 먼저 FAQ. 게시판에는 내용을 충실하게 작성해 놓는 것이 중요하다. 채팅을 활용하여 대응할 수도 있는데, 이때는 학습자 문의에 실시간 대응할 수 있는 인력이 붙어 있어야 한다. 이메일, 문자, 전화 등 활용하여 대응할 수 있는데, 이때 운영 매뉴얼의 준비가 기본적으로 필요하며 운영 매뉴얼에 있는 내용에 따라 사례별로 대응할 필요가 있다.

Q. 학습자에게 학습 의욕을 고취시키는 방법에 대해 기술하시오.

답변 이러닝에서 학습을 촉진하고, 학습자의 학습목표 달성을 돕기 위해서는 다양한 학습촉진 전략들이 학습 과정에 통합될 수 있어야 한다. 자기 주도 학습전략, 학습관리 전략, 액션－성찰 학습전략 등과 같은 학습전략들을 잘 반영해야 하는데 학습촉진 시 다음과 같은 부분들을 고려해야 한다. 첫째, 이러닝 학습전략은 교수자가 아닌 학습자를 중심으로 구현되어야 한다. 둘째, 교수자는 촉진자 역할을 수행해야 한다. 셋째, 학습자가 자신의 학습에 대해 지속해서 모니터링하고, 이를 평가함으로써 성찰할 수 있도록 도와주어야 한다. 넷째, 학습자가 동기나 감성적인 측면에서 긍정적인 감정을 가질 수 있는 학습환경을 조성해야 한다. 다섯째, 상호작용을 촉진해야 한다. 여섯째, 이러닝 환경에서 사회적 관계 형성의 기회를 제공함으로써 학습자의 사회화를 촉진할 수 있어야 한다.

Q. 과제나 성적 처리상의 오류를 파악·해결하는 방법에 대해 기술하시오.

답변 먼저 진도, 과제, 시험 중 어떤 부분에서 오류가 나는지 확인을 한다. 관리자 기능에서 해당 오류를 직접 처리할 수 있는 경우 직접 처리한다. 과제와 평가의 점수 수정이 필요한 경우 수정을 할 수 있고, 진도율의 경우 운영자가 임의로 값을 수정하게 되면 부정행위 발생 빈도가 높아질 수 있으므로 별도 요청을 통해 엔지니어가 처리하도록 한다. 그 외 직접 처리할 수 없는 경우 기술지원팀과 의사소통하고 지원을 받아 처리한다. 마지막으로 해결 여부를 최종적으로 확인한 후 학습자에게 안내한다.

7 이러닝 운영 활동 관리

Q. 이러닝 운영 결과 보고에 포함될 수 있는 운영 전 개선사항을 3가지 작성하시오.

답변 ① 운영환경 준비
② 교육과정 개설
③ 학사일정 수립
④ 수강 신청관리

Q. 이러닝 운영 결과 보고에 포함될 수 있는 운영 중 개선사항을 3가지 작성하시오.

답변 ① 학사관리: 학습자 정보, 성적처리, 수료 관리
② 교·강사 지원: 교·강사 선정, 교·강사 사전교육, 교·강사 안내, 교·강사 개선 활동
③ 학습활동 지원: 학습환경 지원, 학습안내 활동, 학습촉진 활동, 수강오류
④ 과정 평가 관리: 과정 평가관리, 학업성취 관리

Q. 이러닝 운영 결과 보고에 포함될 수 있는 운영 후 개선사항을 3가지 작성하시오.

답변 ① 콘텐츠 운영 결과
② 교육과정 개설
③ 학사일정 수립
④ 수강 신청관리

Q. 이러닝 운영 성과를 정리할 때 고려해야 할 사항에 대해 설명하시오.

답변 이러닝 운영 성과를 정리할 때는 '수강생 만족도, 수강생 성적, 교육자료 품질, 강사 성과, 예산 집행 및 경비 관리, 교육과정 개선사항'에 대한 내용들을 종합적으로 고려하여, 교육과정 운영에 대한 효과적인 평가와 개선방안을 도출한다.

Q. 운영 활동이 진행되는 절차를 운영 전, 운영 중, 운영 후로 구분하여 기술하시오.

답변 운영 전 단계에서는 운영 요구 및 제도 분석, 운영계획 수립과 같은 운영기획, 운영환경 분석, 교육과정 개설, 학사일정 수립과 같은 운영 준비를 한다. 운영 중 단계에서는 수립된 운영계획에 근거하여 학사관리, 교·강사 활동 지원, 학습활동 지원, 고객지원, 과정 평가관리를 진행한다. 운영 후에는 운영 성과관리와 유관부서 업무를 지원한다.

Q. 운영환경 준비 활동 수행 여부에 대한 평가 준거를 기술하시오.

답변 이러닝 과정 운영자는 운영계획서에 따른 운영환경 준비 활동에 대한 점검을 위해 다음의 내용에 대한 수행 여부를 확인해야 한다.
- 이러닝 서비스를 제공하는 학습사이트를 점검하여 문제점을 해결하였는가?
- 이러닝 운영을 위한 학습관리시스템(LMS)을 점검하여 문제점을 해결하였는가?
- 이러닝 학습지원 도구의 기능을 점검하여 문제점을 해결하였는가?
- 이러닝 운영에 필요한 다양한 멀티미디어 기기에서의 콘텐츠 구동 여부를 확인하였는가?
- 교육과정별로 콘텐츠의 오류 여부를 점검하여 수정을 요청하였는가?

Q. 학사일정 수립 활동 수행 여부에 대한 평가 준거를 기술하시오.

답변 이러닝 과정 운영자는 운영계획서에 따른 학사일정을 수립하는 활동에 대한 점검을 위해 다음의 내용에 대한 수행 여부를 확인해야 한다.
- 연간 학사일정을 기준으로 개별 학사일정을 수립하였는가?
- 원활한 학사 진행을 위해 수립된 학사일정을 협업부서에 공지하였는가?
- 교·강사의 사전 운영 준비를 위해 수립된 학사일정을 교·강사에게 공지하였는가?
- 학습자의 사전 학습 준비를 위해 수립된 학사일정을 학습자에게 공지하였는가?
- 운영 예정인 교육과정에 대해 서식과 일정을 준수하여 관계기관에 절차에 따라 신고하였는가?

Q. 성적처리 활동 수행 여부에 대한 평가 준거를 기술하시오.

답변 이러닝 과정 운영자는 운영계획서에 따른 성적처리 활동에 대한 점검을 위해 다음의 내용에 대한 수행 여부를 확인해야 한다.
- 평가 기준에 따른 평가항목을 확인하였는가?
- 평가항목별 평가 비율을 확인하였는가?
- 학습자가 제기한 성적에 대한 이의신청 내용을 처리하였는가?
- 학습자의 최종성적 확정 여부를 확인하였는가?
- 과정을 이수한 학습자의 성적을 분석하였는가?

Q. 학습환경 지원 활동 수행 여부에 대한 평가 준거를 기술하시오.

답변 이러닝 과정 운영자는 운영계획서에 따른 학습환경 지원 활동에 대한 점검을 위해 다음의 내용에 대한 수행 여부를 확인해야 한다.
- 수강이 가능한 PC, 모바일 학습환경을 확인하였는가?
- 학습자의 학습환경을 분석하여 학습자의 질문 및 요청사항에 대처하였는가?
- 학습자의 PC, 모바일 학습환경을 원격지원하였는가?
- 원격지원 상에서 발생하는 문제 상황을 분석하여 대응 방안을 수립하였는가?

Q. 학습자 관점에서 효과적인 학습이 이루어질 수 있도록 하기 위한 운영 활동에 대해 기술하시오.

포인트

운영 활동	설명
학습환경 지원 활동	학습자의 학습환경을 분석하여 학습자의 질문 및 요청에 대응하고 문제 상황을 분석하여 대응 방안을 수립하는 활동
학습 안내 활동	원활한 학습을 위해 학습 절차와 과제 수행 방법, 평가 기준, 상호작용 방법 등을 학습자에게 안내하는 활동
학습촉진 활동	일정에 따라 학습 진도를 관리하고 학습자가 과제와 평가에 참여할 수 있도록 독려하며, 학습자의 학습 의욕이 고취되도록 지원하는 활동
수강오류 관리 활동	학습활동에서 발생한 각종 오류를 파악하고 해결하며, 수강오류 발생 시 처리 방법을 학습자들에게 공지하는 활동

답변 학습자 관점에서 효과적인 학습이 이루어질 수 있도록 하기 위한 운영 활동은 학습환경 지원 활동, 학습 안내 활동, 학습촉진 활동, 수강오류 관리 활동이 있다.
학습환경 지원 활동은 학습자의 학습환경을 분석하여 학습자의 질문 및 요청에 대응하고 문제 상황을 분석하여 대응 방안을 수립하는 활동이며, 학습 안내 활동은 원활한 학습을 위해 학습 절차와 과제 수행 방법, 평가 기준, 상호작용 방법 등을 학습자에게 안내하는 활동이다.
학습촉진 활동은 일정에 따라 학습 진도를 관리하고 학습자가 과제와 평가에 참여할 수 있도록 독려하며, 학습자의 학습 의욕이 고취되도록 지원하는 활동이며, 수강오류 관리 활동은 학습활동에서 발생한 각종 오류를 파악하고 해결하며, 수강오류 발생 시 처리 방법을 학습자들에게 공지하는 활동이다.

Q. 시스템의 관점에서 효율적인 관리가 될 수 있도록 하기 위한 운영 활동에 대해 기술하시오.

포인트

운영 활동	설명
시스템 운영 결과관리 활동	시스템 운영 결과를 취합하여 운영 성과를 분석하고 과정 운영에 필요한 시스템의 하드웨어 요구사항과 기능을 분석하여 개선 요구사항을 제안하고 반영 여부를 확인하는 활동

답변 시스템의 관점에서 효율적인 관리가 될 수 있도록 하기 위한 운영 활동으로는 시스템 운영 결과 관리 활동이 있다. 시스템 운영 결과관리 활동은 시스템 운영 결과를 취합하여 운영 성과를 분석 하고 과정 운영에 필요한 시스템의 하드웨어 요구사항과 기능을 분석하여 개선 요구사항을 제안 하고 반영 여부를 확인하는 활동이다.

Q. 학습자 만족이 이루어질 수 있도록 하기 위한 운영 활동에 대해 기술하시오.

포인트

운영 활동	설명
과정 만족도 조사 활동	과정 만족도를 파악할 수 있는 항목을 포함하여 과정 만족도 조사지를 개발하고, 만족도 조사를 수행 후 결과를 분석하는 활동
학업성취도 관리 활동	학습관리시스템(LMS)의 과정별 평가 결과를 근거로 학습자의 학업성취도를 확인하고, 이를 과정별로 분석하여 학업성취도 향상을 위한 운영전략을 마련하는 활동

답변 학습자 만족이 이루어질 수 있도록 하기 위한 운영 활동으로는 과정 만족도 조사 활동, 학업성취 도 관리 활동이 있다. 과정 만족도 조사 활동은 과정 만족도를 파악할 수 있는 항목을 포함하여 과정 만족도 조사지를 개발하고, 만족도 조사를 수행 후 결과를 분석하는 활동이다. 학업성취도 관리 활동은 학습관리시스템(LMS)의 과정별 평가 결과를 근거로 학습자의 학업성취도를 확인 하고, 이를 과정별로 분석하여 학업성취도 향상을 위한 운영전략을 마련하는 활동이다.

Q. 메이거(Mager)의 학습 목표 기술을 위한 구성 요소에 대해 설명하시오.

답변 메이거(Mager)가 제안한 학습 목표 기술을 위한 구성 요소는 대상(Audience), Behavior(행동), Condition(조건), Degree(정도)이다.

Q. 고용노동부 고시의 학습관리시스템(LMS) 기능 체크리스트의 훈련생 모듈 기능에 대해 설명하시오.

답변 ① 정보 제공: 훈련과정의 훈련대상자, 훈련 기간, 훈련 방법, 훈련실시기관 소개, 훈련 진행 절차(수강 신청, 학습보고서 작성·제출, 평가, 수료기준, 1일 진도제한 등) 등에 관한 안내 확인 기능
② 수강 신청: 웹상에서 수강 신청과 변경을 할 수 있는 기능
③ 평가 및 결과 확인: 평가 관련 자료를 훈련생이 웹상에서 확인할 수 있는 기능
④ 훈련생 개인 이력 및 수강 이력: 훈련생의 개인 이력과 학습 이력을 훈련생 개인별 확인할 수 있는 기능
⑤ 질의응답: 훈련내용 및 운영에 관한 사항에 대한 질의응답을 웹상으로 할 수 있는 기능

Q. 고용노동부 고시의 학습관리시스템(LMS) 기능 체크리스트의 관리자 모듈 기능에 대해 설명하시오.

답변 ① 훈련과정의 진행 상황: 훈련생별 수강 신청 일자, 진도율(차시별 학습 시간 포함), 평가별 제출일 등 훈련 진행 상황의 기록
② 과정 운영 지원: 평가 문항 무작위 출제, 평가 시간 제한 및 평가 재응시 제한기능, 만족도 평가를 위한 설문조사 기능
② 모니터링: 훈련현황, 평가 결과, 첨삭지도 내용, 훈련생 IP 등을 웹에서 언제든지 조회·열람할 수 있는 기능, 훈련생의 모사 답안 여부를 확인할 수 있는 기능

Q. 요구분석의 장점을 2가지 설명하시오.

답변 ① 수요자 중심의 맞춤형 이러닝 서비스를 제공하기 위한 방법을 모색할 수 있다.
② 이러닝 과정 수강 후에 학습자들이 할 수 있는 것에 대한 방향을 도출할 수 있다.
③ 자본, 인력, 시설 등의 자원을 가장 적절하게 배치할 수 있도록 우선순위를 제공한다.
④ 이러닝 교육 훈련의 성과 달성과 수요자 만족도 제고를 위한 중요한 역할을 한다.

Q. 학습자 요구분석 방법을 3가지 설명하시오.

답변 ① 설문조사: 학습자들에게 설문지를 배포 후 질문에 대한 답변을 수집하는 방법이다.
② 인터뷰: 질문 목록을 준비하고 대상자들과 면대면 또는 온라인 인터뷰를 진행하여 정보를 수집하는 방법이다.
③ 집단토론: 학습자들을 집단으로 모아 토론을 진행하여 학습자들의 요구사항을 파악하는 방법이다.
④ 관찰: 학습자의 학습 과정을 직접 관찰하여 요구사항을 파악하는 방법이다.

Q. 운영 결과 보고서에 포함되는 내용에 대해 작성하시오.

답변 운영 결과 보고서에는 과정명, 인원, 교육 기간, 수료율 등이 제시된다.

Q. 운영할 교육과정별 상세 정보와 학습목표를 확인하는 방법에 대해 기술하시오.

답변 운영 예정인 교육과정 상세 정보와 학습목표는 교·강사가 제출한 교과의 운영계획서에서 확인할 수 있다. 운영계획서를 통해 교과 교육과정의 특성을 볼 수 있는 교과의 성격, 목표, 내용 체계(단원구성), 교수·학습 방법, 평가 방법 및 평가의 주안점 등을 확인해야 한다.

Q. 과정 관리에 필요한 항목별 특징에 대해 기술하시오.

답변 과정 관리는 교육과정 전 관리, 교육과정 중 관리, 교육과정 후 관리로 구분할 수 있다.

교육과정 전 관리는 교육을 시작하기 전에 수행해야 하는 과정 관리로 과정 홍보 관리, 과정별 코드나 이수 학점, 차수에 관한 행정 관리, 수강신청, 수강 여부 결정, 강의 로그인을 위한 ID 지급, 학습자들의 테크놀로지 현황관리 등 과정 시작 전 결정되어야 할 사항들이 포함되어야 한다.

교육과정이 시작되면 교육과정 운영담당자는 매일 혹은 매주 과정 진행이 원활히 유지되는지를 확인해야 한다. 교·강사와 학습자의 과정 진행상의 문제점들이 발견되면 즉각적으로 해결하고 학사일정, 시스템상에서 관리되어야 하는 공지사항, 게시판, 토론, 과제물 등의 기술적인 관리도 해야 한다.

교육과정이 끝난 후에는 수강생의 과정 수료 처리를 비롯하여 미수료자의 사유에 관한 행정처리, 과정에 대한 만족도 조사, 운영 결과 및 평가 결과에 대한 보고서 작성, 업무에 복귀한 교육생들에게 관련 정보 제공, 교육생 상호 간 동호회 구성 여부 확인 등의 운영, 관리업무를 지속한다.

9 이러닝 운영 결과관리

Q. 콘텐츠 개발 적합성 평가의 기준 3가지를 작성하시오.

답변 ① 학습평가 요소의 적합성
② 학습 목표 달성 적합성
③ 학습 분량의 적합성
④ 교수설계 요소 적합성
⑤ 콘텐츠 사용 적합성

Q. 콘텐츠 운영 결과 보고서 작성 및 평가 방법에 대해 설명하시오.

답변 ① 유사 과정과 비교했을 때 어떤 차별성이 있는지 제시한다.
② 운영 기관의 추진 성과와 전략은 배제하고 콘텐츠 자체에 집중한다.
③ 특성화 내용에 대한 논리적 타당성보다는 실현 가능성에 초점을 둔다.
④ 운영 기관 관리책임자의 의견을 다루는 것이 가장 중요하다.

Q. 학습자 평가 기준의 요소 3가지를 설명하시오.

답변 ① 과제 점수
② 시험 점수
③ 진도율
④ 교육 참여도 점수(토론, 상호작용)

Q. 다음 표는 이러닝 운영 준비과정에 대한 현황과 결과를 검토하기 위한 자료이다. ㉠과 ㉡에 적절한 문서 명칭을 기재하시오.

관련 문서 명칭	내용 구성
(㉠)	학습자, 고객, 교육과정, 학습환경 등에 관한 운영 요구를 분석한 내용, 최신 이러닝 트렌드, 우수 운영 사례, 과정 운영 개선사항 등의 내용, 운영 제도의 유형 및 변경사항, 과정 운영을 위한 전략, 일정계획, 홍보계획, 평가전략 등의 운영계획을 포함한 내용으로 구성됨
운영 관계 법령	고등교육법, 평생교육법, 직업능력개발법, 학원의 설립, 운영 및 과외 교습에 관한 법률 등에 관한 내용으로 구성됨
(㉡)	강의명, 강사, 연락처, 강의목적, 강의 구성 내용, 강의 평가 기준, 세부 목차, 강의 일정 등의 내용으로 구성됨
교육 과정별 과정 개요서	교육목표를 달성하기 위해 교육내용과 학습활동을 체계적으로 편성, 조직한 것으로 단위 수업의 구성 요소와는 구별되는 내용으로 구성됨

㉠ _____ ㉡ _____
답변 ㉠ 과정 운영 계획서, ㉡ 학습과목별 강의계획서

Q. 다음 표는 이러닝 운영 실시과정에 대한 현황과 결과를 검토하기 위한 자료이다. ㉠과 ㉡에 적절한 문서 명칭을 기재하시오.

관련 문서 명칭	내용 구성
(㉠)	• 학습자의 신상 정보, 학습 이력 정보, 학업성취 정보, 학습 선호도 정보 등으로 구성됨 • 학습자가 수강 신청을 하고 과정을 이수하여 수료한 결과를 모두 포함하는 내용으로 구성되어 지속적으로 관리가 됨 • 표준화가 이루어지면 운영되는 과정이 무엇이든 상관없이 학습자에 관한 세부 특성 자료를 공유하고 호환할 수 있지만, 표준화가 이루어지지 않은 상태에서는 운영기관별로 관리하므로 기관끼리 상호 호환할 수 없는 특성이 있음
교·강사 업무 현황 자료	교·강사가 수행해야 할 활동(학사일정, 교수학습환경, 학습촉진 방법, 학습평가지침, 자신들의 활동에 대한 평가 기준 등)에 대한 인식 정도와 운영 과정에서 교·강사 수행 역할(질의에 답변 등록, 평가 문항 출제, 과제 출제, 채점 및 첨삭, 상호작용 독려, 보조 자료등록, 근태 등)에 관한 수행 정보 등으로 구성됨
고객지원 현황 자료	고객의 유형 분석, 고객 채널 관리, 게시판 관리, 고객 요구사항 지원하기 등의 내용으로 구성됨
(㉡)	• 주로 설문을 통해 관리됨 • 주로 교육과정의 내용, 운영자의 지원 활동, 교·강사의 지원 활동, 학습시스템의 용이성, 학습콘텐츠의 만족도 등의 내용으로 구성됨
학업 성취도 자료	시험성적, 과제물 성적, 학습 과정 참여(토론, 게시판 등) 성적, 출석 관리 자료(학습 시간, 진도율 등)에 관한 내용으로 구성됨

㉠ _____ ㉡ _____

답변 ㉠ 학습자 프로파일, ㉡ 과정 만족도 조사 자료

Q. 다음 표는 이러닝 운영 종료 후 과정에 대한 현황과 결과를 검토하기 위한 자료이다. ㉠과 ㉡에 적절한 문서 명칭을 기재하시오.

관련 문서 명칭	내용 구성
(㉠)	내용구성, 교수학습 전략, 개발과정, 개발 일정 및 방법, 개발 인력, 질 관리 방법 등의 내용으로 구성됨
교·강사 관리 자료	교·강사 활동에 관한 평가 기준, 평가활동 수행의 적합성 여부, 교·강사 활동(질의응답, 첨삭 지도, 채점 독려, 보조 자료등록, 학습 상호작용, 학습 참여, 모사 답안 여부 확인 등)에 관한 결과, 교·강사 등급 평가 등의 내용으로 구성됨
(㉡)	이러닝 과정의 운영 결과 중 이러닝 시스템의 기능분석, 하드웨어 요구사항 분석, 기능 개선 요구사항에 대한 시스템 반영 여부 등의 내용으로 구성됨
성과 보고 자료	운영 준비 활동, 운영 실시 활동, 운영 종료 후 활동에 대한 결과를 분석한 내용으로 구성됨
매출 보고서	매출 자료를 작성하고 보고하는 내용으로 구성됨

㉠ _____ ㉡ _____

답변 ㉠ 콘텐츠 기획서, ㉡ 시스템 운영 현황 자료

Q. 콘텐츠의 학습 내용이 과정 운영목표에 맞게 구성되어 있는지 확인하는 방법에 대해 기술하시오.

답변 콘텐츠 내용 적합성을 확인한다. 콘텐츠 내용 적합성은 이러닝 학습을 운영하는 과정에서 활용된 학습콘텐츠의 내용에 대한 적합성을 의미한다. 일반적으로 학습콘텐츠 내용 자체의 적합성은 학습콘텐츠를 개발하는 과정에서 내용 전문가와 콘텐츠 개발자의 질 관리 절차를 통해 다루어진다. 또한 개발된 이후의 학습콘텐츠 내용의 적합성은 품질관리 차원의 인증과정을 통해 내용 전문가들에 의해서 관리된다. 예를 들면 교사 연수를 위한 학점인정에 활용되는 원격교육콘텐츠의 경우, 한국교육학술정보원(KERIS)으로부터 품질인증을 받는 과정에서 학습 내용에 대한 적합성 평가가 이루어진다. 일반적으로 학습 내용은 학습목표, 학습 내용의 선정기준, 구성 및 조직, 난이도, 학습 분량, 보조 학습자료, 내용의 저작권, 윤리적 규범 등을 고려하여 평가한다.

Q. 콘텐츠가 과정 운영의 목표에 맞게 개발되었는지 확인하는 방법에 대해 기술하시오.

답변 교육과정의 운영목표와 학습콘텐츠의 적합성 여부를 확인해야 한다. 이러닝 교육 운영기관 담당자는 과정 운영목표를 확인하는 방법으로 운영기획서에 나와 있는 내용을 확인하거나 운영기관의 홈페이지에 접속하여 운영과정에 대한 운영목표와 학습콘텐츠의 적합성 여부를 확인할 수 있다. 이러닝 교육 운영기관 담당자는 과정기획서와 운영 홈페이지에 제시된 과정 운영목표와 학습콘텐츠의 내용이 일치하거나 다루는 내용에 별 차이가 없어 적합하다고 판단될 때는 현재의 내용을 그대로 인정하고 향후 운영과정에서 교육과정 안내 및 홍보 등에 활용하면 된다. 운영목표와 학습콘텐츠 내용의 일치 여부를 판단하기 위해 학습콘텐츠 개발 적합성 평가의 기준을 활용할 수 있다.

Q. 교·강사 활동평가 기준의 수립 방법에 대해 기술하시오.

답변 이러닝 과정 운영기관 담당자는 운영과정에서 교·강사가 과정의 운영목표에 적합한 교수 활동을 수행했는지를 확인하고 평가하기 위해 사전에 작성된 교·강사 활동평가 기준을 기반으로 평가를 수행해야 한다. 교·강사 활동평가 기준은 이러닝 과정을 운영하는 운영기관의 특성에 따라 다소 차이가 있을 수 있다. 기업교육기관의 경우 일반적인 평가 기준은 질의응답의 충실성, 첨삭 지도 및 채점, 보조자료 등록, 학습 상호작용 독려 등과 같은 교·강사의 튜터링 활동내용에 대한 평가 기준이 활용된다.

Q. 교·강사 활동평가 방법에 대해 기술하시오.

답변 이러닝 교육 운영기관 담당자는 운영기관의 특성에 맞춰 교·강사의 활동을 평가하기 위한 평가 기준을 수립할 수 있다. 운영기관의 특성 확인, 운영기획서의 과정 운영목표 확인을 통해 교·강사 활동에 대한 평가 기준을 작성하고 검토할 수 있다. 이러닝 교육 운영기관 담당자는 이렇게 사전에 작성된 평가 기준을 기반으로 교·강사 활동을 평가한다.

Q. 교·강사 활동평가 결과에 따른 등급 구분과 이후 반영 방법에 대해 기술하시오.

답변 이러닝 운영기관의 운영담당자는 해당 기관에서 운영하는 이러닝 과정 운영에 참여하는 교·강사들의 활동 결과를 등급화하여 구분하고 관리할 수 있다. 이를 통해 활동이 우수한 교·강사에 대해서는 인센티브를 부여하고 활동이 저조한 교·강사에 대해서는 향후 과정을 운영할 때 불이익을 주거나 과정 운영에서 배제하는 식의 관리가 가능하다. 이와 같은 교·강사의 활동 결과를 기반으로 하는 관리 방식은 이러닝 과정 운영의 질을 높이는 추천할 만한 방법 중 하나이다. 일반적으로 교·강사 활동에 대한 평가 결과 등급 구분은 학습자들의 만족도 평가와 학습관리시스템(LMS)에 저장된 활동 내역에 대한 정보를 활용하여 수행할 수 있다.

Q. 시스템 운영 결과를 취합하여 운영 성과를 분석하는 방법에 대해 기술하시오.

답변 이러닝 시스템 운영 성과는 이러닝 운영을 준비하는 과정, 운영하는 과정, 운영을 종료하고 분석하는 과정에서 취합된 시스템 운영 결과를 의미한다. 이러닝 운영 준비 과정 단계에서는 운영환경 준비, 교육과정 개설 준비, 학사일정 수립 준비, 수강신청 관리 준비에 대한 시스템 운영의 성과를 취합 및 분석해야 하며, 운영 실시과정 단계에서는 학사관리 기능 지원, 교·강사 활동 기능 지원, 학습자 학습활동 기능 지원, 이러닝 고객 활동 기능 지원에 대한 시스템 운영 성과를 취합하고 분석해야 한다. 운영 완료 후 단계에서는 이러닝 과정 평가관리 기능 지원, 이러닝 과정 운영 성과 관리기능 지원에 대한 시스템 운영 성과를 취합하고 분석한다.

memo

뜯어쓰는 3회독 정답체크표

ANSWER SHEET

점수

문번	답란	문번	답란	문번	답란	문번	답란
01	① ② ③ ④	26	① ② ③ ④	51	① ② ③ ④	76	① ② ③ ④
02	① ② ③ ④	27	① ② ③ ④	52	① ② ③ ④	77	① ② ③ ④
03	① ② ③ ④	28	① ② ③ ④	53	① ② ③ ④	78	① ② ③ ④
04	① ② ③ ④	29	① ② ③ ④	54	① ② ③ ④	79	① ② ③ ④
05	① ② ③ ④	30	① ② ③ ④	55	① ② ③ ④	80	① ② ③ ④
06	① ② ③ ④	31	① ② ③ ④	56	① ② ③ ④	81	① ② ③ ④
07	① ② ③ ④	32	① ② ③ ④	57	① ② ③ ④	82	① ② ③ ④
08	① ② ③ ④	33	① ② ③ ④	58	① ② ③ ④	83	① ② ③ ④
09	① ② ③ ④	34	① ② ③ ④	59	① ② ③ ④	84	① ② ③ ④
10	① ② ③ ④	35	① ② ③ ④	60	① ② ③ ④	85	① ② ③ ④
11	① ② ③ ④	36	① ② ③ ④	61	① ② ③ ④	86	① ② ③ ④
12	① ② ③ ④	37	① ② ③ ④	62	① ② ③ ④	87	① ② ③ ④
13	① ② ③ ④	38	① ② ③ ④	63	① ② ③ ④	88	① ② ③ ④
14	① ② ③ ④	39	① ② ③ ④	64	① ② ③ ④	89	① ② ③ ④
15	① ② ③ ④	40	① ② ③ ④	65	① ② ③ ④	90	① ② ③ ④
16	① ② ③ ④	41	① ② ③ ④	66	① ② ③ ④	91	① ② ③ ④
17	① ② ③ ④	42	① ② ③ ④	67	① ② ③ ④	92	① ② ③ ④
18	① ② ③ ④	43	① ② ③ ④	68	① ② ③ ④	93	① ② ③ ④
19	① ② ③ ④	44	① ② ③ ④	69	① ② ③ ④	94	① ② ③ ④
20	① ② ③ ④	45	① ② ③ ④	70	① ② ③ ④	95	① ② ③ ④
21	① ② ③ ④	46	① ② ③ ④	71	① ② ③ ④	96	① ② ③ ④
22	① ② ③ ④	47	① ② ③ ④	72	① ② ③ ④	97	① ② ③ ④
23	① ② ③ ④	48	① ② ③ ④	73	① ② ③ ④	98	① ② ③ ④
24	① ② ③ ④	49	① ② ③ ④	74	① ② ③ ④	99	① ② ③ ④
25	① ② ③ ④	50	① ② ③ ④	75	① ② ③ ④	100	① ② ③ ④

ANSWER SHEET

문번	답란	문번	답란	문번	답란	점수 문번	답란
01	① ② ③ ④	26	① ② ③ ④	51	① ② ③ ④	76	① ② ③ ④
02	① ② ③ ④	27	① ② ③ ④	52	① ② ③ ④	77	① ② ③ ④
03	① ② ③ ④	28	① ② ③ ④	53	① ② ③ ④	78	① ② ③ ④
04	① ② ③ ④	29	① ② ③ ④	54	① ② ③ ④	79	① ② ③ ④
05	① ② ③ ④	30	① ② ③ ④	55	① ② ③ ④	80	① ② ③ ④
06	① ② ③ ④	31	① ② ③ ④	56	① ② ③ ④	81	① ② ③ ④
07	① ② ③ ④	32	① ② ③ ④	57	① ② ③ ④	82	① ② ③ ④
08	① ② ③ ④	33	① ② ③ ④	58	① ② ③ ④	83	① ② ③ ④
09	① ② ③ ④	34	① ② ③ ④	59	① ② ③ ④	84	① ② ③ ④
10	① ② ③ ④	35	① ② ③ ④	60	① ② ③ ④	85	① ② ③ ④
11	① ② ③ ④	36	① ② ③ ④	61	① ② ③ ④	86	① ② ③ ④
12	① ② ③ ④	37	① ② ③ ④	62	① ② ③ ④	87	① ② ③ ④
13	① ② ③ ④	38	① ② ③ ④	63	① ② ③ ④	88	① ② ③ ④
14	① ② ③ ④	39	① ② ③ ④	64	① ② ③ ④	89	① ② ③ ④
15	① ② ③ ④	40	① ② ③ ④	65	① ② ③ ④	90	① ② ③ ④
16	① ② ③ ④	41	① ② ③ ④	66	① ② ③ ④	91	① ② ③ ④
17	① ② ③ ④	42	① ② ③ ④	67	① ② ③ ④	92	① ② ③ ④
18	① ② ③ ④	43	① ② ③ ④	68	① ② ③ ④	93	① ② ③ ④
19	① ② ③ ④	44	① ② ③ ④	69	① ② ③ ④	94	① ② ③ ④
20	① ② ③ ④	45	① ② ③ ④	70	① ② ③ ④	95	① ② ③ ④
21	① ② ③ ④	46	① ② ③ ④	71	① ② ③ ④	96	① ② ③ ④
22	① ② ③ ④	47	① ② ③ ④	72	① ② ③ ④	97	① ② ③ ④
23	① ② ③ ④	48	① ② ③ ④	73	① ② ③ ④	98	① ② ③ ④
24	① ② ③ ④	49	① ② ③ ④	74	① ② ③ ④	99	① ② ③ ④
25	① ② ③ ④	50	① ② ③ ④	75	① ② ③ ④	100	① ② ③ ④

뜯어쓰는 3회독 정답체크표

ANSWER SHEET

문번	답란	문번	답란	문번	답란	문번	답란
01	① ② ③ ④	26	① ② ③ ④	51	① ② ③ ④	76	① ② ③ ④
02	① ② ③ ④	27	① ② ③ ④	52	① ② ③ ④	77	① ② ③ ④
03	① ② ③ ④	28	① ② ③ ④	53	① ② ③ ④	78	① ② ③ ④
04	① ② ③ ④	29	① ② ③ ④	54	① ② ③ ④	79	① ② ③ ④
05	① ② ③ ④	30	① ② ③ ④	55	① ② ③ ④	80	① ② ③ ④
06	① ② ③ ④	31	① ② ③ ④	56	① ② ③ ④	81	① ② ③ ④
07	① ② ③ ④	32	① ② ③ ④	57	① ② ③ ④	82	① ② ③ ④
08	① ② ③ ④	33	① ② ③ ④	58	① ② ③ ④	83	① ② ③ ④
09	① ② ③ ④	34	① ② ③ ④	59	① ② ③ ④	84	① ② ③ ④
10	① ② ③ ④	35	① ② ③ ④	60	① ② ③ ④	85	① ② ③ ④
11	① ② ③ ④	36	① ② ③ ④	61	① ② ③ ④	86	① ② ③ ④
12	① ② ③ ④	37	① ② ③ ④	62	① ② ③ ④	87	① ② ③ ④
13	① ② ③ ④	38	① ② ③ ④	63	① ② ③ ④	88	① ② ③ ④
14	① ② ③ ④	39	① ② ③ ④	64	① ② ③ ④	89	① ② ③ ④
15	① ② ③ ④	40	① ② ③ ④	65	① ② ③ ④	90	① ② ③ ④
16	① ② ③ ④	41	① ② ③ ④	66	① ② ③ ④	91	① ② ③ ④
17	① ② ③ ④	42	① ② ③ ④	67	① ② ③ ④	92	① ② ③ ④
18	① ② ③ ④	43	① ② ③ ④	68	① ② ③ ④	93	① ② ③ ④
19	① ② ③ ④	44	① ② ③ ④	69	① ② ③ ④	94	① ② ③ ④
20	① ② ③ ④	45	① ② ③ ④	70	① ② ③ ④	95	① ② ③ ④
21	① ② ③ ④	46	① ② ③ ④	71	① ② ③ ④	96	① ② ③ ④
22	① ② ③ ④	47	① ② ③ ④	72	① ② ③ ④	97	① ② ③ ④
23	① ② ③ ④	48	① ② ③ ④	73	① ② ③ ④	98	① ② ③ ④
24	① ② ③ ④	49	① ② ③ ④	74	① ② ③ ④	99	① ② ③ ④
25	① ② ③ ④	50	① ② ③ ④	75	① ② ③ ④	100	① ② ③ ④

점수

뜯어쓰는 3회독 정답체크표

ANSWER SHEET

문번	답란	문번	답란	문번	답란	문번	답란
01	① ② ③ ④	26	① ② ③ ④	51	① ② ③ ④	76	① ② ③ ④
02	① ② ③ ④	27	① ② ③ ④	52	① ② ③ ④	77	① ② ③ ④
03	① ② ③ ④	28	① ② ③ ④	53	① ② ③ ④	78	① ② ③ ④
04	① ② ③ ④	29	① ② ③ ④	54	① ② ③ ④	79	① ② ③ ④
05	① ② ③ ④	30	① ② ③ ④	55	① ② ③ ④	80	① ② ③ ④
06	① ② ③ ④	31	① ② ③ ④	56	① ② ③ ④	81	① ② ③ ④
07	① ② ③ ④	32	① ② ③ ④	57	① ② ③ ④	82	① ② ③ ④
08	① ② ③ ④	33	① ② ③ ④	58	① ② ③ ④	83	① ② ③ ④
09	① ② ③ ④	34	① ② ③ ④	59	① ② ③ ④	84	① ② ③ ④
10	① ② ③ ④	35	① ② ③ ④	60	① ② ③ ④	85	① ② ③ ④
11	① ② ③ ④	36	① ② ③ ④	61	① ② ③ ④	86	① ② ③ ④
12	① ② ③ ④	37	① ② ③ ④	62	① ② ③ ④	87	① ② ③ ④
13	① ② ③ ④	38	① ② ③ ④	63	① ② ③ ④	88	① ② ③ ④
14	① ② ③ ④	39	① ② ③ ④	64	① ② ③ ④	89	① ② ③ ④
15	① ② ③ ④	40	① ② ③ ④	65	① ② ③ ④	90	① ② ③ ④
16	① ② ③ ④	41	① ② ③ ④	66	① ② ③ ④	91	① ② ③ ④
17	① ② ③ ④	42	① ② ③ ④	67	① ② ③ ④	92	① ② ③ ④
18	① ② ③ ④	43	① ② ③ ④	68	① ② ③ ④	93	① ② ③ ④
19	① ② ③ ④	44	① ② ③ ④	69	① ② ③ ④	94	① ② ③ ④
20	① ② ③ ④	45	① ② ③ ④	70	① ② ③ ④	95	① ② ③ ④
21	① ② ③ ④	46	① ② ③ ④	71	① ② ③ ④	96	① ② ③ ④
22	① ② ③ ④	47	① ② ③ ④	72	① ② ③ ④	97	① ② ③ ④
23	① ② ③ ④	48	① ② ③ ④	73	① ② ③ ④	98	① ② ③ ④
24	① ② ③ ④	49	① ② ③ ④	74	① ② ③ ④	99	① ② ③ ④
25	① ② ③ ④	50	① ② ③ ④	75	① ② ③ ④	100	① ② ③ ④

점수

ANSWER SHEET

점수

문번	답란	문번	답란	문번	답란	문번	답란
01	① ② ③ ④	26	① ② ③ ④	51	① ② ③ ④	76	① ② ③ ④
02	① ② ③ ④	27	① ② ③ ④	52	① ② ③ ④	77	① ② ③ ④
03	① ② ③ ④	28	① ② ③ ④	53	① ② ③ ④	78	① ② ③ ④
04	① ② ③ ④	29	① ② ③ ④	54	① ② ③ ④	79	① ② ③ ④
05	① ② ③ ④	30	① ② ③ ④	55	① ② ③ ④	80	① ② ③ ④
06	① ② ③ ④	31	① ② ③ ④	56	① ② ③ ④	81	① ② ③ ④
07	① ② ③ ④	32	① ② ③ ④	57	① ② ③ ④	82	① ② ③ ④
08	① ② ③ ④	33	① ② ③ ④	58	① ② ③ ④	83	① ② ③ ④
09	① ② ③ ④	34	① ② ③ ④	59	① ② ③ ④	84	① ② ③ ④
10	① ② ③ ④	35	① ② ③ ④	60	① ② ③ ④	85	① ② ③ ④
11	① ② ③ ④	36	① ② ③ ④	61	① ② ③ ④	86	① ② ③ ④
12	① ② ③ ④	37	① ② ③ ④	62	① ② ③ ④	87	① ② ③ ④
13	① ② ③ ④	38	① ② ③ ④	63	① ② ③ ④	88	① ② ③ ④
14	① ② ③ ④	39	① ② ③ ④	64	① ② ③ ④	89	① ② ③ ④
15	① ② ③ ④	40	① ② ③ ④	65	① ② ③ ④	90	① ② ③ ④
16	① ② ③ ④	41	① ② ③ ④	66	① ② ③ ④	91	① ② ③ ④
17	① ② ③ ④	42	① ② ③ ④	67	① ② ③ ④	92	① ② ③ ④
18	① ② ③ ④	43	① ② ③ ④	68	① ② ③ ④	93	① ② ③ ④
19	① ② ③ ④	44	① ② ③ ④	69	① ② ③ ④	94	① ② ③ ④
20	① ② ③ ④	45	① ② ③ ④	70	① ② ③ ④	95	① ② ③ ④
21	① ② ③ ④	46	① ② ③ ④	71	① ② ③ ④	96	① ② ③ ④
22	① ② ③ ④	47	① ② ③ ④	72	① ② ③ ④	97	① ② ③ ④
23	① ② ③ ④	48	① ② ③ ④	73	① ② ③ ④	98	① ② ③ ④
24	① ② ③ ④	49	① ② ③ ④	74	① ② ③ ④	99	① ② ③ ④
25	① ② ③ ④	50	① ② ③ ④	75	① ② ③ ④	100	① ② ③ ④

문번	답란	문번	답란	문번	답란	문번	답란
	ANSWER SHEET					점수	
01	① ② ③ ④	26	① ② ③ ④	51	① ② ③ ④	76	① ② ③ ④
02	① ② ③ ④	27	① ② ③ ④	52	① ② ③ ④	77	① ② ③ ④
03	① ② ③ ④	28	① ② ③ ④	53	① ② ③ ④	78	① ② ③ ④
04	① ② ③ ④	29	① ② ③ ④	54	① ② ③ ④	79	① ② ③ ④
05	① ② ③ ④	30	① ② ③ ④	55	① ② ③ ④	80	① ② ③ ④
06	① ② ③ ④	31	① ② ③ ④	56	① ② ③ ④	81	① ② ③ ④
07	① ② ③ ④	32	① ② ③ ④	57	① ② ③ ④	82	① ② ③ ④
08	① ② ③ ④	33	① ② ③ ④	58	① ② ③ ④	83	① ② ③ ④
09	① ② ③ ④	34	① ② ③ ④	59	① ② ③ ④	84	① ② ③ ④
10	① ② ③ ④	35	① ② ③ ④	60	① ② ③ ④	85	① ② ③ ④
11	① ② ③ ④	36	① ② ③ ④	61	① ② ③ ④	86	① ② ③ ④
12	① ② ③ ④	37	① ② ③ ④	62	① ② ③ ④	87	① ② ③ ④
13	① ② ③ ④	38	① ② ③ ④	63	① ② ③ ④	88	① ② ③ ④
14	① ② ③ ④	39	① ② ③ ④	64	① ② ③ ④	89	① ② ③ ④
15	① ② ③ ④	40	① ② ③ ④	65	① ② ③ ④	90	① ② ③ ④
16	① ② ③ ④	41	① ② ③ ④	66	① ② ③ ④	91	① ② ③ ④
17	① ② ③ ④	42	① ② ③ ④	67	① ② ③ ④	92	① ② ③ ④
18	① ② ③ ④	43	① ② ③ ④	68	① ② ③ ④	93	① ② ③ ④
19	① ② ③ ④	44	① ② ③ ④	69	① ② ③ ④	94	① ② ③ ④
20	① ② ③ ④	45	① ② ③ ④	70	① ② ③ ④	95	① ② ③ ④
21	① ② ③ ④	46	① ② ③ ④	71	① ② ③ ④	96	① ② ③ ④
22	① ② ③ ④	47	① ② ③ ④	72	① ② ③ ④	97	① ② ③ ④
23	① ② ③ ④	48	① ② ③ ④	73	① ② ③ ④	98	① ② ③ ④
24	① ② ③ ④	49	① ② ③ ④	74	① ② ③ ④	99	① ② ③ ④
25	① ② ③ ④	50	① ② ③ ④	75	① ② ③ ④	100	① ② ③ ④

ANSWER SHEET

문번	답란	문번	답란	문번	답란	문번	답란
						점수	
01	① ② ③ ④	26	① ② ③ ④	51	① ② ③ ④	76	① ② ③ ④
02	① ② ③ ④	27	① ② ③ ④	52	① ② ③ ④	77	① ② ③ ④
03	① ② ③ ④	28	① ② ③ ④	53	① ② ③ ④	78	① ② ③ ④
04	① ② ③ ④	29	① ② ③ ④	54	① ② ③ ④	79	① ② ③ ④
05	① ② ③ ④	30	① ② ③ ④	55	① ② ③ ④	80	① ② ③ ④
06	① ② ③ ④	31	① ② ③ ④	56	① ② ③ ④	81	① ② ③ ④
07	① ② ③ ④	32	① ② ③ ④	57	① ② ③ ④	82	① ② ③ ④
08	① ② ③ ④	33	① ② ③ ④	58	① ② ③ ④	83	① ② ③ ④
09	① ② ③ ④	34	① ② ③ ④	59	① ② ③ ④	84	① ② ③ ④
10	① ② ③ ④	35	① ② ③ ④	60	① ② ③ ④	85	① ② ③ ④
11	① ② ③ ④	36	① ② ③ ④	61	① ② ③ ④	86	① ② ③ ④
12	① ② ③ ④	37	① ② ③ ④	62	① ② ③ ④	87	① ② ③ ④
13	① ② ③ ④	38	① ② ③ ④	63	① ② ③ ④	88	① ② ③ ④
14	① ② ③ ④	39	① ② ③ ④	64	① ② ③ ④	89	① ② ③ ④
15	① ② ③ ④	40	① ② ③ ④	65	① ② ③ ④	90	① ② ③ ④
16	① ② ③ ④	41	① ② ③ ④	66	① ② ③ ④	91	① ② ③ ④
17	① ② ③ ④	42	① ② ③ ④	67	① ② ③ ④	92	① ② ③ ④
18	① ② ③ ④	43	① ② ③ ④	68	① ② ③ ④	93	① ② ③ ④
19	① ② ③ ④	44	① ② ③ ④	69	① ② ③ ④	94	① ② ③ ④
20	① ② ③ ④	45	① ② ③ ④	70	① ② ③ ④	95	① ② ③ ④
21	① ② ③ ④	46	① ② ③ ④	71	① ② ③ ④	96	① ② ③ ④
22	① ② ③ ④	47	① ② ③ ④	72	① ② ③ ④	97	① ② ③ ④
23	① ② ③ ④	48	① ② ③ ④	73	① ② ③ ④	98	① ② ③ ④
24	① ② ③ ④	49	① ② ③ ④	74	① ② ③ ④	99	① ② ③ ④
25.	① ② ③ ④	50	① ② ③ ④	75	① ② ③ ④	100	① ② ③ ④

뜯어쓰는 3회독 정답체크표

ANSWER SHEET

문번	답란	문번	답란	문번	답란	점수 문번	답란
01	① ② ③ ④	26	① ② ③ ④	51	① ② ③ ④	76	① ② ③ ④
02	① ② ③ ④	27	① ② ③ ④	52	① ② ③ ④	77	① ② ③ ④
03	① ② ③ ④	28	① ② ③ ④	53	① ② ③ ④	78	① ② ③ ④
04	① ② ③ ④	29	① ② ③ ④	54	① ② ③ ④	79	① ② ③ ④
05	① ② ③ ④	30	① ② ③ ④	55	① ② ③ ④	80	① ② ③ ④
06	① ② ③ ④	31	① ② ③ ④	56	① ② ③ ④	81	① ② ③ ④
07	① ② ③ ④	32	① ② ③ ④	57	① ② ③ ④	82	① ② ③ ④
08	① ② ③ ④	33	① ② ③ ④	58	① ② ③ ④	83	① ② ③ ④
09	① ② ③ ④	34	① ② ③ ④	59	① ② ③ ④	84	① ② ③ ④
10	① ② ③ ④	35	① ② ③ ④	60	① ② ③ ④	85	① ② ③ ④
11	① ② ③ ④	36	① ② ③ ④	61	① ② ③ ④	86	① ② ③ ④
12	① ② ③ ④	37	① ② ③ ④	62	① ② ③ ④	87	① ② ③ ④
13	① ② ③ ④	38	① ② ③ ④	63	① ② ③ ④	88	① ② ③ ④
14	① ② ③ ④	39	① ② ③ ④	64	① ② ③ ④	89	① ② ③ ④
15	① ② ③ ④	40	① ② ③ ④	65	① ② ③ ④	90	① ② ③ ④
16	① ② ③ ④	41	① ② ③ ④	66	① ② ③ ④	91	① ② ③ ④
17	① ② ③ ④	42	① ② ③ ④	67	① ② ③ ④	92	① ② ③ ④
18	① ② ③ ④	43	① ② ③ ④	68	① ② ③ ④	93	① ② ③ ④
19	① ② ③ ④	44	① ② ③ ④	69	① ② ③ ④	94	① ② ③ ④
20	① ② ③ ④	45	① ② ③ ④	70	① ② ③ ④	95	① ② ③ ④
21	① ② ③ ④	46	① ② ③ ④	71	① ② ③ ④	96	① ② ③ ④
22	① ② ③ ④	47	① ② ③ ④	72	① ② ③ ④	97	① ② ③ ④
23	① ② ③ ④	48	① ② ③ ④	73	① ② ③ ④	98	① ② ③ ④
24	① ② ③ ④	49	① ② ③ ④	74	① ② ③ ④	99	① ② ③ ④
25	① ② ③ ④	50	① ② ③ ④	75	① ② ③ ④	100	① ② ③ ④

memo

참고문헌

국가기술표준원(2017), 교육 기술 전망과 표준화 동향

국가기술표준원, 학습·교육·훈련 분야 표준용어

김경희, 라만교, 권재환(2014), 「대학생이 지각한 교수의지지, 학습동기 및 학업적응의 관계모형 검증」, 『아시아교육연구』

김용래(2000), 「학교학습동기척도(A)와 학교적응척도(B)의 타당화 및 두 척도 변인간의 관계 분석」, 『교육연구논총』

김용현 외(2010), 「평생교육프로그램개발론」

김은정 외(2009), 「최고의 이러닝 운영 실무」

김자미, 김용, 김정훈(2009), 「사이버교사의 만족도 요인 평가 준거 개발 및 타당도 분석」, 『정보교육학회논문지』

김자미, 박종선, 한태인(2011), 「이러닝품질인증 개론」, (사)한국이러닝산업협회

김정화, 강명희(2010), 「이러닝 환경에서 학습촉진을 위한 개인화된 e-튜터 설계 및 개발에 관한 연구」

노진아 외(2014), 「이러닝 신기술 동향」

박인우(2004), 「교과별 콘텐츠 제작 지침 개발 연구」

박종선 외(2003). 「E-Learning 운영표준화 가이드라인」

박종선(2009), 「사이버학습의 이해: 지식기반사회의 자기개발을 위한 학습전략」, 서울:교육과학사

박종선, 김도헌, 박홍균, 임영택 정봉영(2003), 「e-Learning 표준화 방안 연구」, 한국직업능력개발원

변영계(2006), 「교수학습이론의 이해」

산업통상자원부(2021), 제4차 이러닝 산업 발전 및 이러닝 활용 촉진 기본계획(2022~2024)

이수진(2009), 「대학생이 지각하는 사회유대감과 자율성이 학교생활적응과 주관적 안녕감에 미치는 영향: 대인관계문제를 매개로」, 『한국심리학회지:학교』

이승욱 외(2005), 「차세대 e-러닝 서비스: e-러닝 시스템을 중심으로」

이현지(2011), 「사이버대학교 강의콘텐츠 개발과정 및 개발관리체제 사례 연구」

이혜정, 김태현(2007), 「e-Learning 콘텐츠 제시 유형이 학습결과에 미치는 영향」

정보통신산업진흥원(2022), 2021년 이러닝산업실태조사

정보통신산업진흥원(2022), 품목별 ICT 시장 동향: 이러닝

정영란, 최미나, 노혜란, 이윤희, 문자영(2010), 「대학 이러닝 강좌의 수업만족도 영향요인에 관한 연구-사이버대학과 일반대학의 비교연구 중심으로-」, 『대학교수-학습연구』

지형근 외(2011), 「e-러닝 기술 동향」

한국교육학술정보원(2012), 2012년 원격교육연수원 운영 매뉴얼

한국산업인력공단 훈련품질 향상센터(2014), 원격훈련기관 활용 Agent 및 LMS 매뉴얼

한국직업능력개발원(2008), 기업 E-Learning 시스템·운영 가이드라인

한국직업능력개발원(2008), 기업 E-learning 시스템·운영 가이드라인」

한승연, 김세리(2011), 「국내외 고등교육 이러닝 콘텐츠 유형 및 사례 분석」

행정안전부(2022), 행정기관 및 공공기관 정보시스템 구축·운영 지침

Alessi, Stephen. M. & Trollop, Stanley. R.(2001), Multimedia for Learning(3rd Edition). Pearson Allyn & Bacon

Keller, J. M.(1983), Motivational design of instruction, In C., M., Reiguluth(Ed), Instructional Design Theories and Models: An overview of their current status, Hillsdale, NJ: Lawrence Erlbaum Associates.

KERIS(2018), 표준화 이슈 리포트: 학습 분석 데이터 수집 체계 표준 동향

Veltman, Kim H.(2004), Towards a Semantic Web for Culture. Journal of Digital Information. Vol 4 No 4. Online at

NCS 학습모듈, www.ncs.go.kr

PY러닝메이트, www.pylearningmate.com

건양사이버대학교, www.kycu.ac.kr

경기도평생학습포털, www.gseek.kr

국가평생교육진흥원, www.nile.or.kr

퀴즈앤, www.quizn.show

티처빌, www.teacherville.co.kr

표준프레임워크 포털, www.egovframe.go.kr

한국기술교육대학교 평생교육원, www.bank.step.or.kr

한국산업인력공단, www.hrdkorea.or.kr

휴넷, www.hunet.co.kr